全国大学生数学竞赛丛书

# 全国大学生数学竞赛解析教程
# (数学专业类)
# (上册)
## ——数学分析

佘志坤　主编

全国大学生数学竞赛命题组　编

科 学 出 版 社

北 京

# 内 容 简 介

本书是"全国大学生数学竞赛丛书"中的一本,由佘志坤主编,全国大学生数学竞赛命题组编. 全书分上、下两册,本书为上册,共 7 章,内容包括 Euclid 空间,极限与连续,微分,级数,Riemann 积分、曲线积分及曲面积分,反常积分及含参变量积分,综合与拓展. 附录给出了竞赛试题中一些概念的约定. 书中以二维码的形式链接了竞赛讲解视频、拓展训练及参考解答. 全部内容均由命题组专家精心选材和编写,题型丰富,内容充实,充分体现了数学竞赛的综合性、高阶性、创新性与挑战性等特点.

本书可作为高等院校数学专业类大学生参加全国大学生数学竞赛的备考辅导教程,也可作为这些学生提升数学解题能力的课外进阶读物,还可作为广大考研学子的考前复习资料.

图书在版编目(CIP)数据

全国大学生数学竞赛解析教程. 数学专业类. 上册: 数学分析/佘志坤主编;全国大学生数学竞赛命题组编. —北京: 科学出版社, 2024.5
(全国大学生数学竞赛丛书)
ISBN 978-7-03-078553-4

Ⅰ. ①全… Ⅱ. ①佘… ②全… Ⅲ. ①高等数学–高等学校–教学参考资料 Ⅳ. ①O13

中国国家版本馆 CIP 数据核字(2024)第 101931 号

责任编辑: 胡海霞 李香叶 / 责任校对: 杨聪敏
责任印制: 赵 博 / 封面设计: 无极书装

**科学出版社** 出版
北京东黄城根北街 16 号
邮政编码: 100717
http://www.sciencep.com
天津市新科印刷有限公司印刷
科学出版社发行 各地新华书店经销
*
2024 年 5 月第 一 版  开本: 787×1092 1/16
2024 年 9 月第三次印刷  印张: 25 1/2
字数: 604 000
**定价: 86.80 元**
(如有印装质量问题, 我社负责调换)

# 前　言

　　全国大学生数学竞赛是由中国数学会主办、面向本科学生的全国性高水平学科竞赛,旨在激励大学生学习数学的兴趣,培养他们分析问题、解决问题的能力,为青年学子搭建一个展示数学思维能力和学习成果的平台.

　　全国大学生数学竞赛自 2009 年开展以来,得到了全国各赛区和各高校的大力支持和帮助.在各赛区和承办单位的辛勤努力下,该赛事已经连续成功举办了 15 届.参赛高校由第一届的 400 多所增加到第十五届的 1100 余所,参赛人数也由第一届的 2 万多人增加到第十五届的近 29 万人,在全国高校产生了广泛的影响.这 15 届的承办单位分别是国防科技大学、北京航空航天大学、同济大学、电子科技大学、中国科学技术大学、华中科技大学、福建师范大学、北京科技大学、西安交通大学、哈尔滨工业大学、武汉大学、吉林大学、华东师范大学、广东工业大学、山东大学.在此,向全国各赛区、各高校和各承办单位的大力支持与帮助表示衷心的感谢!

　　全国大学生数学竞赛分初赛和决赛两个阶段,每个阶段都包含数学专业和非数学专业两大类别.随着全国大学生数学竞赛持续深入开展,参赛学生越来越多,规模越来越大,参赛学生和竞赛指导教师对数学竞赛资料的需求也越来越大,但是目前专门针对大学生数学竞赛的辅导教材不多,满足不了参赛学生和竞赛指导教师日益增长的需求.为了帮助大学生和热爱数学的人士更好地了解这项全国性赛事,并对有志参加数学竞赛的大学生进行专业的数学竞赛指导,经过与科学出版社协商,全国大学生数学竞赛命题组决定撰写《全国大学生数学竞赛解析教程 (数学专业类)》和《全国大学生数学竞赛解析教程 (非数学专业类)》,作为《全国大学生数学竞赛参赛指南》的拓展参考读物.

　　《全国大学生数学竞赛解析教程 (数学专业类)》紧扣《全国大学生数学竞赛参赛指南》里的全国大学生数学竞赛数学专业类考试内容,分上、下两册出版,上册是数学分析的相关内容,下册是高等代数和解析几何的相关内容.数学分析部分共七章,包括 Euclid 空间,极限与连续,微分,级数,Riemann 积分、曲线积分及曲面积分,反常积分及含参变量积分,综合与拓展.高等代数部分共三章,包括矩阵与线性变换、线性方程组与二次型、多项式与矩阵方程.解析几何部分共三章,包括向量代数、几何空间中的平面与直线、二次曲面与二次曲线.这些内容都是经过命题组专家精心组织的,充分体现了大学生数学竞赛试题的综合性、高阶性、创新性、挑战性等特点.

　　《全国大学生数学竞赛解析教程 (数学专业类)》具有如下几方面的特色:

　　(1) 强调基础知识.对于竞赛中必考的核心内容与知识点,特别是基本概念、基本理论和基本方法, 在每个章节都首先作简要总结, 然后对一些精选的例题和赛题进行系统详细的阐述和深入浅出的讲解, 有些例题还给出了必要的注.

(2) 突出典型方法. 对一些典型问题和竞赛题型既突出常规方法的介绍, 也归纳简明易懂的典型方法, 期望读者能够举一反三.

(3) 注重综合技能. 大学生数学竞赛不仅测试相对容易的试题, 而且更多的问题都具有一定的灵活性和挑战性, 需要具有较强的综合技能才能正确求解. 因此, 书中各部分内容均体现出对综合技能的足够重视.

(4) 揭示数学思想. 在全国大学生数学竞赛中, 许多试题不仅技巧性强、富于原创性, 而且其求解方法也往往彰显出诸多奇思妙想, 因此在写法上尽力去揭示隐藏在技巧背后的数学思想. 这有利于读者学习和应用数学方法, 提高数学思维能力, 更是培养科学思维品质的 "利器"、激励科学创新的源泉.

《全国大学生数学竞赛解析教程 (数学专业类)》可作为高等院校数学专业类大学生参加全国大学生数学竞赛的备考辅导教程, 也可作为这些学生提升解题能力的进阶读物, 还可作为广大考研学子的复习资料.

限于时间, 不当之处在所难免, 敬请读者提出宝贵意见.

全国大学生数学竞赛命题组

2023 年 12 月 11 日

# 资源使用说明

1. 使用流程

(1) 刮开封底激活码的涂层, 使用微信扫描二维码. 根据提示, 注册登录到中科助学通平台, 激活本书的配套资源.

(2) 激活配套资源成功后, 有两种方式可以查看资源, 一是直接使用微信扫描资源二维码, 二是关注 "中科助学通" 微信公众号, 在页面底端点击 "开始学习", 选择相应科目, 查看该科目下面的 "图书资源".

2. 内容介绍

为了让读者对全国大学生数学竞赛有更多更生动的理解, 读者购买正版教材之后, 可获取我们提供的两类配套资源, 一类是视频资源, 另一类是文本资源.

(1) 视频资源来源于全国大学生数学竞赛命题组专家们关于竞赛的专题讲解报告, 本书包含 15 个视频, 内容包括数学分析概述、引言、关于化简、关于反例、实数的 p 进制展开、例题选讲等.

(2) 文本资源来源于竞赛模拟测试题, 本书包含 20 道题, 可用于模拟训练, 并提供详细参考解答, 供备考使用.

两类资源总的资源二维码如下. 另外, 涉及各章节知识的资源二维码也会放在相应的章后.

视频资源二维码　　　　文本资源二维码

# 目 录

# 第1章　Euclid 空间

## 1.1　$\mathbb{R}^n$ 中的基本概念

本节我们介绍 Euclid (欧几里得) 空间 $\mathbb{R}^n$ 中的一些基本概念.

**线性空间 $\mathbb{R}^n$**　对于 $\boldsymbol{x}, \boldsymbol{y} \in \mathbb{R}^n$, 总是规定 $\boldsymbol{x} = (x_1, x_2, \cdots, x_n)^{\mathrm{T}}$, $\boldsymbol{y} = (y_1, y_2, \cdots, y_n)^{\mathrm{T}}$. 设 $\lambda \in \mathbb{R}$, 在 $\mathbb{R}^n$ 中定义加法和数乘运算如下:

$$\boldsymbol{x} + \boldsymbol{y} := (x_1 + y_1, x_2 + y_2, \cdots, x_n + y_n)^{\mathrm{T}},$$

$$\lambda \boldsymbol{x} := (\lambda x_1, \lambda x_2, \cdots, \lambda x_n)^{\mathrm{T}},$$

则 $\mathbb{R}^n$ 在上述运算下构成一个线性空间.

对于 $A, B \subseteq \mathbb{R}^n$, 以及 $\alpha, \beta \in \mathbb{R}$, 定义

$$\alpha A + \beta B := \{\alpha \boldsymbol{x} + \beta \boldsymbol{y} \mid \boldsymbol{x} \in A, \boldsymbol{y} \in B\}.$$

特别地, $A + B$ 称为集合 $A$ 和 $B$ 的代数和, $A - B$ 为 $A$ 和 $B$ 的代数差.

$\{\boldsymbol{x}\} + E$ 简记为 $\boldsymbol{x} + E$ 或 $E + \boldsymbol{x}$.

**度量空间 $\mathbb{R}^n$**　在 $\mathbb{R}^n$ 中定义

$$\|\boldsymbol{x}\| := \sqrt{x_1^2 + x_2^2 + \cdots + x_n^2},$$

称为 $\mathbb{R}^n$ 中通常的范数. $\|\boldsymbol{x}\|$ 也称为 $\boldsymbol{x}$ 的长度. 本书中简记为 $|\boldsymbol{x}|$. 定义 $d(\boldsymbol{x}, \boldsymbol{y}) := |\boldsymbol{x} - \boldsymbol{y}|$, 则 $(\mathbb{R}^n, d)$ 称为距离空间 (度量空间). 这一距离称为 $\mathbb{R}^n$ 的 Euclid 距离.

在 $\mathbb{R}^n$ 中还可以引入其他范数和度量, 例如, 对于 $p \in [1, +\infty)$, 我们定义

$$\|\boldsymbol{x}\|_p := \left(\sum_{k=1}^{n} |x_k|^p\right)^{\frac{1}{p}},$$

对应于 $p = +\infty$, 则定义

$$\|\boldsymbol{x}\|_\infty := \max_{1 \leqslant k \leqslant n} |x_k|.$$

我们称之为 $p$-范数. 由连续函数的性质可证 $p$-范数与 2-范数 $|\cdot|$ 等价, 即有常数 $C_{p,2} > C_{p,1} > 0$ 使得对任何 $\boldsymbol{x} \in \mathbb{R}^n$, 成立

$$C_{p,1}|\boldsymbol{x}| \leqslant \|\boldsymbol{x}\|_p \leqslant C_{p,2}|\boldsymbol{x}|.$$

**函数**　设 $E \subseteq \mathbb{R}^n (\mathbb{C}^n)$, 我们把映射 $f : E \to \mathbb{R}^m (\mathbb{C}^m)$ 称为函数. 当 $n = 1$ 时, $f$ 称为一元 (实变量/复变量) 函数, 当 $n \geqslant 2$ 时, 称为多元 (实变量/复变量) 函数; 当 $m = 1$ 时, 称为实值 (复值) 函数, 当 $m \geqslant 2$ 时, 称为实向量值 (复向量值) 函数.

**序列极限和函数极限** $\mathbb{R}^n$ 中的一些基本概念与极限密切相关. 关于极限的定义, 请读者参看第 2 章.

**内点、外点、边界点** 若存在 $\delta > 0$ 使得 $B_\delta(x_0) \subset E$, 则称 $x_0$ 为 $E \subseteq \mathbb{R}^n$ 的内点, 其中 $B_\delta(x_0)$ 为 $\mathbb{R}^n$ 中的开球 $\{x \mid |x - x_0| < \delta\}$. $\mathbb{R}^n \setminus E$ (记为 $\mathscr{C}E$) 的内点称为 $E$ 的外点. 既非内点又非外点的点称为 $E$ 的边界点.

**内部、外部、边界** 集合 $E$ 的内点全体称为 $E$ 的内部, 记作 $\mathrm{int}\, E$ 或 $E^\circ$. $E$ 的外点全体称为外部. 边界点全体称为边界, 记作 $\partial E$.

**聚点 (强形式)** 若对任何 $\delta > 0$, $B_\delta(x_0)$ 中包含 $E$ 中无限多个点, 则称 $x_0$ 为 $E$ 的聚点, 又称为极限点.

$x_0$ 为 $E$ 的聚点等价于:

**(弱形式)** 对任何 $\delta > 0$, $B_\delta(x_0)$ 中包含 $E$ 中异于 $x_0$ 的点.

**孤立点** 若存在 $\delta > 0$ 使得 $x_0$ 为 $B_\delta(x_0)$ 和 $E$ 的唯一公共点, 则称 $x_0$ 为 $E$ 的孤立点.

**导集** $E$ 的全体聚点组成的集合称为 $E$ 的导集, 记为 $E'$.

外部和孤立点全体没有通用的记号.

**开集、闭集** 若 $E^\circ = E$, 则称 $E$ 为开集. 以下每一个性质均作为 $E$ 为闭集的等价定义:

(i) $E' \subseteq E$;

(ii) $\partial E \subseteq E$;

(iii) $\mathscr{C}E$ 为开集;

(iv) $E$ 中收敛点列的极限属于 $E$.

易证, 任意多个开集的并是开集, 有限个开集的交是开集. 另一方面, 易证 $E$ 为闭集当且仅当 $\mathscr{C}E$ 为开集. 于是由 De Morgan (德摩根) 定律, 可以将关于开集的结论移植到关于闭集的结论. 特别地, 可得任意多个闭集的交是闭集, 有限个闭集的并是闭集.

【注 1.1.1】 证明任意多个开集的并是开集, 如下证明过程是错误的:

"我们只要证明 $\bigcup\limits_{k=1}^{\infty} E_k$ 是开集, 其中每一个 $E_k\,(k \geqslant 1)$ 均为 $\mathbb{R}^n$ 中的开集 (可以为空集). ……"

用 $\mathcal{O}_E$ 和 $\mathcal{S}_E$ 分别表示 $E$ 的外部和全体孤立点[①]. 以下结论对于掌握相关概念是有帮助的.

(i) 内点为不是边界点的聚点, 即 $E^\circ = E' \setminus \partial E$;

(ii) 外点为既非聚点又非孤立点的点, 即 $\mathcal{O}_E = \mathscr{C}(E' \cup \mathcal{S}_E)$;

(iii) 边界点为孤立点, 或为不是内点的聚点, 即 $\partial E = \mathcal{S}_E \cup (E' \setminus E^\circ)$;

(iv) 聚点为内点, 或为不是孤立点的边界点, 即 $E' = E^\circ \cup (\partial E \setminus \mathcal{S}_E)$;

---

① 这两个都不是通用记号.

(v) 孤立点为不是聚点的边界点, 即 $\mathcal{S}_E = \partial E \setminus E'$.

**连通集、区域**　设 $E \subseteq \mathbb{R}^n$, 如果当 $E$ 分解为两个不相交的非空子集的并集 $A \cup B$ 时, 有 $A' \cap B \neq \varnothing$ 或 $A \cap B' \neq \varnothing$, 则称 $E$ 为连通集.

连通的非空开集称为区域, 区域的闭包称为闭区域. 为强调与闭区域的区别, 有时候也称区域为开区域.

**【注 1.1.2】**　(i) 由什么是非连通集, 更容易把握连通集的概念. 集合 $E$ 不是连通集当且仅当存在不相交的开集 $U, V$ 使得 $U \cap E, V \cap E$ 均非空, 且 $E \subseteq U \cup V$.

(ii) 开集 $U$ 是连通集的充要条件是 $U$ 不能分解为两个不相交的非空开集的并.

(iii) $\mathbb{R}$ 中集合 $E$ 是连通集的充要条件是 $E$ 为空集、单点集或区间.

**【命题 1.1.1】**　设 $E \subseteq \mathbb{R}^n$ 为连通集, $f: E \to \mathbb{R}^m$ 连续, 则 $f(E)$ 是连通集.

**证明**　设 $f(E)$ 有分解式 $f(E) = A \cup B$, 其中 $A, B$ 为 $\mathbb{R}^m$ 中两个不相交的非空子集, 则 $E = f^{-1}(A) \cup f^{-1}(B)$. 易知 $f^{-1}(A), f^{-1}(B)$ 非空且不相交. 由 $E$ 的连通性, 可设 $f^{-1}(A)$ 中有 $f^{-1}(B)$ 的聚点, 即存在点列 $\{x_k\} \subseteq f^{-1}(B)$ 收敛到 $x \in f^{-1}(A)$. 由 $f$ 的连续性, $\{f(x_k)\}$ 收敛到 $f(x) \in A$. 这表明 $A$ 中有 $B$ 的聚点. 故 $f(E)$ 是 $\mathbb{R}^m$ 中的连通集. □

**【推论 1.1.2】**　设 $\Omega \subseteq \mathbb{R}^n$ 为连通集 $f: \Omega \to \mathbb{R}$ 连续, $x, y \in \Omega$ 且 $f(x) < \eta < f(y)$, 则存在 $\xi \in \Omega$ 使得 $f(\xi) = \eta$.

**道路连通集**　设 $E \subseteq \mathbb{R}^n$. 若对于 $E$ 中任何两点 $x, y$, 存在连续映射 $\tau: [0,1] \to E$ 使得 $\tau(0) = x, \tau(1) = y$, 则称 $E$ 为道路连通集.

利用复合函数的连续性, 可得

**【命题 1.1.3】**　设 $E \subseteq \mathbb{R}^n$ 为道路连通集, $f: E \to \mathbb{R}^m$ 连续, 则 $f(E)$ 是道路连通集.

另一方面, 有如下结论.

**【命题 1.1.4】**　道路连通集一定是连通集, 但连通集未必是道路连通集.

**【命题 1.1.5】**　$\mathbb{R}^n$ 中的区域都是道路连通的.

**【例 1.1.1】**　设 $E = \left\{ (x,y) \,\middle|\, y = \sin \dfrac{1}{x}, 0 < x < \dfrac{2}{\pi} \right\}$, 则 $\overline{E}$ 是连通的而非道路连通的.

**$\mathbb{R}^n$ 中开集的构造**　在 $\mathbb{R}$ 中, 我们有下面的定理.

**【定理 1.1.6】**　$\mathbb{R}$ 中任一非空开集可以唯一表示成至多可列个 (即有限个或可列个) 互不相交的开区间的并集.

然而在高维 Euclid 空间 $\mathbb{R}^n$ $(n \geqslant 2)$ 中, 上述结论不正确, 即存在开集不能表示成至多可列个互不相交的开矩形的并集. 但我们有如下结论.

**【定理 1.1.7】**　设 $G$ 为 $\mathbb{R}^n$ $(n \geqslant 2)$ 中的非空开集, 则

(i) $G$ 可以表示为至多可列个互不相交的半开半闭矩形的并集.

(ii) $G$ 可以表示为可列个两两互不相交的半开半闭的二进方体的并集.

这里半开半闭的二进方体是指如下形式的集合:

$$2^k\left((j_1, j_2, \cdots, j_n)^{\mathrm{T}} + [0,1)^n\right), \qquad j_1, j_2, \cdots, j_n, \ k \in \mathbb{Z}.$$

**【注 1.1.3】** 在 $\mathbb{R}^n$ 中存在由可列个开集构成的开集族 $\Gamma$, 使得 $\mathbb{R}^n$ 中任一非空开集均是 $\Gamma$ 中某些开集的并集. 事实上, 可取

$$\Gamma = \left\{ B_{1/k}(\boldsymbol{x}) \ \middle| \ \boldsymbol{x} \in \mathbb{R}^n, \text{其分量均为有理数}, k \text{是正整数} \right\}.$$

**【定理 1.1.8】** $\mathbb{R}^n$ 中每个闭集可表示为可列个开集的交, 每个开集可表示为可列个闭集的并.

**【命题 1.1.9】** 设 $E, F$ 为 $\mathbb{R}^n$ 中不相交的非空闭集 (不一定有界), 则存在开集 $U, V$ 满足 $E \subset U, F \subset V$, 以及 $U \cap V = \varnothing$.

**证明** 对于非空闭集 $S \subseteq \mathbb{R}^n$, 易见 $d(x, S) \equiv \inf\limits_{y \in S} |y - x|$ 连续. 进一步, 对任何 $x \in \mathbb{R}^n$, 由 1.2 节的 Weierstrass (魏尔斯特拉斯) 致密性定理可证 (参见例 1.2.4) 有 $\inf\limits_{y \in S} |y - x| = \min\limits_{y \in S} |y - x|$. 特别地, 对于 $x \in E, y \in F, d(x, F) > 0, d(y, E) > 0$.

因此, 令

$$f(x) = d(x, E) - d(x, F), \qquad x \in \mathbb{R}^n,$$

则 $f$ 连续. 令 $U = \{x | f(x) < 0\}, V = \{x | f(x) > 0\}$, 可见 $U, V$ 为不相交的开集, $E \subseteq U$, $F \subseteq V$. 而由定理 1.2.4, $E, F$ 均非开集. 从而又有 $E \subset U, F \subset V$. $\qquad\square$

## 1.2　$\mathbb{R}^n$ 中的基本定理

本节我们将列举 Euclid 空间中若干重要的基本定理, 并给出一些应用举例.

**【定理 1.2.1】**(闭集套定理)　设 $\{E_k\}$ 是 $\mathbb{R}^n$ 中一列有界非空闭集, 满足

(i) $E_k \supseteq E_{k+1} \, (k = 1, 2, \cdots)$;

(ii) $\lim\limits_{k \to +\infty} \operatorname{diam}(E_k) = 0$, 其中 $\operatorname{diam}(E)$ 表示非空集 $E$ 的直径,

则 $\{E_k\}$ 有唯一的公共点 $\xi$, 即 $\bigcap\limits_{k=1}^{\infty} E_k = \{\xi\}$ 为单点集.

**【注 1.2.1】** 在一维情形下, 若 $E_k$ 为闭区间, 则称该定理为闭区间套定理.

**【例 1.2.1】** 用闭集套定理证明三角形三条边上的中线交于一点.

**证明** 用 $\triangle_1$ 表示所给的三角形 (如图 1.2.1, 以 $A, B, C$ 为顶点的凸闭区域), $E$ 表示三角形 $\triangle_1$ 每两条中线的交点所构成的集合, 则 $E \subseteq \triangle_1$. 我们只需证明 $E$ 为单点集即可.

连接三角形 $\triangle_1$ 三个中点得到一个新的三角形, 记为 $\triangle_2$. 注意到三角形 $\triangle_2$ 的三条中线分别为三角形 $\triangle_1$ 的三条中线的一部分. 又易见 $E$ 落在 $\triangle_2$ 上, 于是 $E$ 亦为三角形 $\triangle_2$

每两条中线的交点所构成的集合, 故有 $E \subseteq \triangle_2$. 继续上述过程得到一列三角形 $\{\triangle_k\}$, 则闭集列 $\{\triangle_k\}$ 满足闭集套定理的条件, 于是 $\bigcap\limits_{k=1}^{\infty} \triangle_k$ 为单点集. 又因为 $E \subset \triangle_k \, (\forall k \geqslant 1)$, 所以 $E$ 为单点集. □

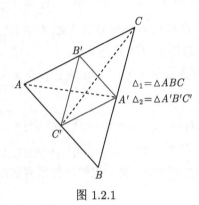

图 1.2.1

**【例 1.2.2】**　若 $f$ 在 $[a, b]$ 上 Riemann (黎曼) 可积, 则 $f$ 的连续点在 $[a, b]$ 上稠密.

**证明**　只要证明对于 $[a, b]$ 的任意子区间 $[a_0, b_0]$, $f$ 在 $(a_0, b_0)$ 内至少存在一个连续点即可.

由于 $f$ 在 $[a_0, b_0]$ 上也 Riemann 可积, 因此, 有划分 $P_1 : a_0 = x_0 < x_1 < \cdots < x_{m+1} = b_0$ 使得 $\sum\limits_{k=0}^{m} \omega_k \Delta x_k < \dfrac{b_0 - a_0}{2}$, 其中 $\Delta x_k = x_{k+1} - x_k$, 而 $\omega_k$ 表示 $f$ 在 $[x_k, x_{k+1}]$ 上的振幅 $(0 \leqslant k \leqslant m)$. 从而至少存在一个小区间 $[x_k, x_{k+1}]$, 使得其上 $f$ 的振幅 $\omega_k < \dfrac{1}{2}$. 将此小区间 $[x_k, x_{k+1}]$ 缩小成 $[a_1, b_1]$, 使得 $[a_1, b_1] \subseteq (a_0, b_0)$ 及 $b_1 - a_1 < \dfrac{b_0 - a_0}{2}$. 这样在 $[a_1, b_1]$ 上 $f$ 的振幅小于 $\dfrac{1}{2}$.

用 $[a_1, b_1]$ 代替上面的 $[a_0, b_0]$, 类似推理可知存在 $[a_2, b_2] \subseteq (a_1, b_1)$ 且 $b_2 - a_2 < \dfrac{b_1 - a_1}{2} < \dfrac{b_0 - a_0}{4}$, 在 $[a_2, b_2]$ 上 $f$ 的振幅小于 $\dfrac{1}{4}$.

如此无限作下去, 可以得到一闭区间套

$$[a_0, b_0] \supseteq [a_1, b_1] \supseteq [a_2, b_2] \supseteq \cdots \supseteq [a_n, b_n] \supseteq \cdots,$$

满足

$$a_n < a_{n+1} < b_{n+1} < b_n, \quad b_n - a_n < \dfrac{b_0 - a_0}{2^n}.$$

$f$ 在 $[a_n, b_n]$ 上的振幅小于 $\dfrac{1}{2^n}$. 根据闭区间套定理得到 $\bigcap\limits_{n=1}^{\infty} [a_n, b_n] = \{\xi\}$.

对任何 $n \geqslant 0$, $\xi \in [a_{n+1}, b_{n+1}] \subset (a_n, b_n)$, 因此 $\varlimsup\limits_{x \to \xi} |f(x) - f(\xi)| \leqslant \dfrac{1}{2^n}$. 由 $n$ 的任意性得到 $\varlimsup\limits_{x \to \xi} |f(x) - f(\xi)| \leqslant 0$, 即 $f$ 在点 $\xi$ 处连续. □

**【注 1.2.2】** 由上述结果立刻可以推出: 若 $f$ 在 $[a, b]$ 上可积, $f > 0$, 则 $\displaystyle\int_a^b f(x)\mathrm{d}x > 0$.

**【例 1.2.3】** 设 $D \subseteq \mathbb{R}^n$, $D$ 的内部和外部都非空, $P \in D^{\mathrm{o}}$, $Q \in (\mathscr{C}D)^{\mathrm{o}}$. 证明: 连接 $P$ 和 $Q$ 的连续曲线段 $\Gamma$ 与 $D$ 的边界 $\partial D$ 的交非空.

**证明** 设 $\Gamma$ 的参数方程为 $x = x(t)$ $(t \in [a, b])$, $P = x(a)$, $Q = x(b)$. 我们要证明存在 $\xi \in [a, b]$ 使得 $x(\xi) \in \partial D$.

记 $[a_0, b_0] = [a, b]$. 取 $t_1 = \dfrac{1}{2}(a_0 + b_0)$, $P_1 = x(t_1)$. 若 $P_1 \in \partial D$, 则结论得证. 若 $P_1 \notin \partial D$, 则当 $P_1$ 为 $D$ 的外点时, 记 $[a_1, b_1] = [a_0, t_1]$; 当 $P_1$ 为 $D$ 的内点时, 记 $[a_1, b_1] = [t_1, b_0]$. 继续上面的处理方法, 要么我们证得所要的结论, 要么得到闭区间套

$$[a_0, b_0] \supseteq [a_1, b_1] \supseteq [a_2, b_2] \supseteq \cdots \supseteq [a_k, b_k] \supseteq \cdots,$$

满足 $x(a_k)$ 为 $D$ 的内点, $x(b_k)$ 为 $D$ 的外点, $b_k - a_k \to 0$. 由闭区间套定理可得 $\bigcap\limits_{k=0}^{\infty} [a_k, b_k] = \{\xi\}$.

由 $x(\cdot)$ 的连续性, $x(\xi) = \lim\limits_{k \to +\infty} x(a_k) \in \overline{D}$ 以及 $x(\xi) = \lim\limits_{k \to +\infty} x(b_k) \in \overline{\mathscr{C}D}$. 因此, $x(\xi) \in \partial D$. □

**【定理 1.2.2】** (Weierstrass 聚点原则) $\mathbb{R}^n$ 中的任一有界无限点集至少有一个聚点.

**【定理 1.2.3】** (Weierstrass 致密性定理) $\mathbb{R}^n$ 中任何有界点列必定存在收敛的子列.

**【例 1.2.4】** 设 $E \subseteq \mathbb{R}^n$ 为非空闭集, 则对于 $x \in \mathbb{R}^n$, 存在 $x_0 \in E$ 使得 $|x_0 - x| = d(x, E)$.

**证明** 根据下确界的定义, 我们有 $E$ 中点列 $\{x_k\}$ 使得 $\lim\limits_{k \to +\infty} |x_k - x| = d(x, E)$, 则 $\{x_k\}$ 为 $E$ 中有界列, 从而有收敛子列. 不妨设 $\{x_k\}$ 本身收敛, 记极限为 $x_0$, 则 $x_0 \in E$ 且 $|x_0 - x| = d(x, E)$. □

**【定理 1.2.4】** 证明: $\mathbb{R}^n$ 中既开又闭的集合只有空集和 $\mathbb{R}^n$.

**证明** 设 $E \subseteq \mathbb{R}^n$ 为既开又闭的非空集合. 我们要证明 $E = \mathbb{R}^n$. 如若不然, 存在 $\xi \notin E$. 由例 1.2.4, 有 $x_0 \in E$ 使得 $|\xi - x_0| = d(\xi, E) > 0$. 由于 $E$ 同时为开集, 存在 $\delta \in (0, |\xi - x_0|)$ 使得 $B_\delta(x_0) \subset E$. 记 $x_1 = x_0 + \dfrac{\delta(\xi - x_0)}{2|\xi - x_0|}$, 则 $x_1 \in E$ 且

$$|x_1 - \xi| = \left(1 - \frac{\delta}{2|\xi - x_0|}\right)|\xi - x_0| < d(\xi, E).$$

得到矛盾. 因此, $E = \mathbb{R}^n$. □

**【定理 1.2.5】** (Heine-Borel (海涅-博雷尔) 有限覆盖定理) 设开集族 $\mathscr{F}$ 为 $\mathbb{R}^n$ 中有界闭集 $F$ 的一个开覆盖, 则从 $\mathscr{F}$ 中可以选择有限个元覆盖 $F$.

**【定理 1.2.6】**(Lebesgue (勒贝格) 覆盖引理)　设 $\mathscr{F}$ 为 $\mathbb{R}^n$ 中有界闭集 $F$ 的一个开覆盖, 则存在正数 $\delta > 0$, 使得对于任何 $x_1, x_2 \in F$, 只要 $|x_1 - x_2| < \delta$, 就存在 $\mathscr{F}$ 中的一个元同时包含 $x_1$ 和 $x_2$ (称该 $\delta$ 数为开覆盖 $\mathscr{F}$ 的 Lebesgue 数).

**证明**　考虑

$$\mathscr{G} = \big\{ B_r(x) \big| \exists V \in \mathscr{F}, \text{ s.t. } B_{2r}(x) \subseteq V \big\}.$$

则 $\mathscr{G}$ 是 $F$ 的开覆盖, 从而有有限子覆盖 $B_{r_1}(x_1), B_{r_2}(x_2), \cdots, B_{r_m}(x_m)$. 易见, $\delta = \min\limits_{1 \leqslant k \leqslant m} r_k$ 是 $F$ 的一个 Lebesgue 数.　　　　□

**【注 1.2.3】**　利用有限覆盖定理常常可以把局部性质推广到全局性质.

**【例 1.2.5】**　设函数 $f$ 在 $[a, b]$ 上有定义, 且对任意的 $x \in [a, b]$, 存在 $\delta_x > 0$, 使得 $f$ 在 $[x - \delta_x, x + \delta_x] \cap [a, b]$ 上递增. 证明: $f$ 在 $[a, b]$ 上递增.

**证明**　(方法 1) 易见 $\mathscr{F} := \big\{ (x - \delta_x, x + \delta_x) \big| x \in [a, b] \big\}$ 是 $[a, b]$ 的开覆盖. 由有限覆盖定理, 存在 $\mathscr{F}$ 的有限子覆盖 $\mathscr{F}_0 = \{(x_k - \delta_{x_k}, x_k + \delta_{x_k})\}_{k=1}^m$ 覆盖 $[a, b]$. 可以说, 由 $f$ 在每个 $(x_k - \delta_{x_k}, x_k + \delta_{x_k}) \cap [a, b]$ 上单调递增得到 $f$ 在 $[a, b]$ 上单调递增是显然的. 但要叙述清楚却也并不那么容易. 我们提供以下一些写法.

**写法 1**　若 $a \leqslant c < d \leqslant b$, 则有 $(\alpha_1, \beta_1) \in \mathscr{F}_0$ 使得 $c \in (\alpha_1, \beta_1)$. 若 $d \geqslant \beta_1$, 则有 $(\alpha_2, \beta_2) \in \mathscr{F}_0$ 使得 $\beta_1 \in (\alpha_2, \beta_2)$.

一般地, 有 $(\alpha_1, \beta_1), (\alpha_2, \beta_2), \cdots, (\alpha_k, \beta_k) \in \mathscr{F}_0$ 使得 $c \in (\alpha_1, \beta_1), d \in (\alpha_k, \beta_k), \beta_j > \alpha_{j+1} (1 \leqslant j \leqslant k-1)$. 因此, $f(c) \leqslant f(\beta_1^-) \leqslant f(\beta_2^-) \leqslant \cdots \leqslant f(\beta_{k-1}^-) \leqslant f(d)$.

因此, $f$ 在 $[a, b]$ 上单调递增.

**写法 2**　为清晰起见, 不妨设 $m \geqslant 2$ 且 $\mathscr{F}_0 = \{(x_k - \delta_{x_k}, x_k + \delta_{x_k})\}_{k=1}^m$ 没有覆盖 $[a, b]$ 的真子覆盖, 即 $\mathscr{F}_0$ 去除其中任一个开区间后便不能覆盖 $[a, b]$.

设 $x_1 < x_2 < \cdots < x_m$, 则必有 $a > x_1 - \delta_{x_1}$ 以及 $x_2 - \delta_{x_2} < x_1 + \delta_{x_1} \leqslant b$.

现设 $a \leqslant c < d < \min\{b, x_2 + \delta_{x_2}\}$. 若 $a \leqslant c < d < x_1 + \delta_{x_1}$ 或 $x_2 - \delta_{x_2} < c < d < x_2 + \delta_{x_2}$, 则自然有 $f(c) \leqslant f(d)$; 否则 $c < x_2 - \delta_{x_2} < x_1 + \delta_{x_1} < d$, 则任取 $\xi \in (x_2 - \delta_{x_2}, x_1 + \delta_{x_1})$ 可得 $f(c) \leqslant f(\xi) \leqslant f(d)$. 因此 $f$ 在 $(x_1 - \delta_{x_1}, x_2 + \delta_{x_2}) \cap [a, b]$ 上单调递增. 依次类推, 可证 $f$ 在 $[a, b] = (x_1 - \delta_{x_1}, x_m + \delta_{x_m}) \cap [a, b]$ 上单调递增.

**写法 3**　我们也可以引入 $\delta := \dfrac{1}{2} \min\limits_{1 \leqslant k \leqslant m-1} \big\{ x_k + \delta_{x_k} - (x_{k+1} - \delta_{x_{k+1}}) \big\}$. 则 $\delta > 0$, 且当 $a \leqslant x < y \leqslant b$ 满足 $y - x < \delta$ 时, 必有 $k = 1, 2, \cdots, m-1$ 使得 $x, y \in (x_k - \delta_{x_k}, x_k + \delta_{x_k})$. 也就是说我们给出了一个 Lebesgue 数. 余下的证明见如下的方法 2.

(方法 2) 由 Lebesgue 覆盖引理, 设 $\delta > 0$ 为 $\mathscr{F}$ 的 Lebesgue 数. 取 $n \geqslant 1$ 使得 $\dfrac{d-c}{n} < \delta$, 则对任何 $k = 0, 1, 2, \cdots, n-1$ 有 $x \in [a, b]$, 使得 $c + \dfrac{k(d-c)}{n}, c +$

$$\frac{(k+1)(d-c)}{n} \in (x - \delta_x, x + \delta_x). \text{ 因此,} f\left(c + \frac{k(d-c)}{n}\right) \leqslant f\left(c + \frac{(k+1)(d-c)}{n}\right). \text{ 于是}$$

$$f(c) \leqslant f\left(c + \frac{d-c}{n}\right) \leqslant \cdots \leqslant f\left(c + \frac{n(d-c)}{n}\right) = f(d).$$

(**方法 3**) 也可以采用闭区间套定理. 假设结论不成立, 则有 $a \leqslant c < d \leqslant b$ 满足 $f(c) > f(d)$. 记 $[c,d] = [a_1, b_1]$. 归纳地构造闭区间套 $[a_n, b_n]$ 如下: 假设 $[a_n, b_n]$ 已获得, 令

$$[a_{n+1}, b_{n+1}] = \begin{cases} \left[a_n, \dfrac{a_n + b_n}{2}\right], & f(a_n) > f\left(\dfrac{a_n + b_n}{2}\right), \\[2mm] \left[\dfrac{a_n + b_n}{2}, b_n\right], & f(a_n) \leqslant f\left(\dfrac{a_n + b_n}{2}\right). \end{cases}$$

由闭区间套定理可得 $\bigcap\limits_{n=1}^{\infty} [a_n, b_n] = \{\eta\}$. 由题设条件, $f$ 在 $[\eta - \delta_\eta, \eta + \delta_\eta] \cap [a, b]$ 上递增, 然而对充分大的 $n$, 有 $[a_n, b_n] \subseteq [\eta - \delta_\eta, \eta + \delta_\eta] \cap [a, b]$, 而 $f(a_n) > f(b_n)$, 即 $f$ 在 $[a_n, b_n]$ 上不递增. 得到矛盾.

因此, 结论成立. $\qquad\qquad\qquad\qquad\qquad\qquad\qquad\qquad\qquad\qquad\qquad\qquad$ □

【**例 1.2.6**】 若 $F$ 是 $[a,b]$ 上的连续函数, $A$ 为 $[a,b]$ 中的可列集且当 $x \in [a, b] \setminus A$ 时, $F'(x) = 0$, 则 $F$ 在 $[a, b]$ 上恒为常数.

**证明** (**方法 1**) 只要对于 $a < \alpha < \beta < b$, 证明 $F(\alpha) = F(\beta)$. 设 $A = \{a_1, a_2, \cdots, a_n, \cdots\}$.

任给 $\varepsilon > 0$. 由于 $F$ 在 $A$ 上连续, 有 $\delta_n > 0$, 当 $t \in (a_n - 2\delta_n, a_n + 2\delta_n) \cap [a, b]$ 时, 有

$$|F(t) - F(a_n)| \leqslant \frac{\varepsilon}{2^{n+1}}.$$

再由 $F$ 在 $[a, b] \setminus A$ 上的可导性可得: 对任意 $x \in [a, b] \setminus A$, 有 $\delta(x) > 0$, 当 $t \in (x - 2\delta(x), x + 2\delta(x)) \cap [a, b]$ 时, 有

$$|F(t) - F(x)| \leqslant \varepsilon |t - x|.$$

易见 $\left\{(x - \delta(x), x + \delta(x)) \mid x \in [a, b] \setminus A\right\} \cup \left\{(a_n - \delta_n, a_n + \delta_n) \mid n \geqslant 1\right\}$ 覆盖 $[\alpha, \beta]$. 由 Heine-Borel 有限覆盖定理, 有有限子覆盖 $\{(x_k, y_k)\}_{k=1}^m$ 覆盖 $[\alpha, \beta]$. 易见

$$|F(\beta) - F(\alpha)| \leqslant \sum_{j=1}^{\infty} \frac{\varepsilon}{2^j} + \varepsilon(\beta - \alpha).$$

由 $\varepsilon$ 的任意性, 得 $|F(\beta) - F(\alpha)| \leqslant 0$, 即 $F(\alpha) = F(\beta)$. 最后得到 $F$ 恒为常数.

(**方法 2**) 不失一般性, 只要证明 $f(a) = f(b)$. 设 $A \setminus \{b\} = \{a_1, a_2, \cdots, a_n, \cdots\}$.

任取 $\varepsilon > 0$, 有 $b_n \in (a_n, b]$ 使得

$$|F(b_n) - F(a_n)| \leqslant \frac{\varepsilon}{2^n}.$$

考虑集合

$$E = \left\{ x \in [a, b] \;\middle|\; |f(x) - f(a)| \leqslant \varepsilon(x - a) + \sum_{a_n < x} \frac{\varepsilon}{2^n} \right\}.$$

则 $a \in E$, 且易见 $E$ 为闭集. 记 $\beta = \sup E$. 我们断言 $\beta = b$. 否则 $\beta < b$.

若 $\beta \notin A$, 则 $f'(\beta) = 0$. 因此存在 $\xi \in (\beta, b)$ 使得 $|f(\xi) - f(\beta)| < \varepsilon(\xi - \beta)$. 由此可得 $\xi \in E$, 进而 $\xi \leqslant \beta$. 矛盾.

若 $\beta \in A$, 此时设 $\beta = a_k$, 则 $|f(b_k) - f(\beta)| \leqslant \dfrac{\varepsilon}{2^k}$. 由此可得

$$|f(b_k) - f(a)| \leqslant |f(\beta) - f(a)| + |f(b_k) - f(\beta)|$$
$$\leqslant \varepsilon(\beta - a) + \sum_{a_n < \beta} \frac{\varepsilon}{2^n} + \frac{\varepsilon}{2^k}$$
$$\leqslant \varepsilon(b_k - a) + \sum_{a_n < b_k} \frac{\varepsilon}{2^n}.$$

因此, $b_k \in E$, 进而 $b_k \leqslant \beta = a_k$. 矛盾.

总之, 必有 $\beta = b$. 这表明 $|f(b) - f(a)| \leqslant \varepsilon(b - a) + \varepsilon$. 由 $\varepsilon > 0$ 的任意性得到 $f(a) = f(b)$. 结论得证. $\qquad\square$

**【定理 1.2.7】**(Cauchy (柯西) 收敛准则)　$\mathbb{R}^n$ 中的点列 $\{x_k\}$ 收敛的充要条件为: 对任意给定的正数 $\varepsilon > 0$, 存在正整数 $N$, 使得当 $k, j > N$ 时都有

$$|x_k - x_j| < \varepsilon.$$

**【定理 1.2.8】**(确界存在定理)　设 $S$ 为 $\mathbb{R}$ 中的非空集合. 若 $S$ 有上界, 则 $S$ 必有上确界; 若 $S$ 有下界, 则 $S$ 必有下确界.

**【定理 1.2.9】**(单调收敛定理)　$\mathbb{R}$ 中单调递增有上界的数列必有极限.

等价地, $\mathbb{R}$ 中单调递减有下界的数列必有极限.

**【例 1.2.7】**　设 $p > 1$. 证明数列 $\left\{ \sum\limits_{k=1}^{n} \dfrac{1}{n^p} \right\}$ 收敛.

**证明**　显然数列 $\left\{ \sum\limits_{k=1}^{n} \dfrac{1}{n^p} \right\}$ 是单调递增的, 下面证明它有上界. 由不等式

$$(1 + x)^\alpha - 1 \geqslant \frac{\alpha x}{1 + x}, \quad \alpha \geqslant 0, \; x \geqslant 0$$

可得

$$\frac{1}{n^{p-1}} - \frac{1}{(n+1)^{p-1}} = \frac{1}{(n+1)^{p-1}}\left(\left(1+\frac{1}{n}\right)^{p-1} - 1\right) \geqslant \frac{p-1}{(n+1)^p}.$$

于是

$$\sum_{k=2}^{n} \frac{1}{k^p} \leqslant \frac{1}{p-1} \sum_{k=1}^{n-1}\left(\frac{1}{k^{p-1}} - \frac{1}{(k+1)^{p-1}}\right) \leqslant \frac{1}{p-1}.$$

从而数列 $\left\{\displaystyle\sum_{k=1}^{n} \frac{1}{n^p}\right\}$ 收敛. □

数学分析概述

# 第2章 极限与连续

## 2.1 极 限

数学分析理论本质上是在极限的基础上展开的, 熟练掌握极限的一些基本知识及其求解方法与技巧非常重要. 本节介绍若干有关极限问题的方法与技巧.

首先, 我们回顾序列极限和函数极限的定义.

**序列极限** 若 $\mathbb{R}^n$ 中的点列 $\{x_k\}$ 满足 $\forall \varepsilon > 0$, 存在 $N \geqslant 1$, 使得当 $n \geqslant N$ 时, 均有 $|x_k - x| < \varepsilon$, 则称 $\{x_k\}$ 收敛到 $x$, 记作 $\lim\limits_{k \to +\infty} x_k = x$.

由 $\mathbb{R}^n$ 中范数的等价性, 可得对任何 $p \in [1, +\infty]$, $\lim\limits_{k \to +\infty} x_k = x$ 当且仅当 $\lim\limits_{k \to +\infty} \|x_k - x\|_p = 0$. 特别地, $\mathbb{R}^n$ 中点列 $\{x_k\}$ 收敛到 $x$ 当且仅当 $\{x_k\}$ 的各分量收敛到 $x$ 相应的分量.

**函数极限** 设 $\boldsymbol{x}_0$ 是集合 $E \subseteq \mathbb{R}^n$ 的聚点, $\boldsymbol{A} \in \mathbb{R}^m$ 为给定向量. 若向量值函数 $f : E \to \mathbb{R}^m$ 满足对 $\forall \varepsilon > 0$, 存在 $\delta > 0$, 使得当 $0 < |\boldsymbol{x} - \boldsymbol{x}_0| < \delta$ 且 $\boldsymbol{x} \in E$ 时, 均有 $|f(\boldsymbol{x}) - \boldsymbol{A}| < \varepsilon$, 则称 $f(\boldsymbol{x})$ 当 $\boldsymbol{x}$ 趋向于 $\boldsymbol{x}_0$ 时极限为 $\boldsymbol{A}$, 记作 $\lim\limits_{\substack{\boldsymbol{x} \to \boldsymbol{x}_0 \\ \boldsymbol{x} \in E}} f(\boldsymbol{x}) = \boldsymbol{A}$. 当 $E$ 明确时, 简写成 $\lim\limits_{\boldsymbol{x} \to \boldsymbol{x}_0} f(\boldsymbol{x}) = \boldsymbol{A}$. 但有时候这会带来一些麻烦 (参见例 2.1.1).

**【例 2.1.1】** 考察极限 $\lim\limits_{x \to 0} x^x$.

**解** 由于没有注明取极限时 $x$ 的取值范围, 不同的人对该极限的理解会存在差异. 我们罗列如下:

(1) 当 $x < 0$ 时, $x^x$ 并不总有定义, 因此该极限不存在.

(2) 由于 $x$ 是连续变量, 因此, 题中的极限应该理解为有极限, 即

$$\lim_{x \to 0} x^x = \lim_{x \to 0^+} e^{x \ln x} = 1.$$

(3) 极限应该理解为 $x$ 的取值限制在 $x^x$ 的自然定义域上. 由于 $\lim\limits_{x \to 0^+} x^x = 1$, 而

$$\lim_{\substack{x \to 0 \\ 1/x \text{ 为奇负整数}}} x^x = \lim_{n \to +\infty} \left( -(2n+1) \right)^{\frac{1}{2n+1}} = -1.$$

因此, 极限 $\lim\limits_{x \to 0} x^x$ 不存在.

下面的一些基本定理在求解极限时经常被使用.

首先是定理 1.2.7 (Cauchy 收敛准则). 为加深理解, 我们指出, Cauchy 收敛准则等价于如下命题.

**【命题 2.1.1】** $\mathbb{R}^n$ 中的点列 $\{x_k\}$ 收敛的充要条件为: 对任意给定的正数 $\varepsilon > 0$, 存在正整数 $N$, 使得当 $k > N$ 时都有

$$|x_k - x_N| < \varepsilon.$$

若数列为一连续函数在某个点处的轨道, 即该数列为 $\{f_n(x)\}$ 时 (这里 $f_n$ 表示函数 $f$ 的 $n$ 次复合 $\overbrace{f \circ f \circ \cdots \circ f}^{n\uparrow}$), 则有下列特殊的结果.

**【例 2.1.2】** 设 $f: [c,d] \to [c,d]$ 连续, 任取 $x \in [c,d]$, 则数列 $\{x_n\}$ 收敛的充要条件为 $\lim\limits_{n \to +\infty} (x_{n+1} - x_n) = 0$, 其中 $x_n = f_n(x)\,(n \geqslant 1)$ 按上述方式定义.

**证明** 必要性可由 Cauchy 收敛准则直接得到, 只需证明充分性. 假设结论不正确, 则存在 $a < b$ 使得 $\{x_n\}$ 有子列收敛于 $a, b$. 又由于 $|x_{n+1} - x_n| \to 0$, 易证 $[a, b]$ 中的每个点均为数列 $\{x_n\}$ 某个子列的极限.

以下证明 $[a, b]$ 中的每个点均为函数 $f$ 的不动点. 任取 $\eta \in [a, b]$, 设 $\lim\limits_{k \to \infty} x_{n_k} = \eta$, 则

$$\lim_{k \to +\infty} x_{n_k+1} = \lim_{k \to +\infty} (x_{n_k+1} - x_{n_k}) + \lim_{k \to +\infty} x_{n_k} = \eta.$$

由 $f$ 的连续性, 对等式 $x_{n_k+1} = f(x_{n_k})$ 两边取极限可得 $f(\eta) = \eta$.

这意味着, 若对某个 $k$, 有 $x_k \in [a, b]$, 则当 $n \geqslant k$ 时, 恒有 $x_n = x_k$. 与假设矛盾. 因此, $\{x_n\}$ 必收敛. $\qquad\square$

**【定理 2.1.2】** $\left(\text{Stolz (施托尔茨) 定理}\left(\dfrac{*}{\infty}\text{ 型}\right)\right)$ 若数列 $\{a_n\}, \{b_n\}$ 满足

(i) $\{b_n\}$ 严格单调增加;

(ii) $\lim\limits_{n \to +\infty} b_n = +\infty$;

(iii) $\lim\limits_{n \to +\infty} \dfrac{a_{n+1} - a_n}{b_{n+1} - b_n} = L$,

则 $\lim\limits_{n \to +\infty} \dfrac{a_n}{b_n} = L$, 其中 $L$ 可以是有限数, $+\infty$ 或 $-\infty$.

**【定理 2.1.3】** $\left(\text{Stolz 定理}\left(\dfrac{0}{0}\text{ 型}\right)\right)$ 若数列 $\{a_n\}, \{b_n\}$ 满足

(i) $\{b_n\}$ 严格单调递减且趋于零;

(ii) $\lim\limits_{n \to +\infty} a_n = 0$;

(iii) $\lim\limits_{n \to +\infty} \dfrac{a_{n+1} - a_n}{b_{n+1} - b_n} = L$,

则 $\lim\limits_{n \to +\infty} \dfrac{a_n}{b_n} = L$, 其中 $L$ 可以是有限数, $+\infty$ 或 $-\infty$.

上述两个定理可以增强为

**【命题 2.1.4】** 设 $\{x_n\}$ 和 $\{y_n\}$ 是两个实数列. 若 $\{y_n\}$ 严格单调增加, 且 $\lim\limits_{n \to +\infty} y_n = +\infty$, 则

$$\varliminf_{n \to +\infty} \frac{x_{n+1} - x_n}{y_{n+1} - y_n} \leqslant \varliminf_{n \to +\infty} \frac{x_n}{y_n} \leqslant \varlimsup_{n \to +\infty} \frac{x_n}{y_n} \leqslant \varlimsup_{n \to +\infty} \frac{x_{n+1} - x_n}{y_{n+1} - y_n}.$$

**证明**　对任何 $n > m \geqslant 1$, 我们有

$$\inf_{k \geqslant m} \frac{x_{k+1} - x_k}{y_{k+1} - y_k} \leqslant \frac{x_n - x_m}{y_n - y_m} = \frac{\sum\limits_{j=m}^{n-1} (x_{j+1} - x_j)}{\sum\limits_{j=m}^{n-1} (y_{j+1} - y_j)} \leqslant \sup_{k \geqslant m} \frac{x_{k+1} - x_k}{y_{k+1} - y_k}.$$

在上式中固定 $m$, 令 $n \to +\infty$, 并注意到 $\lim\limits_{n \to +\infty} y_n = +\infty$ 蕴含

$$\varliminf_{n \to +\infty} \frac{x_n - x_m}{y_n - y_m} = \varliminf_{n \to +\infty} \frac{x_n}{y_n}, \quad \varlimsup_{n \to +\infty} \frac{x_n - x_m}{y_n - y_m} = \varlimsup_{n \to +\infty} \frac{x_n}{y_n},$$

得到

$$\inf_{k \geqslant m} \frac{x_{k+1} - x_k}{y_{k+1} - y_k} \leqslant \varliminf_{n \to +\infty} \frac{x_n}{y_n} \leqslant \varlimsup_{n \to +\infty} \frac{x_n}{y_n} \leqslant \sup_{k \geqslant m} \frac{x_{k+1} - x_k}{y_{k+1} - y_k}.$$

再在上式中令 $m \to +\infty$ 得到

$$\varliminf_{n \to +\infty} \frac{x_{n+1} - x_n}{y_{n+1} - y_n} \leqslant \varliminf_{n \to +\infty} \frac{x_n}{y_n} \leqslant \varlimsup_{n \to +\infty} \frac{x_n}{y_n} \leqslant \varlimsup_{n \to +\infty} \frac{x_{n+1} - x_n}{y_{n+1} - y_n},$$

从而定理成立. □

接下来介绍证明极限存在及求极限值的几种常见的方法.

**1. 利用单调收敛定理**

**【例 2.1.3】**　设正数数列 $\{x_n\}$ 满足

$$x_{n+1} \leqslant x_n + \int_n^{n+1} \frac{\mathrm{d}\,t}{t \ln^2 t + \cos^2 t}, \quad n \geqslant 1.$$

证明数列 $\{x_n\}$ 收敛.

**证明**　当 $n > 1$ 时,

$$x_{n+1} \leqslant x_n + \int_n^{n+1} \frac{\mathrm{d}\,t}{t \ln^2 t} = x_n + \frac{1}{\ln n} - \frac{1}{\ln(n+1)},$$

即 $x_{n+1} + \dfrac{1}{\ln(n+1)} < x_n + \dfrac{1}{\ln n}$ $(n > 1)$. 这表明正数数列 $\left\{ x_n + \dfrac{1}{\ln n} \right\}_2^\infty$ 单调递减且有下界 0, 故 $\left\{ x_n + \dfrac{1}{\ln n} \right\}_2^\infty$ 收敛. 而 $\lim\limits_{n \to +\infty} \dfrac{1}{\ln n} = 0$, 故数列 $\{x_n\}$ 收敛. □

**【注 2.1.1】**　一般地, 若非负数列 $\{x_n\}$ 满足 $x_{n+1} \leqslant x_n + b_n$ 且级数 $\sum\limits_{n=1}^\infty b_n$ 收敛, 则 $\{x_n\}$ 收敛 (见例 2.1.32).

**【例 2.1.4】** 设 $x_1 > 0, x_{n+1} = 1 + \dfrac{1}{x_n} (n = 1, 2, \cdots)$. 证明: $\lim\limits_{n \to +\infty} x_n$ 存在.

**证明** 首先易得数列 $\{x_n\}$ 有界且 $x_n > 1 (n \geqslant 2)$. 另一方面,

$$x_{n+4} - x_{n+2} = -\frac{1}{x_{n+1}x_{n+3}}(x_{n+3} - x_{n+1})$$

$$= \frac{1}{x_n x_{n+1} x_{n+2} x_{n+3}}(x_{n+2} - x_n), \quad \forall n \geqslant 1.$$

因此, 数列 $\{x_{2n}\}$ 和 $\{x_{2n-1}\}$ 均为单调有界数列. 于是数列 $\{x_{2n}\}$ 和 $\{x_{2n-1}\}$ 均收敛. 设极限依次为 $L, \ell$, 则 $L, \ell \geqslant 1$. 对等式 $x_{2n} = 1 + \dfrac{1}{x_{2n-1}}, x_{2n+1} = 1 + \dfrac{1}{x_{2n}}$ 两边取极限可得

$$L = 1 + \frac{1}{\ell}, \quad \ell = 1 + \frac{1}{L},$$

得到 $L = \ell$. 从而 $\lim\limits_{n \to +\infty} x_n$ 存在. □

**【例 2.1.5】** 设 $0 < a < 1, x_n = (1+a)(1+a^2)\cdots(1+a^n)\,(n \geqslant 1)$, 证明: 数列 $\{x_n\}$ 收敛.

**证明** 易见 $\{x_n\}$ 单调增加, 又对任何 $n \geqslant 1$, 有

$$x_n \leqslant \left(\frac{n + a + a^2 + \cdots + a^n}{n}\right)^n = \left(1 + \frac{a(1-a^n)}{n(1-a)}\right)^n \leqslant \left(1 + \frac{a}{n(1-a)}\right)^n \leqslant e^{\frac{a}{1-a}},$$

即 $\{x_n\}$ 有上界, 因此数列 $\{x_n\}$ 收敛.

自然, 我们也可以利用如下不等式:

$$\ln x_n = \sum_{k=1}^n \ln(1 + a^k) \leqslant \sum_{k=1}^n a^k \leqslant \sum_{k=1}^\infty a^k = \frac{a}{1-a}, \qquad \forall n \geqslant 1. \qquad □$$

**【例 2.1.6】** 设 $x_n = \sum\limits_{k=1}^n \dfrac{1}{\sqrt{k}} - 2\sqrt{n}\,(n \geqslant 1)$, 证明 $\lim\limits_{n \to +\infty} x_n$ 存在.

**证明** 下面证明数列 $\{x_n\}$ 单调递减有下界. 因为

$$x_{n+1} - x_n = \frac{1}{\sqrt{n+1}} - 2\sqrt{n+1} + 2\sqrt{n}$$

$$= \frac{1}{\sqrt{n+1}} - \frac{2}{\sqrt{n+1} + \sqrt{n}}$$

$$= \frac{\sqrt{n} - \sqrt{n+1}}{\sqrt{n+1}(\sqrt{n+1} + \sqrt{n})} < 0,$$

所以数列 $\{x_n\}$ 是单调递减的. 又由上式可得

$$x_{n+1} - x_n = -\frac{1}{\sqrt{n+1}(\sqrt{n+1} + \sqrt{n})^2} > -\frac{1}{(n+1)^{3/2}}.$$

取 $n = 1, 2, \cdots, m$ 并相加可得

$$x_{m+1} - x_1 > -\left(\frac{1}{2^{3/2}} + \frac{1}{3^{3/2}} + \cdots + \frac{1}{(m+1)^{3/2}}\right) \geqslant -A,$$

这里 $A$ 是正项级数 $\displaystyle\sum_{n=1}^{\infty} \frac{1}{(n+1)^{3/2}}$ 的和. □

**【例 2.1.7】** 设 $x_1 > -6$, $x_{n+1} = \sqrt{x_n + 6}\,(n = 1, 2, \cdots)$, 证明数列 $\{x_n\}$ 的极限存在并求 $\displaystyle\lim_{n \to +\infty} x_n$.

**解** 我们分两种情况讨论.

**情形 I** $-6 < x_1 < 3$.

首先证明数列 $\{x_n\}$ 有上界. 由假设 $x_1 \leqslant 3$, 现假设 $x_n \leqslant 3$, 则

$$0 < x_{n+1} = \sqrt{x_n + 6} \leqslant \sqrt{3 + 6} = 3.$$

从而 $x_n \leqslant 3\,(n = 1, 2, \cdots)$. 接下来证明数列 $\{x_n\}$ 单调递增. 注意到当 $n \geqslant 2$ 时,

$$x_{n+1} - x_n = \sqrt{x_n + 6} - x_n = \frac{x_n + 6 - x_n^2}{\sqrt{x_n + 6} + x_n} \geqslant 0.$$

于是, 数列 $\{x_n\}$ 单调增加有上界.

**情形 II** $x_1 \geqslant 3$.

首先证明数列 $\{x_n\}$ 有下界. 由假设 $x_1 \geqslant 3$, 现假设 $x_n \geqslant 3$, 则

$$x_{n+1} = \sqrt{x_n + 6} \geqslant \sqrt{3 + 6} = 3.$$

从而 $x_n \geqslant 3\,(n = 1, 2, \cdots)$. 接下来证明数列 $\{x_n\}$ 单调递减. 注意到

$$x_{n+1} - x_n = \sqrt{x_n + 6} - x_n = \frac{x_n + 6 - x_n^2}{\sqrt{x_n + 6} + x_n} \leqslant 0.$$

于是, 数列 $\{x_n\}$ 单调减少有下界.

综上可知数列 $\{x_n\}$ 的极限存在, 设为 $A$. 对等式 $x_{n+1} = \sqrt{x_n + 6}$ 两边取极限, 得到

$$A = \sqrt{A + 6},$$

解得 $A = 3$. 从而得到 $\displaystyle\lim_{n \to +\infty} x_n = 3$.

**【例 2.1.8】** 设数列为 $\sqrt{3}, \sqrt{3 + \sqrt{3}}, \sqrt{3 + \sqrt{3 + \sqrt{3}}}, \cdots$. 证明该数列收敛并求该极限.

**证明**   记 $x_n = \sqrt{3 + \sqrt{3 + \sqrt{3 + \cdots + \sqrt{3}}}}$ ($n$ 重根号), 则易看出 $x_n \leqslant x_{n+1}$. 我们证明 $x_n \leqslant 3$. 显然 $x_1 = \sqrt{3} \leqslant 3$. 设 $x_n \leqslant 3$, 则有

$$x_{n+1} = \sqrt{3 + x_n} \leqslant \sqrt{3 + 3} \leqslant 3.$$

于是数列 $\{x_n\}$ 单调增加有上界, 故它有极限, 设该极限为 $A$. 对等式 $x_{n+1} = \sqrt{3 + x_n}$ 两边取极限得到 $A = \sqrt{3 + A}$, 从而得到 $A = \dfrac{1 + \sqrt{13}}{2}$. □

**2. 利用 Stolz 定理**

**【例 2.1.9】**   已知数列 $\{a_n\}$ 满足条件 $\lim\limits_{n \to +\infty} (a_n - a_{n-2}) = 0$, 证明:

$$\lim_{n \to +\infty} \frac{a_n - a_{n-1}}{n} = 0.$$

**证明**   设 $b_n = \dfrac{a_n - a_{n-1}}{n}$, 则利用 Stolz 定理可得

$$\lim_{n \to +\infty} b_{2n} = \lim_{n \to +\infty} \frac{a_{2n} - a_{2n-1}}{2n} = \lim_{n \to +\infty} \frac{(a_{2n} - a_{2n-1}) - (a_{2n-2} - a_{2n-3})}{2n - 2(n-1)}$$

$$= \frac{1}{2} \lim_{n \to +\infty} ((a_{2n} - a_{2n-2}) - (a_{2n-1} - a_{2n-3})) = 0.$$

同理可得 $\lim\limits_{n \to +\infty} b_{2n-1} = 0$. 因此 $\lim\limits_{n \to +\infty} b_n = \lim\limits_{n \to +\infty} \dfrac{a_n - a_{n-1}}{n} = 0$. □

**【例 2.1.10】**   设 $x_1 > 0, x_{n+1} = x_n + \dfrac{1}{\sqrt{n} x_n}$ ($n \geqslant 1$), 求极限 $\lim\limits_{n \to +\infty} \dfrac{x_n}{\sqrt[4]{n}}$.

**解**   注意到正数列 $\{x_n\}$ 单调递增, 可得 $\lim\limits_{n \to +\infty} \dfrac{x_{n+1}}{x_n} = 1$. 考察 $\alpha > 0$ 使得在利用 Stolz 定理计算 $\lim\limits_{n \to +\infty} \left(\dfrac{x_n}{\sqrt[4]{n}}\right)^{\alpha}$ 时, 能够 "消去" $x_n$, 易见取 $\alpha = 2$ 是适合的, 则有

$$\lim_{n \to +\infty} \frac{x_n^2}{\sqrt{n}} = \lim_{n \to +\infty} \frac{x_{n+1}^2 - x_n^2}{\sqrt{n+1} - \sqrt{n}} = \lim_{n \to +\infty} (\sqrt{n+1} + \sqrt{n}) \left(\frac{2}{\sqrt{n}} + \frac{1}{n x_n^2}\right)$$

$$= \lim_{n \to +\infty} \left(\sqrt{1 + \frac{1}{n}} + 1\right) \left(2 + \frac{1}{\sqrt{n} x_n^2}\right) = 4.$$

于是, $\lim\limits_{n \to +\infty} \dfrac{x_n}{\sqrt[4]{n}} = 2$.

**【例 2.1.11】**   已知 $\lim\limits_{n \to +\infty} a_n = A$, $b_n > 0$. 记 $c_n = \dfrac{a_1 b_1 + a_2 b_2 + \cdots + a_n b_n}{b_1 + b_2 + \cdots + b_n}$. 证明:

(i) 若 $\lim\limits_{n \to +\infty} (b_1 + b_2 + \cdots + b_n) = +\infty$, 则 $\lim\limits_{n \to +\infty} c_n = A$;

(ii) $\lim\limits_{n \to +\infty} c_n$ 存在.

**证明** 记 $x_n = a_1b_1 + a_2b_2 + \cdots + a_nb_n$, $y_n = b_1 + b_2 + \cdots + b_n$.

(i) 由题设 $\lim\limits_{n\to+\infty} y_n = +\infty$. 使用 Stolz 公式可得

$$\lim_{n\to+\infty} c_n = \lim_{n\to+\infty} \frac{x_n}{y_n} = \lim_{n\to+\infty} \frac{x_{n+1} - x_n}{y_{n+1} - y_n} = \lim_{n\to+\infty} \frac{a_{n+1}b_{n+1}}{b_{n+1}} = A.$$

(ii) 只需证明当 $\lim\limits_{n\to+\infty} y_n = B > 0$ 时, $\lim\limits_{n\to+\infty} c_n$ 存在即可. 进而只需要证明 $\lim\limits_{n\to+\infty} (a_1b_1 + a_2b_2 + \cdots + a_nb_n)$ 存在. 记 $d_n = a_1b_1 + a_2b_2 + \cdots + a_nb_n$. 假设 $|a_n| < L$, 则有

$$|d_{n+k} - d_n| = |a_{n+1}b_{n+1} + a_{n+2}b_{n+2} + \cdots + a_{n+k}b_{n+k}| \leqslant L|y_{n+k} - y_n|.$$

于是, 由 Cauchy 收敛准则可知 $\lim\limits_{n\to+\infty} d_n$ 存在. $\qquad\square$

### 3. 利用定积分的定义与性质

**【命题 2.1.5】** 设 $f$ 在 $[a, b]$ 上 Riemann 可积. 令

$$f_{vn} = f(a + v\delta_n), \quad \delta_n = \frac{b-a}{n},$$

则

$$\lim_{n\to+\infty} \frac{f_{1n} + f_{2n} + \cdots + f_{nn}}{n} = \frac{1}{b-a} \int_a^b f(x)\mathrm{d}x,$$

$$\lim_{n\to+\infty} \sqrt[n]{f_{1n}f_{2n}\cdots f_{nn}} = \exp\left\{ \frac{1}{b-a} \int_a^b \ln f(x)\mathrm{d}x \right\},$$

$$\lim_{n\to+\infty} \frac{n}{\dfrac{1}{f_{1n}} + \dfrac{1}{f_{2n}} + \cdots + \dfrac{1}{f_{nn}}} = \frac{b-a}{\displaystyle\int_a^b \dfrac{\mathrm{d}x}{f(x)}},$$

这三个极限分别称为函数 $f$ 的算术平均值、几何平均值与调和平均值. 在后面两式中, 假设 $f$ 有正的下确界.

**【例 2.1.12】** 设 $n, v$ 为正整数, $1 \leqslant v \leqslant n$. 记 $n_v$ 为 $v$ 除 $n$ 所产生的余数. 计算

(i) $\lim\limits_{n\to+\infty} \dfrac{1}{n} \left( \dfrac{n_1}{1} + \dfrac{n_2}{2} + \dfrac{n_3}{3} + \cdots + \dfrac{n_n}{n} \right)$;

(ii) $\lim\limits_{n\to+\infty} \dfrac{n_1 + n_2 + \cdots + n_n}{n^2}$.

**解** 注意到 $n = v\left[\dfrac{n}{v}\right] + n_v$.

(i) 于是

$$\lim_{n \to +\infty} \frac{1}{n}\left(\frac{n_1}{1} + \frac{n_2}{2} + \frac{n_3}{3} + \cdots + \frac{n_n}{n}\right) = \lim_{n \to +\infty} \frac{1}{n}\sum_{v=1}^{n}\left(\frac{n}{v} - \left[\frac{n}{v}\right]\right)$$

$$= \int_0^1 \left(\frac{1}{x} - \left[\frac{1}{x}\right]\right)\mathrm{d}x = \lim_{n \to +\infty}\int_{1/n}^1 \left(\frac{1}{x} - \left[\frac{1}{x}\right]\right)\mathrm{d}x$$

$$= \lim_{n \to +\infty}\left(\ln n - \sum_{k=1}^{n-1}\frac{1}{k+1}\right) = 1 - \gamma,$$

这里 $\gamma \approx 0.57721566$ 为 Euler (欧拉) 常数.

(ii) 我们有

$$\lim_{n \to +\infty} \frac{n_1 + n_2 + \cdots + n_n}{n^2} = \lim_{n \to +\infty}\frac{1}{n}\sum_{v=1}^{n}\left(1 - \frac{v}{n}\left[\frac{n}{v}\right]\right) = 1 - \int_0^1 \left[\frac{1}{x}\right]x\mathrm{d}x$$

$$= 1 - \sum_{n=1}^{\infty}\frac{n}{2}\left(\frac{1}{n^2} - \frac{1}{(n+1)^2}\right) = 1 - \frac{1}{2}\sum_{n=1}^{\infty}\left(\frac{1}{n} - \frac{1}{n+1} + \frac{1}{(n+1)^2}\right)$$

$$= 1 - \frac{1}{2}\left(1 + \sum_{n=1}^{\infty}\frac{1}{(n+1)^2}\right) = 1 - \frac{\pi^2}{12}.$$

【注 2.1.2】 下列几个级数和是重要的.

$$\sum_{n=1}^{\infty}\frac{1}{n^2} = \frac{\pi^2}{6}, \quad \sum_{n=1}^{\infty}\frac{1}{(2n-1)^2} = \frac{\pi^2}{8}, \quad \sum_{n=1}^{\infty}(-1)^{n-1}\frac{1}{n^2} = \frac{\pi^2}{12}.$$

【例 2.1.13】 设 $n, v$ 为正整数, $1 < v < n$. 若 $n$ 和 $v$ 按下述方式增加到无穷,

$$\lim_{n \to +\infty}\frac{v - \dfrac{n}{2}}{\sqrt{n}} = \lambda > 0,$$

则

$$\lim_{n \to +\infty}\frac{\sqrt{n}}{2^n}\mathrm{C}_n^v = \sqrt{\frac{2}{\pi}}\mathrm{e}^{-2\lambda^2}.$$

**证明** 若 $n = 2m$ 为偶数, 则 $\dfrac{v - m}{\sqrt{m}} \to \lambda\sqrt{2}$. 我们有

$$\frac{\mathrm{C}_{2m}^v}{\mathrm{C}_{2m}^m} = \frac{m}{m+1} \cdot \frac{m-1}{m+2} \cdots \frac{m-(v-m-1)}{m+(v-m)}$$

$$= \frac{1}{1 + \dfrac{1}{\sqrt{m}} \cdot \dfrac{1}{\sqrt{m}}} \cdot \frac{1 - \dfrac{1}{\sqrt{m}} \cdot \dfrac{1}{\sqrt{m}}}{1 + \dfrac{2}{\sqrt{m}} \cdot \dfrac{1}{\sqrt{m}}} \cdots \frac{1 - \dfrac{v-m-1}{\sqrt{m}} \cdot \dfrac{1}{\sqrt{m}}}{1 + \dfrac{v-m}{\sqrt{m}} \cdot \dfrac{1}{\sqrt{m}}}$$

$$\rightarrow \frac{\exp\left\{-\int_0^{\lambda\sqrt{2}} x\mathrm{d}x\right\}}{\exp\left\{\int_0^{\lambda\sqrt{2}} x\mathrm{d}x\right\}} = \mathrm{e}^{-2\lambda^2}.$$

注意利用 Stirling (斯特林) 公式 $n! \sim \sqrt{2\pi n}\left(\dfrac{n}{\mathrm{e}}\right)^n$, 我们有 $\mathrm{C}_{2m}^m = \dfrac{(2m)!}{(m!)^2} \sim \dfrac{2^{2m}}{\sqrt{m\pi}}$, 从而

$$\lim_{m\to+\infty} \frac{\sqrt{2m}}{2^{2m}} \mathrm{C}_{2m}^v = \lim_{m\to+\infty} \left(\frac{\mathrm{C}_{2m}^v}{\mathrm{C}_{2m}^m} \cdot \mathrm{C}_{2m}^m \cdot \frac{\sqrt{2m}}{2^{2m}}\right) = \sqrt{\frac{2}{\pi}} \mathrm{e}^{-2\lambda^2}.$$

接下来只需证明

$$\lim_{m\to+\infty} \frac{\dfrac{\sqrt{2m}}{2^{2m}} \mathrm{C}_{2m}^v}{\dfrac{\sqrt{2m+1}}{2^{2m+1}} \mathrm{C}_{2m+1}^v} = 1$$

即可. 我们有

$$\frac{\dfrac{\sqrt{2m}}{2^{2m}} \mathrm{C}_{2m}^v}{\dfrac{\sqrt{2m+1}}{2^{2m+1}} \mathrm{C}_{2m+1}^v} = \frac{2\sqrt{2m}\mathrm{C}_{2m}^v}{\sqrt{2m+1}\mathrm{C}_{2m+1}^v} = \frac{2\sqrt{2m}}{\sqrt{2m+1}} \cdot \frac{2m+1-v}{2m+1}$$

$$= \frac{2\sqrt{2m}}{\sqrt{2m+1}} \cdot \left(\frac{m+1}{2m+1} + \frac{m-v}{\sqrt{m}} \cdot \frac{\sqrt{m}}{2m+1}\right) \to 1. \qquad \Box$$

【例 2.1.14】　求极限 $\displaystyle\lim_{n\to+\infty}\left(\ln\left(1+\frac{1}{n^2}\right) + \ln\left(1+\frac{2}{n^2}\right) + \cdots + \ln\left(1+\frac{n}{n^2}\right)\right)$.

**解**　不难证明, 当 $x \in [0,1)$ 时,

$$x\left(1 - \frac{1}{2}x\right) \leqslant \ln(1+x) \leqslant x.$$

因此

$$\left(1 - \frac{1}{2n}\right)\sum_{i=1}^n \frac{i}{n^2} \leqslant \sum_{i=1}^n \frac{i}{n^2}\left(1 - \frac{i}{2n^2}\right) \leqslant \sum_{i=1}^n \ln\left(1 + \frac{i}{n^2}\right) \leqslant \sum_{i=1}^n \frac{i}{n^2}.$$

由定积分的定义, 有

$$\lim_{n\to+\infty} \sum_{i=1}^n \frac{i}{n^2} = \int_0^1 x\,\mathrm{d}x = \frac{1}{2}.$$

结合夹逼准则即得所求极限为 $\dfrac{1}{2}$.

**【例 2.1.15】** 设 $\alpha, \beta, \delta$ 为正数, 证明: $\lim\limits_{n \to +\infty} \prod\limits_{k=0}^{n-1} \dfrac{1 + \dfrac{\alpha + k\delta}{n}}{1 + \dfrac{\beta + k\delta}{n}} = (1 + \delta)^{\frac{\alpha - \beta}{\delta}}.$

**证明** 当 $\alpha = \beta$ 时结果是显然成立的, 以下假设 $\alpha \neq \beta$. 我们有

$$\prod_{k=0}^{n-1} \frac{1 + \dfrac{\alpha + k\delta}{n}}{1 + \dfrac{\beta + k\delta}{n}} = \exp\left( \sum_{k=0}^{n-1} \ln \frac{1 + \dfrac{\alpha + k\delta}{n}}{1 + \dfrac{\beta + k\delta}{n}} \right).$$

记 $f(x) = \ln(1 + x) - x$. 注意到

$$\ln \frac{1 + \dfrac{\alpha + k\delta}{n}}{1 + \dfrac{\beta + k\delta}{n}} = \ln \left( 1 + \frac{\alpha - \beta}{\delta} \cdot \frac{1}{1 + \dfrac{\beta + k\delta}{n}} \cdot \frac{\delta}{n} \right)$$

$$= \frac{\alpha - \beta}{\delta} \cdot \frac{1}{1 + \dfrac{\beta + k\delta}{n}} \cdot \frac{\delta}{n} + \alpha_{n,k},$$

这里

$$\alpha_{n,k} = f\left( \frac{\alpha - \beta}{\delta} \cdot \frac{1}{1 + \dfrac{\beta + k\delta}{n}} \cdot \frac{\delta}{n} \right) = o\left( \frac{\alpha - \beta}{\delta} \cdot \frac{1}{1 + \dfrac{\beta + k\delta}{n}} \cdot \frac{\delta}{n} \right).$$

因为函数 $f$ 在 $(-\infty, 0]$ 上严格单调递增, 在 $[0, +\infty)$ 上严格单调递减且 $f(0) = 0$, 所以 $|\alpha_{n,k}| \leqslant |\alpha_{n,1}|$. 这样对于给定的 $\varepsilon > 0$, 可以取正整数 $N$ 使得当 $n > N$ 时,

$$\left| \sum_{k=1}^{n} \alpha_{n,k} \right| \leqslant \sum_{k=1}^{n} |\alpha_{n,k}| \leqslant n |\alpha_{n,1}| < \varepsilon.$$

当 $n > N$ 时,

$$-\varepsilon < \sum_{k=0}^{n-1} \ln \frac{1 + \dfrac{\alpha + k\delta}{n}}{1 + \dfrac{\beta + k\delta}{n}} - \sum_{k=0}^{n-1} \frac{\alpha - \beta}{\delta} \cdot \frac{1}{1 + \dfrac{\beta + k\delta}{n}} \cdot \frac{\delta}{n} < \varepsilon.$$

记 $h(x) = \dfrac{\alpha - \beta}{\delta} \cdot \dfrac{1}{1 + x}$ 为定义在 $[0, \delta]$ 上的函数, 则 (利用例 2.4.6 的结论)

$$\lim_{n \to +\infty} \sum_{k=0}^{n-1} \frac{\alpha - \beta}{\delta} \cdot \frac{1}{1 + \dfrac{\beta + k\delta}{n}} \cdot \frac{\delta}{n} = \lim_{n \to +\infty} \sum_{k=0}^{n-1} h\left( \frac{\beta}{n} + \frac{k\delta}{n} \right) \cdot \frac{\delta}{n} = \int_0^{\delta} h(x) \mathrm{d}x,$$

通过取上、下极限并考虑到 $\varepsilon$ 的任意性, 我们有

$$\lim_{n\to+\infty}\sum_{k=0}^{n-1}\ln\frac{1+\dfrac{\alpha+k\delta}{n}}{1+\dfrac{\beta+k\delta}{n}}=\int_0^\delta h(x)\mathrm{d}x.$$

于是可知

$$\lim_{n\to+\infty}\prod_{k=0}^{n-1}\frac{1+\dfrac{\alpha+k\delta}{n}}{1+\dfrac{\beta+k\delta}{n}}=\mathrm{e}^{\int_0^\delta h(x)\mathrm{d}x}=(1+\delta)^{\frac{\alpha-\beta}{\delta}}.$$

这就得到了结论. $\qquad\qquad\square$

【注 2.1.3】 利用 $\Gamma$ 函数的递推公式, 可得

$$\prod_{k=0}^{n-1}\frac{1+\dfrac{\alpha+k\delta}{n}}{1+\dfrac{\beta+k\delta}{n}}=\prod_{k=0}^{n-1}\frac{\dfrac{n+\alpha}{\delta}+k}{\dfrac{n+\beta}{\delta}+k}=\frac{\Gamma\left(\dfrac{n+\beta}{\delta}\right)\Gamma\left(\dfrac{n+\alpha}{\delta}+n\right)}{\Gamma\left(\dfrac{n+\alpha}{\delta}\right)\Gamma\left(\dfrac{n+\beta}{\delta}+n\right)}.$$

再利用 Stirling 公式, 或者利用 $\displaystyle\lim_{x\to+\infty}\frac{\Gamma(x+s)}{\Gamma(x)x^s}=1$ 即可得本例结论.

【例 2.1.16】 求极限 $\displaystyle\lim_{n\to+\infty}\sum_{k=1}^n\frac{k-\sin^2 k}{n^2}\left(\ln(n+k-\sin^2 k)-\ln n\right).$

**解**

$$\lim_{n\to+\infty}\sum_{k=1}^n\frac{k-\sin^2 k}{n^2}\left(\ln(n+k-\sin^2 k)-\ln n\right)$$

$$=\lim_{n\to+\infty}\frac{1}{n}\sum_{k=1}^n\frac{k-\sin^2 k}{n}\ln\left(1+\frac{k-\sin^2 k}{n}\right)$$

$$=\int_0^1 x\ln(1+x)\,\mathrm{d}x=\frac{1}{4}.$$

【例 2.1.17】 求极限 $\displaystyle\lim_{n\to+\infty}\sqrt{n}\left(1-\sum_{k=1}^n\frac{1}{n+\sqrt{k}}\right).$

**解**

$$\sqrt{n}\left(1-\sum_{k=1}^n\frac{1}{n+\sqrt{k}}\right)=\sqrt{n}\sum_{k=1}^n\left(\frac{1}{n}-\frac{1}{n+\sqrt{k}}\right)=\sum_{k=1}^n\frac{\sqrt{k}}{\sqrt{n}(n+\sqrt{k})}.$$

注意到

$$\frac{1}{n+\sqrt{n}}\sum_{k=1}^n\sqrt{\frac{k}{n}}\leqslant\sum_{k=1}^n\frac{\sqrt{k}}{\sqrt{n}(n+\sqrt{k})}\leqslant\frac{1}{n}\sum_{k=1}^n\sqrt{\frac{k}{n}},$$

由夹逼准则和 $\sqrt{x}$ 在 $[0,1]$ 上的可积性, 可得

$$\lim_{n \to +\infty} \sqrt{n} \left( 1 - \sum_{k=1}^{n} \frac{1}{n + \sqrt{k}} \right) = \int_0^1 \sqrt{x}\, \mathrm{d}x = \frac{2}{3}.$$

【例 2.1.18】 求极限 $\displaystyle\lim_{n \to +\infty} \frac{1}{n} \sqrt[2n]{n(n+1)(n+2)\cdots(3n-1)}$.

**解** 设 $a_n = \dfrac{1}{n} \sqrt[2n]{n(n+1)(n+2)\cdots(3n-1)}$, 则

$$\ln a_n = \frac{\ln n + \ln(n+1) + \ln(n+2) + \cdots + \ln(3n-1)}{2n} - \ln n$$

$$= \frac{\ln 1 + \ln\left(1 + \dfrac{1}{n}\right) + \ln\left(1 + \dfrac{2}{n}\right) + \cdots + \ln\left(1 + \dfrac{2n-1}{n}\right)}{2n}.$$

于是

$$\lim_{n \to +\infty} \ln a_n = \frac{1}{2} \int_0^2 \ln(1+x)\, \mathrm{d}x = \frac{3}{2} \ln 3 - 1.$$

故 $\displaystyle\lim_{n \to +\infty} a_n = \frac{\sqrt{27}}{\mathrm{e}} = \frac{3\sqrt{3}}{\mathrm{e}}$.

【例 2.1.19】 设 $\displaystyle\lim_{n \to +\infty} \alpha_n = 1$, $f$ 在 $[0,1]$ 上 Riemann 可积. 证明:

$$\lim_{n \to +\infty} \left( \frac{\alpha_{n+1} f\left(\dfrac{1}{n}\right) + \alpha_{n+2} f\left(\dfrac{2}{n}\right) + \cdots + \alpha_{n+k} f\left(\dfrac{k}{n}\right) + \cdots + \alpha_{n+n} f\left(\dfrac{n}{n}\right)}{n} \right)$$

$$= \int_0^1 f(x)\mathrm{d}x.$$

**证明** 设 $M$ 为 $|f|$ 的上界. 我们有

$$\frac{\alpha_{n+1} f\left(\dfrac{1}{n}\right) + \alpha_{n+2} f\left(\dfrac{2}{n}\right) + \cdots + \alpha_{n+k} f\left(\dfrac{k}{n}\right) + \cdots + \alpha_{n+n} f\left(\dfrac{n}{n}\right)}{n}$$

$$= \sum_{k=1}^{n} \frac{1}{n} f\left(\frac{k}{n}\right) + \sum_{k=1}^{n} \frac{\alpha_{n+k} - 1}{n} f\left(\frac{k}{n}\right).$$

由 $f$ 在 $[0,1]$ 上的 Riemann 可积性可得

$$\lim_{n \to +\infty} \sum_{k=1}^{n} \frac{1}{n} f\left(\frac{k}{n}\right) = \int_0^1 f(x)\, \mathrm{d}x.$$

而

$$\varlimsup_{n\to+\infty}\left|\sum_{k=1}^{n}\frac{\alpha_{n+k}-1}{n}f\left(\frac{k}{n}\right)\right|\leqslant M\varlimsup_{n\to+\infty}\sup_{k\geqslant n}|\alpha_k-1|=0.$$

故结论得证. □

【例 2.1.20】　求极限 $\displaystyle\lim_{n\to+\infty}\int_0^1\frac{1}{1+\left(1+\dfrac{x}{n}\right)^n}\mathrm{d}x$.

**解**　不难看出, 对于任意 $x\in[0,1]$, 数列 $\left\{\dfrac{1}{1+\left(1+\dfrac{x}{n}\right)^n}\right\}$ 单调递减趋于 $\dfrac{1}{1+\mathrm{e}^x}$.

由 Dini (迪尼) 定理可知在 $[0,1]$ 上, 函数列 $\left\{\dfrac{1}{1+\left(1+\dfrac{x}{n}\right)^n}\right\}$ 一致收敛于 $\dfrac{1}{1+\mathrm{e}^x}$. 于是

$$\lim_{n\to+\infty}\int_0^1\frac{1}{1+\left(1+\dfrac{x}{n}\right)^n}\mathrm{d}x=\int_0^1\lim_{n\to+\infty}\frac{1}{1+\left(1+\dfrac{x}{n}\right)^n}\mathrm{d}x=\int_0^1\frac{1}{1+\mathrm{e}^x}\mathrm{d}x=\ln\frac{2\mathrm{e}}{1+\mathrm{e}}.$$

【注 2.1.4】　也可以利用 Arzelà 有界收敛定理或 Lebesgue 控制收敛定理得到极限和积分次序的可交换性.

【例 2.1.21】　设函数 $f$ 在区间 $[a,b]$ 上可导, 且导函数 $f'$ Riemann 可积, 记

$$\Delta_n=\int_a^b f(x)\mathrm{d}x-\frac{b-a}{n}\sum_{v=1}^n f\left(a+v\frac{b-a}{n}\right),$$

求 $\displaystyle\lim_{n\to+\infty}n\Delta_n$.

**解**　我们有

$$-\Delta_n=\frac{b-a}{n}\sum_{v=1}^n f\left(a+v\frac{b-a}{n}\right)-\int_a^b f(x)\,\mathrm{d}x$$

$$=\sum_{v=1}^n\int_{a+(v-1)\frac{b-a}{n}}^{a+v\frac{b-a}{n}}\left(f\left(a+v\frac{b-a}{n}\right)-f(x)\right)\mathrm{d}x,$$

$$=\sum_{v=1}^n\int_{a+(v-1)\frac{b-a}{n}}^{a+v\frac{b-a}{n}}\left(a+v\frac{b-a}{n}-x\right)f'(\xi_v)\,\mathrm{d}x,$$

这里 $a+(v-1)\dfrac{b-a}{n}<\xi_v<a+v\dfrac{b-a}{n}$. 于是

$$\frac{1}{2}\left(\frac{b-a}{n}\right)^2\sum_{v=1}^n m_v\leqslant-\Delta_n\leqslant\frac{1}{2}\left(\frac{b-a}{n}\right)^2\sum_{v=1}^n M_v,$$

此处 $M_v, m_v$ 分别表示 $f'$ 在第 $v$ 个子区间 $[a+(v-1)(b-a)/n, a+v(b-a)/n]$ 上的上确界与下确界. 故我们可以得到

$$\lim_{n \to +\infty} n\Delta_n = -\frac{b-a}{2} \int_a^b f'(x)\,\mathrm{d}x = \frac{(b-a)(f(a)-f(b))}{2}.$$

【例 2.1.22】 计算 $\lim\limits_{n \to +\infty} \sum\limits_{i=1}^{n} \sum\limits_{j=1}^{2n} \frac{2}{n^2} \left[\frac{2i+j}{n}\right]$, 这里 $[x]$ 是不超过 $x$ 的最大整数.

**解** 记 $D = [0,2] \times [0,2]$, 令 $P_n$ 为 $D$ 的划分: 横轴方向 $n$ 等分, 纵轴方向 $2n$ 等分,

则 $\sum\limits_{i=1}^{n} \sum\limits_{j=1}^{2n} \frac{2}{n^2} \left[\frac{2i+j}{n}\right]$ 是 $f(x,y) = [x+y]$ 在 $D$ 上的对应于划分 $P$ 的一个 Riemann 和.
由于 $f$ 在 $D$ 上分片连续, 从而 Riemann 可积. 由二重积分的定义知

$$\lim_{n \to +\infty} \sum_{i=1}^{n} \sum_{j=1}^{2n} \frac{2}{n^2} \left[\frac{2i+j}{n}\right] = \iint\limits_{D} [x+y]\,\mathrm{d}x\mathrm{d}y.$$

直线 $x+y = i$ $(i=1,2,3)$ 将 $D$ 分成 $D_1, D_2, D_3, D_4$ 四部分, 则有

$$\iint\limits_{D} [x+y]\,\mathrm{d}x\mathrm{d}y = \iint\limits_{D_1} [x+y]\,\mathrm{d}x\mathrm{d}y + \iint\limits_{D_2} [x+y]\,\mathrm{d}x\mathrm{d}y$$
$$+ \iint\limits_{D_3} [x+y]\,\mathrm{d}x\mathrm{d}y + \iint\limits_{D_4} [x+y]\,\mathrm{d}x\mathrm{d}y$$
$$= \iint\limits_{D_1} 0\,\mathrm{d}x\mathrm{d}y + \iint\limits_{D_2} 1\,\mathrm{d}x\mathrm{d}y + \iint\limits_{D_3} 2\,\mathrm{d}x\mathrm{d}y + \iint\limits_{D_4} 3\,\mathrm{d}x\mathrm{d}y = 6.$$

**4. 利用级数收敛性**

【命题 2.1.6】 数列 $\{a_n\}$ 收敛的充要条件是级数 $\sum\limits_{n=1}^{\infty} (a_{n+1} - a_n)$ 收敛.

【例 2.1.23】 证明极限 $\lim\limits_{n \to +\infty} \left(1 + \frac{1}{2} + \frac{1}{3} + \cdots + \frac{1}{n} - \ln n\right)$ 存在.

**证明** 设 $a_n = 1 + \frac{1}{2} + \frac{1}{3} + \cdots + \frac{1}{n} - \ln n$. 则由 Lagrange (拉格朗日) 中值定理, 存在 $\theta \in (0,1)$, 使得

$$|a_n - a_{n-1}| = \left|\frac{1}{n} - (\ln n - \ln(n-1))\right| = \left|\frac{1}{n} - \frac{1}{n-1+\theta}\right|$$
$$= \left|\frac{\theta-1}{n(n-1+\theta)}\right| < \frac{1}{(n-1)^2},$$

于是级数 $\displaystyle\sum_{n=2}^{\infty} |a_n - a_{n-1}|$ 收敛. 从而 $\displaystyle\lim_{n\to+\infty} a_n$ 存在. □

**【例2.1.24】**　设 $\alpha > 0, nx_n = 1 + o(n^{-\alpha})\,(n \to +\infty)$. 证明: 数列 $\{x_1 + x_2 + \cdots + x_n - \ln n\}$ 收敛.

**证明**　记 $y_n = x_1 + x_2 + \cdots + x_n - \ln n\,(n \geqslant 1)$.

**(方法 1)** 对任何 $n \geqslant 1$, 由中值定理存在 $\theta \in (0,1)$ 使得

$$|y_{n+1} - y_n| = |x_{n+1} - \ln(n+1) + \ln n| = \left| \frac{1}{n+1} + o((n+1)^{-1-\alpha}) - \frac{1}{n+\theta} \right|$$

$$= \left| \frac{\theta - 1}{(n+1)(n+\theta)} + o((n+1)^{-1-\alpha}) \right| \leqslant \frac{2}{n^2} + |o((n+1)^{-1-\alpha})|.$$

于是, 级数 $\displaystyle\sum_{n=1}^{\infty} (y_{n+1} - y_n)$ 收敛. 该级数的前 $n$ 项部分和为 $y_{n+1} - y_1$, 于是得到数列 $\{y_n\}$ 收敛.

**(方法 2)** 注意到

$$y_n = \left( \sum_{k=1}^{n} \frac{1}{k} - \ln n \right) + \sum_{k=1}^{n} \left( x_k - \frac{1}{k} \right),$$

$\displaystyle\sum_{k=1}^{n} \frac{1}{k} - \ln n \to \gamma$ (Euler 常数), 而由题设条件可得级数 $\displaystyle\sum_{k=1}^{\infty} \left( x_k - \frac{1}{k} \right)$ 收敛, 从而 $\{y_n\}$ 收敛. □

**【例 2.1.25】**　设 $x_1 > 0, x_{n+1} = 1 + \dfrac{1}{x_n}$ $(n = 1, 2, \cdots)$, 证明: $\displaystyle\lim_{n\to+\infty} x_n$ 存在.

**证明**　首先, 易证当 $n \geqslant 4$ 时, 有 $\dfrac{3}{2} \leqslant x_n \leqslant 2$. 于是不妨假设前述不等式对任何 $n \geqslant 1$ 成立. 这样, 当 $n \geqslant 2$ 时,

$$|x_{n+1} - x_n| = \left| \frac{x_n - x_{n-1}}{x_n x_{n-1}} \right| \leqslant \frac{4}{9} |x_n - x_{n-1}| \leqslant \cdots \leqslant \left( \frac{4}{9} \right)^{n-1} |x_2 - x_1|.$$

于是级数 $\displaystyle\sum_{n=1}^{\infty} (x_{n+1} - x_n)$ 收敛, 由其部分和数列收敛可得到 $\displaystyle\lim_{n\to+\infty} x_n$ 存在. □

5. 使用压缩映射原理

我们有如下的压缩映射原理.

**【命题 2.1.7】**　设 $(X, \rho)$ 为完备的度量空间, $T: X \to X$ 为压缩映射[①], 则 $T$ 有唯一不动点 $\bar{x}$, 并且对任意的 $x_0 \in X$, 均有 $\displaystyle\lim_{n\to+\infty} T^n(x_0) = \bar{x}$. 这里 $T^n$ 表示 $T$ 的 $n$ 次复合.

---

① 是指存在 $0 \leqslant \theta < 1$, 使得 $\forall x, y \in X$, 有 $\rho(T(x), T(y)) \leqslant \theta \rho(x, y)$.

以下是一些应用压缩映射原理的例题. 在解答中我们直接应用了压缩映射原理. 但在数学分析试题的解答中, 像这些直接应用压缩映射原理的问题, 应仿照压缩映射原理的证明过程, 把细节写上.

**【例 2.1.26】** 设 $x_1 > 0$, $x_{n+1} = 1 + \dfrac{1}{x_n}$ $(n = 1, 2, \cdots)$, 证明: $\lim\limits_{n \to +\infty} x_n$ 存在并求出极限值.

**证明** 设 $T(x) = 1 + \dfrac{1}{x}$. 因为 $x_3 \in [1, 2]$, 所以可得 $x_n \in \left[\dfrac{3}{2}, 2\right]$ $(n \geqslant 4)$, 故不妨可假设 $x_1 \in \left[\dfrac{3}{2}, 2\right]$.

使用拉格朗日中值定理可得 $T : \left[\dfrac{3}{2}, 2\right] \to \left[\dfrac{3}{2}, 2\right]$ 为压缩映射. 由压缩映射原理可得数列 $x_{n+1} = T^n(x_1)$ 收敛. 设 $\lim\limits_{n \to +\infty} x_n = b$, 对等式 $x_{n+1} = 1 + \dfrac{1}{x_n}$ 两边求极限得

$$b = 1 + \frac{1}{b}.$$

可求得 $b = \dfrac{1 + \sqrt{5}}{2}$. $\qquad\square$

**【例 2.1.27】** 设 $x_1 \in (-1, 1)$, 实数 $\alpha, \beta$ 满足 $|\alpha| + |\beta| < 1$. 令 $x_{n+1} = \alpha x_n + \beta \sin x_n$ $(n = 1, 2, \cdots)$. 证明: 数列 $\{x_n\}$ 收敛, 并求该极限.

**证明** 设 $f(x) = \alpha x + \beta \sin x$. 易验证 $f([-1, 1]) \subseteq [-1, 1]$. 因为对任意 $x \in [-1, 1]$, $|f'(x)| = |\alpha + \beta \cos x| < |\alpha| + |\beta| < 1$. 由中值定理可知 $f : [-1, 1] \to [-1, 1]$ 为压缩映射. 由压缩映射原理可得数列 $x_{n+1} = f^n(x_1)$ (这里 $f^n$ 为 $f$ 的 $n$ 次复合即 $\overbrace{f \circ f \circ \cdots \circ f}^{n \uparrow}$) 收敛到映射 $f$ 的不动点 $A$, 即

$$A = \alpha A + \beta \sin A.$$

易见上式蕴含 $A = 0$. 因此, $\lim\limits_{n \to +\infty} x_n = 0$. $\qquad\square$

6. 使用上、下极限

**【例 2.1.28】** 设 $x_1 > 0$, $x_{n+1} = 1 + \dfrac{1}{x_n}$ $(n = 1, 2, \cdots)$, 证明: $\lim\limits_{n \to +\infty} x_n$ 存在.

**证明** 不难看出, 当 $n \geqslant 3$ 时, $1 \leqslant x_n \leqslant 2$. 记 $L, \ell$ 分别为数列 $\{x_n\}$ 的上、下极限, 则 $1 \leqslant \ell \leqslant L \leqslant 2$. 对等式 $x_{n+1} = 1 + \dfrac{1}{x_n}$ 两边分别求上、下极限可以得到

$$L = 1 + \frac{1}{\ell}, \quad \ell = 1 + \frac{1}{L}.$$

从而 $L = \ell$, 即数列 $\{x_n\}$ 收敛. $\qquad\square$

**【例 2.1.29】** 设 $\{x_n\}$, $\{y_n\}$ 满足

$$y_n = \sqrt{x_n + \sqrt{x_{n-1} + \cdots + \sqrt{x_1}}} = \sqrt{x_n + y_{n-1}}, \quad n \geqslant 1,$$

其中 $x_n > 0, y_0 = 0.$ 求证: $\lim\limits_{n \to +\infty} x_n$ 存在的充要条件是 $\lim\limits_{n \to +\infty} y_n$ 存在.

**证明**　充分性显然. 现设 $\{x_n\}$ 收敛, 则 $\{x_n\}$ 有界. 从而有 $M \geqslant 1$ 使得 $x_n \leqslant M$ $(n = 1, 2, \cdots)$. 于是

$$y_n \leqslant \sqrt{M + \sqrt{M + \cdots + \sqrt{M}}} \leqslant M\sqrt{1 + \sqrt{1 + \cdots + \sqrt{1}}} \leqslant \frac{(1 + \sqrt{5})M}{2}.$$

从而 $\{y_n\}$ 有界. 设 $L, \ell$ 分别为 $\{y_n\}$ 的上极限与下极限, $A$ 为 $\{x_n\}$ 的极限, 则对等式 $y_n = \sqrt{x_n + y_{n-1}}$ 两边分别求上、下极限可以得到

$$L^2 = A + L, \quad \ell^2 = A + \ell.$$

注意到 $+\infty > L \geqslant \ell \geqslant \lim\limits_{n \to +\infty} (x_1)^{\frac{1}{2^n}} = 1.$ 我们可得 $L = \ell.$ 从而 $\{y_n\}$ 收敛.　□

**【例 2.1.30】**　设 $\{f_n\}$ 在 $[a, b)$ 上一致收敛到 $f$, $\lim\limits_{x \to a^+} f_n(x) = f_n(a).$ 证明 $\lim\limits_{x \to a^+} f(x) = f(a).$

**证明**　我们有

$$|f(x) - f(a)| = |f(x) - f_n(x) + f_n(a) - f(a) + f_n(x) - f_n(a)|$$

$$\leqslant |f_n(x) - f(x)| + |f_n(a) - f(a)| + |f_n(x) - f_n(a)|$$

$$\leqslant |f_n(x) - f_n(a)| + 2 \sup_{s \in [a, b)} |f_n(s) - f(s)|.$$

令 $x \to a^+$, 取上极限得到

$$\varlimsup_{x \to a^+} |f(x) - f(a)| \leqslant 2 \sup_{s \in [a, b)} |f_n(s) - f(s)|.$$

再令 $n \to +\infty$ 即得结论.　□

**【例 2.1.31】**　设正数序列 $\{x_n\}$ 满足 $x_{n+2} \leqslant \dfrac{1}{2}(x_{n+1} + x_n)\,(n \geqslant 1)$, 求证: $\lim\limits_{n \to +\infty} x_n$ 存在.

**证明**　易见 $0 < x_n \leqslant \max\{x_1, x_2\}\,(n \geqslant 1).$ 于是 $L := \varlimsup\limits_{n \to +\infty} x_n$ 非负有限. 从而对任意 $\varepsilon > 0$, 存在 $N > 0$, 使得当 $n > N$ 时, $x_n \leqslant L + \varepsilon$ 成立. 于是

$$x_n \geqslant L - 3\varepsilon, \quad \forall\, n \geqslant N + 1.$$

否则, 存在 $m \geqslant N + 1$ 使得 $x_m < L - 3\varepsilon.$ 这样就有

$$x_{m+1} \leqslant \frac{x_m + x_{m-1}}{2} \leqslant \frac{L - 3\varepsilon + L + \varepsilon}{2} = L - \varepsilon.$$

由此可得
$$x_n \leqslant \max\{x_m, x_{m+1}\} \leqslant L - \varepsilon, \quad \forall n \geqslant m + 1.$$
这与 $L$ 为 $\{x_n\}$ 的上极限矛盾. 从而
$$L - 3\varepsilon \leqslant x_n \leqslant L + \varepsilon, \quad \forall n \geqslant N + 1.$$
所以 $\lim\limits_{n \to +\infty} x_n = L$. $\qquad\qquad\qquad\qquad\qquad\qquad\qquad\qquad\qquad\qquad$ □

**【例 2.1.32】** 设非负数列 $\{x_n\}$ 满足 $x_{n+1} \leqslant x_n + b_n$, 若级数 $\sum\limits_{n=1}^{\infty} b_n$ 收敛, 则 $\{x_n\}$ 收敛.

**证明** 注意到 $x_{n+1} \leqslant x_1 + \sum\limits_{k=1}^{n} b_k$, 于是数列 $\{x_n\}$ 有上界. 从而 $L := \varlimsup\limits_{n \to +\infty} x_n$ 非负有限.

任取 $\varepsilon > 0$, 存在 $N > 0$, 使得当 $n > N$ 时, $x_n \leqslant L + \varepsilon$ 及 $\sum\limits_{k=n}^{n+t} b_n < \varepsilon$ 对任意非负整数 $t$ 成立. 于是
$$x_n \geqslant L - 2\varepsilon, \quad \forall n \geqslant N + 1.$$
否则, 存在 $m \geqslant N + 1$ 使得 $x_m < L - 2\varepsilon$. 这样就有: 对于任意 $n > m$,
$$x_n \leqslant x_m + \sum_{k=m}^{n-1} b_k \leqslant L - 2\varepsilon + \varepsilon = L - \varepsilon.$$
这与 $L$ 为 $\{x_n\}$ 的上极限矛盾. 从而
$$L - 2\varepsilon \leqslant x_n \leqslant L + \varepsilon, \quad \forall n \geqslant N + 1.$$
所以 $\lim\limits_{n \to +\infty} x_n = L$.

**【注 2.1.5】** 也可以仿例 2.1.3, 考虑正项级数 $\sum\limits_{n=1}^{\infty} (x_n - x_{n+1} + b_n)$. 易见在题设条件下, 其部分和有上界 $x_1 + \sum\limits_{n=1}^{\infty} b_n$, 从而收敛. 进而 $\{x_n\}$ 收敛.

**【例 2.1.33】** 求极限 $\lim\limits_{n \to \infty} \dfrac{\displaystyle\int_0^1 \left(1 - \dfrac{x}{2}\right)^n \left(1 - \dfrac{x}{4}\right)^n \mathrm{d}x}{\displaystyle\int_0^1 \left(1 - \dfrac{x}{2}\right)^n \mathrm{d}x}$.

**解** 对于 $\alpha \in (0, 1)$, 有
$$\lim_{n \to +\infty} \frac{\displaystyle\int_0^1 (1 - \alpha x)^n \mathrm{d}x}{\displaystyle\int_0^1 \left(1 - \dfrac{x}{2}\right)^n \mathrm{d}x} = \lim_{n \to +\infty} \frac{\dfrac{1}{\alpha(n+1)}\left(1 - (1 - \alpha)^{n+1}\right)}{\dfrac{2}{n+1}\left(1 - \dfrac{1}{2^{n+1}}\right)} = \frac{1}{2\alpha}.$$

对于 $\varepsilon \in (0,1)$, 注意到 $\left(1-\dfrac{x}{2}\right)\left(1-\dfrac{x}{4}\right)=1-\dfrac{3}{4}x+\dfrac{x^2}{8}$, 我们有

$$\frac{\displaystyle\int_0^1\left(1-\frac{3}{4}x\right)^n\,\mathrm{d}x}{\displaystyle\int_0^1\left(1-\frac{x}{2}\right)^n\,\mathrm{d}x}\leqslant\frac{\displaystyle\int_0^1\left(1-\frac{x}{2}\right)^n\left(1-\frac{x}{4}\right)^n\,\mathrm{d}x}{\displaystyle\int_0^1\left(1-\frac{x}{2}\right)^n\,\mathrm{d}x}$$

$$\leqslant\frac{\displaystyle\int_\varepsilon^1\left(1-\frac{x}{2}\right)^n\left(1-\frac{\varepsilon}{4}\right)^n\,\mathrm{d}x}{\displaystyle\int_0^1\left(1-\frac{x}{2}\right)^n\,\mathrm{d}x}+\frac{\displaystyle\int_0^\varepsilon\left(1-\frac{3}{4}x+\frac{\varepsilon}{4}x\right)^n\,\mathrm{d}x}{\displaystyle\int_0^1\left(1-\frac{x}{2}\right)^n\,\mathrm{d}x}$$

$$\leqslant\left(1-\frac{\varepsilon}{4}\right)^n+\frac{\displaystyle\int_0^1\left(1-\frac{3-\varepsilon}{4}x\right)^n\,\mathrm{d}x}{\displaystyle\int_0^1\left(1-\frac{x}{2}\right)^n\,\mathrm{d}x}.$$

令 $n\to+\infty$ 得到

$$\frac{2}{3}\leqslant\lim_{n\to+\infty}\frac{\displaystyle\int_0^1\left(1-\frac{x}{2}\right)^n\left(1-\frac{x}{4}\right)^n\,\mathrm{d}x}{\displaystyle\int_0^1\left(1-\frac{x}{2}\right)^n\,\mathrm{d}x}$$

$$\leqslant\varlimsup_{n\to+\infty}\frac{\displaystyle\int_0^1\left(1-\frac{x}{2}\right)^n\left(1-\frac{x}{4}\right)^n\,\mathrm{d}x}{\displaystyle\int_0^1\left(1-\frac{x}{2}\right)^n\,\mathrm{d}x}\leqslant\frac{2}{3-\varepsilon},\quad\forall\varepsilon\in(0,1).$$

因此, $\displaystyle\lim_{n\to\infty}\frac{\displaystyle\int_0^1\left(1-\frac{x}{2}\right)^n\left(1-\frac{x}{4}\right)^n\,\mathrm{d}x}{\displaystyle\int_0^1\left(1-\frac{x}{2}\right)^n\,\mathrm{d}x}=\frac{2}{3}.$

【例 2.1.34】 *证明极限* $\displaystyle\lim_{n\to+\infty}\frac{\displaystyle\int_0^1\ln^n(1+x)x^{-n}\,\mathrm{d}x}{\displaystyle\int_0^1\frac{\sin^n x}{x^{n-1}}\,\mathrm{d}x}$ *存在并求其值.*

**证明** 在可去间断点补充定义使相关函数连续后, 可见 $\dfrac{\sin x}{x}$ 和 $\dfrac{\ln(1+x)}{x}$ 均在 $x=0$ 处达到最大值 1. 因此, 对任何 $\delta\in(0,1)$, 都有

$$\lim_{n\to+\infty}\frac{\displaystyle\int_0^1\frac{\ln^n(1+x)}{x^n}\,\mathrm{d}x}{\displaystyle\int_0^\delta\frac{\ln^n(1+x)}{x^n}\,\mathrm{d}x}=1,\quad\lim_{n\to+\infty}\frac{\displaystyle\int_0^1 x\frac{\sin^n x}{x^n}\,\mathrm{d}x}{\displaystyle\int_0^\delta x\frac{\sin^n x}{x^n}\,\mathrm{d}x}=\lim_{n\to+\infty}\frac{\displaystyle\int_0^1\left(\frac{\sin\sqrt{x}}{\sqrt{x}}\right)^n\,\mathrm{d}x}{\displaystyle\int_0^{\delta^2}\left(\frac{\sin\sqrt{x}}{\sqrt{x}}\right)^n\,\mathrm{d}x}=1.$$

另一方面, 易见, 存在 $\varepsilon_\delta > 0$ 满足 $\lim\limits_{\delta \to 0^+} \varepsilon_\delta = 0$, 并对充分小的 $\delta > 0$, 有

$$1 - \frac{1}{2}x \leqslant \frac{\ln(1+x)}{x} \leqslant 1 - \frac{1-\varepsilon_\delta}{2}x, \quad 1 - \frac{1}{6}x^2 \leqslant \frac{\sin x}{x} \leqslant 1 - \frac{1-\varepsilon_\delta}{6}x^2, \quad 0 < x < \delta.$$

因此

$$\varliminf_{n \to +\infty} \frac{\displaystyle\int_0^1 \frac{\ln^n(1+x)}{x^n}\,\mathrm{d}x}{\displaystyle\int_0^1 \frac{\sin^n x}{x^{n-1}}\,\mathrm{d}x} = \varliminf_{n \to +\infty} \frac{\displaystyle\int_0^\delta \frac{\ln^n(1+x)}{x^n}\,\mathrm{d}x}{\displaystyle\int_0^\delta \frac{\sin^n x}{x^{n-1}}\,\mathrm{d}x}$$

$$\geqslant \varliminf_{n \to +\infty} \frac{\displaystyle\int_0^\delta \left(1 - \frac{1}{2}x\right)^n \mathrm{d}x}{\displaystyle\int_0^\delta x\left(1 - \frac{1-\varepsilon_\delta}{6}x^2\right)^n \mathrm{d}x} = \frac{2(1-\varepsilon_\delta)}{3}.$$

从而 $\varliminf\limits_{n \to +\infty} \dfrac{\displaystyle\int_0^1 \frac{\ln^n(1+x)}{x^n}\,\mathrm{d}x}{\displaystyle\int_0^1 \frac{\sin^n x}{x^{n-1}}\,\mathrm{d}x} \geqslant \dfrac{2}{3}.$

同理, $\varlimsup\limits_{n \to +\infty} \dfrac{\displaystyle\int_0^1 \frac{\ln^n(1+x)}{x^n}\,\mathrm{d}x}{\displaystyle\int_0^1 \frac{\sin^n x}{x^{n-1}}\,\mathrm{d}x} \leqslant \dfrac{2}{3}.$ 最后得到

$$\lim_{n \to +\infty} \frac{\displaystyle\int_0^1 \frac{\ln^n(1+x)}{x^n}\,\mathrm{d}x}{\displaystyle\int_0^1 \frac{\sin^n x}{x^{n-1}}\,\mathrm{d}x} = \frac{2}{3}. \qquad \square$$

## 7. 使用 Taylor（泰勒）公式

【例 2.1.35】 求极限 $\lim\limits_{x \to 0} \dfrac{\dfrac{x^2}{2} - \sqrt{1+x^2} + 1}{(\cos x - \mathrm{e}^{x^2})\sin^2 x}$.

**解** 注意到当 $x \to 0$ 时, 有

$$\sqrt{1+x^2} = (1+x^2)^{1/2} = 1 + \frac{1}{2}x^2 + \frac{\dfrac{1}{2}\begin{pmatrix} \dfrac{1}{2} & 1 \end{pmatrix}x^4}{2!} + o(x^4),$$

$$\cos x = 1 - \frac{x^2}{2!} + o(x^3),$$

$$e^{x^2} = 1 + x^2 + o(x^2).$$

于是

$$\frac{\frac{x^2}{2} - \sqrt{1+x^2} + 1}{(\cos x - e^{x^2})\sin^2 x} = \frac{\frac{x^4}{8} + o(x^4)}{\left(\frac{-3x^2}{2} + o(x^2)\right)x^2} = \frac{\frac{x^4}{8} + o(x^4)}{\frac{-3x^4}{2} + o(x^4)}, \qquad x \to 0.$$

从而可得

$$\lim_{x \to 0} \frac{\frac{x^2}{2} - \sqrt{1+x^2} + 1}{(\cos x - e^{x^2})\sin^2 x} = \lim_{x \to 0} \frac{\frac{x^4}{8} + o(x^4)}{-\frac{3x^4}{2} + o(x^4)} = \lim_{x \to 0} \frac{\frac{1}{8} + \frac{o(x^4)}{x^4}}{-\frac{3}{2} + \frac{o(x^4)}{x^4}} = -\frac{1}{12}.$$

【例 2.1.36】 已知 $\lim\limits_{x \to 0} \dfrac{\ln(1+2x) + xf(x)}{x^2} = 1$, 求 $\lim\limits_{x \to 0} \dfrac{2 + f(x)}{x}$.

**解**

$$\lim_{x \to 0} \frac{2 + f(x)}{x} = \lim_{x \to 0} \frac{2x + xf(x)}{x^2} = 1 + \lim_{x \to 0} \frac{2x - \ln(1+2x)}{x^2}$$

$$= 1 + \lim_{x \to 0} \frac{2x - \left(2x - 2x^2 + o(x^2)\right)}{x^2} = 3.$$

【例 2.1.37】 设当 $x \to 0$ 时, $e^{\sin x} - e^x$ 与 $x^n$ 为同阶无穷小, 求 $n$.

**解** (**方法 1**) 因为 $e^{\sin x} - e^x = e^x(e^{\sin x - x} - 1)$, 所以 $e^{\sin x - x} - 1$ 与 $x^n$ 为同阶无穷小. 注意到

$$e^{\sin x - x} - 1 \sim \sin x - x = \left(x - \frac{x^3}{3!} + o(x^4)\right) - x = -\frac{x^3}{3!} + o(x^3) \sim -\frac{x^3}{3!}, \quad x \to 0.$$

它与 $x^3$ 为同阶无穷小, 故 $n = 3$.

(**方法 2**) 由

$$e^{\sin x} = 1 + \sin x + \frac{(\sin x)^2}{2} + \frac{(\sin x)^3}{3!} + o((\sin x)^3)$$

$$= 1 + \left(x - \frac{x^3}{3!} + o(x^4)\right) + \frac{1}{2}\left(x - \frac{x^3}{3!} + o(x^4)\right)^2 + \frac{1}{6}\left(x - \frac{x^3}{3!} + o(x^4)\right)^3 + o(x^3)$$

$$= 1 + x + \frac{x^2}{2} + o(x^3), \qquad x \to 0,$$

$$e^x = 1 + x + \frac{x^2}{2} + \frac{x^3}{3!} + o(x^3), \qquad x \to 0,$$

故

$$\mathrm{e}^{\sin x} - \mathrm{e}^x = -\frac{x^3}{6} + o(x^3), \qquad x \to 0.$$

它与 $x^3$ 为同阶无穷小, 故 $n = 3$.

【例 2.1.38】 设 $f$ 在 $x = 0$ 的某个邻域内二阶可导, 且 $\lim\limits_{x \to 0} \dfrac{\sin x + x f(x)}{x^3} = \dfrac{1}{2}$. 试求 $f(0)$, $f'(0)$, $f''(0)$ 的值.

**解** (**方法 1**) 使用 Taylor 公式可以设

$$f(x) = f(0) + f'(0)x + \frac{f''(0)}{2}x^2 + o(x^2), \quad x \to 0.$$

又因为

$$\sin x = x - \frac{x^3}{6} + o(x^4), \quad x \to 0,$$

所以

$$\lim_{x \to 0} \frac{\sin x + x f(x)}{x^3} = \lim_{x \to 0} \frac{x - \dfrac{x^3}{6} + o(x^4) + x\left(f(0) + f'(0)x + \dfrac{f''(0)}{2}x^2 + o(x^2)\right)}{x^3}$$

$$= \lim_{x \to 0}\left(\frac{x(1 + f(0))}{x^3} + \frac{f'(0)x^2}{x^3} + \frac{\left(\dfrac{f''(0)}{2} - \dfrac{1}{6}\right)x^3}{x^3} + \frac{o(x^4) + o(x^3)}{x^3}\right).$$

从而可得 $1 + f(0) = 0$, $f'(0) = 0$, $\dfrac{f''(0)}{2} - \dfrac{1}{6} = \dfrac{1}{2}$. 最后得到

$$f(0) = -1, \quad f'(0) = 0, \quad f''(0) = \frac{4}{3}.$$

(**方法 2**) 由题设

$$\sin x + x f(x) = \frac{1}{2}x^3 + o(x^3), \qquad x \to 0.$$

因此

$$f(x) = \frac{1}{2}x^2 - \frac{\sin x}{x} + o(x^2) = \frac{1}{2}x^2 - \left(1 - \frac{1}{6}x^2\right) + o(x^2)$$

$$= -1 + \frac{2}{3}x^2 + o(x^2), \quad x \to 0.$$

故可得 $f(0) = -1, f'(0) = 0, f''(0) = \dfrac{4}{3}$.

【例 2.1.39】 设 $a_i, b_i \, (i = 1, 2, \cdots, n)$ 为实数, 求极限

$$\lim_{x \to 0} \frac{1 - (\cos^{b_1} a_1 x)(\cos^{b_2} a_2 x) \cdots (\cos^{b_n} a_n x)}{x^2}.$$

**解**　(**方法 1**) 不妨假设所有 $a_i, b_i$ 均非零. 注意到, 当 $x \to 0$ 时,

$$\cos x = 1 - \frac{x^2}{2} + o(x^3), \quad (1+x)^\alpha = 1 + \alpha x + o(x).$$

则有

$$\cos^{b_1} a_1 x = \left[1 + \left(-\frac{a_1^2 x^2}{2} + o(x^3)\right)\right]^{b_1} = 1 + b_1\left(-\frac{a_1^2 x^2}{2} + o(x^3)\right) + o(x^2)$$

$$= 1 - \frac{b_1 a_1^2 x^2}{2} + o(x^2), \quad x \to 0.$$

于是

$$(\cos^{b_1} a_1 x)(\cos^{b_2} a_2 x) \cdots (\cos^{b_n} a_n x) = 1 - \left(\sum_{i=1}^{n} \frac{1}{2} a_i^2 b_i\right) x^2 + o(x^2), \quad x \to 0.$$

故有

$$\lim_{x \to 0} \frac{1 - (\cos^{b_1} a_1 x)(\cos^{b_2} a_2 x) \cdots (\cos^{b_n} a_n x)}{x^2} = \sum_{i=1}^{n} \frac{a_i^2 b_i}{2}.$$

容易看出, 当 $a_i, b_i$ 中有些为零时, 结论依然正确.

(**方法 2**) 不妨假设所有 $a_i, b_i$ 均非零. 我们有

$$\lim_{x \to 0} \frac{1 - (\cos^{b_1} a_1 x)(\cos^{b_2} a_2 x) \cdots (\cos^{b_n} a_n x)}{x^2}$$

$$= -\lim_{x \to 0} \frac{\ln\left((\cos^{b_1} a_1 x)(\cos^{b_2} a_2 x) \cdots (\cos^{b_n} a_n x)\right)}{x^2}$$

$$= -\lim_{x \to 0} \frac{\sum\limits_{i=1}^{n} b_i \ln(\cos a_i x)}{x^2} = \sum_{i=1}^{n} \frac{a_i^2 b_i}{2}.$$

【**例 2.1.40**】　证明: $\displaystyle\lim_{n \to +\infty} \frac{(2\sqrt[n]{n} - 1)^n}{n^2} = 1.$

**证明**　仅需证明

$$\lim_{n \to +\infty} \ln \frac{(2\sqrt[n]{n} - 1)^n}{n^2} = 0.$$

由于

$$\ln(1+x) = x - \frac{x^2}{2} + o(x^2), \quad x \to 0,$$

$$\sqrt[n]{n} - 1 = \mathrm{e}^{\frac{\ln n}{n}} - 1 = \frac{\ln n}{n} + o\left(\frac{\ln n}{n}\right), \quad n \to +\infty,$$

因此

$$\ln \frac{(2\sqrt[n]{n}-1)^n}{n^2} = n\ln(1+2(\sqrt[n]{n}-1)) - 2\ln n$$

$$= n\left(2(\sqrt[n]{n}-1) - 2(\sqrt[n]{n}-1)^2 + o\left((\sqrt[n]{n}-1)^2\right)\right) - 2\ln n$$

$$= 2\ln n - 2\frac{\ln^2 n}{n} + o\left(\frac{\ln^2 n}{n}\right) - 2\ln n = O\left(\frac{\ln^2 n}{n}\right), \quad n\to+\infty.$$

可见结论成立.

【例 2.1.41】 求极限 $\lim\limits_{n\to+\infty}\left(\dfrac{1}{\sqrt{n^2+n+1}} + \dfrac{1}{\sqrt{n^2+n+2}} + \cdots + \dfrac{1}{\sqrt{n^2+2n}}\right)^n$.

**解** 在涉及"潜无穷"项的和时, 使用 $o$ 和 $O$ 记号要小心. 逻辑上, 不同的 $o$ 是很不一样的, 确切地讲, 它们可以没有一致性. 简单地讲, $\sum\limits_{k=1}^{n} o\left(\dfrac{1}{n}\right) = no\left(\dfrac{1}{n}\right) = o(1)\,(n\to +\infty)$ 这个写法中, 第一个等式是错误的. 为此, 为使得论证严密, 可以使用不等式估计, 特别地, 可以引入如下的"连续模".

对于 $r>0$, 记 $\omega(r) := \sup\limits_{0<|x|<r}\left|\dfrac{(1+x)^{-\frac{1}{2}} - 1 + \dfrac{x}{2}}{x}\right|$, 则 $\omega$ 在 $(0,+\infty)$ 内单增, 且 $\lim\limits_{r\to 0^+}\omega(r) = 0$. 于是

$$\left|\sum_{k=1}^{n}\frac{1}{\sqrt{n^2+n+k}} - \left(1 - \frac{3n+1}{4n^2}\right)\right|$$

$$= \left|\frac{1}{n}\sum_{k=1}^{n}\left(\left(1 + \frac{n+k}{n^2}\right)^{-\frac{1}{2}} - \left(1 - \frac{n+k}{2n^2}\right)\right)\right|$$

$$\leqslant \frac{1}{n}\sum_{k=1}^{n}\left|\left(1 + \frac{n+k}{n^2}\right)^{-\frac{1}{2}} - \left(1 - \frac{n+k}{2n^2}\right)\right|$$

$$\leqslant \frac{1}{n}\sum_{k=1}^{n}\frac{n+k}{n^2}\omega\left(\frac{n+k}{n^2}\right) \leqslant \frac{2}{n}\omega\left(\frac{2}{n}\right), \quad \forall n\geqslant 1.$$

因此

$$\sum_{k=1}^{n}\frac{1}{\sqrt{n^2+n+k}} = 1 - \frac{3}{4n} + o\left(\frac{1}{n}\right), \quad \forall n\to+\infty,$$

$$n\ln\sum_{k=1}^{n}\frac{1}{\sqrt{n^2+n+k}} = n\left(-\frac{3}{4n} + o\left(\frac{1}{n}\right)\right) = -\frac{3}{4} + o(1), \quad \forall n\to+\infty.$$

最后得到

$$\lim_{n\to+\infty}\left(\frac{1}{\sqrt{n^2+n+1}} + \frac{1}{\sqrt{n^2+n+2}} + \cdots + \frac{1}{\sqrt{n^2+2n}}\right)^n = \mathrm{e}^{-3/4}.$$

8. 综合使用极限的定义、夹逼准则、Cauchy 收敛准则、等价无穷小、导数的定义、L'Hospital (洛必达) 法则、中值定理等方法

【例 2.1.42】 求极限 $\lim\limits_{n\to+\infty} n^2\left(\arctan\dfrac{a}{n} - \arctan\dfrac{a}{n+1}\right)\ (a\neq 0)$.

**解** 利用 Lagrange 中值定理, 存在 $\xi_n\in\left(\dfrac{a}{n+1},\dfrac{a}{n}\right)$ (或 $\xi_n\in\left(\dfrac{a}{n},\dfrac{a}{n+1}\right)$) 使得

$$\lim_{n\to+\infty} n^2\left(\arctan\frac{a}{n} - \arctan\frac{a}{n+1}\right) = \lim_{n\to+\infty} n^2\cdot\frac{1}{1+\xi_n^2}\left(\frac{a}{n} - \frac{a}{n+1}\right) = a.$$

【例 2.1.43】 求极限 $\lim\limits_{x\to 2}\dfrac{\sin x^x - \sin 2^x}{2^{x^x} - 2^{2^x}}$.

**解** 令 $F(t)=\sin t, G(t)=2^t$. 利用 Cauchy 中值定理, 存在 $x^x$ 与 $2^x$ 之间的 $\xi_x$, 使得

$$\lim_{x\to 2}\frac{\sin x^x - \sin 2^x}{2^{x^x} - 2^{2^x}} = \lim_{x\to 2}\frac{\cos\xi_x}{2^{\xi_x}\ln 2} = \frac{\cos 4}{16\ln 2}.$$

【例 2.1.44】 计算极限 $\lim\limits_{n\to+\infty}\sqrt{n}\prod\limits_{k=1}^{n}\dfrac{\mathrm{e}^{1-\frac{1}{k}}}{\left(1+\dfrac{1}{k}\right)^k}$.

**解** 因为

$$\sqrt{n}\prod_{k=1}^{n}\frac{\mathrm{e}^{1-\frac{1}{k}}}{\left(1+\dfrac{1}{k}\right)^k} = \sqrt{n}\,\frac{\mathrm{e}^{n-\left(1+\frac{1}{2}+\cdots+\frac{1}{n}\right)}}{\left(\dfrac{2}{1}\right)\left(\dfrac{3}{2}\right)^2\left(\dfrac{4}{3}\right)^3\cdots\left(\dfrac{n+1}{n}\right)^n} = \frac{\sqrt{n}\,n!\,\mathrm{e}^n}{(n+1)^n\mathrm{e}^{1+\frac{1}{2}+\cdots+\frac{1}{n}}}.$$

由 Stirling 公式 $n!\sim\sqrt{2\pi n}\left(\dfrac{n}{\mathrm{e}}\right)^n\ (n\to+\infty)$ 及

$$1 + \frac{1}{2} + \cdots + \frac{1}{n} = \ln n + \gamma + o(1), \quad n\to+\infty,$$

得

$$\lim_{n\to+\infty}\sqrt{n}\prod_{k=1}^{n}\frac{\mathrm{e}^{1-\frac{1}{k}}}{\left(1+\dfrac{1}{k}\right)^k} = \lim_{n\to+\infty}\frac{\sqrt{2\pi}n}{(1+1/n)^n\mathrm{e}^{\ln n+\gamma}} = \sqrt{2\pi}\mathrm{e}^{-(1+\gamma)}.$$

【例 2.1.45】 设函数 $f$ 在 $(-\infty,+\infty)$ 内可微, $f>0$ 且 $|f'|<mf\ (0<m<1)$. 任取实数 $a_0$, 定义 $a_n=\ln f(a_{n-1})\ (n=1,2,\cdots)$, 证明: 数列 $\{a_n\}$ 收敛.

**证明** 设 $g=\ln f$, 则

$$|g'(x)| = \left|\frac{f'(x)}{f(x)}\right| < m < 1, \quad x\in\mathbb{R}.$$

从而 $x \mapsto g(x) - x$ 在 $\mathbb{R}$ 上严格单调递减, 且 $\lim\limits_{x \to +\infty} \big(g(x) - x\big) = -\infty$, $\lim\limits_{x \to -\infty} \big(g(x) - x\big) = +\infty$. 因此, 有唯一的 $x_0 \in (-\infty, +\infty)$, 使得 $g(x_0) = x_0$.

进一步, 我们有

$$|a_n - x_0| = |g(a_{n-1}) - g(x_0)| \leqslant m|a_{n-1} - x_0| \leqslant \cdots \leqslant m^n|a_0 - x_0|, \qquad \forall n \geqslant 1.$$

所以 $\lim\limits_{n \to +\infty} a_n = x_0$. $\qquad\qquad\qquad\qquad\qquad\qquad\qquad\qquad\qquad\qquad\qquad$ $\square$

【注 2.1.6】 例 2.1.45 本质上是压缩映射原理的特例.

【例 2.1.46】 求极限 $\lim\limits_{n \to +\infty} \big(\sqrt[n]{n} - 1\big)^{\frac{1}{(\ln n)^\alpha}}$ $(\alpha > 0)$.

**解** 由

$$\big(\sqrt[n]{n} - 1\big)^{\frac{1}{(\ln n)^\alpha}} = \mathrm{e}^{\frac{\ln\big(\sqrt[n]{n}-1\big)}{(\ln n)^\alpha}},$$

从而

$$\lim_{n \to +\infty} \frac{\ln\big(\sqrt[n]{n} - 1\big)}{(\ln n)^\alpha} = \lim_{x \to +\infty} \frac{\ln(\mathrm{e}^{x\mathrm{e}^{-x}} - 1)}{x^\alpha} = \lim_{x \to +\infty} \frac{\ln(x\mathrm{e}^{-x})}{x^\alpha}$$

$$= \lim_{x \to +\infty} \frac{\ln x - x}{x^\alpha} = \lim_{x \to +\infty} \left(\frac{\ln x}{x^\alpha} - \frac{1}{x^{\alpha-1}}\right) = -\lim_{x \to +\infty} \frac{1}{x^{\alpha-1}}$$

$$= \begin{cases} 0, & \alpha > 1, \\ -1, & \alpha = 1, \\ -\infty, & 0 < \alpha < 1. \end{cases}$$

于是

$$\lim_{n \to +\infty} \big(\sqrt[n]{n} - 1\big)^{\frac{1}{(\ln n)^\alpha}} = \begin{cases} 1, & \alpha > 1, \\ \mathrm{e}^{-1}, & \alpha = 1, \\ 0, & 0 < \alpha < 1. \end{cases}$$

【例 2.1.47】 设 $0 < x_0 < y_0 < \dfrac{\pi}{2}$, $x_{n+1} = \sin x_n, y_{n+1} = \sin y_n$ $(n \geqslant 0)$. 证明: $\lim\limits_{n \to +\infty} \dfrac{x_n}{y_n} = 1$.

**证明** 因为 $x_{n+1} = \sin x_n < x_n$ $(n \geqslant 0)$, 所以数列 $\{x_n\}$ 严格递减有下界. 设 $\lim\limits_{n \to +\infty} x_n = a$, 则 $\sin a = a$, 于是 $a = 0$, 即 $\lim\limits_{n \to +\infty} x_n = 0$. 同理, $\lim\limits_{n \to +\infty} y_n = 0$.

另外, 由 $0 < x_0 < y_0 < \dfrac{\pi}{2}$ 可以推得 $0 < x_n < y_n < \dfrac{\pi}{2}$ $(n \geqslant 0)$. 取正整数 $\ell$ 使得 $y_\ell < x_0$, 则 $y_\ell < x_0 < y_0$, 从而对任意的正整数 $n$ 有

$$y_{n+\ell} < x_n < y_n.$$

进而

$$\frac{y_{n+\ell}}{y_n} < \frac{x_n}{y_n} < 1.$$

注意到 $\lim\limits_{n\to+\infty} \frac{y_{n+\ell}}{y_n} = 1$, 由夹逼准则即得 $\lim\limits_{n\to+\infty} \frac{x_n}{y_n} = 1.$　□

【注 2.1.7】　事实上, 利用 Stolz 公式可以得到

$$\lim_{n\to+\infty} \frac{x_n^{-2}}{n} = \lim_{n\to+\infty} \left(x_{n+1}^{-2} - x_n^{-2}\right)$$

$$= \lim_{n\to+\infty} \frac{x_n^2 - \sin^2 x_n}{x_n^2 \sin^2 x_n} = \lim_{x\to 0} \frac{2(x - \sin x)}{x^3} = \frac{1}{3}.$$

由此可得 $\lim\limits_{n\to+\infty} \sqrt{n} x_n = \lim\limits_{n\to+\infty} \sqrt{n} y_n = \sqrt{3}.$

【例 2.1.48】　求极限 $\lim\limits_{x\to+\infty} \left(\dfrac{\ln(1+x)}{x}\right)^{\frac{1}{x}}.$

解　由于

$$\lim_{x\to+\infty} \frac{1}{x} \ln\left(\frac{\ln(1+x)}{x}\right) = \lim_{x\to+\infty} \frac{\ln\ln(1+x) - \ln x}{x}$$

$$= \lim_{x\to+\infty} \frac{\ln\ln(1+x)}{x} - \lim_{x\to+\infty} \frac{\ln x}{x}$$

$$= \lim_{x\to+\infty} \frac{1}{(1+x)\ln(1+x)} - \lim_{x\to+\infty} \frac{1}{x} = 0,$$

故

$$\lim_{x\to+\infty} \left(\frac{\ln(1+x)}{x}\right)^{\frac{1}{x}} = \lim_{x\to+\infty} e^{\frac{1}{x}\ln\left(\frac{\ln(1+x)}{x}\right)} = 1.$$

【例 2.1.49】　设 $f$ 在 $(0, +\infty)$ 上具有有界的二阶导函数且 $\lim\limits_{x\to+\infty} f(x)$ 存在. 证明: $\lim\limits_{x\to+\infty} f'(x) = 0.$

证明　假设 $\lim\limits_{x\to+\infty} f'(x) = 0$ 不真. 不妨假设 $\varlimsup\limits_{x\to+\infty} f'(x) > 0.$ 于是, 存在正数 $\alpha > 0$ 以及 $a_n \uparrow +\infty$ 使得 $f'(a_n) > \alpha.$ 设 $|f''(x)| \leqslant M.$ 取正数 $\delta$ 满足

$$\alpha - \frac{M\delta}{2} > \frac{\alpha}{2}.$$

利用 Taylor 公式有

$$f(a_n + \delta) - f(a_n) = f'(a_n)\delta + \frac{f''(\xi)}{2}\delta^2 \geqslant f'(a_n)\delta - \frac{M}{2}\delta^2 \geqslant \frac{\alpha\delta}{2},$$

令 $n \to +\infty$ 得到矛盾. 故 $\lim\limits_{x\to+\infty} f'(x) = 0.$　□

**【例 2.1.50】**  设 $S_1$ 在 $[a,b]$ 上 Riemann 可积. 定义

$$S_{n+1}(x) = \int_a^x S_n(t)\,\mathrm{d}t, \quad n = 1, 2, \cdots.$$

证明: $\{S_n(x)\}$ 在 $[a,b]$ 上一致收敛.

**证明**  由题设知 $S_n \in C[a,b]\,(n \geqslant 2)$. 设 $|S_2(x) - S_1(x)| \leqslant M\,(x \in [a,b])$, 则

$$|S_3(x) - S_2(x)| \leqslant \int_a^x |S_2(t) - S_1(t)|\,\mathrm{d}t \leqslant M(x-a).$$

利用数学归纳法可得

$$|S_{n+1}(x) - S_n(x)| \leqslant \frac{M}{(n-1)!}(x-a)^{n-1}, \ \ n \geqslant 2.$$

于是函数项级数 $\sum_{n=2}^{\infty}(S_{n+1} - S_n(x))$ 在 $[a,b]$ 上一致收敛, 从而可得函数列 $\{S_n(x)\}$ 在 $[a,b]$ 上一致收敛.  $\square$

## 2.2 连 续 性

连续函数类是数学分析中主要的函数类之一, 也是数学分析的重要研究对象. 有关连续函数的一系列重要结论是支持数学分析整个体系的支柱. 本节我们介绍一些有关连续函数的结论.

**【定义 2.2.1】**(连续的定义)  设 $E$ 为 $\mathbb{R}^n$ 上的非空子集, $f: E \to \mathbb{R}$. $f$ 在点 $x_0 \in E$ 处连续是指: 对任意 $\varepsilon > 0$, 存在 $\delta > 0$, 使得

$$|f(x) - f(x_0)| < \varepsilon, \quad \forall x \in B_\delta(x_0) \cap E.$$

若 $f$ 在 $E$ 中每个点处均连续, 则称 $f$ 在 $E$ 上连续.

**【注 2.2.1】**  这里并不要求 $x_0$ 为 $E$ 的聚点. 不难看出, 函数在孤立点处总是连续的. 另外, 当 $x_0$ 为 $E$ 的聚点时, 函数 $f$ 在 $x_0$ 处连续等价于

$$\lim_{\substack{x \to x_0 \\ x \in E}} f(x) = f(x_0).$$

类似地定义向量值函数的连续性. 事实上, 向量值函数连续当且仅当其各个分量连续.

**【命题 2.2.1】**  设 $f$ 是定义在 $\mathbb{R}^n$ 上的函数, 则下列几个陈述等价:

(i) $f$ 连续;

(ii) 任何开集的原像是开集;

(iii) 任何闭集的原像是闭集;

(iv) 对 $\mathbb{R}^n$ 中的任意子集 $E$, 有 $f(\overline{E}) \subseteq \overline{f(E)}$.

**【定理 2.2.2】**　　有界闭集上的连续函数的值域必是有界闭集. 从而有界闭集上的连续函数必有界, 并存在最大值、最小值.

**【定理 2.2.3】**(Brouwer (布劳威尔) 不动点定理)　从 $n$ 维空间的闭球 $\overline{B_r(\mathbf{0})}$ 映到自身的连续映射必有不动点.

**【注 2.2.2】**　　上述定理中的闭球可以用非空凸紧集取代. 另外, 当 $n = 1$ 时, 上述定理为: 若 $[a, b]$ 上的连续函数 $f$ 满足 $f([a, b]) \subseteq [a, b]$, 则存在 $\xi \in [a, b]$ 使得

$$f(\xi) = \xi.$$

**【定理 2.2.4】**(连续函数的多项式逼近 (Bernstein (伯恩斯坦) 多项式))　设 $f$ 在 $[0, 1]$ 上连续, 则 Bernstein 多项式序列 $\{B_n(f; x)\}$ 在 $[0, 1]$ 上一致收敛于 $f$, 这里

$$B_n(f; x) = \sum_{k=0}^{n} \mathrm{C}_n^k f\left(\frac{k}{n}\right) x^k (1 - x)^{n-k}, \quad x \in [0, 1], \ n \geqslant 0.$$

**【定理 2.2.5】**(Weierstrass 逼近定理)　(i) 设 $f$ 是周期为 $2\pi$ 的连续函数, 则对任意 $\varepsilon > 0$, 存在三角多项式 $T$ 使得对一切 $x$, 均有 $|T(x) - f(x)| < \varepsilon$;

(ii) 设 $f$ 为 $[a, b]$ 上的连续函数, 则对任意 $\varepsilon > 0$, 存在多项式 $P$ 使得对一切 $x \in [a, b]$, 均有 $|P(x) - f(x)| < \varepsilon$.

**【注 2.2.3】**　　$[0, 1]^n$ 上的连续函数可以被 $n$ 元多项式一致逼近.

数学分析相关的一些较为深刻的例子涉及如下概念, 通常在实变函数课程中会介绍它们.

**$G_\delta$ 集、$F_\sigma$ 集**　　至多可列个开集的交称为 $G_\delta$ 集. 至多可列个闭集的并称为 $F_\sigma$ 集.

**无处稠密集**　　设 $E \subseteq \mathbb{R}^n$, 如果 $\overline{E}$ 不含内点, 则称 $E$ 为无处稠密集, 又称疏朗集.

**第一纲集、第二纲集**　　(在度量空间中) 如果一个集合可以表示为至多可列个疏朗集的并, 则称该集合为第一纲集, 否则称为第二纲集.

**【定理 2.2.6】**(Baire (贝尔) 纲定理)　(非空) 完备的度量空间必定是第二纲的.

**【注 2.2.4】**　　(i) Baire 纲定理的等价形式: 完备度量空间 $X$ 中一列稠密开子集的交在 $X$ 中仍是稠密的.

(ii) 由 Baire 纲定理可知, $\mathbb{R}^n$ 是第二纲的, 即 $\mathbb{R}^n$ 不可能表示成至多可列个无处稠密集的并集.

我们不建议在数学分析的答题中, 直接使用 Baire 纲定理.

利用注 2.2.4(i) Baire 纲定理, 可给出如下例题的解答.

**【例 2.2.1】**　　设 $X$ 为完备度量空间, $\{A_i\}$ 为 $X$ 的一列无处稠密子集, 则 $A = \bigcup\limits_{i=1}^{\infty} A_i$ 的补集在 $X$ 中稠密.

**【例 2.2.2】**　　有理数集 $\mathbb{Q}$ 不是 $G_\delta$ 集.

**证明** 令 $\mathbb{Q} = \{r_k | k = 1, 2, \cdots\}$. 假设 $\mathbb{Q} = \bigcap\limits_{i=1}^{\infty} G_i$, 这里 $G_i$ 是开集, 则有

$$\mathbb{R} = (\mathbb{R} \setminus \mathbb{Q}) \cup \mathbb{Q} = \left(\bigcup\limits_{i=1}^{\infty} G_i^c\right) \cup \left(\bigcup\limits_{k=1}^{\infty} \{r_k\}\right),$$

这里的每个单点集 $\{r_k\}$ 与 $G_i^c$ 皆为闭集. 因为每个 $G_i \supseteq \mathbb{Q}$, 所以 $\overline{G_i} = \mathbb{R}$ 并且 $G_i^c$ 是无内点的. 这说明 $\mathbb{R}$ 是可列个无内点的闭集的并集. 而由 Baire 纲定理可知 $\mathbb{R}$ 是第二纲集, 这一矛盾说明 $\mathbb{Q}$ 不是 $G_\delta$ 集. □

**【注 2.2.5】** 上述例子表明, $[0,1]$ 中的无理数集合不是 $F_\sigma$ 集.

**【例 2.2.3】** 证明: 不存在定义在 $[0,1]$ 上的函数 $f$, 它在有理点上连续, 而在无理点上不连续.

**证明** 设 $f$ 是定义在 $[0,1]$ 上的函数. 对正整数 $n$, 记

$$E_n = \left\{x \,\middle|\, \text{对 } x \text{ 的任一邻域 } (\alpha, \beta), \text{存在 } x_1, x_2 \in (\alpha, \beta) \text{ 使得 } |f(x_1) - f(x_2)| \geqslant \frac{1}{n}\right\},$$

则由 Cauchy 收敛准则可知 $E = \bigcup\limits_{n=1}^{\infty} E_n$ 为 $f$ 在 $(0,1)$ 内的不连续点全体. 可以验证 $E_n$ 为闭集. 若函数 $f$ 在有理点上连续, 而在无理点上不连续, 即 $E$ 为 $[0,1]$ 中的无理数全体, 则

$$\mathbb{Q} \cap (0,1) = \bigcap\limits_{n=1}^{\infty} E_n^c \cap (0,1)$$

为 $G_\delta$ 集, 这与已知事实矛盾. □

**【例 2.2.4】** 证明: 集合 $A \subseteq [a,b]$ 为某一定义在 $[a,b]$ 上的函数的连续点集的充要条件是 $A$ 为 $G_\delta$ 集.

**证明 充分性** 若 $A$ 为 $G_\delta$ 集, 则 $[a,b] \setminus A$ 为 $F_\sigma$ 集, $[a,b] \setminus A = \bigcup\limits_{n=1}^{\infty} E_n$, 其中 $E_n$ 为闭集且 $E_n \subseteq E_{n+1}$. 令

$$f_n(x) = \begin{cases} 2^{-n}, & x \text{ 为 } E_n \setminus E_{n-1} \text{ 中的有理数}, \\ -2^{-n}, & x \text{ 为 } E_n \setminus E_{n-1} \text{ 中的无理数}, \\ 0, & x \text{ 为 } [a,b] \text{ 中的其他点}, \end{cases}$$

这里 $E_0 = \varnothing$, 则 $f(x) = \sum\limits_{n=1}^{\infty} f_n(x)$ 即为所求.

事实上, 当 $x_0 \in A$ 时, 对任给 $\varepsilon > 0$, 总有 $N \geqslant 1$, 使 $2^{-N} < \varepsilon$, 而 $x_0 \notin E_N$, 总有 $\delta > 0$, 使得 $(x_0 - \delta, x_0 + \delta) \cap E_N = \varnothing$. 因此当 $x \in (x_0 - \delta, x_0 + \delta)$ 时, 有 $|f(x) - f(x_0)| < 2^{-N} < \varepsilon$, 即 $f$ 在 $x_0$ 处连续. 而当 $x_0 \in [a,b] \setminus A$ 时, $f$ 在 $x_0$ 点不连续

是显然的, 因为当 $x_0 \in E_n \setminus E_{n-1}$ 时, 无论 $x_0$ 是 $E_n \setminus E_{n-1}$ 的内点还是 $E_n \setminus E_{n-1}$ 的边界点, $f$ 在 $x_0$ 点都是不连续的.

**必要性**　设 $f$ 是定义在 $[a,b]$ 上的函数. 对正整数 $n$, 记

$$E_n = \left\{ x \ \middle| \ \text{对 } x \text{ 的任一邻域 } (\alpha, \beta), \text{ 存在 } x_1, x_2 \in (\alpha, \beta) \text{ 使得 } |f(x_1) - f(x_2)| \geqslant \frac{1}{n} \right\},$$

则由 Cauchy 收敛准则可知, $E = \bigcup\limits_{n=1}^{\infty} E_n$ 为 $f$ 在 $(a,b)$ 内的不连续点全体. 可以验证 $E_n$ 为闭集. 从而可知 $f$ 的连续点构成 $G_\delta$ 集.　　　　$\square$

以下性质涉及一些反例, 对于避免一些想当然的错误非常重要, 我们罗列如下:

(1) 集合 $A \subseteq [a,b]$ 为导函数的连续点集的充要条件为 $A$ 在 $[a,b]$ 中稠密且为 $G_\delta$ 集.

(2) 存在 $[a,b]$ 上的函数 $f$, 处处可导且导函数有界, 但 $f'$ 在 $[a,b]$ 上不是 Riemann 可积的.

(3) 存在严格递增但导数几乎处处为零的连续函数.

**【例 2.2.5】**　设定义在区域 $D \subset \mathbb{R}^2$ 上的函数 $f$ 分别对 $x$ 和 $y$ 连续. 进一步, 若 $f$ 对 $x$ 连续关于 $y$ 一致[①] (即 $\forall x_0, \varepsilon > 0$, $\exists \delta = \delta(\varepsilon, x_0) > 0$ (与 $y$ 无关), 当 $|x - x_0| < \delta$ 时, 对一切 $y$ 恒有 $|f(x,y) - f(x_0,y)| < \varepsilon$), 则 $f$ 在 $D$ 上连续.

我们把证明留给读者.

**【命题 2.2.7】**　连续函数把 $\mathbb{R}^n$ 中的连通集映到 $\mathbb{R}$ 中的连通集.

**【定义 2.2.2】**(上半连续、下半连续)　设 $E \subseteq \mathbb{R}^n$, $f: E \to \mathbb{R}$, $x_0 \in E$. 如果对任意的 $\varepsilon > 0$, 存在 $\delta > 0$, 使得当 $x \in E$, 且 $|x - x_0| < \delta$ 时, 有

$$f(x) < f(x_0) + \varepsilon \quad (\text{或 } f(x) > f(x_0) - \varepsilon),$$

则称 $f$ 在点 $x_0$ 处上半连续 (或下半连续).

容易证明下面的结论.

**【命题 2.2.8】**　(i) $f$ 在点 $x_0 \in E' \cap E$ 处上 (下) 半连续的充要条件是

$$\varlimsup_{\substack{x \to x_0 \\ x \in E}} f(x) \leqslant f(x_0) \quad (\varliminf_{\substack{x \to x_0 \\ x \in E}} f(x) \geqslant f(x_0)).$$

(ii) 设 $E \subseteq \mathbb{R}^n$ 为闭集, 则 $E$ 上的函数 $f$ 为上半连续函数当且仅当对任何 $c \in \mathbb{R}$, 集合 $\{x \in E \mid f(x) \geqslant c\}$ 为闭集.

同样, 我们易得下例的结果.

**【例 2.2.6】**　设 $E$ 是 $\mathbb{R}^n$ 中的紧集, $f$ 是 $E$ 上的上半连续函数 (下半连续函数), 则 $f$ 在 $E$ 上有最大值 (最小值).

---

① 特别地, 若 $f$ 关于 $x$ 满足 Lipschitz 条件 (即存在 $L > 0$, 使得对任意的 $(x_1, y), (x_2, y) \in D$, 有 $|f(x_1, y) - f(x_2, y)| \leqslant L|x_1 - x_2|$), 则 $f$ 对 $x$ 连续关于 $y$ 一致.

**【定义 2.2.3】**(一致连续)  设 $E \subseteq \mathbb{R}^n$ 非空, $f : E \to \mathbb{R}$. 称 $f$ 在 $E$ 上一致连续, 如果对任意 $\varepsilon > 0$, 存在 $\delta > 0$, 使得对任意 $x, y \in E$, 只要 $|x - y| < \delta$, 便有

$$|f(x) - f(y)| < \varepsilon.$$

易见, $f$ 在 $E$ 上一致连续, 相当于说

$$\lim_{\delta \to 0^+} \sup_{\substack{|x-y| < \delta \\ x, y \in E}} |f(x) - f(y)| = 0. \tag{2.2.1}$$

进一步, 我们有如下结论.

**【命题 2.2.9】**  设 $E \subseteq \mathbb{R}^n$ 非空, 则 $f : E \to \mathbb{R}$ 一致连续当且仅当存在单调递增的 $\omega : [0, +\infty) \to [0, +\infty)$ 使得 $\lim\limits_{r \to 0^+} \omega(r) = \omega(0) = 0$, 且

$$|f(x) - f(y)| \leqslant \omega(|x - y|), \quad \forall x, y \in E. \tag{2.2.2}$$

**证明**  若式 (2.2.2) 成立, 则式 (2.2.1) 成立, 从而 $f$ 在 $E$ 上一致连续.

反之, 若 $f$ 在 $E$ 上一致连续, 则令

$$\omega(r) := \sup_{\substack{|x-y| \leqslant r \\ x, y \in E}} |f(x) - f(y)|, \quad r \geqslant 0.$$

便得到 $\omega$ 满足要求. □

有以下熟知的结论.

**【定理 2.2.10】**(Cantor (康托尔) 定理)  $\mathbb{R}^n$ 中有界闭集上的连续函数必一致连续. 在一维情形下, 该结论通常表达为: 有限闭区间上的连续函数必一致连续.

**【命题 2.2.11】**  若 $f$ 在 $E$ 上一致连续, 则 $f$ 在 $E$ 上连续.

**【命题 2.2.12】**  $\mathbb{R}^n$ 中有界集 $E$ 上的连续函数 $f$ 在 $E$ 上一致连续的充要条件是 $\forall x \in E'$, $\lim\limits_{\substack{y \to x \\ y \in E}} f(y)$ 存在.

特别地, 在一维情形下该结论为: 有界区间 $(a, b)$ 上的连续函数 $f$ 在 $(a, b)$ 上一致连续的充要条件是 $f(a^+)$ 和 $f(b^-)$ 存在.

**证明**  **充分性**  若 $\forall x \in E'$, $\lim\limits_{\substack{y \to x \\ y \in E}} f(y)$ 存在, 定义

$$g(x) = \begin{cases} f(x), & x \in E, \\ \lim\limits_{\substack{y \to x \\ y \in E}} f(y), & x \in E', \end{cases}$$

则 $g$ 是紧集 $E$ 上的连续函数, 从而一致连续. 进而 $f = g|_E$ 在 $E$ 上一致连续.

**必要性**  若 $f$ 在 $E$ 上一致连续, 则对于任何 $x \in E'$, 以及 $E$ 中趋于 $x$ 的点列 $\{x_k\}$, $\{f(x_k)\}$ 是 Cauchy 列. 从而 $\{f(x_k)\}$ 收敛. 由 Heine 定理, $\lim\limits_{\substack{y \to x \\ y \in E}} f(y)$ 存在. □

【**命题 2.2.13**】 若 $f$ 在 $\mathbb{R}^n$ 上一致连续, 则 $f$ 是线性增长的, 即存在 $a, b > 0$ 使得

$$|f(x)| \leqslant a|x| + b, \quad \forall x \in \mathbb{R}^n. \tag{2.2.3}$$

**证明** 由一致连续性, 存在 $\delta > 0$ 使得当 $|x - y| \leqslant \delta$ 时有

$$|f(x) - f(y)| < 1.$$

对于 $x \neq 0$, 记 $n = \left[\dfrac{|x|}{\delta}\right]$, 则 $\dfrac{|x|}{n+1} \leqslant \delta$. 且有

$$|f(\boldsymbol{x})| \leqslant |f(0)| + \sum_{k=0}^{n}\left|f\left(\frac{k+1}{n+1}x\right) - f\left(\frac{k}{n+1}x\right)\right|$$

$$\leqslant |f(0)| + (n+1) \leqslant |f(0)| + 1 + \frac{1}{\delta}|x|.$$

由此可见取 $a = \dfrac{1}{\delta}, b = |f(0)| + 1$ 时, 式 (2.2.3) 成立. $\qquad\square$

【**注 2.2.6**】 上面结果表明: 若 $f$ 在 $(-\infty, +\infty)$ 上一致连续, 则当 $x \to \infty$ 时, $f(x) = O(x)$.

另一方面, 易证, 函数 $x \mapsto \sin x^2$ 在 $\mathbb{R}$ 上连续且有界, 但不一致连续.

【**定义 2.2.4**】(Lipschitz (利普希茨) 条件) 设 $E \subseteq \mathbb{R}^n$ 为非空集合, $f : E \to \mathbb{R}$. 若存在 $L > 0$, 使得对任意 $x, y \in E$ 成立 $|f(x) - f(y)| \leqslant L|x - y|$, 则称 $f$ 在 $E$ 上满足 Lipschitz 条件.

易见, 有如下结论.

【**命题 2.2.14**】 在 $E$ 上满足 Lipschitz 条件的函数 $f$ 必是一致连续函数.

以上一些概念和结果是对实 (多元) 函数来定义的, 读者可以把其中的一些概念和结果推广到向量值函数的情形.

【**例 2.2.7**】 设 $E \subseteq \mathbb{R}^n$, 则函数 $f : E \to \mathbb{R}^m$ 一致连续的充要条件是: 对 $E$ 上任意两个数列 $\{x_k\}, \{x_k'\}$, 只要 $\lim\limits_{k \to +\infty}|x_k - x_k'| = 0$, 就有 $\lim\limits_{k \to +\infty}|f(x_k) - f(x_k')| = 0$.

**证明** 必要性可由定义直接证得. 下面证明充分性. 若 $f$ 在 $E$ 上不一致连续, 则 $\exists \varepsilon_0 > 0$, 使得对任意正整数 $k$, 存在 $\boldsymbol{x}_k, \boldsymbol{x}_k' \in E$ 满足

$$|x_k - x_k'| < \frac{1}{k}, \qquad |f(x_k) - f(x_k')| > \varepsilon_0.$$

于是, 则有 $\lim\limits_{k \to +\infty}|x_k - x_k'| = 0$, 而 $\lim\limits_{k \to +\infty}|f(x_k) - f(x_k')| = 0$ 不成立. $\qquad\square$

利用例 2.2.7 或直接证明易得例 2.2.8 的结果.

【**例 2.2.8**】 设 $E \subseteq \mathbb{R}^n$, $F \subseteq \mathbb{R}^m$ 和 $f : E \to F$, $g : F \to \mathbb{R}^k$ 均一致连续, 则 $g \circ f : E \to \mathbb{R}^k$ 一致连续.

**【例 2.2.9】** 设 $f$ 是 $[a,b]$ 上的实值函数. 若任给 $\varepsilon > 0$, $\exists \delta > 0$, 使得当 $[a,b]$ 中任意有限个互不相交的开区间 $(x_i, y_i)$ $(i = 1, 2, \cdots, n)$, 满足当 $\sum\limits_{i=1}^{n} (y_i - x_i) < \delta$ 时, 有

$$\sum_{i=1}^{n} |f(y_i) - f(x_i)| < \varepsilon,$$

则称 $f$ 是 $[a,b]$ 上的绝对连续函数. 证明:

(i) 绝对连续函数一定是一致连续函数.

(ii) 若函数 $f$ 在 $[a,b]$ 上满足 Lipschitz 条件, 则 $f$ 在 $[a,b]$ 上绝对连续.

证明是比较容易的, 我们留给读者.

**【例 2.2.10】** 设函数 $f$ 在闭区间 $[a,b]$ 上 Riemann 可积, 证明变上限函数 $F(x) = \int_a^x f(t)\,\mathrm{d}t$ 为 $[a,b]$ 上的绝对连续函数.

**证明** 设 $|f(x)| \leqslant M$, $x \in [a,b]$. 对任给 $\varepsilon > 0$, 取 $0 < \delta < \varepsilon/M$. 设 $[a,b]$ 中有限个互不相交的开区间 $(x_i, y_i)$ $(i = 1, 2, \cdots, n)$ 满足 $\sum\limits_{i=1}^{n} (y_i - x_i) < \delta$, 则

$$\sum_{i=1}^{n} |F(y_i) - F(x_i)| = \sum_{i=1}^{n} \left| \int_{x_i}^{y_i} f(t)\,\mathrm{d}t \right| \leqslant M \sum_{i=1}^{n} \int_{x_i}^{y_i} \mathrm{d}t = M \sum_{i=1}^{n} (y_i - x_i) < \varepsilon.$$

于是, 根据定义可知函数 $F$ 为 $[a,b]$ 上的绝对连续函数. □

**【注 2.2.7】** 从 Lebesgue 积分的角度来讲, $F$ 在 $[a,b]$ 上绝对连续, 当且仅当存在可积函数 $f$, 使得 $F(x) = F(a) + \int_a^x f(t)\,\mathrm{d}t$. 但这不是一个很容易证明的结果.

**【定义 2.2.5】**（等度连续）设 $\{f_n\}$ 为 $E \subseteq \mathbb{R}^n$ 上的一列实值函数, 称 $\{f_n\}$ 在 $E$ 上是等度连续的, 若对任意 $\varepsilon > 0$, 存在 $\delta > 0$, 使得当 $x, y \in E$ 且满足 $|x - y| < \delta$ 时, 对所有 $n = 1, 2, \cdots$, 均有

$$|f_n(x) - f_n(y)| < \varepsilon.$$

**【注 2.2.8】** $\{f_n\}$ 在 $E$ 上等度连续, 等价于存在一个满足 $\lim\limits_{r \to 0^+} \omega(r) = \omega(0) = 0$ 的单增函数 $\omega : [0, +\infty) \to [0, +\infty)$, 使得对任何 $x, y \in E$ 以及 $n \geqslant 1$, 有

$$|f_n(x) - f_n(y)| \leqslant \omega(|x - y|).$$

特别地, 如果 $\{f_n\}$ 在 $E$ 上等度连续, 则对每一个 $n \geqslant 1$, 函数 $f_n$ 在 $E$ 上一致连续.

**【例 2.2.11】** 设 $\{f_n\}$ 为紧集 $E \subseteq \mathbb{R}^d$ 上的一列一致收敛的连续函数, 证明 $\{f_n\}$ 在 $E$ 上是等度连续的.

**证明** 任给 $\varepsilon > 0$, 则存在正整数 $n_0$, 使得对一切 $x \in E$ 及 $n > n_0$, 有

$$|f_n(x) - f_{n_0}(x)| < \frac{\varepsilon}{3}.$$

注意到紧集上的连续函数是一致连续的, 故可以找到 $\delta > 0$, 使得对任意 $x, y \in E$, $|x - y| < \delta$ 有

$$|f_k(x) - f_k(y)| < \frac{\varepsilon}{3}, \quad k = 1, 2, \cdots, n_0. \tag{2.2.4}$$

而对于 $n > n_0$, 有

$$|f_n(x) - f_n(y)| \leqslant |f_n(x) - f_{n_0}(x)| + |f_{n_0}(x) - f_{n_0}(y)| + |f_{n_0}(y) - f_n(y)| < \varepsilon.$$

结合式 (2.2.4) 即证得要证明的结果. □

**【例 2.2.12】** 称函数列 $\{S_n\}$ 在 $[a, b]$ 上拟一致收敛于 $S$, 若对任意 $\varepsilon > 0$ 及自然数 $N$, 存在自然数 $N' > N$ 使得对每个 $x \in [a, b]$, 有整数 $n_x \in [N, N']$ 满足 $|S_{n_x}(x) - S(x)| < \varepsilon$. 证明: 在区间 $[a, b]$ 上的连续函数列的极限函数在 $[a, b]$ 上连续的充要条件是该函数列在 $[a, b]$ 上拟一致收敛.

**证明**　**必要性**　任取 $x_0 \in [a, b]$, 由 $\lim\limits_{n \to +\infty} S_n(x_0) = S(x_0)$ 可知: 对任意的 $\varepsilon > 0$ 和 $N$, 存在 $n_0 > N$, 使得

$$|S_{n_0}(x_0) - S(x_0)| < \varepsilon.$$

由 $S_{n_0}$ 与 $S$ 的连续性可知, 存在 $\delta_0$ 使得当 $x \in (x_0 - \delta_0, x_0 + \delta_0) \cap [a, b]$ 时, 成立不等式 $|S_{n_0}(x) - S(x)| < \varepsilon$, 对 $[a, b]$ 中的每个点都如此做, 然后利用有限覆盖定理可得有限个正整数 $n_1, n_2, \cdots, n_k$. 取其中的最大者为 $N'$, 即可验证 $\{S_n\}$ 拟一致收敛于 $S$.

**充分性**　$\forall x_0 \in [a, b]$, 有

$$|S(x) - S(x_0)| \leqslant |S(x) - S_n(x)| + |S_n(x) - S_n(x_0)| + |S_n(x_0) - S(x_0)|. \tag{2.2.5}$$

$\forall \varepsilon > 0$, $\exists N \geqslant 1$, 使得当 $n > N$ 时, 上式右端第三项不大于 $\varepsilon/3$. 利用拟一致收敛性, 对于 $N$ 和 $\varepsilon/3$, $\exists N' > N$, 由于 $[N, N']$ 中只有有限个正整数, 因此存在 $\delta > 0$ 使得当 $0 < |x - x_0| < \delta$ 且 $x \in [a, b]$ 时, 式 (2.2.5) 中的第二项对每个 $n \in [N, N']$ 都小于 $\varepsilon/3$. 最后对每个 $x$, 只要 $0 < |x - x_0| < \delta$ 和 $x \in [a, b]$, 就存在 $n_x \in [N, N']$ 使得当 $n = n_x$ 时, 右边第一项以及其他两项均小于 $\varepsilon/3$. □

**【命题 2.2.15】**(连续延拓)　设 $F$ 是 $\mathbb{R}^n$ 中的闭集, $f$ 是定义在 $F$ 上的连续函数, 则存在 $\mathbb{R}^n$ 上的连续函数 $g$ 满足

$$\begin{cases} g(x) = f(x), & \forall x \in F, \\ \sup\limits_{x \in \mathbb{R}^n} g(x) = \sup\limits_{x \in F} f(x), & \inf\limits_{x \in \mathbb{R}^n} g(x) = \inf\limits_{x \in F} f(x). \end{cases}$$

**证明**　**情形 I**　$f$ 为有界函数.

记 $\sup\limits_{x \in F} f(x) - \inf\limits_{x \in F} f(x) = 2M$. 不妨假设 $M > 0$, 令

$$h(x) = f(x) - \frac{1}{2}\Big(\sup\limits_{x \in F} f(x) + \inf\limits_{x \in F} f(x)\Big),$$

则 $|h(x)| \leqslant M, \sup\limits_{x \in F} h(x) = M = -\inf\limits_{x \in F} h(x)$. 把 $F$ 分成三个点集:

$$A = \left\{ x \in F \;\middle|\; \frac{M}{3} \leqslant h(x) \leqslant M \right\},$$

$$B = \left\{ x \in F \;\middle|\; -M \leqslant h(x) \leqslant -\frac{M}{3} \right\},$$

$$C = \left\{ x \in F \;\middle|\; -\frac{M}{3} < h(x) < \frac{M}{3} \right\},$$

并作函数

$$s_1(x) = \frac{M}{3} \cdot \frac{d(x, B) - d(x, A)}{d(x, B) + d(x, A)}, \quad x \in \mathbb{R}^n.$$

于是

$$s_1(x) = \begin{cases} \dfrac{M}{3}, & x \in A, \\[3mm] -\dfrac{M}{3}, & x \in B. \end{cases}$$

因为 $A$ 与 $B$ 是互不相交的闭集, 所以 $s_1$ 处处有定义且在 $\mathbb{R}^n$ 上处处连续. 此外还有

$$|s_1(x)| \leqslant \frac{M}{3}, \quad x \in \mathbb{R}^n,$$

$$|h(x) - s_1(x)| \leqslant \frac{2}{3}M, \quad x \in F.$$

再在 $F$ 上来考察 $h - s_1$ (相当于上述的 $h$), 并用类似的方法作 $\mathbb{R}^n$ 上的连续函数 $s_2$, 此时由于 $h - s_1$ 的界为 $\dfrac{2M}{3}$, 故 $s_2$ 应该满足

$$|s_2(x)| \leqslant \left(\frac{1}{3}\right)\frac{2M}{3}, \quad x \in \mathbb{R}^n,$$

$$|(h(x) - s_1(x)) - s_2(x)| \leqslant \frac{2}{3} \cdot \frac{2M}{3} = \left(\frac{2}{3}\right)^2 M, \quad x \in F.$$

继续这一过程, 可得在 $\mathbb{R}^n$ 上的连续函数序列 $\{s_k\}$, 使得

$$|s_k(x)| \leqslant \left(\frac{1}{3}\right)\left(\frac{2}{3}\right)^{k-1} M, \quad x \in \mathbb{R}^n,$$

$$\left| h(x) - \sum_{i=1}^{k} s_i(x) \right| \leqslant \left(\frac{2}{3}\right)^k M, \quad x \in F.$$

上面第一式表明级数 $\sum\limits_{i=1}^{\infty} s_i(x)$ 是一致收敛的, 记其和为 $s(x)$, 则 $s(x)$ 是 $\mathbb{R}^n$ 上的连续函数; 上面第二式表明

$$s(x) = \sum_{i=1}^{\infty} s_i(x) = h(x), \ \ x \in F.$$

最后, 对于任意的 $x \in \mathbb{R}^n$, 得到

$$|s(x)| \leqslant \sum_{i=1}^{\infty} |s_i(x)| \leqslant \frac{M}{3}\left(1 + \frac{2}{3} + \left(\frac{2}{3}\right)^2 + \cdots\right) = M.$$

现令 $g(x) = s(x) + \dfrac{1}{2}\left(\sup\limits_{x \in F} f(x) + \inf\limits_{x \in F} f(x)\right)$, 则 $g$ 即为所要求的函数.

**情形 II**　$f$ 为无界函数, 那么函数 $\arctan f$ 为 $F$ 上的有界连续函数. 令 $\mathbb{R}^n$ 上的连续函数 $\mu$ 满足

$$\sup_{x \in \mathbb{R}^n} \mu(x) = \sup_{x \in F} \arctan f(x), \quad \inf_{x \in \mathbb{R}^n} \mu(x) = \inf_{x \in F} \arctan f(x),$$

$$\mu(x) = \arctan f(x), \qquad x \in F.$$

于是, 连续函数 $g = \tan \mu$ 即为所要求的函数. □

**【例 2.2.13】**　若 $f$ 为 $[a, b]$ 上某个函数的导函数, 则 $f$ 与 $|f|$ 在 $[a, b]$ 上具有相同的连续点.

**证明**　显然 $f$ 的连续点一定是 $|f|$ 的连续点.

为证明 $|f|$ 的连续点也是 $f$ 的连续点, 我们首先证明: 对任何 $[\alpha, \beta] \subseteq [a, b]$, 有

$$\sup_{x \in [\alpha, \beta]} f(x) - \inf_{x \in [\alpha, \beta]} f(x) \leqslant 2\left(\sup_{x \in [\alpha, \beta]} |f(x)| - \inf_{x \in [\alpha, \beta]} |f(x)|\right).$$

事实上, 若 $f$ 在 $[\alpha, \beta]$ 上保号, 则

$$\sup_{x \in [\alpha, \beta]} f(x) - \inf_{x \in [\alpha, \beta]} f(x) = \sup_{x \in [\alpha, \beta]} |f(x)| - \inf_{x \in [\alpha, \beta]} |f(x)|.$$

若 $f$ 在 $[\alpha, \beta]$ 上变号, 则根据微分 Darboux (达布) 定理, $f$ 在 $[\alpha, \beta]$ 上可以取到 $0$ 值. 于是

$$\sup_{x \in [\alpha, \beta]} f(x) - \inf_{x \in [\alpha, \beta]} f(x) \leqslant 2 \sup_{x \in [\alpha, \beta]} |f(x)| = 2\left(\sup_{x \in [\alpha, \beta]} |f(x)| - \inf_{x \in [\alpha, \beta]} |f(x)|\right).$$

由上述不等式可得 $|f|$ 的连续点一定是 $f$ 的连续点. □

**【例 2.2.14】** 设 $E \subseteq \mathbb{R}^n$, $f$ 定义在 $E$ 上. 对于点 $a$ 的邻域 $B_\delta(a)$, 定义 $f$ 在这个邻域上的振幅为

$$\omega_f(a, \delta) = \sup_{x \in B_\delta(a)} f(x) - \inf_{x \in B_\delta(a)} f(x).$$

然后令

$$\omega_f(a) = \lim_{\delta \to 0^+} \omega_f(a, \delta)$$

称为函数 $f$ 在点 $a$ 的振幅. 证明:

(i) 若 $f$ 在 $E$ 上有界, 则对任意 $a \in E$, $\omega_f(a)$ 存在;

(ii) $f$ 在点 $a$ 连续的充要条件是 $\omega_f(a) = 0$.

**证明** (i) 对固定的 $a \in E$, 由定义知 $\sup\limits_{x \in B_\delta(a)} f(x)$ 与 $\inf\limits_{x \in B_\delta(a)} f(x)$ 分别是 $\delta$ 的单调增加与单调减少函数. 由 $f$ 的有界性, 知当 $\delta$ 充分小时, $\sup\limits_{x \in B_\delta(a)} f(x)$ 与 $\inf\limits_{x \in B_\delta(a)} f(x)$ 都是 $\delta$ 的有界函数, 于是 $\omega_f(a, \delta)$ 是 $\delta$ 的单调增加且有界函数, 从而 $\lim\limits_{\delta \to 0^+} \omega_f(a, \delta)$ 存在.

(ii) 若 $f$ 在点 $a$ 连续, 则 $\forall \varepsilon > 0$, $\exists \delta > 0$, 当 $x \in B_\delta(a)$ 时, $|f(x) - f(a)| < \varepsilon$. 此时应有

$$\omega_f(a, \delta) = \sup_{x \in B_\delta(a)} \{f(x)\} - f(a) + f(a) - \inf_{x \in B_\delta(a)} \{f(x)\} \leqslant 2\varepsilon.$$

于是

$$\omega_f(a) = \lim_{\delta \to 0^+} \omega_f(a, \delta) = 0.$$

反之, 若 $\lim\limits_{\delta \to 0^+} \omega_f(a, \delta) = 0$, 则 $\forall \varepsilon > 0$, $\exists \delta_0 > 0$, 当 $\delta \leqslant \delta_0$ 时,

$$\sup_{x \in B_\delta(a)} f(x) - \inf_{x \in B_\delta(a)} f(x) < \varepsilon,$$

于是当 $x \in B'_{\delta_0}(a)$ 时, 有

$$|f(x) - f(a)| \leqslant \sup_{x \in B_{\delta_0}(a)} f(x) - \inf_{x \in B_{\delta_0}(a)} f(x) < \varepsilon,$$

即 $f$ 在 $a$ 点连续. $\qquad\square$

**【例 2.2.15】** 设 $A$ 是 $n \times n$ 矩阵, 它的行列式 $\det(A) \neq 0$. 证明存在 $\alpha > \beta > 0$, 使得对任意 $x \in \mathbb{R}^n$, 都有 $\beta|x| \leqslant |Ax| \leqslant \alpha|x|$.

**证明** 注意到函数 $x \mapsto Ax$ 是定义在单位球面 $S^{n-1}$ 上的连续函数. 因 $\det(A) \neq 0$, 故对 $x \in S^{n-1}$, 有 $|Ax| > 0$. 于是 $\min\limits_{x \in S^{n-1}} |Ax| = \beta > 0$ 及 $\max\limits_{x \in S^{n-1}} |Ax| = \alpha > 0$. 从而当 $x \neq 0$ 时, 有 $\beta \leqslant \left| A\dfrac{x}{|x|} \right| \leqslant \alpha$, 即 $\beta|x| \leqslant |Ax| \leqslant \alpha|x|$. 而当 $x = 0$ 时, 不等式显然成立. $\qquad\square$

**【例 2.2.16】** 设 $f$ 为定义在 $\mathbb{R}^2$ 上的函数. 试给出例子使得 $f(x,y)$ 分别是单变量 $x$ 及 $y$ 的连续函数, 但在一个稠密集合上不连续.

**解** 设 $\{\boldsymbol{r}_n = (r_{n,1}, r_{n,2}) \,|\, n = 1, 2, \cdots\}$ 为 $\mathbb{R}^2$ 中全体有理数对集合. 对于有理数对 $\boldsymbol{r}_n = (r_{n,1}, r_{n,2})$, 记

$$f_n(x,y) = \begin{cases} \dfrac{(x - r_{n,1})(y - r_{n,2})}{(x - r_{n,1})^2 + (y - r_{n,2})^2}, & (x,y) \neq \boldsymbol{r}_n = (r_{n,1}, r_{n,2}), \\ 0, & (x,y) = \boldsymbol{r}_n = (r_{n,1}, r_{n,2}). \end{cases}$$

则 $f_n$ 在任一 $(x,y) \neq \boldsymbol{r}_n = (r_{n,1}, r_{n,2})$ 处连续, 在点 $\boldsymbol{r}_n = (r_{n,1}, r_{n,2})$ 处不连续, 但 $f_n(x,y)$ 分别是单变量 $x$ 及 $y$ 的连续函数. 令

$$f(x,y) = \sum_{n=1}^{\infty} \frac{f_n(x,y)}{2^n}.$$

注意到 $|f_n(x,y)| \leqslant \dfrac{1}{2}$, 于是上述函数项级数是一致收敛的. 故 $f$ 在非有理数对处是连续的, 且分别是单变量 $x$ 及 $y$ 的连续函数. 同理, 令

$$h_k(x,y) = \sum_{n \neq k} \frac{f_n(x,y)}{2^n}.$$

则 $h_k$ 在点 $\boldsymbol{r}_k = (r_{k,1}, r_{k,2})$ 处连续. 由此得到函数 $f(x,y) = h_k(x,y) + \dfrac{f_k(x,y)}{2^k}$ 在点 $\boldsymbol{r}_k = (r_{k,1}, r_{k,2})$ 处不连续.

**【例 2.2.17】** 将区间 $(0,1)$ 内的实数用十进制小数 $0.a_1 a_2 a_3 \cdots a_n \cdots$ 表示, 约定不将 9 作为循环节. 定义

$$f(0.a_1 a_2 a_3 \cdots a_n \cdots) := 0.a_1 0 a_2 0 a_3 0 \cdots a_n 0 \cdots,$$

试问 $f$ 在 $(0,1)$ 内的哪些点连续, 哪些点不连续.

**解** 当 $x_0 \in (0,1)$ 是有限小数时, $f$ 在 $x_0$ 处不连续; 当 $x_0 \in (0,1)$ 是无限小数时, $f$ 在 $x_0$ 处连续.

具体地, 若 $x_0 = 0.a_1 a_2 \cdots a_n$, 其中 $a_n \in \{1, 2, \cdots, 9\}$, 则 $f(x_0) = \displaystyle\sum_{k=1}^{n} \frac{a_k}{10^{2k-1}}$, 而易见当 $x \in (0, x_0)$ 时, $f(x) \leqslant \displaystyle\sum_{k=1}^{n-1} \frac{a_k}{10^{2k-1}} + \frac{a_n - 1}{10^{2n-1}} + \frac{10}{10^{2n+1}}$. 因此 $f(x_0) - f(x) \geqslant \dfrac{9}{10^{2n}}$. 这表明 $f$ 在 $x_0$ 点不是左连续的, 从而不连续.

若 $x_0$ 为无限小数, 即 $x_0 = 0.a_1 a_2 \cdots a_k \cdots$, 其中 $a_k \in \{0, 1, 2, \cdots, 9\}$, 且 $a_k$ 中有无穷多个非零元, 则根据规则, 必有无限多个 $k$ 使得 $a_k, a_{k+1}$ 不同时为零, 也不同时为 9, 即 $1 \leqslant 10 a_k + a_{k+1} \leqslant 98$.

任取 $\varepsilon > 0$, 令 $k = k_\varepsilon$ 足够大使得 $1 \leqslant 10a_k + a_{k+1} \leqslant 98$, $\dfrac{1}{10^{2k}} \leqslant \varepsilon$, 则当 $|x - x_0| < \delta = \dfrac{1}{10^{k+1}}$ 成立时, $x$ 小数点后的前 $k-1$ 位数必然与 $x_0$ 的前 $k-1$ 位数相同, 此时 $|f(x) - f(x_0)| < \dfrac{10}{10^{2k+1}} < \varepsilon$. 因此, $f$ 在 $x_0$ 点连续.

最后, 事实上在有限小数处, $f$ 仍然具有右连续性.

**【例 2.2.18】** 设 $F = f - g$, 且 $f, g$ 均为有界闭区间 $[a, b]$ 上的单调增加函数. 如果 $F$ 在 $[a, b]$ 上有介值性, 证明: $F$ 在 $[a, b]$ 上连续.

**【注 2.2.9】** $F(x)$ 在 $[a, b]$ 上有介值性是指: 对于 $[a, b]$ 的任何闭子区间 $[\alpha, \beta] \subseteq [a, b]$, 以及介于 $F(\alpha)$ 与 $F(\beta)$ 之间的实数 $\eta$, 总存在 $\xi \in [\alpha, \beta]$ 使得 $F(\xi) = \eta$.

**证明** 根据单调有界定理, 对任何 $x_0 \in [a, b]$, $\lim\limits_{x \to x_0^+} f(x)$, $\lim\limits_{x \to x_0^+} g(x)$, $\lim\limits_{x \to x_0^-} f(x)$, $\lim\limits_{x \to x_0^-} g(x)$ 均存在 (当 $x_0 = a$ 时仅有右极限, 当 $x_0 = b$ 时仅有左极限). 从而 $\lim\limits_{x \to x_0^+} F(x)$, $\lim\limits_{x \to x_0^-} F(x)$ 存在 (当 $x_0 = a$ 时仅有右极限, 当 $x_0 = b$ 时仅有左极限).

可知, 若 $x_0 \in [a, b)$, 则 $\lim\limits_{x \to x_0^+} F(x) = F(x_0)$. 否则, 若对某个 $x_0 \in [a, b)$, $F(x_0^+) = \lim\limits_{x \to x_0^+} F(x) \neq F(x_0)$, 则取 $\varepsilon = \dfrac{|F(x_0) - F(x_0^+)|}{4} > 0$, 存在 $\delta \in (0, b - x_0)$ 使得当 $x_0 < x < x_0 + \delta$ 时, $|F(x) - F(x_0^+)| < \varepsilon$. 从而对任何 $s, x \in (x_0, x_0 + \delta)$, 有

$$\left| F(s) - \frac{F(x_0) + F(x)}{2} \right| = \left| F(s) - F(x_0^+) + \frac{F(x_0^+) - F(x_0)}{2} + \frac{F(x_0^+) - F(x)}{2} \right|$$

$$\geqslant \frac{1}{2}|F(x_0^+) - F(x_0)| - |F(s) - F(x_0^+)| - \frac{1}{2}|F(x) - F(x_0^+)|$$

$$> 2\varepsilon - \varepsilon - \frac{1}{2}\varepsilon = \frac{\varepsilon}{2} > 0.$$

这表明对于 $x \in (x_0, x_0 + \delta)$, 不存在 $s \in [x_0, x]$ 使得 $F(s)$ 等于 $F(x_0)$ 与 $F(x)$ 的介值 $\dfrac{F(x_0) + F(x)}{2}$, 得到矛盾. 因此 $\lim\limits_{x \to x_0^+} F(x) = F(x_0)$, 即 $F$ 在 $[a, b)$ 上右连续.

同理可证 $F$ 在 $(a, b]$ 上左连续. 所以 $F$ 在 $[a, b]$ 上连续. □

**【例 2.2.19】** 设 $f$ 在 $[0, +\infty)$ 上连续, $\lim\limits_{n \to \infty} f(\sqrt{n}) = 0$. 证明: $\lim\limits_{x \to +\infty} f(x)$ 存在的充要条件是 $f$ 在 $[0, +\infty)$ 上一致连续.

**证明** **充分性** 设 $f$ 在 $[0, +\infty)$ 上一致连续, 令 $\omega$ 为 $f$ 的连续模, 即 $\omega(r) := \sup\limits_{\substack{|x-y| \leqslant r \\ x, y \geqslant 0}} |f(x) - f(y)|$, 则 $\lim\limits_{r \to 0^+} \omega(r) = 0$.

注意到对于 $x > 1$, $|x - \sqrt{[x^2]}| = \left| \dfrac{x^2 - [x^2]}{x + \sqrt{[x^2]}} \right| \leqslant \dfrac{1}{x}$, 其中 $[x^2]$ 是 $x^2$ 的整数部分. 则

有

$$|f(x)| \leqslant |f(x) - f(\sqrt{[x^2]})| + |f(\sqrt{[x^2]})| \leqslant \omega(|x - \sqrt{[x^2]}|) + |f(\sqrt{[x^2]})|$$

$$\leqslant \omega\left(\frac{1}{x}\right) + |f(\sqrt{[x^2]})|.$$

令 $x \to +\infty$, 即得 $\lim\limits_{x \to +\infty} f(x) = 0$.

**必要性**　设 $\lim\limits_{x \to +\infty} f(x)$ 存在. 仍然记 $\omega(r) := \sup\limits_{\substack{|x-y| \leqslant r \\ x,\,y \geqslant 0}} |f(x) - f(y)|$, 则对于 $r \in$

$(0,1)$, 以及任何 $A > 0$,

$$\omega(r) \leqslant \sup_{\substack{|x-y| \leqslant r \\ x,\,y \in [0,\,A+1]}} |f(x) - f(y)| + \sup_{x,\,y \geqslant A} |f(x) - f(y)|.$$

由于 $f$ 在 $[0, A+1]$ 上连续, 从而在其上一致连续, 即有

$$\varlimsup_{r \to 0^+} \omega(r) \leqslant \sup_{x,y \geqslant A} |f(x) - f(y)|, \quad \forall A > 0.$$

再令 $A \to +\infty$, 即得 $\varlimsup\limits_{r \to 0^+} \omega(r) \leqslant 0$. 故 $\lim\limits_{r \to 0^+} \omega(r) = 0$, 即 $f$ 在 $[0, +\infty)$ 上一致连续.　□

**【例 2.2.20】**　设数列 $\{r_n\}$ 为 $[0,1]$ 中的所有有理点的一个排列. 证明函数

$$f(x) = \sum_{n=1}^{\infty} \frac{|x - r_n|}{3^n}, \quad x \in [0,1]$$

具有性质: (1) 处处连续; (2) 在 $[0,1]$ 的每个无理点处可微, 而在每个有理点处不可微.

**证明**　记 $f_n(x) = \dfrac{|x - r_n|}{3^n}$, 则 $f_n \in C([0,1])$.

(1) 级数 $\sum\limits_{n=1}^{\infty} f_n(x)$ 一致收敛, 故有 $f \in C([0,1])$.

(2) 设 $x_0 \in [0,1]$ 为无理数. 则有

$$f_n'(x_0) = \frac{1}{3^n} \operatorname{sgn}(x_0 - r_n), \quad n = 1, 2, \cdots,$$

并且级数 $\sum\limits_{n=1}^{\infty} f_n'(x_0)$ 收敛. 注意到当 $x \neq x_0$ 时, 有

$$\frac{f(x) - f(x_0)}{x - x_0} - \sum_{n=1}^{\infty} f_n'(x_0) = \sum_{n=1}^{\infty} \left( \frac{f_n(x) - f_n(x_0)}{x - x_0} - f_n'(x_0) \right).$$

下面将证明对于任意 $\varepsilon > 0$, 存在 $\delta > 0$, 使得对所有 $x \in B_\delta^\circ(x_0) \cap [0,1]$, 有

$$\left| \frac{f(x) - f(x_0)}{x - x_0} - \sum_{n=1}^{\infty} f_n'(x_0) \right| < \varepsilon.$$

注意到

$$\left|\sum_{n=1}^{\infty}\left(\frac{f_n(x)-f_n(x_0)}{x-x_0}-f_n'(x_0)\right)\right| \leqslant \left|\sum_{n=1}^{N}\left(\frac{f_n(x)-f_n(x_0)}{x-x_0}-f_n'(x_0)\right)\right|$$

$$+\sum_{n>N}\left|\frac{f_n(x)-f_n(x_0)}{x-x_0}\right|+\sum_{n>N}|f_n'(x_0)|$$

$$\leqslant \left|\sum_{n=1}^{N}\left(\frac{f_n(x)-f_n(x_0)}{x-x_0}-f_n'(x_0)\right)\right|+\sum_{n>N}\frac{1}{3^n}+\sum_{n>N}\frac{1}{3^n},$$

于是, 我们先取定自然数 $N$, 使得

$$\sum_{n>N}\frac{1}{3^n}<\frac{\varepsilon}{3},$$

然后对这个固定的 $N$, 取 $\delta>0$, 使得对所有 $x\in B_\delta^\circ(x_0)\cap[0,1]$, 有

$$\left|\sum_{n=1}^{N}\left(\frac{f_n(x)-f_n(x_0)}{x-x_0}-f_n'(x_0)\right)\right|<\frac{\varepsilon}{3}.$$

于是证得函数 $f$ 在 $[0,1]$ 中的每个无理点处可微.

设 $x_0=r_k$ 为有理数. 注意到

$$f(x)=\sum_{n\neq k}^{\infty}\frac{|x-r_n|}{3^n}+\frac{|x-r_k|}{3^k}:=g(x)+\frac{|x-r_k|}{3^k}.$$

由上述讨论可知, $g$ 在 $x_0=r_k$ 处可微, 而函数 $\dfrac{|x-r_k|}{3^k}$ 在 $x_0=r_k$ 处不可微. □

**【例 2.2.21】** 设 $\mathbb{Q}=\{x_1,x_2,\cdots\}$ 为有理数集合. 令 $f(x)=\displaystyle\sum_{x_n\leqslant x}\frac{1}{2^n}$, 则 $f$ 仅在有理点处不连续.

**证明** 设 $x_\ell\in\mathbb{Q}$, 则对于任意实数 $y<x_\ell$,

$$f(x_\ell)-f(y)>\frac{1}{2^\ell}.$$

此即表明函数 $f$ 在点 $x_\ell$ 处不连续.

现任意取定无理数 $x_0$. 对任意正数 $\varepsilon$, 设正整数 $\ell$ 满足 $\displaystyle\sum_{k\geqslant\ell}\frac{1}{2^k}<\varepsilon$. 取 $\delta>0$ 使得

$$\min\{n\mid x_n\in(x_0-\delta,x_0+\delta)\}>\ell$$

(因为 $x_0$ 是无理数, 所以上述要求是可以实现的). 这样当 $x \in (x_0 - \delta, x_0 + \delta)$ 时, 有

$$|f(x) - f(x_0)| < \sum_{k \geqslant \ell} \frac{1}{2^k} < \varepsilon.$$

此即表明函数 $f$ 在点 $x_0$ 处连续.　□

【例 2.2.22】(Cantor 函数)　设 $C$ 是 $[0,1]$ 中 Cantor 集. 对于 $x = 2 \sum_{i=1}^{\infty} \frac{a_i}{3^i} \in C, a_i \in \{0,1\}$, 令

$$\phi(x) = \phi\left(2 \sum_{i=1}^{\infty} \frac{a_i}{3^i}\right) = \sum_{i=1}^{\infty} \frac{a_i}{2^i}.$$

Cantor 函数 $\Phi$ 定义为: 对于 $x \in [0,1]$, 令

$$\Phi(x) = \sup\{\phi(y) \mid y \in C, y \leqslant x\}.$$

证明: $\Phi$ 为 $[0,1]$ 上的连续函数.

**证明**　首先证明 $\phi$ 是 $C$ 上的递增函数. 取 $C$ 中的两个数 $x, y$, 有

$$x = 2 \sum_{i=1}^{\infty} \frac{a_i}{3^i} < y = 2 \sum_{i=1}^{\infty} \frac{b_i}{3^i}.$$

记 $k = \min\{i \mid a_i \neq b_i\}$, 则有

$$0 < \sum_{i=1}^{\infty} \frac{b_i - a_i}{3^i} = \frac{b_k - a_k}{3^k} + \sum_{i=k+1}^{\infty} \frac{b_i - a_i}{3^i} \leqslant \frac{b_k - a_k}{3^k} + \sum_{i=k+1}^{\infty} \frac{2}{3^i} = \frac{b_k - a_k + 1}{3^k},$$

于是得到 $b_k = 1, a_k = 0$. 于是

$$\phi(x) = \phi\left(2 \sum_{i=1}^{\infty} \frac{a_i}{3^i}\right) = \sum_{i=1}^{k-1} \frac{a_i}{2^i} + \sum_{i=k}^{\infty} \frac{a_i}{2^i} \leqslant \sum_{i=1}^{k-1} \frac{b_i}{2^i} + \sum_{i=k+1}^{\infty} \frac{1}{2^i}$$

$$= \sum_{i=1}^{k-1} \frac{b_i}{2^i} + \frac{1}{2^k} \leqslant \sum_{i=1}^{k-1} \frac{b_i}{2^i} + \sum_{i=k}^{\infty} \frac{b_i}{2^i} = \phi\left(2 \sum_{i=1}^{\infty} \frac{b_i}{3^i}\right) = \phi(y),$$

从而得到 $\phi$ 是 $C$ 上的递增函数. 因此 $\Phi$ 为定义在 $[0,1]$ 上的递增函数. 注意到

$$\left\{ \sum_{i=1}^{\infty} \frac{a_i}{2^i} \,\middle|\, a_i \in \{0,1\} \right\} = [0,1].$$

故 $\Phi([0,1]) = [0,1]$, 于是得到 $\Phi$ 在 $[0,1]$ 上连续.　□

【注 2.2.10】　不难看出, 在构造 Cantor 集的过程中所移去的中央三分开区间上, $\Phi$ 都是常数. 于是, 在这些中央三分开区间上的点处, $\Phi$ 的导数均为零, 即 $\Phi$ 在 $[0,1]$ 上单调递增、连续且有几乎处处为零的导数. 有时也称 $\Phi$ 为魔鬼阶梯函数.

类似地, 可以构造 Peano (佩亚诺) 曲线——填满正方形的曲线.

【例 2.2.23】(Peano 曲线)　考虑区间 $[0,1]$ 上的子集 $W$, 其元素是三进制小数表示中各小数位的数字为 0 或 1 的数:

$$W := \left\{ \sum_{k=1}^{\infty} \frac{a_k}{3^k} \;\middle|\; \forall k \geqslant 1, a_k \in \{0,1\} \right\}.$$

在 $W$ 上定义 $f$ 如下:

$$f\left( \sum_{k=1}^{\infty} \frac{a_k}{3^k} \right) = \left( \sum_{k=1}^{\infty} \frac{a_{2k-1}}{2^k}, \sum_{k=1}^{\infty} \frac{a_{2k}}{2^k} \right), \qquad \forall \sum_{k=1}^{\infty} \frac{a_k}{3^k} \in W.$$

则 $f(W) = [0,1]^2$. 又易见 $W$ 是 $[0,1]$ 上的闭子集, 且 $f$ 在 $W$ 上连续. 利用连续函数的延拓, 可将 $f$ 延拓成 $[0,1] :\to [0,1]^2$ 上的连续映射. 同时, 不难看到, 在延拓时还可保持 $f$ 取值在 $[0,1]^2$ 中.

【例 2.2.24】　设一元函数 $f$ 在 $\mathbb{R}$ 上可导, 且存在正数 $A < B$ 使得 $A \leqslant |f'(x)| \leqslant B$. 证明函数 $f(\sqrt{x^2+y^2})$ 在 $\mathbb{R}^2$ 上一致连续, 但函数 $f(x^3+y^3)$ 在 $\mathbb{R}^2$ 上不一致连续.

**证明**　对于 $(x_1,y_1),(x_2,y_2) \in \mathbb{R}^2$, 由中值定理, 存在介于 $\sqrt{x_1^2+y_1^2}$ 和 $\sqrt{x_2^2+y_2^2}$ 之间的数 $\xi$ 使得

$$\left| f\left( \sqrt{x_1^2+y_1^2} \right) - f\left( \sqrt{x_2^2+y_2^2} \right) \right| = |f'(\xi)| \left| \sqrt{x_1^2+y_1^2} - \sqrt{x_2^2+y_2^2} \right|$$
$$\leqslant B\sqrt{(x_1-x_2)^2 + (y_1-y_2)^2},$$

于是, 函数 $f(\sqrt{x^2+y^2})$ 在 $\mathbb{R}^2$ 上一致连续.

取点 $(n,0),\left( n+\frac{1}{n},0 \right) \in \mathbb{R}^2$, 注意到由中值定理, 存在介于 $n^3,\left( n+\frac{1}{n} \right)^3$ 之间的数 $\xi$ 使得

$$\left| f\left( \left( n+\frac{1}{n} \right)^3 + 0^3 \right) - f(n^3+0^3) \right| = |f'(\xi)| \left( \left( n+\frac{1}{n} \right)^3 - n^3 \right)$$
$$= |f'(\xi)| \left( 3n + \frac{3}{n} + \frac{1}{n^3} \right) \geqslant 3A.$$

于是得到函数 $f(x^3+y^3)$ 在 $\mathbb{R}^2$ 上不一致连续. □

**【例 2.2.25】**　设 $f$ 是 $[0, +\infty)$ 上的有界连续函数, $h$ 是 $[0, +\infty)$ 上的连续函数, 且 $\int_0^{+\infty} |h(t)|\,\mathrm{d}t = a < 1$. 构造函数: $g_0(x) = f(x)$,

$$g_n(x) = f(x) + \int_0^x h(t)g_{n-1}(t)\,\mathrm{d}t, \quad n = 1, 2, \cdots. \tag{2.2.6}$$

求证: $\{g_n\}$ 收敛于一个连续函数.

**证明**　记 $M = \sup|f(x)|$, 因而 $|g_0(x)| \leqslant M$. 假设

$$|g_{n-1}(x)| \leqslant (1 + a + \cdots + a^{n-1})M.$$

由式 (2.2.6) 可得

$$|g_n(x)| \leqslant |f(x)| + \int_0^x |h(t)||g_{n-1}(t)|\,\mathrm{d}t$$

$$\leqslant M + \int_0^{+\infty} |h(t)|(1 + a + \cdots + a^{n-1})M\,\mathrm{d}t$$

$$= M + a(1 + a + \cdots + a^{n-1})M = (1 + a + \cdots + a^{n-1} + a^n)M.$$

因此 $|g_n(x)| \leqslant \dfrac{1 - a^{n+1}}{1 - a}M$.

由式 (2.2.6) 可得

$$g_n(x) - g_{n-1}(x) = \int_0^x h(t)(g_{n-1}(t) - g_{n-2}(t))\,\mathrm{d}t,$$

由此可得

$$\sup|g_n(x) - g_{n-1}(x)| \leqslant a \sup|g_{n-1}(x) - g_{n-2}(x)|.$$

从而

$$\sup|g_n(x) - g_{n-1}(x)| \leqslant a^{n-1}\sup|g_1(x) - g_0(x)| \leqslant a^n M.$$

由于 $a \in [0, 1)$, 从上式可知函数项级数

$$\sum_{n=1}^{+\infty}(g_n(x) - g_{n-1}(x))$$

在 $[0, +\infty)$ 上一致收敛, 即函数列 $\{g_n\}$ 在 $[0, +\infty)$ 上一致收敛. 因为函数列的每一项都连续, 所以其极限函数 $g$ 也是连续函数. □

**【例 2.2.26】**　$[-a, a]$ 上的连续奇函数可以被奇多项式一致逼近.

**证明**　设 $f$ 为 $[-a, a]$ 上的连续奇函数. 对任意 $\varepsilon > 0$, 由 Weierstrass 逼近定理, 存在多项式 $P$ 满足

$$|P(x) - f(x)| < \varepsilon, \quad x \in [-a, a].$$

记 $Q(x) = \dfrac{1}{2}(P(x) - P(-x))$，则 $Q$ 为奇多项式. 注意到

$$f(x) - Q(x) = \frac{f(x) - P(x)}{2} - \frac{f(-x) - P(-x)}{2}.$$

于是

$$|f(x) - Q(x)| \leqslant \frac{|f(x) - P(x)|}{2} + \frac{|f(-x) - P(-x)|}{2} < \varepsilon, \quad x \in [-a, a]. \qquad \square$$

**【例 2.2.27】** 设 $f$ 在 $[a, b]$ 上连续，证明函数 $g(x) = \max\limits_{a \leqslant t \leqslant x} f(t)$ 在 $[a, b]$ 上连续.

**证明** 由于闭区间上的连续函数可以取到最值，于是，函数 $g$ 是合理定义的. 任取 $x_0 \in [a, b)$，证明 $g$ 在 $x_0$ 处右连续. 取 $x \in (x_0, b]$，则

$$g(x) = \max\left\{ g(x_0), \max_{x_0 \leqslant t \leqslant x} f(t) \right\}.$$

**情形 I** $g(x_0) > f(x_0)$. 由连续性可知，存在 $0 < \delta < b - x_0$，使得当 $x \in [x_0, x_0 + \delta)$ 时，$f(x) < f(x_0) + (g(x_0) - f(x_0)) = g(x_0)$. 从而对任意正数 $\varepsilon > 0$，当 $x \in [x_0, x_0 + \delta)$ 时，

$$|g(x) - g(x_0)| = 0 < \varepsilon,$$

即 $g$ 在 $x_0$ 处右连续.

**情形 II** $g(x_0) = f(x_0)$. 对任意 $\varepsilon > 0$，取 $0 < \delta < b - x_0$，使得当 $x \in [x_0, x_0 + \delta)$ 时，

$$|f(x) - g(x_0)| = |f(x) - f(x_0)| < \varepsilon.$$

于是，当 $x \in [x_0, x_0 + \delta)$ 时，有

$$g(x_0) \leqslant g(x) < g(x_0) + \varepsilon, \quad \text{即} \quad |g(x) - g(x_0)| < \varepsilon.$$

同理可证，任取 $x_0 \in (a, b]$，$g$ 在 $x_0$ 处左连续. $\qquad \square$

**【注 2.2.11】** 利用连续模可以简化叙述过程. 由于 $f$ 在 $[a, b]$ 上连续，因此一致连续. 设 $\omega$ 为 $f$ 在 $[a, b]$ 上的连续模. 对于任意的 $x, y \in [a, b]$，不妨设 $x \leqslant y$，有

$$g(x) \leqslant g(y) = \max\{ \max_{a \leqslant t \leqslant x} f(t), \max_{x \leqslant t \leqslant y} f(t) \}$$

$$\leqslant \max\{ g(x), f(x) + \omega(y - x) \} \leqslant g(x) + \omega(y - x).$$

从而，一般地，对于 $x, y \in [a, b]$，有 $|g(y) - g(x)| \leqslant \omega(|x - y|)$. 因此，$g$ 连续.

**【注 2.2.12】** 由于 $\min\limits_{a \leqslant t \leqslant x} f(t) = -\max\limits_{a \leqslant t \leqslant x}(-f(t))$，故有"设 $f$ 在 $[a, b]$ 上连续，则函数 $g(x) = \min\limits_{a \leqslant t \leqslant x} f(t)$ 在 $[a, b]$ 上连续".

**【例 2.2.28】** 设 $f$ 在 $[a, b]$ 上定义且对任意子区间 $[\alpha, \beta] \subseteq [a, b]$，$f([\alpha, \beta])$ 为闭区间或单点集合，证明函数 $g(x) = \max\limits_{a \leqslant t \leqslant x} f(t)$ 在 $(a, b]$ 上左连续. 判断函数 $g$ 是否在 $[a, b)$ 上右连续.

**证明** 由题设可知, 函数 $g$ 是合理定义的, 并且 $g$ 为单调增加的. 任取 $x_0 \in (a,b]$, 取 $\eta \in [a, x_0]$ 满足 $f(\eta) = g(x_0)$, 并记 $c_1 = \lim\limits_{x \uparrow x_0} g(x)$, 则 $c_1 \leqslant g(x_0)$. 下面将证明 $c_1 = g(x_0)$, 从而得到函数 $g$ 在 $x_0$ 处左连续. 若否, 则 $c_1 < g(x_0)$. 取 $x_n \in [a, x_0)$ 使得 $x_n \uparrow x_0$, 则 $g(x_n)$ 单调递增趋于 $c_1$. 注意到

$$f(t) \leqslant g(x_n) \leqslant c_1 < g(x_0), \quad t \in [a, x_n].$$

于是有 $\eta = x_0$. 从而 $f([a, x_0])$ 不是闭区间, 矛盾.

函数 $g$ 在 $[a, b)$ 上不一定右连续. 例如, 设

$$f(x) = \begin{cases} 0, & x \in [-1, 0], \\ \sin\dfrac{1}{x}, & x \in (0, 1]. \end{cases}$$

则函数 $f$ 满足题设条件. 然而

$$g(x) = \begin{cases} 0, & x \in [-1, 0], \\ 1, & x \in (0, 1]. \end{cases}$$

它在 $x = 0$ 处不是右连续的. □

**【定理 2.2.16】** (Dini 定理) 设 $f_n$ ($\forall n \in \mathbb{N}^+$) 是 $[a, b]$ 上的连续函数, 当 $x \in [a, b]$ 固定时, 常数项序列 $\{f_n(x)\}$ 有界并且对 $n$ 单调递减. 令 $f(x) = \lim\limits_{n \to +\infty} f_n(x)$, 则 $f$ 在 $[a, b]$ 上连续当且仅当 $\{f_n\}$ 在 $[a, b]$ 上一致收敛于 $f$.

**【例 2.2.29】** (Weierstrass 函数) 设 $W(x) = \sum\limits_{n=0}^{\infty} a^n \cos(b^n \pi x)$, 其中 $0 < a < 1$, $b$ 为正奇数, 使得 $ab > 1 + \dfrac{3}{2}\pi$, 则 $W$ 为 $(-\infty, +\infty)$ 上的连续函数, 但该函数处处不可导.

**证明** 由题意可知每一个函数 $a^n \cos(b^n \pi x)$ 在 $(-\infty, +\infty)$ 上连续. 因为函数项级数 $\sum\limits_{n=0}^{+\infty} a^n \cos(b^n \pi x)$ 在 $(-\infty, +\infty)$ 上一致收敛, 所以 $W$ 在 $(-\infty, +\infty)$ 上连续.

证明 $W$ 处处不可导的思路是: 对任意 $x \in (-\infty, +\infty)$, 找出两个趋于 $x$ 的不同数列 $\{x_n\}$, $\{x_n'\}$ 使得

$$\varliminf_{n \to +\infty} \frac{W(x_n) - W(x)}{x_n - x} > \varlimsup_{n \to +\infty} \frac{W(x_n') - W(x)}{x_n' - x}.$$ □

**【注 2.2.13】** G. Hardy (哈代) 证明了当 $a < 1 \leqslant ab$ 时, 函数 $W(x) = \sum\limits_{n=0}^{\infty} a^n \cos(b^n \pi x)$ 与函数 $S(x) = \sum\limits_{n=0}^{\infty} a^n \sin(b^n \pi x)$ 均在 $\mathbb{R}$ 上处处连续且无处可微.

Johnsen (约翰森) 利用 Fourier (傅里叶) 变换给出了以上结果的一个简洁的证明 (参见文献 (楼红卫, 2020)).

**【注 2.2.14】**(van der Waerden (范德瓦尔登)) 将 $[-1,1]$ 上的函数 $|x|$ 按周期 2 延拓到 $(-\infty,+\infty)$, 记为 $f$. 设

$$W(x) = \sum_{n=1}^{\infty} f_n(x),$$

此处 $f_n(x) = \dfrac{1}{2^n} f(2^n x)$. 则 $W$ 在 $(-\infty, +\infty)$ 上处处连续、处处不可导.

## 2.3 拓展: 连续函数的典型性质

本节简单介绍 $[0,1]$ 上连续函数的若干典型性质, 从中可以看出 "大多数" 连续函数均具备丰富的复杂结构.

**【定义 2.3.1】**($C[0,1]$ 空间) 记 $C[0,1]$ 为 $[0,1]$ 上连续函数全体. 对任意 $f,g \in C[0,1]$, 定义

$$\rho(f,g) = \max_{0 \leqslant x \leqslant 1} |f(x) - g(x)|,$$

则 $(C[0,1], \rho)$ 构成完备度量空间.

**【定义 2.3.2】**(第一纲集、主剩集) 设 $E$ 为 $C[0,1]$ 的非空子集, $f \in E$ 称为 $E$ 的内点是指: 存在 $\delta$ 使得 $\{g \in C[0,1] \mid \rho(g,f) < \delta\} \subseteq E$. 称 $E$ 在 $C[0,1]$ 中是无处稠密的是指: $E$ 的闭包不含内点. 称 $E$ 为 $C[0,1]$ 的第一纲集是指: $E$ 可表示为可列个在 $C[0,1]$ 中无处稠密的子集的并. $C[0,1]$ 中第一纲集的余集称为 $C[0,1]$ 的主剩集.

**【定义 2.3.3】**(典型性质) 如果 $C[0,1]$ 中具有某一性质的函数全体构成主剩集, 则称此性质为 $C[0,1]$ 中连续函数的典型性质. 相应的这些函数称为某一类典型连续函数.

**【命题 2.3.1】** $C[0,1]$ 中无处可导的函数全体是 $C[0,1]$ 中的主剩集. 换言之, $C[0,1]$ 中除了某一类第一纲集以外, 都是 $[0,1]$ 上无处可导的连续函数, 即无处可导性是连续函数所具有的典型性质.

**证明** 函数 $f$ 在 $x \in [0,1]$ 上具有 $\Delta_n$ 性质是指: 当 $t \in \left(x - \dfrac{1}{n}, x + \dfrac{1}{n}\right) \cap [0,1]$ 时, 有 $|f(t) - f(x)| \leqslant n|t - x|$. 令

$$A_n = \{f \in C[0,1] \mid 存在 \ x, \ 使 \ f \ 在 \ x \ 点具有 \ \Delta_n \ 性质\}.$$

显然, 若 $f$ 在 $[0,1]$ 上的某一点可导 (在区间左 (右) 端点是指右 (左) 可导), 必有 $n$ 使 $f$ 在该点具有 $\Delta_n$ 性质, 从而 $f \in A_n$. 因此 $C[0,1] \setminus \bigcup_{n=1}^{\infty} A_n$ 中的每一个连续函数都是无处可导的.

现在证明对每个固定的 $n$, $A_n$ 在 $C[0,1]$ 中是闭的且无处稠密的. 事实上, 若 $f_k \in A_n \, (k = 1, 2, \cdots)$, $\|f_k - f\| \to 0 \, (k \to +\infty)$, 则必有 $x_k \in [0,1]$, 使 $f_k$ 在 $x_k$ 点具有 $\Delta_n$ 性质, 即当

$$t \in \left( x_k - \frac{1}{n}, x_k + \frac{1}{n} \right) \cap [0,1]$$

时, 有

$$|f_k(t) - f_k(x_k)| \leqslant n|t - x_k|,$$

因 $\{x_k\}$ 在 $[0,1]$ 中, 必有收敛子列, 不妨设 $\{x_k\}$ 收敛于 $x_0 \in [0,1]$.

对任何 $\varepsilon > 0$ 及任何 $t \in \left( x_0 - \dfrac{1}{n}, x_0 + \dfrac{1}{n} \right) \cap [0,1]$, 总可取充分大的 $k$, 使

(1) 对所有 $x \in [0,1]$, 都有 $|f_k(x) - f(x)| < \varepsilon$;

(2) $t \in \left( x_k - \dfrac{1}{n}, x_k + \dfrac{1}{n} \right)$;

(3) $|f(x_k) - f(x_0)| < \varepsilon$ 和 $|x_k - x_0| < \varepsilon$.

这样就有

$$|f(t) - f(x_0)| \leqslant |f(t) - f_k(t)| + |f_k(t) - f_k(x_k)| + |f_k(x_k) - f(x_k)| + |f(x_k) - f(x_0)|$$

$$\leqslant 3\varepsilon + n|t - x_k| \leqslant (n+3)\varepsilon + n|t - x_0|.$$

由于 $n$ 是固定的, $\varepsilon > 0$ 是任意的, 得

$$|f(t) - f(x_0)| \leqslant n|t - x_0|,$$

可知 $f$ 具有 $\Delta_n$ 性质, 即 $f \in A_n$, $A_n$ 在 $C[0,1]$ 中闭性得证.

再者, 为证明 $A_n$ 在 $C[0,1]$ 中无处稠密, 由 $A_n$ 的闭性, 只需证 $C[0,1] \setminus A_n$ 在 $C[0,1]$ 中处处稠密. 由于 $[0,1]$ 上折线函数全体 $P$ 在 $C[0,1]$ 稠密, 只需证 $P \setminus A_n$ 在 $P$ 中处处稠密. 即需证明: 任取 $g \in P$, 对 $\varepsilon > 0$, 总有 $h \in P \setminus A_n$ 使得 $\|g - h\| < \varepsilon$.

下面构造 $h$, 由 $g \in P$, 它在 $[0,1]$ 上是逐段线性的, 故有

$$0 = x_0 < x_1 < \cdots < x_n = 1,$$

$g(x)$ 在 $[x_{i-1}, x_i]$ 上线性, 斜率为 $\alpha_i$, 设 $\alpha = \max |\alpha_i|$.

今对每一个 $[x_{i-1}, x_i]$ 进行 $2m$ 等分 $(m > (2n+\alpha)/\varepsilon)$, 其分点为 $x_i^k \, (k = 0, 1, \cdots, 2m)$, $x_i^0 = x_{i-1}, x_i^{2m} = x_i$. 再构造折线函数 $\varphi$, 对所有 $i$ 及 $j = 0, 1, \cdots, m$, 使 $\varphi(x_i^{2j}) = 0, \varphi(x_i^{2j-1}) = \dfrac{\varepsilon}{2}$, 取 $h(x) = g(x) + \varphi(x)$, 它的图像中每条线段斜率绝对值总大于 $2n$, 故 $h \notin A_n$, 即 $h \in P \setminus A_n$. 并且

$$\|g - h\| = \|\varphi\| \leqslant \frac{\varepsilon}{2} < \varepsilon.$$

于是, $P \setminus A_n$ 在 $P$ 中处处稠密. $\qquad\qquad\qquad\qquad\qquad\qquad\qquad\qquad \Box$

下面我们继续介绍连续函数的其他几个典型性质, 具体的证明不再给出.

**【定义 2.3.4】** 设 $f$ 定义于 $[0,1]$, 称 $f$ 在 $x$ 点是不减的, 是指存在 $\delta > 0$, 当 $t \in (x-\delta, x) \cap [0,1]$ 时, $f(t) \leqslant f(x)$; 而当 $t \in (x, x+\delta) \cap [0,1]$ 时, $f(x) \leqslant f(t)$. 若 $-f$ 在 $x$ 点不减, 则称 $f$ 在 $x$ 点不增. 当上述不等式用严格不等式时, 即称严格不减 (或上升), 相应的是严格不增 (或下降), 所有上述情况统称为 $f$ 在点 $x$ 上单调.

**【定义 2.3.5】** (i) $f$ 在点 $x \in [0,1]$ 是单调型的, 是指存在实数 $r$, 使 $f_r(x) = f(x)+rx$ 在 $x$ 点是单调的. 若 $f$ 在 $[0,1]$ 上每一点都不是单调型的, 则称 $f$ 在 $[0,1]$ 上是非单调型的.

(ii) $f$ 在 $[\alpha, \beta]$ 上是单调型的, 是指存在实数 $r$, 使得 $f_r(x) = f(x)+rx$ 在 $[\alpha, \beta]$ 上是单调的. 若 $f$ 在任何 $[\alpha, \beta] \subseteq [0,1]$ 都不是单调型的, 则称 $f$ 在 $[0,1]$ 上是无处单调型的.

**【注 2.3.1】** $f$ 在 $[0,1]$ 上是非单调型的是针对 $[0,1]$ 中每一点非单调型而言, 而 $f$ 在 $[0,1]$ 上无处单调型是针对 $[0,1]$ 中任一子区间的非单调型而言的.

**【命题 2.3.2】** (i) $[0,1]$ 上非单调型连续函数全体是 $C[0,1]$ 中主剩集, 即非单调型是连续函数的典型性质.

(ii) $[0,1]$ 上无处单调型连续函数全体是 $C[0,1]$ 中主剩集, 即无处单调型是连续函数的典型性质.

**【定理 2.3.3】** 在连续函数空间 $C[0,1]$ 中存在下列性质的函数类:

(i) 无处单调函数类;

(ii) 无处单调型函数类;

(iii) 无处可导函数类;

(iv) 非单调型函数类;

(v) 每点有以任何实数为其中间导数的函数类;

(vi) 每一点有[①]

$$\overline{D}f(x) = \max\{D^+f(x), D^-f(x)\} = +\infty, \quad \underline{D}f(x) = \min\{D_+f(x), D_-f(x)\} = -\infty$$

的函数类;

(vii) 非单调型和非角型函数类.

上述函数类具有下列包含关系

$$\text{(i)} \supset \text{(ii)} \supset \text{(iii)} \supset \text{(iv)} \supset \text{(v)} \supset \text{(vi)} \supset \text{(vii)},$$

并且每一类都是 $C[0,1]$ 中的主剩类, 即典型连续函数.

**【定理 2.3.4】** (Marcinkiewicz (马钦凯维奇) 定理) 设 $\{h_n\}$ 为收敛于 $0$ 而不为零的数列, 则存在 $C[0,1]$ 的主剩集, 其中每个函数 $F$ 有性质: 对任何几乎处处的有限可测函数 $f$, 在 $\{h_n\}$ 中有子列 $\{h_{n_k}\}$, 使其在 $[0,1]$ 上几乎处处有

---

① 如下的 Dini 导数和非单调型及非角型函数类, 请见第 3 章.

$$\lim_{k \to \infty} \frac{F(x + h_{n_k}) - F(x)}{h_{n_k}} = f(x).$$

【命题 2.3.5】 在 $(0,1)$ 中不多于一点取同一极值的连续函数构成 $C[0,1]$ 的主剩集.

【注 2.3.2】 仅有严格极值的连续函数全体为 $C[0,1]$ 的主剩集.

【例 2.3.1】 设 $A$ 为 $(-\infty, +\infty)$ 中的一个可列稠密集合, 存在仅在 $A$ 上取严格极大值的连续函数.

**证明** 设 $A = \{a_1, a_2, \cdots\}$ 在 $(-\infty, +\infty)$ 中稠密. 取 $\delta_1 > 0$ 使得 $a_1 - \delta_1, a_1 + \delta_1 \notin A$. 作连续函数 $\phi_1$,

$$\phi_1(x) = \begin{cases} 1, & x = a_1, \\ 0, & x \notin B_{\delta_1}(a_1), \\ \text{线性}, & x \in B_{\delta_1}^{\circ}(a_1)(a_1), \end{cases}$$

其中 $B_{\delta}(a) = (a - \delta, a + \delta)$, $B_{\delta}^{\circ}(a) = (a - \delta, a) \cup (a, a + \delta)$. 上面 $\phi_1$ 在 $B_{\delta_1}^{\circ}(a_1)$ 上取线性是指

$$\phi_1(x) = \begin{cases} \dfrac{x - a_1 + \delta_1}{\delta_1}, & x \in (a_1 - \delta_1, a_1), \\ -\dfrac{x - a_1 - \delta_1}{\delta_1}, & x \in (a_1, a_1 + \delta_1). \end{cases}$$

于是, $\phi_1$ 在 $(-\infty, +\infty)$ 上连续, 当且仅当 $x = a_1$ 时取严格极大值.

对 $a_2$, 取 $\delta_2 > 0$, 使 $B_{\delta_2}(a_2)$ 不含 $a_1, a_1 - \delta_1, a_1 + \delta_1$, 并且 $a_2 - \delta_2, a_2 + \delta_2 \notin A$, 以及 $B_{\delta_2}(a_2)$ 中所有的 $x$, 有

$$\phi_1(x) < \phi_1(a_2) + \frac{\phi_1(a_1) - \phi_1(a_2)}{2}.$$

作连续函数 $\phi_2$,

$$\phi_2(x) = \begin{cases} \phi_1(a_2) + \dfrac{\phi_1(a_1) - \phi_1(a_2)}{2}, & x = a_2, \\ \phi_1(x), & x \notin B_{\delta_2}(a_2), \\ \text{线性}, & x \in B_{\delta_2}^{\circ}(a_2), \end{cases}$$

可知 $\phi_2$ 在 $(-\infty, +\infty)$ 上连续, 当且仅当 $x = a_1, x = a_2$ 时取严格极大值.

若 $\phi_n$ 已经定义, $\phi_n$ 在 $(-\infty, +\infty)$ 上连续, 同时当且仅当 $x = a_i, i = 1, 2, \cdots, n$ 取严格极大值, 即对每一个 $i \leqslant n$, 存在 $\delta_i > 0$, 当 $x \in B_{\delta_i}^{\circ}(a_i)$ 时, $\phi_n(x) < \phi_n(a_i)$.

对 $a_{n+1}$, 取 $\delta_{n+1} > 0$, 使

(1) $a_{n+1} - \delta_{n+1}, a_{n+1} + \delta_{n+1} \notin A$;

(2) $B_{\delta_{n+1}}(a_{n+1})$ 不包含 $a_i, a_i \pm \delta_i, i = 1, 2, \cdots, n$;

(3) 当 $x \in B_{\delta_{n+1}}(a_{n+1})$ 时,

$$\phi_n(x) < \phi_n(a_{n+1}) + 2^{-n}(m_n - \phi_n(a_{n+1})),$$

其中 $m_n = \min\{\phi_n(a_i) \mid \phi_n(a_i) > \phi_n(a_{n+1}), i \leqslant n\}$, 这时, 对每一 $i \leqslant n$, 必有

$$B_{\delta_{n+1}}(a_{n+1}) \cap B_{\delta_i}(a_i) = \varnothing \quad \text{或} \quad B_{\delta_{n+1}}(a_{n+1}) \subseteq B_{\delta_i}^{\circ}(a_i).$$

作连续函数 $\phi_{n+1}$,

$$\phi_{n+1}(x) = \begin{cases} \phi_n(a_{n+1}) + \dfrac{m_n - \phi_n(a_{n+1})}{2^n}, & x = a_{n+1}, \\ \phi_n(x), & x \notin B_{\delta_{n+1}}(a_{n+1}), \\ \text{线性}, & x \in B_{\delta_{n+1}}^{\circ}(a_{n+1}), \end{cases}$$

$\phi_{n+1}$ 在 $(-\infty, +\infty)$ 上连续, 当且仅当 $x = a_i, i = 1, 2, \cdots, n+1$ 时取严格极大值, 并且

$$|\phi_{n+1}(x) - \phi_n(x)| \leqslant 2^{-n}, \quad x \in (-\infty, +\infty).$$

从而可知函数列 $\{\phi_n\}$ 在 $(-\infty, +\infty)$ 上一致收敛, 故 $f = \lim\limits_{n \to +\infty} \phi_n$ 在 $(-\infty, +\infty)$ 上连续, 并且根据上述 (1)—(3) 要求知, 显然 $\phi_n$ 是关于 $n$ 的上升列, 对任何 $a_i \in A$, 在 $B_{\delta_i}^{\circ}(a_i)$ 中 $\phi_n$ 及 $f = \lim\limits_{n \to +\infty} \phi_n$ 都小于 $\phi_i(a_i) = f(a_i)$, 即在点 $x = a_i$ 取严格极大值.

另一方面, 除 $A$ 以外别无他点再取严格极大值. 因任取 $x_0 \notin A$, 为 $f$ 的严格极大值点, 即存在 $\delta_0$ 使得在 $x \in B_{\delta_0}^{\circ}(a_0)$ 中, $f(x) < f(x_0)$. 考虑有下列情形:

(1) 若至多有有限个 $n_i$, $x_0 \in B_{\delta_{n_i}}(a_{n_i})$, 令 $M = \max\{n_i\}$, 这时, $f(x_0) = \phi_M(x_0)$ 不可能是 $\phi_M$ 的极大值 (因 $\phi_M$ 的极大值点只能是 $a_1, a_2, \cdots, a_M$). 又因 $f \geqslant \phi_M$, 故 $f(x_0) = \phi_M(x_0)$ 更不可能是 $f$ 的极大值. 因此, 这种情形不可能发生.

(2) 若有无限个 $n_i$ 使 $x_0 \in B_{\delta_{n_i}}(a_{n_i})$, 则得 $f(x_0) < f(a_i)$, 且 $\delta_{n_i} \to 0$, 知当 $i$ 充分大时必有 $\{a_{n_i}\} \subseteq B_{\delta_0}(a_0)$, 又得 $f(x_0) > f(a_{n_i})$, 矛盾. □

【注 2.3.3】 同样可以构造 "在 $(-\infty, +\infty)$ 中稠密可列集 $A$ 上取严格极大值而无严格极小值的连续函数", 也可以构造 "在 $(-\infty, +\infty)$ 中稠密可列集 $A$ 上取严格极大值, 而在另一个稠密可列集 $B$ 上取严格极小值的连续函数". 此外, 上述例子也是无处单调的连续函数例子.

## 2.4 真题选讲

【例 2.4.1】(第一届全国决赛题[①]) 设 $f$ 在 $(-1, 1)$ 内有定义, 在 $x = 0$ 处可导, 且 $f(0) = 0$. 证明: $\lim\limits_{n \to +\infty} \sum\limits_{k=1}^{n} f\left(\dfrac{k}{n^2}\right) = \dfrac{f'(0)}{2}$.

---

① 第一届全国大学生数学竞赛决赛数学专业组试题简写为第一届全国决赛题. 以下为方便叙述, 数学专业组试题全部按这种格式简写. 非数学专业组试题按照第一届全国决赛题 (非数学类) 的格式标记.

**证明** 根据题目假设和 Taylor 展开式, 有 $f(x) = f(0) + f'(0)x + \alpha(x)x$, 其中 $\alpha(x)$ 是 $x$ 的函数, $\alpha(0) = 0$, 且当 $x \to 0$ 时, $\alpha(x) \to 0$.

因此, 对于任意给定的 $\varepsilon > 0$, 存在 $\delta > 0$, 使得当 $|x| < \delta$ 时, 有 $|\alpha(x)| < \varepsilon$.

对于任意自然数 $n$ 和 $k \leqslant n$, 总有

$$f\left(\frac{k}{n^2}\right) = f'(0)\frac{k}{n^2} + \alpha\left(\frac{k}{n^2}\right)\frac{k}{n^2}.$$

取 $N > \delta^{-1}$, 对于上述给定的 $\varepsilon > 0$, 便有 $\left|\alpha\left(\frac{k}{n^2}\right)\right| < \varepsilon$ 只要 $n > N, k \leqslant n$. 于是, 当 $n > N$ 时, 有

$$\left|\sum_{k=1}^{n} f\left(\frac{k}{n^2}\right) - f'(0)\sum_{k=1}^{n}\frac{k}{n^2}\right| \leqslant \varepsilon\sum_{k=1}^{n}\frac{k}{n^2}.$$

此式又可写成: 当 $n > N$ 时, 有

$$\left|\sum_{k=1}^{n} f\left(\frac{k}{n^2}\right) - \frac{1}{2}f'(0)\left(1 + \frac{1}{n}\right)\right| \leqslant \frac{\varepsilon}{2}\left(1 + \frac{1}{n}\right).$$

令 $n \to +\infty$, 对上式取极限即得

$$\varlimsup_{n \to +\infty}\left|\sum_{k=1}^{n} f\left(\frac{k}{n^2}\right) - \frac{1}{2}f'(0)\right| \leqslant \frac{\varepsilon}{2}.$$

由 $\varepsilon > 0$ 的任意性, 即得

$$\lim_{n \to +\infty}\sum_{k=1}^{n} f\left(\frac{k}{n^2}\right) = \frac{1}{2}f'(0). \qquad \square$$

**【例 2.4.2】**(第八届全国决赛题) 设 $n > 1$ 为正整数, 令

$$S_n = \left(\frac{1}{n}\right)^n + \left(\frac{2}{n}\right)^n + \cdots + \left(\frac{n-1}{n}\right)^n.$$

(i) 证明: 数列 $S_n$ 单调增且有界, 从而极限 $\lim\limits_{n \to +\infty} S_n$ 存在.

(ii) 求极限 $\lim\limits_{n \to +\infty} S_n$.

(i) **证明** 先证

$$\left(\frac{k}{n}\right)^n < \left(\frac{k+1}{n+1}\right)^{n+1}, \quad k = 1, 2, \cdots, n-1.$$

由均值不等式,

$$k + 1 = \frac{k}{n} + \cdots + \frac{k}{n} + 1 > (n+1)\sqrt[n+1]{\left(\frac{k}{n}\right)^n}.$$

因此

$$\left(\frac{k+1}{n+1}\right)^{n+1} > \left(\frac{k}{n}\right)^{n}.$$

于是

$$S_{n+1} = \left(\frac{1}{n+1}\right)^{n+1} + \left(\frac{2}{n+1}\right)^{n+1} + \cdots + \left(\frac{n}{n+1}\right)^{n+1}$$

$$> \left(\frac{1}{n+1}\right)^{n+1} + \left(\frac{1}{n}\right)^{n} + \cdots + \left(\frac{n-1}{n}\right)^{n} > S_n,$$

即 $\{S_n\}$ 单调递增.

另一方面,

$$\frac{S_n}{n} < \int_0^1 x^n \mathrm{d}x = \frac{1}{n+1},$$

故 $S_n < \dfrac{n}{n+1} < 1$, 即 $\{S_n\}$ 单调递增有上界, 从而 $\lim\limits_{n\to+\infty} S_n$ 存在. $\square$

(ii) **解** 熟知当 $x \neq 0$ 时, $\mathrm{e}^x > 1+x$, 则

$$\left(1-\frac{k}{n}\right)^n < \mathrm{e}^{n(-k/n)} = \mathrm{e}^{-k}.$$

从而

$$S_n = \sum_{k=1}^{n-1}\left(\frac{n-k}{n}\right)^n < \sum_{k=1}^{n-1}\mathrm{e}^{-k} < \sum_{k=1}^{\infty}\mathrm{e}^{-k} = \frac{1}{\mathrm{e}-1}.$$

因此

$$\lim_{n\to+\infty} S_n = S \leqslant \frac{1}{\mathrm{e}-1}.$$

另一方面, 对任意正整数 $m$, 取 $n > m$, 则

$$S_n \geqslant \sum_{k=1}^{m}\left(1-\frac{k}{n}\right)^n.$$

两边令 $n \to +\infty$, 得 $S \geqslant \sum\limits_{k=1}^{m}\mathrm{e}^{-k}$. 令 $m \to +\infty$, 得 $S \geqslant \dfrac{1}{\mathrm{e}-1}$. 结合上面结果, 即得

$$\lim_{n\to+\infty} S_n = S = \frac{1}{\mathrm{e}-1}.$$

**【例 2.4.3】**(第五届全国初赛题) 设 $f$ 在区间 $[0,a]$ 上有二阶连续导数, $f'(0)=1$, $f''(0) \neq 0$, 且 $0 < f(x) < x, x \in (0,a)$. 令

$$x_{n+1} = f(x_n), \quad x_1 \in (0,a).$$

(1) 求证 $\{x_n\}$ 收敛并求极限.

(2) 试问 $\{nx_n\}$ 是否收敛? 若不收敛, 则说明理由; 若收敛, 则求其极限.

(1) **证明**　由条件 $0 < x_2 = f(x_1) < x_1$, 归纳地可证得 $0 < x_{n+1} < x_n\,(n \geqslant 1)$. 于是 $\{x_n\}$ 有极限, 设为 $x_0$. 由 $f$ 的连续性及 $x_{n+1} = f(x_n)$ 得 $x_0 = f(x_0)$. 又因为当 $x > 0$ 时, $f(x) < x$, 所以 $x_0 = 0$, 即 $\lim\limits_{n \to +\infty} x_n = 0$.　　□

(2) **解**　由 Stolz 定理和 L'Hospital 法则,

$$\lim_{n \to +\infty} nx_n = \lim_{n \to +\infty} \frac{n}{1/x_n} = \lim_{n \to +\infty} \frac{1}{(1/x_{n+1}) - (1/x_n)}$$

$$= \lim_{n \to +\infty} \frac{x_{n+1}x_n}{x_n - x_{n+1}} = \lim_{x \to 0} \frac{xf(x)}{x - f(x)}$$

$$= \lim_{x \to 0} \frac{f(x) + xf'(x)}{1 - f'(x)} = \lim_{x \to 0} \frac{2f'(x) + xf''(x)}{-f''(x)} = -\frac{2}{f''(0)}.$$

**【例 2.4.4】**(第六届全国初赛题)　设 $f \in C[0,1]$ 是非负的严格单调增加函数. 证明:

(i) 对任意 $n \in \mathbb{N}$, 存在唯一的 $x_n \in [0,1]$, 使得

$$(f(x_n))^n = \int_0^1 (f(x))^n \mathrm{d}x.$$

(ii) $\lim\limits_{n \to +\infty} x_n = 1$.

**证明**　(i) 由题设有

$$(f(0))^n \leqslant \int_0^1 (f(x))^n\, \mathrm{d}x \leqslant (f(1))^n.$$

又由连续函数的介值性质得到 $x_n$ 的存在性. 因为 $f$ 是严格单调函数, 所以 $x_n$ 是唯一的.

(ii) 对任意小的 $\varepsilon > 0$, 由 $f$ 的非负性和单调性, 有

$$(f(x_n))^n \geqslant \int_{1-\varepsilon}^1 (f(1-\varepsilon))^n\, \mathrm{d}x = \varepsilon(f(1-\varepsilon))^n,$$

故 $f(x_n) \geqslant \sqrt[n]{\varepsilon} f(1-\varepsilon)$, 从而 $\varliminf\limits_{n \to +\infty} f(x_n) \geqslant f(1-\varepsilon)$. 由 $f$ 的单调性, $\varliminf\limits_{n \to +\infty} x_n \geqslant 1-\varepsilon$. 由 $\varepsilon$ 的任意性, 可得 $\lim\limits_{n \to +\infty} x_n = 1$.　　□

**【例 2.4.5】**(第二届全国初赛题)　设 $\varepsilon \in (0,1)$, $x_0 = a, x_{n+1} = a + \varepsilon \sin x_n\,(n = 0,1,2,\cdots)$, 证明 $\xi = \lim\limits_{n \to +\infty} x_n$ 存在, 且 $\xi$ 为方程 $x - \varepsilon \sin x = a$ 的唯一根.

**证明**　设 $f(x) = a + \varepsilon \sin x$, 则

$$|f(x) - f(y)| = \varepsilon|\sin x - \sin y| \leqslant \varepsilon|x - y|, \quad \forall x, y \in \mathbb{R},$$

即函数 $f$ 是压缩的. 从而根据压缩映射的不动点原理可知, 函数 $f$ 存在唯一不动点 $\xi$, 即 $f(\xi) = \xi$. 此外, $\lim\limits_{n \to +\infty} x_n = \xi$.　　□

**【例 2.4.6】**（第十四届初赛题）　设 $\lim\limits_{n\to+\infty}\beta_n=0$，$|\beta_n|<1$，函数 $f$ 在 $[-1,2]$ 上有界，在 $[0,1]$ 上 Riemann 可积. 证明:

$$\lim_{n\to+\infty}\frac{1}{n}\sum_{k=1}^{n}f\left(\frac{k}{n}+\beta_n\right)=\int_0^1 f(x)\mathrm{d}x.$$

**证明**　假设在 $[-1,2]$ 上，$|f(x)|\leqslant M$. 取正整数 $N\geqslant 3$ 使得当 $n>N$ 时有 $|\beta_n|<\frac{1}{3}$. 任取 $n>N$.

**情形 I**　$\beta_n\geqslant 0$. 设正整数 $\ell$ 满足

$$\beta_n+\frac{\ell}{n}\leqslant 1,\quad \beta_n+\frac{\ell+1}{n}>1,$$

则 $1\leqslant\ell\leqslant n$. 于是

$$\frac{1}{n}\sum_{k=1}^{n}f\left(\frac{k}{n}+\beta_n\right)=\left[f(\beta_n)\beta_n+\frac{1}{n}\sum_{k=1}^{\ell}f\left(\frac{k}{n}+\beta_n\right)+f(1)\left(1-\beta_n-\frac{\ell}{n}\right)\right]$$
$$+\frac{1}{n}\sum_{k=\ell+1}^{n}f\left(\frac{k}{n}+\beta_n\right)-f(\beta_n)\beta_n-f(1)\left(1-\beta_n-\frac{\ell}{n}\right).$$

注意到 $0\leqslant 1-\beta_n-\frac{\ell}{n}<\frac{1}{n}$，于是

$$\lim_{\substack{n\to+\infty\\ \beta_n\geqslant 0}}f(\beta_n)\beta_n=\lim_{\substack{n\to+\infty\\ \beta_n\geqslant 0}}f(1)\left(1-\beta_n-\frac{\ell}{n}\right)=0.$$

另一方面，因 $\beta_n\leqslant\frac{n-\ell}{n}<\beta_n+\frac{1}{n}$，故有

$$0\leqslant\lim_{\substack{n\to+\infty\\ \beta_n\geqslant 0}}\frac{1}{n}\left|\sum_{k=\ell+1}^{n}f\left(\frac{k}{n}+\beta_n\right)\right|\leqslant\lim_{\substack{n\to+\infty\\ \beta_n\geqslant 0}}\frac{(n-\ell)M}{n}=0.$$

然而，由定积分的定义可知

$$\lim_{\substack{n\to+\infty\\ \beta_n\geqslant 0}}\left[f(\beta_n)\beta_n+\frac{1}{n}\sum_{k=1}^{\ell}f\left(\frac{k}{n}+\beta_n\right)+f(1)\left(1-\beta_n-\frac{\ell}{n}\right)\right]=\int_0^1 f(x)\mathrm{d}x,$$

于是

$$\lim_{\substack{n\to+\infty\\ \beta_n\geqslant 0}}\frac{1}{n}\sum_{k=1}^{n}f\left(\frac{k}{n}+\beta_n\right)=\int_0^1 f(x)\mathrm{d}x. \tag{2.4.1}$$

**情形 II** $\beta_n < 0.$ 令 $g(x) = f(1-x)\,(x \in [-1, 2])$，则

$$\frac{1}{n}\sum_{k=1}^{n} f\left(\frac{k}{n} + \beta_n\right) = \frac{1}{n}\sum_{k=1}^{n} g\left(1 - \frac{k}{n} - \beta_n\right)$$

$$= \frac{1}{n}\sum_{k=1}^{n} g\left(\frac{k}{n} - \beta_n\right) - \frac{1}{n}g(1 - \beta_n) + \frac{1}{n}g(-\beta_n).$$

由情形 I 的结果即得

$$\lim_{\substack{n \to +\infty \\ \beta_n < 0}} \frac{1}{n}\sum_{k=1}^{n} f\left(\frac{k}{n} + \beta_n\right) = \int_0^1 g(x)\,\mathrm{d}x = \int_0^1 f(x)\,\mathrm{d}x. \tag{2.4.2}$$

由式 (2.4.1)、式 (2.4.2) 可得

$$\lim_{n \to +\infty} \frac{1}{n}\sum_{k=1}^{n} f\left(\frac{k}{n} + \beta_n\right) = \int_0^1 f(x)\,\mathrm{d}x. \qquad \square$$

**【例 2.4.7】**(第六届全国初赛题) 设 $f$ 在 $\mathbb{R}$ 上有二阶导数, $f, f', f''$ 都大于零, 假设存在正数 $a, b$ 使得 $f''(x) \leqslant af(x) + bf'(x)$ 对一切 $x \in \mathbb{R}$ 成立.

(i) 求证: $\lim\limits_{x \to -\infty} f'(x) = 0$.

(ii) 求证: 存在常数 $c$ 使得 $f'(x) \leqslant cf(x)$.

(iii) 求使上面不等式成立的最小常数 $c$.

(i) **证明** 由条件知 $f$ 及 $f'$ 是单调递增的正函数, 因此 $\lim\limits_{x \to -\infty} f(x)$ 和 $\lim\limits_{x \to -\infty} f'(x)$ 都存在. 根据微分中值定理, 对任意 $x$ 存在 $\theta_x \in (0, 1)$ 使得

$$f(x+1) - f(x) = f'(x + \theta_x) > f'(x) > 0.$$

上式左边当 $x \to -\infty$ 时极限为 0, 因而有 $\lim\limits_{x \to -\infty} f'(x) = 0$.

(ii) **证明** 设 $c = \dfrac{b + \sqrt{b^2 + 4a}}{2}$, 则 $c > b > 0$, 且 $\dfrac{a}{b-c} = -c$. 于是根据条件有

$$f''(x) - cf'(x) \leqslant (b-c)f'(x) + af(x) = (b-c)(f'(x) - cf(x)).$$

这说明函数 $\mathrm{e}^{-(b-c)x}(f'(x) - cf(x))$ 是单调递减的. 注意到该函数当 $x \to -\infty$ 时极限为 0, 因此有 $f'(x) - cf(x) \leqslant 0$, 即 $f'(x) \leqslant cf(x)$.

(iii) **解** 常数 $c$ 是最佳的, 这是因为对函数 $f(x) = \mathrm{e}^{cx}$, 有 $f''(x) = af(x) + bf'(x)$.

**【例 2.4.8】**(第六届全国初赛题) 设 $\alpha \in (0, 1)$, $\{a_n\}$ 是正数列且满足

$$\lim_{n \to +\infty} n^\alpha \left(\frac{a_n}{a_{n+1}} - 1\right) = \lambda \in (0, +\infty).$$

求证: $\lim\limits_{n \to +\infty} n^k a_n = 0$, 其中 $k > 0$.

**证明**  由条件可知从某项开始 $\{a_n\}$ 单调递减. 因此

$$\lim_{n \to +\infty} a_n = a \geqslant 0.$$

若 $a > 0$, 则

$$\varliminf_{n \to +\infty} \frac{a_n - a_{n+1}}{1/n^\alpha} = \varliminf_{n \to +\infty} n^\alpha \left( \frac{a_n}{a_{n+1}} - 1 \right) a_{n+1} = \lambda a > 0.$$

因为 $\displaystyle\sum_{n=1}^{\infty} \frac{1}{n^\alpha}$ 发散, 所以 $\displaystyle\sum_{n=1}^{\infty} (a_n - a_{n+1})$ 也发散, 但此级数显然收敛到 $a_1 - a$. 这时矛盾! 所以应有 $a = 0$. 令 $b_n = n^k a_n$, 则有

$$n^\alpha \left( \frac{b_n}{b_{n+1}} - 1 \right) = \left( \frac{n}{n+1} \right)^k \left[ n^\alpha \left( \frac{a_n}{a_{n+1}} - 1 \right) - n^\alpha \left( \left( 1 + \frac{1}{n} \right)^k - 1 \right) \right].$$

因为 $\left( 1 + \dfrac{1}{n} \right)^k - 1 \sim \dfrac{k}{n}$ $(n \to +\infty)$, 所以由上式及条件可得

$$\varliminf_{n \to +\infty} n^\alpha \left( \frac{b_n}{b_{n+1}} - 1 \right) = \lambda,$$

因此由开始所证, 可得 $\displaystyle\lim_{n \to +\infty} b_n = 0$, 即 $\displaystyle\lim_{n \to +\infty} n^k a_n = 0$.  $\square$

**【例 2.4.9】**(第七届全国初赛题)  数列 $\{a_n\}$ 满足关系式 $a_{n+1} = a_n + \dfrac{n}{a_n}$, $a_1 > 0$. 求证: $\displaystyle\lim_{n \to +\infty} n(a_n - n)$ 存在.

**证明**  $a_2 = a_1 + \dfrac{1}{a_1} \geqslant 2$. 若 $a_n \geqslant n$, 则

$$a_{n+1} - (n+1) = a_n + \frac{n}{a_n} - n - 1 = \left( 1 - \frac{1}{a_n} \right)(a_n - n) \geqslant 0.$$

故 $a_n \geqslant n, \forall n \geqslant 2$, 且 $\{a_n - n\}$ 单调递减. 令 $b_n = n(a_n - n)$, 则

$$b_{n+1} = (n+1)(a_{n+1} - n - 1) = (n+1)\left( a_n + \frac{n}{a_n} - n - 1 \right)$$

$$= (a_n - n)(n+1)\left( 1 - \frac{1}{a_n} \right) = \left( 1 + \frac{1}{n} \right)\left( 1 - \frac{1}{a_n} \right) b_n$$

$$= \left( 1 + \frac{a_n - n}{na_n} - \frac{1}{na_n} \right) b_n = (1 + R_n)b_n,$$

其中 $R_n = \dfrac{a_n - n}{na_n} - \dfrac{1}{na_n}$. 从而

$$b_n = b_2 \prod_{k=2}^{n-1} (1 + R_k).$$

考察 $R_n$,

$$|R_n| \leqslant \left| \frac{a_n - n}{na_n} \right| + \frac{1}{na_n} \leqslant \frac{1 + |a_2 - 2|}{n^2}, \quad n \geqslant 2.$$

由 $\lim\limits_{n \to +\infty} \prod\limits_{k=2}^{n-1} (1 + R_n)$ 存在知 $\lim\limits_{n \to +\infty} n(a_n - n)$ 存在. □

**【例 2.4.10】**（第八届全国初赛题） 设 $f_0$ 和 $f_1$ 是 $[0,1]$ 上的正连续函数, 满足 $\int_0^1 f_0(x)\,\mathrm{d}x \leqslant \int_0^1 f_1(x)\,\mathrm{d}x$. 设

$$f_{n+1}(x) = \frac{2f_n^2(x)}{f_n(x) + f_{n-1}(x)}, \quad n = 1, 2, \cdots.$$

求证: 数列 $a_n = \int_0^1 f_n(x)\,\mathrm{d}x \ (n = 0, 1, 2, \cdots)$ 单调递增且收敛.

**证明** 因为

$$\int_0^1 \frac{f_1^2(x)}{f_1(x) + f_0(x)}\,\mathrm{d}x - \int_0^1 \frac{f_0^2(x)}{f_1(x) + f_0(x)}\,\mathrm{d}x = \int_0^1 \frac{f_1^2(x) - f_0^2(x)}{f_1(x) + f_0(x)}\,\mathrm{d}x$$

$$= \int_0^1 f_1(x)\,\mathrm{d}x - \int_0^1 f_0(x)\,\mathrm{d}x \geqslant 0,$$

所以

$$a_2 - a_1 = 2\int_0^1 \frac{f_1^2(x)}{f_1(x) + f_0(x)}\,\mathrm{d}x - \int_0^1 f_1(x)\,\mathrm{d}x$$

$$= \int_0^1 \frac{f_1^2(x)}{f_1(x) + f_0(x)}\,\mathrm{d}x - \int_0^1 \frac{f_1(x)f_0(x)}{f_1(x) + f_0(x)}\,\mathrm{d}x$$

$$\geqslant \frac{1}{2}\int_0^1 \frac{f_1^2(x) + f_0^2(x)}{f_1(x) + f_0(x)}\,\mathrm{d}x - \int_0^1 \frac{f_1(x)f_0(x)}{f_1(x) + f_0(x)}\,\mathrm{d}x$$

$$= \int_0^1 \frac{(f_1(x) - f_0(x))^2}{2(f_1(x) + f_0(x))}\,\mathrm{d}x \geqslant 0.$$

归纳地可以证明 $a_{n+1} \geqslant a_n \ (n = 1, 2, \cdots)$.

由于 $f_0, f_1$ 是正连续函数, 可取常数 $k \geqslant 1$ 使得 $f_1 \leqslant kf_0$. 设 $c_1 = k$, 根据递推关系可以归纳证明

$$f_n(x) \leqslant c_n f_{n-1}(x), \tag{2.4.3}$$

其中 $c_{n+1} = \dfrac{2c_n}{c_n + 1} \ (n = 0, 1, 2, \cdots)$. 易证 $\{c_n\}$ 单调递减趋于 1, 且 $\dfrac{c_n}{1 + c_n} \leqslant \dfrac{k}{k+1}$. 以下证明 $\{a_n\}$ 收敛, 由 (2.4.3) 可得 $a_{n+1} \leqslant c_{n+1} a_n$. 因此

$$c_{n+1}a_{n+1} \leqslant \frac{2c_{n+1}}{c_n + 1}c_n a_n = \frac{4c_n}{(c_n + 1)^2}c_n a_n \leqslant c_n a_n.$$

这说明 $\{c_n a_n\}$ 是正单调递减数列, 因而收敛. 注意到 $\{c_n\}$ 收敛到 1, 可知 $\{a_n\}$ 收敛, 且

$$\lim_{n \to +\infty} a_n \leqslant c_1 a_1 = k a_1. \qquad \square$$

【例 2.4.11】(第七届全国决赛题)  设 $\alpha, f$ 为 $\mathbb{R}$ 上的连续函数, 且对任意 $x \in \mathbb{R}$ 有 $\alpha(x) > 0$. 已知 $\displaystyle\int_0^\infty \alpha(x)\, \mathrm{d}x = +\infty$, $\displaystyle\lim_{x \to +\infty} \frac{f(x)}{\alpha(x)} = 0$, $y'(x) + \alpha(x)y(x) = f(x)\, (x \in \mathbb{R})$. 求证: $\displaystyle\lim_{x \to +\infty} y(x) = 0$.

**证明**  令 $F(x) = \displaystyle\int_0^x \alpha(t)\, \mathrm{d}t$, 则

$$y(x) = C\mathrm{e}^{-F(x)} + \int_0^x f(t)\mathrm{e}^{F(t)-F(x)}\, \mathrm{d}t.$$

对任意 $\varepsilon > 0$, 存在 $x_0$, 当 $t \geqslant x_0$ 时, 有 $|f(t)| \leqslant \varepsilon\alpha(t)$.

$$\int_0^x f(t)\mathrm{e}^{F(t)-F(x)}\, \mathrm{d}t = \mathrm{e}^{-F(x)} \int_0^{x_0} f(t)\mathrm{e}^{F(t)}\, \mathrm{d}t + \mathrm{e}^{-F(x)} \int_{x_0}^x f(t)\mathrm{e}^{F(t)}\, \mathrm{d}t.$$

注意到

$$\left| \mathrm{e}^{-F(x)} \int_{x_0}^x f(t)\mathrm{e}^{F(t)}\, \mathrm{d}t \right| \leqslant \mathrm{e}^{-F(x)} \int_{x_0}^x \varepsilon\alpha(t)\mathrm{e}^{F(t)}\, \mathrm{d}t = \varepsilon\mathrm{e}^{-F(x)}\mathrm{e}^{F(t)}\big|_{t=x_0}^x$$

$$= \varepsilon(1 - \mathrm{e}^{-F(x)+F(x_0)}) < \varepsilon,$$

故

$$\varlimsup_{x \to +\infty} |y(x)| \leqslant \lim_{x \to +\infty} C\mathrm{e}^{-F(x)} + \lim_{x \to +\infty} \mathrm{e}^{-F(x)} \int_0^{x_0} |f(t)|\mathrm{e}^{-F(t)}\, \mathrm{d}t + \varepsilon = \varepsilon.$$

由 $\varepsilon$ 的任意性知 $\displaystyle\lim_{x \to +\infty} y(x) = 0$. $\qquad \square$

【例 2.4.12】(第一届全国决赛题)  设 $f$ 在 $[0, +\infty)$ 上一致连续, 且对于固定的 $x \in [0, +\infty)$, 当自然数 $n \to +\infty$ 时 $f(x+n) \to 0$. 证明函数序列 $\{f(x+n) \mid n = 1, 2, \cdots\}$ 在 $[0, 1]$ 上一致收敛于 0.

**证明**  由于 $f$ 在 $[0, +\infty)$ 上一致连续, 故对于任意给定的 $\varepsilon > 0$, 存在一个 $\delta > 0$ 使得当 $|x_1 - x_2| < \delta$ 时 $(x_1 \geqslant 0,\ x_2 \geqslant 0)$ 有

$$|f(x_1) - f(x_2)| < \frac{\varepsilon}{2}.$$

取一个充分大的自然数 $m$, 使得 $m > \delta^{-1}$, 并在 $[0, 1]$ 中取 $m+1$ 个点: $x_j = \dfrac{j}{m}$, $j = 0, 1, 2, \cdots, m$. 这样, 对于每一个 $0 \leqslant j < m$, 有

$$|x_{j+1} - x_j| = \frac{1}{m} < \delta.$$

又由于 $\lim\limits_{n\to+\infty} f(x+n) = 0$, 故对于每一个 $x_j$, 存在一个 $N_j$ 使得只要 $n > N_j$,

$$|f(x_j + n)| < \frac{\varepsilon}{2}.$$

令 $N = \max\{N_0, N_1, \cdots, N_m\}$, 那么, 只要 $n > N$,

$$|f(x_j + n)| < \frac{\varepsilon}{2}, \quad j = 0, 1, \cdots, m.$$

设 $x \in [0,1]$ 是任意一点, 这时总有一个 $x_j$ 使得 $x \in [x_j, x_{j+1}]$.
　　由 $f$ 在 $[0, +\infty)$ 上的一致连续性及 $|x - x_j| < \delta$ 可知,

$$|f(x_j + n) - f(x + n)| < \frac{\varepsilon}{2}, \quad \forall n \in \mathbb{N}.$$

另一方面, 已经知道, 只要 $n > N$,

$$|f(x_j + n)| < \frac{\varepsilon}{2}.$$

这样, 由前面证得的两个式子就得到, 只要 $n > N, x \in [0,1]$,

$$|f(x + n)| < \varepsilon.$$

注意到这里的 $N$ 的选取与点 $x$ 无关, 这就证明了函数序列 $\{f(x + n) \mid n = 1, 2, \cdots\}$ 在 $[0,1]$ 上一致收敛于 $0$. □

# 第3章 微 分

## 3.1 基 本 内 容

对于一元函数, 导数作为增长率, 非常直接地与函数的单调性相关, 我们有如下结论.

(1) 若 $f$ 在区间 $I$ 内单增且可导, 则 $f'(x) \geqslant 0 \, (\forall x \in I)$.

(2) 设实函数 $f$ 在 $[a, b]$ 上连续, 在 $(a, b)$ 内可导.

(i) 若 $f'(x) > 0 \, (\forall x \in (a, b))$, 则 $f$ 在 $[a, b]$ 上严格单调递增;

(ii) 若 $f'(x) \geqslant 0 \, (\forall x \in (a, b))$, 则 $f$ 在 $[a, b]$ 上单调递增;

(iii) 若 $f'(x) = 0 \, (\forall x \in (a, b))$, 则 $f$ 在 $[a, b]$ 上恒为常数.

可以将上述结果推广到单侧导数存在的情形.

(3) 设实函数 $f$ 在 $[a, b]$ 上连续, 在 $(a, b)$ 内存在右导数.

(i) 若 $f'_+(x) > 0 \, (\forall x \in (a, b))$, 则 $f$ 在 $[a, b]$ 上严格单调递增;

(ii) 若 $f'_+(x) \geqslant 0 \, (\forall x \in (a, b))$, 则 $f$ 在 $[a, b]$ 上单调递增;

(iii) 若 $f'_+(x) = 0 \, (\forall x \in (a, b))$, 则 $f$ 在 $[a, b]$ 上恒为常数.

【注 3.1.1】 自然, 可以给出相应的对应于函数单调递减, 以及对应于左导数的结果.

【注 3.1.2】 需要注意的是, 严格单增的可导函数, 其导数在某些点上可以为零. 在引入 Lebesgue 测度后, 我们还可以构造出在正测度集上导数为零的严格单增函数.

事实上, 若 $f$ 在区间 $[a, b]$ 上连续可微且导数非负, 则 $f$ 在 $[a, b]$ 上严格单增的充要条件是集合 $\{x \in [a, b] \mid f'(x) = 0\}$ 是无处稠密集.

而任取 $[a, b]$ 上的一个无处稠密闭子集 $E$, 我们可以找到 $[a, b]$ 上一个连续可微函数 $f$ 使得其导数非负且 $\{x \in [a, b] \mid f'(x) = 0\} = E$. 此时 $f$ 在 $I$ 上严格单增.

我们知道对于任何 $\varepsilon \in (0, b-a)$, 可以找到无处稠密的闭集 $E \subset [a, b]$, 使得 $E$ 的 Lebesgue 测度不小于 $b - a - \varepsilon$.

类似地, 二阶导数与函数的凸性密切相关. 关于凸函数, 我们有如下结果.

(1) 若 $f$ 是开区间 $(a, b)$ 内的凸函数, 则 $f$ 连续.

一般地, 若 $f$ 是凸区域 $\Omega$ 内的凸函数, 则 $f$ 作为多元函数连续.

(2) 若 $f$ 在开区间 $(a, b)$ 内有界, 且中点凸, 则 $f$ 是凸函数.

(3) 若 $f$ 在 $(a, b)$ 内可导, 则 $f$ 为 (严格) 凸函数当且仅当 $f'$ 在 $(a, b)$ 内 (严格) 单调增加.

(4) 若 $f$ 在 $(a, b)$ 内有二阶导数, 则 $f$ 为凸函数当且仅当 $f''$ 在 $(a, b)$ 内非负.

一般地, 若 $f$ 在凸区域 $\Omega$ 内有定义, $f_x$ 可微, 则 $f$ 为凸函数当且仅当 $f_{xx}$ 在 $\Omega$ 内是半正定的.

(5) 若 $f$ 在 $(a, b)$ 内的二阶导数大于零, 则 $f$ 为严格凸函数.

一般地, 若 $f$ 在凸区域 $\Omega$ 内有定义, $f_x$ 可微, 且 $f_{xx}$ 在 $\Omega$ 内是正定的, 则 $f$ 为严格凸函数.

进一步, 有如下性质.

(6) 设 $f$ 在 $(a,b)$ 内连续, 则

(i) $f$ 在 $(a,b)$ 内凸当且仅当 $f'_+$ 存在且单调增加;

(ii) $f$ 在 $(a,b)$ 内严格凸当且仅当 $f'_+$ 存在且严格单调增加;

(iii) $f$ 在 $(a,b)$ 内凸当且仅当 $f'_-$ 存在且单调增加;

(iv) $f$ 在 $(a,b)$ 内严格凸当且仅当 $f'_-$ 存在且严格单调增加.

(7) 设 $f$ 在 $(a,b)$ 内凸, 则

(i) $f'_+ \geqslant f'_-$;

(ii) $f$ 在 $(a,b)$ 的不可导点至多可列.

(8) 设 $f$ 为凸区域 $\Omega \subseteq \mathbb{R}^n$ 内的实函数, 则 $f$ 凸当且仅当对任意 $x_0 \in \Omega$, 曲面 $y = f(x)$ 在 $(x_0, f(x_0))$ 处有支撑面, 即存在 $\mu \in \mathbb{R}^n$, 使得

$$f(x) \geqslant f(x_0) + \mu \cdot (x - x_0), \qquad \forall x \in \Omega.$$

【注 3.1.3】　类似于单调性, 区间上二阶可导的严格凸的函数, 集合 $\{f'' = 0\}$ 很复杂.

事实上, 任取区间 $[a,b]$ 上的一个无处稠密闭子集 $E$, 我们有 $[a,b]$ 上一个连续可微函数 $g$ 使得其导数非负且 $\{g' = 0\} = E$. 此时, $g$ 严格单增, 而令 $f(x) = \int_a^x g(t)\,\mathrm{d}t\ (x \in [a,b])$, 则 $f$ 在 $[a,b]$ 上严格凸, 而 $\{f'' = 0\} = E$.

另一方面, 在可导的情况下, 严格凸等价于导数严格单增, 而在二阶可导的情况下, 严格凸并不等价于二阶导数严格大于零, 这是需要注意的地方.

微分中值类问题是微分这一部分内容中很重要的研究课题. 很多问题可以引入辅助函数并 (反复) 运用 Rolle (罗尔) 中值定理得到, 更精细的方法是利用如下的微分 Darboux 定理辅以反证法, 详见 3.3 节以及文献 (楼红卫, 2020) 的第 11, 23 部分, 或文献 (楼红卫, 2022) 的第 4—6 节. 一般地, 对于 "线性" 类问题, 可基于 Rolle 中值定理加以证明, 而对于一些 "非线性" 类问题, 基于 Darboux 定理往往更为有效.

## 3.2　利用导数研究函数的变化

研究导数就是研究函数的变化, 虽然导数是点态局部定义的, 但是在导函数的某些整体条件下, 导函数也同样能够研究函数的整体变化性质. 在 $\mathbb{R}^n$ 中, 以下总记 $e_k$ 为第 $k$ 个分量为 1 的单位向量 $(1 \leqslant k \leqslant n)$.

【例 3.2.1】　(i) 设 $f'(0) > 0$, 问 $f$ 在 $x = 0$ 附近的单调性如何?

(ii) 设在区间 $(a,b)$ 内, $f' > 0$, 问 $f$ 在区间 $(a,b)$ 内的单调性如何?

**解** (i) 由于条件太少, 所以几乎没什么单调性可言, 例如, 函数

$$f(x) = \begin{cases} \dfrac{1}{2}x + x^2 \sin \dfrac{1}{x}, & x \neq 0, \\ 0, & x = 0. \end{cases}$$

可计算得 $f'(0) = \dfrac{1}{2} > 0$, 但是对任意的 $\delta > 0$ 在 $x = 0$ 点的邻域 $(-\delta, \delta)$ 内, 既存在子区间使得 $f$ 严格单调下降, 也存在子区间使得 $f$ 严格单调上升. 当然这么弱的条件还是可以得到一点点单调性方面的结论的, 存在 $\delta_0 > 0$ 使得

$$f(x_0 + h) > f(x_0), \quad f(x_0 - h) < f(x_0), \quad \forall h \in (0, \delta_0).$$

我们可以把上面的性质称为 $f$ 在一个点 $x_0$ 处单调.

如果条件再多加一点: $f'$ 在 $x = 0$ 处连续, 则存在 $\delta_0 > 0$ 使得 $f$ 在邻域 $(-\delta_0, \delta_0)$ 内严格单调上升.

(ii) 在区间 $(a, b)$ 上 $f'(x) > 0$, 则 $f$ 在区间 $(a, b)$ 上严格单调上升. 注意此处不需要假设 $f'$ 在 $(a, b)$ 上连续.

大家在学习的时候要注意观察体会每个定理, 每个结论是如何与条件联系起来的, 也就是证明的思路是怎样的.

在这个例子里, 我们的条件可以分解成两个: ① $x_0$ 的局部变化率大于零, 即 $f'(x_0) > 0$; ② 这个局部变化率大于零的性质在区间 $(a, b)$ 上整体成立. 我们的结论是 $f$ 在区间 $(a, b)$ 上整体严格单调上升.

那么条件和结论是如何联系起来的呢? 最朴素的思路就是直接从每个点单调证明整体单调, 如果走这条思路, 那么难免要用到有限覆盖定理, 而且过程会比较复杂. 一般教科书的做法是用 Lagrange 中值定理, Lagrange 中值定理是用 Rolle 中值定理证明的, Rolle 中值定理是用 Fermat (费马) 定理证明的, Fermat 定理是用连续函数最值定理证明的. 这几个定理综合起来的思路就是: 用反证法, 对 $a < x_1 < x_2 < b$, 假如 $f(x_1) \geqslant f(x_2)$, 又根据 $f'(x_1) > 0$ 可知 $f$ 在闭区间 $[x_1, x_2]$ 上的最大值必可在此区间的内部某点 $\xi$ 处取到, 内部最值必是极值, 而作为极值点, 应该有 $f'(\xi) = 0$, 所以矛盾.

由此我们还可以体会到, 在整体性质的证明中, 这种最值点作为一类特殊点非常重要, 它们往往会成为各种矛盾的聚焦点.

在研究函数的变化时, 单调性是最简单、最重要的性质, 与极限结合起来的结论就是单调有界必收敛, 这个性质的重要性是不言而喻的. 在单调性方面更进一步的就是凸性, 凸函数的割线斜率有单调性, 在区间内部凸函数一定左、右侧分别可导, 因而也就一定 (双侧) 连续, 凸函数的单侧导函数是单调的, 凸函数假如有驻点, 则凸函数的驻点必是最值点, 凸函数在其驻点的两侧分别单调. 凸函数有很多相关的不等式, 其中常用的 Jensen (詹森) 不等式用支撑线可以非常容易地证明.

导函数的符号与单调性相关, 导函数的取值与函数的变化 (即函数在两点之间的差) 的大小有关.

**【例 3.2.2】** (i) 设 $f'$ 在区间 $I$ 上有界, 问 $f$ 在 $I$ 上是否一致连续?

(ii) 设可微函数 $f$ 在 $I$ 上一致连续, 问 $f'$ 是否在区间 $I$ 上有界?

(iii) 设 $(0, +\infty)$ 上的可微函数 $f$, 若 $f'(+\infty) = \infty$, 问 $f$ 是否在 $(0, +\infty)$ 上不一致连续?

(iv) 设 $(0, +\infty)$ 上的可微函数 $f$ 在 $(0, +\infty)$ 上一致连续, 是否有 $\varlimsup_{x \to +\infty} |f'(x)| < +\infty$?

(v) 设 $(0, +\infty)$ 上的可微凸函数 $f$ 在 $(0, +\infty)$ 上一致连续, 是否有 $\varlimsup_{x \to +\infty} |f'(x)| < +\infty$?

**解** (i) 由 Lagrange 中值定理可知, $f$ 在 $I$ 上是 Lipschitz 连续的, 因而必一致连续.

(ii) $f'$ 在区间 $I$ 上不一定有界, 例如, $f(x) = \sqrt{x}$ 在 $(0, 1)$ 上一致连续, 但导函数无界.

(iii) $f$ 在 $(0, +\infty)$ 上一定不一致连续. 因为 $\forall \delta > 0$,

$$f(x + \delta) - f(x) = f'(\xi_x)\delta \to \infty, \qquad x \to +\infty.$$

(iv) 不一定. 例如, $f(x) = \dfrac{\sin(x^3)}{x}$, $f(+\infty) = f(0^+) = 0$, 所以 $f$ 在 $(0, +\infty)$ 上一致连续, 但是 $\varlimsup_{x \to +\infty} |f'(x)| = +\infty$.

(v) 一定. 因为假如 $\varlimsup_{x \to +\infty} |f'(x)| = +\infty$, 而 $f'$ 是单调函数, 所以 $f'(+\infty) = +\infty$.

**【例 3.2.3】** 考察 $[0, +\infty)$ 上的可微函数 $f$, 其一致连续. 导数有界, 线性增长, 有斜渐近线之间的关系.

**解** 显然, 线性增长的函数 (参见式 (2.2.3)) 在任何有界区间上有界. 反之, 若 $f$ 在任何有界区间上有界, 则 $f$ 在 $I$ 上是线性增长的充要条件为: 存在 $X, a > 0$, 使得当 $x \in I$ 且 $|x| > X$ 时, $|f(x)| \leqslant a|x|$ 成立.

易见一致连续必线性增长, 反之不一定成立, 例如, 函数 $\sin(x^2)$ 有界但不一致连续.

导数有界必线性增长, 反之不一定, 例如, 函数 $\sin(x^2)$ 有界但导数无界.

假如增加条件, 设 $f$ 为凸函数, 则 $f$ 线性增长蕴含 $f'(+\infty)$ 存在. 为此, $\forall h > 0$, 有

$$f'(x) \leqslant \frac{f(x+h) - f(x)}{h} \Longrightarrow f'(x) \leqslant \varlimsup_{h \to +\infty} \frac{f(x+h) - f(x)}{h} \leqslant a.$$

所以 $f'$ 单调上升有上界, $f'(+\infty)$ 存在.

有斜渐近线一定线性增长, 反之线性增长未必有斜渐近线, 线性增长加凸性也未必有斜渐近线, 例如, $\ln x$ 在区间 $[1, +\infty)$ 上.

有斜渐近线一定一致连续, 反之一致连续未必有斜渐近线, 例如, $\sin x, \ln(1 + x^2)$ 等函数.

**【例 3.2.4】** $f$ 为 $(0, +\infty)$ 上的可微函数, 研究 $f(+\infty)$ 和 $f'(+\infty)$ 之间的关系.

**解** (i) $f(+\infty)$ 存在时 $f'(+\infty)$ 不一定存在, 例如, $f(x) = \dfrac{\sin(x^3)}{x}$, 则 $f(+\infty) = 0$ 而 $f'$ 无界. 但是 $f(+\infty)$ 存在时, 一定存在点列 $\{x_n\}$, 其中 $x_n \to +\infty$, 使得 $f'(x_n) \to 0$, 为此只要取 $x_n$ 满足

$$f'(x_n) = \frac{f(2n) - f(n)}{n}.$$

所以假如再加上条件 $f$ 为凸函数, 则由 $f'$ 的单调性可知必有 $f'(+\infty) = 0$.

(ii) 当 $f'(+\infty)$ 存在时, $f(+\infty)$ 不一定存在, 例如, $f(x) = \ln x$, 则 $f'(+\infty) = 0$, 但是 $f(+\infty) = +\infty$.

当 $f'(+\infty) \neq 0$ 时, 易证 $f(+\infty) = \infty$.

**导数与微分** 对于一元函数, 可导就是可微, 微分的几何意义是函数在切线上的增量.

对于 $n$ 元函数, 若可导定义为 $n$ 个偏导数都存在, 则可导与可微就不等价了: 可导不一定可微, 可导不一定连续, 甚至可导不一定有 ($n$ 重) 极限; 反之, 可微一定可导, 可微一定连续.

若可导定义为全导数存在, 则可导等价于可微. 这里, 对于 $E \subseteq \mathbb{R}^n$, $f : E \to \mathbb{R}$, 若 $x_0 \in E^\circ$, 且存在 $\mu \in \mathbb{R}^n$ 使得

$$\lim_{x \to x_0} \frac{|f(x) - f(x_0) - \mu \cdot (x - x_0)|}{|x - x_0|} = 0, \tag{3.2.1}$$

则称 $\mu$ 为 $f$ 在 $x_0$ 处的全导数.

**【定义 3.2.1】** (微分) 可微就是全导数存在, 又称 Frechet (弗雷歇) 可导[①], 以二元函数为例, 设 $f$ 在 $(x_0, y_0)$ 点附近有定义, 若存在常数 $A, B$ 使得

$$\lim_{(x,y) \to (x_0,y_0)} \frac{f(x,y) - \left(f(x_0, y_0) + A(x - x_0) + B(y - y_0)\right)}{\sqrt{(x - x_0)^2 + (y - y_0)^2}} = 0,$$

则称 $f$ 在 $(x_0, y_0)$ 点可微 (Frechet 可导).

记 $\mathrm{d}f(x, y)\Big|_{(x_0, y_0)} = A\mathrm{d}x + B\mathrm{d}y$ 为 $f$ 在 $(x_0, y_0)$ 点的 (全) 微分.

记 $f'(x_0, y_0) = (A, B)$ 为 $f$ 在 $(x_0, y_0)$ 点的 Frechet 导数或全导数[②].

称 $z = f(x_0, y_0) + A(x - x_0) + B(y - y_0)$ 为 $f$ 在 $(x_0, y_0)$ 点的切平面.

微分的几何意义: 它是在切平面上的增量 $\mathrm{d}f(x, y)\Big|_{(x_0, y_0)} = \Delta z = z(x, y) - z(x_0, y_0) = A\Delta x + B\Delta y$, $\Delta x = x - x_0$, $\Delta y = y - y_0$.

---

[①] 可以对更抽象的情形来定义 Frechet 可导.

[②] 严格来说, 这里的 $(A, B)$ 是 Frechet 导算子在基 $\boldsymbol{e}_1, \boldsymbol{e}_2$ 下的表示. 函数 $f$ 在 $(x_0, y_0)$ 处的 Frechet 导算子是指满足如下条件的线性算子 $T : \mathbb{R}^2 \to \mathbb{R}$: $\displaystyle\lim_{(x,y) \to (x_0, y_0)} \frac{f(x, y) - f(x_0, y_0) - T(x - x_0, y - y_0)}{\sqrt{(x - x_0)^2 + (y - y_0)^2}} = 0$.

**【例 3.2.5】** 沿任意方向都可导 (有方向导数) 但没有极限的例子. 定义

$$f(x,y) = \begin{cases} \dfrac{y^2}{x}, & x \neq 0, \\ 0, & x = 0. \end{cases}$$

则对于 $e = (a,b)$,

$$\frac{\partial f}{\partial e}(0,0) = \begin{cases} \dfrac{b^2}{a\sqrt{a^2+b^2}}, & a \neq 0, \\ 0, & a = 0. \end{cases}$$

显然 $\lim\limits_{(x,y)\to(0,0)} f(x,y)$ 不存在.

**【注 3.2.1】** 从上例可以看到, 要计算方向导数, 需要将方向 $e$ 标准化 (单位化), 这在某种意义下是人为地增加了复杂度. 我们可以引入如下的 "新方向导数" (本质上是所谓的 Gateau (加托) 导数). 以二元函数为例, 设 $f$ 在 $(x_0, y_0)$ 点附近有定义, 任取一个向量 $e = (a,b)$, 记 $g(t) = f(x_0 + at, y_0 + bt)$. 若 $g'(0)$ 存在, 则称 $f$ 在 $(x_0, y_0)$ 点沿 $e = (a,b)$ 的方向有方向导数 (或可导), 且

$$\frac{\partial f}{\partial e}(x_0, y_0) = g'(0).$$

这个定义与通常教材中方向导数的定义有两点不一样:

(1) 我们不要求方向 $(a,b)$ 为非零向量, 并且在 $(a,b)$ 为非零向量时也不作单位化处理, 不取 $g$ 为 $f\left(x_0 + \dfrac{at}{\sqrt{a^2+b^2}}, y_0 + \dfrac{bt}{\sqrt{a^2+b^2}}\right)$;

(2) 方向导数定义为双侧极限而非单侧极限. 这样处理的好处是, 其风格与 Frechet 导算子类似, Frechet 导算子是取 $n$ 重极限, 我们的方向导数是关于单参数 $t$ 取的一元函数极限, 所以这样定义的方向导数就与变分法里的 Gateau 导数是一样的定义, 即这个方向导数就是有限维空间里的 Gateau 导数.

这样定义的另一个好处就是, 偏导数就与特殊方向的方向导数等价:

$f_x(x_0, y_0) = \dfrac{\partial f}{\partial e_1}(x_0, y_0)$, 等式两边的项同时有意义且相等;

$f_y(x_0, y_0) = \dfrac{\partial f}{\partial e_2}(x_0, y_0)$, 等式两边的项同时有意义且相等,

这里 $e_1, e_2$ 依次表示单位向量 $(1,0)$ 与 $(0,1)$.

**【例 3.2.6】** 求二次曲面 $x^2 + y^2 + z^2 + xy + xz + yz = 6$ 在 $(1,1,1)$ 点的切平面方程.

**解** 在 $(1,1,1)$ 点对曲面方程进行微分得

$$0 = \left.\left((2x+y+z)\mathrm{d}x + (2y+x+z)\mathrm{d}y + (2z+x+y)\mathrm{d}z\right)\right|_{(1,1,1)} = 4(\mathrm{d}x + \mathrm{d}y + \mathrm{d}z).$$

根据微分的几何意义可知, 将各个变量的微分换成相应的差分, 则微分方程就变成了切平面方程, 即分别将 $dx, dy, dz$ 替换为 $x - x_0, y - y_0$ 和 $z - z_0$ (由一阶微分形式不变性可知, 求微分时无须区分谁是自变量, 谁是因变量), 本题中切点 $(x_0, y_0, z_0) = (1, 1, 1)$, 所求切平面方程为

$$(x - 1) + (y - 1) + (z - 1) = 0.$$

即 $x + y + z = 3$.

从上面的例子可以看出, 通过求微分来求切平面这个方法比较简洁.

## 3.3 微分中值定理

一阶微分中值定理类题目表现为: 对可微函数 $y = f(x)$, 在一定条件下, 证明存在 $\xi$ 使得

$$F(\xi, y(\xi), y'(\xi)) = 0,$$

其中 $F$ 是已知三元函数. 常见的证明方法是通过变换, 将上述方程变形为

$$\frac{d}{dx} G(x, y(x)) \bigg|_{x=\xi} = 0.$$

则 $G$ 就是我们需要找到的辅助函数, 一般说来, 它满足 Rolle 中值定理的条件. 在较困难的问题中, 则需要说明 $G$ 在区间内部取得极值.

下面谈谈辅助函数 $G$ 的找寻方法. 容易的题目只要通过简单的观察, 将

$$F(x, y(x), y'(x)) = 0 \quad \text{变形为} \quad \frac{d}{dx}(\text{某函数}) = 0.$$

那么这个某函数就是我们要找的辅助函数. 对于复杂一点的情形, 如果难以通过简单的观察找出这个辅助函数, 则通常可以借助于求解微分方程. 因为要使得

$$\frac{d}{dx} G(x, y(x)) = 0$$

与方程

$$F(x, y(x), y'(x)) = 0$$

等价, (通常情况下) 就相当于寻找后一个方程的一个通解 $G(x, y(x)) = C$.

上述等价关系要求在整个区间 $(a, b)$ 内成立, 而我们所研究的微分中值定理类问题只要求在区间 $(a, b)$ 内有一个点成立相应的关系式. 尽管如此, 由于微分中值定理中的函数一般是抽象的, 而等中值点的位置可以出现在区间的任何地方, 所以微分中值定理的辅助函数的寻找与微分方程的通解的寻找其实是一回事.

一旦找到这样的 $G$, 即

$$F(x, y(x), y'(x)) = 0 \Longleftrightarrow G(x, y(x)) \equiv C \Longleftrightarrow \frac{\mathrm{d}}{\mathrm{d}x} G(x, y(x)) \equiv 0,$$

则余下的就是验证有两个点 $x_1 < x_2$ 使得 $G(x_1, y(x_1)) = G(x_2, y(x_2))$, 此时, 由 Rolle 中值定理, 至少存在一个点 $\xi \in (x_1, x_2)$ 使得

$$\frac{\mathrm{d}}{\mathrm{d}x} G(x, y(x)) \Big|_{x=\xi} = 0.$$

而根据上述等价关系, 这就是要证的 $F(\xi, y(\xi), y'(\xi)) = 0$.

也就是说 $G$ 就是我们要找的辅助函数. 要是满足上述条件的 $G$ 不存在, 我们遇到的就不是一个常规的中值定理类问题了.

对于高阶微分中值定理也是同样的原理, 但往往不需要一步到位求出含多个常数的通解, 而是一个常数一个常数来, 也就是微分方程里的降阶技巧, 换成微分中值定理的说法, 就是不断地套用 Rolle 中值定理, 一阶一阶地套到高阶. 每套一次微分方程就升阶一次.

**【例 3.3.1】**  设在 $[0, \pi]$ 上 $f$ 二阶可导且 $|f(x)| \leqslant \min\{1 - \cos x, \sin x\}$. 证明存在 $\xi \in (0, 1)$ 使得 $f''(\xi) = f(\xi)$.

**证明**  由条件中的不等式可知 $f(0) = f(\pi) = 0$. 但是二阶中值定理通常需要三个条件, 所以还要找出一个条件. 由第一个不等式可知

$$\varlimsup_{x \to 0^+} \frac{|f(x)|}{x} \leqslant \lim_{x \to 0^+} \frac{1 - \cos x}{x} = 0.$$

所以 $f'(0) = 0$. 这样我们就凑齐了三个条件.

下面考察本题的微分中值定理对应的微分方程 $f''(x) - f(x) = 0$, 这是个二阶常系数微分方程, 它的降阶方法与其特征多项式的因式分解相对应, 其特征多项式为

$$\lambda^2 - 1 = (\lambda + 1)(\lambda - 1).$$

所以, 有

$$0 = f''(x) - f(x) = (f'(x) - f(x))' + (f'(x) - f(x)),$$

以及

$$0 = f''(x) - f(x) = (f'(x) + f(x))' - (f'(x) + f(x)).$$

两个分解式 (降阶方式) 用哪个都行. 我们就采用第一个分解式, 先考察内层的方程:

$$f'(x) - f(x) = 0.$$

这是个一阶常系数线性方程.

先来研究下面类型的一般的一阶线性方程 (可以是变系数) 的降阶问题:

$$f'(x) + p'(x)f(x) = q(x),$$

其中 $f$ 是微分方程的未知函数 (或微分中值定理中的抽象函数), $p$, $q$ 是已知函数.

它的积分因子可以用常数变易法或待定系数法求得, 下面用待定系数法来求出其积分因子, 设积分因子为 $\mu(\cdot)$, 方程两边乘以积分因子得

$$\mu(x)f'(x) + \mu(x)p'(x)f(x) = \mu(x)q(x).$$

令待定的 $\mu(\cdot)$ 满足

$$\mu(x)f'(x) + \mu(x)p'(x)f(x) = (\mu(x)f(x))'$$

$$\Longrightarrow \mu'(x) = \mu(x)p'(x)$$

$$\Longrightarrow \frac{\mathrm{d}\mu}{\mu} = p'(x)\mathrm{d}x$$

$$\Longrightarrow \mu = C\mathrm{e}^{p(x)}.$$

因为积分因子一个足够用了, 所以可取 $\mu(\cdot) = \mathrm{e}^{p(\cdot)}$.

找到积分因子后, 方程两边乘此积分因子后就可以降阶为 0 阶方程了 (0 阶就意味着微分方程的求解完成了):

$$\mathrm{e}^{p(x)}(f'(x) + p'(x)f(x)) = q(x)\mathrm{e}^{p(x)}.$$

容易验证

$$\mathrm{e}^{p(x)}(f'(x) + p'(x)f(x)) = (\mathrm{e}^{p(x)}f(x))'.$$

而 $q(\cdot)\mathrm{e}^{p(\cdot)}$ 是一个已知函数, 可以通过积分求出它的一个原函数 $Q(\cdot)$:

$$q(x)\mathrm{e}^{p(x)} = Q'(x).$$

所以

$$f'(x) + p'(x)f(x) = q(x)$$

$$\Longleftrightarrow (\mathrm{e}^{p(x)}f(x) - Q(x))' = 0$$

$$\Longleftrightarrow \mathrm{e}^{p(x)}f(x) - Q(x) \equiv C.$$

$\mathrm{e}^{p(\cdot)}f(\cdot) - Q(\cdot)$ 就是相应的微分中值定理的辅助函数了.

所以一阶线性方程的降阶 (或求解) 得到了完美解决. 我们指出: ① 高阶 (大于或等于二阶) 线性变系数微分方程的求解没有完美的解决方法, 但是假如知道了线性齐次方程

的一个特解, 那么利用这个特解可以将线性方程降阶一次; ② 高阶的线性常系数微分方程的求解是完美解决了的 (利用它的特征多项式分解).

回到本例, 对一阶方程 $f'(x) - f(x) = 0$, 其对应的 $p'(x) = -1$, 因为积分因子只要取到一个就够用了, 所以取 $p = -x$, 积分因子为 $\mathrm{e}^{-x}$, 将其乘以方程得

$$0 = \mathrm{e}^{-x}(f'(x) - f(x)) = (\mathrm{e}^{-x} f(x))'.$$

所以辅助函数可取为 $g(x) = \mathrm{e}^{-x} f(x)$, 它有两个零点: $g(0) = g(\pi) = 0$, 根据 Rolle 中值定理, 存在 $\xi_1 \in (0, \pi)$ 使得

$$g'(\xi_1) = 0.$$

下面要证明存在 $\xi \in (0, 1)$ 使得

$$g'(\xi) + g(\xi) = 0.$$

这对应的是一阶微分方程 $g'(x) + g(x) = 0$, 其对应的 $p'(x) = 1$, 所以取 $p = x$, 积分因子为 $\mathrm{e}^x$, 将其乘以方程得

$$0 = \mathrm{e}^x(g'(x) + g(x)) = (\mathrm{e}^x g(x))'.$$

所以这一次的辅助函数可取为 $h(x) = \mathrm{e}^x g(x)$, 它有两个零点: $h(0) = h(\xi_1) = 0$, 根据 Rolle 中值定理, 存在 $\xi \in (0, \xi_1) \subset (0, 1)$, 使得

$$h'(\xi) = 0 \Longrightarrow f''(\xi) - f(\xi) = 0. \qquad \square$$

**【注 3.3.1】** 在实际做题时, 容易犯的错误是:

(1) 正负号搞反, 比如 $f'(x) - f(x) = 0$ 的积分因子应该是 $\mathrm{e}^{-x}$, 而不是 $\mathrm{e}^x$ (更不是 $-x$ 或 $x$).

(2) 对方程 $xf'(x) - f(x) = x^2$, 应该先把方程写成需要的形式 $f'(x) - \dfrac{1}{x}f(x) = x$, 然后才有其对应的 $p'(x) = -\dfrac{1}{x}$. 所以积分因子是 $\mathrm{e}^{-\ln|x|} = \dfrac{1}{|x|}$, 假设 $x > 0$, 积分因子为 $\dfrac{1}{x}$, 乘以方程 $f'(x) - \dfrac{1}{x}f(x) = x$, 得 $\left(\dfrac{1}{x}f(x) - x\right)' = 0$, 所以辅助函数为 $\dfrac{1}{x}f(x) - x$.

有时微分中值定理的题目也可以运用反证法来做.

微分中值定理 + 反证法 + 微分 Darboux 定理 = 微分不等式.

由于两个具有介值性的函数的和函数不一定具有介值性, 所以一般要求相应的微分方程是最高阶导数已解出的形式, 以一阶方程为例:

$$y'(\xi) = g(\xi, y(\xi)),$$

并假设 $g$ 是二元连续函数. 若这样的 $\xi$ 不存在, 则 $y'(x) - g(x, y(x)) \neq 0$, 因为 $g(\cdot, y(\cdot))$ 是连续函数, 所以必有原函数 $h$, 使得 $h'(x) = g(x, y(x))$, 因而 $(y(x) - h(x))' \neq 0$, 根据

Darboux 定理, $y'(x) - h'(x)$ 必须恒正或恒负. 所以微分中值定理一用反证法就是天然的微分不等式.

微分不等式的证明或证伪, 其技巧仍然是微分方程的求解技巧, 或者说就是微分方程的降阶技巧, 降阶技巧其实就是积分技巧, 只不过由于 $y(\cdot)$ 的表达式未知, 所有与其相关的积分假如直接积分没法进行 (积不出), 那就需要配以必要的积分因子后才能将积分积出来, 所以这种证法, 难的可以叫微分方程法, 简单的可以叫积分因子法. 有时 $y$ 或者 $y'$ 就是方程的积分因子, 这种积分因子法又叫能量积分法.

**【例 3.3.2】** 设在 $[1, +\infty)$ 上 $f$ 连续可微, $f(1) = 1$, 且

$$f'(x) = \frac{1}{x^2 + f^2(x)}, \quad \forall x \geqslant 1.$$

试估计 $\sup\limits_{x \geqslant 1} f(x)$.

**解** 显然 $f' > 0$, 因此, $f$ 严格单调上升,

$$f(x) - 1 = \int_1^x \frac{1}{t^2 + f^2(t)} \mathrm{d}t < \int_1^{+\infty} \frac{1}{t^2 + 1} \mathrm{d}t = \frac{\pi}{4}.$$

所以 $f$ 有上界, 因而 $f(+\infty)$ 存在且 $A := \sup\limits_{x \geqslant 1} f(x) = f(+\infty) < 1 + \dfrac{\pi}{4}$, 此为 $A$ 的一个"上界"估计. 下面作 $A$ 的"下界"估计:

$$\begin{aligned}
A - 1 &= \int_1^{+\infty} \frac{1}{x^2 + f^2(x)} \mathrm{d}x \\
&> \int_1^{+\infty} \frac{1}{x^2 + A^2} \mathrm{d}x = \frac{1}{A}\left(\frac{\pi}{2} - \arctan\frac{1}{A}\right) \\
&\implies g(A) := A^2 - A + \arctan\frac{1}{A} - \frac{\pi}{2} > 0.
\end{aligned}$$

容易验证当 $A \geqslant 1$ 时, $g'(A) > 0$, $g(1) < 0$, $g(+\infty) = +\infty$, 所以存在唯一的 $A_0 > 1$, 使得 $g(A_0) = 0$, 利用数值计算可知 $A_0 \approx 1.62$. 显然 $A_0 < A$, 为 $A$ 的一个"下界"估计.

$A_0$ 是 $A$ 的"下界"的隐式估计, 下面我们利用一个特殊的积分因子作出 $A$ 的"下界"的一个显式估计:

$$\begin{aligned}
\frac{1}{3}(A^3 - 1) &= \int_1^{+\infty} f^2(x)f'(x)\mathrm{d}x = \int_1^{+\infty} \frac{f^2(x)}{x^2 + f^2(x)} \mathrm{d}x \\
&> \int_1^{+\infty} \frac{1}{x^2 + 1} \mathrm{d}x = \frac{\pi}{4} \\
&\implies A > \sqrt[3]{1 + \frac{3\pi}{4}} \approx 1.49.
\end{aligned}$$

这个显式 "下界", 没有隐式 "下界" 好. 同样利用这个积分因子可以作出 $A$ 的 "上界" 的一个隐式估计:

$$\frac{1}{3}(A^3 - 1) = \int_1^{+\infty} f^2(x) f'(x) \mathrm{d}x = \int_1^{+\infty} \frac{f^2(x)}{x^2 + f^2(x)} \mathrm{d}x$$

$$< \int_1^{+\infty} \frac{A^2}{x^2 + A^2} \mathrm{d}x = A\left(\frac{\pi}{2} - \arctan\frac{1}{A}\right)$$

$$\Longrightarrow h(A) := \frac{1}{3}\left(A^2 - \frac{1}{A}\right) + \arctan\frac{1}{A} - \frac{\pi}{2} < 0.$$

同样容易验证当 $A \geqslant 1$ 时, $h'(A) > 0$, $h(1) < 0$, $h(+\infty) = +\infty$, 所以存在唯一的 $A_1 > 1$, 使得 $h(A_1) = 0$, 利用数值计算可知 $A_1 \approx 1.95$. 显然 $A < A_1$, 为 $A$ 的一个 "上界" 估计. 这是 "上界" 的一个隐式估计, 它没有前面上界的显式估计好, 那个估计是 $1 + \frac{\pi}{4} \approx 1.78$.

虽然利用积分因子 $f^2(x)$ 作出来的两个估计都没有直接积分得到的两个估计好, 但是它显示了用不同的积分因子确实可以作出一些不同的估计来!

【注 3.3.2】 严格来说, 本例中的 $f^2(x)$ 不能叫积分因子, 因为积分因子的作用是把相应的积分积出来, 我们不能确定本例对应的微分方程是否能求出通解表达式. 假如不能, 那就是说根本没有任何显式的积分因子. 所以 $f^2(x)$ 可以叫积分估计因子, 它与能量积分的积分因子很像.

线性非齐次的微分方程求解有个常用技巧叫齐次化, 这个技巧非常重要, 所谓齐次化, 就是找一个已知函数 (特解) $g$, 作平移变换 $z = y - g$, 使得 $z$ 满足的微分方程具有零解. 微分中值定理的例子中常用的多项式插值法其实就是一种齐次化.

【例 3.3.3】 设 $f$ 在 $[-3, 1]$ 上二阶可导且 $f(-3) = -2$, $f(0) = 1$, $f(1) = \frac{10}{3}$, 证明存在 $\xi \in (-3, 1)$ 使得 $f''(\xi) = 2\xi + 2$.

**证明** 先作齐次化, 求下列微分方程定解问题的解:

$$\begin{cases} y''(x) = 2x + 2, \\ y(-3) = -2, \quad y(0) = 1, \quad y(1) = \frac{10}{3}. \end{cases} \tag{3.3.1}$$

会解微分方程的同学可以直接写出一个特解. 没学过微分方程的同学, 可以分两步进行: ① 先找一个函数满足 $y'' = 2x + 2$, 例如, 取 $y = x^2 + \frac{x^3}{3}$; ② 令 $g(x) = f(x) - \left(x^2 + \frac{x^3}{3}\right)$, 则 $g$ 满足 $g(-3) = -2, g(0) = 1, g(1) = 2$, 要证明存在 $\xi \in (-3, 1)$ 使得 $g''(\xi) = 0$. 然后求下列微分方程定解问题的解:

$$\begin{cases} z''(x) = 0, \\ z(-3) = -2, \quad z(0) = 1, \quad z(1) = 2, \end{cases} \tag{3.3.2}$$

得 $z = x + 1$.

最终得到齐次化后的辅助函数, 即取为 $F(x) = g(x) - (x+1) = f(x) - \left(x^2 + \dfrac{x^3}{3} + x + 1\right)$, 则 $F$ 满足 $F(-3) = F(0) = F(1) = 0$, 要证明存在 $\xi \in (-3, 1)$ 使得 $F''(\xi) = 0$. 这个只要 Rolle 中值定理套用一下就行了. $\square$

**【注 3.3.3】** 学过微分方程的同学应该注意到微分方程定解问题 (3.3.1) 及问题 (3.3.2) 都是超定问题, 也就是都分别多了一个边界条件.

这个问题可以这样来解释, 首先引进两个常数, 让两个定解问题都变成适定的:

$$y''(x) = 2x + 2 + a, \qquad z''(x) = a,$$

其中 $a$ 是个待定常数, 两个问题的边界条件都不变, 这样多出来的一个自由度就可以让我们多考虑一个边界条件了. 最终齐次化以后的函数 $F$ 将满足 $F(-3) = F(0) = F(1) = 0$, 且存在 $\xi \in (-3, 1)$ 使得 $F''(\xi) = -a$. 显然必须成立 $a = 0$, 不然只要取 $F(x) \equiv 0$, 就可以知道结论是不成立的.

所有这种类型的题目, 只要题目没出错, 其数据都是凑好的, 使得它在齐次化之后必须允许有零解. 所以可以在开始的时候就取 $a = 0$. 假如用多项式插值法作第二个微分方程的特解并且是用行列式来表示插值条件时, 一定要找到 $z'' = \mathrm{const}$ 的二次多项式满足插值条件: $z(-3) = -2, z(0) = 1, z(1) = 2$, 否则找到 $z'' = 0$ 的一次多项式加三个插值条件是得不到一个 $4 \times 4$ 的行列式的. 当然假如用插值法但不用行列式表示, 那就可以直接在一次多项式里找满足三个插值条件的解, 万一找不到, 那么要么是计算错误要么就是题目出错了.

方程复杂一点的, 只要是线性方程, 都可以用齐次化解决, 如下面的例子.

**【例 3.3.4】** 设 $f$ 在 $[-1, 2]$ 上二阶可导且 $f(-1) = 2 - \mathrm{e}^{-1}$, $f(0) = 1$, $f(2) = 2\mathrm{e}^2 - 1$, 证明存在 $\xi \in (-1, 2)$ 使得 $f''(\xi) = f(\xi) + 2\mathrm{e}^\xi + \xi - 1$.

**证明** 先作齐次化, 求下列微分方程定解问题的解:

$$\begin{cases} y''(x) = y(x) + 2\mathrm{e}^x + x - 1, \\ y(-1) = 2 - \mathrm{e}^{-1}, \quad y(0) = 1, \quad y(2) = 2\mathrm{e}^2 - 1, \end{cases}$$

得 $y = x\mathrm{e}^x - x + 1$. 然后令 $F(x) = f(x) - (x\mathrm{e}^x - x + 1)$, 则 $F$ 满足 $F(-1) = F(0) = F(2) = 0$, 要证明存在 $\xi \in (-3, 1)$ 使得

$$F''(\xi) = F(\xi).$$

为此令 $G(x) = F'(x) - F(x) = \mathrm{e}^x \dfrac{\mathrm{d}}{\mathrm{d}x}(\mathrm{e}^{-x} F(x))$.

由于 $\left.\mathrm{e}^{-x}F(x)\right|_{x=-1}=\left.\mathrm{e}^{-x}F(x)\right|_{x=0}=\left.\mathrm{e}^{-x}F(x)\right|_{x=2}=0$, 根据 Rolle 中值定理, 存在 $\xi_1\in(-1,0)$ 及 $\xi_2\in(0,2)$ 使得

$$G(\xi_1)=G(\xi_2)=0.$$

再令 $H(x)=F''(x)-F(x)=\mathrm{e}^{-x}\dfrac{\mathrm{d}}{\mathrm{d}x}(\mathrm{e}^x G(x))$.

由于 $\left.\mathrm{e}^x G(x)\right|_{x=\xi_1}=\left.\mathrm{e}^x G(x)\right|_{x=\xi_2}=0$, 根据 Rolle 中值定理存在 $\xi\in(\xi_1,\xi_2)\subset(-1,2)$ 使得

$$H(\xi)=0\Longrightarrow F''(\xi)=F(\xi). \qquad\qquad \square$$

**【例 3.3.5】** 已知 $f$ 在 $[a,b]$ 上二阶可导, 且 $f'(a)=f'(b)=0$. 证明:

(i) 存在 $\xi\in(a,b)$, 使得

$$|f''(\xi)|\geqslant\frac{4}{(b-a)^2}|f(b)-f(a)|.$$

(ii) 当 $f(b)\neq f(a)$ 时, 存在 $\eta\in(a,b)$, 使得

$$|f''(\eta)|>\frac{4}{(b-a)^2}|f(b)-f(a)|.$$

**分析** 这个题目与正常的多项式插值类中值定理不同, 因为一共四个插值条件, 正常情况下是插出一个三次多项式, 所以结论是 $f'''(\xi)=$ 某个数 (读者可以试着把这个数求一下). 现在的结论是关于二阶导数的, 我们可以试着去掉一个条件, 用三个条件插出一个二次多项式, 然后计算其二阶导数, 4 个条件去掉一个, 照理有 4 种去法, 然后 4 个方法对应 4 个结果, 在 4 个里面取个最大的结果. 但是本题的插值条件 $f'(a)=f'(b)=0$ 对抛物线来说不可能同时成立, 所以只能这两个条件中去掉一个, 根据对称性, 这两个条件中去掉哪一个后的结果都是一样的, 所以, 这个思路只能得到一个结果, 这个结果可以简单地用 Taylor 展开得到

$$f(b)=f(a)+f'(a)(b-a)+\frac{f''(\xi)}{2}(b-a)^2$$

$$\Longrightarrow|f''(\xi)|=\frac{2}{(b-a)^2}|f(b)-f(a)|.$$

但是, 这个结果达不到题目要求的精度. 新的思路是把展开点换一个点, 找一个 $c\in(a,b)$ 展开 $f(c)$. 但是这样一来, 结果里面会出现 $f(c)$, 所以 $f(c)$ 必须与 $f(a),f(b)$ 有关, 自然会想到试一试 $f(c)=\dfrac{f(a)+f(b)}{2}$, 第 (i) 小题就完成了.

接着第 (i) 小题的思路, 这个题目的题眼在于增加一个点 $\left(\dfrac{a+b}{2}, \dfrac{f(a)+f(b)}{2}\right)$, 用 $f(a), f'(a) = 0$ 和 $\left(\dfrac{a+b}{2}, \dfrac{f(a)+f(b)}{2}\right)$ 插出一个抛物线, 再用 $f(b), f'(b) = 0$ 和 $\left(\dfrac{a+b}{2},\right.$ $\left.\dfrac{f(a)+f(b)}{2}\right)$ 插出第二个抛物线. 这两个抛物线的二阶导数绝对值就是我们要的估计式, 这两个抛物线在中点 $\left(\dfrac{a+b}{2}, \dfrac{f(a)+f(b)}{2}\right)$ 是一阶光滑连续的, 但是二阶导数在连接点是间断的.

**证明** (i) 存在 $c \in (a,b)$ 使得 $f(c) = \dfrac{f(a)+f(b)}{2}$, 不妨设 $c - a \leqslant b - c$, 所以 $c - a \leqslant \dfrac{b-a}{2}$, 存在 $\xi \in (a,b)$, 使得

$$\frac{f(a)+f(b)}{2} = f(c) = f(a) + f'(a)(c-a) + \frac{f''(\xi)}{2}(c-a)^2,$$

$$f''(\xi) = \frac{f(b)-f(a)}{(c-a)^2},$$

$$|f''(\xi)| \geqslant \frac{|f(b)-f(a)|}{\left(\dfrac{b-a}{2}\right)^2} = \frac{4}{(b-a)^2}|f(b)-f(a)||f''(x)|$$

$$\leqslant \frac{4}{(b-a)^2}|f(b)-f(a)| := K > 0.$$

(ii) 不妨设 $f(b) > f(a)$. 用反证法, 考察两条抛物线 $g(x) = f(a) + \dfrac{K}{2}(x-a)^2$ 和 $h(x) = f(b) - \dfrac{K}{2}(x-b)^2$, 在 $x \in \left[a, \dfrac{a+b}{2}\right]$ 上, $G(x) := f(x) - g(x)$ 满足 (齐次化后的) 条件 $G(a) = G'(a) = 0$, $G''(x) = f''(x) - K \leqslant 0$, 所以 $G(a)$ 是 $G$ 在 $x \in \left[a, \dfrac{a+b}{2}\right]$ 上的最大值, 即 $G(x) \leqslant 0$, 因而 $f\left(\dfrac{b+a}{2}\right) \leqslant \dfrac{f(a)+f(b)}{2}$. 同理, 在 $x \in \left[\dfrac{a+b}{2}, b\right]$ 上, $H(x) := f(x) - h(x) \geqslant H(b) = 0$, 因而 $f\left(\dfrac{b+a}{2}\right) \geqslant \dfrac{f(a)+f(b)}{2}$. 所以 $f\left(\dfrac{b+a}{2}\right) = \dfrac{f(a)+f(b)}{2} \implies G(x) \equiv 0$, 即 $f(x) = g(x)$, $x \in \left[a, \dfrac{a+b}{2}\right]$. 同理 $f(x) = h(x)$, $x \in \left[\dfrac{a+b}{2}, b\right]$. 但是 $f''_-\left(\dfrac{b+a}{2}\right) = g''\left(\dfrac{b+a}{2}\right) = K$, $f''_+\left(\dfrac{b+a}{2}\right) = h''\left(\dfrac{b+a}{2}\right) = -K$, 此与 $f$ 二阶可导矛盾. 所以原结论成立. $\qquad \Box$

**【注 3.3.4】** 本题作齐次化的那个特解是两段抛物线合成的分段函数:

$$\begin{cases} y''(x) = K, & x \in \left[a, \dfrac{a+b}{2}\right), \\[2mm] y''(x) = -K, & x \in \left(\dfrac{a+b}{2}, b\right], \\[2mm] y(a) = f(a), \quad y'(a) = 0, \quad y(b) = f(b), \quad y'(b) = 0. \end{cases}$$

这是本题的难点. 类似的例子如下.

**【例 3.3.6】** 已知 $f$ 在 $[-1,1]$ 上二阶可导, 且 $f(0) = f'(0) = 0$, $f(-1) = -1$, $f(1) = 1$. 证明:

(i) 存在 $\xi \in (-1, 1)$, 使得 $|f''(\xi)| > 2$;

(ii) 存在 $\eta \in (-1, 1)$, 使得 $|f''(\eta)| < 2$.

**【例 3.3.7】** 已知 $f$ 在 $[a, b]$ 上 $n+1$ 阶可导, 且 $f^{(k)}(a) = f^{(k)}(b) = 0$ ($k = 1, 2, \cdots, n$), $f(b) \neq f(a)$. 证明存在 $\xi \in (a, b)$, 使得

$$|f^{(n+1)}(\xi)| > \frac{2^n (n+1)!}{(b-a)^{n+1}} |f(b) - f(a)|.$$

**【例 3.3.8】** 设 $f$ 二阶可导且 $f(0) = 0$, $f'(0) = 1$, $f\left(\dfrac{\pi}{4}\right) = 1$. 证明存在 $\xi \in \left(0, \dfrac{\pi}{4}\right)$, 使得 $f''(\xi) = 2f(\xi)f'(\xi)$.

**分析** 这是一个非线性问题, 前面介绍的解决线性问题的齐次化方法不太适用了. 可以利用微分方程的求解技巧 (积分), 将方程的阶数降低.

**证明** 由于导函数具有介值性, 所以中值定理 + 反证法 = 微分不等式.

反证法, 假设下面的 (I) 或 (II) 成立:

(I) $\forall x \in \left(0, \dfrac{\pi}{4}\right)$, 使得

$$f''(x) > 2f(x)f'(x).$$

方程可以直接积分 (即降阶) 成为

$$(f'(x) - f^2(x))' > 0,$$

$$f'(x) - f^2(x) > f'(0) - f^2(0) = 1,$$

$$\frac{f'(x)}{1 + f^2(x)} > 1,$$

$$(\arctan f(x) - x)' > 0,$$

$$\arctan f(x) - x > \arctan f(0) - 0 = 0,$$

$$\arctan f(x) > x.$$

此与 $f\left(\dfrac{\pi}{4}\right) = 1$ 矛盾.

(II) $\forall x \in \left(0, \dfrac{\pi}{4}\right)$ 时, $f''(x) < 2f(x)f'(x)$, 同理可得矛盾. □

【例 3.3.9】 设 $f$ 在 $\mathbb{R}$ 上三阶可导, 且 $\forall x \in \mathbb{R}$ 成立

$$f(x), f'(x), f''(x), f'''(x) > 0, \quad f'''(x) \leqslant f(x).$$

证明: $\forall x \in \mathbb{R}$ 成立

$$f'(x) < 2f(x).$$

**证明** （方法 1) $\forall x \in \mathbb{R}$ 及 $t < 0$, 有

$$0 < f(x+t) = f(x) + f'(x)t + \frac{1}{2}f''(x)t^2 + \frac{1}{3!}f'''(\xi)t^3$$

$$< f(x) + f'(x)t + \frac{1}{2}f''(x)t^2.$$

当 $t \geqslant 0$ 时, 显然成立

$$0 < f(x) + f'(x)t + \frac{1}{2}f''(x)t^2.$$

所以 $t$ 的二次式的判别式必为负, 因而

$$f'^2(x) < 2f(x)f''(x).$$

同理, $\forall x \in \mathbb{R}$ 及 $t < 0$, 有

$$0 < f'(x+t) = f'(x) + f''(x)t + \frac{1}{2}f'''(\eta)t^2$$

$$\leqslant f'(x) + f''(x)t + \frac{1}{2}f(\eta)t^2$$

$$< f'(x) + f''(x)t + \frac{1}{2}f(x)t^2.$$

所以上面 $t$ 的二次式的判别式也必为负, 因而

$$f''^2(x) < 2f(x)f'(x).$$

代入前一个判别式, 得

$$f'^4(x) < 4f^2(x)f''^2(x) < 8f^3(x)f'(x).$$

所以

$$f'(x) < 2f(x).$$

(**方法 2**) 二阶微分方程里有一个重要的估计方法——能量积分法, 就是方程两边乘以 $f'$ 然后积分, 它还可以推广为乘 $f$ 或乘 $f''$ 然后积分.

$f, f', f''$ 都是单调上升函数且有下界, 所以 $f(-\infty), f'(-\infty), f''(-\infty)$ 都存在, 由 L'Hospital 法则可知 $f'(-\infty) = f''(-\infty) = 0$.

在 $f'''(x) \leqslant f(x)$ 两边乘以 $f''(x)$:

$$f'''(x)f''(x) = \frac{1}{2}(f''^2(x))'$$
$$\leqslant f(x)f''(x) = (f(x)f'(x))' - f'^2(x) < (f(x)f'(x))'.$$

所以

$$\int_{-\infty}^{x} \frac{1}{2}(f''^2(t))'\mathrm{d}t < \int_{-\infty}^{x} (f(t)f'(t))'\mathrm{d}t,$$
$$\frac{1}{2}f''^2(x) < f(x)f'(x).$$

同理, 在 $f'''(x) \leqslant f(x)$ 两边乘以 $f'(x)$:

$$f'''(x)f'(x) \leqslant f(x)f'(x),$$
$$f'''(x)f'(x) = (f''(x)f'(x))' - f''^2(x)$$
$$\leqslant f(x)f'(x) = \frac{1}{2}(f^2(x))'.$$

将 $\frac{1}{2}f''^2(x) < f(x)f'(x)$ 代入上式可得

$$(f''(x)f'(x))' < \frac{3}{2}(f^2(x))',$$

所以

$$\int_{-\infty}^{x} (f''(t)f'(t))'\mathrm{d}t < \int_{-\infty}^{x} \frac{3}{2}(f^2(t))'\mathrm{d}t,$$
$$f''(x)f'(x) < \frac{3}{2}f^2(x).$$

将上式与 $\frac{1}{2}f''^2(x) < f(x)f'(x)$ 相乘, 得

$$f''^3(x) < 3f^3(x) \implies f''(x) < \sqrt[3]{3}f(x).$$

在上式两边乘以 $f'(x)$:

$$f''(x)f'(x) < \sqrt[3]{3}f(x)f'(x),$$

$$f''(x)f'(x) = \frac{1}{2}(f'^2(x))'$$

$$< \sqrt[3]{3}f(x)f'(x) = \frac{\sqrt[3]{3}}{2}(f^2(x))'.$$

所以

$$\int_{-\infty}^{x} \frac{1}{2}(f'^2(t))'\mathrm{d}t < \int_{-\infty}^{x} \frac{\sqrt[3]{3}}{2}(f^2(t))'\mathrm{d}t,$$

$$f'^2(x) < \sqrt[3]{3}f^2(x) \Longrightarrow f'(x) < \sqrt[6]{3}f(x) < 2f(x). \qquad \square$$

对于高阶线性微分方程, 我们给出下面的分解定理和相应的 Rolle 中值定理.

$\forall \lambda \in \mathbb{R}$, 定义算子

$$L_\lambda f(x) = f'(x) - \lambda f(x) = \mathrm{e}^{\lambda x}(\mathrm{e}^{-\lambda x}f(x))'.$$

若下面的实系数多项式的根均为实根:

$$\lambda^n + a_{n-1}\lambda^{n-1} + \cdots + a_1\lambda + a_0$$

$$= (\lambda - \lambda_1)(\lambda - \lambda_2)\cdots(\lambda - \lambda_n),$$

则以其为特征多项式的 $n$ 阶线性微分算子可以分解为 $n$ 个一阶微分算子的乘积:

$$f^{(n)}(x) + a_{n-1}f^{(n-1)}(x) + \cdots + a_1f'(x) + a_0f(x)$$

$$= L_{\lambda_1}L_{\lambda_2}\cdots L_{\lambda_n}f(x).$$

【定理 3.3.1】($n$ 阶齐次插值条件与高阶 Rolle 中值定理)  若 $f(x) = 0$ 有 $k$ 个不同的根 $x_1 < x_2 < \cdots < x_k, k \geqslant 2$, 且 $x_i$ 是至少 $n_i(\geqslant 1)$ 重根 $(1 \leqslant i \leqslant k)$:

$$f(x_i) = f'(x_i) = f''(x_i) = \cdots = f^{(n_i-1)}(x_i) = 0 \quad (n_i \text{ 个连续齐次插值条件}),$$

$n_1 + n_2 + \cdots + n_k = n + 1$(总的插值条件比最高阶导数多一个). $f$ 在 $x_1$ 处有 $n_1$ 阶右导数, 在 $x_k$ 处有 $n_k$ 阶左导数, 在 $(x_1, x_k)$ 上 $n$ 次可导, 则存在 $\xi \in (x_1, x_k)$ 使得

$$f^{(n)}(\xi) + a_{n-1}f^{(n-1)}(\xi) + \cdots + a_1f'(\xi) + a_0f(\xi) = 0,$$

其中假设微分算子的特征方程 $\lambda^n + a_{n-1}\lambda^{n-1} + \cdots + a_1\lambda + a_0 = 0$ 的根都是实根.

【注 3.3.5】  在两个边界点 $x_1$ 和 $x_k$, 只要有足够多的零特征值 (指 $\lambda_i = 0$), 插值条件不必连续地给出, 比如, 若微分方程 $f^{(n)}(x) = 0$, 则插值条件 $f'(-1) = f(0) = f(2) = 0$ 是可以的 $(n = 2)$, $f(-1) = f(0) = f'(0) = f(2) = 0$ 也是可以的 $(n = 3)$, 但是 $f(-1) = f'(0) = f(2) = 0$ 不允许 $(n = 2)$, 内点 $x = 0$ 的插值条件不能从 1 阶开始, 必须从 0 阶开始逐阶添加 (称之为连续). 总之就是要让 Rolle 中值定理能不断套用 $n$ 次, 不至于中断就行.

**【例 3.3.10】** 设 $f$ 在 $[-1,1]$ 上三阶可导, 且 $f(-1) = 0$, $f(1) = 1$, $f'(0) = 0$. 证明存在 $\xi \in (-1,1)$, 使得 $f'''(\xi) = 3$.

**证明** 三阶微分方程需要 4 个插值条件, 题目里只有 3 个插值条件, 内点 $x = 0$ 的插值条件不是连续给出的, 少了零阶插值条件必须补上, 即必须要求插值函数满足 $y(-1) = 0$, $y(1) = 1$, $y'(0) = 0$, $y(0) = f(0)$ 且 $y'''(x) = 3$.

辅助函数 (齐次化) $F(x) = k(f(x) - y(x))$ 可以简洁地利用行列式表示为 (其中常数 $k$ 为行列式的代数余子式 $A_{15}$):

$$F(x) = \begin{vmatrix} x^3 & x^2 & x & 1 & f(x) \\ -1 & 1 & -1 & 1 & f(-1) \\ 1 & 1 & 1 & 1 & f(1) \\ 0 & 0 & 0 & 1 & f(0) \\ 0 & 0 & 1 & 0 & f'(0) \end{vmatrix}.$$

容易验证 $F(-1) = F(0) = F(1) = 0, F'(0) = 0 \implies$ 存在 $\xi \in (a,b)$, 使得 $F'''(\xi) = 0$:

$$F'''(\xi) = \begin{vmatrix} 6 & 0 & 0 & 0 & f'''(\xi) \\ -1 & 1 & -1 & 1 & f(-1) \\ 1 & 1 & 1 & 1 & f(1) \\ 0 & 0 & 0 & 1 & f(0) \\ 0 & 0 & 1 & 0 & f'(0) \end{vmatrix} = \begin{vmatrix} 6 & 0 & 0 & 0 & f'''(\xi) \\ -1 & 1 & -1 & 1 & 0 \\ 1 & 1 & 1 & 1 & 1 \\ 0 & 0 & 0 & 1 & f(0) \\ 0 & 0 & 1 & 0 & 0 \end{vmatrix} = 0$$

$$\implies f'''(\xi) = 3. \qquad \square$$

**【注 3.3.6】** 虽然 $f(0)$ 的值未知 (其实它的值不影响答案), 但是条件 $y(0) = f(0)$ 必须补上, 否则整个过程就进行不下去了.

**【定理 3.3.2】**(二阶复特征值 Rolle 中值定理) 设 $f$ 在 $(a,b)$ 上二阶可导且 $f(x) = 0$ 在 $(a,b)$ 上有 3 个解, $p,q \in \mathbb{R}$, $t^2 + pt + q = 0$ 的解为复根 $t = \alpha \pm \mathrm{i}\beta$, $\alpha, \beta \in \mathbb{R}$, $\beta > 0$. 若 $\beta(b-a) \leqslant \pi$, 则存在 $\xi \in (a,b)$ 使得

$$f''(\xi) + pf'(\xi) + qf(\xi) = 0.$$

**证明** 不妨设 $(a,b) = (-c,c)$, $0 < 2\beta c \leqslant \pi$, 考察辅助函数

$$H_1(x) = \frac{\mathrm{e}^{-\alpha x} f(x)}{\cos \beta x},$$

由题意, $H_1(x)$ 在 $(-c,c)$ 上有三个零点, 由 Rolle 中值定理可知, $H_1'(x)$ 在 $(-c,c)$ 上有两个零点. 令

$$H_2(x) = H_1'(x) \cos^2 \beta x = \mathrm{e}^{-\alpha x} \big( (f'(x) - \alpha f(x)) \cos \beta x + \beta f(x) \sin \beta x \big),$$

由 Rolle 中值定理可知, $H_2'(x)$ 在 $(-c, c)$ 上有一个零点. 容易验算

$$H_2'(x) = (f''(x) + pf'(x) + qf(x))e^{-\alpha x}\cos\beta x.$$ □

**【例 3.3.11】** 设函数 $f$ 在 $\left[0, \dfrac{\pi}{2}\right]$ 上二阶可导, 并满足 $f\left(\dfrac{\pi}{2}\right) = \dfrac{\pi^2}{4}$, $f'\left(\dfrac{\pi}{2}\right) = \pi$, $f(0) = 1$. 证明: 存在 $\xi \in \left(0, \dfrac{\pi}{2}\right)$ 使得

$$2f''(\xi) - 2f'(\xi) + f(\xi) = \xi^2 - 4\xi + 4.$$

**证明** 先作齐次化, 找一个函数 $g$ 满足 $g\left(\dfrac{\pi}{2}\right) = \dfrac{\pi^2}{4}$, $g'\left(\dfrac{\pi}{2}\right) = \pi$, $g(0) = 1$ 且

$$2g''(x) - 2g'(x) + g(x) - (x^2 - 4x) = 4.$$

解微分方程可得

$$g(x) = e^{\frac{x}{2}}\left(\cos\frac{x}{2} - \sin\frac{x}{2}\right) + x^2.$$

令 $h(x) = f(x) - g(x)$, 则 $h$ 满足

$$h\left(\frac{\pi}{2}\right) = h'\left(\frac{\pi}{2}\right) = h(0) = 0.$$

要证明: 存在 $\xi \in \left(0, \dfrac{\pi}{2}\right)$ 使得

$$2h''(\xi) - 2h'(\xi) + h(\xi) = 0.$$

对应的特征方程为 $2\lambda^2 - 2\lambda + 1 = 0$, $\lambda_{1,2} = \dfrac{1}{2} \pm \dfrac{\mathrm{i}}{2}$. 令

$$F(x) = \frac{e^{-\frac{x}{2}}h(x)}{\cos\dfrac{x}{2}},$$

则

$$F(0) = F\left(\frac{\pi}{2}\right) = 0.$$

所以存在 $\xi_1 \in \left(0, \dfrac{\pi}{2}\right)$ 使得

$$F'(\xi_1) = 0.$$

又

$$F'(x) = e^{-\frac{x}{2}}\frac{(2h'(x) - h(x))\cos\dfrac{x}{2} + h(x)\sin\dfrac{x}{2}}{2\cos^2\dfrac{x}{2}},$$

令

$$H(x) = \mathrm{e}^{-\frac{x}{2}} \left( (2h'(x) - h(x)) \cos \frac{x}{2} + h(x) \sin \frac{x}{2} \right),$$

则

$$H(\xi_1) = H\left(\frac{\pi}{2}\right) = 0.$$

因而存在 $\xi \in \left(0, \dfrac{\pi}{2}\right)$ 使得

$$H'(\xi) = 0.$$

由此即得

$$2h''(\xi) - 2h'(\xi) + h(\xi) = 0.$$

因而本题结论成立. $\qquad\qquad\square$

**【例 3.3.12】**　设函数 $f$ 在 $[-1, 1]$ 上二阶可导, 并满足 $f(-1) = f(0) = f(1) = 0$. 证明:

(i) 存在 $\xi_1, \xi_2 \in (-1, 1)$ 且 $\xi_1 \neq \xi_2$, 使得 $f(\xi_i) = (1 + \xi_i^2) f'(\xi_i)$ $(i = 1, 2)$;

(ii) 存在 $\eta \in (-1, 1)$, 使得 $(1 - 2\eta) f(\eta) = (1 + \eta^2)^2 f''(\eta)$.

**证明**　(i) 用积分因子法可知辅助函数为 $g(x) = \mathrm{e}^{-\arctan x} f(x)$, 满足 $g(-1) = g(0) = g(1) = 0$, 在 $[-1, 1]$ 上连续, 在 $(-1, 1)$ 上可导. 由 Rolle 中值定理, 存在 $\xi_1 \in (-1, 0)$, $\xi_2 \in (0, 1)$, 使得 $g'(\xi_i) = 0$.

注意到

$$g'(x) = -\mathrm{e}^{-\arctan x} \frac{f(x)}{1 + x^2} + \mathrm{e}^{-\arctan x} f'(x),$$

因此

$$f(\xi_i) = (1 + \xi_i^2) f'(\xi_i).$$

(ii) 我们用待定系数法求积分因子 $\mu(x)$, 取 $h(x) = \mu(x) \left( f'(x) - \dfrac{f(x)}{1 + x^2} \right)$:

$$\left( \mu(x) \left( f'(x) - \frac{f(x)}{1 + x^2} \right) \right)'$$
$$= \mu(x) f''(x) + \left( \mu'(x) - \frac{\mu(x)}{1 + x^2} \right) f'(x) - \left( \frac{\mu(x)}{1 + x^2} \right)' f(x),$$

要求 $\mu(x)$ 满足

$$\mu'(x) - \frac{\mu(x)}{1 + x^2} = 0 \Longrightarrow \mu(x) = \mathrm{e}^{\arctan x}.$$

因而取 $h(x) = \mathrm{e}^{\arctan x}\left(\dfrac{f(x)}{1+x^2} - f'(x)\right)$, 满足 $h(\xi_1) = h(\xi_2) = 0$, 在 $[\xi_1, \xi_2]$ 上可导. 由 Rolle 中值定理, 存在 $\eta \in (\xi_1, \xi_2) \subset (-1, 0)$, 使得

$$h'(\eta) = 0.$$

注意到

$$h'(x) = \mathrm{e}^{\arctan x}\frac{(1-2x)f(x)}{(1+x^2)^2} + \mathrm{e}^{\arctan x}f''(x),$$

因此

$$(1-2\eta)f(\eta) = (1+\eta^2)^2 f''(\eta). \qquad \square$$

【注 3.3.7】 对于高阶线性变系数微分算子的分解, 在简单的情况下可以像例 3.3.12 一样尝试用待定系数法解决.

一元微分方程有很多比较判别法可以拿来作不等式比较, 多元偏微分方程有比较判别法的一般是二阶椭圆方程, 所以掌握相关的理论技巧后, 很多题目的思路就来了. 或者我们也可以反过来说, 现在掌握了一定量的微分中值定理题目的解题技巧, 有利于我们今后学习相关的微分方程理论.

## 3.4 L'Hospital 法则

L' Hospital 准则的条件和结论切忌搞反, 由 L' Hospital 准则可知

(1) 若 $f$ 在 $x_0$ 点右连续且 $f'(x_0^+)$ 存在, 则 $f$ 在 $x_0$ 点右可导且 $f'_+(x_0) = f'(x_0^+)$.

(2) 若 $f$ 在 $[x_0, x_0 + \delta)$ 上可导且 $\delta > 0$, 则下面三种情况不可能发生:

(i) $f'(x_0^+)$ 存在但是 $f'(x_0^+) \neq f'_+(x_0)$;

(ii) $f'(x_0^+) = +\infty$;

(iii) $f'(x_0^+) = -\infty$;

但是下面这种情况可能发生:

(iv) $f'(x_0^+)$ 不存在且不是定号无穷大.

例如, $f(x) = x^2 \sin \dfrac{1}{x}$, $x \neq 0$, $f(0) = 0$, 则 $f$ 处处可导, 特别地, $f'(0) = 0$, 但是 $f'(0^+)$ 不存在.

同理, 对左导数有同样的结论.

【例 3.4.1】 设函数 $f$ 在 $(0, 1)$ 内二阶可导, 且

$$\lim_{x \to 0^+} \frac{f(x) + f'(x)}{x} = 1.$$

(i) 证明: $\lim\limits_{x \to 0^+} f(x)$ 存在, 并将此极限定义为 $f(0)$.

(ii) 证明: $f''_+(0)$ 存在.

(iii) 问 $f''(x)$ 在 $x = 0$ 处是否右连续?

(i) **证明** 令 $g(x) = f(x)\mathrm{e}^x$, 则

$$\lim_{x \to 0^+} g'(x) = \lim_{x \to 0^+} (f(x) + f'(x))\mathrm{e}^x = 0.$$

所以存在 $\delta > 0, M > 0$ 使得

$$|g'(x)| \leqslant M, \quad \forall\, x \in (0, \delta).$$

故 $g$ 在 $(0, \delta)$ 上 Lipschitz 连续, 因而一致连续, 因此 $g(0^+)$ 存在, 因而 $f(0^+)$ 存在. □

(ii) **证明** 由 $\lim\limits_{x \to 0^+} (f(x) + f'(x)) = 0$ 知 $\lim\limits_{x \to 0^+} f'(x) = -f(0)$, 进而, 由 L'Hospital 法则,

$$f'_+(0) = \lim_{x \to 0^+} \frac{f(x) - f(0)}{x} = \lim_{x \to 0^+} f'(x) = -f(0).$$

所以

$$f''_+(0) = \lim_{x \to 0^+} \frac{f'(x) - f'_+(0)}{x} = \lim_{x \to 0^+} \frac{f'(x) + f(x)}{x} - \lim_{x \to 0^+} \frac{f(x) - f(0)}{x}$$

$$= 1 - f'_+(0) = 1 + f(0).$$ □

(iii) **解** $f''$ 在 $x = 0$ 处未必右连续. 如下是一个反例:

$$f(x) = \frac{1}{2}x^2 + \int_0^x t^2 \sin\frac{1}{t}\mathrm{d}t.$$

【**例 3.4.2**】 设 $f$ 在 $x = 0$ 附近有定义, 且有

$$f(x) = 1 + x + x^2 + \cdots + x^{2022} + o(x^{2022}), \quad x \to 0.$$

问: (i) $f'(0)$ 是否存在? (ii) $f^{(2022)}(0)$ 是否存在?

**解** (i) $f'(0)$ 不一定存在. 例如, 当 $f(0) = 0$ 时, $f$ 在 $x = 0$ 点不连续.

但是, 当 $f$ 在 $x = 0$ 点连续时, 必有 $f'(0) = 1$.

(ii) $f^{(2022)}(0)$ 不一定存在. 例如, $f(x) = 1 + x + x^2 + \cdots + x^{2022} + x^{2023}D(x)$, 其中 $D$ 为 Dirichlet (狄利克雷) 函数, 则当 $x \neq 0$ 时, $f$ 不连续, 因而 $f'$ 不存在. 进而 $f^{(k)}(0)$, $k > 1$ 均不存在.

【**例 3.4.3**】 条件如上题, 并且当 $x \neq 0$ 时, $f^{(2022)}(x)$ 存在. 问 $f^{(2022)}(0)$ 是否存在?

**解** 不一定存在. 例如, $f(x) = 1 + x + x^2 + \cdots + x^{2022} + x^{2023}\sin\frac{1}{x^{2022}}$, 则

$$\left(x^{2023}\sin\frac{1}{x^{2022}}\right)' = 2023x^{2022}\sin\frac{1}{x^{2022}} - 2022\cos\frac{1}{x^{2022}}.$$

由此可知无论 $f$ 在 $x = 0$ 点是否连续, $f''(0)$ 都不存在.

【例 3.4.4】 设 $x = \sqrt{y - \ln(1+y)}\,\operatorname{sgn}(y)$, 证明其反函数 $y = f(x)$ 在 $x = 0$ 附近无限次可导.

**证明** 显然 $f(0) = 0$, 当 $y \neq 0$ 时, $x = y\sqrt{g(y)}$, 其中

$$
g(y) = \begin{cases} \dfrac{y - \ln(1+y)}{y^2}, & y \neq 0, \\ \dfrac{1}{2}, & y = 0. \end{cases}
$$

$g(y)$ 在 $y = 0$ 附近是解析函数, $g(0) > 0$, $x = x(y)$ 满足 $x'(0) = \dfrac{\sqrt{2}}{2} \neq 0$. 所以 $x = x(y)$ 在 $y = 0$ 附近有反函数且反函数在 $x = 0$ 点解析. □

【例 3.4.5】 设 $f$ 在 $\mathbb{R}$ 上连续且 $\forall x \in \mathbb{R}$, $\lim\limits_{h \to 0} \dfrac{f(x+h) + f(x-h) - 2f(x)}{h^2} = \phi(x)$, 其中 $\phi$ 在 $\mathbb{R}$ 上连续. 证明 $f$ 在 $\mathbb{R}$ 上二阶可导.

**证明** (i) 先设 $\phi(x) = 0$, 证明 $f$ 为线性函数. 为此任取 $a < b$, 不妨设 $f(a) = f(b) = 0$, 要证明在 $[a, b]$ 上 $f \equiv 0$. 不然, 不妨设存在 $x_0 \in (a, b)$ 使得 $f(x_0) > 0$, 取 $0 < \varepsilon < \dfrac{f(x_0)}{\max\{(x_0 - a)^2, (b - x_0)^2\}}$, 令 $g(x) = f(x) + \varepsilon(x - x_0)^2$, 则

$$
g(a) = \varepsilon(x_0 - a)^2, \quad g(b) = \varepsilon(b - x_0)^2, \quad g(x_0) = f(x_0),
$$

$$
g(x_0) > \max\{g(a), g(b)\},
$$

所以 $g$ 在 $[a, b]$ 上的最大值 $M > 0$ 必在 $(a, b)$ 上取到, 记

$$
x_1 = \min\{t \mid g(t) = M\} \in (a, b).
$$

则

$$
g(x) < M, \qquad \forall x \in [a, x_1),
$$

$$
g(x) \leqslant M, \qquad \forall x \in [x_1, b].
$$

所以

$$
g(x_1 + h) + g(x_1 - h) - 2g(x_1) \leqslant 0, \qquad \forall 0 < h < \min\{x_1 - a, b - x_1\}.
$$

此与

$$
\lim\limits_{h \to 0} \dfrac{g(x_1 + h) + g(x_1 - h) - 2g(x_1)}{h^2} = 2\varepsilon > 0
$$

矛盾.

(ii) 对一般的 $\phi$, 取 $\varPhi$ 满足 $\varPhi'' = \phi$, 令 $F = f - \varPhi$, 则 $F$ 满足 (i) 的情形, 因而 $F$ 为线性函数, 所以 $f$ 二阶可导. □

## 3.5 真 题 选 讲

下面引用的题目大部分来自 Putnam (帕特南) 竞赛题、Berkeley (伯克利) 竞赛题以及 *The American Mathematical Monthly* 的问题与解答. 我们给出的证明与原来的不一样.

**【例 3.5.1】** 设 $\phi \in \left(0, \dfrac{\pi}{2}\right)$, 求极限

$$\lim_{x \to 0} x^{-2} \left(\frac{1}{2} \ln \cos \phi + \sum_{n=1}^{\infty} \frac{(-1)^{n-1}}{n} \frac{\sin^2(nx)}{(nx)^2} \sin^2(n\phi)\right).$$

**解** (**方法 1**) 由于 $\phi \mapsto \dfrac{1}{2} \ln \cos \phi$ 在 $\left(0, \dfrac{\pi}{2}\right)$ 上绝对可积且可导, 所以利用 Dini-Lipschitz 判别法可见, 其余弦级数收敛到其自身, 即

$$\frac{1}{2} \ln \cos \phi = -\frac{\ln 2}{2} + \sum_{n=1}^{\infty} \frac{(-1)^{n-1}}{2n} \cos 2n\phi$$

$$= -\sum_{n=1}^{\infty} \frac{(-1)^{n-1}}{n} \sin^2 n\phi, \quad \phi \in \left[0, \frac{\pi}{2}\right).$$

令 $F(\phi) = \dfrac{1}{2} \displaystyle\int_0^{\phi} \mathrm{d}t \int_0^{t} \ln \cos s \, \mathrm{d}s$, 则通过计算 $F(\phi) + \dfrac{\ln 2}{4} \phi^2$ 的余弦级数展开可得

$$F(\phi) = -\frac{\ln 2}{4} \phi^2 - \sum_{n=1}^{\infty} \frac{(-1)^{n-1}}{(2n)^3} (\cos 2n\phi - 1).$$

所以

$$\frac{F(\phi+x) + F(\phi-x) - 2F(\phi)}{x^2}$$

$$= -\frac{\ln 2}{2} + \sum_{n=1}^{\infty} \frac{(-1)^{n-1}}{2n} \left(\frac{\sin nx}{nx}\right)^2 \cos(2n\phi).$$

取 $\phi = 0$ 得

$$\frac{2F(x)}{x^2} = -\frac{\ln 2}{2} + \sum_{n=1}^{\infty} \frac{(-1)^{n-1}}{2n} \left(\frac{\sin nx}{nx}\right)^2.$$

所以

$$\frac{F(\phi+x) + F(\phi-x) - 2F(\phi) - 2F(x)}{x^2}$$

$$= \sum_{n=1}^{\infty} \frac{(-1)^{n-1}}{2n} \left(\frac{\sin nx}{nx}\right)^2 (\cos(2n\phi) - 1)$$

$$= -\sum_{n=1}^{\infty} \frac{(-1)^{n-1}}{n} \left(\frac{\sin nx}{nx}\right)^2 \sin^2(n\phi).$$

因而

$$\lim_{x\to 0} x^{-2} \left(\frac{1}{2}\ln\cos\phi + \sum_{n=1}^{\infty} \frac{(-1)^{n-1}}{n} \frac{\sin^2(nx)}{(nx)^2} \sin^2(n\phi)\right)$$

$$= \lim_{x\to 0} x^{-2} \left(\frac{1}{2}\ln\cos\phi - \frac{F(\phi+x)+F(\phi-x)-2F(\phi)-2F(x)}{x^2}\right)$$

$$= \lim_{x\to 0} \frac{x^2\frac{1}{2}\ln\cos\phi - (F(\phi+x)+F(\phi-x)-2F(\phi)-2F(x))}{x^4}$$

$$= \lim_{x\to 0} \frac{\ln\cos\phi - (F''(\phi+x)+F''(\phi-x)-2F''(x))}{12x^2}$$

$$= \lim_{x\to 0} \frac{\ln\cos\phi - \frac{1}{2}(\ln\cos(\phi+x)+\ln\cos(\phi-x)-2\ln\cos x)}{12x^2}$$

$$= \lim_{x\to 0} \frac{\tan(\phi+x)-\tan(\phi-x)-2\tan x}{48x}$$

$$= \lim_{x\to 0} \frac{\sec^2(\phi+x)+\sec^2(\phi-x)-2\sec^2 x}{48} = \frac{\tan^2\phi}{24}.$$

(**方法 2**) 利用 Abel 可求和的正则性:

$$\lim_{x\to 0} x^{-2} \left(\frac{1}{2}\ln\cos x + \sum_{n=1}^{\infty} \frac{(-1)^{n-1}}{n} \frac{\sin^2(nx)}{(nx)^2} \sin^2(n\phi)\right)$$

$$= \lim_{x\to 0} x^{-2} \sum_{n=1}^{\infty} \frac{(-1)^{n-1}}{n} \left(\frac{\sin^2(nx)}{(nx)^2}-1\right) \sin^2(n\phi).$$

上式直接取极限将得到一个发散的级数, 因此引进如下的 Abel 和:

$$\lim_{x\to 0} x^{-2} \sum_{n=1}^{\infty} \frac{(-1)^{n-1}}{n} \left(\frac{\sin^2(nx)}{(nx)^2}-1\right) \sin^2(n\phi)$$

$$= \lim_{x\to 0} \lim_{r\to -1^+} x^{-2} \sum_{n=1}^{\infty} \frac{r^{n-1}}{n} \left(\frac{\sin^2(nx)}{(nx)^2}-1\right) \sin^2(n\phi)$$

(利用 Riemann 可求和的正则性可知, 上述两次极限可交换, 因而)

$$= \lim_{r\to -1^+} \lim_{x\to 0} x^{-2} \sum_{n=1}^{\infty} \frac{r^n}{n} \left(\frac{\sin^2(nx)}{(nx)^2}-1\right) \sin^2(n\phi)$$

$$= \lim_{r\to -1^+} \frac{1}{3} \sum_{n=1}^{\infty} nr^{n-1} \sin^2(n\phi).$$

上式直接取极限还将得到一个发散的级数, 但是此级数是可以求和的:

$$\sum_{n=1}^{\infty} r^n \sin^2(n\phi) = \sum_{n=1}^{\infty} r^n \left( \frac{\mathrm{e}^{\mathrm{i}n\phi} - \mathrm{e}^{-\mathrm{i}n\phi}}{2\mathrm{i}} \right)^2$$

$$= \frac{r(r+1)\sin^2\phi}{(1-r)\big((1-r)^2 + 4r\sin^2\phi\big)}.$$

上式两边关于 $r$ 求导得

$$\sum_{n=1}^{\infty} r^{n-1} n \sin^2(n\phi) = \frac{1}{2(1-r)^2} - \frac{(r-1)^2 - 2(r^2+1)\sin^2\phi}{2\big((1-r)^2 + 4r\sin^2\phi\big)^2}.$$

令 $r \to -1^+$ 得

$$\lim_{r \to -1^+} \frac{1}{3} \sum_{n=1}^{\infty} n r^{n-1} \sin^2(n\phi) = \frac{1}{24} \tan^2\phi.$$

【注 3.5.1】 对于三角级数

$$T(x) = \frac{a_0}{2} + \sum_{n=1}^{\infty} (a_n \cos nx + b_n \sin nx)$$

成立如下的 Riemann 可求和性定理.

若在 $x_0$ 点三角级数收敛到 $T(x_0)$, 定义

$$F(x) = \frac{a_0}{4} x^2 - \sum_{n=1}^{\infty} \frac{a_n \cos nx + b_n \sin nx}{n^2},$$

则

$$\frac{F(x+2r) + F(x-2r) - 2F(x)}{4r^2} = \frac{a_0}{2} + \sum_{n=1}^{\infty} (a_n \cos nx + b_n \sin nx) \left( \frac{\sin nr}{nr} \right)^2,$$

且上述三角级数在 $x_0$ 点, 当 $r \to 0$ 时也收敛到 $T(x_0)$.

利用 Riemann 可求和性定理可以证明: 三角级数的唯一性, 即 $T \equiv 0$ 的充要条件是 $a_n = b_n = 0$.

【注 3.5.2】 关于 Riemann 可求和性定理以及三角级数的唯一性, 我们可以一般地证明如下结果 (参见文献 (楼红卫, 2020) 第 30 部分):

(i) 若 $\displaystyle\sum_{n=1}^{\infty} c_n$ 收敛到 $A$, 则

$$\lim_{h \to 0} \sum_{n=1}^{\infty} c_n \left( \frac{2 \sin \dfrac{nh}{2}}{nh} \right)^2 = A.$$

(ii) 若 $\{c_n\}$ 收敛到 $0$, 则

$$\lim_{h \to 0} \sum_{n=1}^{\infty} \frac{4c_n \sin^2 \frac{nh}{2}}{n^2 h} = 0.$$

【例 3.5.2】 设 $f$ 在区间 $[a,b]$ 上二阶可导, $a < 0 < b$, $T_2$ 为其二阶 Maclaurin (麦克劳林) 多项式, $R_2$ 为相应的余项, 证明

$$\lim_{\substack{(u,v) \to 0 \\ u \neq v}} \frac{R_2(u) - R_2(v)}{(u-v)\sqrt{u^2 + v^2}} = 0.$$

**证明** 由题设可知 $R_2(0) = R_2'(0) = R_2''(0) = 0$, 因此, 记 $\omega(0) = 0$,

$$\omega(r) = \sup_{0 < |x| \leqslant r} \left| \frac{R_2'(x)}{x} \right|, \quad r > 0,$$

则 $\lim\limits_{r \to 0^+} \omega(r) = 0$. 对于 $u, v \in [a,b]$, $u \neq v$, 存在 $\theta \in (0,1)$ 使得

$$\left| \frac{R_2(u) - R_2(v)}{(u-v)\sqrt{u^2 + v^2}} \right| = \left| \frac{R_2'(v + \theta(u-v))}{\sqrt{u^2 + v^2}} \right|$$

$$\leqslant \frac{|v + \theta(u-v)| \omega(|v + \theta(u-v)|)}{\sqrt{u^2 + v^2}} \leqslant \omega\left(\sqrt{u^2 + v^2}\right).$$

因此

$$\lim_{\substack{(u,v) \to 0 \\ u \neq v}} \frac{R_2(u) - R_2(v)}{(u-v)\sqrt{u^2 + v^2}} = 0.$$

【例 3.5.3】 设 $f$ 在 $\mathbb{R}$ 上下半连续, 且有下界, 证明: 存在 $x_0 \in \mathbb{R}$ 使得

$$f(x) \geqslant f(x_0) - |x - x_0|.$$

**证明** 如果 $f$ 有最小点, 自然取 $x_0$ 为最小值点就可以, 此时, $f(x) \geqslant f(x_0)$. 相当于 $f(x)$ 的图像有水平的支撑线. 现在的问题是 $f$ 在 $\mathbb{R}$ 上不一定有最小值点. 因此, 退而求其次, 我们要证 $f$ 的图像有 "支撑锥" (图 3.5.1).

设 $M$ 为 $f$ 的下确界. 任取 $x_1 \in \mathbb{R}$, 由于当 $|x - x_1| > f(x_1) - M$ 时, 有

$$f(x) - f(x_1) + |x - x_1| \geqslant M - f(x_1) + |x - x_1| > 0,$$

因此, $E := \{x \mid f(x) - f(x_1) + |x - x_1| \leqslant 0\}$ 是有界集. 由于 $f(x) - f(x_1) + |x - x_1|$ 下半连续, 因此, $E$ 又是闭集. 从而结合 $x_1 \in E$, 知 $E$ 是非空紧集. 这样, 由下半连续函数的性质, $f$ 在 $E$ 上有最小值点 $x_0$. 从函数图像来看, 易见 $x_0$ 满足要求. 具体地, 对于 $x \in E$, 自然有

$$f(x) \geqslant f(x_0) \geqslant f(x_0) - |x - x_0|.$$

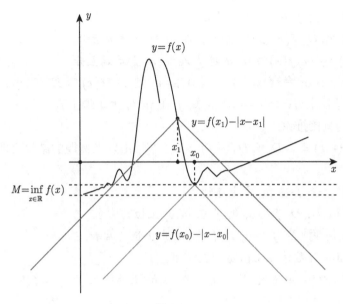

图 3.5.1

而由 $x_0 \in E$, 得到

$$f(x_0) - |x - x_0| \leqslant f(x_1) - |x_0 - x_1| - |x - x_0| \leqslant f(x_1) - |x - x_1|, \quad \forall x \in \mathbb{R}.$$

从而对于 $x \notin E$, 有

$$f(x) - f(x_0) + |x - x_0| \geqslant f(x) - f(x_1) + |x - x_1| > 0.$$

这就证明了 $x_0$ 满足要求. □

【定义 3.5.1】 定义 Dini 导数如下:

$$\text{Dini 右上导数:} \quad D^+ f(x_0) = \varlimsup_{h \to 0^+} \frac{f(x_0 + h) - f(x_0)}{h},$$

$$\text{Dini 右下导数:} \quad D_+ f(x_0) = \varliminf_{h \to 0^+} \frac{f(x_0 + h) - f(x_0)}{h}.$$

类似地, 定义 Dini 左上导数 $D^- f$ 和左下导数 $D_- f$.

【例 3.5.4】 设 $f$ 在 $[a, b]$ 上连续.

(i) 在 $(a, b)$ 内, $D^+ f(x) > 0$, 证明 $f$ 在 $[a, b]$ 上严格单调上升;

(ii) 在 $(a, b)$ 内, $D_+ f(x) > 0$, 证明 $f$ 在 $[a, b]$ 上严格单调上升.

证明 (i) 用反证法, 不然存在 $a < x_1 < x_3 \leqslant b$ 使得 $f(x_1) \geqslant f(x_3)$. 由 $D^+ f(x_1) > 0$, 可知存在 $x_2 \in (x_1, x_3)$ 使得 $f(x_2) > f(x_1)$. 因而 $f$ 在 $[x_1, x_3]$ 上的最大值必可在 $(x_1, x_3)$ 内达到, 记 $x_4 \in (x_1, x_3)$ 为此最大值点, 则 $D^+ f(x_4) \leqslant 0$, 矛盾.

(ii) 是 (i) 的直接推论. □

在文献 [7] 中讨论了对应 Dini 导函数积分的 Newton -Leibniz (牛顿-莱布尼茨) 公式.

**【例 3.5.5】** 设 $f$ 在 $[a,b]$ 上连续.

(i) 在 $(a,b)$ 内 $D^+f(x) \geqslant 0$, 证明 $f$ 在 $[a,b]$ 上单调上升;

(ii) 在 $(a,b)$ 内 $D_+f(x) \geqslant 0$, 证明 $f$ 在 $[a,b]$ 上单调上升.

**证明** (i) $\forall \varepsilon > 0$, 考察 $f_\varepsilon(x) = f(x) + \varepsilon x$, 则 $D_\varepsilon^+ f(x) = D^+ f(x) + \varepsilon > 0$, 所以 $f_\varepsilon$ 在 $[a,b]$ 上严格单调上升. 令 $\varepsilon \to 0^+$ 可知 $f$ 在 $[a,b]$ 上单调上升.

(ii) 是 (i) 的直接推论. □

注意到 $D^+(-f) = -D_+f, D_+(-f) = -D^+f$, 由以上例题的结论立即可得如下例题的结论.

**【例 3.5.6】** 设 $f$ 在 $[a,b]$ 上连续.

(i) 若在 $(a,b)$ 内, $D^+f \equiv 0$, 则 $f$ 在 $[a,b]$ 上恒为常数;

(ii) 若在 $(a,b)$ 内, $D_+f \equiv 0$, 则 $f$ 在 $[a,b]$ 上恒为常数.

可以对于 Dini 导数建立中值定理类结果.

**【例 3.5.7】** (Rolle 中值定理) 设 $f$ 在 $[a,b]$ 上连续且 $f(a) = f(b)$.

(i) 若在 $(a,b)$ 内 $D^+f$ 存在, 则存在 $\xi_i \in (a,b)$ $(i = 1,2)$ 使得

$$D^+f(\xi_1) \leqslant 0 \leqslant D^+f(\xi_2);$$

(ii) 若在 $(a,b)$ 内 $D_+f$ 存在, 则存在 $\xi_i \in (a,b)$ $(i = 3,4)$ 使得

$$D_+f(\xi_3) \leqslant 0 \leqslant D_+f(\xi_4).$$

**证明** (i) 若在 $(a,b)$ 内 $D^+f$ 恒为正或恒为负, 则 $f$ 在 $[a,b]$ 上严格单调, 此与 $f(a) = f(b)$ 矛盾.

(ii) 同理可证. □

**【例 3.5.8】** (Lagrange 定理) 设 $f$ 在 $[a,b]$ 上连续.

(i) 若在 $(a,b)$ 内 $D^+f$ 存在, 则存在 $\xi_i \in (a,b)$ $(i = 1,2)$ 使得

$$D^+f(\xi_1) \leqslant \frac{f(b) - f(a)}{b - a} \leqslant D^+f(\xi_2);$$

(ii) 若在 $(a,b)$ 内 $D_+f(x)$ 存在, 则存在 $\xi_i \in (a,b)$ $(i = 3,4)$ 使得

$$D_+f(\xi_3) \leqslant \frac{f(b) - f(a)}{b - a} \leqslant D_+f(\xi_4).$$

**证明** 只要对辅助函数 $f(x) - \left( \dfrac{f(b) - f(a)}{b - a}(x - a) + f(a) \right)$ 用 Rolle 中值定理即可. □

**【例 3.5.9】** (凸性) 设 $f$ 在 $(a,b)$ 内连续且 $D^+f$ 存在.

(i) 若 $D^+f$ 在 $(a,b)$ 内单调上升, 则 $f$ 在 $(a,b)$ 内为凸函数;

(ii) 若 $D^+f$ 在 $(a,b)$ 内严格单调上升, 则 $f$ 在 $(a,b)$ 内为严格凸函数.

**证明** 用 Lagrange 中值定理即可证明. □

**【例 3.5.10】** 设 $f$ 在 $[0,1]$ 上连续且 $\int_0^1 f(x)\,\mathrm{d}x = 0$. 证明对任意正整数 $n$ 存在 $c \in (0,1)$, 使得 $\int_0^c x^n f(x)\,\mathrm{d}x = \mathrm{e}^{n+1} f(c)$.

**证明** 反证法. 不然, $\forall t \in (0,1)$, 有

$$\mathrm{e}^{n+1} f(t) - \int_0^t x^n f(x)\,\mathrm{d}x \neq 0.$$

不妨设

$$\mathrm{e}^{n+1} f(t) - \int_0^t x^n f(x)\,\mathrm{d}x > 0.$$

整理得

$$t^n f(t) - \mathrm{e}^{-(n+1)} t^n \int_0^t x^n f(x)\,\mathrm{d}x > 0,$$

然后乘上相应的积分因子

$$\mathrm{e}^{-\frac{t^{n+1}}{(n+1)\mathrm{e}^{n+1}}} \left( t^n f(t) - \mathrm{e}^{-(n+1)} t^n \int_0^t x^n f(x)\,\mathrm{d}x \right) > 0,$$

$$\left( \mathrm{e}^{-\frac{t^{n+1}}{(n+1)\mathrm{e}^{n+1}}} \int_0^t x^n f(x)\,\mathrm{d}x \right)' > 0.$$

因而

$$\int_0^t x^n f(x)\,\mathrm{d}x > 0, \quad \mathrm{e}^{n+1} f(t) > \int_0^t x^n f(x)\,\mathrm{d}x > 0.$$

此与 $\int_0^1 f(x)\,\mathrm{d}x = 0$ 矛盾. □

**【例 3.5.11】** 设 $f$ 非负且二阶可导, $\lim\limits_{x \to +\infty} \dfrac{f''(x)}{f(x)(1+f'^2(x))^2} = +\infty$. 证明

$$\lim_{x \to +\infty} \int_0^x \frac{\sqrt{1+f'^2(t)}}{f(t)}\,\mathrm{d}t \int_x^{+\infty} \sqrt{1+f'^2(t)} f(t)\,\mathrm{d}t = 0.$$

**证明** 由所给条件可不妨设 $f'' > 0$, 若 $\varliminf\limits_{x \to +\infty} f(x) > 0$, 则存在常数 $C > 0$ 及 $x_0 > 0$ 使得当 $x > x_0$ 时,

$$\frac{f''(x)}{f(x)(1+f'^2(x))^2} < C \frac{f''(x)}{1+f'^2(x)}.$$

103

从而

$$\int_{x_0}^{+\infty} \frac{f''(x)}{f(x)(1+f'^2(x))^2}\,\mathrm{d}x < C\int_{x_0}^{+\infty}\frac{f''(x)}{1+f'^2(x)}\,\mathrm{d}x \leqslant C\pi,$$

此与题目条件矛盾. 所以 $\lim\limits_{x\to+\infty} f(x) = 0$. 由 $f'' > 0$ 得到 $f'(+\infty)$ 在广义实数系中存在. 因此, 由 L'Hospital 法则,

$$0 = \lim_{x\to+\infty}\frac{f(x)}{x} = \lim_{x\to+\infty}\frac{f(x)}{x} = f'(+\infty).$$

所以又有 $\lim\limits_{x\to+\infty}\dfrac{f''(x)}{f(x)} = +\infty$. 而要证的结论等价于

$$\lim_{x\to+\infty}\int_0^x \frac{1}{f(t)}\,\mathrm{d}t\int_x^{+\infty} f(t)\,\mathrm{d}t = 0.$$

先说明 $\displaystyle\int_x^{+\infty} f(t)\,\mathrm{d}t \to 0$. 不妨设 $\dfrac{f''(x)}{f(x)} > 1$, 所以 $f(x) < f''(x)$,

$$\int_x^{+\infty} f(t)\,\mathrm{d}t < \int_x^{+\infty} f''(t)\,\mathrm{d}t = -f'(x) \to 0, \quad x\to+\infty.$$

下面反复应用 L'Hospital 法则:

$$\lim_{x\to+\infty}\int_0^x \frac{1}{f(t)}\,\mathrm{d}t\int_x^{+\infty} f(t)\,\mathrm{d}t = \lim_{x\to+\infty}\frac{\displaystyle\int_0^x \frac{1}{f(t)}\,\mathrm{d}t}{\left(\displaystyle\int_x^{+\infty} f(t)\,\mathrm{d}t\right)^{-1}}$$

$$= \lim_{x\to+\infty}\frac{\dfrac{1}{f(x)}}{\left(\displaystyle\int_x^{+\infty} f(t)\,\mathrm{d}t\right)^{-2} f(x)} = \left(\lim_{x\to+\infty}\frac{\displaystyle\int_x^{+\infty} f(t)\,\mathrm{d}t}{f(x)}\right)^2$$

$$= \left(\lim_{x\to+\infty}\frac{f(x)}{f'(x)}\right)^2 = \lim_{x\to+\infty}\frac{f^2(x)}{f'^2(x)}$$

$$= \lim_{x\to+\infty}\frac{2f(x)f'(x)}{2f'(x)f''(x)} = 0.$$

也可以这样写, 由 L'Hospital 法则,

$$\lim_{x\to+\infty}\frac{f^2(x)}{f'^2(x)} = \lim_{x\to+\infty}\frac{2f(x)f'(x)}{2f'(x)f''(x)} = 0.$$

因此, 由 L'Hospital 法则,

$$\lim_{x \to +\infty} \int_0^x \frac{1}{f(t)} \, \mathrm{d}t \int_x^{+\infty} f(t) \, \mathrm{d}t = \lim_{x \to +\infty} \frac{\displaystyle\int_0^x \frac{1}{f(t)} \, \mathrm{d}t}{f^{-1}(x)} \cdot \lim_{x \to +\infty} \frac{\displaystyle\int_x^{+\infty} f(t) \, \mathrm{d}t}{f(x)}$$

$$= \lim_{x \to +\infty} \frac{\dfrac{1}{f(x)}}{f^{-2}(x)f'(x)} \cdot \lim_{x \to +\infty} \frac{-f(x)}{f'(x)} = 0. \qquad \square$$

【例 3.5.12】 设 $f$ 为 $\mathbb{R}$ 上的凸函数, 且 $\forall x, y \in \mathbb{R}$ 成立

$$f(x+y) + f(x-y) - 2f(x) \leqslant y^2.$$

证明: (i) $f$ 可导;

(ii) $\forall x, y \in \mathbb{R}$ 成立 $|f'(x) - f'(y)| \leqslant |x - y|$.

**证明** (i) 由于 $f$ 为凸函数, 因此其左导数和右导数均存在, 且 $f'_-(x) \leqslant f'_+(x)$. 由题设, 对任何 $x \in \mathbb{R}$ 以及 $y > 0$, 有

$$\frac{f(x+y) - f(x)}{y} \leqslant \frac{f(x) - f(x-y)}{y} + y.$$

令 $y \to 0^+$ 得到 $f'_+(x) \leqslant f'_-(x)$. 所以 $f'_+(x) = f'_-(x)$, 即 $f$ 可导.

(ii) 不妨设 $x > y$. 这样, 注意到凸函数的导数单调递增, 因此, $f'(x) \geqslant f'(y)$. 相当于要证 $G'(x) \leqslant G'(y)$, 其中 $G(t) := f(t) - \dfrac{t^2}{2} \, (t \in \mathbb{R})$. 而这相当于要证明 $G$ 是凹函数 (已经得到 $G$ 可导). 事实上, 对任何 $t, s \in \mathbb{R}$, 有

$$G(t) + G(s) = f(t) + f(s) - \frac{t^2 + s^2}{2}$$

$$= f\left(\frac{t+s}{2} + \frac{t-s}{2}\right) + f\left(\frac{t+s}{2} - \frac{t-s}{2}\right) - \frac{t^2 + s^2}{2}$$

$$\leqslant 2f\left(\frac{t+s}{2}\right) + \left(\frac{t-s}{2}\right)^2 - \frac{t^2 + s^2}{2} = 2G\left(\frac{t+s}{2}\right).$$

这说明 $G$ 确实为凹函数. 结论得证. $\qquad \square$

【例 3.5.13】 设 $g$ 为连续非零函数, $fg$ 和 $\dfrac{f}{g}$ 均在 $0$ 处可导, 问 $f$ 在 $0$ 点处是否可导?

**解** (1) 若 $f(0) \neq 0$, 则在 $0$ 点的一个邻域内, 不妨设 $f > 0$, 由 $f = \sqrt{fg\dfrac{f}{g}}$, 可知 $f$ 在 $0$ 处可导.

(2) 若 $f(0) = 0$, 则

$$\lim_{x \to 0} \frac{f(x)}{x} = \lim_{x \to 0} \frac{f(x)g(x)}{x} \lim_{x \to 0} \frac{1}{g(x)}.$$

由此可知 $f$ 在 0 处可导.

**【例 3.5.14】** 设 $g$ 是 $(0, +\infty)$ 内恒正的连续函数, 且存在 $\alpha > 0$ 使得 $\lim\limits_{x \to +\infty} \dfrac{g(x)}{x^{1+\alpha}} = +\infty$. 又设 $f$ 在 $(0, +\infty)$ 内恒正, 二阶可微且 $f''(\cdot) + f'(\cdot) \geqslant g(f(\cdot))$. 证明: $\lim\limits_{x \to +\infty} f(x)$ 存在, 并计算其值.

**证明** 由题设有 $f''(x) + f'(x) \geqslant 0 \, (x > 0)$. 因此, $f' + f$ 在 $(0, +\infty)$ 上单调递增. 从而在广义实数系中, $L \equiv \lim\limits_{x \to +\infty} (f'(x) + f(x))$ 存在. 由 L'Hospital 法则,

$$\lim_{x \to +\infty} f(x) = \lim_{x \to +\infty} \frac{\mathrm{e}^x f(x)}{\mathrm{e}^x} = \lim_{x \to +\infty} \frac{\mathrm{e}^x \big(f'(x) + f(x)\big)}{\mathrm{e}^x} = L,$$

又 $f$ 恒正, 因此 $L \geqslant 0$. 我们断言 $L = 0$.

否则, 若 $L > 0$, 则存在 $\varepsilon_0 > 0$ 使得[①] $L > \varepsilon_0$. 因此, 存在 $x_0 > 0$ 使得当 $x \geqslant x_0$ 时, 有 $f(x) \geqslant \varepsilon_0$, 则由题设条件, $g$ 在 $[\varepsilon_0, +\infty)$ 上有正的最小值 $c > 0$, 从而 $x \mapsto f'(x) + f(x) - cx$ 在 $[x_0, +\infty)$ 上单调递增. 由此可得 $L = +\infty$.

于是, $\lim\limits_{x \to +\infty} \big(f''(x) + f'(x)\big) \geqslant \lim\limits_{x \to +\infty} g(f(x)) = +\infty$. 再利用 L'Hospital 法则得到 $\lim\limits_{x \to +\infty} f'(x) = +\infty$, 则有

$$
\begin{aligned}
\lim_{x \to +\infty} \frac{f'(x)}{f^{1+\alpha}(x)} &= \lim_{x \to +\infty} \frac{\mathrm{e}^{2x} f'(x) f^{-(1+\alpha)}(x)}{\mathrm{e}^{2x}} \\
&\geqslant \lim_{x \to +\infty} \frac{\big(\mathrm{e}^{2x} f'(x) f^{-(1+\alpha)}(x)\big)'}{2\mathrm{e}^{2x}} \\
&= \frac{1}{2} \lim_{x \to +\infty} \left( \frac{f''(x) + f'(x)}{f^{1+\alpha}(x)} + \frac{1 - (1+\alpha) f^{-1}(x)}{f^{1+\alpha}(x)} f'(x) \right) \\
&= +\infty.
\end{aligned}
$$

于是, 有 $X > x_0$ 使得

$$f'(x) \geqslant f^{1+\alpha}(x), \quad \forall \, x \geqslant X.$$

因此

$$\big(\alpha x + f^{-\alpha}(x)\big)'(x) \leqslant 0, \quad \forall \, x \geqslant X.$$

特别地, $+\infty = \lim\limits_{x \to +\infty} \big(\alpha x + f^{-\alpha}(x)\big) \leqslant \alpha X + f^{-\alpha}(X)$. 矛盾. $\qquad \square$

---

① 注意 $L$ 可能为 $+\infty$.

**【例 3.5.15】** 设 $n \geqslant 1$, $f$, $g$ 在 $[a,b]$ 上连续, 在 $(a,b)$ 内 $n$ 阶可导, 且 $g^{(n)}(x) \neq 0 \, (\forall x \in (a,b))$. 又设 $a = x_0 < x_1 < x_2 < \cdots < x_n = b$, 并记

$$
D_f = \begin{vmatrix}
1 & 1 & 1 & \cdots & 1 \\
x_0 & x_1 & x_2 & \cdots & x_n \\
x_0^2 & x_1^2 & x_2^2 & \cdots & x_n^2 \\
\vdots & \vdots & \vdots & & \vdots \\
x_0^{n-1} & x_1^{n-1} & x_2^{n-1} & \cdots & x_n^{n-1} \\
f(x_0) & f(x_1) & f(x_2) & \cdots & f(x_n)
\end{vmatrix}, \quad
D_g = \begin{vmatrix}
1 & 1 & 1 & \cdots & 1 \\
x_0 & x_1 & x_2 & \cdots & x_n \\
x_0^2 & x_1^2 & x_2^2 & \cdots & x_n^2 \\
\vdots & \vdots & \vdots & & \vdots \\
x_0^{n-1} & x_1^{n-1} & x_2^{n-1} & \cdots & x_n^{n-1} \\
g(x_0) & g(x_1) & g(x_2) & \cdots & g(x_n)
\end{vmatrix}.
$$

证明: *存在 $c \in (a,b)$ 使得 $\dfrac{D_f}{D_g} = \dfrac{f^{(n)}(c)}{g^{(n)}(c)}$.*

**证明** 作辅助函数

$$
F(x) = \begin{vmatrix}
1 & 1 & 1 & \cdots & 1 & 1 \\
x_0 & x_1 & x_2 & \cdots & x_n & x \\
x_0^2 & x_1^2 & x_2^2 & \cdots & x_n^2 & x^2 \\
\vdots & \vdots & \vdots & & \vdots & \vdots \\
x_0^{n-1} & x_1^{n-1} & x_2^{n-1} & \cdots & x_n^{n-1} & x^{n-1} \\
f(x_0) & f(x_1) & f(x_2) & \cdots & f(x_n) & f(x) \\
g(x_0) & g(x_1) & g(x_2) & \cdots & g(x_n) & g(x)
\end{vmatrix},
$$

则 $F(x_0) = F(x_1) = F(x_2) = \cdots = F(x_n) = 0$, 所以存在 $c \in (a,b)$ 使得 $F^{(n)}(c) = 0$, 即 $D_f \cdot g^{(n)}(c) = D_g \cdot f^{(n)}(c)$. 特别地, 取当 $f(x) = x^n$ 时, 有 $D_f \neq 0$. 注意到 $D_g$ 与 $f$ 无关, 得到 $D_g \neq 0$. 由此即得结论. $\qquad\square$

**【例 3.5.16】** 证明 Ramanujan (拉马努金) 曾给出的估计

$$
\sum_{k=0}^{n} \frac{n^k}{k!} = \frac{\mathrm{e}^n}{2} + \frac{n^n}{n!} \left( \frac{2}{3} - \frac{4}{135n} + O\left( \frac{1}{n^2} \right) \right).
$$

**证明** 通过不断地进行分部积分可得

$$
\int_0^n \frac{x^n}{n!} \mathrm{e}^{-x} \, \mathrm{d}x = -\int_0^n \frac{x^n}{n!} \, \mathrm{d}\,\mathrm{e}^{-x} = -\frac{n^n}{n!} \mathrm{e}^{-n} + \int_0^n \frac{x^{n-1}}{(n-1)!} \mathrm{e}^{-x} \, \mathrm{d}x
$$

$$
= \cdots = -\mathrm{e}^{-n} \sum_{k=0}^{n} \frac{n^k}{k!} + 1,
$$

所以

$$
\sum_{k=0}^{n} \frac{n^k}{k!} = \mathrm{e}^n - \mathrm{e}^n \int_0^n \frac{x^n}{n!} \mathrm{e}^{-x} \, \mathrm{d}x.
$$

（**方法 1**）考察积分 $\displaystyle\int_0^n x^n \mathrm{e}^{-x}\,\mathrm{d}x$, 被积函数 $x^n\mathrm{e}^{-x}$ 的最大值点位于 $x=n$ 处, 作变量代换 $x=n(1-t)$, 则

$$\int_0^n x^n \mathrm{e}^{-x}\,\mathrm{d}x = n^{n+1}\mathrm{e}^{-n}\int_0^1 (1-t)^n \mathrm{e}^{nt}\,\mathrm{d}t$$

$$= n^{n+\frac{1}{2}}\mathrm{e}^{-n}\sqrt{n}\int_0^1 \mathrm{e}^{-n(-\ln(1-t)-t)}\,\mathrm{d}t$$

$$= n^{n+\frac{1}{2}}\mathrm{e}^{-n}\sqrt{n}\left(\int_0^{\frac{1}{2}} \mathrm{e}^{-n(-\ln(1-t)-t)}\,\mathrm{d}t + \int_{\frac{1}{2}}^1 \mathrm{e}^{-n(-\ln(1-t)-t)}\,\mathrm{d}t\right).$$

记 $\phi(t)=-\ln(1-t)-t$, 则

$$\phi(0)=0, \quad \phi'(t)=\frac{1}{1-t}-1>0,$$

所以

$$\int_{\frac{1}{2}}^1 \mathrm{e}^{-n(-\ln(1-t)-t)}\,\mathrm{d}t \leqslant \mathrm{e}^{-\phi(\frac{1}{2})\frac{n}{2}}\int_{\frac{1}{2}}^1 \mathrm{e}^{-\frac{1}{2}(-\ln(1-t)-t)}\,\mathrm{d}t = C_1 \mathrm{e}^{-\phi(\frac{1}{2})\frac{n}{2}}.$$

记 $h(t)=-\ln(1-t)-t-\dfrac{t^2}{2}-\dfrac{t^3}{3}-\dfrac{t^4}{4}-\dfrac{t^5}{5}-\dfrac{t^6}{6}$, 则 $t\in\left(0,\dfrac{1}{2}\right)$ 时,

$$h'(t)=\frac{t^6}{1-t}<2t^6, \quad h(t)<\frac{2}{7}t^7,$$

$$\sqrt{n}\int_0^{\frac{1}{2}} \mathrm{e}^{-n(-\ln(1-t)-t)}\,\mathrm{d}t = \sqrt{n}\int_0^{\frac{1}{2}} \mathrm{e}^{-n\frac{t^2}{2}}\mathrm{e}^{-n\left(\frac{t^3}{3}+\frac{t^4}{4}+\frac{t^5}{5}+\frac{t^6}{6}+h(t)\right)}\,\mathrm{d}t$$

$$\xlongequal{s=\sqrt{n}t} \int_0^{\frac{\sqrt{n}}{2}} \mathrm{e}^{-\frac{s^2}{2}}\mathrm{e}^{-\left(\frac{s^3}{3\sqrt{n}}+\frac{s^4}{4n}+\frac{s^5}{5n\sqrt{n}}+\frac{s^6}{6n^2}+nh\left(\frac{s}{\sqrt{n}}\right)\right)}\,\mathrm{d}s,$$

其中

$$\mathrm{e}^{-\left(\frac{s^3}{3\sqrt{n}}+\frac{s^4}{4n}+\frac{s^5}{5n\sqrt{n}}+\frac{s^6}{6n^2}+nh\left(\frac{s}{\sqrt{n}}\right)\right)}$$

$$= 1-\left(\frac{s^3}{3\sqrt{n}}+\frac{s^4}{4n}+\frac{s^5}{5n\sqrt{n}}+\frac{s^6}{6n^2}+nh\left(\frac{s}{\sqrt{n}}\right)\right)$$

$$+ \frac{1}{2}\left(\frac{s^3}{3\sqrt{n}}+\frac{s^4}{4n}+\frac{s^5}{5n\sqrt{n}}+\frac{s^6}{6n^2}+nh\left(\frac{s}{\sqrt{n}}\right)\right)^2$$

$$- \frac{1}{3!}\left(\frac{s^3}{3\sqrt{n}}+\frac{s^4}{4n}+\frac{s^5}{5n\sqrt{n}}+\frac{s^6}{6n^2}+nh\left(\frac{s}{\sqrt{n}}\right)\right)^3$$

$$+ \frac{1}{4!}\left(\frac{s^3}{3\sqrt{n}}+\frac{s^4}{4n}+\frac{s^5}{5n\sqrt{n}}+\frac{s^6}{6n^2}+nh\left(\frac{s}{\sqrt{n}}\right)\right)^4,$$

$$e^{-\theta\left(\frac{s^3}{3\sqrt{n}}+\frac{s^4}{4n}+\frac{s^5}{5n\sqrt{n}}+nh\left(\frac{s}{\sqrt{n}}\right)\right)}$$

$$= 1 - \frac{s^3}{3\sqrt{n}} - \left(\frac{s^4}{4} - \frac{s^6}{18}\right)\frac{1}{n} - \left(\frac{s^5}{5} - \frac{s^7}{12} + \frac{s^9}{162}\right)\frac{1}{n\sqrt{n}}$$

$$- \left(\frac{s^6}{6} - \frac{s^8}{32} - \frac{s^8}{15} + \frac{s^{10}}{8} - \frac{s^{12}}{4!81}\right)\frac{1}{n^2} + \frac{\tilde{h}(s,n)}{n^2\sqrt{n}},$$

此处 $|\tilde{h}(s,n)| \leqslant c_1(1+s^{24})$, $c_1$ 为常数. 所以

$$e^n \int_0^n \frac{x^n}{n!} e^{-x}\,\mathrm{d}x = \frac{n^{n+\frac{1}{2}}}{n!}\left(\int_0^{\frac{\sqrt{n}}{2}} e^{-\frac{s^2}{2}}\,\mathrm{d}s\left(1 - \frac{s^3}{3\sqrt{n}} - \left(\frac{s^4}{4} - \frac{s^6}{18}\right)\frac{1}{n}\right.\right.$$

$$- \left(\frac{s^5}{5} - \frac{s^7}{12} + \frac{s^9}{162}\right)\frac{1}{n\sqrt{n}}$$

$$\left.- \left(\frac{s^6}{6} - \frac{s^8}{32} - \frac{s^8}{15} + \frac{s^{10}}{8} - \frac{s^{12}}{4!81}\right)\frac{1}{n^2} + \frac{\tilde{h}(s,n)}{n^2\sqrt{n}}\right)$$

$$\left.+ C_1\sqrt{n}e^{-\phi\left(\frac{1}{2}\right)\frac{n}{2}}\right).$$

由于 $\forall a > 0, k \in \mathbb{Z}_+$,

$$\lim_{n\to+\infty} \frac{\displaystyle\int_{\frac{\sqrt{n}}{2}}^{+\infty} s^k e^{-\frac{s^2}{2}}\,\mathrm{d}s}{n^{-a}} = \lim_{n\to+\infty} \frac{\left(\frac{\sqrt{n}}{2}\right)^k e^{-\frac{n}{8}}}{an^{-a-1}} = 0,$$

所以

$$e^n \int_0^n \frac{x^n}{n!} e^{-x}\,\mathrm{d}x = \frac{n^{n+\frac{1}{2}}}{n!}\left(\int_0^{+\infty} e^{-\frac{s^2}{2}}\left(1 - \frac{s^3}{3\sqrt{n}} - \left(\frac{s^4}{4} - \frac{s^6}{18}\right)\frac{1}{n}\,\mathrm{d}s\right.\right.$$

$$- \left(\frac{s^5}{5} - \frac{s^7}{12} + \frac{s^9}{162}\right)\frac{1}{n\sqrt{n}}$$

$$\left.\left.- \left(\frac{s^6}{6} - \frac{s^8}{32} - \frac{s^8}{15} + \frac{s^{10}}{8} - \frac{s^{12}}{4!81}\right)\frac{1}{n^2}\right) + O\left(\frac{1}{n^2\sqrt{n}}\right)\right)$$

$$= \frac{n^{n+\frac{1}{2}}}{n!}\left(\left(1 + \frac{1}{12n} + \frac{30239}{288n^2}\right)\sqrt{\frac{\pi}{2}} - \frac{2}{3\sqrt{n}}\right.$$

$$\left.+ \frac{4}{135}\frac{1}{n\sqrt{n}} + O\left(\frac{1}{n^2\sqrt{n}}\right)\right).$$

同理,

$$e^n = e^n \int_0^{+\infty} \frac{x^n}{n!} e^{-x}\,\mathrm{d}x = \frac{n^{n+\frac{1}{2}}}{n!}\left(\int_{-\infty}^{+\infty} e^{-\frac{s^2}{2}}\left(1 - \frac{s^3}{3\sqrt{n}} - \left(\frac{s^4}{4} - \frac{s^6}{18}\right)\frac{1}{n}\right.\right.$$

$$-\left(\frac{s^5}{5}-\frac{s^7}{12}+\frac{s^9}{162}\right)\frac{1}{n\sqrt{n}}$$

$$-\left(\frac{s^6}{6}-\frac{s^8}{32}-\frac{s^8}{15}+\frac{s^{10}}{8}-\frac{s^{12}}{4!81}\right)\frac{1}{n^2}\Big)\,\mathrm{d}\,s+O\left(\frac{1}{n^2\sqrt{n}}\right)\Big)$$

$$=2\frac{n^{n+\frac{1}{2}}}{n!}\left(\left(1+\frac{1}{12n}+\frac{30239}{288n^2}\right)\sqrt{\frac{\pi}{2}}+O\left(\frac{1}{n^2\sqrt{n}}\right)\right).$$

所以

$$\sum_{k=0}^{n}\frac{n^k}{k!}=\mathrm{e}^n-\mathrm{e}^n\int_0^n\frac{x^n}{n!}\mathrm{e}^{-x}\,\mathrm{d}\,x$$

$$=\frac{\mathrm{e}^n}{2}+\frac{n^n}{n!}\left(\frac{2}{3}-\frac{4}{135}\frac{1}{n}+O\left(\frac{1}{n^2}\right)\right).$$

(**方法 2**) 尝试将展开放到最后, 则有

$$\sum_{k=0}^{n}\frac{n^k}{k!}-\frac{\mathrm{e}^n}{2}=\frac{\mathrm{e}^n}{2n!}\Big(\int_0^{+\infty}x^n\mathrm{e}^{-x}\,\mathrm{d}x-2\int_0^n x^n\mathrm{e}^{-x}\,\mathrm{d}x\Big)$$

$$=\frac{\mathrm{e}^n}{2n!}\Big(\int_n^{+\infty}x^n\mathrm{e}^{-x}\,\mathrm{d}x-\int_0^n x^n\mathrm{e}^{-x}\,\mathrm{d}x\Big)$$

$$=\frac{n^{n+1}\mathrm{e}^n}{2n!}\Big(\int_1^{+\infty}x^n\mathrm{e}^{-nx}\,\mathrm{d}x-\int_0^1 x^n\mathrm{e}^{-nx}\,\mathrm{d}x\Big)$$

$$=\frac{n^{n+1}}{2n!}\Big(\int_0^{+\infty}\mathrm{e}^{-ng(x)}\,\mathrm{d}x-\int_{-1}^0\mathrm{e}^{-ng(x)}\,\mathrm{d}x\Big),$$

其中

$$g(x):=x-\ln(1+x),\quad\forall x\in(-1,+\infty).$$

我们注意到 $g$ 在 $(-1,0]$ 上严格单调递减, 在 $[0,+\infty)$ 上严格单调递增, $\lim\limits_{x\to-1^+}g(x)=\lim\limits_{x\to+\infty}g(x)=+\infty$. 而 $\lim\limits_{x\to0}\dfrac{g(x)}{x^2}=\dfrac{1}{2}$, 易见 $v(x):=\sqrt{g(x)}\,\mathrm{sgn}\,x$ 是 $(-1,+\infty)$ 上严格单调递增且值域为 $(-\infty,+\infty)$ 的连续可微函数. 设其反函数为 $x=f(v)$, 则其定义域为 $(-\infty,+\infty)$, 且

$$\frac{\mathrm{d}f(v)}{\mathrm{d}v}=\begin{cases}2\Big(\dfrac{v}{f(v)}+v\Big),&v\neq0,\\[2mm]\sqrt{2},&v=0.\end{cases}$$

于是

$$\int_0^{+\infty}\mathrm{e}^{-ng(x)}\,\mathrm{d}x-\int_{-1}^0\mathrm{e}^{-ng(x)}\,\mathrm{d}x$$

$$= \int_0^{+\infty} 2\left(\frac{v}{f(v)} + v\right) \mathrm{e}^{-nv^2}\,\mathrm{d}v - \int_{-\infty}^0 2\left(\frac{v}{f(v)} + v\right) \mathrm{e}^{-nv^2}\,\mathrm{d}v$$

$$= \frac{2}{n} + \frac{1}{n}\int_0^{+\infty} \left(\frac{1}{f\left(-\frac{\sqrt{s}}{\sqrt{n}}\right)} + \frac{1}{f\left(\frac{\sqrt{s}}{\sqrt{n}}\right)}\right) \mathrm{e}^{-s}\,\mathrm{d}s$$

$$= \frac{2}{n} + \frac{1}{\sqrt{n}}\int_0^{+\infty} \left[y\left(\frac{\sqrt{s}}{\sqrt{n}}\right) - y\left(-\frac{\sqrt{s}}{\sqrt{n}}\right)\right] s^{-\frac{1}{2}}\mathrm{e}^{-s}\,\mathrm{d}s,$$

其中

$$y(v) = \begin{cases} \dfrac{v}{f(v)}, & v \neq 0, \\[2mm] \dfrac{\sqrt{2}}{2}, & v = 0. \end{cases}$$

容易验证 $y$ 连续. 进一步, 结合 $f$ 严格单调递增可得

$$0 < y(v) \leqslant C(|v| + 1), \quad \forall v \in \mathbb{R}, \tag{3.5.1}$$

其中 $C > 0$ 为常数.

另一方面, 注意到

$$G(x) := \begin{cases} \dfrac{g(x)}{x^2}, & x \neq 0, \\[2mm] \dfrac{1}{2}, & x = 0 \end{cases}$$

是 $(-1, +\infty)$ 内恒正的光滑函数, 而 $y = y(v)$ 是方程

$$y(v) = \sqrt{G\left(\frac{v}{y(v)}\right)}, \quad \forall v \in \mathbb{R}$$

的唯一解. 于是 $y$ 的光滑性可由 $\sqrt{G}$ 的光滑性和下式得到

$$\left[\frac{\partial}{\partial y}\left(y - \sqrt{G\left(\frac{v}{y}\right)}\right)\right]\Bigg|_{y=y(v)} = \frac{1}{2(1 + f(v))y^2(v)} > 0.$$

令 $\displaystyle\sum_{k=0}^{\infty} a_k v^k$ 为 $y$ 的 Maclaurin 级数, 则对任何自然数 $m$,

$$y(v) - y(-v) = \sum_{k=0}^{m} 2a_{2k+1}v^{2k+1} + o(v^{2m+1}), \quad v \to 0.$$

类似于 (3.5.1), 存在常数 $C_m > 0$ $(m = 0, 1, 2, \cdots)$ 满足

$$\left| y(v) - y(-v) - \sum_{k=0}^{m} 2a_{2k+1} v^{2k+1} \right| \leqslant C_m v^{2m+1}, \quad \forall v \in \mathbb{R}.$$

特别地,

$$n^{m+\frac{1}{2}} \left| y\left(\frac{\sqrt{s}}{\sqrt{n}}\right) - y\left(-\frac{\sqrt{s}}{\sqrt{n}}\right) - \sum_{k=0}^{m} 2a_{2k+1} \left(\frac{\sqrt{s}}{\sqrt{n}}\right)^{2k+1} \right| \leqslant C_m s^{m+\frac{1}{2}}, \quad \forall s \in \mathbb{R}; n \geqslant 1.$$

从而由含参变量广义积分的一致收敛性得到

$$\lim_{n \to +\infty} \int_0^{+\infty} n^{m+\frac{1}{2}} \left[ y\left(\frac{\sqrt{s}}{\sqrt{n}}\right) - y\left(-\frac{\sqrt{s}}{\sqrt{n}}\right) - \sum_{k=0}^{m} 2a_{2k+1} \left(\frac{\sqrt{s}}{\sqrt{n}}\right)^{2k+1} \right] s^{-\frac{1}{2}} \mathrm{e}^{-s} \, \mathrm{d}s = 0.$$

于是, 对于固定的 $m \geqslant 0$, 有

$$\int_0^{+\infty} \left[ y\left(\frac{\sqrt{s}}{\sqrt{n}}\right) - y\left(-\frac{\sqrt{s}}{\sqrt{n}}\right) \right] s^{-\frac{1}{2}} \mathrm{e}^{-s} \, \mathrm{d}s$$

$$= \sum_{k=0}^{m} \frac{2a_{2k+1} k!}{n^{k+\frac{1}{2}}} + o\left(\frac{1}{n^{m+\frac{1}{2}}}\right), \qquad n \to +\infty. \tag{3.5.2}$$

不难通过建立递推公式, 直接计算得到

$$a_0 = \frac{\sqrt{2}}{2}, \quad a_1 = -\frac{1}{3}, \quad a_2 = \frac{\sqrt{2}}{12}, \quad a_3 = -\frac{4}{135},$$

$$a_4 = \frac{\sqrt{2}}{432}, \quad a_5 = \frac{4}{2835}, \quad a_6 = -\frac{139}{194400}\sqrt{2}, \quad a_7 = \frac{8}{25515}.$$

因此

$$\sum_{k=0}^{n} \frac{n^k}{k!} = \frac{\mathrm{e}^n}{2} + \frac{n^{n+1}}{2n!} \left[ \frac{2}{n} + \frac{1}{\sqrt{n}} \left( \frac{2a_1}{\sqrt{n}} + \frac{2a_3}{n\sqrt{n}} + \frac{4a_5}{n^2\sqrt{n}} + \frac{12a_7}{n^3\sqrt{n}} + o\left(\frac{1}{n^3\sqrt{n}}\right) \right) \right]$$

$$= \frac{\mathrm{e}^n}{2} + \frac{n^{n+1}}{2n!} \left[ \frac{2}{n} + \frac{1}{\sqrt{n}} \left( -\frac{2}{3\sqrt{n}} - \frac{8}{135n\sqrt{n}} + \frac{16}{2835n^2\sqrt{n}} + \frac{32}{8505n^3\sqrt{n}} + o\left(\frac{1}{n^3\sqrt{n}}\right) \right) \right]$$

$$= \frac{\mathrm{e}^n}{2} + \frac{n^n}{n!} \left( \frac{2}{3} - \frac{4}{135n} + \frac{8}{2835n^2} + \frac{16}{8505n^3} + o\left(\frac{1}{n^3}\right) \right), \quad n \to +\infty.$$

这就得到了比要证的结论更精细的结果. □

【例 3.5.17】 设 $a_n = \dfrac{(n^2+1)(n^2+2)\cdots(n^2+n)}{(n^2-1)(n^2-2)\cdots(n^2-n)}$, 证明: $\lim\limits_{n \to +\infty} n(a_n - \mathrm{e}) = \mathrm{e}$.

**证明**　我们有

$$\lim_{x \to 0} \frac{\ln(1+x) - \ln(1-x) - 2x}{x^3} = \frac{2}{3}.$$

因此存在常数 $C > 0$ 使得

$$|\ln(1+x) - \ln(1-x) - 2x| \leqslant C|x|^3, \qquad |x| \leqslant \frac{1}{2}.$$

于是

$$\left| \ln a_n - \frac{n+1}{n} \right| = \left| \sum_{k=1}^{n} \left( \ln\left(1 + \frac{k}{n^2}\right) - \ln\left(1 - \frac{k}{n^2}\right) - \frac{2k}{n^2} \right) \right|$$

$$\leqslant \sum_{k=1}^{n} \left| \ln\left(1 + \frac{k}{n^2}\right) - \ln\left(1 - \frac{k}{n^2}\right) - \frac{2k}{n^2} \right|$$

$$\leqslant 8C \sum_{k=1}^{n} \frac{k^3}{n^6} = O\left(\frac{1}{n^2}\right), \qquad n \to +\infty,$$

即

$$\ln a_n = 1 + \frac{1}{n} + O\left(\frac{1}{n^2}\right), \qquad n \to +\infty.$$

从而

$$\lim_{n \to +\infty} n(a_n - \mathrm{e}) = \lim_{n \to +\infty} n\mathrm{e}(\mathrm{e}^{\ln a_n - 1} - 1)$$

$$= \lim_{n \to +\infty} n\mathrm{e}(\ln a_n - 1) = \mathrm{e}. \qquad \Box$$

**【例 3.5.18】**　设有线性映射 $\delta : P \to P$, 其中 $P$ 为全体一元实多项式集组成的线性空间. 对任意的多项式 $p$, 若 $a$ 为 $p$ 的极小值点, 则 $\delta(p)(a) = 0$. 证明 $\delta = \delta(f_1)D$, 其中 $D = \dfrac{\mathrm{d}}{\mathrm{d}x}$ 为求导算子, $f_1(x) = x\,(x \in \mathbb{R})$.

**证明**　对于 $k \geqslant 0$, 令 $f_k(x) = x^k\,(x \in \mathbb{R})$, $g_k = \delta(f_k)$. 由于 $\delta$ 是线性映射, 则只要证明如下断言:

**断言**　对于任何 $k \geqslant 0$ 以及 $x \in \mathbb{R}$ 成立 $g_k(x) = kx^{k-1}g_1(x)$.

下面用数学归纳法来证明上述断言. 首先, 由题设, 立即可得 $g_0 \equiv 0$. 因此, 对于 $k = 0$, 断言成立. 另一方面, 断言对于 $k = 1$ 显然成立.

现设对于某个 $n \geqslant 1$, 断言对于所有 $k = 0, 1, \cdots, n$ 成立.

任取 $a \neq 0$, 考虑 $h(x) = (x-a)^2 x^{n-1}$ $(x \in \mathbb{R})$. 易见 $h'(a) = 0, h''(a) = 2a^{n-1} \neq 0$. 因此, $a$ 是 $h$ 或 $-h$ 的极小值点. 由题设可得 $\delta(h)(a) = 0$, 即

$$g_{n+1}(a) - 2ag_n(a) + a^2 g_{n-1}(a) = 0.$$

由 $a \neq 0$ 的任意性以及多项式的连续性可得, 对任何 $x \in \mathbb{R}$,

$$g_{n+1}(x) = 2x g_n(x) - x^2 g_{n-1}(x)$$

$$= 2x \cdot nx^{n-1} g_1(x) - x^2 \cdot (n-1) x^{n-2} g_1(x) = (n+1) x^n g_1(x),$$

即断言对于 $k = n+1$ 也成立.

由数学归纳法, 断言对任何 $k \geqslant 0$ 成立. $\qquad\square$

**【例 3.5.19】** 设 $g$ 是 $[0, +\infty)$ 单调下降的正连续函数, $x_0 > 0$, $x_{n+1} = x_n + g(x_n)$ $(n \geqslant 0)$, $x(\cdot)$ 在 $[0, +\infty)$ 上满足方程: $x'(t) = g(x(t))$, $x(0) = x_0$. 证明: 当 $n \to +\infty$ 时, $x_n \to +\infty$, 且 $x_n = x(n) + O(1)$.

**证明** 固定 $x_0 > 0$. 易见 $\{x_n\}$ 严格单调递增, $x(\cdot)$ 严格单调递增.

记 $L = \lim\limits_{n \to +\infty} x_n = L \equiv \sup\limits_{n \geqslant 0} x_n$. 若 $L < +\infty$, 则 $x_{n+1} - x_n = g(x_n)$ 有正下界, 而这又导致 $\lim\limits_{n \to +\infty} x_n = +\infty$. 矛盾.

因此, $\lim\limits_{n \to +\infty} x_n = +\infty$.

同理, 可证 $\lim\limits_{t \to +\infty} x(t) = +\infty$.

再用数学归纳法证明 $x_n \geqslant x(n)$. 容易验证 $x_1 \geqslant x(1)$. 假设 $n = k$ 时结论成立, 则当 $n = k+1$ 时:

若 $x(k+1) \leqslant x_k$, 则 $x(k+1) \leqslant x_{k+1}$ 结论成立;

若 $x(k+1) > x_k$, 则存在 $t_k \in [k, k+1)$ 使得 $x(t_k) = x_k$, 则

$$x(k+1) = x_k + \int_{t_k}^{k+1} g(x(t)) \, \mathrm{d}x \leqslant x_k + g(x(t_k)) = x_k + g(x_k) = x_{k+1},$$

所以数学归纳法得证.

最后证明: $x_n < x(n) + g(x_0)$.

$$x_n - x_0 = \sum_{k=0}^{n-1} g(x_k),$$

$$x(n) - x_0 = \int_0^n g(x(t)) \, \mathrm{d}t > \sum_{k=1}^{n-1} g(x(k))$$

$$\geqslant \sum_{k=1}^{n-1} g(x_k) = x_n - x_0 - g(x_0). \qquad\square$$

**【注 3.5.3】**   我们也可以这样证明: 对任何 $n \geqslant 0$ 成立 $x_n \geqslant x(n)$. 首先, $x_n \geqslant x(n)$ 等价于 $\displaystyle\int_{x(0)}^{x_n} \frac{1}{g(s)}\,\mathrm{d}s \geqslant \int_{x(0)}^{x(n)} \frac{1}{g(s)}\,\mathrm{d}s = n$. 当 $n = 0$ 时结论成立. 如果对某个 $n \geqslant 0$ 结论成立, 则

$$\int_{x(0)}^{x_{n+1}} \frac{1}{g(s)}\,\mathrm{d}s \geqslant n + \int_{x_n}^{x_{n+1}} \frac{1}{g(s)}\,\mathrm{d}s$$

$$\geqslant n + \int_{x_n}^{x_{n+1}} \frac{1}{g(x_n)}\,\mathrm{d}s = n + 1.$$

因此, 由数学归纳法, $x_n \geqslant x(n)$ 对任何 $n \geqslant 0$ 成立.

# 第4章 级　　数

## 4.1　基　本　内　容

【**定理 4.1.1**】(Cauchy 收敛原理) $\displaystyle\sum_{n=1}^{\infty} a_n$ 收敛的充要条件是

$$\forall \varepsilon > 0, \exists N, \text{当 } n > m > N \text{ 时,}$$

$$|S_n - S_m| = |a_{m+1} + a_{m+2} + \cdots + a_n| < \varepsilon,$$

其中 $\displaystyle S_n = \sum_{k=1}^{n} a_k$ 为级数的部分和.

简单来说就是: 无穷 (多项的) 和收敛的充要条件是位于 $+\infty$ 附近的任意一段有限 (多项的) 和都很小.

【**例 4.1.1**】　若对任意的固定的正整数 $p$ 成立

$$a_{n+1} + a_{n+2} + a_{n+3} + \cdots + a_{n+p} \to 0,$$

那么 $\displaystyle\sum_{n=1}^{\infty} a_n$ 是否收敛?

**解**　不一定, 例如, 调和级数 $\displaystyle\sum_{n=1}^{\infty} \frac{1}{n}$ 满足上述条件, 但级数发散. 这就说明上述条件与 Cauchy 收敛原理不等价. 假如把条件中关于每个 $p$ 收敛, 改成关于 $p > 0$ 一致收敛, 则上述条件就与 Cauchy 收敛原理等价了.

在研究级数收敛性时, 我们经常采用加括号的方式对级数进行变形化简, 由 Cauchy 收敛原理显然可得下面的结论.

【**定理 4.1.2**】　若 $a_n \to 0 (n \to +\infty)$ 且 $\displaystyle\sum_{n=1}^{\infty} a_n$ 的一个加括号后的级数 $\displaystyle\sum_{n=1}^{\infty} b_n$ 满足下面两个条件之一: ① 存在常数 $M > 0$, 使得每个括号内的项数不超过 $M$; 或 ② 每个括号内的项都是同号的, 则 $\displaystyle\sum_{n=1}^{\infty} a_n$ 的收敛性与 $\displaystyle\sum_{n=1}^{\infty} b_n$ 的收敛性等价.

对正项级数我们常用各种比较判别法来判别收敛性, 其中最常用的就是用等价量代换来化简, 这不改变级数的收敛性. 但是, 变号级数没有判别法, 请看下例.

【**例 4.1.2**】　分别考察级数的收敛性:

(1) $\displaystyle\sum_{n=1}^{\infty} (-1)^{n-1} \frac{1}{\sqrt{n}}$;

(2) $\sum\limits_{n=1}^{\infty}\left((-1)^{n-1}\dfrac{1}{\sqrt{n}}+\dfrac{1}{n}\right).$

**解** (1) 由交错级数的 Leibniz 判别法, 得到级数收敛.

(2) 级数为一个收敛的交错级数和调和级数的和, 所以发散.

以上两个级数的通项是等价的:

$$\lim_{n\to\infty}\frac{(-1)^{n-1}\dfrac{1}{\sqrt{n}}}{(-1)^{n-1}\dfrac{1}{\sqrt{n}}+\dfrac{1}{n}}=1.$$

所以

$$(-1)^{n-1}\frac{1}{\sqrt{n}}\sim(-1)^{n-1}\frac{1}{\sqrt{n}}+\frac{1}{n},\qquad n\to+\infty.$$

但级数的收敛性不等价! 虽然 $\dfrac{1}{n}$ 是 $(-1)^{n-1}\dfrac{1}{\sqrt{n}}$ 的高阶无穷小量, 也即前者的绝对值比后者的绝对值小得多, 但是在级数求和时,

$$\sum_{n=2}^{\infty}(-1)^{n}\frac{1}{\sqrt{n}}=\sum_{n=1}^{\infty}\left(\frac{1}{\sqrt{2n}}-\frac{1}{\sqrt{2n+1}}\right)=\sum_{n=1}^{\infty}\frac{1}{\sqrt{2n}\sqrt{2n+1}(\sqrt{2n}+\sqrt{2n+1})}.$$

而 $\dfrac{1}{\sqrt{2n}\sqrt{2n+1}(\sqrt{2n}+\sqrt{2n+1})}\sim\dfrac{1}{4n\sqrt{2n}}$ 却反而成了 $\dfrac{1}{n}$ 的高阶无穷小量!

**【例 4.1.3】** 讨论级数 $\sum\limits_{n=1}^{\infty}\dfrac{(-1)^{n-1}}{n^{\frac{2}{3}}+(-1)^{n-1}}$ 的收敛性.

**解** $\dfrac{(-1)^{n-1}}{n^{\frac{2}{3}}+(-1)^{n-1}}\sim\dfrac{(-1)^{n-1}}{n^{\frac{2}{3}}}\ (n\to+\infty)$, 所以级数非绝对收敛.

$$\frac{(-1)^{n-1}}{n^{\frac{2}{3}}+(-1)^{n-1}}-\frac{(-1)^{n-1}}{n^{\frac{2}{3}}}=-\frac{1}{(n^{\frac{2}{3}}+(-1)^{n-1})n^{\frac{2}{3}}}\sim-\frac{1}{n^{\frac{4}{3}}}.$$

所以 $\sum\limits_{n=1}^{\infty}\dfrac{(-1)^{n-1}}{n^{\frac{2}{3}}+(-1)^{n-1}}$ 条件收敛.

虽然变号级数在等价变换下其收敛性可以改变, 但是这个等价量还是有利用价值的.

**【定理 4.1.3】**(比值型比较判别法) 设 $\sum\limits_{n=1}^{\infty}a_{n}$ 及 $\sum\limits_{n=1}^{\infty}b_{n}$ 均为正项级数, 若当 $n\gg1$ 时, 有

$$\frac{a_{n+1}}{a_{n}}\leqslant\frac{b_{n+1}}{b_{n}},$$

则

(1) 当 $\displaystyle\sum_{n=1}^{\infty} b_n$ 收敛时, $\displaystyle\sum_{n=1}^{\infty} a_n$ 收敛;

(2) 当 $\displaystyle\sum_{n=1}^{\infty} a_n$ 发散时, $\displaystyle\sum_{n=1}^{\infty} b_n$ 发散.

**证明** 不妨设定理条件当 $n \geqslant 1$ 时就成立了. 将条件中的不等式从 $1, 2, 3, \cdots, n$ 共 $n$ 个不等式相乘得

$$\frac{a_{n+1}}{a_1} \leqslant \frac{b_{n+1}}{b_1} \Longrightarrow a_{n+1} \leqslant \frac{a_1}{b_1} b_{n+1}.$$

由此即得结论. □

在 Raabe (拉贝) 判别法和 Bertrand (贝特朗) 判别法以及 Gauss (高斯) 判别法中, 比值经常采用 $\dfrac{a_n}{a_{n+1}}$ 的形式, 由上面的定理结论可知, 比值 $\dfrac{a_n}{a_{n+1}}$ 越大, 级数越容易收敛, 反之比值 $\dfrac{a_n}{a_{n+1}}$ 越小, 级数越容易发散.

上面的定理使用时必须要有两个级数: 一个当然是我们要研究的级数, 另一个一般是用放大法或缩小法化简得来的级数. 当要证明收敛时, 采用放大法化简, 反之当要证明发散时, 采用缩小法化简. 这就需要我们事先对级数的收敛性有一个判断, 作判断的依据是对被研究的级数作等价化简 (极限形式), 有需要时还要给出渐近展开式. 由此就有了比较判别法的极限形式, 以及直接对渐近展开式进行收敛性判别的方法: D'Alembert (达朗贝尔) 比值法、Cauchy 根值法、Raabe 判别法、Bertrand 判别法以及 Gauss 判别法等, 都是直接由极限式或渐近展开式来判断收敛性的. 我们将 Raabe 判别法、Bertrand 判别法以及 Gauss 判别法在此回顾一下.

Raabe 判别法和 Bertrand 判别法有极限形式和非极限形式, 一般非极限形式条件要略弱于极限形式, 但极限形式用起来方便一点, 极限形式是非极限形式的推论. 例如上面的比值判别法写成极限形式的结果如下.

**【定理 4.1.4】** (比值型比较判别法的极限形式) 设 $\displaystyle\sum_{n=1}^{+\infty} a_n$ 及 $\displaystyle\sum_{n=1}^{\infty} b_n$ 均为正项级数, 且

$$\lim_{n \to \infty} \frac{a_{n+1}}{a_n} < \lim_{n \to \infty} \frac{b_{n+1}}{b_n},$$

则

(1) 当 $\displaystyle\sum_{n=1}^{\infty} b_n$ 收敛时, $\displaystyle\sum_{n=1}^{\infty} a_n$ 收敛;

(2) 当 $\displaystyle\sum_{n=1}^{\infty} a_n$ 发散时, $\displaystyle\sum_{n=1}^{\infty} b_n$ 发散.

**证明** 由极限的分离性知, 存在 $N$, 当 $n > N$ 时成立

$$\frac{a_{n+1}}{a_n} < \frac{b_{n+1}}{b_n}.$$

由此即得结论.

在有需要时, 也可以将上面的极限改成下面的上、下极限的形式:

$$\varlimsup_{n\to\infty} \frac{a_{n+1}}{a_n} < \varliminf_{n\to\infty} \frac{b_{n+1}}{b_n}.$$

Raabe 判别法和 Bertrand 判别法可以通过先行计算 $p$ 级数 $\sum\limits_{n=1}^{\infty} \frac{1}{n^p}$ 和级数

$\sum\limits_{n=2}^{\infty} \frac{1}{n\ln^p n}$ 的相应极限, 然后由极限的分离性得以证明.  □

**【例 4.1.4】** *证明下列极限关系式:*

(i) 若 $x_n^* = \dfrac{1}{n^p}$, 则

$$\lim_{n\to\infty} n\left( \frac{x_n^*}{x_{n+1}^*} - 1 \right) = p.$$

(ii) 若 $x_n^* = \dfrac{1}{n\ln^q n}$, 则

$$\lim_{n\to\infty} \ln n\left( n\left( \frac{x_n^*}{x_{n+1}^*} - 1 \right) - 1 \right) = q.$$

证明略.

**【定理 4.1.5】** (Raabe 判别法)  设 $\sum\limits_{n=1}^{\infty} x_n$ 满足 $x_n > 0$ 且

(1) 若存在 $p > 1$ 及 $N > 1$, 使得当 $n > N$ 时, 有

$$n\left( \frac{x_n}{x_{n+1}} - 1 \right) \geqslant p,$$

则级数 $\sum\limits_{n=1}^{\infty} x_n$ 收敛;

(2) 若存在 $N > 1$, 使得当 $n > N$ 时, 有

$$n\left( \frac{x_n}{x_{n+1}} - 1 \right) \leqslant 1,$$

则级数 $\sum\limits_{n=1}^{\infty} x_n$ 发散.

**证明**  (1) 取 $p_1 = \dfrac{1+p}{2}$, 则 $1 < p_1 < p$, 取 $x_n^* = \dfrac{1}{n^{p_1}}$, 由极限的分离性可知存在 $N_1 > N$, 当 $n > N_1$ 时,

$$n\left( \frac{x_n^*}{x_{n+1}^*} - 1 \right) < n\left( \frac{x_n}{x_{n+1}} - 1 \right).$$

因而

$$\frac{x_n^*}{x_{n+1}^*} < \frac{x_n}{x_{n+1}}.$$

由比值型比较判别法知 (1) 得证.

(2) 由假设条件知, 当 $n > N$ 时,

$$\frac{x_n}{x_{n+1}} \leqslant \frac{n+1}{n} = \frac{\dfrac{1}{n}}{\dfrac{1}{n+1}}.$$

由比值型比较判别法知 (2) 得证. □

**【定理 4.1.6】** (Bertrand 判别法) 设 $\sum\limits_{n=1}^{\infty} x_n$ 满足 $x_n > 0$ 且

(1) 若存在 $q > 1$ 及 $N > 1$, 使得当 $n > N$ 时, 有

$$\ln n \left( n \left( \frac{x_n}{x_{n+1}} - 1 \right) - 1 \right) \geqslant q,$$

则级数 $\sum\limits_{n=1}^{\infty} x_n$ 收敛;

(2) 若存在 $N > 1$, 使得当 $n > N$ 时, 有

$$\ln n \left( n \left( \frac{x_n}{x_{n+1}} - 1 \right) - 1 \right) \leqslant 1,$$

则级数 $\sum\limits_{n=1}^{\infty} x_n$ 发散.

**证明** (1) 取 $q_1 = \dfrac{1+q}{2}$, 则 $1 < q_1 < q$, 取 $x_n^* = \dfrac{1}{n \ln^{q_1} n}$, 由极限的分离性可知存在 $N_1 > N$, 当 $n > N_1$ 时,

$$\ln n \left( n \left( \frac{x_n^*}{x_{n+1}^*} - 1 \right) - 1 \right) < \ln n \left( n \left( \frac{x_n}{x_{n+1}} - 1 \right) - 1 \right).$$

因而

$$\frac{x_n^*}{x_{n+1}^*} < \frac{x_n}{x_{n+1}}.$$

由比值型比较判别法知 (1) 得证.

(2) 由假设条件知, 当 $n > N$ 时,

$$\frac{x_n}{x_{n+1}} \leqslant \frac{(n+1)\ln n + 1}{n \ln n}.$$

而

$$\frac{(n+1)\ln n+1}{n\ln n} < \frac{(n+1)\ln(n+1)}{n\ln n}$$

$$\Longrightarrow \frac{x_n}{x_{n+1}} < \frac{(n+1)\ln(n+1)}{n\ln n}.$$

由比值型比较判别法知 (2) 得证. □

**【注 4.1.1】**　对于我们时常遇到的问题来讲, Raabe 判别法、Bertrand 判别法乃至 4.2 节的一些判别方法, 使用起来其实并不是很方便. 因此, 我们更应注重这些判别法及其证明中的思想. 尤其要注重基于正项级数基本定理, 综合极限、微分、积分等各种性质去考察级数的收敛性.

**【注 4.1.2】**　对于一般项单调下降趋于零的正项级数, 两个 Cauchy 判别法是很好用的工具.

(1) 设非负数列 $\{a_n\}$ 单调下降, 则 $\sum_{n=1}^{\infty} a_n$ 收敛当且仅当级数 $\sum_{n=0}^{\infty} 2^n a_{2^n}$ 收敛.

(2) 设 $f$ 在 $[1,+\infty)$ 上单调下降, 则级数 $\sum_{n=1}^{\infty} f(n)$ 收敛当且仅当广义积分 $\int_1^{+\infty} f(x)\,\mathrm{d}x$ 收敛.

第二个判别法称为 Cauchy 积分判别法. 尤其要注意其用 (连续型的) 积分估计 (离散型的) 级数的思想. 这种思想在之前的证明中已经多次出现, 例如在例 3.5.19 中. 进一步的讨论参见 4.4 节.

## 4.2　一些判别法的推广

 **Leibniz 判别法的推广**

**【定义 4.2.1】**　称级数 $\sum_{n=1}^{\infty} a_n$ 为分段变号级数 (Schramm et al., 2014), 若

(1) $|a_n|$ 单调趋于零;

(2) 存在严格单调上升的正整数数列 $\{n_j\}$ 使得 $n_{j+1} - n_j$ 为偶数, 记为 $2k_j$, 且 $\{a_i\}_{n_j}^{n_{j+1}-1}$ 中有 $k_j$ 项为正, 有 $k_j$ 项为负.

**【例 4.2.1】**　设 $\sum_{n=1}^{\infty} a_n$ 为分段变号级数且定义中的 $k_j$ 是有界数列, 则 $\sum_{n=1}^{\infty} a_n$ 收敛.

**证明**　先看一个 $k_j \equiv 2$ 的简单例子. 设 $\{a_n\}$ 为

$$1, -\frac{1}{2}, -\frac{1}{3}, \frac{1}{4}, \frac{1}{5}, -\frac{1}{6}, \cdots.$$

将

$$1, -\frac{1}{2}, -\frac{1}{3}, \frac{1}{4}, \frac{1}{5}, -\frac{1}{6}, \cdots$$

分段. 虽然原始数列不是收敛的交错级数, 但是细分成分段变号数列后, 在每个奇数段任意取出一个正数, 在每个偶数段任意取出一个负数可以形成一个收敛的交错级数:

$$1, -\frac{1}{3}, \frac{1}{5} \cdots.$$

而剩下的项也形成一个收敛的交错级数:

$$-\frac{1}{2}, \frac{1}{4}, -\frac{1}{6}, \cdots.$$

一般情况可归纳证明. 假设 $k_j \leqslant k$ 时必收敛, 则 $k_j \leqslant k+1$ 时, 先在每一段取出一个正数和一个负数, 按照前面的方法可以形成两个收敛的交错级数, 剩下的由归纳假设可知必收敛.

由交错级数的性质可知, 成立

$$\left| \sum_{n=1}^{\infty} a_n \right| \leqslant k |a_1|. \qquad \square$$

【例 4.2.2】 设 $\{b_n\}$ 单调趋于零, 则 $\sum\limits_{n=1}^{\infty} b_n \sin \dfrac{n^2 \pi}{5}$ 为 4 项为一段的分段变号级数, 所以收敛.

➡️ **比值判别法的推广** ━━━━━━

【例 4.2.3】(二阶比值判别法) 设 $\sum\limits_{n=1}^{\infty} a_n$ 为正项级数, 记

$$U = \max\left\{ \varlimsup_{n \to +\infty} \frac{a_{2n}}{a_n}, \varlimsup_{n \to +\infty} \frac{a_{2n+1}}{a_n} \right\},$$

$$L = \min\left\{ \varliminf_{n \to +\infty} \frac{a_{2n}}{a_n}, \varliminf_{n \to +\infty} \frac{a_{2n+1}}{a_n} \right\}.$$

(1) 当 $U < \dfrac{1}{2}$ 时, $\sum\limits_{n=1}^{\infty} a_n$ 收敛;

(2) 当 $L > \dfrac{1}{2}$ 时, $\sum\limits_{n=1}^{\infty} a_n$ 发散;

(3) 当 $L \leqslant \dfrac{1}{2} \leqslant U$ 时, 本判别法失效.

**证明** (1) 存在 $U < r < \dfrac{1}{2}$, 使得当 $n$ 充分大时成立

$$\frac{a_{2n}}{a_n}, \frac{a_{2n+1}}{a_n} < r.$$

不妨设上式对所有的 $n \geqslant 1$ 都成立. 记

$$S_k = \sum_{n=2^k}^{2^{k+1}-1} a_n,$$

则

$$S_{k+1} = \sum_{n=2^{k+1}}^{2^{k+2}-1} a_n = \sum_{n=0}^{2^k-1} (a_{2^{k+1}+2n} + a_{2^{k+1}+2n+1})$$

$$\leqslant \sum_{n=0}^{2^k-1} r(a_{2^k+n} + a_{2^k+n}) = \sum_{n=0}^{2^k-1} (2r)a_{2^k+n} = (2r)S_k.$$

所以级数收敛.

(2) 当 $n$ 充分大时, 有

$$\frac{a_{2n}}{a_n}, \frac{a_{2n+1}}{a_n} \geqslant \frac{1}{2}.$$

与 (1) 中同样的运算可得 $S_{k+1} \geqslant S_k$, 所以级数发散.

(3) 对 $q$ 级数 $\sum\limits_{n=3}^{\infty} \dfrac{1}{n \ln^q n}$, 容易计算 $U = L = \dfrac{1}{2}$, 但是此级数在 $q > 1$ 时收敛, 在 $q \leqslant 1$ 时发散. □

【例 4.2.4】 判断级数的收敛性 $\sum\limits_{n=3}^{\infty} \dfrac{(2n-1)!!}{2^n(n+1)!}$.

**解** 容易计算得

$$\frac{a_{2n+1}}{a_n} < \frac{a_{2n}}{a_n} = \frac{(2n+1)(2n+3)\cdots(4n-1)}{2^n(n+2)(n+3)\cdots(2n+1)}$$

$$= \frac{1}{2}\left(\frac{2n+3}{2n+4}\right)\left(\frac{2n+5}{2n+6}\right)\cdots\left(\frac{4n-1}{4n}\right)$$

$$\leqslant \frac{1}{2}\left(\frac{4n-1}{4n}\right)^{n-1} \to \frac{1}{2\sqrt[4]{e}} < \frac{1}{2}.$$

所以级数收敛.

【例 4.2.5】 ($m$ 阶比值判别法) 设 $\sum\limits_{n=1}^{\infty} a_n$ 为正项级数, 正整数 $m > 1$. 记

$$U = \max\left\{\varlimsup_{n\to+\infty} \frac{a_{mn}}{a_n}, \varlimsup_{n\to+\infty} \frac{a_{mn+1}}{a_n}, \cdots, \varlimsup_{n\to+\infty} \frac{a_{m(n+1)-1}}{a_n}\right\};$$

$$L = \min\left\{\varliminf_{n\to+\infty} \frac{a_{mn}}{a_n}, \varliminf_{n\to+\infty} \frac{a_{mn+1}}{a_n}, \cdots, \varliminf_{n\to+\infty} \frac{a_{m(n+1)-1}}{a_n}\right\}.$$

(1) 当 $U < \dfrac{1}{m}$ 时, $\displaystyle\sum_{n=1}^{\infty} a_n$ 收敛;

(2) 当 $L > \dfrac{1}{m}$ 时, $\displaystyle\sum_{n=1}^{\infty} a_n$ 发散;

(3) 当 $L \leqslant \dfrac{1}{m} \leqslant U$ 时, 本判别法失效.

【例 4.2.6】 设正数列 $\{a_n\}$ 单调递减, 正整数 $m > 1$.

(1) 若 $\varlimsup\limits_{n\to+\infty} \dfrac{a_{mn}}{a_n} < \dfrac{1}{m}$, 则 $\displaystyle\sum_{n=1}^{\infty} a_n$ 收敛;

(2) 若 $\varliminf\limits_{n\to+\infty} \dfrac{a_{m(n+1)-1}}{a_n} > \dfrac{1}{m}$, 则 $\displaystyle\sum_{n=1}^{\infty} a_n$ 发散.

我们把上两例的证明留给读者.

【例 4.2.7】(二阶比值比较判别法) 设 $\displaystyle\sum_{n=1}^{\infty} a_n$ 及 $\displaystyle\sum_{n=1}^{\infty} b_n$ 均为正项级数, 若当 $n \gg 1$ 时, 有

$$\frac{a_{2n}}{a_n} \leqslant \frac{b_{2n}}{b_n}, \quad \frac{a_{2n+1}}{a_n} \leqslant \frac{b_{2n+1}}{b_n},$$

则 $\displaystyle\sum_{n=1}^{\infty} b_n$ 为 $\displaystyle\sum_{n=1}^{\infty} a_n$ 的优级数, 即

(1) 当 $\displaystyle\sum_{n=1}^{\infty} b_n$ 收敛时, $\displaystyle\sum_{n=1}^{\infty} a_n$ 收敛;

(2) 当 $\displaystyle\sum_{n=1}^{\infty} a_n$ 发散时, $\displaystyle\sum_{n=1}^{\infty} b_n$ 发散.

**证明** 不妨设题设条件当 $n \geqslant 1$ 时就成立了, 则记 $M = \dfrac{b_1}{a_1}$. 下面验证 $\dfrac{b_n}{a_n} \geqslant M$ 对所有 $n$ 均成立. 当 $n = 2, 3$ 时,

$$\frac{b_2}{a_2} \geqslant \frac{b_1}{a_1} = M, \frac{b_3}{a_3} \geqslant \frac{b_1}{a_1} = M.$$

同理, 当 $n = 4, 5$ 时,

$$\frac{b_4}{a_4} \geqslant \frac{b_2}{a_2} = M, \frac{b_5}{a_5} \geqslant \frac{b_2}{a_2} \geqslant M$$

及当 $n = 6, 7$ 时,

$$\frac{b_6}{a_6} \geqslant \frac{b_3}{a_3} = M, \frac{b_7}{a_7} \geqslant \frac{b_3}{a_3} \geqslant M.$$

以此归纳即可. $\qquad\qquad\qquad\qquad\qquad\qquad\qquad\qquad\qquad\qquad\qquad\qquad$ □

## Raabe 判别法的推广 I

【例 4.2.8】 用 Raabe 判别法判别级数 $\sum\limits_{n=1}^{\infty} \dfrac{(n-1)!n!4^n}{(2n)!\sqrt{n}}$ 的收敛性.

**解** 容易计算得

$$\frac{a_n}{a_{n+1}} = 1 + \frac{1}{n} + \frac{1}{8n^2} + o\left(\frac{1}{n^2}\right),$$

$$R_n = n\left(\frac{a_n}{a_{n+1}} - 1\right)$$

$$= 1 + \frac{1}{8n} + o\left(\frac{1}{n}\right) \to 1^+.$$

所以 Raabe 判别法对本例失效.

我们将级数向左挪一位, 再来做一下.

【例 4.2.9】 用 Raabe 判别法判别级数 $\sum\limits_{n=1}^{\infty} \dfrac{n!(n+1)!4^{n+1}}{(2n+2)!\sqrt{n+1}}$ 的收敛性.

**解** 容易计算得

$$\frac{a_n}{a_{n+1}} = 1 + \frac{1}{n+1} + \frac{1}{8(n+1)^2} + o\left(\frac{1}{n^2}\right)$$

$$= 1 + \frac{1}{n} - \frac{7}{8n^2} + o\left(\frac{1}{n^2}\right),$$

$$R_n = n\left(\frac{a_n}{a_{n+1}} - 1\right)$$

$$= 1 - \frac{7}{8n} + o\left(\frac{1}{n}\right) \to 1^-,$$

所以级数发散.

由此可见条件 $R_n \leqslant 1$ 对下标的平移非常敏感, 为了消除这个敏感性, 可以建立如下的结论 (参见文献 (Prus-Wiśniowski, 2008)).

【例 4.2.10】(改进的 Raabe 判别法) 设 $\sum\limits_{n=1}^{\infty} a_n$ 为正项级数. 若存在 $k > 0$ 使得, 在 $n \gg 1$ 时, $R_n^{(k)} = (n-k)\left(\dfrac{a_n}{a_{n+1}} - 1\right) \leqslant 1$, 则级数 $\sum\limits_{n=1}^{\infty} a_n$ 发散.

**证明** 当 $n \gg 1$ 时,

$$R_n^{(k)} \leqslant 1$$

$$\Longrightarrow \frac{a_n}{a_{n+1}} \leqslant \frac{n+1-k}{n-k}$$

$$\Longrightarrow 存在常数 \ C > 0 \ 使得 \frac{1}{a_{n+1}} \leqslant \frac{1}{C}(n+1-k)$$

$$\Longrightarrow a_{n+1} \geqslant \frac{C}{n+1-k}.$$

所以级数发散. $\qquad\qquad\square$

## ➡ **Raabe 判别法的推广 II**

【例 4.2.11】（二阶 Raabe 判别法） 设 $\displaystyle\sum_{n=1}^{\infty} a_n$ 为正项级数. 记

$$R_{n,1} = \left(\frac{a_n}{a_{2n}} - 2\right)\ln n, \qquad R_{n,2} = \left(\frac{a_n}{a_{2n+1}} - 2\right)\ln n,$$

并记

$$U = \max\left\{\varlimsup_{n\to+\infty} R_{n,1}, \ \varlimsup_{n\to+\infty} R_{n,2}\right\},$$

$$L = \min\left\{\varliminf_{n\to+\infty} R_{n,1}, \ \varliminf_{n\to+\infty} R_{n,2}\right\}.$$

(1) 当 $L > 2\ln 2$ 时, $\displaystyle\sum_{n=1}^{\infty} a_n$ 收敛;

(2) 当 $U < 2\ln 2$ 时, $\displaystyle\sum_{n=1}^{\infty} a_n$ 发散;

(3) 当 $L \leqslant 2\ln 2 \leqslant U$ 时, 本判别法失效.

**证明** 对 $q$ 级数 $b_n = \dfrac{1}{n \ln^q n}$, 经计算可得

$$\lim_{n\to+\infty}\left(\frac{b_n}{b_{2n}} - 2\right)\ln n = 2q\ln 2,$$

$$\lim_{n\to+\infty}\left(\frac{b_n}{b_{2n+1}} - 2\right)\ln n = 2q\ln 2.$$

(1) 存在 $q > 1$ 使得当 $n \gg 1$ 时成立

$$\left(\frac{a_n}{a_{2n}} - 2\right)\ln n > \left(\frac{b_n}{b_{2n}} - 2\right)\ln n \Longrightarrow \frac{a_n}{a_{2n}} > \frac{b_n}{b_{2n}}.$$

同理可证 $\dfrac{a_n}{a_{2n+1}} > \dfrac{b_n}{b_{2n+1}}$. 所以 $\displaystyle\sum_{n=1}^{\infty} a_n$ 收敛.

(2) 同理, 存在 $q < 1$ 使得当 $n \gg 1$ 时成立

$$\frac{a_n}{a_{2n}} < \frac{b_n}{b_{2n}}.$$

所以 $\displaystyle\sum_{n=1}^{\infty} a_n$ 发散.

(3) 对 $s$ 级数 $b_n = \dfrac{1}{n \ln n (\ln \ln n)^s}$, 经计算可得 $U = L = 2 \ln 2$. 但是当 $s > 1$ 时级数收敛; 当 $s \leqslant 1$ 时级数发散.　　　□

### ➡ Kummer 判别法的推广 ▬▬▬▬▬▬▬

【例 4.2.12】(二阶 Kummer (库默尔) 判别法)　设 $\displaystyle\sum_{n=1}^{\infty} a_n$ 为正项级数.

(1) 若存在正项数列 $p_n$ 及常数 $r > 0$, 使得当 $n \gg 1$ 时, 有

$$p_n \frac{a_n}{a_{2n}} - 2p_{2n} > r,$$
$$p_n \frac{a_n}{a_{2n+1}} - 2p_{2n+1} > r,$$

则 $\displaystyle\sum_{n=1}^{\infty} a_n$ 收敛;

(2) 若存在正项数列 $p_n$ 使得当 $n \gg 1$ 时, 下面三个条件之一成立:

(i)

$$p_n \frac{a_n}{a_{2n}} - 2p_{2n} < 0$$

且 $\displaystyle\sum_{k=1}^{\infty} \frac{1}{2^k p_{2^k}}$ 发散;

(ii)

$$p_n \frac{a_n}{a_{2n+1}} - 2p_{2n+1} < 0,$$

且存在 $n_0$ 使 $n_k = 2^k(n_0 + 1) - 1$ 时 $\displaystyle\sum_{k=1}^{\infty} \frac{1}{n_k p_{n_k}}$ 发散;

(iii) 下面两式同时成立:

$$p_n \frac{a_n}{a_{2n}} - 2p_{2n} < 0,$$
$$p_n \frac{a_n}{a_{2n+1}} - 2p_{2n+1} < 0,$$

且 $\sum\limits_{n=1}^{\infty}\dfrac{1}{np_n}$ 发散.

在上述三种条件任意条件下, $\sum\limits_{n=1}^{\infty}a_n$ 均发散.

**证明** 不妨假设相应的条件都从 $n\geqslant 1$ 开始就成立了.

(1) 不妨假设 $r=1$. 下面证明

$$a_2+a_3+\cdots+a_{2^{k+1}-1}<2p_1a_1-2\sum_{n=2^k}^{2^{k+1}-1}p_na_n.$$

将所给条件写成: 当 $n\geqslant 1$ 时, 有

$$p_na_n-2p_{2n}a_{2n}>a_{2n},$$

$$p_na_n-2p_{2n+1}a_{2n+1}>a_{2n+1}.$$

取 $n=1$. 将两式相加, 即得 $k=1$ 的情形:

$$a_2+a_3<2p_1a_1-2(p_2a_2+p_3a_3).$$

取 $n=2,3$. 将它们加到上式, 即得 $k=2$ 的情形:

$$a_2+a_3+a_4+a_5+a_6+a_7$$

$$<2p_1a_1-2(p_4a_4+p_5a_5+p_6a_6+p_7a_7).$$

取 $n=4,5,6,7$. 将它们加到上式, 即得 $k=3$ 的情形:

$$\sum_{n=2}^{15}a_n<2p_1a_1-2\sum_{n=8}^{15}p_na_n.$$

用数学归纳法即可证得所述结论. 因而

$$a_2+a_3+\cdots+a_{2^{k+1}-1}<2p_1a_1$$

对所有 $k$ 成立, 所以级数收敛.

(2) (i) 不妨设当 $n\geqslant 1$ 时, 有

$$p_n\frac{a_n}{a_{2n}}-2p_{2n}<0,$$

$$(np_n)a_n<(2np_{2n})a_{2n}.$$

取 $n=2^k$, 得

$$(2^kp_{2^k})a_{2^k}<(2^{k+1}p_{2^{k+1}})a_{2^{k+1}}.$$

根据二阶比较判别法知 $\sum\limits_{k=1}^{\infty} a_{2^k}$ 发散, 所以 $\sum\limits_{n=1}^{\infty} a_n$ 发散.

(ii) 若存在 $k_0 > 0$ 使得当 $n \geqslant n_{k_0}$ 时, 成立

$$p_n \frac{a_n}{a_{2n+1}} - 2p_{2n+1} < 0,$$

$$(np_n)a_n < (2np_{2n+1})a_{2n+1}.$$

取 $n = n_k$, $k \geqslant k_0$, 得

$$(n_k p_{n_k}) a_{n_k} < (2n_k p_{n_{k+1}}) a_{n_{k+1}} < (n_{k+1} p_{n_{k+1}}) a_{n_{k+1}}.$$

根据二阶比较判别法知 $\sum\limits_{k=1}^{\infty} a_{n_k}$ 发散, 所以 $\sum\limits_{n=1}^{\infty} a_n$ 发散.

(iii) 根据二阶比较判别法知 $\sum\limits_{n=1}^{\infty} a_n$ 发散. $\qquad\square$

【注 4.2.1】 此处 (i), (ii) 的条件与参考文献 (Huynh, 2022) 的不同.

【注 4.2.2】 (i), (ii) 两种情况其实是回到了子列的一阶 Kummer 判别法, 所以实际意义不大.

## 4.3 比值渐近展开式与级数收敛性

本节参照 Gauss 判别法的形式, 对各个临界情况展开稍微细致一些的讨论. 我们先回顾一下 Gauss 判别法.

【定理 4.3.1】(Gauss 判别法) 设级数 $\sum\limits_{n=1}^{\infty} x_n$ 满足 $x_n > 0$ 且存在常数 $r, p > 0$ 使得

$$\frac{x_n}{x_{n+1}} = \frac{1}{r} + \frac{p}{n} + O\left(\frac{1}{n^2}\right),$$

则

(1) 当 $r$ 非临界, 即 $r \neq 1$ 时, 级数的收敛性与 $p$ 无关, 具体来说:

(i) 当 $r < 1$ 时, 级数 $\sum\limits_{n=1}^{\infty} x_n$ 收敛;

(ii) 当 $r > 1$ 时, 级数 $\sum\limits_{n=1}^{\infty} x_n$ 发散.

(2) 当 $r = 1$ 时, 级数的收敛性与 $p$ 有关, 具体来说:

(i) 当 $p > 1$ 时, 级数 $\sum\limits_{n=1}^{\infty} x_n$ 收敛;

(ii) 当 $p < 1$ 时, 级数 $\sum\limits_{n=1}^{\infty} x_n$ 发散;

(iii) 当 $p$ 也临界, 即 $p = 1$ 时, 由于定理的条件中的余项是 $O\left(\dfrac{1}{n^2}\right)$, 这个余项阶数较高, 所以级数 $\sum\limits_{n=1}^{\infty} x_n$ 仍然发散.

下面我们围绕比值处于临界值附近的情况展开以下比较细致一点的讨论, 并尽量将结论写得详尽一点.

先讨论至少有一个参数不临界的情形, 它们分别对应于 D'Alembert 比值判别法、Raabe 判别法和 Bertrand 判别法.

【**定理 4.3.2**】 设级数 $\sum\limits_{n=1}^{\infty} x_n$ 满足 $x_n > 0$, $r$, $p$, $q > 0$ 为参数且 $r, p, q \neq 1$.

(1) 若

$$\frac{x_n}{x_{n+1}} = \frac{1}{r} + o(1),$$

则

(i) 当 $r < 1$ 时, 级数 $\sum\limits_{n=1}^{\infty} x_n$ 收敛;

(ii) 当 $r > 1$ 时, 级数 $\sum\limits_{n=1}^{\infty} x_n$ 发散.

(2) 若

$$\frac{x_n}{x_{n+1}} = 1 + \frac{p}{n} + o\left(\frac{1}{n}\right),$$

则

(i) 当 $p > 1$ 时, 级数 $\sum\limits_{n=1}^{\infty} x_n$ 收敛;

(ii) 当 $p < 1$ 时, 级数 $\sum\limits_{n=1}^{\infty} x_n$ 发散.

(3) 若

$$\frac{x_n}{x_{n+1}} = 1 + \frac{1}{n} + \frac{q}{n \ln n} + o\left(\frac{1}{n \ln n}\right),$$

则

(i) 当 $q > 1$ 时, 级数 $\sum\limits_{n=1}^{\infty} x_n$ 收敛;

(ii) 当 $q < 1$ 时, 级数 $\sum\limits_{n=1}^{\infty} x_n$ 发散.

再讨论有关参数临界的情形, 仅分析级数发散的条件, 在此统一用 $b_n$ 来表示相关的余项, 前面我们指出过, 对 $\dfrac{x_n}{x_{n+1}}$ 形式的比值来说, 这个比值越小, 级数越容易发散, 我们在此对余项 $b_n$ 的要求就是能足够小.

**【定理 4.3.3】** 设级数 $\displaystyle\sum_{n=1}^{\infty} x_n$ 满足 $x_n > 0$, 且级数 $\displaystyle\sum_{n=1}^{\infty} b_n$ 和 $\displaystyle\sum_{n=1}^{\infty} b_n^2$ 都收敛.

(1) 若

$$\frac{x_n}{x_{n+1}} = 1 + b_n,$$

则级数 $\displaystyle\sum_{n=1}^{\infty} x_n$ 发散.

(2) 若

$$\frac{x_n}{x_{n+1}} = 1 + \frac{1}{n} + b_n,$$

则级数 $\displaystyle\sum_{n=1}^{\infty} x_n$ 发散.

(3) 若

$$\frac{x_n}{x_{n+1}} = 1 + \frac{1}{n} + \frac{q}{n \ln n} + b_n,$$

则级数 $\displaystyle\sum_{n=1}^{\infty} x_n$ 发散.

**证明** 不妨设 $|b_n| < 1$, $n \geqslant 1$. 将前面的 $n$ 个不等式按 $1, 2, \cdots, n$ 相乘, 然后讨论相应的无穷乘积的收敛性.

(1) 由已知可得

$$\frac{x_1}{x_{n+1}} = \prod_{k=1}^{n}(1 + b_k) \to \prod_{k=1}^{\infty}(1 + b_k) \neq 0.$$

所以 $x_n \nrightarrow 0$, 级数 $\displaystyle\sum_{n=1}^{\infty} x_n$ 发散.

(2) 由已知可得

$$\frac{x_1}{x_{n+1}} = \prod_{k=1}^{n}\left(1 + \frac{1}{k} + b_k\right) = \prod_{k=1}^{n}\left(\frac{k+1}{k}\left(1 + \frac{k}{k+1}b_k\right)\right).$$

所以

$$\frac{x_1}{(n+1)x_{n+1}} = \prod_{k=1}^{n}\left(1 + \frac{k}{k+1}b_k\right) \to \prod_{k=1}^{\infty}\left(1 + \frac{k}{k+1}b_k\right) \neq 0,$$

其中若令 $c_n = \dfrac{n}{n+1} b_n$, 易证级数 $\displaystyle\sum_{n=1}^{\infty} c_n$ 和 $\displaystyle\sum_{n=1}^{\infty} c_n^2$ 也都收敛, 所以上面的无穷乘积收敛, 因而 $x_n \sim \dfrac{C}{n}$, 其中 $C$ 为适当的非零常数, 级数 $\displaystyle\sum_{n=1}^{\infty} x_n$ 发散.

$$(3)\quad \frac{x_2}{x_{n+1}} = \prod_{k=2}^{n} \left( 1 + \frac{1}{k} + \frac{1}{k\ln k} + b_k \right)$$

$$= \prod_{k=2}^{n} \left( \frac{(k+1)\ln(k+1)}{k\ln k} \right.$$

$$\left. \cdot \left( 1 + \frac{(k+1)\ln\left(1 - \dfrac{1}{k+1}\right) + 1}{(k+1)\ln(k+1)} + \frac{k\ln k}{(k+1)\ln(k+1)} b_k \right) \right),$$

所以

$$\frac{x_2\, 2\ln 2}{x_{n+1}(n+1)\ln(n+1)} = \prod_{k=2}^{n} \left( 1 + \frac{(k+1)\ln\left(1 - \dfrac{1}{k+1}\right) + 1}{(k+1)\ln(k+1)} + \frac{k\ln k}{(k+1)\ln(k+1)} b_k \right)$$

$$\to \prod_{k=2}^{\infty} \left( 1 + \frac{(k+1)\ln\left(1 - \dfrac{1}{k+1}\right) + 1}{(k+1)\ln(k+1)} + \frac{k\ln k}{(k+1)\ln(k+1)} b_k \right) \neq 0.$$

注意到 $\dfrac{(k+1)\ln\left(1 - \dfrac{1}{k+1}\right) + 1}{(k+1)\ln(k+1)} \sim -\dfrac{1}{2n^2 \ln k}$, 所以上面的无穷乘积收敛, 因而 $x_n \sim \dfrac{C}{n\ln n}$, 其中 $C$ 为适当的非零常数, 级数 $\displaystyle\sum_{n=1}^{\infty} x_n$ 发散. $\square$

我们来设计一个几乎 "无限" 次临界的级数, 来看看它的收敛性.

【例 4.3.1】 对 $x > 0$, 定义

$$g(x) = \begin{cases} \ln x, & \ln x > 1, \\ 1, & \text{其他情况}. \end{cases}$$

记 $g_0(x) = 1$, $g_1(x) = g(x)$, 我们归纳定义 $g_{k+1} = g(g_k(x))$, $k = 1, 2, 3, \cdots$. 问级数 $\displaystyle\sum_{n=1}^{\infty} \frac{1}{n g_1(n) g_2(n) \cdots g_n(n)}$ 是否收敛?

**解** 不收敛. 证明: 对 $x > 1$, 定义 $f(x) = x g_1(x) g_2(x) \cdots g_{[x]}(x)$, 则根据 Cauchy

积分判别法, 上述级数的收敛性等价于广义积分 $\int_1^{+\infty} \dfrac{1}{f(x)}dx$ 的收敛性. 记 $a_0 = 1$, $a_n = e^{a_{n-1}}$, $n = 1, 2, \cdots$, 则 $x \in (a_{n-1}, a_n)$ 时, $\dfrac{1}{f(x)}$ 有原函数 $\ln g_{n-1}(x)$, $\ln g_{n-1}(a_n) = 1$, $\ln g_{n-1}(a_{n-1}) = 0$. 所以

$$\sum_{n=1}^{\infty} \frac{1}{n g_1(n) g_2(x) \cdots g_n(n)} \geqslant \int_1^{+\infty} \frac{1}{f(x)}dx = \sum_{n=1}^{\infty} \int_{a_{n-1}}^{a_n} \frac{1}{f(x)}dx = \sum_{n=1}^{\infty} 1 = +\infty.$$

虽然这个级数发散, 但其发散的速度是非常缓慢的, 比任何能用类似上面介绍的判别法判定发散级数的发散速度都慢!

如果修改上面的例子, 让它的 "最后一个" 参数取一个不临界的值, 是否能够让它收敛呢?

【例 4.3.2】 仍记 $g_n(x)$, $a_n$, $n = 1, 2, \cdots$. 同上例一样. 对 $x \in [a_{n-1}, a_n)$, 修改定义 $f(x) = x g_1(x) g_2(x) \cdots g_{n-2}(x) g_{n-1}^2(x)$. 问级数 $\sum_{n=1}^{\infty} \dfrac{1}{f(n)}$ 是否收敛?

**解** 不收敛. 我们根据 Cauchy 积分判别法, 上述级数的收敛性等价于广义积分 $\int_1^{+\infty} \dfrac{1}{f(x)}dx$ 的收敛性. 当 $x \in (a_{n-1}, a_n)$ 时, $\dfrac{1}{f(x)}$ 有原函数 $-\dfrac{1}{g_{n-1}(x)}$, 所以

$$\sum_{n=1}^{\infty} \frac{1}{f(n)} \geqslant \int_1^{+\infty} \frac{1}{f(x)}dx = \sum_{n=1}^{\infty} \int_{a_{n-1}}^{a_n} \frac{1}{f(x)}dx = \sum_{n=1}^{\infty} (1 - e^{-1}) = +\infty.$$

那为什么 "最后一个" 参数已经是一个不临界的值 $p = 2$, 级数还发散呢? 原因是这个参数虽然不是临界值, 但是它出现的位置不是常数而是变数 $n - 1$, 这是个无穷大量, 太靠后了! 为了抵消这个位置太靠后的不利因素, "最后一个" 参数不能仅仅不临界, 而且也要是个足够大的无穷大量才行! 我们继续这样修改一下.

【例 4.3.3】 仍记 $g_n(x)$, $a_n$, $n = 1, 2, \cdots$. 同上例一样. 对 $x \in [a_{n-1}, a_n)$, 修改定义 $f(x) = x g_1(x) g_2(x) \cdots g_{n-2}(x) g_{n-1}^{n^2}(x)$. 问级数 $\sum_{n=1}^{\infty} \dfrac{1}{f(n)}$ 是否收敛?

**解** 收敛. 根据 Cauchy 积分判别法, 上述级数的收敛性等价于广义积分 $\int_1^{+\infty} \dfrac{1}{f(x)}dx$ 的收敛性. 当 $x \in (a_{n-1}, a_n)$ 时, $\dfrac{1}{f(x)}$ 有原函数 $-\dfrac{1}{(n^2-1) g_{n-1}^{n^2-1}(x)}$, 所以

$$\sum_{n=3}^{\infty} \frac{1}{f(n)} \leqslant \int_{a_2}^{+\infty} \frac{1}{f(x)}dx = \sum_{n=2}^{\infty} \int_{a_{n-1}}^{a_n} \frac{1}{f(x)}dx = \sum_{n=2}^{\infty} \frac{1}{n^2-1}(1 - e^{1-n^2}) < +\infty$$

终于收敛了!

一个有趣的问题是: 调和级数中去掉多少项后, 级数就收敛了或者级数仍发散?

这方面的一个经典的情况是在调和级数中去掉所有的合数项, 剩下的质数项的和仍然发散, 我们将这个证明展示如下.

**【例 4.3.4】** 记 $q_n$, $n = 1, 2, \cdots$ 为质数的一个单调上升的排列. 证明级数 $\sum\limits_{n=1}^{\infty} \dfrac{1}{q_n}$ 发散.

**证明** 我们等价地证明无穷乘积 $\prod\limits_{n=1}^{\infty} \dfrac{1}{1 - \dfrac{1}{q_n}} = +\infty$. 考察部分乘积

$$\prod_{k=1}^{n} \frac{1}{1 - \dfrac{1}{q_k}} = \prod_{k=1}^{n} \left( \sum_{m=0}^{\infty} \frac{1}{q_k^m} \right) \geqslant \sum_{m=0}^{n} \frac{1}{m} \to +\infty, \qquad n \to +\infty.$$

所以 $\prod\limits_{n=1}^{\infty} \dfrac{1}{1 - \dfrac{1}{q_n}} = +\infty$, 即 $\prod\limits_{n=1}^{\infty} \left( 1 - \dfrac{1}{q_n} \right) = 0$, 因而 $\sum\limits_{n=1}^{\infty} \dfrac{1}{q_n} = +\infty$. □

下面来展示一个收敛的情况: 在调和级数中去掉所有含有数字 9 的项, 剩下的和收敛, 我们将这个证明展示如下.

**【例 4.3.5】** 记正整数的子集 $A = \{n \in \mathbb{N} \mid n$ 的十进制表示中不含数字 $9\}$. 证明级数 $\sum\limits_{n \in A} \dfrac{1}{n}$ 收敛.

**证明** $\sum\limits_{n \in A} \dfrac{1}{n} = \sum\limits_{i=1}^{\infty} \left( \sum\limits_{n \in A \text{ 且 } n \text{ 为 } i \text{ 位数}} \frac{1}{n} \right) \leqslant \sum\limits_{i=1}^{\infty} \left( 8 \cdot 9^{i-1} \frac{1}{10^{i-1}} \right) < +\infty.$

由此证明过程可知, 将子集 $A$ 中的十进制改成任意 $p$ 进制, 相应地将数字 9 改成 $0 \sim p - 1$ 中的任何一个数字, 相应的级数仍收敛. □

**【例 4.3.6】** 记 $s$ 是一个 $t$ 位正整数, 同时将其看成一个字符串, 例如, 将 6 位正整数 314159 同时看成字符串 "314159", 记正整数的子集 $A = \{n \in \mathbb{N} \mid n$ 的十进制表示中不含字符串 $s\}$. 证明级数 $\sum\limits_{n \in A} \dfrac{1}{n}$ 收敛.

**证明** 考察 $p = 10^t$ 进制数中不含 $p$ 进制的第 $s$ 个数字的正整数的子集 $B = \{n \in \mathbb{N} \mid n$ 的 $p$ 进制表示中不含 $p$ 进制的第 $s$ 个数字$\}$. 因为 $p$ 是 10 的 $t$ 次幂, 所以正整数 $n$ 的 $p$ 进制表示中, 若含 $p$ 进制的第 $s$ 个数字, 则 $n$ 的十进制表示中必含字符串 $s$, 反之不一定, 例如 $s = 314159$ 时, 取 $n = 3141590 = 3 \times 10^6 + 141590$, 其 $p = 10^6$ 进制表示 $(\overline{3x})_p$ 中, $(x)_p = 141590$, 即 $(x)_p \neq 314159$, 因而 $3141590 \in B \setminus A$, 所以 $A \subset B$, 所以

$$\sum_{n \in A} \frac{1}{n} \leqslant \sum_{n \in B} \frac{1}{n} < \sum_{i=1}^{\infty} \left( (p - 2) \cdot (p - 1)^{i-1} \frac{1}{p^{i-1}} \right) < +\infty.$$

这个级数的收敛速度是非常慢的, 对应于 $s = 314159$ 的和约为 2302582.33386. □

另一个有趣的问题是调和级数中次数增加一个多小的量后, 级数就收敛了或者级数仍发散?

【例 4.3.7】 证明级数 $\displaystyle\sum_{n=1}^{\infty}\frac{1}{n^{1+\frac{1}{n}}}$ 发散.

**证明** 根据 Cauchy 积分判别法, 这等价于下面的广义积分发散.

$$\int_{1}^{+\infty}\frac{1}{x^{1+\frac{1}{x}}}\mathrm{d}x \xlongequal{t=\ln x} \int_{0}^{+\infty}\frac{1}{\mathrm{e}^{\frac{t}{\mathrm{e}^{t}}}}\mathrm{d}t > \int_{0}^{+\infty}\frac{1}{\mathrm{e}^{\frac{t}{t}}}\mathrm{d}t = +\infty.$$

这个例子说明增加的次数 $\dfrac{1}{n}$ 太小了, 从证明中可以看出, 如果增加的次数为 $\dfrac{1}{\ln n}$, 级数 $\displaystyle\sum_{n=1}^{\infty}\frac{1}{n^{1+\frac{1}{\ln n}}}$ 仍发散, 但是级数 $\displaystyle\sum_{n=1}^{\infty}\frac{1}{n^{1+\frac{1}{\sqrt{\ln n}}}}$ 收敛. □

我们下面来看看增加的次数为 $|\sin n|$ 的情形, 它不单调, $\inf\{|\sin n|\}=0$, $\sup\{|\sin n|\}=1$. 它有小有大, 那么这一小部分小的项对收敛性的影响会是如何呢? 结论是这些小的项足以使级数发散.

【例 4.3.8】 证明级数 $\displaystyle\sum_{n=1}^{\infty}\frac{1}{n^{1+|\sin n|}}$ 发散.

**证明** (方法 1) 对任意正整数 $N \geqslant 4$, 记集合

$$A_n = \left\{k \;\middle|\; 1 \leqslant k \leqslant nN \text{ 且 } |\sin k| = \sin\left\{\frac{k}{2\pi}\right\}2\pi \leqslant \sin\frac{2\pi}{N}\right\}$$

中的元素个数为 $m_n$. 先证明 $m_n \geqslant \dfrac{nN}{N} = n$.

这只要将 $[0,1)$ 等分成 $N$ 个小区间, 若 $m_n < n$, 则根据抽屉原理 $nN$ 个数在 $\left\{\dfrac{k}{2\pi}\right\}$ 中, 其中函数 $\{x\}=x$ 的小数部分, 必至少有 $n+1$ 个数都落在同一个小区间内, 那么这 $n+1$ 个小数对应的整数的差的绝对值必属于 $A_n$.

假如级数收敛, 考察其余和:

$$\sum_{k=N+1}^{\infty}\frac{1}{k^{1+|\sin k|}}$$

$$= \sum_{n=1}^{\infty}\sum_{k=1}^{N}\frac{1}{(nN+k)^{1+|\sin(nN+k)|}}$$

$$\geqslant \sum_{n=1}^{\infty}\frac{m_{n+1}-m_n}{((n+1)N)^{1+\frac{2\pi}{N}}} = \frac{1}{N^{1+\frac{2\pi}{N}}}\sum_{n=1}^{\infty}\frac{m_{n+1}-m_n}{(n+1)^{1+\frac{2\pi}{N}}}$$

$$= \frac{1}{N^{1+\frac{2\pi}{N}}}\sum_{n=1}^{\infty}\left(\frac{m_{n+1}}{(n+1)^{1+\frac{2\pi}{N}}} - \frac{m_n}{n^{1+\frac{2\pi}{N}}}\right) + \frac{1}{N^{1+\frac{2\pi}{N}}}\sum_{n=1}^{\infty}\left(\frac{1}{n^{1+\frac{2\pi}{N}}} - \frac{1}{(n+1)^{1+\frac{2\pi}{N}}}\right)m_n$$

$$\geqslant -\frac{m_1}{N^{1+\frac{2\pi}{N}}} + \frac{1}{N^{1+\frac{2\pi}{N}}} \sum_{n=1}^{\infty} \left( \frac{1}{n^{1+\frac{2\pi}{N}}} - \frac{1}{(n+1)^{1+\frac{2\pi}{N}}} \right) m_n \stackrel{\text{记作}}{=\!=\!=} \mathrm{I} + \mathrm{II},$$

其中当 $N \to +\infty$ 时, 第一项 $\mathrm{I} \to 0$, 第二项中的被求和项

$$\left( \frac{1}{n^{1+\frac{2\pi}{N}}} - \frac{1}{(n+1)^{1+\frac{2\pi}{N}}} \right) m_n = -\frac{1}{n^{1+\frac{2\pi}{N}}} \left( \mathrm{e}^{-(1+\frac{2\pi}{N})\ln(1+\frac{1}{n})} - 1 \right) m_n$$

$$\sim \frac{1}{n^{1+\frac{2\pi}{N}}} \left( 1 + \frac{2\pi}{N} \right) \frac{1}{n} m_n \geqslant \frac{1}{n^{1+\frac{2\pi}{N}}} \left( 1 + \frac{2\pi}{N} \right).$$

其无穷和

$$\frac{1 + \dfrac{2\pi}{N}}{N^{1+\frac{2\pi}{N}}} \sum_{n=1}^{\infty} \frac{1}{n^{1+\frac{2\pi}{N}}} \geqslant \frac{1 + \dfrac{2\pi}{N}}{N^{1+\frac{2\pi}{N}}} \int_1^{\infty} \frac{1}{x^{1+\frac{2\pi}{N}}} \mathrm{d}x = \frac{1 + \dfrac{2\pi}{N}}{2\pi N^{\frac{2\pi}{N}}} \to \frac{1}{2\pi} \neq 0 \quad (N \to +\infty),$$

即所证级数的余和不收敛到零, 这意味着级数是发散的.

**(方法 2)** 记集合 $A_n = \left\{ k \ \middle| \ 0 \leqslant k < 2^n \text{且} |\sin k| \leqslant \dfrac{1}{n} \right\}$ 中的元素个数为 $m_n$. 我们先证明 $n > 1$ 时, $m_n \geqslant \dfrac{2^n}{7n}$, 这只要将复平面上的单位圆等分成 $7n$ 个小圆弧, 则根据抽屉原理 $0 \leqslant k < 2^n$ 个复数 $\mathrm{e}^{\mathrm{i}k}$ 中, 必至少有 $\dfrac{2^n}{7n}$ 个数都落在同一个小圆弧内. 对于这个小圆弧内的任意两个点 $\mathrm{e}^{\mathrm{i}k_1}$ 和 $\mathrm{e}^{\mathrm{i}k_2}$ 有

$$|\sin(k_2 - k_1)| \leqslant |\mathrm{e}^{\mathrm{i}(k_2-k_1)} - 1| = |\mathrm{e}^{\mathrm{i}k_2} - \mathrm{e}^{\mathrm{i}k_1}| < \frac{2\pi}{7n} < \frac{1}{n}.$$

因而 $|k_2 - k_1| \in A_n$, 所以 $m_n \geqslant \dfrac{2^n}{7n}$.

对任何整数 $N > 1$, 考察部分和:

$$\sum_{k=2}^{2^N-1} \frac{1}{k^{1+|\sin k|}} = \sum_{n=2}^{N} \sum_{k=2^{n-1}}^{2^n-1} \frac{1}{k^{1+|\sin k|}}$$

$$\geqslant \sum_{n=2}^{N} \frac{m_n - m_{n-1}}{2^{n+1}} = \sum_{n=2}^{N} \left( \left( \frac{m_n}{2^{n+1}} - \frac{m_{n-1}}{2^n} \right) + \frac{m_n}{2^{n+1}} \right)$$

$$\geqslant -\frac{m_1}{8} + \sum_{n=2}^{N} \frac{m_n}{2^{n+1}}$$

$$\geqslant -\frac{m_1}{8} + \sum_{n=2}^{N} \frac{1}{28n} \to +\infty \quad (N \to +\infty),$$

即题设级数发散. $\qquad \square$

上题中方法 1 是方法 2 的改编版. 其证明的关键与下面的无理数稠密性定理有关.

**【定理 4.3.4】**　　设 $s$ 为无理数, 对任意小区间 $[a,b) \subset [0,1)$, 记正整数子集 $A_n = \{k \,|\, 1 \leqslant k \leqslant n \text{ 且 } \{ks\} \in [a,b)\}$, 其中函数 $\{x\}$ 为 $x$ 的小数部分. 记 $A_n$ 中的元素个数为 $m_n$, 则 $m_n \sim (b-a)n$, 即 $\dfrac{m_n}{n} \to (b-a)$.

但例 4.3.8 中 $[a,b) = [0,b_n)$ 是一个变化的区间, 使无理数的稠密性定理不能使用了, 方法 2 的关键在于对这样的区间给出了一个下限估计 $m_n \geqslant [nb_n]$, 其中函数 $[x] = x - \{x\}$ 为不超过 $x$ 的最大整数, 且 $\dfrac{1}{b_n}$ 为整数.

## 4.4　利用积分估计级数的和

无穷级数是 (数列) 极限的一个等价形式, 它与极限一样主要也是有两个方面的内容: ① 定性——是否收敛; ② 定量——确定 (或估计) 极限值. 无穷级数在这两个方面通常是与求和问题相关, 表现为对部分和 (或余和) 的估计, 例如常用的 $p$ 级数的判别法的建立, 就是在于我们能成功地估计 $p$ 级数的部分和.

作估计就是作化简, 无穷级数作化简的一个主要方面就是如何估计和的界, 我们以 $p$ 级数 $\displaystyle\sum_{n=1}^{\infty} \frac{1}{n^p}$ 为例来看看这个问题是如何解决的.

**(方法 1)** 借助于其他已知敛散性的级数, 也就是用比较判别法.

当 $p > 1$ 时,

$$\frac{1}{(2^k)^p} + \frac{1}{(2^k+1)^p} + \frac{1}{(2^k+2)^p} + \cdots + \frac{1}{(2^{k+1}-1)^p} \leqslant \frac{1}{(2^k)^{p-1}},$$

而 $\displaystyle\sum_{k=1}^{\infty} \frac{1}{(2^k)^{p-1}}$ 是已知的收敛级数, 所以此时 $p$ 级数收敛.

当 $p \leqslant 1$ 时,

$$\frac{1}{(2^k+1)^p} + \frac{1}{(2^k+2)^p} + \cdots + \frac{1}{(2^{k+1})^p} \geqslant \frac{1}{2}.$$

所以此时 $p$ 级数发散.

利用已知敛散性的级数来研究新的级数的敛散性, 这是很基本也很重要的方法, 尤其是知道 $p$ 级数的收敛性以后, 利用 $p$ 级数来研究新的级数的敛散性更是一个很常用的方法.

**(方法 2)** 借助于广义积分, 我们知道 $p$ 级数的精确值几乎是无法求出的, 但是类似的 $p$ 积分, 其值却是极其容易计算的, 顺此思路就有了 Cauchy 积分判别法, 并很容易得到级数 $\displaystyle\sum_{n=2}^{\infty} \frac{1}{n\ln^q n}$、级数 $\displaystyle\sum_{n=3}^{\infty} \frac{1}{n\ln n(\ln\ln n)^s}$ 等比 $p$ 级数更精细的级数的敛散性结果.

我们再次强调一下，很多情况下积分是更容易计算的，而级数求和除了极少数情况，通常都是不能计算的．因此利用积分的优势来估计级数的和，这是一个非常有效的方法，Cauchy 积分判别法就是最典型的例子．但是 Cauchy 积分判别法对函数有单调性的要求，这个要求在有一定难度的题目里往往满足不了．我们下面介绍一个稍微灵活一点的积分估计法、Euler-Maclaurin (欧拉–麦克劳林) 公式以及它的一些变化形式．

**【定理 4.4.1】**(一阶 Euler-Maclaurin 公式)  设 $m < n$ 为整数，$f$ 在 $[m, n]$ 上连续可微，则有

$$\sum_{k=m}^{n} f(k) = \frac{f(m) + f(n)}{2} + \int_m^n f(x)\,\mathrm{d}x + \int_m^n \left(x - [x] - \frac{1}{2}\right) f'(x)\,\mathrm{d}x.$$

**证明**  从积分出发，技巧性地调整一下微分并分部积分即可．

$$\int_m^n f(x)\,\mathrm{d}x = \sum_{k=m}^{n-1} \int_k^{k+1} f(x)\,\mathrm{d}x$$

$$= \sum_{k=m}^{n-1} \int_k^{k+1} f(x)\,\mathrm{d}\left(x - k - \frac{1}{2}\right)$$

$$= \sum_{k=m}^{n-1} \left(x - k - \frac{1}{2}\right) f(x)\bigg|_k^{k+1} - \sum_{k=m}^{n-1} \int_k^{k+1} \left(x - k - \frac{1}{2}\right) f'(x)\,\mathrm{d}x$$

$$= \sum_{k=m}^{n} f(k) - \frac{f(m) + f(n)}{2} - \sum_{k=m}^{n-1} \int_k^{k+1} \left(x - k - \frac{1}{2}\right) f'(x)\,\mathrm{d}x$$

$$= \sum_{k=m}^{n} f(k) - \frac{f(m) + f(n)}{2} - \int_m^n \left(x - [x] - \frac{1}{2}\right) f'(x)\,\mathrm{d}x.$$

这样就得到了我们要求的公式．假如需要，可以继续分部积分得到一个二阶的 Euler-Maclaurin 公式：

$$\sum_{k=m}^{n} f(k) - \int_m^n f(x)\,\mathrm{d}x$$

$$= \frac{f(m) + f(n)}{2} + \frac{1}{2} \int_m^n f'(x)\,\mathrm{d}\left(\left(x - [x] - \frac{1}{2}\right)^2 + a_2\right)$$

$$= \frac{f(m) + f(n)}{2} + \frac{1}{2}\left(\frac{1}{4} + a_2\right)(f'(n) - f'(m))$$

$$- \frac{1}{2} \int_m^n f''(x)\left(\left(x - [x] - \frac{1}{2}\right)^2 + a_2\right)\mathrm{d}x,$$

其中常数 $a_2$ 可以任意调节, 一般取 $a_2 = -\dfrac{1}{12}$, 如此就有 $\displaystyle\int_0^1 \left( \left( x - [x] - \frac{1}{2} \right)^2 - \frac{1}{12} \right) \mathrm{d}x$

$= 0$, 因而 $\displaystyle\int_0^t \left( \left( x - [x] - \frac{1}{2} \right)^2 - \frac{1}{12} \right) \mathrm{d}x$ 是以 1 为周期的周期函数, 这有利于更高阶的 Euler-Maclaurin 公式具有统一的形式. □

下面举的例子, 就利用了 Euler-Maclaurin 公式来研究级数的和函数的渐近性态.

【例 4.4.1】 设 $a \in (0,1)$, $f(x) = \displaystyle\sum_{n=1}^{\infty} \frac{\cos nx}{n^a}$. 证明存在常数 $A, B \in \mathbb{R}$ 使得

$$\lim_{x \to 0^+} \frac{1}{x} \left( f(x) - \frac{A}{x^{1-a}} - B \right) = 0.$$

**证明** 在 $[1, N]$ 上对以 $t$ 为自变量的函数 $\dfrac{\cos tx}{t^a}$ 应用一阶 Euler-Maclaurin 公式, 为了令 $N \to +\infty$, 需要说明下面的广义积分是收敛的:

$$\int_1^{+\infty} \left( t - [t] - \frac{1}{2} \right) \frac{\sin(tx)}{t^a} \mathrm{d}t. \tag{4.4.1}$$

这只要证明对任意正整数 $m \geqslant n$, 下面的积分一致有界即可 (下面不妨设 $x \in (0,1]$).

$$\int_n^{m+1} \left( t - [t] - \frac{1}{2} \right) \sin(tx) \mathrm{d}t$$

$$= \sum_{k=n}^m \int_0^1 \left( t - \frac{1}{2} \right) \sin(t+k)x \, \mathrm{d}t$$

$$= \int_0^1 \left( t - \frac{1}{2} \right) \frac{\cos\left( n - \frac{1}{2} + t \right)x - \cos\left( m + \frac{1}{2} + t \right)x}{2\sin\frac{x}{2}} \mathrm{d}t$$

$$= \int_0^{\frac{1}{2}} \left( t - \frac{1}{2} \right) \frac{\cos\left( n - \frac{1}{2} + t \right)x - \cos\left( n + \frac{1}{2} - t \right)x}{2\sin\frac{x}{2}} \mathrm{d}t$$

$$\quad + \int_0^{\frac{1}{2}} \left( t - \frac{1}{2} \right) \frac{\cos\left( m + \frac{3}{2} - t \right)x - \cos\left( m + \frac{1}{2} + t \right)x}{2\sin\frac{x}{2}} \mathrm{d}t$$

$$= \int_0^{\frac{1}{2}} \left( t - \frac{1}{2} \right) \frac{\sin nx \sin\left( \frac{1}{2} - t \right)x}{\sin\frac{x}{2}} \mathrm{d}t$$

$$+ \int_0^{\frac{1}{2}} \left(t - \frac{1}{2}\right) \frac{\sin(m+1)x \sin\left(t - \frac{1}{2}\right)x}{\sin \frac{x}{2}} \mathrm{d}t.$$

所以

$$\left| \int_n^{m+1} \left(t - [t] - \frac{1}{2}\right) \sin(tx) \mathrm{d}t \right|$$

$$\leqslant \int_0^{\frac{1}{2}} \left(t - \frac{1}{2}\right) \frac{\left(t - \frac{1}{2}\right)x}{\frac{2}{\pi} \frac{x}{2}} \mathrm{d}t + \int_0^{\frac{1}{2}} \left(t - \frac{1}{2}\right) \frac{\left(t - \frac{1}{2}\right)x}{\frac{2}{\pi} \frac{x}{2}} \mathrm{d}t$$

$$= 2\pi \int_0^{\frac{1}{2}} \left(t - \frac{1}{2}\right)^2 \mathrm{d}t = \frac{\pi}{12}.$$

因而广义积分 (4.4.1) 其实还是关于 $x \in (0,1]$ 一致收敛的, 所以有

$$f(x) = \int_1^{+\infty} \frac{\cos(tx)}{t^a} \mathrm{d}t + \frac{1}{2} \cos x$$

$$- x \int_1^{+\infty} \left(t - [t] - \frac{1}{2}\right) \frac{\sin(tx)}{t^a} \mathrm{d}t - a \int_1^{+\infty} \left(t - [t] - \frac{1}{2}\right) \frac{\cos(tx)}{t^{a+1}} \mathrm{d}t.$$

右边的第一项积分作变量代换 $u = xt$, 然后记 $t = u$, 由此可得

$$f(x) = \frac{1}{x^{1-a}} \int_0^{+\infty} \frac{\cos t}{t^a} \mathrm{d}t - \frac{1}{x^{1-a}} \int_0^x \frac{\cos t}{t^a} \mathrm{d}t + \frac{1}{2} \cos x$$

$$- x \int_1^{+\infty} \left(t - [t] - \frac{1}{2}\right) \frac{\sin(tx)}{t^a} \mathrm{d}t - a \int_1^{+\infty} \left(t - [t] - \frac{1}{2}\right) \frac{\cos(tx)}{t^{a+1}} \mathrm{d}t$$

$$\overset{\text{记作}}{=\!=\!=} \frac{A}{x^{1-a}} + g(x) - ah(x),$$

其中, 记

$$A = \int_0^{+\infty} \frac{\cos t}{t^a} \mathrm{d}t,$$

$$g(x) = -\frac{1}{x^{1-a}} \int_0^x \frac{\cos t}{t^a} \mathrm{d}t + \frac{1}{2} \cos x - x \int_1^{+\infty} \left(t - [t] - \frac{1}{2}\right) \frac{\sin(tx)}{t^a} \mathrm{d}t,$$

$$g(0^+) = -\frac{1}{1-a} + \frac{1}{2},$$

$$\frac{1}{x}(g(x) - g(0^+)) = -\frac{1}{x^{2-a}} \int_0^x \frac{\cos t - 1}{t^a} \mathrm{d}t$$

$$+ \frac{1}{2x}(\cos x - 1) - \int_1^{+\infty} \left(t - [t] - \frac{1}{2}\right) \frac{\sin(tx)}{t^a} \mathrm{d}t$$

$$\to 0 \quad (x \to 0^+),$$

$$h(x) = \int_1^{+\infty} \left( t - [t] - \frac{1}{2} \right) \frac{\cos(tx)}{t^{a+1}} \mathrm{d}t,$$

$$h(0) = \int_1^{+\infty} \left( t - [t] - \frac{1}{2} \right) \frac{1}{t^{a+1}} \mathrm{d}t,$$

$$\frac{h(x) - h(0)}{x} = \frac{1}{x} \int_1^{+\infty} \left( t - [t] - \frac{1}{2} \right) \frac{\cos(tx) - 1}{t^{a+1}} \mathrm{d}t$$

$$= \frac{1}{x} \sum_{k=1}^{+\infty} \int_0^1 \left( t - \frac{1}{2} \right) \frac{\cos(t+k)x - 1}{(t+k)^{a+1}} \mathrm{d}t$$

$$= \frac{1}{2x} \sum_{k=1}^{+\infty} \int_0^1 \frac{\cos(t+k)x - 1}{(t+k)^{a+1}} \mathrm{d}(t^2 - t)$$

$$= \frac{1}{2} \sum_{k=1}^{+\infty} \int_0^1 (t^2 - t) \frac{\sin(t+k)x}{(t+k)^{a+1}} \mathrm{d}t + \frac{1+a}{2x} \sum_{k=1}^{+\infty} \int_0^1 (t^2 - t) \frac{\cos(t+k)x - 1}{(t+k)^{a+2}} \mathrm{d}t$$

$$\overset{\text{记作}}{=\!=\!=} \mathrm{I} + \mathrm{II}.$$

显然 $\mathrm{I} \to 0$ (当 $x \to 0^+$ 时):

$$\frac{2}{1+a} \mathrm{II} = \frac{1}{x} \sum_{k=1}^{+\infty} \int_0^1 (t^2 - t) \frac{\cos(t+k)x - 1}{(t+k)^{a+2}} \mathrm{d}t$$

$$\frac{2}{1+a} |\mathrm{II}| \leqslant \frac{1}{4x} \int_1^{+\infty} \frac{1 - \cos tx}{t^{a+2}} \mathrm{d}t$$

$$\leqslant \frac{1}{4x} \int_1^{x^{-p}} \frac{\frac{1}{2} t^2 x^2}{t^{a+2}} \mathrm{d}t + \frac{1}{4x} \int_{x^{-p}}^{+\infty} \frac{2}{t^{a+2}} \mathrm{d}t \to 0, \quad x \to 0^+,$$

其中 $p = \dfrac{2+a}{2+2a}$. 所以

$$B = g(0^+) - ah(0) = -\frac{1}{1-a} + \frac{1}{2} - a \int_1^{+\infty} \left( t - [t] - \frac{1}{2} \right) \frac{1}{t^{a+1}} \mathrm{d}t. \qquad \square$$

上例中的 Euler-Maclaurin 公式原来是用来对数值积分的梯形公式作误差估计的, 这里是反过来对级数作估计了. 我们知道数值积分的 Simpson (辛普森) 公式比梯形公式的收敛速度更快, 所以下面来推导有关 Simpson 公式的误差估计, 并用来估计级数和. 为了简单起见, 这次首先在区间 $[0, 2]$ 上推导 Simpson 公式的误差估计, 然后再推广到区间 $[0, 2n]$ 上的复化 Simpson 公式的形式.

设 $f$ 在 $[0,2]$ 上四阶连续可导, 则有

$$\int_0^2 f(x)\,\mathrm{d}x = \int_0^1 (f(x)+f(2-x))\mathrm{d}\left(x-\frac{1}{3}\right)$$

$$= \frac{f(0)+4f(1)+f(2)}{3} - \int_0^1 \left(x-\frac{1}{3}\right)(f'(x)-f'(2-x))\mathrm{d}x$$

$$= \frac{f(0)+4f(1)+f(2)}{3} - \frac{1}{2}\int_0^1 (f'(x)-f'(2-x))\,\mathrm{d}\left(x^2-\frac{2}{3}x\right)$$

$$= \frac{f(0)+4f(1)+f(2)}{3} + \frac{1}{2}\int_0^1 \left(x^2-\frac{2}{3}x\right)(f''(x)+f''(2-x))\mathrm{d}x$$

$$= \frac{f(0)+4f(1)+f(2)}{3} + \frac{1}{3!}\int_0^1 (f''(x)+f''(2-x))\,\mathrm{d}\left(x^3-x^2\right)$$

$$= \frac{f(0)+4f(1)+f(2)}{3} - \frac{1}{3!}\int_0^1 \left(x^3-x^2\right)(f'''(x)-f'''(2-x))\mathrm{d}x$$

$$= \frac{f(0)+4f(1)+f(2)}{3} - \frac{1}{4!}\int_0^1 (f'''(x)-f'''(2-x))\,\mathrm{d}\left(x^4-\frac{4}{3}x^3\right)$$

$$= \frac{f(0)+4f(1)+f(2)}{3} + \frac{1}{4!}\int_0^1 \left(x^4-\frac{4}{3}x^3\right)(f^{(4)}(x)+f^{(4)}(2-x))\mathrm{d}x.$$

所以有

$$\frac{f(0)+4f(1)+f(2)}{3}$$

$$= \int_0^2 f(x)\mathrm{d}x - \frac{1}{4!}\int_0^1 \left(x^4-\frac{4}{3}x^3\right)(f^{(4)}(x)+f^{(4)}(2-x))\mathrm{d}x.$$

记

$$\omega_4(x) = \begin{cases} x^4-\dfrac{4}{3}x^3+\dfrac{2}{15}, & x\in[0,1], \\ \omega_4(2-x), & x\in(1,2], \end{cases} \tag{4.4.2}$$

则有 $\displaystyle\int_0^2 \omega_4(x)\,\mathrm{d}x = 2\int_0^1 \omega_4(x)\,\mathrm{d}x = 0$, 且

$$\frac{f(0)+4f(1)+f(2)}{3} = \int_0^2 f(x)\mathrm{d}x + \frac{1}{180}f'''(x)\Big|_0^2 - \frac{1}{4!}\int_0^2 \omega_4(x)f^{(4)}(x)\mathrm{d}x.$$

为了将上面的公式推广成复化的形式, 我们将 $\omega_4(x)$ 以 2 为周期延拓成周期函数, 即对所有的 $x\in\mathbb{R}$ 定义 $\omega_4(x) = \omega_4\left(x-2\left[\dfrac{x}{2}\right]\right)$, 容易验证 $\omega_4(x)$ 为 $\mathbb{R}$ 上的二阶连续可微

函数且

$$-\frac{1}{5} \leqslant \omega_4(x) \leqslant \frac{2}{15}, \quad \int_0^1 \omega_4(x)\mathrm{d}x = 0.$$

由此即得所求的复化公式, 我们称之为 Euler-Maclaurin-Simpson 公式:

$$\frac{1}{3}\left(f(0) + 4\sum_{i=1}^{n} f(2i-1) + 2\sum_{i=1}^{n-1} f(2i) + f(2n)\right)$$

$$= \int_0^{2n} f(x)\mathrm{d}x + \frac{1}{180}f'''(x)\Big|_0^{2n} - \frac{1}{4!}\int_0^{2n} \omega_4(x)f^{(4)}(x)\mathrm{d}x.$$

下面我们用此公式来估计级数的和 $\displaystyle\sum_{k=0}^{2n} f(k)$, 为此将上式应用到区间 $[1, 2n-1]$ 上得

$$\frac{1}{3}\left(f(1) + 4\sum_{i=1}^{n-1} f(2i) + 2\sum_{i=1}^{n-2} f(2i+1) + f(2n-1)\right)$$

$$= \int_1^{2n-1} f(x)\mathrm{d}x + \frac{1}{180}f'''(x)\Big|_1^{2n-1} - \frac{1}{4!}\int_1^{2n-1} \omega_4(x-1)f^{(4)}(x)\mathrm{d}x.$$

将上面两式相加得

$$\sum_{k=0}^{2n} f(k) = \frac{1}{6}\left(5f(0) + f(1) + f(2n-1) + 5f(2n)\right)$$

$$+ \frac{1}{2}\int_0^{2n} f(x)\mathrm{d}x + \frac{1}{2}\int_1^{2n-1} f(x)\mathrm{d}x$$

$$+ \frac{1}{180}f'''(x)\Big|_0^{2n} + \frac{1}{180}f'''(x)\Big|_1^{2n-1}$$

$$- \frac{1}{48}\int_0^{2n} \omega_4(x)f^{(4)}(x)\mathrm{d}x - \frac{1}{48}\int_1^{2n-1} \omega_4(x-1)f^{(4)}(x)\mathrm{d}x. \tag{4.4.3}$$

【例 4.4.2】　设 $f(x) = \displaystyle\sum_{n=1}^{\infty} \mathrm{e}^{-(nx)^2}\mathrm{d}x$. 利用式 (4.4.3) 求 $f$ 在 $x \to 0$ 时的渐近展开式.

**解**　记 $\phi(s) = \mathrm{e}^{-s^2}$, 则由上式可得

$$f(x) = \frac{1}{6}\left(5\phi(x) + \phi(2x)\right) - \frac{x^3}{180}\left(\phi^{(3)}(x) + \phi^{(3)}(2x)\right)$$

$$+ \frac{1}{2}\int_1^{+\infty} \phi(tx)\mathrm{d}t + \frac{1}{2}\int_2^{+\infty} \phi(tx)\mathrm{d}t$$

$$-\frac{x^4}{48}\int_1^{+\infty}\omega_4(t-1)\phi^{(4)}(tx)\mathrm{d}t-\frac{x^4}{48}\int_2^{+\infty}\omega_4(t)\phi^{(4)}(tx)\mathrm{d}t,$$

其中 $\omega_4$ 由式 (4.4.2) 定义, 上式第一行的几项都可以作正常的 Taylor 展开, 下面重点来分析后面几个积分项的渐近展开.

$$\int_1^{+\infty}\phi(tx)\mathrm{d}t=\int_0^{+\infty}\phi(tx)\mathrm{d}t-\int_0^1\phi(tx)\mathrm{d}t$$

$$\xlongequal{u=tx}\frac{1}{x}\left(\int_0^{+\infty}\phi(u)\mathrm{d}u-\int_0^x\phi(u)\mathrm{d}u\right)$$

$$=\frac{1}{x}\left(\frac{\sqrt{\pi}}{2}-x+\frac{1}{3}x^3-\frac{1}{10}x^5+o(x^5)\right),\quad x\to 0.$$

同理可得

$$\int_2^{+\infty}\phi(tx)\mathrm{d}t=\frac{1}{x}\left(\frac{\sqrt{\pi}}{2}-2x+\frac{8}{3}x^3-\frac{16}{5}x^5+o(x^5)\right),\quad x\to 0.$$

对剩下的两个积分项, 记 $\omega_5(t)=\int_0^t\omega_4(x)\mathrm{d}x$, 则 $\omega_5(t)$ 是三阶连续可微的周期函数, 周期为 2, 且 $\omega_5(t-1)$ 是奇函数, $\int_0^2\omega_5(x)\mathrm{d}x=0$. 利用 Riemann-Lebesgue 引理可得

$$\int_1^{+\infty}\omega_4(t-1)\phi^{(4)}(tx)\mathrm{d}t$$

$$=\int_1^{+\infty}\phi^{(4)}(tx)\mathrm{d}\omega_5(t-1)$$

$$=-x\int_1^{+\infty}\omega_5(t-1)\phi^{(5)}(tx)\mathrm{d}t$$

$$\xlongequal{u=tx}-\int_x^{+\infty}\omega_5\left(\frac{u}{x}-1\right)\phi^{(5)}(u)\mathrm{d}u$$

$$=-\frac{1}{2}\int_0^2\omega_5(t)\mathrm{d}t\int_x^{+\infty}\phi^{(5)}(u)\mathrm{d}u+o(1)$$

$$=o(1),\quad x\to 0.$$

同理可得

$$\int_2^{+\infty}\omega_4(t)\phi^{(4)}(tx)\mathrm{d}t=o(1),\quad x\to 0.$$

所以

$$f(x) = \frac{1}{6}\left(5\phi(x) + \phi(2x)\right) - \frac{x^3}{180}\left(\phi^{(3)}(x) + \phi^{(3)}(2x)\right)$$

$$+ \frac{\sqrt{\pi}}{2x} - \frac{3}{2} + \frac{3}{2}x^2 + o(x^4)$$

$$= \frac{\sqrt{\pi}}{2x} - \frac{1}{2} + \frac{17}{60}x^4 + o(x^4), \quad x \to 0.$$

**【注 4.4.1】** Simpson 公式只一步展开余项即得到了四阶导数的形式, 但是最好应用在函数的四阶导数在原点没有奇性的情形, 这时它才有优势, 否则还不如应用梯形公式. 所以针对这两个公式所举的两个例子, 分别是发挥了这两个公式的优势: 例 4.4.1 中函数的导数在原点是有奇性的, 但一阶导数的奇性还不是很强, 所以用梯形公式 $t = 0$ 和 $t = +\infty$ 两头还能兼顾; 例 4.4.2 中函数在 $t = 0$ 是解析的, 而在 $t = +\infty$ 时导数阶数越高越能分析出 $x^n$ 的高阶因子, 所以用 Simpson 公式能一步作到四阶. 对第二个例子用梯形公式可以反复用到任意的高阶形式.

## 4.5 幂 级 数

### 4.5.1 基本性质

**收敛半径与收敛域** 幂级数 $\sum_{n=0}^{\infty} a_n x^n$ 的收敛半径 $R$ 有三种情形: $R = 0$, $R \in (0, +\infty)$ 以及 $R = +\infty$. 由 Cauchy-Hadamard (柯西–阿达马) 公式 $R = \dfrac{1}{\varlimsup\limits_{n \to +\infty} \sqrt[n]{|a_n|}}$ 给出.

若 $R = 0$, 则幂级数 $\sum_{n=0}^{\infty} a_n x^n$ 仅在 $x = 0$ 处收敛; 若 $R = +\infty$, 则 $\sum_{n=0}^{\infty} a_n x^n$ 对任何 $x \in \mathbb{R}$ 均收敛.

若 $R \in (0, +\infty)$, 则幂级数的收敛域有四种情形: $(-R, R), [-R, R], (-R, R]$ 以及 $[-R, R)$.

**一致收敛性与连续性** 幂级数在其收敛域中内闭一致收敛, 进而连续. 具体地, 若 $R \in (0, +\infty)$, 且 $\sum_{n=0}^{\infty} a_n x^n$ 在 $x = R$ (或 $x = -R$) 处收敛, 则 $\sum_{n=0}^{\infty} a_n x^n$ 在 $x = R$ 处左连续 (在 $x = -R$ 处右连续).

**可微性** 幂级数在其收敛域的内部无限次可导. 幂级数逐项求导后收敛半径不变, 收敛域不扩大.

设 $R \in (0, +\infty)$, 在 $x = R$ 处, 若 $\sum_{n=1}^{\infty} na_n x^{n-1}$ 收敛, 则 $\sum_{n=0}^{\infty} a_n x^n$ 在 $x = R$ 处收敛且

左导数为 $\sum_{n=1}^{\infty} na_n x^{n-1}\Big|_{x=R}$. 若在 $x=-R$ 处, $\sum_{n=1}^{\infty} na_n x^{n-1}$ 收敛, 则 $\sum_{n=0}^{\infty} a_n x^n$ 在 $x=-R$

处收敛且右导数为 $\sum_{n=1}^{\infty} na_n x^{n-1}\Big|_{x=-R}$.

反之不然, 即 $\sum_{n=0}^{\infty} a_n x^n$ 在 $x=R$ 处的左导数存在, 不意味着 $\sum_{n=1}^{\infty} na_n x^{n-1}$ 在 $x=R$

处收敛. 类似地, $\sum_{n=0}^{\infty} a_n x^n$ 在 $x=-R$ 处的右导数存在, 不意味着 $\sum_{n=1}^{\infty} na_n x^{n-1}$ 在 $x=-R$

处收敛.

**可积性** 幂级数在其收敛域的内部逐项可积. 幂级数逐项积分后的幂级数收敛半径不变. 收敛域不变小.

设 $R\in(0,+\infty)$, 在 $x=R$ 处, 若 $\sum_{n=0}^{\infty} \frac{a_n}{n+1} x^{n+1}$ 收敛, 则 $\sum_{n=0}^{\infty} a_n x^n$ 在 $[0,R]$ 上的积

分存在且为 $\sum_{n=0}^{\infty} \frac{a_n}{n+1} R^{n+1}$. 此时, 该积分有可能是反常积分, 但也有可能是常义积分.

同理, 若在 $x=-R$ 处, $\sum_{n=0}^{\infty} \frac{a_n}{n+1} x^{n+1}$ 收敛, 则 $\sum_{n=0}^{\infty} a_n x^n$ 在 $[-R,0]$ 上的积分存在且

为 $\sum_{n=0}^{\infty} (-1)^n \frac{a_n}{n+1} R^{n+1}$.

**数项级数的求和** 对于数项级数 $\sum_{n=0}^{\infty} a_n$, 引入恰当的幂级数 $\left(\text{例如}, \sum_{n=0}^{\infty} a_n x^n\right)$, 使我

们有可能通过求幂级数的和最终得到数项级数的和. 这方面, 常用的方法有三种. 方法一: 先求导后积分; 方法二: 先积分后求导; 方法三: 求导后得到微分方程并求解. 其中, 第一种方法可以视为第三种方法的特例. 求导和求积分也可能进行多次.

相关例题一般教材中都有, 在此不再赘述. 需要注意的是有些级数的计算, 适合利用 Fourier 级数.

### 4.5.2 生成函数

称幂级数 $\sum_{n=0}^{\infty} a_n x^n$ 为数列 $\{a_n\}_{n=0}^{\infty}$ 的**母函数**, 又称**生成函数**. 利用母函数研究数列是非常有用的方法. 但要能够在有限的时间内利用母函数来研究数列, 适合研究的对象, 还是比较有限的. 比较标准的是常系数线性差分方程.

**【例 4.5.1】** 设 $a_0=1, a_1=2, a_{n+2}=3a_{n+1}+4a_n\ (n\geqslant 0)$, 试求 $\{a_n\}$ 的通项公式.

**解** （**方法 1**）易证 $|a_n|\leqslant 4^n\ (n\geqslant 0)$, 因此 $\{a_n\}$ 的母函数 $S(x):=\sum_{n=0}^{\infty} a_n x^n$ 在

$\left(-\dfrac{1}{4}, \dfrac{1}{4}\right)$ 内有定义. 由 $\displaystyle\sum_{n=0}^{\infty}(a_{n+2} - 3a_{n+1} - 4a_n)x^{n+2} = 0$ 得到

$$(1 - 3x - 4x^2)S(x) = a_0 + a_1 x - 3a_0 x, \quad x \in \left(-\dfrac{1}{4}, \dfrac{1}{4}\right).$$

从而

$$S(x) = \frac{1-x}{1 - 3x - 4x^2} = \frac{1-x}{(1+x)(1-4x)} = \frac{2}{5(1+x)} + \frac{3}{5(1-4x)}$$

$$= \frac{2}{5}\sum_{n=0}^{\infty}(-1)^n x^n + \frac{3}{5}\sum_{n=0}^{\infty}4^n x^n, \quad x \in \left(-\dfrac{1}{4}, \dfrac{1}{4}\right).$$

因此

$$a_n = \frac{3 \cdot 4^n + 2 \cdot (-1)^n}{5}, \qquad \forall\, n \geqslant 0.$$

(**方法 2**) 方法 1 是标准的解法. 必要时, 可以考虑与 $\{a_n\}$ 相关数列的母函数, 例如, 考虑 $\left\{\dfrac{a_n}{n!}\right\}$ 的母函数 $S(x) := \displaystyle\sum_{n=0}^{\infty}\frac{a_n}{n!}x^n$, 则 $S$ 在 $\mathbb{R}$ 上有定义, $S(0) = 1$, $S'(0) = 2$. 由

$$\sum_{n=0}^{\infty}\frac{a_{n+2} - 3a_{n+1} - 4a_n}{n!}x^n = 0$$

得到

$$S''(x) - 3S'(x) - 4S(x) = 0, \qquad x \in \mathbb{R}.$$

从而解得

$$S(x) = \frac{2}{5}\mathrm{e}^{-x} + \frac{3}{5}\mathrm{e}^{4x}$$

$$= \frac{2}{5}\sum_{n=0}^{\infty}\frac{(-1)^n}{n!}x^n + \frac{3}{5}\sum_{n=0}^{\infty}\frac{4^n}{n!}x^n, \quad x \in \mathbb{R}.$$

因此

$$a_n = \frac{3 \cdot 4^n + 2 \cdot (-1)^n}{5}, \qquad \forall\, n \geqslant 0.$$

下例给出一个相对困难一些的问题.

【**例 4.5.2**】　设 $a_0 = a_1 = 1$ 为实数, 且满足

$$a_{n+2} = a_{n+1} + \frac{2}{n+1}a_n, \qquad n \geqslant 0.$$

证明序列 $\left\{\dfrac{a_n}{n^2}\right\}$ 收敛, 并求极限.

**解** 归纳易证

$$|a_n| \leqslant (n+1)^2, \quad \forall n \geqslant 0.$$

于是, 可考虑

$$S(x) = \sum_{n=0}^{\infty} a_n x^n, \quad x \in (-1, 1).$$

则有

$$T(x) = \int_0^x S(t)\,\mathrm{d}t = \sum_{n=0}^{\infty} \frac{a_n}{n+1} x^{n+1} = \frac{1}{2} \sum_{n=0}^{\infty} (a_{n+2} - a_{n+1}) x^{n+1}$$

$$= \frac{1}{2x}\big(S(x) - a_0 - a_1 x\big) - \frac{1}{2}\big(S(x) - a_0\big)$$

$$= \frac{1-x}{2x} T'(x) - \frac{1}{2x}, \quad x \in (-1, 1) \setminus \{0\}.$$

由此可得

$$T'(x) = \frac{2x}{1-x} T(x) + \frac{1}{1-x}, \quad x \in (-1, 1).$$

结合 $T(0) = 0$ 得到

$$T(x) = \frac{\mathrm{e}^{-2x}}{(1-x)^2} \int_0^x (1-t)\mathrm{e}^{2t}\,\mathrm{d}t = \frac{\mathrm{e}^{-2x}}{4(1-x)^2}\Big(3\mathrm{e}^{2x} - 2\mathrm{e}^{2x}x - 3\Big)$$

$$= \frac{1}{4(1-x)^2}\Big(3 - 2x - 3\mathrm{e}^{-2x}\Big)$$

$$= \sum_{n=0}^{\infty} \frac{n+3}{4} x^n - \frac{3}{4} \sum_{n=0}^{\infty} \sum_{k=0}^{n} \sum_{j=0}^{k} \frac{(-2)^j}{j!} x^n, \quad x \in (-1, 1).$$

因此,

$$a_n = \frac{(n+1)(n+4)}{4} - \frac{3(n+1)}{4} \sum_{k=0}^{n+1} \sum_{j=0}^{k} \frac{(-2)^j}{j!}, \quad \forall n \geqslant 0.$$

从而由 Stolz 公式, 得到

$$\lim_{n \to +\infty} \frac{a_n}{n^2} = \frac{1}{4} - \frac{3}{4} \lim_{n \to +\infty} \frac{1}{n} \sum_{k=0}^{n+1} \sum_{j=0}^{k} \frac{(-2)^j}{j!}$$

$$= \frac{1}{4} - \frac{3}{4} \lim_{n \to +\infty} \sum_{j=0}^{n+2} \frac{(-2)^j}{j!} = \frac{1 - 3\mathrm{e}^{-2}}{4}.$$

**【注 4.5.1】** 若递推式改为

$$a_{n+2} = a_{n+1} + \frac{\alpha}{n+1} a_n, \quad n \geqslant 0,$$

其中 $\alpha > 0$, 则形式上, 对于 $\beta > 0$, 有

$$\lim_{n \to +\infty} \frac{a_n}{n^\beta} = \lim_{n \to +\infty} \frac{a_{n+1} - a_n}{\beta n^{\beta-1}} = \lim_{n \to +\infty} \frac{\alpha a_{n-1}}{\beta n^\beta}.$$

此时, 自然应该猜测 $\lim\limits_{n \to +\infty} \dfrac{a_n}{n^\alpha}$ 存在. 读者可尝试考察这是否正确.

### 4.5.3　Abel 和、Cesáro 和

若级数 $\sum\limits_{n=0}^{\infty} a_n$ 收敛到 $A$, 则利用 Abel (阿贝尔) 定理可得 $\lim\limits_{x \to 1^-} \sum\limits_{n=0}^{\infty} a_n x^n = A$. 反之不然.

因此, 可以认为 $\lim\limits_{x \to 1^-} \sum\limits_{n=0}^{\infty} a_n x^n$ 推广了求和概念. 若这一极限存在, 设极限为 $A$, 则称 $\sum\limits_{n=0}^{\infty} a_n$ **Abel 可和**, 而 $A$ 称为 $\sum\limits_{n=0}^{\infty} a_n$ 的 **Abel 和**.

类似地, 由 Stolz 定理可得, 当级数 $\sum\limits_{n=0}^{\infty} a_n$ 收敛到 $A$ 时, 有 $\lim\limits_{n \to +\infty} \dfrac{1}{n+1} \sum\limits_{k=0}^{n} S_k = A$, 其中 $S_n$ 是级数 $\sum\limits_{n=0}^{\infty} a_n$ 的部分和: $S_n = \sum\limits_{k=0}^{n} a_k \, (n \geqslant 0)$. 同样, 反之不然.

这样, $\lim\limits_{n \to +\infty} \dfrac{1}{n+1} \sum\limits_{k=0}^{n} S_k$ 也推广了求和概念. 若这一极限存在, 设极限为 $A$, 则称 $\sum\limits_{n=0}^{\infty} a_n$ **Cesáro** (切萨罗) **可和**, 而 $A$ 称为 $\sum\limits_{n=0}^{\infty} a_n$ 的 **Cesáro 和**.

对于 Cesáro 和, 值得注意的是, 当 $\sum\limits_{n=0}^{\infty} a_n x^n$ 是 $f(x)$ 的 Maclaurin 级数时, $\sum\limits_{n=0}^{\infty} S_n x^n$ 就是 $\dfrac{f(x)}{1-x}$ 的 Maclaurin 级数.

Abel 和以及 Cesáro 和的性质时常隐藏在一些问题中. 在例 4.5.2 的解答中, 写法上我们采用了 $\sum\limits_{k=0}^{n+1} \sum\limits_{j=0}^{k} \dfrac{(-2)^j}{j!}$, 某种程度上, 可以让我们更清楚地看到这里有 Cesáro 和. 以下, 我们不加证明地列出一些相对简单而常见的性质. 对相关证明有兴趣的读者可以参看文献 (楼红卫, 2020).

(i) 若级数 $\sum\limits_{n=0}^{\infty} a_n$ Cesáro 可和, 则该级数 Abel 可和 (反之不然), 且两种和相等.

(ii) 若级数 $\sum\limits_{n=0}^{\infty} a_n$ 和 $\sum\limits_{n=0}^{\infty} b_n$ Abel 可和, 且 Abel 和分别为 $A$ 和 $B$, 则它们的 Cauchy 乘积 $\sum\limits_{n=0}^{\infty} c_n$ Abel 可和, 且和为 $AB$.

特别地, 若 $\sum\limits_{n=0}^{\infty} a_n$, $\sum\limits_{n=0}^{\infty} b_n$ 以及 $\sum\limits_{n=0}^{\infty} c_n$ 均收敛, 则 $\sum\limits_{n=0}^{\infty} c_n = \sum\limits_{n=0}^{\infty} a_n \cdot \sum\limits_{n=0}^{\infty} b_n$.

(iii) 若级数 $\sum\limits_{n=0}^{\infty} a_n$ 和 $\sum\limits_{n=0}^{\infty} b_n$ 分别收敛到 $A$ 和 $B$, 则它们的 Cauchy 乘积 $\sum\limits_{n=0}^{\infty} c_n$ Cesáro 可和, 且和为 $AB$.

(iv) 设级数 $\sum\limits_{n=0}^{\infty} a_n$ Abel 可和, 则 $\sum\limits_{n=0}^{\infty} a_n$ 收敛当且仅当

$$\lim_{n \to +\infty} \frac{a_1 + 2a_2 + \cdots + na_n}{n} = 0.$$

特别地, 若级数 $\sum\limits_{n=0}^{\infty} a_n$ Abel 可和, 且 $\lim\limits_{n \to +\infty} na_n = 0$, 则 $\sum\limits_{n=0}^{\infty} a_n$ 收敛.

### 4.5.4　解析函数

在数学分析中时常会提到解析, 但很多教材并没有对实解析函数给出明确的定义. 对于复解析函数, 时常要到复变函数课程中才介绍, 而且经常用复可导来定义解析性.

在数学分析中, 用可展开为幂级数来定义解析性是合适的. 详细定义请参见文献 (楼红卫, 2022) 第九章和第十一章. 在这一定义下, 解析函数中一些重要而有趣的性质可以非常简单地加以证明. 参见文献 (楼红卫, 2022) 以及第 7 章话题 2-B. 这些性质可以很好地扩充我们处理相关问题的工具箱.

## 4.6　Fourier 级数

设 $f \in C(\mathbb{R})$ 以 1 为周期, 考察初值条件

$$u(0, x) = f(x), \qquad x \in \mathbb{R} \tag{4.6.1}$$

下的热传导方程

$$u_t(t, x) = u_{xx}(t, x), \qquad t \geqslant 0, x \in \mathbb{R} \tag{4.6.2}$$

关于 $x$ 的以 1 为周期的周期解. 利用分离变量的思想, 我们形式地寻找形为 $u(t, x) = \sum\limits_{n=0}^{\infty} \psi_n(t)\varphi_n(x)$ 的解, 其中, 对于每一个 $n \geqslant 0$, $\varphi_n$ 以 1 为周期, $\psi_n(t)\varphi_n(x)$ 均满足微分方程 (4.6.2).

若非平凡 (即不恒为零) 的 $\psi(t)\varphi(x)$ 满足微分方程 (4.6.2), 则

$$\psi'(t)\varphi(x) = \psi(t)\varphi''(x), \qquad t \geqslant 0, x \in [0, 1].$$

于是有常数 $C$ 使得 $\psi'(t) = C\psi(t)$ 以及 $\varphi''(x) = C\varphi(x)$.

易见 $\varphi''(x) = C\varphi(x)$ 有周期为 1 的非平凡解的充要条件是 $C = -4n^2\pi^2$, 相应地, $\varphi(x) = C_1 \cos 2n\pi x + C_2 \sin 2n\pi x$, 进而 $\psi(t) = C_3 \mathrm{e}^{-4n^2\pi^2 t}$.

于是, 就得到方程 (4.6.1) 和方程 (4.6.2) 的形式解:

$$u(t, x) = a_0 + \sum_{n=1}^{\infty} \mathrm{e}^{-4n^2\pi^2 t}(a_n \cos 2n\pi x + b_n \sin 2n\pi x), \tag{4.6.3}$$

其中, 根据初值条件,

$$f(x) = u(0, x) = a_0 + \sum_{n=1}^{\infty} (a_n \cos 2n\pi x + b_n \sin 2n\pi x). \tag{4.6.4}$$

自然, 我们希望据此求出 $\{a_n\}, \{b_n\}$, 并证明式 (4.6.3) 确实给出了方程 (4.6.1) 和方程 (4.6.2) 的解. 若能够进一步证明方程 (4.6.1) 和方程 (4.6.2) 的解是唯一的, 则就彻底解决了该方程的求解问题.

对式 (4.6.3) 的研究就引出了 Fourier 级数理论.

### 4.6.1 一些用词

**绝对可积/收敛**  称一个函数 $f$ 在区间 $I$ 上绝对可积 $\left(\text{或积分} \displaystyle\int_I f(x)\,\mathrm{d}x \text{ 绝对收敛}\right)$, 如果 $f^+, f^-$ 均可积 (包括作为反常积分收敛).

尽管我们强烈建议在以上的意义下使用这一名词, 但确实在不同教材中, 这一名词的含义有一些区别.

**三角级数与 Fourier 级数**  三角级数是指形为

$$\frac{a_0}{2} + \sum_{n=1}^{\infty} \left(a_n \cos \frac{n\pi x}{\ell} + b_n \sin \frac{n\pi x}{\ell}\right) \tag{4.6.5}$$

的函数项级数, 其中 $\ell > 0$.

如果这个三角级数是由一个以 $2\ell$ 为周期且在一个周期上绝对可积的函数 $f$ 形式展开后得到的三角级数, 即

$$a_n = \frac{1}{\ell} \int_0^{2\ell} f(x) \cos \frac{n\pi x}{\ell}\,\mathrm{d}x, \quad b_n = \frac{1}{\ell} \int_0^{2\ell} f(x) \sin \frac{n\pi x}{\ell}\,\mathrm{d}x, \qquad n \geqslant 0, \tag{4.6.6}$$

则称该三角级数为 $f$ 的 Fourier 级数, 用

$$f \sim \frac{a_0}{2} + \sum_{n=1}^{\infty} \left(a_n \cos \frac{n\pi x}{\ell} + b_n \sin \frac{n\pi x}{\ell}\right)$$

表示, 注意这里 "$\sim$" 不能简单地写成 "$=$". 而式 (4.6.6) 给出的 $\{a_n\}, \{b_n\}$ 称为 $f$ 的 Fourier 系数.

为简便起见，通常我们考虑以 $2\pi$ 为周期的 Fourier 级数. 鉴于 $2\pi$ 为周期的函数可由它在 $[0, 2\pi]$ 上的值确定，本节中，用 $\mathcal{R}_1[0, 2\pi]$ 表示以 $2\pi$ 为周期且在 $[0, 2\pi]$ 上绝对可积的函数全体，用 $\mathcal{R}_2[0, 2\pi]$ 表示 $\mathcal{R}_1[0, 2\pi]$ 中那些在 $[0, 2\pi]$ 上平方可积的函数全体，用 $C_{\#}(\mathbb{R})$ 表示以 $2\pi$ 为周期的连续函数全体.

### 4.6.2 收敛性

函数 $f \in \mathcal{R}_1[0, 2\pi]$ 的 Fourier 级数的部分和为

$$S_n(f; x) = \frac{1}{\pi} \int_{-\pi}^{\pi} f(\theta + x) \frac{\sin\left(n + \frac{1}{2}\right)\theta}{2\sin\frac{\theta}{2}} \, \mathrm{d}\theta \tag{4.6.7}$$

$$= \frac{1}{\pi} \int_{0}^{\pi} (f(x+\theta) + f(x-\theta)) \frac{\sin\left(n + \frac{1}{2}\right)\theta}{2\sin\frac{\theta}{2}} \, \mathrm{d}\theta, \qquad \forall n \geqslant 0, x \in \mathbb{R}. \tag{4.6.8}$$

式 (4.6.7) 中的积分称为 **Dirichlet 积分**，函数 $\dfrac{\sin\left(n + \frac{1}{2}\right)\theta}{2\pi \sin\frac{\theta}{2}}$ 称为 **Dirichlet 核**.

任取 $\delta \in (0, \pi)$，以及 $x \in \mathbb{R}$. 由 Riemann 引理可得 $\lim\limits_{n \to +\infty} S_n(f; x) = A$ 当且仅当

$$\lim_{n \to +\infty} \int_{-\delta}^{\delta} (f(\theta + x) - A) \frac{\sin\left(n + \frac{1}{2}\right)\theta}{2\sin\frac{\theta}{2}} \, \mathrm{d}\theta = 0,$$

即

$$\lim_{n \to +\infty} \int_{0}^{\delta} (f(x+\theta) + f(x-\theta) - 2A) \frac{\sin\left(n + \frac{1}{2}\right)\theta}{2\sin\frac{\theta}{2}} \, \mathrm{d}\theta = 0.$$

这就得到所谓的**局部性原理**.

【**定理 4.6.1**】 设 $f \in \mathcal{R}_1[0, 2\pi]$，则任取 $\delta \in (0, \pi)$，$f$ 的 Fourier 级数在点 $x$ 处是否收敛及级数的和均只与 $f$ 在 $(x - \delta, x + \delta)$ 内的值相关.

关于 Fourier 级数部分和在一点的收敛性，常用的判别法有两个：Dini-Lipschitz 判别法和 Dirichlet-Jordan 判别法.

若 $f$ 在 $x_0$ 处满足 "Hölder（霍尔德）条件"：存在 $\alpha \in (0, 1)$，$\delta > 0$ 以及常数 $M > 0$ 使得

$$\begin{cases} \left| f(x) - f(x_0^+) \right| \leqslant M \left| x - x_0 \right|^{\alpha}, & \forall x \in (x_0, x_0 + \delta), \\ \left| f(x) - f(x_0^-) \right| \leqslant M \left| x - x_0 \right|^{\alpha}, & \forall x \in (x_0 - \delta, x_0), \end{cases} \tag{4.6.9}$$

则由 Riemann 引理可得

$$\lim_{p \to \infty} \int_0^\delta \frac{f(x+\theta) + f(x-\theta) - \left(f(x_0^+) + f(x_0^-)\right)}{\theta} \sin p\theta \, \mathrm{d}\theta = 0.$$

由此得到如下定理.

**【定理 4.6.2】**(Dini-Lipschitz 判别法)　设 $f \in \mathcal{R}_1[0, 2\pi]$, $x_0 \in \mathbb{R}$. 若 $f(x_0^+)$ 和 $f(x_0^-)$ 均存在, 且 "Hölder 条件" (4.6.9) 成立, 则

$$\lim_{n \to +\infty} S_n(f; x_0) = \frac{f(x_0^+) + f(x_0^-)}{2}. \tag{4.6.10}$$

同样基于 Riemann 引理、积分第二中值定理以及 $\int_0^{+\infty} \frac{\sin x}{x} \, \mathrm{d}x$ 的收敛性, 可得如下结论.

**【引理 4.6.3】**　设 $\delta > 0$, $f$ 在 $[0, \delta]$ 上单调, 则

$$\lim_{p \to \infty} \int_0^\delta \frac{f(x) - f(0^+)}{x} \sin px \, \mathrm{d}x = 0. \tag{4.6.11}$$

基于此引理, 得到如下结论.

**【定理 4.6.4】**(Dirichlet–Jordan 判别法)　$f \in \mathcal{R}_1[0, 2\pi]$, $x_0 \in \mathbb{R}$. 进一步, 存在 $\delta \in (0, \pi)$, 使得 $f$ 在 $[x_0 - \delta, x_0 + \delta]$ 上是两个单调函数之和, 则 (4.6.10) 式成立.

尽管 Fourier 级数在某一点的收敛条件是局部的, 而且不强, 但仅有 $f$ 的连续性不足以保证 Fourier 级数收敛. 存在 $f \in C_\#(\mathbb{R})$, 使得 $S_n(f; x)$ 在某些点不是收敛的. 但是更深刻的结果表明, 平方可积函数的 Fourier 级数是几乎处处收敛的, 因此, 也不存在 $f \in C_\#(\mathbb{R})$, 使得 $S_n(f; x)$ 处处发散.

为了改进收敛性, 考虑部分和 $S_n(f; x)$ 的平均值

$$\sigma_n(f; x) = \frac{1}{n} \sum_{k=0}^{n-1} S_k(f; x) = \frac{1}{2n\pi} \int_{-\pi}^{\pi} f(x+t) \left( \frac{\sin \frac{nt}{2}}{\sin \frac{t}{2}} \right)^2 \, \mathrm{d}t, \quad n \geqslant 1. \tag{4.6.12}$$

上式中的积分称为 **Fejér** (费耶尔) **积分**, 函数 $\frac{1}{2n\pi} \left( \dfrac{\sin \frac{nt}{2}}{\sin \frac{t}{2}} \right)^2$ 称为 **Fejér 核**.

我们有如下结果.

**【定理 4.6.5】**　设 $f \in \mathcal{R}_1[0, 2\pi]$, $x_0 \in \mathbb{R}$. 若 $f(x_0^+)$ 与 $f(x_0^-)$ 存在, 则

$$\lim_{n \to +\infty} \sigma_n(f; x_0) = \frac{f(x_0^+) + f(x_0^-)}{2}. \tag{4.6.13}$$

注意到 $\lim\limits_{n \to +\infty} S_n(f; x_0) = A$ 蕴含 $\lim\limits_{n \to +\infty} \sigma_n(f; x_0) = A$, 上述定理表明, 若 $\lim\limits_{n \to +\infty} S_n(f; x_0) = A$, 而 $f$ 在点 $x_0$ 处连续, 则必有 $A = f(x_0)$.

从竞赛的角度来看, 以下几个例题中, 计算函数的 Fourier 级数并利用定理 4.6.2 或定理 4.6.4 得到相应的等式属于没有难度的基本题. 对定理 4.6.5 的运用同样如此.

**【例 4.6.1】** 将 $f(x) := x\,(x \in [0, 2\pi])$ 展开成 Fourier 级数并给出 Fourier 级数的和.

**解** 易得

$$x \sim \pi - \sum_{n=1}^{\infty} \frac{2}{n} \sin nx, \quad x \in [0, 2\pi].$$

由定理 4.6.2 或定理 4.6.4 均可得到

$$\pi - \sum_{n=1}^{\infty} \frac{2}{n} \sin nx = \begin{cases} x, & x \in (0, 2\pi), \\ \pi, & x = 0 \text{ 或 } 2\pi. \end{cases} \tag{4.6.14}$$

**【例 4.6.2】** 将 $f(x) := x^2\,(x \in [0, 2\pi])$ 展开成 Fourier 级数并给出 Fourier 级数的和.

**解** 易得

$$f(x) \sim \frac{4\pi^2}{3} + \sum_{n=1}^{\infty} \left( \frac{4}{n^2} \cos nx - \frac{4\pi}{n} \sin nx \right).$$

由定理 4.6.2 或定理 4.6.4 均可得到

$$\frac{4\pi^2}{3} + \sum_{n=1}^{\infty} \left( \frac{4}{n^2} \cos nx - \frac{4\pi}{n} \sin nx \right) = \begin{cases} x^2, & x \in (0, 2\pi), \\ 2\pi^2, & x = 0 \text{ 或 } 2\pi. \end{cases} \tag{4.6.15}$$

上式也可以由例 4.6.1 积分得到.

**【例 4.6.3】** 设 $\alpha \neq 0$, 将 $f(x) := \mathrm{e}^{\alpha x}\,(x \in [0, 2\pi])$ 展开成 Fourier 级数并给出 Fourier 级数的和.

**解** 易得

$$f(x) \sim \frac{\mathrm{e}^{2\pi\alpha} - 1}{2\pi\alpha} + \sum_{n=1}^{\infty} \frac{\mathrm{e}^{2\pi\alpha} - 1}{\pi(n^2 + \alpha^2)} \left( \alpha \cos nx - n \sin nx \right).$$

由定理 4.6.2 或定理 4.6.4 均可得到

$$\frac{\mathrm{e}^{2\pi\alpha} - 1}{2\pi\alpha} + \sum_{n=1}^{\infty} \frac{\mathrm{e}^{2\pi\alpha} - 1}{\pi(n^2 + \alpha^2)} \left( \alpha \cos nx - n \sin nx \right) = \begin{cases} \mathrm{e}^{\alpha x}, & x \in (0, 2\pi), \\ \dfrac{1 + \mathrm{e}^{2\alpha\pi}}{2}, & x = 0 \text{ 或 } 2\pi. \end{cases} \tag{4.6.16}$$

**【例 4.6.4】** 设 $\alpha$ 为非整数, 将 $f(x) := \cos(\alpha x)\,(x \in [0, 2\pi])$ 展开成 Fourier 级数并给出 Fourier 级数的和.

**解** 本例可以看作例 4.6.3 的特例, 也可以直接计算 Fourier 系数得到

$$f(x) \sim \frac{\sin(2\pi\alpha)}{2\pi\alpha} + \sum_{n=1}^{\infty} \frac{2\sin(\pi\alpha)}{\pi(n^2 - \alpha^2)} \left( -\alpha \cos(\pi\alpha) \cos nx + n \sin(\pi\alpha) \sin nx \right).$$

由定理 4.6.2 或定理 4.6.4 均可得到

$$\frac{\sin(2\pi\alpha)}{2\pi\alpha} + \sum_{n=1}^{\infty} \frac{2\sin(\pi\alpha)}{\pi(n^2-\alpha^2)}\left(-\alpha\cos(\pi\alpha)\cos nx + n\sin(\pi\alpha)\sin nx\right)$$

$$= \begin{cases} \cos(\alpha x), & x \in (0, 2\pi), \\ \cos^2(\alpha\pi), & x = 0 \text{ 或 } 2\pi. \end{cases} \tag{4.6.17}$$

等式 (4.6.15)—(4.6.17) 蕴含了以下有趣的等式:

$$\sum_{n=1}^{\infty} \frac{1}{n^2} = \frac{\pi^2}{6}, \tag{4.6.18}$$

$$\sum_{n=1}^{\infty} \frac{1}{n^2+\alpha^2} = -\frac{1}{2\alpha^2} + \frac{\pi}{2\alpha\tanh(\alpha\pi)}, \qquad \alpha \neq 0, \tag{4.6.19}$$

$$\sum_{n=1}^{\infty} \frac{1}{n^2-\alpha^2} = \frac{1}{2\alpha^2} - \frac{\pi\cot(\alpha\pi)}{2\alpha}, \qquad \alpha \text{ 为非整数}. \tag{4.6.20}$$

如果不指出相应的 Fourier 级数, 要得到上述等式有一定的难度. 但一旦给出了相关的周期函数, 就主要成为一个计算定积分的问题.

能够拿来计算 Fourier 级数的函数并不多, 请读者注意考察一些基本初等函数截断得到的函数的 Fourier 级数, 比如对于 $a \in (0, 2\pi)$, 考虑 $[0, 2\pi]$ 上的函数 $\chi_{[0,a]}(x)$, $\chi_{[0,a]}(x)\cos x$, $\chi_{[0,a]}(x)\mathrm{e}^{\alpha x}$ 等的 Fourier 级数.

相较于定理 4.6.2、定理 4.6.4 和定理 4.6.5 以及引理 4.6.3 的应用, 它们的证明更值得留意.

### 4.6.3 一致收敛性

关于 Fourier 级数的一致收敛性, 很多教材涉及不多. 但其也为竞赛考试内容之一, 并不难. 因此, 也值得我们加以关注. 首先, 众所周知, 有以下结果.

【定理 4.6.6】 设 $f \in C_\#(\mathbb{R})$, 则 $\sigma_n(f; \cdot)$ 一致收敛到 $f(\cdot)$.

在下例中, 我们将 Riemann 引理推广成关于参数一致收敛的形式.

【例 4.6.5】 设 $g$ 是 $[a, b] \times [c, d]$ 上的连续函数, $h$ 在 $[c, d]$ 上绝对可积, 则

$$\lim_{p \to \infty} \sup_{x \in [a,b]} \left| \int_c^d g(x, t) h(t) \sin pt \, \mathrm{d}t \right| = 0. \tag{4.6.21}$$

**证明** 记 $\omega$ 为 $g$ 的连续模. 任取 $m \geq 1$, 我们有

$$\sup_{x \in [a,b]} \left| \int_c^d g(x, t) h(t) \sin pt \, \mathrm{d}t \right|$$

$$\leq \omega\left(\frac{b-a}{m}\right) \int_c^d |h(t)| \, \mathrm{d}t + \sum_{k=1}^{m} \left| \int_c^d g\left(a + \frac{k(b-a)}{m}, t\right) h(t) \sin pt \, \mathrm{d}t \right|.$$

由 Riemann 引理，

$$\varlimsup_{p \to \infty} \sup_{x \in [a,b]} \left| \int_c^d g(x,t) \sin pt \, \mathrm{d}t \right| \leqslant \omega \left( \frac{b-a}{m} \right) \int_c^d |h(t)| \, \mathrm{d}t.$$

上式中令 $m \to +\infty$ 即得结论. □

以下两例是关于 Fourier 级数一致收敛性的结论.

【例 4.6.6】 设 $f \in C_{\#}(\mathbb{R})$，$\int_0^{2\pi} \frac{\omega(r)}{r} \, \mathrm{d}r$ 收敛，其中 $\omega$ 为 $f$ 的连续模，则 $S_n(f; \cdot)$ 一致收敛到 $f(\cdot)$.

**证明** 任取 $\delta \in (0, \pi)$，由例 4.6.5 的结论，

$$\varlimsup_{n \to +\infty} \sup_{x \in [-\pi, \pi]} \left| S_n(f; x) - f(x) \right|$$

$$= \varlimsup_{n \to +\infty} \sup_{x \in [-\pi, \pi]} \frac{1}{\pi} \left| \int_0^\pi \big( f(x+\theta) + f(x-\theta) - 2f(x) \big) \frac{\sin \left( n + \frac{1}{2} \right) \theta}{2 \sin \frac{\theta}{2}} \, \mathrm{d}\theta \right|$$

$$= \varlimsup_{n \to +\infty} \sup_{x \in [-\pi, \pi]} \frac{1}{\pi} \left| \int_0^\delta \big( f(x+\theta) + f(x-\theta) - 2f(x) \big) \frac{\sin \left( n + \frac{1}{2} \right) \theta}{2 \sin \frac{\theta}{2}} \, \mathrm{d}\theta \right|$$

$$\leqslant \int_0^\delta \frac{\omega(\theta)}{\theta} \, \mathrm{d}\theta.$$

令 $\delta \to 0^+$ 即得结论. □

【例 4.6.7】 设 $f \in C_{\#}(\mathbb{R})$，且 $f$ 为两个连续单调函数之和，则 $S_n(f; \cdot)$ 一致收敛到 $f(\cdot)$.

**证明** 根据题意，可设 $f$ 为一个连续单增函数 $f_1$ 与一个连续单调递减函数 $f_2$ 之和. 令 $\omega$ 为 $(f_1, f_2)$ 在 $[-2\pi, 2\pi]$ 上的连续模，

$$M = \sup_{X > 0} \left| \int_0^X \frac{\sin x}{x} \, \mathrm{d}x \right|.$$

任取 $\delta \in (0, \pi)$，由积分第二中值定理，对于 $x \in [-\pi, \pi]$，有 $\xi \in [0, \delta]$ 使得

$$\left| \int_0^\delta \big( f_1(x+\theta) - f_1(x) \big) \frac{\sin \left( n + \frac{1}{2} \right) \theta}{\theta} \, \mathrm{d}\theta \right|$$

$$= \left| \big( f_1(x+\delta) - f_1(x) \big) \int_\xi^\delta \frac{\sin \left( n + \frac{1}{2} \right) \theta}{\theta} \, \mathrm{d}\theta \right|$$

$$\leqslant 2M\omega(\delta).$$

一般地, 可得

$$\left| \int_0^\delta \big(f(x+\theta)+f(x-\theta)-2f(x)\big)\frac{\sin\left(n+\frac{1}{2}\right)\theta}{\theta}\,\mathrm{d}\theta \right| \leqslant 8M\omega(\delta).$$

因此, 注意到 0 是 $t \mapsto \dfrac{1}{2\sin\dfrac{t}{2}} - \dfrac{1}{t}$ 的可去间断点, 由例 4.6.5 的结论, 得

$$\varlimsup_{n\to+\infty}\sup_{x\in[-\pi,\pi]}\big|S_n(f;x)-f(x)\big|$$

$$=\varlimsup_{n\to+\infty}\sup_{x\in[-\pi,\pi]}\frac{1}{\pi}\left|\int_0^\delta \big(f(x+\theta)+f(x-\theta)-2f(x)\big)\frac{\sin\left(n+\frac{1}{2}\right)\theta}{2\sin\dfrac{\theta}{2}}\,\mathrm{d}\theta\right|$$

$$=\varlimsup_{n\to+\infty}\sup_{x\in[-\pi,\pi]}\frac{1}{\pi}\left|\int_0^\delta \big(f(x+\theta)+f(x-\theta)-2f(x)\big)\frac{\sin\left(n+\frac{1}{2}\right)\theta}{\theta}\,\mathrm{d}\theta\right|$$

$$\leqslant 8M\omega(\delta).$$

令 $\delta\to 0^+$ 即得结论. □

对比 Dirichlet-Jordan 判别法, 自然可以有如下例题.

**【例 4.6.8】**　设 $f\in C[a,b]$, 且 $f=f_1-f_2$, 其中 $f_1,f_2$ 单调. 是否有 $[a,b]$ 上单调的连续函数 $g_1,g_2$ 使得 $f=g_1-g_2$?

**解**　回答是肯定的. 这里要用到单调函数的间断点至多可列. 设 $f_1$ 的间断点包含在两两不同的数列 $x_1,x_2,\cdots$ 中, 令 $a_n=f_1(x_n^+)-f_1(x_n^-)\,(n\geqslant 1)$. 这里我们规定 $f_k(a^-)=f_k(a),f_k(b^+)=f_k(b)\,(k=1,2)$.

令 $g_1(x)=f_1(x)-\displaystyle\sum_{x_n\leqslant x}a_n$, 则易见 $g_1$ 是 $[a,b]$ 上单调的连续函数.

另一方面, 易见 $f_2$ 的间断点就是 $f_1$ 的间断点, 且 $f_2(x_n^+)-f_2(x_n^-)=f_1(x_n^+)-f_1(x_n^-)\,(n\geqslant 1)$. 因此, 令 $g_2(x)=f_2(x)-\displaystyle\sum_{x_n\leqslant x}a_n$, 则 $g_2$ 是 $[a,b]$ 上单调的连续函数, 且 $f=g_1-g_2$.

### 4.6.4　逐项可积性

利用 Dirichlet-Jordan 判别法, 不难得到 Fourier 级数的逐项可积性.

**【定理 4.6.7】**　设 $f\in\mathcal{R}_1[0,2\pi]$, 其 Fourier 级数为

$$f\sim\frac{a_0}{2}+\sum_{n=1}^\infty\big(a_n\cos nx+b_n\sin nx\big),$$

则 $\sum_{n=1}^{\infty} \dfrac{b_n}{n}$ 收敛, 且对任何 $x \in \mathbb{R}$, 有

$$\int_0^x f(t)\,\mathrm{d}t = \frac{a_0 x}{2} + \sum_{n=1}^{\infty} \int_0^x \left( a_n \cos nt + b_n \sin nt \right) \mathrm{d}t, \qquad (4.6.22)$$

即

$$\int_0^x f(t)\,\mathrm{d}t = \frac{a_0 x}{2} + \sum_{n=1}^{\infty} \frac{b_n}{n} + \sum_{n=1}^{\infty} \left( -\frac{b_n \cos nx}{n} + \frac{a_n \sin nx}{n} \right). \qquad (4.6.23)$$

**证明** 记 $g = f - \dfrac{a_0}{2}$,

$$F(x) = \int_0^x g(t)\,\mathrm{d}t, \quad x \in \mathbb{R},$$

则 $F \in C_{\#}(\mathbb{R})$. 直接计算 Fourier 系数, 得到 $F$ 的 Fourier 级数为

$$F(x) \sim \frac{A_0}{2} + \sum_{n=1}^{\infty} \left( -\frac{b_n}{n} \cos nx + \frac{a_n}{n} \sin nx \right).$$

而利用

$$F(x) = \int_0^x g^+(t)\,\mathrm{d}t - \int_0^x g^-(t)\,\mathrm{d}t$$

可见 $F$ 是一个单调递增函数和一个单调递减函数之和. 因此由 Dirichlet-Jordan 判别法, 得到

$$F(x) = \frac{A_0}{2} + \sum_{n=1}^{\infty} \left( -\frac{b_n}{n} \cos nx + \frac{a_n}{n} \sin nx \right), \quad \forall x \in \mathbb{R}. \qquad (4.6.24)$$

上式中令 $x = 0$ 可得 $\dfrac{A_0}{2} = \sum_{n=1}^{\infty} \dfrac{b_n}{n}$. 因此, $\sum_{n=1}^{\infty} \dfrac{b_n}{n}$ 收敛, 且 (4.6.22) 和 (4.6.23) 成立. $\square$

上述定理反过来用就得到导数的 Fourier 级数与原函数 Fourier 级数之间的关系. 在此不再赘述.

我们可以由定理构造出一个处处收敛但不是 Fourier 级数的三角级数.

**【例 4.6.9】** 证明: 三角级数 $\sum_{n=2}^{\infty} \dfrac{\sin nx}{\ln n}$ 处处收敛但不是 Fourier 级数.

**证明** 由 Dirichlet 判别法, 题中级数在 $\mathbb{R}$ 上处处收敛. 但由于 $\sum_{n=2}^{\infty} \dfrac{1}{n \ln n}$ 发散, 由定理 4.6.7, $\sum_{n=2}^{\infty} \dfrac{\sin nx}{\ln n}$ 不是 Fourier 级数. $\square$

由例 4.6.9, 我们比较自然地想到如下例题.

**【例 4.6.10】** 设三角级数 $\displaystyle\sum_{n=2}^{\infty}\frac{\sin nx}{\ln n}$ 的和函数为 $S$. 证明: $S\notin\mathcal{R}_1[0,2\pi]$.

**证明** 由 Dirichlet 判别法, 易证 $\displaystyle\sum_{n=2}^{\infty}\frac{\sin nx}{\ln n}$ 关于 $x\in(0,2\pi)$ 内闭一致收敛, 因此, $S$ 在 $(0,2\pi)$ 内连续.

若 $S\in\mathcal{R}_1[0,2\pi]$, 则对于 $x\in[0,\pi)$, $F(x)=\displaystyle\int_x^\pi S(t)\,\mathrm{d}t+\sum_{n=2}^{\infty}\frac{(-1)^n}{n\ln n}$ 有定义且连续.

而由内闭一致收敛性, 对任何 $x\in(0,\pi]$, 有 $F(x)=\displaystyle\sum_{n=2}^{\infty}\frac{\cos nx}{n\ln n}$. 进一步, 当 $m>2$ 时,

$$\int_0^x F(t)\,\mathrm{d}t=\lim_{\varepsilon\to0^+}\int_\varepsilon^x F(t)\,\mathrm{d}t=\lim_{\varepsilon\to0^+}\sum_{n=2}^{\infty}\frac{\sin nx-\sin n\varepsilon}{n^2\ln n}=\sum_{n=2}^{\infty}\frac{\sin nx}{n^2\ln n},$$

$$\int_0^x\mathrm{d}t\int_0^t F(s)\,\mathrm{d}s=\sum_{n=2}^{\infty}\frac{1-\cos nx}{n^3\ln n}\geqslant\sum_{n=2}^{m}\frac{1-\cos nx}{n^3\ln n}.$$

由 L'Hospital 法则可得

$$F(0)=\lim_{x\to0^+}\frac{2}{x^2}\int_0^x\mathrm{d}t\int_0^t F(s)\,\mathrm{d}s\geqslant\sum_{n=2}^{m}\frac{1}{n\ln n}.$$

令 $m\to+\infty$, 便有 $F(0)\geqslant+\infty$, 得到矛盾. 因此, $S\notin\mathcal{R}_1[0,2\pi]$. □

上述证明比较巧妙地利用了多次逐项可积后一般项的非负性. 我们也可以通过 Abel 变换来估计 $S$ 在 $0$ 点附近的阶.

类似于例 4.6.10, 我们可以考虑如下问题.

**【例 4.6.11】** 设 $\alpha\in(0,1)$, 试考察三角级数 $\displaystyle\sum_{n=2}^{\infty}\frac{\sin nx}{n^\alpha}$ 的和函数在 $0$ 点处的阶.

请读者自己给出解答, 并提出类似的问题 (参见例 4.6.10).

### 4.6.5　最佳均方逼近

这一部分内容实际上方便在比较抽象的框架下介绍. 具体地, 如果 $\{\psi_n\}_{n=0}^{+\infty}$ 是 $\mathcal{R}_2[0,2\pi]$ 中的一个标准正交系, 即满足

$$\int_0^{2\pi}\psi_k(x)\psi_j(x)\,\mathrm{d}x=\begin{cases}1,&k=j,\\0,&k\neq j,\end{cases}\qquad k,j\geqslant0.\tag{4.6.25}$$

对于 $f\in\mathcal{R}_2[0,2\pi]$, 令

$$c_n=\int_0^{2\pi}f(x)\psi_n(x)\,\mathrm{d}x,\qquad n=0,1,2,\cdots,$$

则称 $\sum\limits_{n=0}^{+\infty} c_n\psi_n$ 为 $f$ 对应于 $\{\psi_n\}_{n=0}^{+\infty}$ 的 Fourier 级数, $\{c_n\}$ 称为 $f$ 的 Fourier 系数.

我们有 Fourier 级数的**最佳均方逼近性质**: 对于任何数列 $\{\beta_n\}_{n=0}^{+\infty}$, 成立

$$\int_0^{2\pi} \left|f(x) - \sum_{k=0}^n \beta_k\psi_k(x)\right|^2 \mathrm{d}x \geqslant \int_0^{2\pi} \left|f(x) - \sum_{k=0}^n c_k\psi_k(x)\right|^2 \mathrm{d}x. \tag{4.6.26}$$

由此又可以得到 **Bessel** (贝塞尔) **不等式**:

$$\sum_{n=0}^{\infty} |c_n|^2 \leqslant \int_0^{2\pi} |f(x)|^2 \mathrm{d}x. \tag{4.6.27}$$

**【例 4.6.12】**　设 $\{\psi_n\}_0^{+\infty}$ 是 $\mathcal{R}_2[0, 2\pi]$ 中的一个标准正交系,

$$X = \left\{\sum_{n=0}^m \beta_n\psi_n \middle| \beta_n \in \mathbb{R}, 0 \leqslant n \leqslant m; m \geqslant 0\right\}.$$

若 $X$ 在 $\mathcal{R}_2[0, 2\pi]$ 中稠密, 即对任何 $f \in \mathcal{R}_2[0, 2\pi]$, 成立

$$\inf_{g \in X} \int_0^{2\pi} \left|g(x) - f(x)\right|^2 \mathrm{d}x = 0.$$

则对任何 $f \in \mathcal{R}_2[0, 2\pi]$ 及其 Fourier 级数 $\sum\limits_{n=0}^{+\infty} c_n\psi_n$, 成立如下的 **Parseval** (帕塞瓦尔) 等式:

$$\sum_{n=0}^{+\infty} |c_n|^2 = \int_0^{2\pi} |f(x)|^2 \mathrm{d}x. \tag{4.6.28}$$

**证明**　用 $S_n(f; \cdot)$ 表示 $f$ 的 Fourier 级数的部分和 $\sum\limits_{k=0}^n c_k\psi_k(\cdot)$.

任取 $\varepsilon > 0$, 由题设, 有 $T = \sum\limits_{n=0}^m \beta_n\psi_n \in X$ 使得

$$\|T - f\|_2 \equiv \left(\int_0^{2\pi} \left|g(x) - f(x)\right|^2 \mathrm{d}x\right)^{\frac{1}{2}} < \varepsilon,$$

则注意到当 $n \geqslant m$ 时, $T$ 的 Fourier 级数的部分和 $S_n(T; \cdot) = T(\cdot)$, 由 Minkowski (闵可夫斯基) 不等式和 Bessel 不等式, 有

$$\|S_n(f; \cdot) - f(\cdot)\|_2$$
$$\leqslant \|S_n(f; \cdot) - S_n(T; \cdot)\|_2 + \|S_n(T; \cdot) - f(\cdot)\|_2$$

$$= \|S_n(f - T; \cdot)\|_2 + \|T - f\|_2$$

$$\leqslant 2\|T - f\|_2 < 2\varepsilon.$$

上式结合

$$\int_0^{2\pi} f^2(x)\,\mathrm{d}x - \int_0^{2\pi} S_n^2(f;x)\,\mathrm{d}x = \int_0^{2\pi} \big(f - S_n(f;x)\big)^2\,\mathrm{d}x,$$

即得结论. □

### 4.6.6 Fourier 变换

用 $\mathcal{R}_1(\mathbb{R})$ 表示 $\mathbb{R}$ 上绝对可积的 (复值) 函数全体, 对于 $f \in \mathcal{R}_1(\mathbb{R})$, 可定义

$$\widehat{f}(x) \equiv \mathscr{F}(f)(x) := \int_{\mathbb{R}} f(y)\mathrm{e}^{-2\pi\mathrm{i}xy}\,\mathrm{d}y, \quad x \in \mathbb{R}$$

称为 $f$ 的 Fourier 变换. 而

$$f^{\vee}(x) \equiv \mathscr{F}^{-1}(f)(x) := \int_{\mathbb{R}} f(y)\mathrm{e}^{2\pi\mathrm{i}xy}\,\mathrm{d}y, \quad x \in \mathbb{R}$$

称为 $f$ 的 Fourier 逆变换.

易见 $\widehat{f}$ 是 $\mathbb{R}$ 上的连续函数.

函数的卷积在分析中有重要的作用, 在 Fourier 变换理论中, 卷积同样起着非常重要的作用. 对于 $\mathbb{R}$ 上的复值函数 $f, g$, 定义其卷积 $f * g$ 为

$$f * g(x) = \int_{\mathbb{R}} f(x - y)g(y)\,\mathrm{d}y.$$

自然, 需要一定的条件保证卷积有意义.

最适合讲解 Fourier 变换主要性质的函数空间应该是 Lebesgue 积分意义下的平方可积函数空间 $L^2(\mathbb{R})$. 因此, 在通常的数学分析范围内介绍 Fourier 变换就不容易讲解清楚. 这也是为什么绝大多数数学分析教材对 Fourier 变换这部分内容浅尝辄止, 只是作简单的介绍.

另一个适合讲解 Fourier 变换的主要性质的函数空间是速降函数空间. 称 $\mathbb{R}$ 上无穷次可导的 (复值) 函数 $\varphi$ 为**速降函数**, 又称 **Schwarz** (施瓦茨) **函数**, 如果

$$\sup_{x \in \mathbb{R}} \left| x^m \varphi^{(n)}(x) \right| < +\infty, \qquad \forall\, m, n \geqslant 0. \tag{4.6.29}$$

这等价于

$$\lim_{x \to \infty} x^m \varphi^{(n)}(x) = 0, \qquad \forall\, m, n \geqslant 0. \tag{4.6.30}$$

记速降函数的全体为 $\mathscr{S} \equiv \mathscr{S}(\mathbb{R})$. 类似地, 可以对 $\mathbb{R}^n$ 上的绝对可积函数定义 Fourier 变换以及引入速降函数类.

在速降函数类中, 容易建立 Fourier 变换的主要性质. 这些定理的证明可基于含参变量积分的性质, 利用常规方法得到.

【定理 4.6.8】 设 $f \in \mathscr{S}$, 则 $\widehat{f} \in \mathscr{S}$, 且对于 $n \geqslant 0$ 成立

$$\widehat{f}^{(n)}(x) = (-2\pi \mathrm{i})^n \int_{\mathbb{R}} y^n f(y) \mathrm{e}^{-2\pi \mathrm{i} x y} \, \mathrm{d}y, \tag{4.6.31}$$

$$\mathscr{F}(f^{(n)})(x) = (2\pi \mathrm{i})^n x^n \widehat{f}(x). \tag{4.6.32}$$

一般地, 对于 $n, m \geqslant 0$, 有

$$x^m \widehat{f}^{(n)}(x) = \frac{(-2\pi \mathrm{i})^n}{(2\pi \mathrm{i})^m} \int_{\mathbb{R}} \frac{\mathrm{d}^m}{\mathrm{d}y^m} \big( y^n f(y) \big) \mathrm{e}^{-2\pi \mathrm{i} x y} \, \mathrm{d}y. \tag{4.6.33}$$

【定理 4.6.9】 设 $f \in \mathscr{S}$, $x_0 \in \mathbb{R}$, 则
(i) $\big( f(x_0 + \cdot) \big)^{\wedge}(x) = \mathrm{e}^{2\pi \mathrm{i} x_0 x} \widehat{f}(x)$;
(ii) $\big( \mathrm{e}^{-2\pi \mathrm{i} x_0} f(\cdot) \big)^{\wedge}(x) = \widehat{f}(x + x_0)$.

【定理 4.6.10】 设 $f \in \mathscr{S}$, 则

$$f(x) = \int_{\mathbb{R}} \widehat{f}(y) \mathrm{e}^{2\pi \mathrm{i} x y} \, \mathrm{d}y, \quad \forall x \in \mathbb{R}. \tag{4.6.34}$$

【定理 4.6.11】 设 $f, g \in \mathscr{S}$, 则

$$(f * g)^{\wedge}(x) = \widehat{f}(x) \widehat{g}(x), \quad \forall x \in \mathbb{R}, \tag{4.6.35}$$

$$(fg)^{\wedge}(x) = (\widehat{f} * \widehat{g})(x), \quad \forall x \in \mathbb{R}. \tag{4.6.36}$$

如下的 Plancherel 定理, 证明并不复杂, 但颇具技巧.

【定理 4.6.12】 设 $f \in \mathscr{S}$, 则

$$\int_{\mathbb{R}} |f(x)|^2 \, \mathrm{d}x = \int_{\mathbb{R}} |\widehat{f}(x)|^2 \, \mathrm{d}x. \tag{4.6.37}$$

证明 用 $\bar{z}$ 表示复数 $z$ 的共轭复数. 令 $h(x) = \overline{f(-x)} \, (x \in \mathbb{R})$, 则

$$\int_{\mathbb{R}} f(x) \overline{f(x)} \, \mathrm{d}x = \int_{\mathbb{R}} f(x) h(-x) \, \mathrm{d}x = (f * h)(0)$$

$$= \big( (f * h)^{\wedge} \big)^{\vee}(0) = (\widehat{f} \widehat{h})^{\vee}(0) = \int_{\mathbb{R}} \widehat{f}(x) \widehat{h}(x) \, \mathrm{d}x$$

$$= \int_{\mathbb{R}} \widehat{f}(x) \overline{\widehat{f}(x)} \, \mathrm{d}x = \int_{\mathbb{R}} |\widehat{f}(x)|^2 \, \mathrm{d}x. \qquad \square$$

利用 Plancherel 定理, 今后可以方便地在 $L^2(\mathbb{R})$ 中讨论 Fourier 变换及其性质. 在数学分析中, 则可以进一步在一定的光滑性条件下讨论相关结果. 用 $\operatorname{supp} f = \overline{\{x \mid f(x) = 0\}}$ 表示 $f$ 的支集. 若 $\operatorname{supp} f$ 为紧集, 则称 $f$ 有紧支集. 用 $C_c^k(\mathbb{R})$ 表示 $C^k(\mathbb{R})$ 中有紧支集的 (复值) 函数全体.

**【例 4.6.13】** 设 $f \in C_c^2(\mathbb{R})$, 证明: $\widehat{f} \in \mathcal{R}_1(\mathbb{R})$ 且式 (4.6.34) 成立.

**证明** 对于 $x \neq 0$, 分部积分可得

$$x^2 \widehat{f}(x) = -\frac{1}{4\pi^2} \mathscr{F}(f'')(x).$$

由此可得 $x \mapsto (1 + x^2) \widehat{f}(x)$ 有界, 从而 $\widehat{f} \in \mathcal{R}_1(\mathbb{R})$.

为证明 (4.6.34), 我们采用以下两种方法. 请读者注意推导过程成立的理由.

**(方法 1)** 任取 $A > 0$,

$$\int_{-A}^{A} \widehat{f}(y) \mathrm{e}^{2\pi\mathrm{i}xy} \, \mathrm{d}y = \int_{-A}^{A} \mathrm{d}y \int_{\mathbb{R}} f(u) \mathrm{e}^{2\pi\mathrm{i}(x-u)y} \, \mathrm{d}u$$

$$= \int_{-A}^{A} \mathrm{d}y \int_{\mathbb{R}} f(x-u) \mathrm{e}^{2\pi\mathrm{i}uy} \, \mathrm{d}u = \int_{\mathbb{R}} \mathrm{d}u \int_{-A}^{A} f(u) \mathrm{e}^{2\pi\mathrm{i}(x-u)y} \, \mathrm{d}y$$

$$= \int_{\mathbb{R}} f(x-u) \frac{\sin(2\pi A u)}{\pi u} \, \mathrm{d}u = \int_{\mathbb{R}} f'(x-u) \left( \int_0^{2\pi A u} \frac{\sin t}{\pi t} \, \mathrm{d}t \right) \mathrm{d}u.$$

令 $A \to +\infty$, 得到

$$\int_{\mathbb{R}} \widehat{f}(y) \mathrm{e}^{2\pi\mathrm{i}xy} \, \mathrm{d}y = \int_{\mathbb{R}} f'(x-u) \frac{\operatorname{sgn}(u)}{2} \, \mathrm{d}u = f(x).$$

**(方法 2)** 取 $T > 0$ 使得 $\operatorname{supp} f \subseteq (-T, T)$, 把 $f|_{[-T,T]}$ 作以 $2T$ 为周期的延拓, 则其 Fourier 级数的复形式为 $\displaystyle\sum_{n=-\infty}^{+\infty} \frac{1}{2T} \widehat{f}\left( \frac{n}{2T} \right) \mathrm{e}^{2\pi\mathrm{i}x\frac{n}{2T}}$. 因此, 对任何 $x \in (-T, T)$, 以上级数收敛到 $f(x)$, 即

$$f(x) = \sum_{n=-\infty}^{+\infty} \frac{1}{2T} \widehat{f}\left( \frac{n}{2T} \right) \mathrm{e}^{2\pi\mathrm{i}x\frac{n}{2T}} = \int_{\mathbb{R}} \widehat{f}\left( \frac{[2Ty]}{2T} \right) \mathrm{e}^{2\pi\mathrm{i}x\frac{[2Ty]}{2T}} \, \mathrm{d}y.$$

由 $\widehat{f} \in \mathcal{R}_1(\mathbb{R})$ 可见, 上式右端的积分一致收敛, 令 $T \to +\infty$, 即得结论. $\square$

**【例 4.6.14】** 对于 $\alpha > 0$, 定义 $\mathbb{R}$ 上的实函数集

$$X_\alpha := \left\{ f \mid f \text{ 非负、偶, } \operatorname{supp} f = [-\alpha, \alpha], f \text{ 在 } (-\alpha, \alpha) \text{ 内 Lipschitz 连续} \right\}.$$

设 $a, b > 0$, $f \in X_a, g \in X_b$. 证明:

(i) $f * g \in X_A$, 其中 $A = a + b$;

(ii) $(f * g)^\wedge(0) = \widehat{f}(0)\,\widehat{g}(0)$;

(iii) $\widehat{f}$ 是实函数, 且 $\displaystyle\int_{\mathbb{R}} \widehat{f}(x)\,\mathrm{d}x = f(0)$.

**证明** 不妨设 $a \geqslant b$. 用 $\alpha \wedge \beta$ 表示实数 $\alpha, \beta$ 的最小值. 由题设, 存在 $M > 0$ 使得

$$\big|f(x) - f(y)\big| \leqslant M|x - y|, \quad \forall\, x, y \in (-a, a),$$

$$|f(x)| + |g(x)| \leqslant M, \quad \forall\, x \in \mathbb{R}.$$

(i) 首先,

$$f * g(x) = \int_{\mathbb{R}} f(x - y)g(y)\,\mathrm{d}y = \int_{-b}^{b} f(x - y)g(y)\,\mathrm{d}y. \tag{4.6.38}$$

可得当 $|x| > A$ 时, $f * g(x) = 0$. 因此, $\mathrm{supp}\,(f * g) \subseteq [-A, A]$.

另一方面, 若 $0 \leqslant x_1 < x_2 \leqslant A$, 则

$$\big|f * g(x_2) - f * g(x_1)\big|$$

$$= \left| \int_{-b}^{b} \big(f(x_2 + y) - f(x_1 + y)\big)g(-y)\,\mathrm{d}y \right|$$

$$\leqslant M \int_{-b}^{b} \big|f(x_2 + y) - f(x_1 + y)\big|\,\mathrm{d}y$$

$$= M \int_{-b+x_1}^{b+x_1} \big|f(x_2 - x_1 + y) - f(y)\big|\,\mathrm{d}y$$

$$= M \int_{-b+x_1}^{(b+x_1)\wedge a} \big|f(x_2 - x_1 + y) - f(y)\big|\,\mathrm{d}y.$$

若 $b + x_2 \leqslant a$, 则

$$\big|f * g(x_2) - f * g(x_1)\big|$$

$$\leqslant M \int_{-b+x_1}^{b+x_1} M(x_2 - x_1)\,\mathrm{d}y \leqslant 2M^2 b(x_2 - x_1).$$

若 $b + x_2 > a$, 则

$$\big|f * g(x_2) - f * g(x_1)\big|$$

$$\leqslant M \int_{-b+x_1}^{a-x_2+x_1} \big|f(x_2 - x_1 + y) - f(y)\big|\,\mathrm{d}y + M \int_{a-x_2+x_1}^{(b+x_1)\wedge a} \big|f(y)\big|\,\mathrm{d}y$$

$$\leqslant M \int_{-b+x_1}^{a-x_2+x_1} M(x_2 - x_1)\,\mathrm{d}y + M \int_{a-x_2+x_1}^{(b+x_1)\wedge a} M(x_2 - x_1)\,\mathrm{d}y$$

$$\leqslant 2M^2 b(x_2 - x_1) + M^2\big((b+x_1)\wedge a - (a - x_2 + x_1)\big)$$

$$\leqslant 2M^2(b+1)|x_2 - x_1|.$$

同理可证当 $-A \leqslant x_1 < x_2 \leqslant 0$ 时, 成立

$$|f * g(x_2) - f * g(x_1)| \leqslant 2M^2(b+1)|x_2 - x_1|. \tag{4.6.39}$$

最后易得对于 $-A \leqslant x_1 \leqslant x_2 \leqslant A$ 和式 (4.6.39) 均成立. 因此, $f * g \in X_A$.

(ii) $(f * g)^\wedge(0) = \displaystyle\int_{\mathbb{R}} (f * g)(x)\,\mathrm{d}x$

$$= \int_{-A}^{A} (f * g)(x)\,\mathrm{d}x = \int_{-A}^{A} \mathrm{d}x \int_{-b}^{b} f(x - y)g(y)\,\mathrm{d}y$$

$$= \int_{-b}^{b} \mathrm{d}y \int_{-A}^{A} f(x - y)g(y)\,\mathrm{d}x = \int_{\mathbb{R}} f(x)\,\mathrm{d}x \int_{\mathbb{R}} g(y)\,\mathrm{d}y = \widehat{f}(0)\,\widehat{g}(0).$$

(iii) 由于 $f$ 是 $(-a, a)$ 中的实偶函数,

$$\overline{\widehat{f}(x)} = \overline{\int_{-a}^{a} f(y)\mathrm{e}^{-2\pi\mathrm{i}xy}\,\mathrm{d}y} = \int_{-a}^{a} f(y)\mathrm{e}^{2\pi\mathrm{i}xy}\,\mathrm{d}y$$

$$= \int_{-a}^{a} f(-t)\mathrm{e}^{-2\pi\mathrm{i}xt}\,\mathrm{d}t = \int_{-a}^{a} f(t)\mathrm{e}^{-2\pi\mathrm{i}xt}\,\mathrm{d}t = \widehat{f}(x).$$

因此, $\widehat{f}$ 是实函数. 进而

$$\widehat{f}(-x) = \int_{-a}^{a} f(y)\mathrm{e}^{2\pi\mathrm{i}xy}\,\mathrm{d}y = \overline{\widehat{f}(x)} = \widehat{f}(x).$$

因此, $\widehat{f}$ 是偶函数.

对任何 $Y > 0$,

$$\int_0^Y \widehat{f}(x)\,\mathrm{d}x = \int_0^Y \mathrm{d}x \int_0^a f(y)\mathrm{e}^{-2\pi\mathrm{i}xy}\,\mathrm{d}y$$

$$= 2\int_0^Y \mathrm{d}x \int_0^a f(y)\cos(2\pi xy)\,\mathrm{d}y = 2\int_0^a \mathrm{d}y \int_0^Y f(y)\cos(2\pi xy)\,\mathrm{d}x$$

$$= \int_0^a f(y)\frac{\sin(2\pi Y y)}{\pi y}\,\mathrm{d}y.$$

注意到满足 Lipschitz 条件的函数可以写成两个单调函数之和, 上式中令 $Y \to +\infty$, 由引理 4.6.3 可得 $\displaystyle\int_0^{+\infty} \widehat{f}(x)\,\mathrm{d}x = \frac{1}{2}f(0)$. 进而 $\displaystyle\int_{\mathbb{R}} \widehat{f}(x)\,\mathrm{d}x = f(0)$. $\qquad\square$

**【例 4.6.15】** (i) 设 $f = \chi_{(-\frac{1}{2}, \frac{1}{2})}$. 计算 $\widehat{f}$.

(ii) 设 $g = \dfrac{\pi \cos \pi x}{2} \chi_{(-\frac{1}{2}, \frac{1}{2})}$. 计算 $\widehat{g}$;

(iii) 设 $a > 0, h_a(x) = ag(ax)$. 计算 $\widehat{h_a}$;

(iv) 计算 $\displaystyle \int_0^{+\infty} \frac{\sin x}{x} \left( \frac{\cos \frac{x}{2}}{\pi^2 - x^2} \right)^2 \mathrm{d}x$.

**解** 直接计算可得

$$\widehat{f}(x) = \frac{\sin \pi x}{\pi x}, \quad \widehat{g}(x) = \frac{\cos \pi x}{1 - 4x^2}, \quad \widehat{h_a}(x) = \widehat{g}\left(\frac{x}{a}\right).$$

设 $X_\alpha$ 按例 4.6.14 中定义. 我们有 $f, g \in X_{\frac{1}{2}}, h_a \in X_{\frac{1}{2a}}$, $h_a * h_a \in X_{\frac{1}{a}}$. 又易见 $\displaystyle \int_{\mathbb{R}} f(x)\,\mathrm{d}x = \int_{\mathbb{R}} g(x)\,\mathrm{d}x = 1$. 从而

$$\int_0^{+\infty} \frac{\sin x}{x} \left( \frac{\cos \frac{x}{2}}{\pi^2 - x^2} \right)^2 \mathrm{d}x = \frac{\pi}{2} \int_{\mathbb{R}} \frac{\sin \pi x}{\pi x} \left( \frac{\cos \frac{\pi x}{2}}{\pi^2 - \pi^2 x^2} \right)^2 \mathrm{d}x$$

$$= \frac{1}{2\pi^3} \int_{\mathbb{R}} \widehat{f}(x) \widehat{h}_2^2(x)\,\mathrm{d}x = \frac{1}{2\pi^3} \int_{\mathbb{R}} \left( f * h_2 * h_2 \right)^{\wedge}(x)\,\mathrm{d}x$$

$$= \frac{1}{2\pi^3} \left( f * h_2 * h_2 \right)(0) = \frac{1}{2\pi^3} \int_{-\frac{1}{2}}^{\frac{1}{2}} \left( h_2 * h_2 \right)(x)\,\mathrm{d}x$$

$$= \frac{1}{2\pi^3} \left( \int_{\mathbb{R}} h_2(x)\,\mathrm{d}x \right)^2 = \frac{1}{2\pi^3} \left( \int_{\mathbb{R}} g(x)\,\mathrm{d}x \right)^2 = \frac{1}{2\pi^3}.$$

## 4.7 Bernstein 多项式

**Bernstein 多项式** 设 $f$ 是 $[0,1]$ 上的函数, $n \geqslant 0$, 定义 $f$ 的 $n$ 阶 Bernstein 多项式为

$$B_n(f, x) = \sum_{k=0}^n f\left(\frac{k}{n}\right) \mathrm{C}_n^k x^k (1-x)^{n-k}.$$

易见 Bernstein 多项式有如下性质.

**【性质 4.7.1】** (端点的插值性) $B_n(0) = f(0), B_n(1) = f(1)$.

**【性质 4.7.2】** (保序性) 若在 $[0,1]$ 上 $f(\cdot) \geqslant 0$, 则 $B_n(f, \cdot) \geqslant 0$; 又若 $f(\cdot) > 0$, 则 $B_n(f, \cdot) > 0$.

【性质 4.7.3】(保有界性) 若在 $[0,1]$ 上存在常数 $m \leqslant M$, 使得 $m \leqslant f(\cdot) \leqslant M$, 则同样成立 $m \leqslant B_n(f,\cdot) \leqslant M$.

【性质 4.7.4】(导数) 计算可得, 当 $n \geqslant 1$ 时,

$$B_n'(f,x) = n \sum_{k=0}^{n-1} \left( f\left(\frac{k+1}{n}\right) - f\left(\frac{k}{n}\right) \right) \mathrm{C}_{n-1}^k x^k (1-x)^{n-k-1}.$$

具体地, 固定 $n$, 定义 (一阶) 向前差分

$$\Delta f(x) = f\left(x + \frac{1}{n}\right) - f(x),$$

则

$$B_n'(f,x) = n \sum_{k=0}^{n-1} \Delta f\left(\frac{k}{n}\right) \mathrm{C}_{n-1}^k x^k (1-x)^{n-k-1}.$$

固定 $n \geqslant 2$, 定义二阶向前差分

$$\Delta^2 f(x) = \Delta f\left(x + \frac{1}{n}\right) - \Delta f(x) = f\left(x + \frac{2}{n}\right) - 2f\left(x + \frac{1}{n}\right) + f(x),$$

则

$$B_n''(f,x) = n(n-1) \sum_{k=0}^{n-2} \Delta^2 f\left(\frac{k}{n}\right) \mathrm{C}_{n-2}^k x^k (1-x)^{n-k-2}.$$

固定 $n \geqslant m$, 归纳定义 $m$ 阶向前差分

$$\Delta^m f(x) = \Delta\left(\Delta^{m-1} f(x)\right) = \Delta^{m-1} f\left(x + \frac{1}{n}\right) - \Delta^{m-1} f(x),$$

则归纳可证如下的结论:

$$\Delta^m f(x) = \sum_{k=0}^m (-1)^k \mathrm{C}_m^k f\left(x + \frac{m-k}{n}\right),$$

$$B_n^{(m)}(f,x) = n(n-1)\cdots(n-m+1) \sum_{k=0}^{n-m} \Delta^m f\left(\frac{k}{n}\right) \mathrm{C}_{n-m}^k x^k (1-x)^{n-m-k}.$$

所以, Bernstein 多项式 $B_n(f,x)$ 是下面的 $n+1$ 阶常微分方程初值问题的唯一解:

$$\begin{cases} y^{(n+1)}(x) = 0, \quad x \in [0,1], \\ y(0) = f(0), \\ y^{(m)}(0) = n(n-1)\cdots(n-m+1)\Delta^m f(0) \quad (m = 1, 2, \cdots, n), \end{cases}$$

也即 $B_n(f,x)$ 可由 $\Delta^m f(0)$ $(m=0,1,\cdots,n)$ 唯一确定.

**【性质 4.7.5】**(差分表示式) 利用 Taylor 公式 $y(x) = \sum_{k=0}^{n} \dfrac{y^{(k)}(0)}{k!} x^k$ 可得下面的 Bernstein 多项式的差分表示式:

$$B_n(f,x) = \sum_{k=0}^{n} \mathrm{C}_n^k \Delta^k f(0) x^k,$$

其中 $\Delta^k f(0)$ 的计算公式如下:

$$\Delta^k f(0) = \sum_{i=0}^{k} (-1)^i \mathrm{C}_k^i f\left(\frac{k-i}{n}\right).$$

**【性质 4.7.6】**(保单调性) 若在 $[0,1]$ 上 $f(\cdot)$ 单调上升, 则 $\Delta f(\cdot) \geqslant 0$, 因而 $B_n'(f,\cdot) \geqslant 0$, 即 $B_n(f,x)$ 也是单调上升的;

**【性质 4.7.7】**(保凸性) 若在 $[0,1]$ 上 $f(\cdot)$ 是凸函数, 则 $B_n(f,\cdot)$ 也是凸函数且 $f(\cdot) \leqslant B_n(f,\cdot)$ 成立.

**证明** 由 $\Delta^2 f(\cdot) \geqslant 0$, 知 $B_n''(f,\cdot) \geqslant 0$, 即 $B_n(f,\cdot)$ 凸.

$\forall x_0 \in (0,1)$, 任取一条 $f(\cdot)$ 在此点的支撑线 $g(x) = f(x_0) + k(x-x_0)$, 其中 $k$ 介于 $f_-'(x_0)$ 和 $f_+'(x_0)$ 之间, 因而 $f(\cdot) \geqslant g(\cdot)$ 在 $[0,1]$ 上成立. 由保序性知

$$0 \leqslant B_n(f-g,x) = B_n(f,x) - B_n(g,x) = B_n(f,x) - g(x).$$

特别地,

$$B_n(f,x_0) \geqslant g(x_0) = f(x_0). \qquad \square$$

**【性质 4.7.8】**(Hölder 连续的收敛速度) 若存在 $\alpha \in (0,1]$ 及 $L \geqslant 0$, 使得对任意的 $x,y \in [0,1]$ 成立

$$|f(x) - f(y)| \leqslant L|x-y|^\alpha,$$

则对任意的 $x \in [0,1]$, 有

$$|f(x) - B_n(f,x)| \leqslant L\left(\frac{x(1-x)}{n}\right)^{\frac{\alpha}{2}} \leqslant \frac{L}{n^{\frac{\alpha}{2}}}.$$

**证明** 由题设知

$$|f(x) - B_n(f,x)| \leqslant \sum_{k=0}^{n} \left| f(x) - f\left(\frac{k}{n}\right) \right| \mathrm{C}_n^k x^k (1-x)^{n-k}$$

$$\leqslant L \sum_{k=0}^{n} \left| x - \frac{k}{n} \right|^\alpha \mathrm{C}_n^k x^k (1-x)^{n-k}$$

$$\leqslant L \left( \sum_{k=0}^{n} \left| x - \frac{k}{n} \right|^{\alpha p} \mathrm{C}_n^k x^k (1-x)^{n-k} \right)^{\frac{1}{p}}$$

$$\cdot \left( \sum_{k=0}^{n} 1^q \mathrm{C}_n^k x^k (1-x)^{n-k} \right)^{\frac{1}{q}}$$

$$= L \left( \sum_{k=0}^{n} \left| x - \frac{k}{n} \right|^{\alpha p} \mathrm{C}_n^k x^k (1-x)^{n-k} \right)^{\frac{1}{p}}.$$

此处 $p, q > 0$, $\dfrac{1}{p} + \dfrac{1}{q} = 1$. 我们取 $p = \dfrac{2}{\alpha}$, 则

$$|f(x) - B_n(f, x)| \leqslant L \left( \sum_{k=0}^{n} \left( x - \frac{k}{n} \right)^2 \mathrm{C}_n^k x^k (1-x)^{n-k} \right)^{\frac{\alpha}{2}}$$

$$= L \left( \frac{x(1-x)}{n} \right)^{\frac{\alpha}{2}}. \qquad \square$$

**【性质 4.7.9】**($C^1$ 收敛性)　若 $f \in C^1[0,1]$, 则 $B_n'(f, \cdot)$ 一致收敛到 $f'(\cdot)$.

**证明**　只要证 $B_n'(f, \cdot) - B_{n-1}(f', \cdot)$ 在 $[0,1]$ 上一致收敛到 $0$. 由性质 4.7.4 以及 Lagrange 中值定理, 存在 $\theta \equiv \theta_{n,x} \in (0,1)$ 使得

$$B_n'(f, x) = \sum_{k=0}^{n-1} n \mathrm{C}_{n-1}^k \Delta f \left( \frac{k}{n} \right) x^k (1-x)^{n-k-1}$$

$$= \sum_{k=0}^{n-1} \mathrm{C}_{n-1}^k f' \left( \frac{k+\theta}{n} \right) x^k (1-x)^{n-k-1}, \quad \forall n \geqslant 1, x \in [0,1],$$

注意到

$$\left| \frac{k+\theta}{n} - \frac{k}{n-1} \right| = \left| \frac{\theta}{n} - \frac{k}{(n-1)n} \right| \leqslant \frac{1}{n}, \quad \forall 0 \leqslant k \leqslant n-1, x \in [0,1],$$

则有

$$\sup_{x \in [0,1]} \left| B_n'(f, x) - B_{n-1}(f', x) \right|$$

$$= \sup_{x \in [0,1]} \left| \sum_{k=0}^{n-1} \mathrm{C}_{n-1}^k \left( f' \left( \frac{k+\theta}{n} \right) - f' \left( \frac{k}{n-1} \right) \right) x^k (1-x)^{n-k-1} \right| \leqslant \omega \left( \frac{1}{n} \right), \quad \forall n \geqslant 2,$$

其中 $\omega$ 为 $f'$ 在 $[0,1]$ 上的连续模. 由此即得结论. $\qquad \square$

**【性质 4.7.10】**($C^m$ 收敛性)　设 $m$ 为非负整数, 若 $f \in C^m[0,1]$, 则 $B_n^{(m)}(f, \cdot)$ 一致收敛到 $f^{(m)}(\cdot)$.

**证明** 类似于性质 4.7.9 的证明. 设 $\omega$ 为 $f^{(m)}$ 在 $[0,1]$ 上的连续模. 只要证 $\prod\limits_{j=0}^{m-1}\dfrac{n}{n-j}\cdot$ $B_n^{(m)}(f,\cdot)-B_{n-m}(f^{(m)},\cdot)$ 在 $[0,1]$ 上一致收敛到 $0$ 即可.

由性质 4.7.4 以及 Lagrange 中值定理, 存在 $\theta_j\equiv\theta_{j,n,x}\in(0,1)\,(1\leqslant j\leqslant m)$ 使得

$$\prod_{j=0}^{m-1}\frac{n}{n-j}\cdot B_n^{(m)}(f,x)=\sum_{k=0}^{n-m}n^m\mathrm{C}_{n-m}^k\Delta^m f\left(\frac{k}{n}\right)x^k(1-x)^{n-k-m}$$

$$=\sum_{k=0}^{n-m}n^{m-1}\mathrm{C}_{n-m}^k\Delta^{m-1}f'\left(\frac{k+\theta_1}{n}\right)x^k(1-x)^{n-k-m}=\cdots$$

$$=\sum_{k=0}^{n-m}\mathrm{C}_{n-m}^k f^{(m)}\left(\frac{k+\theta_1+\cdots+\theta_m}{n}\right)x^k(1-x)^{n-k-m},\quad\forall n\geqslant m,x\in[0,1].$$

注意到对于 $0\leqslant k\leqslant n-m,x\in[0,1]$, 总有

$$\left|\frac{k+\theta_1+\cdots+\theta_m}{n}-\frac{k}{n-m}\right|=\left|\frac{\theta_1+\cdots+\theta_m}{n}-\frac{mk}{(n-m)n}\right|,$$

则

$$\sup_{x\in[0,1]}\left|\prod_{j=0}^{m-1}\frac{n}{n-j}\cdot B_n^{(m)}(f,x)-B_{n-m}(f^{(m)},x)\right|$$

$$=\sup_{x\in[0,1]}\left|\sum_{k=0}^{n-m}\mathrm{C}_{n-m}^k\left(f^{(m)}\left(\frac{k+\theta_1+\cdots+\theta_m}{n}\right)-f^{(m)}\left(\frac{k}{n-m}\right)x^k(1-x)^{n-k-1}\right|\right.$$

$$\leqslant\omega\left(\frac{m}{n}\right),\quad\forall n\geqslant m+1.$$

由此即得结论. $\qquad\qquad\qquad\qquad\qquad\qquad\qquad\qquad\qquad\qquad\qquad\qquad\square$

**【性质 4.7.11】**(Hölder 系数不变性) 若在 $[0,1]$ 上存在 $a\in(0,1]$ 及 $L\geqslant 0$, 使得对任意的 $x,y\in[0,1]$ 成立

$$|f(x)-f(y)|\leqslant L|x-y|^\alpha,$$

则对任意的 $x,y\in[0,1]$ 同样成立

$$|B_n(f,x)-B_n(f,y)|\leqslant L|x-y|^\alpha.$$

**证明** 不妨设 $0\leqslant x<y\leqslant 1$. 下面应用概率论的证明方法, 其关键是引进两个随机变量 $(X,Y)$ 使得它们的边际分布分别为 Bernoulli (伯努利) 分布 $B(n,x)$ 和 $B(n,y)$, 而 $Y-X$ 也为 Bernoulli 分布 $B(n,y-x)$. 当然可以将满足这些条件的 $(X,Y)$ 联合分布求出来, 然后给出一个纯分析的证明, 但这会使证明过于复杂且不易理解.

记 $U_1, U_2, \cdots, U_n$ 为独立随机变量且均服从 $[0,1]$ 上的均匀分布, $\forall a < b \in [0,1]$, 记 $\chi_{[a,b]}(\cdot)$ 为区间 $[a,b]$ 的特征函数, 记

$$X = \frac{1}{n}\sum_{k=1}^{n}\chi_{[0,x]}(U_k), \quad Y = \frac{1}{n}\sum_{k=1}^{n}\chi_{[0,y]}(U_k).$$

显然 $X \sim B(n,x), Y \sim B(n,y), Y - X = \frac{1}{n}\sum_{k=1}^{n}\chi_{(x,y]}(U_k) \sim B(n, y-x)$.

$B_n(f,x) = E(f(X)), B_n(f,y) = E(f(Y))$, 因而

$$|B_n(f,x) - B_n(f,y)| = |E(f(X)) - E(f(Y))| \leqslant E|f(X) - f(Y)|$$

$$\leqslant L E\left(|X-Y|^{\alpha}\right) \leqslant L\left(E(|X-Y|)\right)^{\alpha}$$

$$= L\left(E(Y-X)\right)^{\alpha} = L|y-x|^{\alpha},$$

其中用到了期望形式的 Hölder 不等式 $E(WZ) \leqslant (E(|W|^p))^{\frac{1}{p}}(E(|Z|^q))^{\frac{1}{q}}$. $\qquad\square$

【性质 4.7.12】(Bernstein 多项式序列的单调性)　设 $f(\cdot)$ 为 $[0,1]$ 上的凸函数, 则 $\{B_n(f,\cdot)\}_{n=1}^{+\infty}$ 是 $[0,1]$ 上的单调下降函数序列.

证明　记 $U_1, U_2, \cdots, U_n, U_{n+1}$ 为独立随机变量且均服从 $[0,1]$ 上的均匀分布. 为了方便起见, 记 $U_{n+1+k} = U_k, 1 \leqslant k \leqslant n+1$. 对 $1 \leqslant k \leqslant n+1$, 记

$$X_k = \frac{1}{n}\sum_{i=1}^{n}\chi_{[0,x]}(U_{k+i}), \quad Y = \frac{1}{n+1}\sum_{i=1}^{n+1}\chi_{[0,x]}(U_i).$$

显然对 $1 \leqslant k \leqslant n+1, X_k \sim B(n,x), Y \sim B(n+1,x)$. 固定 $n, B_n(f,x) = E(f(X_k))$, $B_{n+1}(f,x) = E(f(Y))$, 因而

$$B_{n+1}(f,x) = E(f(Y(x))) = E\left(f\left(\frac{1}{n+1}\sum_{k=1}^{n+1}X_k\right)\right)$$

$$\leqslant E\left(\frac{1}{n+1}\sum_{k=1}^{n+1}f(X_k)\right) = B_n(f,x). \qquad\square$$

【注 4.7.1】　对离散型随机变量 $X$, 若 $X \geqslant 0$ 且 $X$ 不是常量, 则 $E(X) > 0$, 所以若 $f$ 不是线性函数, 且 $x \in (0,1)$, 则 $B_{n+1}(f,x) < B_n(f,x)$.

【性质 4.7.13】(Voronovskaya (沃罗诺夫斯基) 定理)　设 $f \in C^4[0,1]$, 则 $n(B_n(f,\cdot) - f(\cdot))$ 在 $[0,1]$ 上一致收敛到 $\frac{1}{2}x(1-x)f''(\cdot)$.

证明　利用 Taylor 展开

$$f\left(\frac{k}{n}\right) = f(x) + f'(x)\left(\frac{k}{n} - x\right) + \frac{1}{2}f''(x)\left(\frac{k}{n} - x\right)^2$$

$$+ \frac{1}{3!}f'''(x)\left(\frac{k}{n}-x\right)^3 + \frac{1}{4!}f^{(4)}(\xi)\left(\frac{k}{n}-x\right)^4.$$

代入后, 可以很容易地证明此结论. □

【性质 4.7.14】(Floater 定理) 设 $f \in C^{k+2}[0,1]$, $k$ 为非负整数, 则 $n((B_n(f,\cdot))^{(k)} - f^{(k)}(\cdot))$ 在 $[0,1]$ 上一致收敛到 $\frac{1}{2}\dfrac{\mathrm{d}^k}{\mathrm{d}x^k}[x(1-x)f''(x)]$.

【性质 4.7.15】(Bernstein 算子的特征值) 记 $\mathscr{P}_n$ 为 $n$ 次多项式空间. 将 Bernstein 算子 $B_n : C[0,1] \to \mathscr{P}_n$ 限制在空间 $\mathscr{P}_n$ 上, 则 $B_n$ 有 $n+1$ 个特征值

$$\lambda_0 = \lambda_1 = 1, \quad \lambda_k = \prod_{i=1}^{k-1}\left(1-\frac{i}{n}\right), \quad 2 \leqslant k \leqslant n.$$

**证明** 利用 Bernstein 的差分表示式, 可知当 $f(x) = x^k$ 时, $0 \leqslant k \leqslant n$, $B_n(f,x)$ 也是 $k$ 次多项式且首项系数为 $C_n^k \Delta^k f(0) = \lambda_k$. 因而算子 $B_n$ 在基 $\{1, x, x^2, \cdots, x^n\}$ 下的表示矩阵为上三角矩阵, 对角线元素即为 $\lambda_k$, $0 \leqslant k \leqslant n$. □

【性质 4.7.16】(迭代序列的收敛性 I) 设 $f$ 在 $[0,1]$ 上有定义, 对固定的正整数 $n$, 定义多项式序列 $p_1(x) = B_n(f,x)$, $p_2(x) = B_n(p_1,x)$, 一般地, $p_{k+1}(x) = B_n(p_k,x)$ $(k = 1, 2, \cdots)$, 则 $p_k(x)$ 在 $[0,1]$ 上一致收敛到 $B_1(f,x) = f(0)(1-x) + f(1)x$ (又记 $p_k(x) = B_n^k(f,x)$, 并称 $B_n^k$ 为 $B_n$ 的 $k$ 次迭代算子).

**证明** 记 $q_k(x) = p_k(x) - f(0)(1-x) + f(1)x$, 则

$$q_k(0) = q_k(1) = 0, \quad q_{k+1}(x) = B_n(q_k,x).$$

所以 $\dfrac{q_1(x)}{x(1-x)}$ 在 $(0,1)$ 上有界 (记其绝对值的上界为 $M$), 记 $g(x) = x(1-x) = x - x^2$, 容易验证 $B_n(g,x) = \dfrac{n-1}{n}x(1-x)$. 由 Bernstein 算子的保序性可知

$$|q_1(x)| \leqslant Mg(x) \Longrightarrow B_n(Mg \pm q_1,x) \geqslant 0,$$
$$B_n(Mg \pm q_1,x) = MB_n(g,x) \pm B_n(q_1,x) = MB_n(g,x) \pm q_2(x) \geqslant 0,$$
$$|q_2(x)| \leqslant MB_n(g,x) = M\frac{n-1}{n}g(x),$$

归纳可证

$$|q_{k+1}(x)| \leqslant M\left(\frac{n-1}{n}\right)^k g(x) \leqslant M\left(\frac{n-1}{n}\right)^k.$$

由此即得结论. □

【性质 4.7.17】(迭代序列的收敛性 II) 设 $f \in C[0,1]$, 定义多项式序列 $p_1(x) = B_1(f,x)$, $p_2(x) = B_2^2(f,x)$, 一般地, $p_n(x) = B_n^n(f,x)$, 则 $p_n(x)$ 在 $[0,1]$ 上一致收敛.

## 4.8　真　题　选　讲

本节分析一些常见的级数题以及容易出现的错误.

【例 4.8.1】　函数序列 $S_n(x) = n|\ln x|^a \left(\sin \dfrac{\pi x}{2}\right)^n$ 在 $x \in (0, 1)$ 上一致收敛, 则参数 $a \in \mathbb{R}$ 满足的条件是 _____.

**解**　答案为 $a > 2$.

易见 (i) $S_n(x)$ 在 $(0, 1)$ 上收敛到 0.

(ii) 由题意知

$$0 \leqslant n|\ln x|^a \left(\sin \frac{\pi x}{2}\right)^n \leqslant n|\ln x|^a \sin \frac{\pi x}{2} \left(\sin \frac{\pi}{4}\right)^{n-1} \leqslant Cn \left(\sin \frac{\pi}{4}\right)^{n-1}, \ 0 < x \leqslant \frac{1}{2}.$$

由此易见 $S_n(x)$ 在 $\left(0, \dfrac{1}{2}\right)$ 上一致收敛.

(iii) 若要 $S_n(x)$ 在 $\left[\dfrac{1}{2}, 1\right)$ 上一致收敛, 则必有 $a \geqslant 0$, 否则 $S_n(x)$ 在 $x = 1$ 附近无界.

(iv) 在 $\left[\dfrac{1}{2}, 1\right)$ 上, 令 $t = t(x) = \sin \dfrac{\pi x}{2}$, 则存在常数 $C_2 > C_1 > 0$ 使得

$$C_1 \leqslant \frac{S_n(x)}{n(1-t)^{\frac{a}{2}} t^n} \leqslant C_2.$$

因此, $S_n(x)$ 在 $\left[\dfrac{1}{2}, 1\right)$ 上的一致收敛性等同于 $T_n(t) = n(1-t)^{\frac{a}{2}} t^n$ 在 $\left[\sin \dfrac{\pi}{4}, 1\right)$ 上的一致收敛性.

(v) 当 $n$ 充分大时 $\left(\text{当 } n > \dfrac{\sqrt{2}+1}{2} a \text{ 时}\right)$, 在 $\left[\sin \dfrac{\pi}{4}, 1\right)$ 上, $T_n(t)$ 在 $t = \dfrac{n}{n + \frac{a}{2}}$ 点取得最大值 $\dfrac{n}{\left(n + \frac{a}{2}\right)^{\frac{a}{2}}} \left(\dfrac{n}{n + \frac{a}{2}}\right)^n$.

综上, 可得结论为 $a > 2$.

【例 4.8.2】　使得函数项级数 $\displaystyle\sum_{n=2}^{+\infty} \frac{\sin nx}{n^{ax}}$ 关于 $x \in [\pi, +\infty)$ 一致收敛的实常数 $a$ 的取值范围是 _____.

**解**　(1) 易见, 要使得级数收敛, 需有 $a > 0$.

(2) 对于 $a > 0$, 由 Dirichlet 判别法, 对于任何 $\delta \in (0, \pi)$, 级数 $\displaystyle\sum_{n=2}^{+\infty} \frac{\sin nx}{n^{ax}}$ 关于 $x \in [\pi, 2\pi - \delta]$ 一致收敛.

(3) 若 $a \leqslant \dfrac{1}{2\pi}$, 则对任何 $m \geqslant 2$, $\left| \displaystyle\sum_{n=m+1}^{2m} \dfrac{\sin n\left(2\pi - \dfrac{1}{2m}\right)}{n^{a\left(2\pi - \frac{1}{2m}\right)}} \right| \geqslant \dfrac{2}{\pi} \displaystyle\sum_{n=m+1}^{2m} \dfrac{n/(2m)}{n} = \dfrac{1}{\pi}$.

因此, 级数 $\displaystyle\sum_{n=2}^{+\infty} \dfrac{\sin nx}{n^{ax}}$ 关于 $x \in [\pi, +\infty)$ 非一致收敛.

(4) 若 $a > \dfrac{1}{2\pi}$, 则可取 $\delta > 0$ 使得 $\alpha \equiv a(2\pi - \delta) > 1$. 此时, 级数 $\displaystyle\sum_{n=2}^{+\infty} \dfrac{\sin nx}{n^{ax}}$ 关于 $x \in [2\pi - \delta, +\infty)$ 一致收敛.

总之, 当且仅当 $a > \dfrac{1}{2\pi}$ 时, 级数 $\displaystyle\sum_{n=2}^{+\infty} \dfrac{\sin nx}{n^{ax}}$ 关于 $x \in [\pi, +\infty)$ 一致收敛.

【例 4.8.3】 $\displaystyle\sum_{n=1}^{\infty} \sqrt{n}x^n(1-x)^a$ 在 $x \in [0,1]$ 上一致收敛, 参数 $a \in \mathbb{R}$ 满足的条件为 _____.

**解** 条件为 $a > \dfrac{1}{2}$.

首先, $a > 0$ 是自然要求. 此时级数逐点收敛, 则有

$$\max_{x \in [0,1]} \sqrt{n}x^n(1-x)^a = \sqrt{n}\left(\dfrac{n}{n+a}\right)^n\left(\dfrac{a}{n+a}\right)^a \sim \mathrm{e}^{-a}n^{\frac{1}{2}-a}.$$

因此, $a > \dfrac{1}{2}$ 为必要条件.

另一方面, 固定 $\varepsilon \in (0,1)$, 则 $\displaystyle\sum_{n=1}^{\infty} \sqrt{n}x^n(1-x)^a$ 在 $x \in [0, 1-\varepsilon]$ 上一致收敛, 而对于 $x \in [1-\varepsilon, 1)$, 成立

$$\sum_{k=n+1}^{\infty} \sqrt{k}x^k(1-x)^a \leqslant \sqrt{2}\int_n^{+\infty} \sqrt{t}x^t(1-x)^a\,\mathrm{d}t = \sqrt{2}\int_{n|\ln x|}^{+\infty} \sqrt{t}\mathrm{e}^{-t}\dfrac{(1-x)^a}{\sqrt{|\ln x|}}\,\mathrm{d}t$$

$$\leqslant \sqrt{2}\int_0^{+\infty} \sqrt{t}\mathrm{e}^{-t}\,\mathrm{d}t \sup_{s \in [1-\varepsilon, 1)} \dfrac{(1-s)^a}{|\ln s|}.$$

因此

$$\varlimsup_{n \to +\infty} \sup_{x \in [0,1]} \left| \sum_{k=n+1}^{+\infty} \sqrt{k}x^k(1-x)^a \right| \leqslant \sqrt{2}\int_0^{+\infty} \sqrt{t}\mathrm{e}^{-t}\,\mathrm{d}t \sup_{s \in [1-\varepsilon, 1)} \dfrac{(1-s)^a}{|\ln s|}.$$

从而 $$\lim_{n \to +\infty} \sup_{x \in [0,1]} \left| \sum_{k=n+1}^{+\infty} \sqrt{k}x^k(1-x)^a \right| = 0.$$

【例 4.8.4】 判断 $\displaystyle\prod_{n=1}^{+\infty} \left( \dfrac{\pi}{2} \prod_{k=1}^{n} \left( 1 - \dfrac{1}{(2k)^2} \right) \right)$ 是收敛的还是发散的.

**解**　由 Wallis (沃利斯) 公式或 Euler 公式, $\displaystyle\lim_{n\to+\infty}\frac{\pi}{2}\prod_{k=1}^{n}\left(1-\frac{1}{(2k)^2}\right)=1$. 因此

$$\ln\left(\frac{\pi}{2}\prod_{k=1}^{n}\left(1-\frac{1}{(2k)^2}\right)\right)=-\ln\prod_{k=n+1}^{+\infty}\left(1-\frac{1}{(2k)^2}\right)$$

$$=-\sum_{k=n+1}^{+\infty}\ln\left(1-\frac{1}{(2k)^2}\right)\sim\frac{1}{4n},\quad n\to+\infty.$$

从而该无穷乘积发散.

【**例 4.8.5**】　使得函数项级数 $\displaystyle\sum_{n=2022}^{+\infty}(-1)^n x^n\left(1+\frac{ax}{n}\right)^{-n^2}$ 关于 $x\in[1,+\infty)$ 一致收敛的实常数 $a$ 的取值范围是 ＿＿＿＿＿＿.

**解**　首先, 所考虑问题中, $a$ 的取值范围必在 $(0,+\infty)$ 内.

粗略地看, 当 $n$ 足够大时, $x\left(1+\dfrac{ax}{n}\right)^{-n}\approx\dfrac{x}{\mathrm{e}^{ax}}$. 若该数大于 1, 则级数处处收敛也谈不上, 若该数小于 1, 则有望用 Weierstrass 判别法得到一致收敛性.

计算得 $x\mathrm{e}^{-ax}$ 的最大值为 $\dfrac{1}{a\mathrm{e}}$, 在 $x=\dfrac{1}{a}$ 点处达到. 当且仅当 $a>\mathrm{e}^{-1}$ 时, 该最大值小于 1.

若 $0<a\leqslant\mathrm{e}^{-1}$, 则

$$\varlimsup_{n\to+\infty}\sup_{x\geqslant1}\left|(-1)^n x^n\left(1+\frac{ax}{n}\right)^{-n^2}\right|\geqslant\varlimsup_{n\to+\infty}\mathrm{e}^n\left(1+\frac{1}{n}\right)^{-n^2}=\mathrm{e}^{\frac{1}{2}}>0.$$

因此, 级数 $\displaystyle\sum_{n=2022}^{+\infty}(-1)^n x^n\left(1+\frac{ax}{n}\right)^{-n^2}$ 关于 $x\in[1,+\infty)$ 非一致收敛.

若 $a>\mathrm{e}^{-1}$, 取 $\mathrm{e}^{-1}<A\leqslant\min\{1,a\}$, 则存在 $N\geqslant1$ 使得当 $n\geqslant N$ 时, $\dfrac{1}{A}\left(1-\dfrac{1}{n}\right)^{n-1}\leqslant c<1$. 于是, 当 $n\geqslant N$ 时,

$$\sup_{x\geqslant1}\left|(-1)^n x^n\left(1+\frac{Ax}{n}\right)^{-n^2}\right|\leqslant\sup_{x\geqslant1}\left(\frac{x}{\left(1+\frac{Ax}{n}\right)^n}\right)^n=\left(\frac{1}{A}\left(1-\frac{1}{n}\right)^{n-1}\right)^n\leqslant c^n.$$

因此, 级数 $\displaystyle\sum_{n=2022}^{+\infty}(-1)^n x^n\left(1+\frac{ax}{n}\right)^{-n^2}$ 关于 $x\in[1,+\infty)$ 一致收敛.

【**例 4.8.6**】　设 $S(x)=\displaystyle\sum_{n=0}^{+\infty}x^{\frac{3}{2}}\sqrt{n}\,\mathrm{e}^{-nx}$, 求 $S(x)$ 的定义域并讨论其连续性、可微性.

**解** 由于 $x^{\frac{3}{2}}$ 的定义域是 $[0, +\infty)$, 因此, 只需在这一范围内考虑.

易见 $S(0) = 0$, 而幂级数 $\sum\limits_{n=0}^{+\infty} \sqrt{n}\, t^n$ 在其收敛域 $(-1, 1)$ 内收敛且有任意阶导数. 因此 $\sum\limits_{n=0}^{+\infty} x^{\frac{3}{2}} \sqrt{n}\, \mathrm{e}^{-nx}$ 在 $[0, +\infty)$ 上有定义, 在 $(0, +\infty)$ 内连续可微.

下证 $S(x)$ 在 $0$ 点不连续. 对于任何 $x > 0$ 以及 $n \geqslant 1$, 有

$$\sqrt{n}\, \mathrm{e}^{-nx} \geqslant \sqrt{t}\, \mathrm{e}^{-tx}\mathrm{e}^{-x}, \qquad t \in [n-1, n].$$

所以

$$S(x) = \sum_{n=0}^{+\infty} x^{\frac{3}{2}} \sqrt{n}\, \mathrm{e}^{-nx} = \sum_{n=1}^{+\infty} x^{\frac{3}{2}} \int_{n-1}^{n} \sqrt{n}\, \mathrm{e}^{-nx}\, \mathrm{d}t$$

$$\geqslant \sum_{n=1}^{+\infty} x^{\frac{3}{2}} \int_{n-1}^{n} \sqrt{t}\, \mathrm{e}^{-tx}\mathrm{e}^{-x}\, \mathrm{d}t = \int_{0}^{+\infty} x^{\frac{3}{2}} \sqrt{t}\, \mathrm{e}^{-tx}\mathrm{e}^{-x}\, \mathrm{d}t$$

$$= \mathrm{e}^{-x} \int_{0}^{+\infty} \sqrt{t}\, \mathrm{e}^{-t}\, \mathrm{d}t.$$

因此, $S(x)$ 在 $0$ 点不连续.

也可以利用

$$S\left(\frac{1}{n}\right) = \sum_{k=1}^{\infty} \frac{1}{n^{\frac{3}{2}}} \sqrt{k}\, \mathrm{e}^{-\frac{k}{n}} \geqslant \sum_{k=n+1}^{2n} \frac{1}{n^{\frac{3}{2}}} \sqrt{k}\, \mathrm{e}^{-\frac{k}{n}} \geqslant \sum_{k=n+1}^{2n} \frac{1}{n^{\frac{3}{2}}} \sqrt{n}\, \mathrm{e}^{-2} = \mathrm{e}^{-2}$$

得到不连续性.

**【例 4.8.7】** 设 $f(x) = \sum\limits_{n=1}^{+\infty} \dfrac{\cos nx}{\sqrt{n}}$. 证明 $\displaystyle\int_{0}^{\pi} |f(x)|\, \mathrm{d}x$ 收敛; 并求 $\lim\limits_{x \to 0} f(x)$.

**解** 记 $S_n(x) = \sum\limits_{k=1}^{n} \cos kx \ (n = 1, 2, \cdots)$. 令 $S_0(x) = 0$. 则

$$S_n(x) = \frac{\sum\limits_{k=1}^{n} 2\cos kx \sin\frac{x}{2}}{2\sin\frac{x}{2}} = \frac{\sin\left(n + \frac{1}{2}\right)x - \sin\frac{x}{2}}{2\sin\frac{x}{2}}, \qquad \forall\, x \in (0, \pi).$$

(i) 这样, 对于 $\delta \in (0, \pi)$, 在 $[\delta, \pi]$ 上, $|S_n(x)| \leqslant \dfrac{1}{\sin\dfrac{\delta}{2}}$, 即 $\sum\limits_{k=1}^{n} \cos kx$ 关于 $x \in [\delta, \pi]$ 一致有界. 另一方面, $\dfrac{1}{\sqrt{n}}$ 单调且关于 $x \in [\delta, \pi]$ 一致收敛于零. 因此, 由 Dirichlet 判别

法, 知 $\sum_{n=1}^{+\infty} \dfrac{\cos nx}{\sqrt{n}}$ 关于 $x \in [\delta, \pi]$ 一致收敛. 从而 $\sum_{n=1}^{+\infty} \dfrac{\cos nx}{\sqrt{n}}$ 在 $(0, \pi]$ 上连续.

(ii) 对于 $m \geqslant 1$,

$$
\begin{aligned}
\sum_{k=m}^{n} \frac{\cos kx}{\sqrt{k}} &= \sum_{k=m}^{n} \frac{S_k(x) - S_{k-1}(x)}{\sqrt{k}} \\
&= \sum_{k=m}^{n} \frac{S_k(x) - S_{m-1}(x)}{\sqrt{k}} - \sum_{k=m}^{n} \frac{S_{k-1}(x) - S_{m-1}(x)}{\sqrt{k}} \\
&= \frac{S_n(x) - S_{m-1}(x)}{\sqrt{n}} + \sum_{k=m}^{n-1} (S_k(x) - S_{m-1}(x)) \left( \frac{1}{\sqrt{k}} - \frac{1}{\sqrt{k+1}} \right).
\end{aligned}
$$

因此, 对于 $x \in (0, \pi)$, $\left| \sum_{k=m}^{n} \dfrac{\cos kx}{\sqrt{k}} \right| \leqslant \dfrac{2}{\sqrt{m} \sin \dfrac{x}{2}}$. 从而 $\left| \sum_{k=m}^{+\infty} \dfrac{\cos kx}{\sqrt{k}} \right| \leqslant \dfrac{2}{\sqrt{m} \sin \dfrac{x}{2}}$.

**(方法 1)** 另一方面, 任取 $T > 0$, 考虑 $[0, T]$ 上的积分 $\displaystyle\int_0^T \dfrac{\cos t}{\sqrt{t}} \, \mathrm{d}t$, 注意到 $\dfrac{\cos t}{\sqrt{t}}$ 在 $0$ 点附近的单调性, 可得 $\displaystyle\lim_{x \to 0^+} \sum_{n=1}^{\left[\frac{T}{x}\right]} \dfrac{\cos nx}{\sqrt{nx}} x = \int_0^T \dfrac{\cos t}{\sqrt{t}} \, \mathrm{d}t$. 因此

$$
\varlimsup_{x \to 0^+} \left| \sum_{n=1}^{+\infty} \frac{\cos nx}{\sqrt{n}} \sqrt{x} - \int_0^T \frac{\cos t}{\sqrt{t}} \, \mathrm{d}t \right| = \varlimsup_{x \to 0^+} \sum_{\left[\frac{T}{x}\right]+1}^{+\infty} \frac{\cos nx}{\sqrt{n}} \sqrt{x} \leqslant \varlimsup_{x \to 0^+} \frac{2\sqrt{x}}{\sqrt{\frac{T}{x}} \sin \frac{x}{2}} = \frac{4}{\sqrt{T}}.
$$

令 $T \to +\infty$, 可得

$$
\lim_{x \to 0^+} \sum_{n=1}^{+\infty} \frac{\cos nx}{\sqrt{n}} \sqrt{x} = \int_0^{+\infty} \frac{\cos t}{\sqrt{t}} \, \mathrm{d}t = \int_0^{+\infty} \frac{\sin t}{2\sqrt{t^3}} \, \mathrm{d}t \equiv c > 0,
$$

即当 $x \to 0^+$ 时, $\sum_{n=1}^{+\infty} \dfrac{\cos nx}{\sqrt{n}} \sim \dfrac{c}{\sqrt{x}}$. 因此, $\displaystyle\int_0^\pi |f(x)| \, \mathrm{d}x$ 收敛, 而 $\displaystyle\lim_{x \to 0} f(x) = +\infty$.

**(方法 2)** 考虑 $x \in (0, \pi)$. 对任何 $m \geqslant 1$, 我们有

$$
\left| \sum_{n=1}^{+\infty} \frac{\cos nx}{\sqrt{n}} \right| \leqslant \left| \sum_{n=m+1}^{+\infty} \frac{\cos nx}{\sqrt{n}} \right| + \sum_{n=1}^{m} \frac{2}{\sqrt{n} + \sqrt{n-1}} \leqslant \frac{2}{\sqrt{m} \sin \dfrac{x}{2}} + 2\sqrt{m}.
$$

于是, 取 $m = \left[\dfrac{1}{\sqrt{\sin\dfrac{x}{2}}}\right] + 1$, 即得

$$\left|\sum_{n=1}^{+\infty} \frac{\cos nx}{\sqrt{n}}\right| \leqslant \frac{4}{\sqrt{\sin\dfrac{x}{2}}} + 2.$$

因此, $\displaystyle\int_0^\pi |f(x)|\,\mathrm{d}x$ 收敛.

类似地,

$$\sum_{k=1}^{n} \frac{\cos kx}{\sqrt{k}} = \frac{S_n(x)}{\sqrt{n}} + \sum_{k=1}^{n-1} S_k(x)\left(\frac{1}{\sqrt{k}} - \frac{1}{\sqrt{k+1}}\right).$$

因此

$$\sum_{k=1}^{+\infty} \frac{\cos kx}{\sqrt{k}} = \sum_{k=1}^{+\infty} S_k(x)\left(\frac{1}{\sqrt{k}} - \frac{1}{\sqrt{k+1}}\right) = \sum_{k=1}^{+\infty}\left(\frac{1}{\sqrt{k}} - \frac{1}{\sqrt{k+1}}\right)\frac{\sin\left(k+\dfrac{1}{2}\right)x}{2\sin\dfrac{x}{2}} - \frac{1}{2}.$$

再使用一次 Abel 变换, 同理可得

$$\sum_{k=1}^{+\infty}\left(\frac{1}{\sqrt{k}} - \frac{1}{\sqrt{k+1}}\right)\frac{\sin\left(k+\dfrac{1}{2}\right)x}{2\sin\dfrac{x}{2}}$$

$$= \sqrt{2} - 2 + \sum_{k=1}^{+\infty}\left(\frac{1}{\sqrt{k}} - \frac{2}{\sqrt{k+1}} + \frac{1}{\sqrt{k+2}}\right)\frac{\sin^2\dfrac{(k+1)x}{2}}{2\sin^2\dfrac{x}{2}}.$$

令 $g(t) = \dfrac{1}{\sqrt{t}}$, 则存在 $\xi_k \in (0, 2)$ 使得

$$\frac{1}{\sqrt{k}} - \frac{2}{\sqrt{k+1}} + \frac{1}{\sqrt{k+2}} = g''(k+\xi_k+\eta_k) \geqslant \frac{3}{4(k+2)^{\frac{5}{2}}}.$$

因此

$$f(x) \geqslant \sqrt{2} - \frac{5}{2} + \sum_{k=1}^{\left[\frac{\pi}{2x}\right]}\left(\frac{1}{\sqrt{k}} - \frac{2}{\sqrt{k+1}} + \frac{1}{\sqrt{k+2}}\right)\frac{\sin^2\dfrac{(k+1)x}{2}}{2\sin^2\dfrac{x}{2}}$$

$$\geqslant \sqrt{2} - \frac{5}{2} + \sum_{k=1}^{\left[\frac{\pi}{2x}\right]} \frac{3(k+1)^2}{2\pi^2(k+2)^{\frac{5}{2}}}.$$

因此, $\lim\limits_{x \to 0} f(x) = +\infty$.

(**方法 3**) 考虑 $[-\pi, \pi]$ 上的函数 $h(x) = \dfrac{1}{\sqrt{|x|}}$. $h(x)$ 的 Fourier 级数为 $\dfrac{a_0}{2} + \sum\limits_{n=1}^{+\infty} a_n \cos nx$, 其中

$$
\begin{aligned}
a_n &= \frac{1}{\pi} \int_{-\pi}^{\pi} h(x) \cos nx \, dx = \frac{2}{\pi} \int_{0}^{\pi} \frac{\cos nx}{\sqrt{x}} \, dx = \frac{2}{\pi\sqrt{n}} \int_{0}^{n\pi} \frac{\cos x}{\sqrt{x}} \, dx \\
&= \frac{2}{\pi\sqrt{n}} \int_{0}^{+\infty} \frac{\cos x}{\sqrt{x}} \, dx - \frac{2}{\pi\sqrt{n}} \int_{n\pi}^{+\infty} \frac{\cos x}{\sqrt{x}} \, dx \\
&\equiv \frac{1}{\gamma\sqrt{n}} - \alpha_n,
\end{aligned}
$$

其中 $\gamma > 0$,

$$
\begin{aligned}
|\alpha_n| &= \frac{2}{\pi\sqrt{n}} \left| \int_{n\pi}^{+\infty} \frac{\cos x}{\sqrt{x}} \, dx \right| = \frac{1}{\pi\sqrt{n}} \left| \int_{n\pi}^{+\infty} \frac{\sin x}{x^{\frac{3}{2}}} \, dx \right| \\
&\leqslant \frac{1}{\pi\sqrt{n}} \int_{n\pi}^{(n+1)\pi} \frac{|\sin x|}{x^{\frac{3}{2}}} \, dx \leqslant \frac{2}{\pi^2 n^2 \sqrt{\pi}}.
\end{aligned}
$$

由于 $h(x)$ 在 $(-\pi, 0)$ 以及 $(0, \pi)$ 上连续可导, 根据 Fourier 级数理论, 有

$$\frac{1}{\sqrt{|x|}} = \frac{a_0}{2} + \frac{1}{\gamma} f(x) - \sum_{n=1}^{+\infty} \alpha_n \cos nx, \quad 0 < |x| < \pi.$$

注意到 $\sum\limits_{n=1}^{+\infty} \alpha_n \cos nx$ 一致有界, 则有

$$\lim_{x \to 0^+} \sqrt{x}\, f(x) = \gamma > 0.$$

因此, $\displaystyle\int_{0}^{\pi} |f(x)| \, dx$ 收敛, 且 $\lim\limits_{x \to 0} f(x) = +\infty$.

【**注 4.8.1**】　读者也可以用 Euler-Maclaurin 公式对 $f(x)$ 在 $x \to 0$ 进行更精细的渐近分析.

【**例 4.8.8**】　设 $\{b_n\}$ 为单调下降的正数列, 证明: $\sum\limits_{n=1}^{+\infty} b_n \sin nx$ 在 $[-\pi, \pi]$ 上一致收敛的充要条件是 $\lim\limits_{n \to +\infty} n b_n = 0$.

**证明 必要性** 对于 $m \geqslant 4,$

$$\sup_{x \in [-\pi, \pi]} \left| \sum_{n=[\frac{m}{2}]}^{m} b_n \sin nx \right| \geqslant \left| \sum_{n=[\frac{m}{2}]}^{m} b_n \sin nx \right|_{x=\frac{1}{m}}$$

$$\geqslant \sum_{n=[\frac{m}{2}]}^{m} b_n \cdot \frac{2}{\pi} \cdot \frac{n}{m} \geqslant \frac{m}{2} \cdot b_m \cdot \frac{2}{\pi} \cdot \frac{1}{4} = \frac{mb_m}{4\pi}.$$

因此, 若 $\sum_{n=1}^{+\infty} b_n \sin nx$ 在 $[-\pi, \pi]$ 上一致收敛, 则 $\lim_{n \to +\infty} nb_n = 0.$

**充分性** （**方法 1**）对于 $m \geqslant n \geqslant 2, 0 < |x| \leqslant \pi,$ 有

$$\sum_{k=n}^{m} b_k \sin kx = \sum_{k=n}^{m} b_k \frac{\cos \left( k - \frac{1}{2} \right) x - \cos \left( k + \frac{1}{2} \right) x}{2 \sin \frac{x}{2}}$$

$$= b_n \frac{\cos \left( n - \frac{1}{2} \right) x}{2 \sin \frac{x}{2}} - \sum_{n \leqslant k \leqslant m-1} (b_k - b_{k+1}) \frac{\cos \left( n + \frac{1}{2} \right) x}{2 \sin \frac{x}{2}}$$

$$- b_m \frac{\cos \left( m + \frac{1}{2} \right) x}{2 \sin \frac{x}{2}}.$$

因此, 当 $|x| \leqslant \frac{1}{m}$ 时,

$$\left| \sum_{k=n}^{m} b_k \sin kx \right| \leqslant \sum_{k=n}^{m} \frac{kb_k}{m} \leqslant \sup_{k \geqslant n} kb_k.$$

当 $\frac{1}{2n} \leqslant |x| \leqslant \pi$ 时,

$$\left| \sum_{k=n}^{m} b_k \sin kx \right| \leqslant \frac{1}{2 \sin \frac{1}{4n}} \left( b_n + b_m + \sum_{n \leqslant k \leqslant m-1} (b_k - b_{k+1}) \right) = \frac{b_n}{\sin \frac{1}{4n}} \leqslant 2\pi \sup_{k \geqslant n} kb_k.$$

当 $\frac{1}{m} \leqslant |x| \leqslant \frac{1}{2n}$ 时,

取 $N = \left[ \frac{1}{|x|} \right],$ 则 $n \leqslant \frac{1}{2|x|} \leqslant \frac{1}{|x|} - 1 \leqslant N \leqslant \frac{1}{|x|} \leqslant m, |x| \leqslant \frac{1}{N} \leqslant 2|x|.$

$$\left| \sum_{k=n}^{m} b_k \sin kx \right| \leqslant \left| \sum_{k=n}^{N} b_k \sin kx \right| + \left| \sum_{k=N+1}^{m} b_k \sin kx \right|$$

$$\leqslant \sup_{k \geqslant n} kb_k + 2\pi \sup_{k \geqslant N+1} kb_k \leqslant 3\pi \sup_{k \geqslant n} kb_k.$$

总之, 可得

$$\sup_{|x| \leqslant \pi} \left| \sum_{k=n}^{m} b_k \sin kx \right| \leqslant 3\pi \sup_{k \geqslant n} kb_k.$$

因此, $\displaystyle\sum_{n=1}^{+\infty} b_n \sin nx$ 在 $[-\pi, \pi]$ 上一致收敛.

(**方法 2**) 利用级数的收敛性, 可使得证明简洁一些.

当 $0 < |x| \leqslant \pi$ 时, 注意到以下内容涉及级数的收敛性, 对于 $n \geqslant 2$, 我们有

$$\sum_{k=n}^{+\infty} b_k \sin kx = \sum_{k=n}^{+\infty} b_k \frac{\cos\left(k - \dfrac{1}{2}\right)x - \cos\left(k + \dfrac{1}{2}\right)x}{2 \sin \dfrac{x}{2}}$$

$$= b_n \frac{\cos\left(n - \dfrac{1}{2}\right)x}{2 \sin \dfrac{x}{2}} - \sum_{k=n}^{+\infty} (b_k - b_{k+1}) \frac{\cos\left(k + \dfrac{1}{2}\right)x}{2 \sin \dfrac{x}{2}}$$

$$= b_n \frac{\cos\left(n - \dfrac{1}{2}\right)x - 1}{2 \sin \dfrac{x}{2}} - \sum_{k=n}^{+\infty} (b_k - b_{k+1}) \frac{\cos\left(k + \dfrac{1}{2}\right)x - 1}{2 \sin \dfrac{x}{2}}$$

$$= -b_n \frac{\sin^2 \dfrac{(2n-1)x}{4}}{2 \sin \dfrac{x}{2}} + \sum_{k=n}^{+\infty} (b_k - b_{k+1}) \frac{\sin^2 \dfrac{(2k+1)x}{4}}{2 \sin \dfrac{x}{2}}.$$

若 $\dfrac{1}{n} \leqslant |x| \leqslant \pi$, 则由上式得到

$$\left| \sum_{k=n}^{+\infty} b_k \sin kx \right| \leqslant \frac{b_n}{\sin \dfrac{|x|}{2}} \leqslant \pi n b_n.$$

若 $0 < |x| < \dfrac{1}{n}$, 令 $m = \left[\dfrac{1}{|x|}\right]$, 则 $\dfrac{1}{m+1} \leqslant |x| < \dfrac{1}{m}$,

$$\left| \sum_{k=n}^{+\infty} b_k \sin kx \right| \leqslant \left| \sum_{k=n}^{m} b_k \sin kx \right| + \left| \sum_{k=m+1}^{+\infty} b_k \sin kx \right|$$

$$\leqslant \frac{1}{m} \sum_{k=n}^{m} kb_k + \pi(m+1)b_{m+1} \leqslant 2\pi \sup_{k \geqslant n} kb_k.$$

总之, 可得

$$\sup_{|x| \leqslant \pi} \left| \sum_{k=n}^{+\infty} b_k \sin kx \right| \leqslant 2\pi \sup_{k \geqslant n} k b_k.$$

因此, $\sum\limits_{n=1}^{+\infty} b_n \sin nx$ 在 $[-\pi, \pi]$ 上一致收敛. $\qquad\qquad\qquad\qquad\qquad\square$

【例 4.8.9】 设 $a_n \neq -1 \, (n \geqslant 1)$, $\lim\limits_{n \to +\infty} a_n = 0$, 无穷乘积 $\prod\limits_{n=1}^{+\infty} (1 + a_n)$ 收敛.

(1) 举例说明级数 $\sum\limits_{n=1}^{+\infty} a_n$ 收敛和发散的情形都有可能发生.

(2) 证明级数 $\sum\limits_{n=1}^{+\infty} a_n$ 收敛当且仅当 $\sum\limits_{n=1}^{+\infty} a_n^2$ 收敛.

(1) **解** (**方法 1**) $\sum\limits_{n=1}^{+\infty} a_n$ 收敛的例子. 当 $a_n$ 为正时, $\prod\limits_{n=1}^{+\infty} (1 + a_n)$ 与 $\sum\limits_{n=1}^{+\infty} a_n$ 收敛性相

同, 特别地, 取 $a_n = \dfrac{1}{n^2}$, 则 $\prod\limits_{n=1}^{+\infty} (1 + a_n)$ 收敛. 此时 $\sum\limits_{n=1}^{+\infty} a_n$ 收敛 (当然, 平凡一点, 直接取

$a_n \equiv 0$ 即可).

$\sum\limits_{n=1}^{+\infty} a_n$ 发散的例子. 为体现构造思路, (**方法 1**) 记 $b_n = \ln(1 + a_n)$, 则题设条件相当

于 $\sum\limits_{n=1}^{+\infty} b_n$ 收敛. 而要构造满足这一条件而又使得 $\sum\limits_{n=1}^{+\infty} (e^{b_n} - 1)$ 发散的例子. 注意到当 $b_n$

有界时, 有

$$\left| e^{b_n} - 1 - b_n - \frac{b_n^2}{2} \right| \leqslant C |b_n|^3.$$

这样, 只要找一个 $\sum\limits_{n=1}^{+\infty} b_n$, $\sum\limits_{n=1}^{+\infty} |b_n|^3$ 均收敛, 而 $\sum\limits_{n=1}^{+\infty} b_n^2$ 发散的例子. 为此, 取 $b_n := \dfrac{(-1)^n}{\sqrt{n}}$

即可满足要求. 而对应的 $a_n = e^{\frac{(-1)^n}{\sqrt{n}}} - 1$.

(**方法 2**) 第 (2) 小题的结果提示我们要找 $\prod\limits_{n=1}^{+\infty} (1 + a_n)$ 收敛而 $\sum\limits_{n=1}^{+\infty} a_n^2$ 发散的例子.

如果取 $a_n = \dfrac{1}{\sqrt{n}}$ 就可以保证 $\sum\limits_{n=1}^{+\infty} a_n^2$ 发散. 但是不能直接取 $a_n = \dfrac{1}{\sqrt{n}}$, 也不能把 $a_n$ 拆

成几项 (非负的项) 或把几个 $a_n$ 并成一项来构造反例, 因为当 $a_n$ 非负时, $\sum\limits_{n=1}^{+\infty} a_n$ 收敛与

$\prod\limits_{n=1}^{+\infty} (1 + a_n)$ 收敛, 即 $\sum\limits_{n=1}^{+\infty} \ln(1 + a_n)$ 收敛是等价的. 需要考虑变号情形. 为此, 尝试寻找

$\{a_n\}$ 满足 $a_{2n-1}^2 + a_{2n}^2 = \dfrac{2}{n}$, 而 $(1+a_{2n-1})(1+a_{2n}) = 1+\dfrac{1}{2n^2}$, 其中右端的系数根据求解过程作适当调节以简化表达式. 则解得其中一组解为 $x_{2n-1} = \dfrac{1}{2}\left(\dfrac{1}{n} + \sqrt{\dfrac{4}{n} - \dfrac{1}{n^2}}\right)$, $x_{2n} = \dfrac{1}{2}\left(\dfrac{1}{n} - \sqrt{\dfrac{4}{n} - \dfrac{1}{n^2}}\right)$. 这样定义的 $\{a_n\}$ 必使 $\displaystyle\prod_{n=1}^{+\infty}(1+a_n)$ 收敛而 $\displaystyle\sum_{n=1}^{+\infty}a_n^2$ 发散.

(2) **证明** 本部分的证明是容易的. 由于 $\displaystyle\lim_{x\to 0}\dfrac{x-\ln(1+x)}{x^2} = \dfrac{1}{2}$. 因此, 对于无穷小量 $\{a_n\}$, 有常数 $M>0$ 使得对足够大的 $N$ 成立

$$\frac{1}{M}a_n^2 \leqslant a_n - \ln(1+a_n) \leqslant M a_n^2, \quad n \geqslant N,$$

即 $\displaystyle\sum_{n=1}^{+\infty}\left(a_n - \ln(1+a_n)\right)$ 与 $\displaystyle\sum_{n=1}^{+\infty}a_n^2$ 有相同的敛散性. 而根据题设条件, $\displaystyle\sum_{n=1}^{+\infty}\ln(1+a_n)$ 收敛, 所以 $\displaystyle\sum_{n=1}^{+\infty}a_n$ 收敛当且仅当 $\displaystyle\sum_{n=1}^{+\infty}a_n^2$ 收敛. □

【例 4.8.10】 设 $\mathbb{R}^n$ 上连续函数列 $\{f_k(x)\}$ 对于每一个 $x \in \mathbb{R}^n$ 都是有界的. 证明: 存在内点非空的集合 $E \subset \mathbb{R}^n$ 使得 $\{f_k\}$ 在 $E$ 上一致有界, 即存在与 $k$ 无关的常数 $M>0$ 使得

$$|f_k(x)| \leqslant M, \qquad \forall k \geqslant 1, x \in E.$$

**证明** 否则, 对任何 $x \in \mathbb{R}^n$ 以及 $\delta > 0$, $\{f_k\}$ 在 $Q_\delta(x)$ 上非一致有界, 其中 $Q_\delta(x)$ 表示以 $x$ 为中心, $2\delta$ 为边长的闭方体.

首先, 取 $x_0 = 0$. 由 $\{f_k\}$ 在 $Q_1(0)$ 上非一致有界, 存在 $m_1 \geqslant 1$ 以及 $\xi_1 \in Q_1(x_0)$ 使得 $|f_{m_1}(\xi_1)| \geqslant 2$. 于是由 $f_{m_1}$ 的连续性, 存在 $x_1$ 以及 $0 < \delta_1 < \dfrac{1}{2}$ 使得 $Q_{\delta_1}(x_1) \subset Q_1(x_0)$, 且 $|f_{m_1}(x)| \geqslant 1\,(\forall x \in Q_{\delta_1}(x_1))$.

类似地, 有 $m_2 > m_1$ 以及 $\xi_2 \in Q_{\delta_1}(x_1)$ 使得 $|f_{m_2}(\xi_2)| \geqslant 3$. 于是由 $f_{m_2}$ 的连续性, 存在 $x_2$ 以及 $0 < \delta_2 < \dfrac{\delta_1}{2}$ 使得 $Q_{\delta_2}(x_2) \subset Q_{\delta_1}(x_1)$, 且 $|f_{m_2}(x)| \geqslant 2\,(\forall x \in Q_{\delta_2}(x_2))$.

一般地, 有 $m_1 < m_2 < m_3 < \cdots$, $x_k \in \mathbb{R}^n$ 以及 $\delta_k > 0\,(k \geqslant 1)$ 满足: 对任何 $k \geqslant 1$,

$$\delta_{k+1} < \frac{\delta_k}{2}, \quad Q_{\delta_{k+1}}(x_{k+1}) \subset Q_{\delta_k}(x_k), \qquad |f_{m_k}(x)| \geqslant k, \ \forall x \in Q_{\delta_k}(x_k).$$

由闭集套定理, $\{Q_{\delta_k}(x_k)\}$ 有唯一的公共点 $\xi$. 此时 $|f_{m_k}(\xi)| \geqslant k\,(\forall k \geqslant 1)$. 与 $\{f_k(x)\}$ 有界矛盾. 因此, 存在内点非空的集合 $E \subset \mathbb{R}^n$ 使得 $\{f_k\}$ 在 $E$ 上一致有界. □

【例 4.8.11】 问 $\displaystyle\prod_{n=1}^{+\infty}\dfrac{\ln(\sqrt{2n} + (-1)^n)}{\ln\sqrt{2n}}$ 是否收敛? 证明你的结论.

**解**　$\ln \dfrac{\ln(\sqrt{2n} + (-1)^n)}{\ln \sqrt{2n}} = \ln \left( 1 + \dfrac{\ln \left( 1 + \dfrac{(-1)^n}{\sqrt{2n}} \right)}{\ln \sqrt{2n}} \right).$

由于

$$\lim_{n \to +\infty} n \ln n \left( \frac{\ln \left( 1 + \dfrac{(-1)^n}{\sqrt{2n}} \right)}{\ln \sqrt{2n}} - \frac{(-1)^n}{\sqrt{2n} \ln \sqrt{2n}} \right)$$

$$= \lim_{n \to +\infty} 2n \left( \ln \left( 1 + \frac{(-1)^n}{\sqrt{2n}} \right) - \frac{(-1)^n}{\sqrt{2n}} \right)$$

$$= \lim_{x \to 0} \frac{\ln(1+x) - x}{x^2} = -\frac{1}{2},$$

因此, $\displaystyle\sum_{n=1}^{+\infty} \left( \frac{\ln \left( 1 + \dfrac{(-1)^n}{\sqrt{2n}} \right)}{\ln \sqrt{2n}} - \frac{(-1)^n}{\sqrt{2n} \ln \sqrt{2n}} \right)$ 发散.

结合 $\displaystyle\sum_{n=1}^{+\infty} \frac{(-1)^n}{\sqrt{2n} \ln \sqrt{2n}}$ 收敛, 得到 $\displaystyle\sum_{n=1}^{+\infty} \frac{\ln \left( 1 + \dfrac{(-1)^n}{\sqrt{2n}} \right)}{\ln \sqrt{2n}}$ 发散.

另一方面,

$$\lim_{n \to +\infty} \left( \frac{1}{2n \ln^2 n} \right)^{-2} \left[ \ln \left( 1 + \frac{\ln \left( 1 + \dfrac{(-1)^n}{\sqrt{2n}} \right)}{\ln \sqrt{2n}} \right) - \frac{\ln \left( 1 + \dfrac{(-1)^n}{\sqrt{2n}} \right)}{\ln \sqrt{2n}} \right]$$

$$= \lim_{n \to +\infty} \left( \frac{\ln \left( 1 + \dfrac{(-1)^n}{\sqrt{2n}} \right)}{2 \ln \sqrt{2n}} \right)^{-2} \left[ \ln \left( 1 + \frac{\ln \left( 1 + \dfrac{(-1)^n}{\sqrt{2n}} \right)}{\ln \sqrt{2n}} \right) - \frac{\ln \left( 1 + \dfrac{(-1)^n}{\sqrt{2n}} \right)}{\ln \sqrt{2n}} \right]$$

$$= \lim_{x \to 0} \frac{4 \left( \ln(1+x) - x \right)}{x^2} = -2.$$

因此, $\displaystyle\sum_{n=1}^{+\infty} \left[ \ln \left( 1 + \frac{\ln \left( 1 + \dfrac{(-1)^n}{\sqrt{2n}} \right)}{\ln \sqrt{2n}} \right) - \frac{\ln \left( 1 + \dfrac{(-1)^n}{\sqrt{2n}} \right)}{\ln \sqrt{2n}} \right]$ 收敛.

总之, 级数 $\displaystyle\sum_{n=1}^{+\infty} \ln \left( 1 + \frac{\ln \left( 1 + \dfrac{(-1)^n}{\sqrt{2n}} \right)}{\ln \sqrt{2n}} \right)$ 发散, 从而 $\displaystyle\prod_{n=1}^{+\infty} \frac{\ln(\sqrt{2n} + (-1)^n)}{\ln \sqrt{2n}}$ 发散.

【例 4.8.12】 设 $b_n \geqslant 0$, 且 $\phi(x) = \sum\limits_{n=1}^{+\infty} b_n \sin nx$ 在 $\mathbb{R}$ 上一致收敛, 证明 $\phi(x) \in C^1(\mathbb{R})$ 的充要条件为 $\sum\limits_{n=1}^{+\infty} nb_n$ 收敛.

**证明  充分性**  若 $\sum\limits_{n=1}^{+\infty} nb_n$ 收敛, 则由 Weierstrass 判别法, $\sum\limits_{n=1}^{+\infty} (b_n \sin nx)'$ 在 $\mathbb{R}$ 上一致收敛, 从而级数可以逐项求导且求导后的函数连续, 即 $\phi$ 连续可导.

**必要性**  任取 $x > 0$, 有

$$\frac{\int_0^x \phi(t)\, dt}{x^2} = \frac{1}{x^2} \sum_{n=1}^{+\infty} \frac{b_n(1 - \cos nx)}{n} \geqslant \frac{1}{x^2} \sum_{n=1}^{m} \frac{b_n(1 - \cos nx)}{n}, \quad \forall m \geqslant 1.$$

上式中令 $x \to 0^+$ 得到

$$\frac{1}{2}\phi'(0) = \lim_{x \to 0^+} \frac{\int_0^x \phi(t)\, dt}{x^2} \geqslant \lim_{x \to 0^+} \frac{1}{x^2} \sum_{n=1}^{m} \frac{b_n(1 - \cos nx)}{n} = \frac{1}{2}\sum_{n=1}^{m} nb_n.$$

因此, $\sum\limits_{n=1}^{+\infty} nb_n$ 收敛. $\qquad\qquad\square$

【注 4.8.2】 从 Fourier 级数理论的角度来看, 证明必要性时不需要假设 $\sum\limits_{n=1}^{+\infty} b_n \sin nx$ 的一致收敛性. 具体地, $\phi$ 是奇函数, $\phi'$ 是偶函数, 直接计算得到 $\phi$ 的 Fourier 级数为

$$\phi'(x) \sim \sum_{n=1}^{+\infty} nb_n \cos nx.$$

由于 $\phi'$ 连续, 其 Fourier 级数的 Fejér 积分 (一致) 收敛到 $\phi'$. 从而 $\sum\limits_{n=1}^{+\infty} nb_n \cos nx$ 的 Cesáro 和为 $\phi'(x)$. 特别地, $\sum\limits_{n=1}^{+\infty} nb_n$ 的 Cesáro 和为 $\phi'(0)$. 即

$$\lim_{n \to +\infty} \frac{1}{n} \sum_{k=0}^{n-1} S_k = \phi'(0),$$

其中 $S_k := \sum\limits_{j=1}^{k} jb_j$. 由于 $b_k$ 非负, 因此 $S_k$ 单增 ($S_0 := 0$), 因此 $\lim\limits_{n \to +\infty} S_n$ 在广义实数系存在. 由 Stolz 公式可得

$$\phi'(0) = \lim_{n \to +\infty} \frac{1}{n} \sum_{k=0}^{n-1} S_k = \lim_{n \to +\infty} S_n,$$

即 $\sum\limits_{n=1}^{+\infty} nb_n$ 收敛 (这相当于证明了正项级数 Cesáro 可和等价于收敛).

更一般地, 若 $\psi$ 是 $2\pi$ 为周期的有界函数, 在 $[0, 2\pi]$ 上可积, $\displaystyle\int_0^{2\pi} \psi(t)\,\mathrm{d}t = 0$, 则

$\phi(x) := \displaystyle\int_0^x \psi(t)\,\mathrm{d}t$ 是 $2\pi$ 为周期的函数. 仍假设 $\psi$ 的 Fourier 级数为 $\displaystyle\sum_{n=1}^{+\infty} b_n \sin nx$ 且

$b_n \geqslant 0$. 由 Fejér 积分的表达式

$$\sigma_n(\psi; x) = \frac{1}{2n\pi} \int_0^\pi \left( \psi(x+t) + \psi(x-t) \right) \left( \frac{\sin \dfrac{nt}{2}}{\sin \dfrac{t}{2}} \right)^2 \mathrm{d}t.$$

得到 $\sigma_n(\psi; x)$ 是有界的. 另一方面, 在广义实数系意义下, 同样有

$$\lim_{n \to +\infty} \sigma_n(\psi; 0) = \lim_{n \to +\infty} \frac{1}{n} \sum_{k=0}^{n-1} S_k = \lim_{n \to +\infty} S_n.$$

因此, $\displaystyle\lim_{n \to +\infty} S_n$ 有限, 即 $\displaystyle\sum_{n=1}^{+\infty} nb_n$ 收敛. 同时也说明了 $\psi$ 在零点的 Fejér 积分 $\sigma_n(\psi; 0)$ 是

收敛的.

**【例 4.8.13】** 设 $f$ 以 $2\pi$ 为周期, $f|_{[0,2\pi]} \in L^1[0, 2\pi]$, $f$ 的 Fourier 级数为 $\dfrac{a_0}{2} +$

$\displaystyle\sum_{n=1}^{+\infty} (a_n \cos nx + b_n \sin nx)$. 记

$$S_n(f; x) = \frac{a_0}{2} + \sum_{k=1}^{n} (a_k \cos kx + b_k \sin kx), \quad \sigma_n(f; x) = \frac{1}{n} \sum_{k=0}^{n-1} S_k(f; x).$$

证明: (1) 对于 $n \geqslant 1$, 以及 $x \in \mathbb{R}$, 有 $\sigma_n(f; x) = \dfrac{1}{2n\pi} \displaystyle\int_{-\pi}^{\pi} f(x+t) \left( \dfrac{\sin \dfrac{nt}{2}}{\sin \dfrac{t}{2}} \right)^2 \mathrm{d}t$.

(2) 若 $f$ 连续, 则 $\sigma_n(f; x)$ 关于 $x \in \mathbb{R}$ 一致收敛.

**证明** (1) 由题设知

$$S_n(f; x) = \frac{a_0}{2} + \sum_{k=1}^{n} (a_k \cos kx + b_k \sin kx)$$

$$= \frac{1}{2\pi} \int_0^{2\pi} f(\theta)\,\mathrm{d}\theta + \frac{1}{\pi} \sum_{k=1}^{n} \left( \int_0^{2\pi} f(\theta) \cos k\theta\,\mathrm{d}\theta \cos kx + \int_0^{2\pi} f(\theta) \sin k\theta\,\mathrm{d}\theta \sin kx \right)$$

$$= \frac{1}{\pi} \int_0^{2\pi} f(\theta) \left( \frac{1}{2} + \sum_{k=1}^{n} \cos k(\theta - x) \right) \mathrm{d}\theta$$

$$= \frac{1}{\pi} \int_{-\pi}^{\pi} f(\theta + x) \left( \frac{1}{2} + \sum_{k=1}^{n} \cos k\theta \right) \mathrm{d}\theta$$

$$= \frac{1}{\pi} \int_{-\pi}^{\pi} f(\theta + x) \frac{\sin\left(n + \frac{1}{2}\right)\theta}{2\sin\frac{\theta}{2}} \, d\theta, \quad \forall n \geqslant 0, x \in \mathbb{R},$$

$$\sigma_n(f; x) = \frac{1}{n} \sum_{k=0}^{n-1} S_k(f; x) = \frac{1}{\pi} \int_{-\pi}^{\pi} f(\theta + x) \frac{1}{n} \sum_{k=0}^{n-1} \frac{\sin\left(k + \frac{1}{2}\right)\theta}{2\sin\frac{\theta}{2}} \, d\theta$$

$$= \frac{1}{2n\pi} \int_{-\pi}^{\pi} f(\theta + x) \sum_{k=0}^{n-1} \frac{\cos k\theta - \cos(k+1)\theta}{2\sin^2\frac{\theta}{2}} \, d\theta$$

$$= \frac{1}{2n\pi} \int_{-\pi}^{\pi} f(\theta + x) \frac{1 - \cos n\theta}{2\sin^2\frac{\theta}{2}} \, d\theta$$

$$= \frac{1}{2n\pi} \int_{-\pi}^{\pi} f(x + t) \left(\frac{\sin\frac{nt}{2}}{\sin\frac{t}{2}}\right)^2 \, dt, \quad \forall n \geqslant 0, x \in \mathbb{R}.$$

(2) 记 $M$ 为 $|f|$ 的最大值, $\omega$ 为 $f$ 的连续模. 任取 $\delta \in (0, \pi)$, 我们有

$$\left|\sigma_n(f; x) - f(x)\right| = \frac{1}{2n\pi} \left| \int_{-\pi}^{\pi} (f(x + t) - f(x)) \left(\frac{\sin\frac{nt}{2}}{\sin\frac{t}{2}}\right)^2 \, dt \right|$$

$$\leqslant \frac{2M}{n\pi} \int_{\delta}^{\pi} \frac{1}{\sin^2\frac{t}{2}} \, dt + \frac{\omega(\delta)}{n\pi} \int_{0}^{\delta} \left(\frac{\sin\frac{nt}{2}}{\sin\frac{t}{2}}\right)^2 \, dt$$

$$\leqslant \frac{2M}{n\pi} \int_{\delta}^{\pi} \frac{1}{\sin^2\frac{t}{2}} \, dt + \omega(\delta).$$

从而

$$\varlimsup_{n \to +\infty} \sup_{x \in \mathbb{R}} \left|\sigma_n(f; x) - f(x)\right| \leqslant \omega(\delta).$$

令 $\delta \to 0^+$ 即得结论. □

【例 4.8.14】　设 $f(x) := \ln(1 + x) + \frac{1}{2} \arcsin x^2$. 试分别构造满足如下条件的实数列 $\{a_n\}$, 或说明这样的数列不存在.

(1) $\sum_{n=1}^{\infty} a_n$ 收敛, 而 $\sum_{n=1}^{\infty} f(a_n)$ 发散;

(2) $\sum_{n=1}^{\infty} a_n$ 发散, 而 $\sum_{n=1}^{\infty} f(a_n)$ 收敛.

**解** 这样的数列都存在.

**分析** 以第 (1) 小题为例.

(i) 若 $\sum\limits_{n=1}^{\infty} a_n$ 是正项级数, 则 $\sum\limits_{n=1}^{+\infty} \left(a_n + \dfrac{a_n^3}{3}\right)$ 与 $\sum\limits_{n=1}^{+\infty} a_n$ 有相同的收敛性. 因此, 要得到收敛性不一致的例子, 级数的一般项必然是变号的.

(ii) 若使用交错级数, $a_n = (-1)^{n-1}\alpha_n$, 则当 $\{\alpha_n\}$ 单调趋于零时, $\sum\limits_{n=1}^{+\infty} a_n$ 与 $\sum\limits_{n=1}^{+\infty} a_n^3$ 均收敛. 因此, 注意到 $\lim\limits_{n\to +\infty} \dfrac{f(a_n) - a_n - \dfrac{a_n^3}{3}}{a_n^4} = -\dfrac{1}{4}$, 要使得 $\sum\limits_{n=1}^{+\infty} f(a_n)$ 发散, 只要 $\sum\limits_{n=1}^{\infty} a_n^4$ 发散.

(iii) 若 $\sum\limits_{n=1}^{+\infty} a_n$ 不是交错级数, 则 $\sum\limits_{n=1}^{+\infty} a_n$ 收敛而 $\sum\limits_{n=1}^{+\infty} a_n^3$ 发散也是可能的. 此时有可能经适当的调整使 $\sum\limits_{n=1}^{+\infty} f(a_n)$ 发散.

(**方法 1**) (1) 若取 $\{\alpha_n\}$ 为单调下降趋于零的正数列, $a_n = (-1)^{n-1}\alpha_n$, 则由 Leibniz 判别法, $\sum\limits_{n=1}^{+\infty} a_n$ 和 $\sum\limits_{n=1}^{+\infty} \left(a_n + \dfrac{a_n^3}{3}\right)$ 均收敛.

又有 $f(x) = x + \dfrac{x^3}{3} - \dfrac{x^4}{4} + o(x^4)\,(x \to 0)$. 因此, $\lim\limits_{n\to +\infty} \dfrac{f(a_n) - a_n - \dfrac{a_n^3}{3}}{a_n^4} = -\dfrac{1}{4}$. 这样, 在前述条件下, 若进一步有 $\sum\limits_{n=1}^{+\infty} a_n^4$ 发散, 则 $\sum\limits_{n=1}^{+\infty} f(a_n)$ 发散.

综上所述, 取 $a_n = \dfrac{(-1)^{n-1}}{\sqrt[4]{n}}$, 则 $\sum\limits_{n=1}^{+\infty} a_n$ 收敛, 而 $\sum\limits_{n=1}^{+\infty} f(a_n)$ 发散.

(2) 易见存在 $\delta > 0$ 使得 $f$ 在 $(-\delta, \delta)$ 内严格单增, 因此 $f$ 有反函数 $\varphi$. 我们有 $\varphi(x) = x - \dfrac{x^3}{3} + \dfrac{x^4}{4} + o(x^4)\,(x \to 0)$.

(**方法 1.1**) 令 $a_n = \varphi\left(\dfrac{(-1)^{n-1}}{\sqrt[4]{n}}\right)$, 则类似于 (1) 可见 $\sum\limits_{n=1}^{+\infty} a_n$ 发散, 而 $\sum\limits_{n=1}^{+\infty} f(a_n)$ 收敛.

(**方法 1.2**) 方法 1.1 中, $a_n$ 的取法依赖于 $f$ 的反函数 $\varphi$. 自然, 可以避开 $\varphi$, 直接令 $a_n = \dfrac{(-1)^{n-1}}{\sqrt[4]{n}} - \dfrac{(-1)^{n-1}}{3n^{\frac{3}{4}}} + \dfrac{1}{4n}$, 则 $\sum\limits_{n=1}^{\infty} a_n$ 发散. 而 $\lim\limits_{n\to +\infty} n^{\frac{5}{4}} \left| f(a_n) - \dfrac{(-1)^{n-1}}{\sqrt[4]{n}} \right| = \dfrac{2}{15}$, 从而 $\sum\limits_{n=1}^{+\infty} \left( f(a_n) - \dfrac{(-1)^{n-1}}{\sqrt[4]{n}} \right)$ 绝对收敛. 进而可得 $\sum\limits_{n=1}^{+\infty} f(a_n)$ 收敛.

(**方法 2**) 利用 $\lim\limits_{x \to 0} \dfrac{f(x) - x}{x^3} = \dfrac{1}{3}$ 构造. 我们有常数 $C_2 > C_1 > 0$ 使得对于 $0 < |x| \leqslant 1$ 成立 $C_1 \leqslant \dfrac{f(x) - x}{x^3} \leqslant C_2$. 我们只构造 (1) 的例子, (2) 类似可得.

考虑如下的数列 $\{a_n\}$:

$$\frac{1}{\sqrt[3]{1}}, -\frac{1}{\sqrt[3]{1}},$$

$$\frac{1}{\sqrt[3]{2}}, -\frac{1}{2\sqrt[3]{2}}, -\frac{1}{2\sqrt[3]{2}},$$

$$\frac{1}{\sqrt[3]{3}}, -\frac{1}{3\sqrt[3]{3}}, -\frac{1}{3\sqrt[3]{3}}, -\frac{1}{3\sqrt[3]{3}},$$

$$\cdots\cdots$$

$$\frac{1}{\sqrt[3]{k}}, \underbrace{-\frac{1}{k\sqrt[3]{k}}, -\frac{1}{k\sqrt[3]{k}}, \cdots, -\frac{1}{k\sqrt[3]{k}}}_{k\text{个}},$$

$$\cdots\cdots$$

则易见 $\sum\limits_{n=1}^{\infty} a_n$ 收敛. 而对于任何 $k \geqslant 1$,

$$\sum_{n=1}^{\frac{k(k+3)}{2}} \big(f(a_n) - a_n\big)$$

$$= \sum_{n=1}^{k} \left(f\left(\frac{1}{\sqrt[3]{k}}\right) - \frac{1}{\sqrt[3]{k}}\right) + \sum_{n=1}^{k} k\left(f\left(-\frac{1}{k\sqrt[3]{k}}\right) + \frac{1}{k\sqrt[3]{k}}\right)$$

$$\geqslant C_1 \sum_{n=1}^{k} \frac{1}{k} - C_2 \sum_{n=1}^{k} \frac{1}{k^3}.$$

因此, $\sum\limits_{n=1}^{\infty} f(a_n)$ 发散.

【**例 4.8.15**】 设 $\{a_n\}$ 为有界的正数列, 证明: 级数 $\sum\limits_{n=1}^{\infty} a_n$ 收敛当且仅当级数 $\sum\limits_{n=1}^{\infty} \dfrac{a_n}{S_n \ln(S_n + 1)}$ 收敛, 其中 $S_n = \sum\limits_{k=1}^{n} a_k$.

**证明** 设 $a_n \leqslant M$. 由于 $\{S_n\}$ 单调增加, 因此 $L \equiv \lim\limits_{n \to +\infty} S_n \in (0, +\infty]$. 易见, 无论是 $L < +\infty$ (此时 $\lim\limits_{n \to +\infty} a_n = 0$) 还是 $L = +\infty$, 都有 $\lim\limits_{n \to +\infty} \dfrac{a_n}{S_n} = 0$, 从而又有 $\lim\limits_{n \to +\infty} \dfrac{S_{n-1}}{S_n} = 1$.

(**方法 1**) 于是

$$\lim_{n \to +\infty} \frac{\ln \ln(S_n + 1) - \ln \ln(S_{n-1} + 1)}{\dfrac{a_n}{S_n \ln(S_n + 1)}} = \lim_{n \to +\infty} \frac{\ln \left( \dfrac{\ln(S_n + 1)}{\ln(S_{n-1} + 1)} \right)}{\dfrac{a_n}{S_n \ln(S_n + 1)}}$$

$$= \lim_{n \to +\infty} \frac{\dfrac{\ln(S_n + 1)}{\ln(S_{n-1} + 1)} - 1}{\dfrac{a_n}{S_n \ln(S_n + 1)}} = \lim_{n \to +\infty} \frac{\ln \dfrac{S_n + 1}{S_{n-1} + 1}}{\dfrac{a_n}{S_n}} = \lim_{n \to +\infty} \frac{S_n}{S_{n-1} + 1}$$

$$= \frac{1}{1 + \dfrac{1}{L}},$$

即正项级数 $\displaystyle\sum_{n=1}^{\infty} \frac{a_n}{S_n \ln(S_n + 1)}$ 与 $\displaystyle\sum_{n=2}^{\infty} \big( \ln \ln(S_n + 1) - \ln \ln(S_{n-1} + 1) \big)$ 同敛散, 亦即与级数 $\displaystyle\sum_{n=1}^{\infty} a_n$ 同敛散.

**(方法 2) 必要性**　若 $\displaystyle\sum_{n=1}^{\infty} a_n$ 收敛, 则由 $\dfrac{a_n}{S_n \ln(S_n + 1)} \leqslant \dfrac{a_n}{a_1 \ln(a_1 + 1)}$ 与正项级数的比较判别法即得 $\displaystyle\sum_{n=1}^{\infty} \frac{a_n}{S_n \ln(S_n + 1)}$ 收敛.

**充分性**　若 $\displaystyle\sum_{n=1}^{\infty} a_n$ 发散, 则 $\displaystyle\lim_{n \to +\infty} S_n = +\infty$. 从而由

$$\ln \ln(S_n + 1) - \ln \ln(S_{n-1} + 1) = \frac{a_n}{(\xi_n + 1) \ln(\xi_n + 1)} \leqslant \frac{a_n}{S_{n-1} \ln(S_{n-1} + 1)}, \qquad n \geqslant 2$$

得到 $\displaystyle\sum_{n=2}^{\infty} \frac{a_n}{S_{n-1} \ln(S_{n-1} + 1)}$ 发散.

另一方面,

$$\lim_{n \to +\infty} \frac{S_{n-1}}{S_n} = 1 - \lim_{n \to +\infty} \frac{a_n}{S_n} = 1.$$

进而

$$\lim_{n \to +\infty} \frac{\dfrac{a_n}{S_n \ln(S_n + 1)}}{\dfrac{a_n}{S_{n-1} \ln(S_{n-1} + 1)}} = 1.$$

因此, $\displaystyle\sum_{n=1}^{\infty} \frac{a_n}{S_n \ln(S_n + 1)}$ 发散.

方法 2 事实上与方法 1 没有本质的区别. □

# 第5章 Riemann 积分、曲线积分及曲面积分

## 5.1 Riemann 积分

 **积分的定义**

设 $I_i = [a_i, b_i]$ $(i = 1, 2, \cdots, n)$ 是 $n$ 个一维闭区间, 称

$$F = I_1 \times I_2 \times \cdots \times I_n \subset \mathbb{R}^n$$

为 $n$ 维区间或 $n$ 维矩形, 其体积定义为

$$\sigma(F) = \prod_{i=1}^{n} (b_i - a_i).$$

设 $f$ 是定义在 $F$ 上的 $n$ 元函数. $T$ 是平行于 $\mathbb{R}^n$ 中坐标平面的超平面组成的分割, 它将 $F$ 分割成有限多个小 $n$ 维矩形 $F_1, F_2, \cdots, F_m$, 在每个小矩形 $F_j$ 中取一点 $P_j$, 作 Riemann 和

$$S(f, T) = \sum_{j=1}^{m} f(P_j) \sigma(F_j).$$

若当分割 $T$ 的模 (或称范数) $\|T\| = \max\limits_{1 \leqslant j \leqslant m} \{\mathrm{diam}(F_j)\}$ 趋于零时, 无论 $P_j$ 在 $F_j$ 中如何选取, 上面的和式都有极限 $A$, 则称 $f$ 在 $F$ 上 (Riemann) 可积, $A$ 称为 $f$ 的积分, 记为

$$\int_F \cdots \int f(x_1, x_2, \cdots, x_n) \, \mathrm{d}x_1 \mathrm{d}x_2 \cdots \mathrm{d}x_n,$$

简记为

$$\int_F f(\boldsymbol{x}) \mathrm{d}\boldsymbol{x},$$

其中 $\boldsymbol{x} = (x_1, x_2, \cdots, x_n)$.

设 $V$ 是 $\mathbb{R}^n$ 中有界集合, $f$ 是定义在 $V$ 的 $n$ 元函数. 取一个包含 $V$ 的 $n$ 维矩形 $F$, 将 $f$ 延拓到 $F$ 上, 使得

$$f_F(\boldsymbol{x}) = \begin{cases} f(x), & \boldsymbol{x} \in V, \\ 0, & \boldsymbol{x} \in F \setminus V. \end{cases}$$

若 $f_F$ 在 $F$ 上可积, 则称 $f$ 在 $V$ 上可积, 并且定义 $f$ 在 $V$ 上的积分为

$$\int_V \cdots \int f(x_1, x_2, \cdots, x_n) \, \mathrm{d}x_1 \mathrm{d}x_2 \cdots \mathrm{d}x_n = \int_F \cdots \int f_F(x_1, x_2, \cdots, x_n) \mathrm{d}x_1 \mathrm{d}x_2 \cdots \mathrm{d}x_n.$$

对于一元函数 $f$, 在闭区间 $[a,b]$ 上的积分记为 $\displaystyle\int_a^b f(x)\,\mathrm{d}x$. 并约定

$$\int_a^a f(x)\,\mathrm{d}x = 0, \quad \int_b^a f(x)\,\mathrm{d}x = -\int_a^b f(x)\,\mathrm{d}x.$$

当常数 1 在有界集 $V$ 上可积时, 称 $V$ 是有体积的, 其体积定义为 1 在 $V$ 上的积分. 若 $V$ 的体积为零, 则称 $V$ 是零体积集.

区间 $[a,b]$ 上的 Riemann 可积函数全体记为 $R([a,b])$.

### 5.1.1 积分的基本性质和基本定理

**【定理 5.1.1】** 若 $f$ 在有界集 $V \subset \mathbb{R}^n$ 上可积, 则积分值是唯一的.

**【定理 5.1.2】** (可积的必要条件) 若 $f$ 在有界集 $V \subset \mathbb{R}^n$ 上可积, 则 $f$ 在 $V$ 上有界.

**【定理 5.1.3】** (可积的充要条件) 设 $D$ 是 $\mathbb{R}^n$ 中有体积的有界集, $f$ 是 $D$ 上的有界函数, 任意将 $D$ 分成有限块有体积的集 $D_1, D_2, \cdots D_k$, 且当 $i \neq j$ 时, $D_i \cap D_j$ 的体积为零, 记该分割为 $T$, $\|T\| = \max\limits_{1 \leqslant j \leqslant k} \{\operatorname{diam} D_j\}$. 则 $f$ 在 $D$ 上可积的充要条件是

$$\lim_{\|T\| \to 0} \sum_{j=1}^{k} \omega_j \sigma(D_j) = 0,$$

其中 $\omega_j = \sup\limits_{x \in D_j} f(x) - \inf\limits_{x \in D_j} f(x)$, $\sigma(D_j)$ 是 $D_j$ 的体积.

**【注 5.1.1】** 由该定理可知, 有体积的有界集上的仅有有限个间断点的函数是可积的. 有限闭区间 $[a,b]$ 上的单调函数是可积的.

**【命题 5.1.4】** (积分的保序性) 若 $f$ 和 $g$ 都在有界集 $V \subset \mathbb{R}^n$ 上可积, 而且 $f \leqslant g$, 则有

$$\int_V f(\boldsymbol{x})\,\mathrm{d}\boldsymbol{x} \leqslant \int_V g(\boldsymbol{x})\,\mathrm{d}\boldsymbol{x}.$$

**【命题 5.1.5】** 若 $f$ 在有界集 $V \subset \mathbb{R}^n$ 上可积, $V_1$ 是 $V$ 的子集且有体积, 则 $f$ 在 $V_1$ 上也可积. 若 $f$ 是非负的, 则有

$$\int_{V_1} f(\boldsymbol{x})\,\mathrm{d}\boldsymbol{x} \leqslant \int_V f(\boldsymbol{x})\,\mathrm{d}\boldsymbol{x}.$$

**【命题 5.1.6】** (积分区域的可加性) 若 $f$ 在有界集 $V_1$ 和 $V_2$ 上都可积, 且 $V_1 \cap V_2$ 是零体积集, 则

$$\int_{V_1 \cup V_2} f(\boldsymbol{x})\,\mathrm{d}\boldsymbol{x} = \int_{V_1} f(\boldsymbol{x})\,\mathrm{d}\boldsymbol{x} + \int_{V_2} f(\boldsymbol{x})\,\mathrm{d}\boldsymbol{x}.$$

**【命题 5.1.7】** (积分的线性性质) 若 $f$ 和 $g$ 都在有界集 $V \subset \mathbb{R}^n$ 上可积, 则对任意常数 $c_1, c_2$ 函数 $c_1 f + c_2 g$ 也在 $V$ 上可积, 且

$$\int_V (c_1 f(\boldsymbol{x}) + c_2 g(\boldsymbol{x}))\,\mathrm{d}\boldsymbol{x} = c_1 \int_V f(\boldsymbol{x})\,\mathrm{d}\boldsymbol{x} + c_2 \int_V g(\boldsymbol{x})\,\mathrm{d}\boldsymbol{x}.$$

【命题 5.1.8】　若 $f$ 是有体积的有界闭区域 $V$ 上非负连续函数且 $\displaystyle\int_V f(\boldsymbol{x})\,\mathrm{d}\boldsymbol{x}=0$, 则 $f\equiv 0$.

【命题 5.1.9】(绝对值的可积性)　若 $f$ 在 $V$ 上可积, 则 $|f|$ 也在 $V$ 上可积, 且

$$\left|\int_V f(\boldsymbol{x})\,\mathrm{d}\boldsymbol{x}\right|\leqslant \int_V |f(\boldsymbol{x})|\,\mathrm{d}\boldsymbol{x}.$$

【命题 5.1.10】(乘积的可积性)　若 $f$ 和 $g$ 都在 $V$ 上可积, 则 $fg$ 也在 $V$ 上可积. 当 $|g|\geqslant m>0$ 时, $\dfrac{1}{g}$ 也在 $V$ 上可积.

【命题 5.1.11】(复合函数的可积性)　若函数 $f$ 在闭区间 $[a,b]$ 上可积, 且 $m\leqslant f\leqslant M$, 函数 $g$ 在 $[m,M]$ 上连续, 则复合函数 $x\mapsto g(f(x))$ 也在 $[a,b]$ 上可积.

【定理 5.1.12】(积分中值定理)　设 $K$ 是 $\mathbb{R}^n$ 中有体积的有界闭区域, 函数 $f$ 在 $K$ 上连续, 且 $g$ 在 $K$ 上可积且不变号, 则存在 $\boldsymbol{\xi}\in K$ 使得

$$\int_K f(\boldsymbol{x})g(\boldsymbol{x})\mathrm{d}\boldsymbol{x}=f(\boldsymbol{\xi})\int_K g(\boldsymbol{x})\mathrm{d}\boldsymbol{x}.$$

【定理 5.1.13】(第二积分中值定理)　设 $g$ 是 $[a,b]$ 上的可积函数.

(i) 若 $f$ 在 $[a,b]$ 上非负且单调递减, 则存在 $\xi\in[a,b]$ 使得

$$\int_a^b f(x)g(x)\mathrm{d}x=f(a)\int_a^\xi g(x)\mathrm{d}x;$$

(ii) 若 $f$ 在 $[a,b]$ 上非负且单调递增, 则存在 $\xi\in[a,b]$ 使得

$$\int_a^b f(x)g(x)\mathrm{d}x=f(b)\int_\xi^b g(x)\mathrm{d}x;$$

(iii) 若 $f$ 在 $[a,b]$ 上单调, 则存在 $\xi\in[a,b]$ 使得

$$\int_a^b f(x)g(x)\mathrm{d}x=f(a)\int_a^\xi g(x)\mathrm{d}x+f(b)\int_\xi^b g(x)\mathrm{d}x.$$

【定理 5.1.14】(分部积分法)　设函数 $u$ 和 $v$ 在区间 $[a,b]$ 上可导且 $u'$ 和 $v'$ 都在 $[a,b]$ 上可积, 则

$$\int_a^b u(x)v'(x)\,\mathrm{d}x=u(x)v(x)\Big|_a^b-\int_a^b u'(x)v(x)\,\mathrm{d}x.$$

【定理 5.1.15】(一元函数积分的换元法)　设函数 $f$ 在区间 $[a,b]$ 上连续, 函数 $\varphi$ 在 $[\alpha,\beta]$ 上可导且 $\varphi'$ 在 $[\alpha,\beta]$ 上可积, 又 $a\leqslant\varphi\leqslant b$, 且 $\varphi(\alpha)=a$, $\varphi(\beta)=b$, 则有

$$\int_a^b f(x)\mathrm{d}x=\int_\alpha^\beta f(\varphi(t))\varphi'(t)\mathrm{d}t.$$

**【定理 5.1.16】**(多元函数积分的换元法)  设 $D, D'$ 是 $\mathbb{R}^n$ 中有体积的有界闭区域. 可微映射 $(x_1, x_2, \cdots, x_n) = \varphi(t_1, t_2, \cdots, t_n)$ 将 $D'$ 一对一地映为 $D$, $\dfrac{\partial(x_1, x_2, \cdots, x_n)}{\partial(t_1, t_2, \cdots, t_n)} \neq 0$. 若 $f(x_1, x_2, \cdots, x_n)$ 在 $D$ 上可积, 则有

$$\int_D f(\boldsymbol{x}) \mathrm{d}\boldsymbol{x} = \int_{D'} f \circ \varphi(\boldsymbol{t}) \left| \frac{\partial(x_1, x_2, \cdots, x_n)}{\partial(t_1, t_2, \cdots, t_n)} \right| \mathrm{d}\boldsymbol{t}.$$

**【定理 5.1.17】**(重积分化成累次积分)  设 $V \subset \mathbb{R}^n$ 是有体积的有界闭区域, $f: V \to \mathbb{R}$ 是连续函数, $1 \leqslant k < n$. 如果

$$V = \{x = (x_1, x_2, \cdots, x_n) \in \mathbb{R}^n | \text{ 当 } (x_{k+1}, \cdots, x_n) \in D_1 \subset \mathbb{R}^{n-k} \text{ 时,}$$

$$(x_1, x_2, \cdots, x_k) \in D_2 \subset \mathbb{R}^k\},$$

那么

$$\int_V f(\boldsymbol{x}) \, \mathrm{d}\boldsymbol{x} = \overbrace{\int \cdots \int}^{n-k\uparrow}_{D_1} \mathrm{d}x_{k+1} \cdots \mathrm{d}x_n \overbrace{\int \cdots \int}^{k\uparrow}_{D_2} f(x) \mathrm{d}x_1 \cdots \mathrm{d}x_k.$$

**【定理 5.1.18】**  设函数 $f$ 在 $[a, b]$ 上可积, 则 $f$ 的变上限积分

$$\varphi(x) = \int_a^x f(t) \mathrm{d}t, \quad a \leqslant x \leqslant b$$

在区间 $[a, b]$ 上连续. 当 $f$ 在 $x_0 \in [a, b]$ 上连续时, $\varphi$ 在 $x_0$ 上可导, 且 $\varphi'(x_0) = f(x_0)$. 特别地, 当 $f \in C[a, b]$ 时, $\varphi$ 是 $f$ 在 $[a, b]$ 上的一个原函数.

**【定理 5.1.19】**(Newton-Leibniz (牛顿-莱布尼茨) 公式)  设 $f$ 在区间 $[a, b]$ 上可积, 函数 $F$ 在 $[a, b]$ 上连续, 在 $(a, b)$ 内可微, 且 $F' = f$, 则

$$\int_a^b f(x) \mathrm{d}x = F(b) - F(a).$$

**【定理 5.1.20】**(Hölder 不等式)  设 $V$ 是 $\mathbb{R}^n$ 中有体积的有界集, $f$ 和 $g$ 都在 $V$ 上可积, 又设 $p, q$ 是满足 $\dfrac{1}{p} + \dfrac{1}{q} = 1$ 的正数, 则有

$$\left| \int_V f(\boldsymbol{x}) g(\boldsymbol{x}) \mathrm{d}\boldsymbol{x} \right| \leqslant \left( \int_V |f(\boldsymbol{x})|^p \mathrm{d}\boldsymbol{x} \right)^{\frac{1}{p}} \left( \int_V |g(\boldsymbol{x})|^q \mathrm{d}\boldsymbol{x} \right)^{\frac{1}{q}}.$$

当 $p = q = 2$ 时, 上面的不等式就是 Cauchy-Schwartz (柯西-施瓦茨) 积分不等式.

**【定理 5.1.21】**(多个函数的 Minkowski 不等式)  若 $f_1, f_2, \cdots, f_n$ 是 $[a, b]$ 上的非负可积函数, 则对 $p \geqslant 1$ 有

$$\left( \int_a^b \left( \sum_{k=1}^n f_k(x) \right)^p \mathrm{d}x \right)^{\frac{1}{p}} \leqslant \int_a^b \left( \sum_{k=1}^n f_k^p(x) \right)^{\frac{1}{p}} \mathrm{d}x.$$

当 $0 < p < 1$ 时, 上面的不等式反向.

**【定理 5.1.22】**(重积分情形 Minkowski 不等式)　若 $f$ 是 $[a,b] \times [c,d]$ 上的非负连续函数, 则对 $p \geqslant 1$ 有

$$\left( \int_a^b \left( \int_c^d f(x,y)\mathrm{d}y \right)^p \mathrm{d}x \right)^{\frac{1}{p}} \leqslant \int_c^d \left( \int_a^b f^p(x,y)\mathrm{d}x \right)^{\frac{1}{p}} \mathrm{d}y.$$

当 $0 < p < 1$ 时, 上面的不等式反向.

**【定理 5.1.23】**(积分形式 Young (杨) 不等式)　设 $\varphi$ 在 $[0, +\infty)$ 上连续严格递增, 且 $\varphi(0) = 0$, $\psi$ 是 $\varphi$ 的反函数, 则 $\psi$ 也在 $[0, +\infty)$ 上连续严格递增, 且 $\psi(0) = 0$. 设 $a > 0, b > 0$, 则有

$$ab \leqslant \int_0^a \varphi(x)\,\mathrm{d}x + \int_0^b \psi(y)\,\mathrm{d}y,$$

当且仅当 $b = \varphi(a)$ 时等号成立.

### 5.1.2　例题

由于积分就是 Riemann 和的极限, 因此, 某些极限问题可以转化为积分来考虑.

**【例 5.1.1】**　设 $0 < \alpha < 1$, 证明数列

$$a_n = \frac{1}{1 + n^\alpha} + \frac{1}{2 + n^\alpha} + \cdots + \frac{1}{n + n^\alpha}, \quad n = 1, 2, \cdots$$

发散.

**证明**　对任意正数 $M$, 存在 $\varepsilon \in (0,1)$, 使得 $\ln \dfrac{1+\varepsilon}{\varepsilon} > M$. 对此 $\varepsilon$ 取 $N > 0$ 使得当 $n > N$ 时, 有 $\dfrac{1}{n^{1-\alpha}} < \varepsilon$. 于是当 $n > N$ 时, 有

$$a_n = \sum_{k=1}^n \frac{1}{k + n^\alpha} = \frac{1}{n} \sum_{k=1}^n \frac{1}{(1/n^{1-\alpha}) + (k/n)}$$

$$> \frac{1}{n} \sum_{k=1}^n \frac{1}{\varepsilon + (k/n)} \to \int_0^1 \frac{1}{\varepsilon + x}\,\mathrm{d}x = \ln \frac{1+\varepsilon}{\varepsilon} > M \quad (n \to \infty),$$

由此知 $\{a_n\}$ 发散. □

**【注 5.1.2】**　题中的 $n^\alpha$ 可以换成 $b_n$ 它只要满足 $\lim\limits_{n \to +\infty} \dfrac{b_n}{n} = 0$.

**【例 5.1.2】**　计算

$$\lim_{n \to +\infty} \left( \frac{n}{1^2 + \sqrt{n} + n^2} + \frac{n}{2^2 + 2\sqrt{n} + n^2} + \cdots + \frac{n}{n^2 + n\sqrt{n} + n^2} \right).$$

**解**　(**方法 1**) 对任意 $\varepsilon \in (0,1)$, 存在自然数 $N$, 当 $n > N$ 时, $(1/\sqrt{n}) < \varepsilon$. 因此, 当 $n > N$ 时, 有

$$\sum_{k=1}^{n} \frac{n}{k^2 + k\sqrt{n} + n^2} > \sum_{k=1}^{n} \frac{1}{(k/n)^2 + \varepsilon + 1} \frac{1}{n} \to \int_0^1 \frac{\mathrm{d}x}{x^2 + \varepsilon + 1} \quad (n \to \infty).$$

上式右端的积分当 $\varepsilon$ 趋于零时, 趋于 $\dfrac{\pi}{4}$.

另一方面, 有

$$\sum_{k=1}^{n} \frac{n}{k^2 + k\sqrt{n} + n^2} < \sum_{k=1}^{n} \frac{1}{(k/n)^2 + 1} \frac{1}{n} \to \int_0^1 \frac{\mathrm{d}x}{x^2 + 1} = \frac{\pi}{4}.$$

于是所求极限为 $\dfrac{\pi}{4}$.

(**方法 2**) 因为

$$\left| \sum_{k=1}^{n} \frac{n}{k^2 + k\sqrt{n} + n^2} - \frac{1}{n} \sum_{k=1}^{n} \frac{1}{\left(\dfrac{k}{n}\right)^2 + 1} \right| = \sum_{k=1}^{n} \frac{kn\sqrt{n}}{(k^2 + k\sqrt{n} + n^2)(k^2 + n^2)}$$

$$\leqslant \sum_{k=1}^{n} \frac{kn\sqrt{n}}{n^4} \leqslant \frac{1}{2\sqrt{n}},$$

所以

$$\lim_{n \to +\infty} \sum_{k=1}^{n} \frac{n}{k^2 + k\sqrt{n} + n^2} = \lim_{n \to +\infty} \sum_{k=1}^{n} \frac{1}{n} \sum_{k=1}^{n} \frac{1}{\left(\dfrac{k}{n}\right)^2 + 1} = \int_0^1 \frac{\mathrm{d}x}{x^2 + 1} = \frac{\pi}{4}.$$

【**例 5.1.3**】 求证 $\displaystyle\lim_{n \to +\infty} \prod_{k=1}^{n} \left(1 + \frac{k}{n}\right)^{1/n}$ 收敛.

**证明** 因为 $\ln(1+x)$ 在 $[0,1]$ 连续, 所以在 $[0,1]$ 可积. 采用等分点

$$0, \frac{1}{n}, \frac{2}{n}, \cdots, \frac{n-1}{n}, 1$$

将 $[0,1]$ 分为 $n$ 等份, 取 $\xi_k = \dfrac{k}{n}$, $k = 1, 2, \cdots, n$, 则 Riemann 和

$$S_n = \sum_{k=1}^{n} \frac{1}{n} \ln\left(1 + \frac{k}{n}\right).$$

当 $n \to +\infty$ 时收敛到 $A = \displaystyle\int_0^1 \ln(1+x)\,\mathrm{d}x = \ln\dfrac{4}{\mathrm{e}}$. 因为 $S_n$ 可表示为

$$\ln \prod_{k=1}^{n} \left(1 + \frac{k}{n}\right)^{1/n},$$

所以 $\lim\limits_{n\to+\infty}\prod\limits_{k=1}^{n}\left(1+\dfrac{k}{n}\right)^{1/n}$ 收敛到 $\dfrac{4}{\mathrm{e}}$.　□

【例 5.1.4】　设 $\varphi$ 在 $\left[0,\dfrac{\pi}{2}\right]$ 可积, 满足 $\lim\limits_{x\to\frac{\pi}{2}^-}\varphi(x)=0$. 求证:

$$\lim_{n\to+\infty}\frac{\displaystyle\int_0^{\pi/2}\sin^n x\varphi(x)\mathrm{d}x}{\displaystyle\int_0^{\pi/2}\sin^n x\mathrm{d}x}=0.$$

证明　记 $M=\displaystyle\int_0^{\frac{\pi}{2}}|\varphi(x)|\mathrm{d}x$. 注意到 $\sin x$ 在 $\left[0,\dfrac{\pi}{2}\right]$ 上严格单调递增. 对任意 $\varepsilon\in\left(0,\dfrac{\pi}{4}\right)$, 有

$$\left|\frac{\displaystyle\int_0^{\frac{\pi}{2}}\sin^n x\varphi(x)\mathrm{d}x}{\displaystyle\int_0^{\frac{\pi}{2}}\sin^n x\mathrm{d}x}\right|\leqslant\frac{\displaystyle\int_0^{\frac{\pi}{2}-2\varepsilon}\sin^n x|\varphi(x)|\mathrm{d}x}{\displaystyle\int_0^{\frac{\pi}{2}}\sin^n x\mathrm{d}x}+\frac{\displaystyle\int_{\frac{\pi}{2}-2\varepsilon}^{\frac{\pi}{2}}\sin^n x|\varphi(x)|\mathrm{d}x}{\displaystyle\int_0^{\frac{\pi}{2}}\sin^n x\mathrm{d}x}$$

$$\leqslant\frac{M\sin^n\left(\dfrac{\pi}{2}-2\varepsilon\right)}{\displaystyle\int_0^{\frac{\pi}{2}}\sin^n x\mathrm{d}x}+\sup_{\frac{\pi}{2}-2\varepsilon\leqslant x\leqslant\frac{\pi}{2}}|\varphi(x)|$$

$$\leqslant\frac{M\sin^n\left(\dfrac{\pi}{2}-2\varepsilon\right)}{\displaystyle\int_{\frac{\pi}{2}-\varepsilon}^{\frac{\pi}{2}}\sin^n x\mathrm{d}x}+\sup_{\frac{\pi}{2}-2\varepsilon\leqslant x\leqslant\frac{\pi}{2}}|\varphi(x)|$$

$$\leqslant\frac{M\sin^n\left(\dfrac{\pi}{2}-2\varepsilon\right)}{\varepsilon\sin^n\left(\dfrac{\pi}{2}-\varepsilon\right)}+\sup_{\frac{\pi}{2}-2\varepsilon\leqslant x\leqslant\frac{\pi}{2}}|\varphi(x)|.$$

因此

$$\varlimsup_{n\to+\infty}\left|\frac{\displaystyle\int_0^{\frac{\pi}{2}}\sin^n x\varphi(x)\mathrm{d}x}{\displaystyle\int_0^{\frac{\pi}{2}}\sin^n x\mathrm{d}x}\right|\leqslant\sup_{\frac{\pi}{2}-2\varepsilon\leqslant x\leqslant\frac{\pi}{2}}|\varphi(x)|.$$

再令 $\varepsilon\to0^+$ 即得

$$\varlimsup_{n\to+\infty}\left|\frac{\displaystyle\int_0^{\frac{\pi}{2}}\sin^n x\varphi(x)\mathrm{d}x}{\displaystyle\int_0^{\frac{\pi}{2}}\sin^n x\mathrm{d}x}\right|=0.$$

于是

$$\lim_{n\to+\infty} \frac{\int_0^{\frac{\pi}{2}} \sin^n x \varphi(x)\mathrm{d}x}{\int_0^{\frac{\pi}{2}} \sin^n x\mathrm{d}x} = 0.$$ □

【例 5.1.5】 设 $f:[0,+\infty)\to[0,+\infty)$ 是连续函数, 且满足

$$\lim_{x\to+\infty} f(x)\int_0^x f(t)\,\mathrm{d}t = a \in (0,+\infty).$$

求证: $\lim\limits_{x\to+\infty} \sqrt{x}f(x)$ 存在且为正数.

**证明** 记 $F(x) = \int_0^x f(t)\,\mathrm{d}t$, 则 $F$ 非负且单调递增且 $F' = f$. 由 L'Hospital 法则及题设条件, 有

$$\lim_{x\to+\infty} \frac{F^2(x)}{x} = 2\lim_{x\to+\infty} f(x)F(x) = 2a.$$

因而

$$\lim_{x\to+\infty} \frac{F(x)}{\sqrt{x}} = \sqrt{2a}.$$

故

$$\lim_{x\to+\infty} \sqrt{x}f(x) = \lim_{x\to+\infty} \frac{f(x)F(x)}{\dfrac{F(x)}{\sqrt{x}}} = \sqrt{\frac{a}{2}}.$$ □

【例 5.1.6】 设 $\varphi$ 是 $\mathbb{R}$ 上周期为 1 的函数, 且在 $[0,1]$ 上可积, $f$ 在 $[0,1]$ 上可积. 求证:

$$\lim_{n\to+\infty} \int_0^1 f(x)\varphi(nx)\mathrm{d}x = \int_0^1 f(x)\mathrm{d}x \int_0^1 \varphi(x)\mathrm{d}x.$$

**证明** 记 $a_n = \int_0^1 f(x)\varphi(nx)\mathrm{d}x$. 则将区间 $[0,1]$ 进行 $n$ 等分, 记 $I_k = \left[\dfrac{k-1}{n}, \dfrac{k}{n}\right]$ $(k=1,2,\cdots,n)$, $M_k = \sup\limits_{x\in I_k} f(x)$, $m_k = \inf\limits_{x\in I_k} f(x)$. 因为 $f$ 在 $[0,1]$ 上可积, 所以

$$\lim_{n\to+\infty} \sum_{k=1}^n (M_k - m_k)\frac{1}{n} = 0, \tag{1}$$

且

$$\lim_{n\to+\infty} \sum_{k=1}^n f\left(\frac{k-1}{n}\right)\frac{1}{n} = \int_0^1 f(x)\mathrm{d}x. \tag{2}$$

利用积分变换和 $\varphi$ 的周期性, 有

$$a_n = \int_0^1 f(x)\varphi(nx)\mathrm{d}x = \frac{1}{n}\int_0^n f\left(\frac{x}{n}\right)\varphi(x)\mathrm{d}x$$

$$= \frac{1}{n}\sum_{k=1}^n \int_{k-1}^k f\left(\frac{x}{n}\right)\varphi(x)\mathrm{d}x = \frac{1}{n}\sum_{k=1}^n \int_0^1 f\left(\frac{x+k-1}{n}\right)\varphi(x+k-1)\mathrm{d}x$$

$$= \frac{1}{n}\sum_{k=1}^n \int_0^1 f\left(\frac{x+k-1}{n}\right)\varphi(x)\mathrm{d}x$$

$$= \frac{1}{n}\sum_{k=1}^n \int_0^1 \left(f\left(\frac{x+k-1}{n}\right) - f\left(\frac{k-1}{n}\right)\right)\varphi(x)\mathrm{d}x + \frac{1}{n}\sum_{k=1}^n f\left(\frac{k-1}{n}\right)\int_0^1\varphi(x)\mathrm{d}x.$$

由于

$$\left|\frac{1}{n}\sum_{k=1}^n \int_0^1 \left(f\left(\frac{x+k-1}{n}\right) - f\left(\frac{k-1}{n}\right)\right)\varphi(x)\mathrm{d}x\right| \leqslant \sum_{k=1}^n (M_k - m_k)\frac{1}{n}\int_0^1 |\varphi(x)|\mathrm{d}x \to 0,$$

所以

$$\lim_{n\to+\infty}\int_0^1 f(x)\varphi(nx)\mathrm{d}x = \int_0^1 f(x)\mathrm{d}x \int_0^1 \varphi(x)\mathrm{d}x. \qquad \square$$

**【注 5.1.3】**　一般地, 设 $\varphi$ 是 $\mathbb{R}$ 上周期为 $T > 0$ 的函数, 且在 $[0,T]$ 上可积, $f$ 在 $[a,b]$ 上可积, 则

$$\lim_{p\to\infty}\int_a^b f(x)\varphi(px)\mathrm{d}x = \int_a^b f(x)\mathrm{d}x \cdot \frac{1}{T}\int_0^T \varphi(x)\mathrm{d}x.$$

由此结论可得如下结果.

**【例 5.1.7】** (Riemann-Lebesgue 引理)　设 $f$ 在 $[a,b]$ 上可积, 则有

$$\lim_{p\to\infty}\int_a^b f(x)\sin(px)\,\mathrm{d}x = 0, \quad \lim_{p\to\infty}\int_a^b f(x)\cos(px)\,\mathrm{d}x = 0.$$

**【例 5.1.8】**　设 $\varphi$ 是 $\mathbb{R}$ 上周期为 $1$ 的函数, 在 $[0,1]$ 上可积, 且 $\int_0^1 \varphi(x)\mathrm{d}x = 0$, $f$ 在 $[0,1]$ 上可导且 $f'$ 可积. 求证:

$$\lim_{n\to+\infty} n\int_0^1 f(x)\varphi(nx)\mathrm{d}x = \int_0^1 f'(x)\mathrm{d}x \int_0^1 x\varphi(x)\mathrm{d}x.$$

**证明**　记 $a_n = \int_0^1 f(x)\varphi(nx)\mathrm{d}x$. 则将区间 $[0,1]$ 进行 $n$ 等分, 记 $I_k = \left[\dfrac{k-1}{n}, \dfrac{k}{n}\right]$ $(k = 1, 2, \cdots, n)$, $M_k = \sup\limits_{x\in I_k} f'(x)$, $m_k = \inf\limits_{x\in I_k} f'(x)$. 因为 $f'$ 在 $[0,1]$ 上可积, 所以

$$\lim_{n\to+\infty}\sum_{k=1}^n (M_k - m_k)\frac{1}{n} = 0. \tag{1}$$

设 $A$ 是 $|\varphi|$ 的上界. 则有

$$
\begin{aligned}
na_n &= n\int_0^1 f(x)\varphi(nx)\mathrm{d}x = \int_0^n f\left(\frac{x}{n}\right)\varphi(x)\mathrm{d}x \\
&= \sum_{k=1}^n \int_{k-1}^k f\left(\frac{x}{n}\right)\varphi(x)\mathrm{d}x = \sum_{k=1}^n \int_0^1 f\left(\frac{x+k-1}{n}\right)\varphi(x+k-1)\mathrm{d}x \\
&= \sum_{k=1}^n \int_0^1 f\left(\frac{x+k-1}{n}\right)\varphi(x)\mathrm{d}x = \sum_{k=1}^n \int_0^1 \left(f\left(\frac{x+k-1}{n}\right) - f\left(\frac{k-1}{n}\right)\right)\varphi(x)\mathrm{d}x \\
&= \sum_{k=1}^n \int_0^1 f'(\xi_k(x))\frac{x}{n}\varphi(x)\mathrm{d}x \quad \left(\xi_k(x) \in \left(\frac{k-1}{n}, \frac{x+k-1}{n}\right)\right) \\
&= \frac{1}{n}\sum_{k=1}^n \int_0^1 \left(f'(\xi_k(x)) - f'\left(\frac{k-1}{n}\right)\right)x\varphi(x)\mathrm{d}x + \frac{1}{n}\sum_{k=1}^n f'\left(\frac{k-1}{n}\right)\int_0^1 x\varphi(x)\mathrm{d}x.
\end{aligned}
$$

因为

$$
\left|\frac{1}{n}\sum_{k=1}^n \int_0^1 \left(f'(\xi_k(x)) - f'\left(\frac{k-1}{n}\right)\right)x\varphi(x)\mathrm{d}x\right| \leqslant \frac{1}{n}\sum_{k=1}^n (M_k - m_k)A \to 0 \quad (n \to \infty),
$$

以及

$$
\lim_{n\to+\infty} \frac{1}{n}\sum_{k=1}^n f'\left(\frac{k-1}{n}\right) = \int_0^1 f'(x)\mathrm{d}x,
$$

所以, 有

$$
\lim_{n\to+\infty} na_n = \int_0^1 f'(x)\mathrm{d}x \int_0^1 x\varphi(x)\mathrm{d}x. \qquad \square
$$

**【例 5.1.9】** 设 $f$ 是 $[0,1]$ 上的单调函数. 求证: 对任意实数 $a$ 有

$$
\int_0^1 |f(x) - a|\,\mathrm{d}x \geqslant \int_0^1 \left|f(x) - f\left(\frac{1}{2}\right)\right|\,\mathrm{d}x. \tag{5.1.1}
$$

**证明** 不妨设 $f$ 是单调递增函数. 注意到 $\frac{1}{2}$ 是积分区间的中点, 将式 (5.1.1) 右端的积分从 $\frac{1}{2}$ 处分成两部分来处理.

$$
\begin{aligned}
\int_0^1 \left|f(x) - f\left(\frac{1}{2}\right)\right|\,\mathrm{d}x &= \int_0^{\frac{1}{2}} \left(f\left(\frac{1}{2}\right) - f(x)\right)\,\mathrm{d}x + \int_{\frac{1}{2}}^1 \left(f(x) - f\left(\frac{1}{2}\right)\right)\,\mathrm{d}x \\
&= \int_0^{\frac{1}{2}} (-f(x))\,\mathrm{d}x + \int_{\frac{1}{2}}^1 f(x)\,\mathrm{d}x
\end{aligned}
$$

$$= \int_0^{\frac{1}{2}} (a - f(x)) \, \mathrm{d}x + \int_{\frac{1}{2}}^1 (f(x) - a) \, \mathrm{d}x$$

$$\leqslant \int_0^{\frac{1}{2}} \left| a - f(x) \right| \mathrm{d}x + \int_{\frac{1}{2}}^1 \left| f(x) - a \right| \mathrm{d}x$$

$$= \int_0^1 |f(x) - a| \, \mathrm{d}x.$$

故式 (5.1.1) 成立. □

【例 5.1.10】　计算积分 $I = \displaystyle\int_{-1}^2 \frac{1+x^2}{1+x^4} \mathrm{d}x$.

**解**　在不包含 0 的区间上作变换 $t = x - \dfrac{1}{x}$ 得

$$\int \frac{1+x^2}{1+x^4} \mathrm{d}x = \int \frac{x - \dfrac{1}{x}}{2 + \left(x - \dfrac{1}{x}\right)^2} \mathrm{d}x = \int \frac{\mathrm{d}t}{2+t^2}$$

$$= \frac{1}{\sqrt{2}} \arctan \frac{t}{\sqrt{2}} + C = \frac{1}{\sqrt{2}} \arctan \frac{x^2-1}{\sqrt{2}x} + C.$$

这说明在区间 $[-1,0)$ 和 $(0,2]$ 上, 函数 $f(x) = \dfrac{1+x^2}{1+x^4}$ 的一个原函数是

$$F(x) = \frac{1}{\sqrt{2}} \arctan \frac{x^2-1}{\sqrt{2}x}.$$

因此

$$\int_{-1}^0 f(x)\mathrm{d}x = F(0^-) - F(-1) = \frac{\pi}{2\sqrt{2}} - 0 = \frac{\pi}{2\sqrt{2}},$$

$$\int_0^2 f(x)\mathrm{d}x = F(2) - F(0^+) = \frac{1}{\sqrt{2}} \arctan \frac{3}{2\sqrt{2}} + \frac{\pi}{2\sqrt{2}}.$$

故

$$I = \int_{-1}^0 f(x)\mathrm{d}x + \int_0^2 f(x)\mathrm{d}x = \frac{\pi}{\sqrt{2}} + \frac{1}{\sqrt{2}} \arctan \frac{3}{2\sqrt{2}}.$$

【注 5.1.4】　在此例中 $I \neq F(2) - F(-1)$. 这是因为 $F$ 并不是 $f$ 在区间 $[-1,2]$ 上的原函数.

【例 5.1.11】　若 $[a,b]$ 上的可积函数列 $\{f_n\}$ 在 $[a,b]$ 上一致收敛于函数 $f$, 则 $f$ 在 $[a,b]$ 上可积.

**证明**　由已知条件, 对任意正数 $\varepsilon$, 存在正整数 $k$ 使得

$$|f_k(x) - f(x)| < \frac{\varepsilon}{4(b-a)}, \quad x \in [a,b].$$

因为 $f_k \in R([a, b])$, 所以存在 $[a, b]$ 的一个分割

$$T: a = x_0 < x_1 < \cdots < x_n = b$$

使得

$$\sum_{j=1}^{n} \omega_j(f_k)(x_j - x_{j-1}) < \frac{\varepsilon}{2},$$

这里 $\omega_j(f_k)$ 是 $f_k$ 在区间 $[x_{j-1}, x_j]$ 上的振幅. 因为

$$|f(x) - f(y)| \leqslant |f(x) - f_k(x)| + |f_k(x) - f_k(y)| + |f_k(y) - f(y)|$$
$$\leqslant \frac{\varepsilon}{2(b-a)} + |f_k(x) - f_k(y)|,$$

所以

$$\omega_j(f) \leqslant \frac{\varepsilon}{2(b-a)} + \omega_j(f_k).$$

于是

$$\sum_{j=1}^{n} \omega_j(f)(x_j - x_{j-1}) \leqslant \frac{\varepsilon}{2} + \sum_{j=1}^{n} \omega_j(f_k)(x_j - x_{j-1}) < \varepsilon.$$

故 $f$ 在 $[a, b]$ 上可积. $\square$

【例 5.1.12】 设 $f$ 在 $[a, b]$ 上非负可积. 求证: 数列 $I_n = \left( \dfrac{1}{b-a} \displaystyle\int_a^b f^n(x)\,\mathrm{d}x \right)^{\frac{1}{n}}$
是单调递增的.

证明 要比较 $I_n$ 与 $I_{n+1}$ 的大小, 就要比较 $f^n$ 的积分与 $f^{n+1}$ 之间的关系. 这可以利用 Hölder 不等式:

$$\int_a^b f^n(x)\,\mathrm{d}x = \int_a^b 1 \cdot f^n(x)\,\mathrm{d}x$$
$$\leqslant \left( \int_a^b 1^{n+1}\,\mathrm{d}x \right)^{\frac{1}{n+1}} \left( \int_a^b (f^n(x))^{\frac{n+1}{n}}\,\mathrm{d}x \right)^{\frac{n}{n+1}}$$
$$= (b-a)^{\frac{1}{n+1}} \left( \int_a^b f^{n+1}(x)\,\mathrm{d}x \right)^{\frac{n}{n+1}},$$

即

$$\left( \frac{1}{b-a} \int_a^b f^n(x)\,\mathrm{d}x \right)^{\frac{1}{n}} \leqslant \left( \frac{1}{b-a} \int_a^b f^{n+1}(x)\,\mathrm{d}x \right)^{\frac{1}{n+1}}.$$

故 $\{I_n\}$ 是单调递增数列. $\square$

【注 5.1.5】 当 $f$ 是连续函数时, 可以进一步证明 $\displaystyle\lim_{n \to +\infty} I_n = \max_{x \in [a, b]} f(x)$.

**【例 5.1.13】**　设 $f$ 在 $[a,b]$ 上连续可导, 且 $f(a) = 0$. 求证: 对 $p \geqslant 1$ 有

$$\int_a^b |f(x)|^p \, \mathrm{d}x \leqslant \frac{1}{p} \int_a^b \left[ (b-a)^p - (x-a)^p \right] |f'(x)|^p \, \mathrm{d}x.$$

**证明**　为了建立 $|f|^p$ 的积分与 $|f'|^p$ 的积分之间的关系, 先建立 $|f|$ 与 $|f'|$ 的积分的关系. 根据 Newton-Leibniz 公式, 有

$$f(x) = f(x) - f(a) = \int_a^x f'(t) \, \mathrm{d}t, \quad x \in [a,b].$$

所以对于 $p > 1$ 应用 Hölder 积分不等式, 可得

$$|f(x)| = \left| \int_a^x f'(t) \, \mathrm{d}t \right| \leqslant \left( \int_a^x 1^q \, \mathrm{d}t \right)^{\frac{1}{q}} \left( \int_a^x |f'(t)|^p \, \mathrm{d}t \right)^{\frac{1}{p}}$$

$$= (x-a)^{\frac{1}{q}} \left( \int_a^x |f'(t)|^p \, \mathrm{d}t \right)^{\frac{1}{p}}.$$

因而

$$|f(x)|^p \leqslant (x-a)^{p-1} \int_a^x |f'(t)|^p \, \mathrm{d}t, \quad x \in [a,b].$$

注意到上式对 $p = 1$ 也是成立的. 上式两边在 $[a,b]$ 上积分, 可得

$$\int_a^b |f(x)|^p \, \mathrm{d}x \leqslant \int_a^b (x-a)^{p-1} \left( \int_a^x |f'(t)|^p \, \mathrm{d}t \right) \mathrm{d}x.$$

注意到 $\displaystyle\int_a^x |f'(t)|^p \, \mathrm{d}t$ 是 $|f'|^p$ 的一个原函数. 对上式右端分部积分, 可得

$$\int_a^b |f(x)|^p \, \mathrm{d}x \leqslant \frac{1}{p}(x-a)^p \int_a^x |f'(t)|^p \, \mathrm{d}t \bigg|_a^b - \frac{1}{p} \int_a^b (x-a)^p |f'(x)|^p \, \mathrm{d}x$$

$$= \frac{1}{p}(b-a)^p \int_a^b |f'(t)|^p \, \mathrm{d}t - \frac{1}{p} \int_a^b (x-a)^p |f'(x)|^p \, \mathrm{d}x$$

$$= \frac{1}{p} \int_a^b \left[ (b-a)^p - (x-a)^p \right] |f'(x)|^p \, \mathrm{d}x. \qquad \square$$

**【例 5.1.14】**　设 $f$ 是 $[0,a]$ 上的连续函数, 且存在正常数 $M, c$ 使得

$$|f(x)| \leqslant M + c \int_0^x |f(t)| \, \mathrm{d}t,$$

求证: $|f(x)| \leqslant M\mathrm{e}^{cx}$ $(\forall\, x \in [0,a])$.

**证明**  注意对于包含变上限积分的不等式常可以转化为微分的不等式. 令

$$F(x) = \int_0^x |f(t)| \, \mathrm{d}t,$$

则条件中的不等式就是

$$F'(x) \leqslant M + cF(x).$$

令

$$G(x) = F(x)\mathrm{e}^{-cx} + \frac{M}{c}\mathrm{e}^{-cx},$$

则有

$$G'(x) = F'(t)\mathrm{e}^{-cx} - cF(x)\mathrm{e}^{-cx} - M\mathrm{e}^{-cx}$$

$$= |f(x)|\mathrm{e}^{-cx} - cF(x)\mathrm{e}^{-cx} - M\mathrm{e}^{-cx}$$

$$\leqslant (M + cF(x))\mathrm{e}^{-cx} - cF(x)\mathrm{e}^{-cx} - M\mathrm{e}^{-cx} = 0.$$

这说明 $G$ 在 $[0,a]$ 上单调递减. 因为 $G(0) = \dfrac{M}{c}$, 所以 $G \leqslant \dfrac{M}{c}$. 因而

$$F(x) + \frac{M}{c} \leqslant \frac{M}{c}\mathrm{e}^{cx}.$$

再结合条件可得 $|f(x)| \leqslant M + cF(x) \leqslant M\mathrm{e}^{cx}$. $\qquad\square$

**【例 5.1.15】**  设 $f$ 在区间 $[0,1]$ 上可积且满足

$$\int_0^1 f(x) \, \mathrm{d}x = \int_0^1 x f(x) \, \mathrm{d}x = 1.$$

求证: $\displaystyle\int_0^1 f^2(x) \, \mathrm{d}x \geqslant 4$.

**证明**  对于任意常数 $a$ 和 $b$ 有 $\displaystyle\int_0^1 (f(x) - ax - b)^2 \, \mathrm{d}x \geqslant 0$. 由此并根据条件可得

$$\int_0^1 f^2(x) \, \mathrm{d}x \geqslant 2\int_0^1 (ax + b)f(x) \, \mathrm{d}x - \int_0^1 (ax + b)^2 \, \mathrm{d}x$$

$$= 2(a + b) - \frac{1}{3}a^2 - ab - b^2.$$

取 $a = 6, b = -2$ 即得所证. $\qquad\square$

**【例 5.1.16】**  设 $f$ 在区间 $[0,1]$ 上连续且对任意 $x, y \in [0,1]$, 有

$$xf(y) + yf(x) \leqslant 1.$$

求证: $\displaystyle\int_0^1 f(x) \, \mathrm{d}x \leqslant \frac{\pi}{4}$.

**证明**　结论中出现 $\pi$ 且条件中要求 $x, y \in [0,1]$. 因此将条件中的 $x, y$ 分别换成 $\sin t$ 和 $\cos t$, 有

$$f(\cos t) \sin t + f(\sin t) \cos t \leqslant 1, \quad t \in \left[0, \frac{\pi}{2}\right].$$

将此式在 $\left[0, \dfrac{\pi}{2}\right]$ 上积分, 得

$$\int_0^{\frac{\pi}{2}} f(\cos t) \sin t \, \mathrm{d}t + \int_0^{\frac{\pi}{2}} f(\sin t) \cos t \, \mathrm{d}t \leqslant \frac{\pi}{2}.$$

由对称性可知上式左端的两个积分相等. 因而

$$\int_0^{\frac{\pi}{2}} f(\sin t) \cos t \, \mathrm{d}t \leqslant \frac{\pi}{4}.$$

作变换 $\sin t = x$ 即得 $\displaystyle\int_0^1 f(x) \, \mathrm{d}x \leqslant \frac{\pi}{4}$. □

**【注 5.1.6】**　结论中的 $\dfrac{\pi}{4}$ 是最佳的, 这只要取 $f(x) = \sqrt{1 - x^2}$ 即可验证.

**【例 5.1.17】**　设 $f$ 在区间 $[0,1]$ 上有可积的导函数且满足 $f(0) = 0$, $f(1) = 1$. 求证: 对任意 $a \geqslant 0$ 有

$$\int_0^1 \left| a f(x) + f'(x) \right| \, \mathrm{d}x \geqslant 1.$$

**证明**　因为 $\mathrm{e}^{-ax} \geqslant \mathrm{e}^{-a} \ (0 \leqslant x \leqslant 1)$, 所以

$$\int_0^1 \left| a f(x) + f'(x) \right| \mathrm{d}x = \int_0^1 \left| (\mathrm{e}^{ax} f(x))' \mathrm{e}^{-ax} \right| \mathrm{d}x \geqslant \mathrm{e}^{-a} \int_0^1 \left| (\mathrm{e}^{ax} f(x))' \right| \mathrm{d}x$$

$$\geqslant \mathrm{e}^{-a} \left| \int_0^1 (\mathrm{e}^{ax} f(x))' \, \mathrm{d}x \right| = \mathrm{e}^{-a} \left| \mathrm{e}^a f(1) - f(0) \right|$$

$$= 1. \qquad \square$$

**【例 5.1.18】**　设 $f$ 是 $[a, b]$ 上单调递增的连续函数. 求证

$$\int_a^b x f(x) \, \mathrm{d}x \geqslant \frac{a+b}{2} \int_a^b f(x) \, \mathrm{d}x.$$

**证明**　许多有关连续函数积分的不等式可以通过变上限积分的性质来证明. 令

$$F(t) = \int_a^t x f(x) \, \mathrm{d}x - \frac{a+t}{2} \int_a^t f(x) \, \mathrm{d}x.$$

只需证明 $F(b) \geqslant 0$. 由于 $f$ 是连续函数, $F$ 在 $[a, b]$ 上可微, 且

$$F'(t) = t f(t) - \frac{1}{2} \int_a^t f(x) \, \mathrm{d}x - \frac{a+t}{2} f(t)$$

$$= \frac{t-a}{2}f(t) - \frac{1}{2}\int_a^t f(x)\,\mathrm{d}x$$

$$\geqslant \frac{t-a}{2}f(t) - \frac{1}{2}(t-a)f(t) = 0.$$

这说明 $f$ 在 $[a,b]$ 上单调递增. 因为 $F(a) = 0$, 所以 $F(b) \geqslant 0$. □

【例 5.1.19】 设 $f$ 是区间 $[0,1]$ 上的连续函数并满足 $0 \leqslant f(x) \leqslant x$. 求证:

$$\int_0^1 f(x)\,\mathrm{d}x - \left(\int_0^1 f(x)\,\mathrm{d}x\right)^2 \geqslant \int_0^1 x^2 f(x)\,\mathrm{d}x \geqslant \left(\int_0^1 f(x)\,\mathrm{d}x\right)^2.$$

并求使上式成为等式的所有正连续函数 $f$.

**证明** 设 $f$ 是连续函数满足所给的条件, $F(x) = \displaystyle\int_0^x f(t)\,\mathrm{d}t$, 则 $F' = f$. 由 $0 < f(x) \leqslant x$ 得 $F(x) \leqslant \displaystyle\int_0^x t\,\mathrm{d}t = \frac{1}{2}x^2$. 因而

$$\int_0^1 x^2 f(x)\,\mathrm{d}x \geqslant \int_0^1 2F(x)F'(x)\,\mathrm{d}x = F^2(x)\Big|_0^1 = \left(\int_0^1 f(x)\,\mathrm{d}x\right)^2.$$

利用分部积分, 得

$$\begin{aligned}
\int_0^1 x^2 f(x)\,\mathrm{d}x &= x^2 F(x)\Big|_0^1 - \int_0^1 2xF(x)\,\mathrm{d}x \\
&= \int_0^1 f(x)\,\mathrm{d}x - \int_0^1 2xF(x)\,\mathrm{d}x \\
&\leqslant \int_0^1 f(x)\,\mathrm{d}x - \int_0^1 2f(x)F(x)\,\mathrm{d}x \\
&= \int_0^1 f(x)\,\mathrm{d}x - F^2(x)\Big|_0^1 \\
&= \int_0^1 f(x)\,\mathrm{d}x - \left(\int_0^1 f(x)\,\mathrm{d}x\right)^2.
\end{aligned}$$

由证明过程可知只有当 $f(x) = x$ 时, 所证不等式成为等式. □

【例 5.1.20】 求在 $[0,1]$ 上的可导函数, 并且满足 $f(0) = 0, 0 < f'(x) \leqslant 1 \ (x > 0)$ 以及

$$\int_0^1 f^3(x)\,\mathrm{d}x = \left(\int_0^1 f(x)\,\mathrm{d}x\right)^2.$$

**解** 由 $0 < f'(x) \ (x > 0)$ 及 $f(0) = 0$ 可知 $f(x) > 0 \ (0 < x \leqslant 1)$. 设

$$g(t) = \int_0^t f^3(x)\,\mathrm{d}x - \left(\int_0^t f(x)\,\mathrm{d}x\right)^2 \quad (t \in [0,1]),$$

则 $g' \leqslant 0$. 因而 $g$ 在 $[0,1]$ 上单调递减. 由 $g(0) = 0$ 知 $g \leqslant 0$. 若

$$\int_0^1 f^3(x)\, \mathrm{d}x = \left(\int_0^1 f(x)\, \mathrm{d}x\right)^2,$$

则 $g(1) = 0$, 因而 $g(t) \equiv 0$. 所以

$$g'(t) = f(t)\left(f^2(t) - 2\int_0^t f(x)\mathrm{d}x\right) = 0.$$

这推出 $f^2(t) = 2\displaystyle\int_0^t f(x)\mathrm{d}x$. 因而

$$2f(t)f'(t) = 2f(t) \quad (0 < t \leqslant 1).$$

这推出 $f'(t) = 1$. 于是 $f(t) = t$.

**【例 5.1.21】**　设 $f$ 在 $[a,b]$ 上连续且 $0 \leqslant f \leqslant M$. 求证:

$$0 \leqslant \left[\int_a^b f(x)\, \mathrm{d}x\right]^2 - \left[\int_a^b f(x)\cos x\, \mathrm{d}x\right]^2 - \left[\int_a^b f(x)\sin x\, \mathrm{d}x\right]^2 \leqslant \frac{M^2(b-a)^4}{12}.$$

**证明**　记

$$I = \left[\int_a^b f(x)\, \mathrm{d}x\right]^2 - \left[\int_a^b f(x)\cos x\, \mathrm{d}x\right]^2 - \left[\int_a^b f(x)\sin x\, \mathrm{d}x\right]^2.$$

则

$$I = \int_a^b f(x)\, \mathrm{d}x \int_a^b f(y)\, \mathrm{d}y - \int_a^b f(x)\cos x\, \mathrm{d}x \int_a^b f(y)\cos y\, \mathrm{d}y$$

$$- \int_a^b f(x)\sin x\, \mathrm{d}x \int_a^b f(y)\sin y\, \mathrm{d}y$$

$$= \int_a^b \int_a^b f(x)f(y)\left(1 - \cos x\cos y - \sin x\sin y\right)\, \mathrm{d}x\mathrm{d}y$$

$$= \int_a^b \int_a^b f(x)f(y)\left(1 - \cos(x-y)\right)\, \mathrm{d}x\mathrm{d}y.$$

由条件 $0 \leqslant f \leqslant M$, 有 $I \geqslant 0$, 且

$$I \leqslant M^2 \int_a^b \int_a^b \left(1 - \cos(x-y)\right)\, \mathrm{d}x\mathrm{d}y.$$

因为 $1 - \cos t \leqslant \dfrac{t^2}{2}$, 所以

$$I \leqslant M^2 \int_a^b \int_a^b \frac{(x-y)^2}{2}\mathrm{d}x\mathrm{d}y = \frac{M^2}{12}(b-a)^4. \qquad \square$$

**【例 5.1.22】** 设 $f$ 在 $[0,1]$ 上正的单调递减函数. 求证:

$$\frac{\int_0^1 x f^2(x)\,\mathrm{d}x}{\int_0^1 x f(x)\,\mathrm{d}x} \leqslant \frac{\int_0^1 f^2(x)\,\mathrm{d}x}{\int_0^1 f(x)\,\mathrm{d}x}. \tag{5.1.2}$$

**证明** 记

$$I = \int_0^1 x f^2(x)\,\mathrm{d}x \int_0^1 f(y)\mathrm{d}y - \int_0^1 x f(x)\,\mathrm{d}x \int_0^1 f^2(y)\mathrm{d}y.$$

只需证明 $I \leqslant 0$ 即可. 上式可写为

$$I = \int_0^1 \int_0^1 f(x)f(y)x[f(x) - f(y)]\,\mathrm{d}x\mathrm{d}y.$$

将 $x$ 与 $y$ 互换, 可得

$$I = \int_0^1 \int_0^1 f(x)f(y)y[f(y) - f(x)]\,\mathrm{d}x\mathrm{d}y.$$

因此

$$2I = \int_0^1 \int_0^1 f(x)f(y)(x - y)[f(x) - f(y)]\,\mathrm{d}x\mathrm{d}y.$$

由 $f$ 单调递减可知, 对 $x, y \in [0,1]$ 有

$$f(x)f(y)(x - y)[f(x) - f(y)] \leqslant 0.$$

因而 $I \leqslant 0$, 即式 (5.1.2) 成立. $\qquad\square$

**【例 5.1.23】** 设 $f$ 在 $[0,2]$ 上可导且 $|f'| \leqslant 1$, $f(0) = f(2) = 1$. 求证:

$$1 \leqslant \int_0^2 f(x)\,\mathrm{d}x \leqslant 3.$$

**证明** 对于一些已知条件是函数在某些点的取值以及导函数满足不等式的问题, 常可以利用微分中值定理来解决.

当 $x \in [0,1]$ 时, 存在 $\xi \in (0, x)$ 使得 $f(x) - f(0) = f'(\xi)x$. 因此

$$-x \leqslant f(x) - f(0) \leqslant x.$$

在 $[0,1]$ 上积分得

$$-\frac{1}{2} \leqslant \int_0^1 f(x)\,\mathrm{d}x - 1 \leqslant \frac{1}{2}. \tag{5.1.3}$$

当 $x \in [1,2]$ 时, 存在 $\eta \in (x,2)$ 使得 $f(x) - f(2) = f'(\eta)(x-2)$. 因此

$$x - 2 \leqslant f(x) - f(2) \leqslant 2 - x.$$

在 $[1,2]$ 上积分得

$$-\frac{1}{2} \leqslant \int_1^2 f(x)\,\mathrm{d}x - 1 \leqslant \frac{1}{2}. \tag{5.1.4}$$

式 (5.1.3) 与式 (5.1.4) 相加即得所证. □

**【例 5.1.24】** 设 $f$ 在区间 $[0,1]$ 上连续可导, 且 $f(0) = f(1) = 0$. 求证:

$$\left( \int_0^1 f(x)\,\mathrm{d}x \right)^2 \leqslant \frac{1}{12} \int_0^1 \left( f'(x) \right)^2 \mathrm{d}x,$$

且等号成立当且仅当 $f(x) = Ax(1-x)$, 其中 $A$ 是常数.

**证明** 对于在两个端点取零值的连续可导函数, 可以考虑 $(ax+b)f'(x)$ 的积分, 并利用分部积分公式得到一些结果. 设 $t$ 是任意常数, 有

$$\int_0^1 (x+t)f'(x)\mathrm{d}x = (x+t)f(x)\Big|_0^1 - \int_0^1 f(x)\mathrm{d}x = -\int_0^1 f(x)\mathrm{d}x.$$

于是利用 Cauchy 积分不等式, 可得

$$\begin{aligned}
\left( \int_0^1 f(x)\mathrm{d}x \right)^2 &= \left( \int_0^1 (x+t)f'(x)\mathrm{d}x \right)^2 \\
&\leqslant \int_0^1 (x+t)^2 \mathrm{d}x \int_0^1 (f'(x))^2 \mathrm{d}x \\
&= \left( \frac{1}{3} + t + t^2 \right) \int_0^1 (f'(x))^2 \mathrm{d}x.
\end{aligned}$$

取 $t = -\dfrac{1}{2}$, 即得所证不等式. 当所证不等式成为等式时, 上面所用的 Cauchy 不等式应为等式. 因此, 存在常数 $C$ 使得 $f'(x) = C\left( x - \dfrac{1}{2} \right)$. 注意到 $f(0) = f(1) = 0$, 可得 $f(x) = Ax(1-x)$, 这里 $A$ 为任意常数. □

**【例 5.1.25】** 设 $f,g$ 是区间 $[0,1]$ 上的连续函数, 使得对 $[0,1]$ 上任意满足 $\varphi(0) = \varphi(1) = 0$ 的连续可导函数 $\varphi$ 有

$$\int_0^1 [f(x)\varphi'(x) + g(x)\varphi(x)]\,\mathrm{d}x = 0.$$

求证: $f$ 可导, 且 $f' = g$.

**证明** 设

$$c = \int_0^1 f(t)\,\mathrm{d}t - \int_0^1 g(t)\,\mathrm{d}t + \int_0^1 tg(t)\,\mathrm{d}t.$$

考察函数

$$G(x) = \int_0^x g(t)\,\mathrm{d}t + c.$$

显然 $G$ 可导且 $G'(x) = g(x)$, $G(1) = \int_0^1 g(t)\,\mathrm{d}t + c$. 只需证明 $f = G$. 令

$$\varphi(x) = \int_0^x \big(f(t) - G(t)\big)\,\mathrm{d}t.$$

则 $\varphi$ 可导, 且 $\varphi(0) = 0$,

$$
\begin{aligned}
\varphi(1) &= \int_0^1 f(t)\,\mathrm{d}t - \int_0^1 G(t)\,\mathrm{d}t \\
&= \int_0^1 f(t)\,\mathrm{d}t - \left[ tG(t)\Big|_0^1 - \int_0^1 tg(t)\,\mathrm{d}t \right] \\
&= \int_0^1 f(t)\,\mathrm{d}t - G(1) + \int_0^1 tg(t)\,\mathrm{d}t \\
&= \int_0^1 f(t)\,\mathrm{d}t - \int_0^1 g(t)\,\mathrm{d}t - c + \int_0^1 tg(t)\,\mathrm{d}t \\
&= 0.
\end{aligned}
$$

根据条件有

$$\int_0^1 \left[ f(x)\varphi'(x) + g(x)\varphi(x) \right] \mathrm{d}x = 0.$$

因为

$$\int_0^1 g(x)\varphi(x)\,\mathrm{d}x = G(x)\varphi(x)\Big|_0^1 - \int_0^1 G(x)\varphi'(x)\,\mathrm{d}x = -\int_0^1 G(x)\varphi'(x)\,\mathrm{d}x,$$

所以

$$\int_0^1 \left[ f(x) - G(x) \right] \varphi'(x)\,\mathrm{d}x = 0.$$

注意到 $\varphi' = f - G$. 我们有

$$\int_0^1 \left[ f(x) - G(x) \right]^2 \mathrm{d}x = 0.$$

于是 $f = G$. $\qquad\qquad\square$

**【例 5.1.26】**　设 $f$ 是区间 $[a,b]$ 上的严格单调递减连续函数, $f(a) = b, f(b) = a, g$ 是 $f$ 的反函数. 求证:

$$\int_a^b f(x)\,\mathrm{d}x = \int_a^b g(x)\,\mathrm{d}x.$$

**证明**　因为可以用在 $a, b$ 分别插值于 $f(a), f(b)$ 的严格单调递减的多项式在 $[a,b]$ 上一致逼近 $f(x)$, 所以只需对 $f$ 是连续可微函数的情况证明.

作变换 $x = f(t)$, 有

$$\int_a^b g(x)\,\mathrm{d}x = \int_b^a g(f(t))f'(t)\,\mathrm{d}t = \int_b^a tf'(t)\,\mathrm{d}t$$

$$= tf(t)\Big|_b^a - \int_b^a f(t)\,\mathrm{d}t = \int_a^b f(t)\,\mathrm{d}t.$$

故所证等式成立. 特别地, 对 $p > 0, q > 0$ 取 $f(x) = (1 - x^q)^{\frac{1}{p}}$, $g(x) = (1 - x^p)^{\frac{1}{q}}$, 可得

$$\int_0^1 (1 - x^p)^{\frac{1}{q}}\,\mathrm{d}x = \int_0^1 (1 - x^q)^{\frac{1}{p}}\,\mathrm{d}x. \qquad \square$$

**【例 5.1.27】**　设 $f$ 是区间 $[a,b]$ 上的连续可微函数. 求证:

$$\max_{a \leqslant x \leqslant b} f(x) \leqslant \frac{1}{b-a}\left(\int_a^b f(x)\,\mathrm{d}x\right) + \int_a^b |f'(x)|\mathrm{d}x.$$

**证明**　由于有限闭区间上连续函数可取到最大值, 可设 $\max\limits_{a \leqslant x \leqslant b} f(x) = f(y)$. 因此对任意 $x \in [a,b]$, 有

$$\max_{a \leqslant x \leqslant b} f(x) - f(x) = f(y) - f(x) = \int_x^y f'(t)\,\mathrm{d}t \leqslant \int_a^b |f'(t)|\,\mathrm{d}t.$$

关于 $x$ 在 $[a,b]$ 上积分, 即得

$$(b-a)\max_{a \leqslant x \leqslant b} f(x) - \int_a^b f(x)\,\mathrm{d}x \leqslant (b-a)\int_a^b |f'(t)|\,\mathrm{d}t.$$

两边除以 $b - a$ 即得所证.　　　　　　　　　　　　　　　　　　　　$\square$

**【例 5.1.28】**　设 $\alpha \in \left[0, \dfrac{1}{2}\right)$, $f \in C^1[0,1]$ 且满足 $f(1) = 0$. 求证:

$$\int_0^1 |f(x)|^2\,\mathrm{d}x + \left(\int_0^1 |f(x)|\,\mathrm{d}x\right)^2 \leqslant \frac{4}{3 - 4\alpha}\int_0^1 x^{2\alpha+1}|f'(x)|^2\,\mathrm{d}x.$$

**证明** 设 $\alpha \in [0, 1)$ 且 $\alpha \neq \dfrac{1}{2}$. 根据 Newton-Leibniz 公式和 Cauchy 不等式, 对 $x \in [0, 1]$ 有

$$f^2(x) = \left(\int_x^1 f'(t)\,\mathrm{d}t\right)^2 = \left(\int_x^1 t^{-\alpha} \cdot t^{\alpha} f'(t)\,\mathrm{d}t\right)^2$$

$$\leqslant \int_x^1 t^{-2\alpha}\,\mathrm{d}t \int_x^1 t^{2\alpha}|f'(t)|^2\,\mathrm{d}t = \frac{1}{1-2\alpha}\left(1 - x^{1-2\alpha}\right)\int_x^1 t^{2\alpha}|f'(t)|^2\,\mathrm{d}t.$$

因此, 由分部积分得

$$\int_0^1 f^2(x)\,\mathrm{d}x \leqslant \frac{1}{1-2\alpha}\int_0^1 \left(1 - x^{1-2\alpha}\right)\left(\int_x^1 t^{2\alpha}|f'(t)|^2\,\mathrm{d}t\right)\mathrm{d}x$$

$$= \frac{1}{1-2\alpha}\left[\left(x - \frac{x^{2-2\alpha}}{2-2\alpha}\right)\int_x^1 t^{2\alpha}|f'(t)|^2\,\mathrm{d}t\bigg|_0^1\right.$$

$$\left. + \int_0^1 \left(x - \frac{x^{2-2\alpha}}{2-2\alpha}\right)x^{2\alpha}|f'(x)|^2\,\mathrm{d}x\right],$$

即

$$\int_0^1 f^2(x)\,\mathrm{d}x \leqslant \frac{1}{1-2\alpha}\int_0^1 x^{2\alpha+1}|f'(x)|^2\,\mathrm{d}x - \frac{1}{(1-2\alpha)(2-2\alpha)}\int_0^1 x^2|f'(x)|^2\,\mathrm{d}x.$$

$$(5.1.5)$$

另一方面, 有

$$\int_0^1 |f(x)|\,\mathrm{d}x = \int_0^1 \left|\int_1^x f'(t)\mathrm{d}t\right|\mathrm{d}x \leqslant \int_0^1 \left(\int_x^1 |f'(t)|\,\mathrm{d}t\right)\mathrm{d}x$$

$$= x\left(\int_x^1 |f'(t)|\,\mathrm{d}t\right)\bigg|_0^1 + \int_0^1 x|f'(x)|\,\mathrm{d}x.$$

因此

$$\int_0^1 |f(x)|\,\mathrm{d}x \leqslant \int_0^1 x|f'(x)|\,\mathrm{d}x. \qquad (5.1.6)$$

再由 Cauchy 不等式, 有

$$\left(\int_0^1 |f(x)|\,\mathrm{d}x\right)^2 \leqslant \left(\int_0^1 x^{\frac{1-2\alpha}{2}} \cdot x^{\frac{2\alpha+1}{2}}|f'(x)|\,\mathrm{d}x\right)^2$$

$$\leqslant \left(\int_0^1 x^{1-2\alpha}\,\mathrm{d}x\right)\left(\int_0^1 x^{2\alpha+1}|f'(x)|^2\,\mathrm{d}x\right)$$

$$= \frac{1}{2-2\alpha} \int_0^1 x^{2\alpha+1} |f'(x)|^2 \, \mathrm{d}x.$$

结合式 (5.1.5), 可得

$$\int_0^1 |f(x)|^2 \, \mathrm{d}x + \left( \int_0^1 |f(x)| \, \mathrm{d}x \right)^2$$

$$\leqslant \frac{1}{(2\alpha-1)(2-2\alpha)} \int_0^1 x^2 |f'(x)|^2 \mathrm{d}x - \frac{3-4\alpha}{(2\alpha-1)(2-2\alpha)} \int_0^1 x^{2\alpha+1} |f'(x)|^2 \mathrm{d}x. \quad (5.1.7)$$

在上式中取 $\alpha = \dfrac{3}{4}$, 即得

$$\int_0^1 |f(x)|^2 \, \mathrm{d}x + \left( \int_0^1 |f(x)| \, \mathrm{d}x \right)^2 \leqslant 4 \int_0^1 x^2 |f'(x)|^2 \, \mathrm{d}x. \quad (5.1.8)$$

对 $\alpha \in \left[ 0, \dfrac{1}{2} \right)$, 将式 (5.1.7) 两边乘以 $4(1-2\alpha)(2-2\alpha)$ 再与式 (5.1.8) 相加可得

$$\int_0^1 |f(x)|^2 \, \mathrm{d}x + \left( \int_0^1 |f(x)| \, \mathrm{d}x \right)^2 \leqslant \frac{4}{3-4\alpha} \int_0^1 x^{2\alpha+1} |f'(x)|^2 \mathrm{d}x. \qquad \square$$

【例 5.1.29】　设 $f$ 在 $[0,1]$ 上非负且连续可导. 求证:

$$\left| \int_0^1 f^3(x) \mathrm{d}x - f^2(0) \int_0^1 f(x) \mathrm{d}x \right| \leqslant \max_{0 \leqslant x \leqslant 1} |f'(x)| \left( \int_0^1 f(x) \mathrm{d}x \right)^2.$$

**证明**　记 $M = \max\limits_{0 \leqslant x \leqslant 1} |f'(x)|$, 则有

$$-Mf(x) \leqslant f(x)f'(x) \leqslant Mf(x), \quad \forall x \in [0,1].$$

因此

$$-M \int_0^x f(t) \mathrm{d}t \leqslant \frac{1}{2} f^2(x) - \frac{1}{2} f^2(0) \leqslant M \int_0^x f(t) \mathrm{d}t, \quad \forall x \in [0,1].$$

上式两边乘以 $f$ 得

$$-Mf(x) \int_0^x f(t) \mathrm{d}t \leqslant \frac{1}{2} f^3(x) - \frac{1}{2} f^2(0) f(x) \leqslant Mf(x) \int_0^x f(t) \mathrm{d}t, \quad \forall x \in [0,1].$$

将上式关于变量 $x$ 在 $[0,1]$ 上积分, 得

$$-M \left( \int_0^1 f(x) \mathrm{d}x \right)^2 \leqslant \int_0^1 f^3(x) \mathrm{d}x - f^2(0) \int_0^1 f(x) \mathrm{d}x \leqslant M \left( \int_0^1 f(x) \mathrm{d}x \right)^2.$$

结论得证. $\hfill \square$

**【例 5.1.30】** 设 $f$ 在 $[0,1]$ 上非负单调递增连续函数，$0 < \alpha < \beta < 1$. 求证:

$$\int_0^1 f(x)\,\mathrm{d}x \geqslant \frac{1-\alpha}{\beta-\alpha}\int_\alpha^\beta f(x)\,\mathrm{d}x,$$

并且 $\dfrac{1-\alpha}{\beta-\alpha}$ 不能换为更大的数.

**证明** 根据积分中值定理，存在 $\xi \in (\alpha, \beta)$ 使得

$$\int_\alpha^\beta f(x)\,\mathrm{d}x = f(\xi)(\beta-\alpha).$$

因而由 $f$ 的递增性，有

$$\int_\alpha^\beta f(x)\,\mathrm{d}x \leqslant (\beta-\alpha)f(\beta).$$

于是

$$
\begin{aligned}
\int_0^1 f(x)\,\mathrm{d}x &= \int_0^\alpha f(x)\,\mathrm{d}x + \int_\alpha^\beta f(x)\,\mathrm{d}x + \int_\beta^1 f(x)\,\mathrm{d}x \\
&\geqslant \int_\alpha^\beta f(x)\,\mathrm{d}x + \int_\beta^1 f(x)\,\mathrm{d}x \geqslant \int_\alpha^\beta f(x)\,\mathrm{d}x + \int_\beta^1 f(\beta)\,\mathrm{d}x \\
&= \int_\alpha^\beta f(x)\,\mathrm{d}x + (1-\beta)f(\beta) \geqslant \int_\alpha^\beta f(x)\,\mathrm{d}x + \frac{1-\beta}{\beta-\alpha}\int_\alpha^\beta f(x)\,\mathrm{d}x \\
&= \frac{1-\alpha}{\beta-\alpha}\int_\alpha^\beta f(x)\,\mathrm{d}x.
\end{aligned}
$$

取正整数 $n$ 使得 $\alpha + \dfrac{1}{n} < \beta$. 构造函数

$$
f(x) = \begin{cases}
0, & 0 \leqslant x \leqslant \alpha, \\
n(x-\alpha), & \alpha < x \leqslant \alpha + \dfrac{1}{n}, \\
1, & \alpha + \dfrac{1}{n} < x \leqslant 1.
\end{cases}
$$

显然这是一个连续函数，且

$$\int_0^1 f(x)\,\mathrm{d}x = 1 - \alpha - \frac{1}{2n}, \quad \int_\alpha^\beta f(x)\,\mathrm{d}x = \beta - \alpha - \frac{1}{2n}.$$

因而

$$\lim_{n\to+\infty} \frac{\displaystyle\int_0^1 f(x)\,\mathrm{d}x}{\displaystyle\int_\alpha^\beta f(x)\,\mathrm{d}x} = \frac{1-\alpha}{\beta-\alpha}.$$

故题中 $\dfrac{1-\alpha}{\beta-\alpha}$ 不能换成更大的数.　　　　　　　　　　　　　　□

**【注 5.1.7】**　　当函数具有单调性时, 小区间上的积分与整体区间上的积分可比较大小.

**【例 5.1.31】**　　设函数 $f$ 在 $[0,1]$ 上连续的二阶导函数, $f(0)=f(1)=0, f'(1)=\dfrac{a}{2}$. 求证:

$$\int_0^1 x(f''(x))^2\,\mathrm{d}x \geqslant \frac{a^2}{2}.$$

并求上式成为等式的 $f$.

**证明**　根据分部积分, Newton-Leibniz 公式和题设条件, 有

$$0 \leqslant \int_0^1 x(f''(x)-a)^2\,\mathrm{d}x = \int_0^1 x(f''(x))^2\,\mathrm{d}x - 2a\int_0^1 xf''(x)\,\mathrm{d}x + a^2\int_0^1 x\,\mathrm{d}x$$

$$= \int_0^1 x(f''(x))^2\,\mathrm{d}x - 2a\left(xf'(x)\Big|_0^1 - \int_0^1 f'(x)\,\mathrm{d}x\right) + \frac{a^2}{2}$$

$$= \int_0^1 x(f''(x))^2\,\mathrm{d}x - 2a\left(f'(1)-f(1)+f(0)\right) + \frac{a^2}{2}$$

$$= \int_0^1 x(f''(x))^2\,\mathrm{d}x - \frac{a^2}{2}.$$

所以

$$\int_0^1 x(f''(x))^2\,\mathrm{d}x \geqslant \frac{a^2}{2}.$$

等式成立时, 有

$$f''(x) = a,$$

即 $f(x) = \dfrac{1}{2}ax^2 + bx + c$. 因为 $f(0)=f(1)=0, f'(1)=\dfrac{a}{2}$, 所以 $c=0, b=-\dfrac{a}{2}$. 因此

$$f(x) = \frac{1}{2}ax(x-1).$$
　　　　　　　　　　　　　　　　　　　　　　　　　　　　　　□

**【注 5.1.8】**　　当 $f$ 在端点的值为零, $f'$ 在端点的值确定时, 可以考虑 $f''$ 与线性函数的乘积的积分.

**【例 5.1.32】**　　设 $n$ 是正整数, 且 $m>2$. 求证:

$$\int_0^{\pi/2} t\left|\frac{\sin nt}{\sin t}\right|^m\,\mathrm{d}t \leqslant \left(\frac{m\cdot n^{m-2}}{8(m-2)} - \frac{1}{4(m-2)}\right)\pi^2.$$

**证明**　用数学归纳法容易证明 $|\sin nt| \leqslant n\sin t$, $t\in\left[0,\dfrac{\pi}{2}\right]$. 另外又有

$$|\sin nt| \leqslant 1, \quad \sin t \geqslant \frac{2t}{\pi}, \, t\in\left[0,\frac{\pi}{2}\right].$$

设 $a \in \left(0, \dfrac{\pi}{2}\right)$. 则有

$$\int_0^{\pi/2} t \left|\frac{\sin nt}{\sin t}\right|^m \mathrm{d}t = \int_0^a t \left(\frac{\sin nt}{\sin t}\right)^m \mathrm{d}t + \int_a^{\pi/2} t \left(\frac{\sin nt}{\sin t}\right)^m \mathrm{d}t$$

$$\leqslant \int_0^a t n^m \, \mathrm{d}t + \int_a^{\pi/2} t \left(\frac{1}{2t/\pi}\right)^m \mathrm{d}t$$

$$= \frac{1}{2} n^m a^2 + \frac{1}{m-2} \left(\frac{\pi}{2}\right)^m \left(\frac{1}{a^{m-2}} - \frac{1}{(\pi/2)^{m-2}}\right).$$

易知函数 $g(a) = \dfrac{1}{2} n^m a^2 + \dfrac{1}{m-2} \left(\dfrac{\pi}{2}\right)^m \dfrac{1}{a^{m-2}}$ 当 $a = \dfrac{\pi}{2n}$ 时取最小值. 于是将上面的 $a$ 换成 $\dfrac{\pi}{2n}$ 可得

$$\int_0^{\pi/2} t \left|\frac{\sin nt}{\sin t}\right|^m \mathrm{d}t \leqslant \left(\frac{m \cdot n^{m-2}}{8(m-2)} - \frac{1}{4(m-2)}\right) \pi^2. \qquad \square$$

【注 5.1.9】 当利用积分的可加性把区间 $[a,b]$ 上的积分分为区间 $[a,c]$ 和区间 $[c,b]$ 上的积分之和时, 为了得到较好的估计, 可以根据情况选择适当的 $c$.

【例 5.1.33】 设 $n \geqslant 1$ 是自然数. 求证:

$$\frac{1}{\pi} \int_0^{\pi/2} \frac{|\sin(2n+1)t|}{\sin t} \mathrm{d}t < \frac{2n^2+1}{2n^2+n} + \frac{1}{2} \ln n. \qquad (5.1.9)$$

证明 $\displaystyle\int_0^{\pi/2} \frac{|\sin(2n+1)t|}{\sin t} \mathrm{d}t = \int_0^{\pi/2n} \frac{|\sin(2n+1)t|}{\sin t} \mathrm{d}t + \int_{\pi/2n}^{\pi/2} \frac{|\sin(2n+1)t|}{\sin t} \mathrm{d}t.$

因为当 $x \in \left(0, \dfrac{\pi}{2}\right)$ 时, $\sin x > \dfrac{2x}{\pi}$, 所以

$$\int_{\pi/2n}^{\pi/2} \frac{|\sin(2n+1)t|}{\sin t} \mathrm{d}t < \int_{\pi/2n}^{\pi/2} \frac{1}{2t/\pi} \mathrm{d}t = \frac{\pi}{2} \ln n.$$

另一方面,

$$\int_0^{\pi/2n} \frac{|\sin(2n+1)t|}{\sin t} \mathrm{d}t = \int_0^{\pi/(2n+1)} \frac{\sin(2n+1)t}{\sin t} \mathrm{d}t - \int_{\pi/(2n+1)}^{\pi/2n} \frac{\sin(2n+1)t}{\sin t} \mathrm{d}t.$$

用数学归纳法容易证明当 $t \subset \left[0, \dfrac{\pi}{2}\right]$ 时, 有 $|\sin nt| \leqslant n \sin t$. 因此

$$\int_0^{\pi/(2n+1)} \frac{\sin(2n+1)t}{\sin t} \mathrm{d}t = \int_0^{\pi/(2n+1)} \left(\frac{\sin 2nt \cos t}{\sin t} + \cos 2nt\right) \mathrm{d}t$$

$$
\begin{aligned}
&= \int_0^{\pi/(2n+1)} \frac{\sin 2nt \cos t}{\sin t}\, dt + \frac{1}{2n}\sin\frac{2n\pi}{2n+1} \\
&< \int_0^{\pi/(2n+1)} 2n\cos t\, dt + \frac{1}{2n}\sin\frac{2n\pi}{2n+1} \\
&< 2n\sin\frac{\pi}{2n+1} + \frac{1}{2n}\sin\frac{2n\pi}{2n+1} \\
&= \left(2n + \frac{1}{2n}\right)\sin\frac{\pi}{2n+1},
\end{aligned}
$$

$$
\begin{aligned}
-\int_{\pi/(2n+1)}^{\pi/2n} \frac{\sin(2n+1)t}{\sin t}\, dt &= -\int_{\pi/(2n+1)}^{\pi/2n} \left(\frac{\sin 2nt\cos t}{\sin t} + \cos 2nt\right) dt \\
&< -\int_{\pi/(2n+1)}^{\pi/2n} \cos 2nt\, dt \\
&= \frac{1}{2n}\sin\frac{\pi}{2n+1}.
\end{aligned}
$$

因此

$$
\int_0^{\pi/2n} \frac{|\sin(2n+1)t|}{\sin t}\, dt < \left(2n+\frac{1}{n}\right)\sin\frac{\pi}{2n+1} < \left(2n+\frac{1}{n}\right)\frac{\pi}{2n+1} = \frac{2n^2+1}{2n^2+n}\pi.
$$

于是

$$
\int_0^{\pi/2} \frac{|\sin(2n+1)t|}{\sin t}\, dt < \frac{2n^2+1}{2n^2+n}\pi + \frac{\pi}{2}\ln n. \qquad \square
$$

**【例 5.1.34】**　设 $f \not\equiv 0$, 在 $[a,b]$ 上可微, $f(a) = f(b) = 0$. 求证: 至少存在一点 $c \in [a,b]$ 使

$$
|f'(c)| > \frac{4}{(b-a)^2}\int_a^b |f(x)|\, dx. \tag{5.1.10}
$$

**证明**　记上式右端为 $M$. 假设对一切 $c \in [a,b]$ 有 $|f'(c)| \leqslant M$, 下面推出矛盾. 首先根据微分中值定理, 对于 $x \in \left[a, \dfrac{a+b}{2}\right]$ 存在 $\xi \in (a,x)$, 使

$$
f(x) = f(x) - f(a) = f'(\xi)(x-a),
$$

由假设, 有

$$
|f(x)| \leqslant M(x-a), \quad x \in \left[a, \frac{a+b}{2}\right], \tag{5.1.11}
$$

因而

$$
\int_a^{\frac{a+b}{2}} |f(x)|\, dx \leqslant \frac{1}{2}\left(\frac{b-a}{2}\right)^2 M. \tag{5.1.12}
$$

217

再根据微分中值定理, 对于 $x \in \left[ \dfrac{a+b}{2}, b \right]$, 存在 $\eta \in (x, b)$, 使得

$$f(x) = f(x) - f(b) = f'(\eta)(x - b),$$

由假设, 有

$$|f(x)| \leqslant M(b - x), \quad x \in \left[ \frac{a+b}{2}, b \right], \tag{5.1.13}$$

因而

$$\int_{\frac{a+b}{2}}^{b} |f(x)| \,\mathrm{d}x \leqslant \frac{1}{2} \left( \frac{b-a}{2} \right)^2 M. \tag{5.1.14}$$

将式 (5.1.12) 与式 (5.1.14) 相加可得

$$\int_a^b |f(x)| \,\mathrm{d}x \leqslant \left( \frac{b-a}{2} \right)^2 M = \int_a^b |f(x)| \,\mathrm{d}x.$$

这说明式 (5.1.12) 与式 (5.1.14) 必须是等式, 因而式 (5.1.11) 与式 (5.1.13) 必须成为等式. 于是

$$f^2(x) = \begin{cases} M^2(x-a)^2, & x \in \left[ a, \dfrac{a+b}{2} \right], \\[2mm] M^2(b-x)^2, & x \in \left( \dfrac{a+b}{2}, b \right], \end{cases}$$

此分段函数在 $x = \dfrac{a+b}{2}$ 不可导, 这与 $f$ 在 $[a, b]$ 可导矛盾!  □

**【例 5.1.35】**  设 $f$ 是区间 $[0, 1]$ 上的凸函数. 求证: 对一切 $t \in [0, 1]$, 有

$$t(1-t)f(t) \leqslant (1-t)^2 \int_0^t f(x) \,\mathrm{d}x + t^2 \int_t^1 f(x) \,\mathrm{d}x.$$

**证明**  对于 $t = 0$ 和 $t = 1$ 所证不等式是显然的. 设 $t \in (0, 1)$, 因为凸函数在 $t$ 点是连续的, 所以 $f$ 在 $[0, 1]$ 上可积. 对于 $x \in [0, 1]$, 有 $t = (1-t)(tx) + t(1 - x + tx)$. 因此根据凸函数的性质, 得

$$f(t) \leqslant (1-t)f(tx) + tf(1 - x + tx).$$

上式对变量 $x$ 在 $[0, 1]$ 上积分, 得

$$f(t) \leqslant (1-t) \int_0^1 f(tx) \,\mathrm{d}x + t \int_0^1 f(1 - x + tx) \,\mathrm{d}x$$

$$= \frac{1-t}{t} \int_0^t f(x)\,\mathrm{d}x + \frac{t}{1-t} \int_t^1 f(x)\,\mathrm{d}x. \qquad \square$$

【注 5.1.10】　从本题结论知: 当 $f$ 是区间 $[0,1]$ 上的凸函数时, 有

$$\int_0^1 t(1-t)f(t)\mathrm{d}t \leqslant \frac{1}{3} \int_0^1 \left(t^3 + (1-t)^3\right) f(t)\,\mathrm{d}t.$$

【例 5.1.36】　设 $f$ 在区间 $[0,a)$ 上有二阶连续导数, 满足 $f(0) = f'(0) = 0$ 且 $f''(x) > 0\ (0 < x < a)$. 求证: 对任意 $x \in (0,a)$, 有

$$\int_0^x \sqrt{1 + (f'(t))^2}\,\mathrm{d}t < x + \frac{f(x)f'(x)}{\sqrt{1 + (f'(x))^2} + 1}. \tag{5.1.15}$$

**证明**　将式 (5.1.15) 右端第一项 $x$ 移到左端, 有

$$\int_0^x \left(\sqrt{1 + (f'(t))^2} - 1\right)\mathrm{d}t = \int_0^x \frac{f'(t)}{\sqrt{1 + (f'(t))^2} + 1} \cdot f'(t)\,\mathrm{d}t.$$

因为 $f'(t)$ 和 $\dfrac{t}{\sqrt{1 + t^2} + 1}$ 都是单调递增函数, 所以 $\dfrac{f'(t)}{\sqrt{1 + (f'(t))^2} + 1}$ 是单调递增函数. 因此

$$\int_0^x \left(\sqrt{1 + (f'(t))^2} - 1\right)\mathrm{d}t < \frac{f'(x)}{\sqrt{1 + (f'(x))^2} + 1} \cdot \int_0^x f'(t)\,\mathrm{d}t = \frac{f(x)f'(x)}{\sqrt{1 + (f'(x))^2} + 1}.$$

$$\square$$

【注 5.1.11】　式 (5.1.15) 左端是弧长计算公式, 不等式 (5.1.15) 的几何意义是: 光滑凸曲线段的起点 $A$ 和终点 $B$ 处的切线在曲线凸出的一侧相交于 $C$ 点, 则直线段 $AC$ 与 $BC$ 的长度之和大于这条曲线段的长度.

【例 5.1.37】　设 $a > 1$, 计算积分 $\displaystyle\int_0^{\frac{\pi}{2}} \ln(a^2 - \cos^2 x)\,\mathrm{d}x$.

**解**　(方法 1) 设 $a_0 = a > 1$. 构造数列如下:

$$a_{n+1} = 2a_n^2 - 1 \quad (n = 0, 1, \cdots),$$

则存在 $x_0 > 0$ 使得

$$a_0 = \operatorname{ch}(x_0), \quad a_n = \operatorname{ch}(2^n x_0),$$

其中 $\operatorname{ch}(x) = \dfrac{1}{2}(\mathrm{e}^x + \mathrm{e}^{-x})$. 可以解得

$$x_0 = \ln\left(a_0 + \sqrt{a_0^2 - 1}\right). \tag{5.1.16}$$

故

$$a_n = \frac{e^{2^n x_0} + e^{-2^n x_0}}{2}.$$

设

$$I_n = \int_0^\pi \ln(a_n - \cos x)\, dx,$$

则

$$I_0 = \int_0^\pi \ln(a_0 - \cos x)\, dx = \int_0^{\frac{\pi}{2}} \ln(a_0 - \cos x)\, dx + \int_{\frac{\pi}{2}}^\pi \ln(a_0 - \cos x)\, dx$$

$$= \int_0^{\frac{\pi}{2}} \ln(a_0 - \cos x)\, dx + \int_0^{\frac{\pi}{2}} \ln(a_0 + \cos x)\, dx$$

$$= \int_0^{\frac{\pi}{2}} \ln(a_0^2 - \cos^2 x)\, dx = \int_0^{\frac{\pi}{2}} \ln\left(a_0^2 - \frac{1 + \cos 2x}{2}\right) dx$$

$$= \int_0^{\frac{\pi}{2}} \ln\left(\frac{a_1 - \cos 2x}{2}\right) dx = \frac{1}{2}\int_0^\pi \ln\left(\frac{a_1 - \cos x}{2}\right) dx = \frac{1}{2}I_1 - \frac{\pi}{2}\ln 2.$$

同理, 有

$$I_n = \frac{1}{2}I_{n+1} - \frac{\pi}{2}\ln 2. \tag{5.1.17}$$

由此递推公式, 可得

$$I_0 = \frac{1}{2^n}I_n - \left(1 + \frac{1}{2} + \cdots + \frac{1}{2^{n-1}}\right)\frac{\pi}{2}\ln 2. \tag{5.1.18}$$

因为

$$I_n = \int_0^\pi \ln(a_n - \cos x)\, dx = \int_0^\pi \ln\left(\frac{e^{2^n x_0} + e^{-2^n x_0}}{2} - \cos x\right) dx$$

$$= 2^n x_0 \pi + \int_0^\pi \ln\left(\frac{1 + e^{-2^{n+1} x_0}}{2} - e^{-2^n x_0} \cos x\right) dx,$$

所以

$$\frac{1}{2^n}I_n \to x_0 \pi \quad (n \to +\infty).$$

故从式 (5.1.18) 可得

$$I_0 = x_0 \pi - \pi \ln 2 = \pi \ln\left(\frac{a_0 + \sqrt{a_0^2 - 1}}{2}\right),$$

即所求的积分为

$$\int_0^{\frac{\pi}{2}} \ln(a^2 - \sin^2 x)\,\mathrm{d}x = \int_0^{\frac{\pi}{2}} \ln(a^2 - \cos^2 x)\,\mathrm{d}x = \pi \ln\left(\frac{a + \sqrt{a^2 - 1}}{2}\right).$$

**【注 5.1.12】**　很多情况下不需求出被积函数的原函数, 只需充分利用换元、分部积分以及被积函数的性质, 即可求出积分的值.

(**方法 2**) 我们有

$$F(a) = \int_0^{\frac{\pi}{2}} \ln(a^2 - \cos^2 x)\,\mathrm{d}x = \int_0^{\pi} \ln(a - \cos x)\,\mathrm{d}x.$$

关于 $a$ 求导得到

$$F'(a) = \int_0^{\pi} \frac{1}{a - \cos x}\,\mathrm{d}x$$
$$= \int_0^{+\infty} \frac{2}{a(1 + t^2) - (1 - t^2)}\,\mathrm{d}t = \frac{\pi}{\sqrt{a^2 - 1}}, \qquad a > 1.$$

因此, 注意到原积分关于 $a \geqslant 1$ 内闭一致收敛, 可得

$$F(a) = \pi \ln\left(a + \sqrt{a^2 - 1}\right) + C, \qquad a \geqslant 1.$$

结合

$$F(1) = 2\int_0^{\frac{\pi}{2}} \ln \sin x\,\mathrm{d}x = -\pi \ln 2$$

可得

$$\int_0^{\frac{\pi}{2}} \ln(a^2 - \cos^2 x)\,\mathrm{d}x = \pi \ln\left(\frac{a + \sqrt{a^2 - 1}}{2}\right), \quad a \geqslant 1.$$

**【例 5.1.38】**　计算积分 $I = \displaystyle\int_0^1 \frac{\ln(1 + x)}{1 + x^2}\,\mathrm{d}x$.

**解**　作变换 $x = \tan\varphi$, 则 $\mathrm{d}\varphi = \dfrac{1}{1 + x^2}\mathrm{d}x$, 且当 $x = 0$ 时, $\varphi = 0$; 当 $x = 1$ 时, $\varphi = \dfrac{\pi}{4}$. 于是

$$I = \int_0^{\frac{\pi}{4}} \ln\left(\frac{\cos\varphi + \sin\varphi}{\cos\varphi}\right)\mathrm{d}\varphi$$
$$= \int_0^{\frac{\pi}{4}} \left\{\ln\left(\sqrt{2}\left(\frac{1}{\sqrt{2}}\cos\varphi + \frac{1}{\sqrt{2}}\sin\varphi\right)\right) - \ln(\cos\varphi)\right\}\mathrm{d}\varphi$$

$$= \int_0^{\frac{\pi}{4}} \left\{ \ln\sqrt{2} + \ln\left(\sin\left(\varphi + \frac{\pi}{4}\right)\right) - \ln(\cos\varphi) \right\} \mathrm{d}\varphi$$

$$= \frac{\pi}{8}\ln 2 + \int_0^{\frac{\pi}{4}} \ln\left(\sin\left(\varphi + \frac{\pi}{4}\right)\right)\mathrm{d}\varphi - \int_0^{\frac{\pi}{4}} \ln(\cos\varphi)\mathrm{d}\varphi.$$

因为

$$\int_0^{\frac{\pi}{4}} \ln\left(\sin\left(\varphi + \frac{\pi}{4}\right)\right)\mathrm{d}\varphi \xlongequal{\varphi = \frac{\pi}{4} - t} -\int_{\frac{\pi}{4}}^0 \ln\left(\sin\left(\frac{\pi}{2} - t\right)\right)\mathrm{d}t = \int_0^{\frac{\pi}{4}} \ln(\cos t)\mathrm{d}t,$$

所以 $I = \dfrac{\pi}{8}\ln 2$.

**【注 5.1.13】** 此例中无法求出被积函数的原函数, 但通过积分的性质仍可算出积分的值.

**【例 5.1.39】** 设 $f$ 和 $g$ 是 $[0,1]$ 上单调函数, 且单调性相同, 求证:

$$\int_0^1 f(x)g(x)\,\mathrm{d}x \geqslant \int_0^1 f(x)\,\mathrm{d}x \int_0^1 g(x)\,\mathrm{d}x.$$

**证明** 因为 $f$ 和 $g$ 的单调性相同, 所以对于 $x, y \in [0,1]$, 有

$$(f(x) - f(y))(g(x) - g(y)) \geqslant 0,$$

即

$$f(x)g(x) + f(y)g(y) \geqslant f(x)g(y) + f(y)g(x).$$

将上式关于变量 $x$ 和 $y$ 分别在 $[0,1]$ 上积分, 可得

$$2\int_0^1 f(x)g(x)\,\mathrm{d}x \geqslant 2\int_0^1 f(x)\,\mathrm{d}x \int_0^1 g(x)\,\mathrm{d}x.$$

于是所证结论成立. □

**【注 5.1.14】** 当 $f$ 和 $g$ 的单调性相反时, 不等式反向.

**【例 5.1.40】** $f$ 是区间 $[0,1]$ 上的正连续函数, $k \geqslant 1$. 求证:

$$\int_0^1 \frac{1}{1+f(x)}\,\mathrm{d}x \int_0^1 f(x)\,\mathrm{d}x \leqslant \int_0^1 \frac{f^{k+1}(x)}{1+f(x)}\,\mathrm{d}x \int_0^1 \frac{1}{f^k(x)}\,\mathrm{d}x, \tag{5.1.19}$$

并讨论等号成立的条件.

**证明** 当 $k \geqslant 1$ 时, 函数 $\dfrac{t^k}{1+t}$ 和 $t^{k+1}$ 都是单调递增的. 因此对于任意 $x, y \in [0,1]$, 有

$$\frac{1}{f^k(x)f^k(y)}\left(\frac{f^k(x)}{1+f(x)} - \frac{f^k(y)}{1+f(y)}\right)\left(f^{k+1}(x) - f^{k+1}(y)\right) \geqslant 0, \tag{5.1.20}$$

即

$$\frac{f(x)}{1+f(y)} + \frac{f(y)}{1+f(x)} \leqslant \frac{f^{k+1}(x)}{1+f(x)} \cdot \frac{1}{f^k(y)} + \frac{f^{k+1}(y)}{1+f(y)} \cdot \frac{1}{f^k(x)}.$$

在上式两端分别关于变量 $x, y$ 在区间 $[0,1]$ 上积分, 即得所证.

要使式 (5.1.19) 成为等式, 必须式 (5.1.20) 成为等式. 因此对任意 $x, y \in [0,1]$, 有 $f(x) = f(y)$, 即 $f$ 在 $[0,1]$ 上为常数. □

【例 5.1.41】　设 $b \geqslant a + 2$. 函数 $f$ 在 $[a,b]$ 上为正连续函数, 且

$$\int_a^b \frac{1}{1+f(x)} \, \mathrm{d}x = 1.$$

求证:

$$\int_a^b \frac{f(x)}{b-a-1+f^2(x)} \, \mathrm{d}x \leqslant 1. \tag{5.1.21}$$

并求式 (5.1.21) 成为等式的条件.

**证明**　令 $g(x) = \dfrac{b-a}{1+f(x)}$, 则 $g$ 在 $[a,b]$ 上连续且 $\displaystyle\int_a^b g(x)\,\mathrm{d}x = b - a$. 从 $g$ 的定义可得 $f(x) = \dfrac{b-a-g(x)}{g(x)}$. 因此

$$\frac{f(x)}{b-a-1+f^2(x)} = \frac{\dfrac{b-a-g(x)}{g(x)}}{b-a-1+\left(\dfrac{b-a-g(x)}{g(x)}\right)^2}$$

$$= \frac{1}{b-a} \cdot \frac{g(x)(b-a-g(x))}{g^2(x) - 2g(x) + b - a}$$

$$= \frac{1}{b-a}\left[-1 + \frac{(b-a-2)g(x) + b - a}{(g(x)-1)^2 + b - a - 1}\right]$$

$$\leqslant \frac{1}{b-a}\left[-1 + \frac{(b-a-2)g(x) + b - a}{b - a - 1}\right]$$

$$= \frac{1}{b-a} \cdot \frac{(b-a-2)g(x) + 1}{b - a - 1},$$

故

$$\int_a^b \frac{f(x)}{b-a-1+f^2(x)} \, \mathrm{d}x \leqslant \int_a^b \frac{1}{b-a} \cdot \frac{(b-a-2)g(x) + 1}{b - a - 1} \, \mathrm{d}x$$

$$= \frac{1}{b-a} \cdot \frac{(b-a-2)(b-a) + b - a}{b - a - 1} = 1.$$

等号成立当且仅当 $g(x) = 1$, 即 $f(x) = b - a - 1$ 时成立. $\qquad\square$

**【例 5.1.42】** 设 $f$ 是 $[0, \pi]$ 上连续函数, 且满足

$$\int_0^\pi f(x) \sin x \, \mathrm{d}x = \int_0^\pi f(x) \cos x \, \mathrm{d}x = 0.$$

求证: $f$ 在 $(0, \pi)$ 中至少有两个零点.

**证明** 由条件知 $f$ 在 $(0, \pi)$ 中至少有一个零点 $x_0$. 若没有其他零点, 则

$$f(x) \sin(x - x_0) \geqslant 0, \quad x \in (0, \pi),$$

或者

$$f(x) \sin(x - x_0) \leqslant 0, \quad x \in (0, \pi).$$

无论哪种情况都有

$$\int_0^\pi f(x) \sin(x - x_0) \, \mathrm{d}x \neq 0.$$

但 $\sin(x - x_0) = \cos x_0 \sin x - \sin x_0 \cos x$, 因此根据条件上面的积分应为零. 这个矛盾说明 $f$ 在 $(0, \pi)$ 中至少有两个零点. $\qquad\square$

**【例 5.1.43】** 设 $f \in C([0, \pi])$, 证明: 不能同时有

$$\int_0^\pi |f(x) - \sin x|^2 \, \mathrm{d}x < \frac{\pi}{4} \quad \text{和} \quad \int_0^\pi |f(x) - \cos x|^2 \, \mathrm{d}x < \frac{\pi}{4}. \tag{5.1.22}$$

又问何时上面的两个不等式成为等式?

**证明** 利用 Cauchy-Schwarz 不等式, 有

$$\int_0^\pi (\sin x - f(x))(f(x) - \cos x) \, \mathrm{d}x$$

$$\leqslant \left( \int_0^\pi |\sin x - f(x)|^2 \, \mathrm{d}x \right)^{1/2} \left( \int_0^\pi |f(x) - \cos x|^2 \, \mathrm{d}x \right)^{1/2}.$$

因此当式 (5.1.22) 中的两个不等式同时成立时, 有

$$\int_0^\pi |\sin x - \cos x|^2 \, \mathrm{d}x = \int_0^\pi |\sin x - f(x) + f(x) - \cos x|^2 \, \mathrm{d}x$$

$$= \int_0^\pi |\sin x - f(x)|^2 \, \mathrm{d}x + \int_0^\pi |f(x) - \cos x|^2 \, \mathrm{d}x$$

$$+ 2 \int_0^\pi (\sin x - f(x))(f(x) - \cos x) \, \mathrm{d}x$$

$$< \frac{\pi}{4} + \frac{\pi}{4} + 2 \cdot \frac{\pi}{4} = \pi.$$

但是, 另一方面,

$$\int_0^\pi |\sin x - \cos x|^2 \, \mathrm{d}x = \int_0^\pi (1 - \sin 2x) \, \mathrm{d}x = \pi.$$

于是所证结论成立.

当式 (5.1.22) 中两个不等式都是等式时, 应有

$$\int_0^\pi (\sin x - f(x))(f(x) - \cos x) \, \mathrm{d}x$$

$$= \left( \int_0^\pi |\sin x - f(x)|^2 \, \mathrm{d}x \right)^{1/2} \left( \int_0^\pi |f(x) - \cos x|^2 \, \mathrm{d}x \right)^{1/2} = \frac{\pi}{4}.$$

此时, 有

$$\int_0^\pi \left( f(x) - \frac{\sin x + \cos x}{2} \right)^2 \mathrm{d}x = \int_0^\pi \left( \frac{\sin x - f(x)}{2} - \frac{f(x) - \cos x}{2} \right)^2 \mathrm{d}x$$

$$= \frac{1}{4} \int_0^\pi |\sin x - f(x)|^2 \, \mathrm{d}x + \frac{1}{4} \int_0^\pi |f(x) - \cos x|^2 \, \mathrm{d}x$$

$$- \frac{1}{2} \int_0^\pi (\sin x - f(x))(f(x) - \cos x) \, \mathrm{d}x$$

$$= \frac{\pi}{16} + \frac{\pi}{16} - \frac{\pi}{8} = 0.$$

注意到 $f$ 为连续函数, 有 $f(x) = \dfrac{\sin x + \cos x}{2}$. $\qquad\qquad\qquad\qquad\square$

**【例 5.1.44】**　设 $f$ 是 $(-\infty, +\infty)$ 上连续函数, 且在 $(-\infty, a] \cup [b, +\infty)$ 上等于零. 又设

$$\varphi(x) = \frac{1}{2h} \int_{x-h}^{x+h} f(t) \mathrm{d}t \quad (h > 0).$$

求证: $\displaystyle\int_a^b |\varphi(x)| \mathrm{d}x \leqslant \int_a^b |f(x)| \mathrm{d}x.$

**证明**　作变换 $u = t - x$, 得

$$\int_{x-h}^{x+h} |f(t)| \mathrm{d}t = \int_{-h}^h |f(u+x)| \mathrm{d}u.$$

因此

$$\int_a^b \int_{-h}^h |f(u+x)| \mathrm{d}u \mathrm{d}x = \int_{-h}^h \int_a^b |f(u+x)| \mathrm{d}x \mathrm{d}u.$$

作变换 $v = u + x$, 得

$$\int_a^b |f(u+x)|\mathrm{d}x = \int_{a+u}^{b+u} |f(v)|\mathrm{d}v = \begin{cases} \int_{a+u}^b |f(v)|\mathrm{d}v, & u \geqslant 0, \\ \int_a^{b+u} |f(v)|\mathrm{d}v, & u < 0 \end{cases}$$

$$\leqslant \int_a^b |f(v)|\mathrm{d}v.$$

由此可知

$$\int_a^b |\varphi(x)|\mathrm{d}x = \int_a^b \left| \frac{1}{2h} \int_{x-h}^{x+h} f(t)\mathrm{d}t \right| \mathrm{d}x \leqslant \frac{1}{2h} \int_a^b \int_{x-h}^{x+h} |f(t)|\mathrm{d}t\mathrm{d}x$$

$$= \frac{1}{2h} \int_a^b \int_{-h}^h |f(u+x)|\mathrm{d}u\mathrm{d}x = \frac{1}{2h} \int_{-h}^h \int_a^b |f(u+x)|\mathrm{d}x\mathrm{d}u$$

$$\leqslant \frac{1}{2h} \int_{-h}^h \int_a^b |f(v)|\mathrm{d}v\mathrm{d}u = \int_a^b |f(v)|\mathrm{d}v. \qquad \square$$

【例 5.1.45】 设 $f$ 在区间 $[1, +\infty)$ 上连续并满足

$$x \int_1^x f(t)\,\mathrm{d}t = (x+1) \int_1^x t f(t)\,\mathrm{d}t. \tag{5.1.23}$$

求 $f$.

**解** 假设 $f$ 是满足条件的连续函数, 则对式 (5.1.23) 两边求导得

$$\int_1^x f(t)\,\mathrm{d}t = \int_1^x t f(t)\,\mathrm{d}t + x^2 f(x). \tag{5.1.24}$$

由此可知, $f(1) = 0$, 且当 $x \geqslant 1$ 时, $f$ 可导. 对式 (5.1.24) 两边求导得

$$f(x) = x f(x) + 2x f(x) + x^2 f'(x),$$

即

$$f'(x) = \frac{1-3x}{x^2} f(x), \quad x \geqslant 1. \tag{5.1.25}$$

所以

$$|f'(x)| \leqslant 2|f(x)|. \tag{5.1.26}$$

令 $g(x) = \mathrm{e}^{-4x} f^2(x)$, 则有

$$g'(x) = 2\mathrm{e}^{-4x} \left( f(x) f'(x) - 2f^2(x) \right).$$

结合式 (5.1.26) 可知 $g' \leqslant 0$, 这说明 $g$ 单调递减. 因为 $g(1) = 0$, 所以 $g \leqslant 0$. 但从 $g$ 的定义知 $g \geqslant 0$. 于是 $g = 0$, 从而 $f = 0$.

总之, 原方程 (5.1.23) 的解只有 $f \equiv 0$.

**【例 5.1.46】**　设 $f$ 在任意有限区间上可积, 且对任意 $x$ 及任意 $a \neq 0$ 满足

$$\frac{1}{2a} \int_{x-a}^{x+a} f(t) \mathrm{d}t = f(x).$$

试求函数 $f$.

**解**　易知线性函数满足上面的式子. 下面证明满足上式的函数必是线性函数. 由条件知, 对任意 $x$ 和 $a$, 有

$$\int_{x-a}^{x+a} f(t) \mathrm{d}t = 2af(x).$$

因此

$$2af(x+y) = \int_{x+y-a}^{x+y+a} f(t) \mathrm{d}t = \int_{y+x-a}^{y+a-x} f(t) \mathrm{d}t + \int_{y+a-x}^{x+y+a} f(t) \mathrm{d}t$$

$$= 2(a-x)f(y) + 2xf(y+a).$$

取 $a = 1, y = 0$ 就得

$$f(x) = (f(1) - f(0))x + f(0),$$

即 $f$ 是线性函数.

**【例 5.1.47】**　设 $f$ 是 $\mathbb{R}$ 上有下界的连续函数. 若存在常数 $a \in (0,1]$ 使得

$$f(x) - a \int_x^{x+1} f(t) \, \mathrm{d}t$$

为常数, 则 $f$ 无穷可微且它的任意阶导函数都是非负的.

**证明**　不妨设 $m = \inf_{x \in \mathbb{R}} f(x) = 0$ (不然将 $f$ 换为 $f - m$ 之后再证明). 此时 $f \geqslant 0$. 记

$$A = f(x) - a \int_x^{x+1} f(t) \, \mathrm{d}t, \tag{5.1.27}$$

则 $f \geqslant A$. 因此, $A \leqslant 0$. 由式 (5.1.27) 知 $f$ 无穷可微, 且

$$f'(x) = af(x+1) - af(x). \tag{5.1.28}$$

记 $a_1 = a$, 则

$$f'(x) + a_1 f(x) \geqslant 0.$$

假设存在 $a_n > 0$ 使得

$$f'(x) + a_n f(x) \geqslant 0. \tag{5.1.29}$$

则 $(\mathrm{e}^{a_n x} f(x))' \geqslant 0$. 这说明函数 $\mathrm{e}^{a_n x} f(x)$ 是递增的. 由式 (5.1.27) 可得

$$
\begin{aligned}
f(x) &\leqslant a \int_x^{x+1} f(t)\,\mathrm{d}t = a \int_x^{x+1} \mathrm{e}^{a_n t} f(t) \mathrm{e}^{-a_n t}\,\mathrm{d}t \\
&\leqslant a\mathrm{e}^{a_n(x+1)} f(x+1) \int_x^{x+1} \mathrm{e}^{-a_n t}\,\mathrm{d}t \\
&= \frac{\mathrm{e}^{a_n} - 1}{a_n} a f(x+1) \\
&= \frac{\mathrm{e}^{a_n} - 1}{a_n} (f'(x) + a f(x)).
\end{aligned}
$$

由此可得

$$f'(x) + a_{n+1} f(x) \geqslant 0, \tag{5.1.30}$$

其中

$$a_{n+1} = a - \frac{a_n}{\mathrm{e}^{a_n} - 1}.$$

若 $a_{n+1} \leqslant 0$, 则由 (5.1.30) 得 $f' \geqslant 0$. 若 $a_{n+1} > 0$, 则接着可构造 $a_{n+2}$. 若 $\{a_n\}$ 均为正的, 则 $\{a_n\}$ 为递减正数列, 设其极限为 $r \geqslant 0$. 若 $r > 0$, 则从上式得 $r = a - \dfrac{r}{\mathrm{e}^r - 1}$, 即 $a = \dfrac{r\mathrm{e}^r}{\mathrm{e}^r - 1} > 1$. 这与条件不符, 因此必有 $r = 0$. 在式 (5.1.29) 中令 $n \to +\infty$, 即得对一切 $x$ 有 $f'(x) \geqslant 0$. 注意到

$$f^{(n)}(x) - a \int_x^{x+1} f^{(n)}(t)\,\mathrm{d}t = 0, \quad n = 1, 2, \cdots,$$

因而将前面的 $f$ 换为 $f'$, 可以得到 $f''(x) \geqslant 0$, 依次可以证明 $f^{(n)}(x) \geqslant 0$. $\qquad\square$

**【例 5.1.48】** 求所有连续函数 $f: \mathbb{R} \to \mathbb{R}$ 使得对任意 $x \in \mathbb{R}$ 和任意正整数 $n$, 有

$$n^2 \int_x^{x+\frac{1}{n}} f(t)\,\mathrm{d}t = nf(x) + \frac{1}{2}.$$

**解** 设 $f$ 是要求的一个连续函数, 则 $f$ 是可导的且

$$n\left[f\left(x + \frac{1}{n}\right) - f(x)\right] = f'(x). \tag{5.1.31}$$

由此知 $f$ 二阶可导, 且

$$n\left[f'\left(x + \frac{1}{n}\right) - f'(x)\right] = f''(x). \tag{5.1.32}$$

将 (5.1.31) 中的 $n$ 换成 $2n$, 得

$$2n\left[f\left(x+\frac{1}{2n}\right)-f(x)\right]=f'(x). \tag{5.1.33}$$

将上式中的 $x$ 换成 $x+\dfrac{1}{2n}$ 得

$$2n\left[f\left(x+\frac{1}{n}\right)-f\left(x+\frac{1}{2n}\right)\right]=f'\left(x+\frac{1}{2n}\right). \tag{5.1.34}$$

将式 (5.1.31) 两边乘以 2 再减去式 (5.1.33) 两边, 得

$$2n\left[f\left(x+\frac{1}{n}\right)-f\left(x+\frac{1}{2n}\right)\right]=f'(x). \tag{5.1.35}$$

从式 (5.1.34) 和式 (5.1.35) 得

$$f'(x)=f'\left(x+\frac{1}{2n}\right),\quad \forall\, n\in\mathbb{Z}^+,\,\forall\, x\in\mathbb{R}.$$

由此可知 $f''=0$. 因而存在常数 $a,b$ 使得 $f(x)=ax+b$. 代入题设条件可得 $a=1$. 于是 $f(x)=x+b$, 这里 $b$ 是任意常数.

**【例 5.1.49】**　设 $f\in C[-1,1]$ 且对任意整数 $n$ 满足

$$\int_0^1 f(\sin(nx))\,\mathrm{d}x=0. \tag{5.1.36}$$

求证: 对任意 $x\in[-1,1]$ 有 $f(x)=0$.

**证明**　在式 (5.1.36) 中取 $n=0$, 可得 $f(0)=0$. 对任意非零整数 $n$, 将式 (5.1.36) 中的积分作变换 $t=nx$ 可得

$$\int_0^n f(\sin t)\,\mathrm{d}t=0.$$

令

$$F(x)=\int_x^{x+1} f(\sin t)\,\mathrm{d}t,$$

则 $F$ 可导, 且 $F(n)=0$. 对整数 $k$ 有

$$F(x+2k\pi)=\int_{x+2k\pi}^{x+2k\pi+1} f(\sin t)\,\mathrm{d}t=\int_x^{x+1} f(\sin(t+2k\pi))\,\mathrm{d}t$$

$$=\int_x^{x+1} f(\sin t)\,\mathrm{d}t=F(x).$$

因而 $F(n+2k\pi) = F(n) = 0$. 这说明 $F$ 在集合 $A = \{n+2k\pi \mid n, k \in \mathbb{Z}\}$ 上取值为 $0$. 由于集合 $A$ 在 $\mathbb{R}$ 上是稠密的, 由 $F$ 的连续性可知 $F(x) = 0$ $(x \in \mathbb{R})$. 于是

$$F'(x) = f(\sin(x+1)) - f(\sin x) = 0.$$

这说明 $f(\sin x)$ 是以 $1$ 和 $2\pi$ 为周期的连续函数. 仍由集合 $A$ 的稠密性可知 $f(\sin x)$ 是常数. 因此 $f$ 在 $[-1,1]$ 上是常数. 故 $f(x) = f(0) = 0$. □

【例 5.1.50】 设 $f$ 是 $[0, 2\pi]$ 上可导的凸函数, $f'$ 有界, 试证

$$a_n = \frac{1}{\pi} \int_0^{2\pi} f(x) \cos nx \, \mathrm{d}x \geqslant 0.$$

**证明** 因为 $f$ 是可导的凸函数, 所以 $f'$ 是单调递增的函数. 由 $f'$ 的单调有界性, 知 $f'$ 在 $[0, 2\pi]$ 上可积. 根据分部积分公式, 得

$$\pi a_n = \int_0^{2\pi} f(x) \cos nx \, \mathrm{d}x = f(x) \frac{\sin nx}{n} \Big|_0^{2\pi} - \frac{1}{n} \int_0^{2\pi} f'(x) \sin nx \, \mathrm{d}x$$

$$= -\frac{1}{n} \int_0^{2\pi} f'(x) \sin nx \, \mathrm{d}x = -\frac{1}{n} \sum_{k=1}^{2n} \int_{(k-1)\pi/n}^{k\pi/n} f'(x) \sin nx \, \mathrm{d}x$$

$$= -\frac{1}{n} \sum_{k=1}^{2n} \int_0^{\frac{\pi}{n}} f'\left(x + \frac{(k-1)\pi}{n}\right) \sin((k-1)\pi + x) \, \mathrm{d}x$$

$$= -\frac{1}{n} \sum_{k=1}^{2n} \int_0^{\frac{\pi}{n}} f'\left(x + \frac{(k-1)\pi}{n}\right) (-1)^{k-1} \sin x \, \mathrm{d}x$$

$$= -\frac{1}{n} \int_0^{\frac{\pi}{n}} \sum_{k=1}^{2n} (-1)^{k-1} f'\left(x + \frac{(k-1)\pi}{n}\right) \sin x \, \mathrm{d}x$$

$$= -\frac{1}{n} \int_0^{\frac{\pi}{n}} \sum_{k=1}^{n} \left(f'\left(x + \frac{(2k-2)\pi}{n}\right) - f'\left(x + \frac{(2k-1)\pi}{n}\right)\right) \sin x \, \mathrm{d}x.$$

注意到 $f'$ 是单调递增的, 即知 $a_n \geqslant 0$. □

【例 5.1.51】 设 $f$ 是 $[0,1]$ 上正的可导函数, 且满足 $|f'| \leqslant 1$. 记

$$m = \min f(x), \quad M = \max f(x), \quad \beta = \int_0^1 \frac{1}{f(x)} \, \mathrm{d}x.$$

求证: $M \leqslant m e^{\beta}$.

**证明** 设 $m = f(x)$, $M = f(y)$, 则有

$$\ln M - \ln m = \ln f(y) - \ln f(x) = \int_x^y \frac{f'(t)}{f(t)} \, \mathrm{d}t \leqslant \int_0^1 \frac{1}{f(t)} \, \mathrm{d}t = \beta.$$

因而有 $M \leqslant m e^{\beta}$. □

**【例 5.1.52】**　设 $f$ 是 $[0,1]$ 上正的可导函数, 且满足 $|f'| \leqslant 1$. 记

$$m = \min f(x), \quad M = \max f(x), \quad \beta = \int_0^1 \frac{1}{f(x)} \, dx. \tag{5.1.37}$$

求证: 对 $n > -1$, 有

$$\int_0^1 f^n(x) \, dx \leqslant \frac{m^{n+1}}{n+1}(e^{(n+1)\beta} - 1). \tag{5.1.38}$$

**证明**　设

$$h_1(t) = \frac{e^{(n+1)\beta_1(t)} - 1}{n+1} f^{n+1}(t) - \int_0^t f^n(x) \, dx, \quad t \in [0,1],$$

$$h_2(t) = \frac{e^{(n+1)\beta_2(t)} - 1}{n+1} f^{n+1}(t) - \int_t^1 f^n(x) \, dx, \quad t \in [0,1],$$

其中

$$\beta_1(t) = \int_0^t \frac{1}{f(x)} dx, \quad \beta_2(t) = \int_t^1 \frac{1}{f(x)} dx,$$

则有 $\beta_1 \geqslant 0$, $\beta_2 \geqslant 0$, $h_1(0) = 0$, $h_2(1) = 0$, 且

$$h_1'(t) = e^{(n+1)\beta_1(t)} f^n(t) + \left(e^{(n+1)\beta_1(t)} - 1\right) f^n(t) f'(t) - f^n(t)$$

$$= f^n(t)\left(e^{(n+1)\beta_1(t)} - 1\right)(1 + f'(t)) \geqslant 0,$$

$$h_2'(t) = -e^{(n+1)\beta_2(t)} f^n(t) + \left(e^{(n+1)\beta_2(t)} - 1\right) f^n(t) f'(t) + f^n(t)$$

$$= f^n(t)\left(e^{(n+1)\beta_2(t)} - 1\right)(-1 + f'(t)) \leqslant 0,$$

这说明 $h_1$ 在 $[0,1]$ 上单调递增, 而 $h_2$ 在 $[0,1]$ 上单调递减. 于是 $h_1$ 和 $h_2$ 都是非负函数, 即

$$\int_0^t f^n(x) \, dx \leqslant \frac{e^{(n+1)\beta_1(t)} - 1}{n+1} f^{n+1}(t), \tag{5.1.39}$$

$$\int_t^1 f^n(x) \, dx \leqslant \frac{e^{(n+1)\beta_2(t)} - 1}{n+1} f^{n+1}(t). \tag{5.1.40}$$

将以上两式相加, 可得

$$\int_0^1 f^n(x) \, dx \leqslant \frac{e^{(n+1)\beta_1(t)} + e^{(n+1)\beta_2(t)} - 2}{n+1} f^{n+1}(t). \tag{5.1.41}$$

容易证明对任意 $x > 0, y > 0$ 有

$$e^x + e^y - 2 < e^{x+y} - 1.$$

因此从式 (5.1.41) 可得

$$\int_0^1 f^n(x)\,\mathrm{d}x \leqslant \frac{\mathrm{e}^{(n+1)(\beta_1(t)+\beta_2(t))}-1}{n+1}f^{n+1}(t) = \frac{\mathrm{e}^{(n+1)\beta}-1}{n+1}f^{n+1}(t),$$

这里 $t \in [0,1]$ 是任意的. 故式 (5.1.38) 成立. □

**【注 5.1.15】** 令 $n = 0$, 可得 $\dfrac{m+1}{m} \leqslant \mathrm{e}^\beta$. 式 (5.1.38) 两边开 $n$ 次方根, 再令 $n \to +\infty$, 可得 $M \leqslant m\mathrm{e}^\beta$.

**【例 5.1.53】** 设 $f \in C[a,b]$ 是一个正的连续函数, 且满足 Lipschitz 条件

$$|f(x) - f(y)| \leqslant L|x - y|.$$

对于区间 $[c,d] \subset [a,b]$, 记

$$\beta = \int_a^b \frac{1}{f(x)}\,\mathrm{d}x, \quad \alpha = \int_c^d \frac{1}{f(x)}\,\mathrm{d}x.$$

求证:

$$\int_a^b f(x)\,\mathrm{d}x \leqslant \frac{\mathrm{e}^{2L\beta}-1}{2L\alpha}\int_c^d f(x)\,\mathrm{d}x. \tag{5.1.42}$$

**证明** 只需证明对任意的 $t \in [a,b]$, 有

$$\int_a^b f(x)\,\mathrm{d}x \leqslant \frac{\mathrm{e}^{2L\beta}-1}{2L}f^2(t), \tag{5.1.43}$$

这是因为将式 (5.1.43) 两端除以 $f(t)$, 然后关于变量 $t$ 在区间 $[c,d]$ 上积分, 即得式 (5.1.42). 不妨假设 $a = 0, b = 1$, 不然考虑新的函数 $g(t) = (b-a)f(a+(b-a)t)$, $t \in [0,1]$. $g$ 满足 Lipschitz 条件 $|g(x_1) - g(x_2)| \leqslant L_1|x_1 - x_2|$, $L_1 = (b-a)^2 L$. 由于 $f$ 的 Bernstein 多项式 $B_n(f)$ 保持 $f$ 的 Lipschitz 常数, 而且在 $[0,1]$ 上一致收敛于 $f$, 我们一开始就可以假设 $f$ 是可导的, 此时 $|f'| \leqslant L$.

以下就在 $a = 0, b = 1$ 且 $|f'| \leqslant L$ 的条件下证明式 (5.1.43). 设

$$h_1(t) = \frac{\mathrm{e}^{2L\beta_1(t)}-1}{2L}f^2(t) - \int_0^t f(x)\,\mathrm{d}x, \quad t \in [0,1],$$

$$h_2(t) = \frac{\mathrm{e}^{2L\beta_2(t)}-1}{2L}f^2(t) - \int_t^1 f(x)\,\mathrm{d}x, \quad t \in [0,1],$$

其中

$$\beta_1(t) = \int_0^t \frac{1}{f(x)}\,\mathrm{d}x, \quad \beta_2(t) = \int_t^1 \frac{1}{f(x)}\,\mathrm{d}x.$$

则有 $h_1(0) = 0$, $h_2(1) = 0$, 且

$$
\begin{aligned}
h_1'(t) &= \mathrm{e}^{2L\beta_1(t)}f(t) + \frac{\mathrm{e}^{2L\beta_1(t)} - 1}{L}f(t)f'(t) - f(t) \\
&= \frac{\mathrm{e}^{2L\beta_1(t)} - 1}{L}f(t)(L + f'(t)) \geqslant 0, \\
h_2'(t) &= -\mathrm{e}^{2L\beta_2(t)}f(t) + \frac{\mathrm{e}^{2L\beta_2(t)} - 1}{L}f(t)f'(t) + f(t) \\
&= \frac{\mathrm{e}^{2L\beta_2(t)} - 1}{L}f(t)(f'(t) - L) \leqslant 0.
\end{aligned}
$$

这说明 $h_1$ 在 $[0,1]$ 上单调递增, 而 $h_2$ 在 $[0,1]$ 上单调递减. 于是 $h_1$ 和 $h_2$ 都是非负函数, 即

$$
\int_0^t f(x)\,\mathrm{d}x \leqslant \frac{\mathrm{e}^{2L\beta_1(t)} - 1}{2L}f^2(t), \tag{5.1.44}
$$

$$
\int_t^1 f(x)\,\mathrm{d}x \leqslant \frac{\mathrm{e}^{2L\beta_2(t)} - 1}{2L}f^2(t). \tag{5.1.45}
$$

将此两式相加, 可得

$$
\int_0^1 f(x)\,\mathrm{d}x \leqslant \frac{\mathrm{e}^{2L\beta_1(t)} + \mathrm{e}^{2L\beta_2(t)} - 2}{2L}f^2(t). \tag{5.1.46}
$$

容易证明对任意 $x > 0, y > 0$ 有

$$
\mathrm{e}^x + \mathrm{e}^y - 2 < \mathrm{e}^{x+y} - 1.
$$

因此从式 (5.1.46) 可得

$$
\int_0^1 f(x)\,\mathrm{d}x \leqslant \frac{\mathrm{e}^{2L(\beta_1(t)+\beta_2(t))} - 1}{2L}f^2(t) = \frac{\mathrm{e}^{2L\beta} - 1}{2L}f^2(t).
$$

即式 (5.1.43) 成立. □

**【例 5.1.54】**　设 $f$ 在 $[0,1]$ 上连续可微, $f(0) = 0$. 求证:

$$
\int_0^1 \frac{f^2(x)}{x^2}\,\mathrm{d}x \leqslant 4\int_0^1 \left(f'(x)\right)^2\mathrm{d}x, \tag{5.1.47}
$$

且右边的系数 4 是最佳的.

**证明**　(**方法 1**) 因为

$$
f'(x) = x^{\frac{1}{2}}\left(x^{-\frac{1}{2}}f(x)\right)' + \frac{f(x)}{2x},
$$

所以

$$
(f'(x))^2 \geqslant \left(x^{-\frac{1}{2}}f(x)\right)\left(x^{-\frac{1}{2}}f(x)\right)' + \frac{f^2(x)}{4x^2}.
$$

因而

$$
\int_0^1 (f'(x))^2 \, \mathrm{d}x \geqslant \frac{1}{2}f^2(1) + \int_0^1 \frac{f^2(x)}{4x^2} \, \mathrm{d}x \geqslant \int_0^1 \frac{f^2(x)}{4x^2} \, \mathrm{d}x,
$$

即所证不等式 (5.1.47) 成立.

若存在常数 $c \in (0,4)$ 使得

$$
\int_0^1 \frac{f^2(x)}{x^2} \, \mathrm{d}x \leqslant c \int_0^1 (f'(x))^2 \, \mathrm{d}x \tag{5.1.48}
$$

对任意满足条件的 $f$ 成立, 则对 $\delta \in (0,1)$ 取

$$
f(x) = \begin{cases} \sqrt{x}, & x \in [\delta, 1], \\[2mm] \dfrac{3}{2\sqrt{\delta}}x - \dfrac{1}{2\delta^{\frac{3}{2}}}x^2, & x \in [0, \delta). \end{cases}
$$

此时, 有

$$
\begin{aligned}
\int_0^1 \frac{f^2(x)}{x^2} \, \mathrm{d}x &= \int_0^\delta \left(\frac{3}{2\sqrt{\delta}} - \frac{1}{2\delta^{\frac{3}{2}}}x\right)^2 \mathrm{d}x + \int_\delta^1 \frac{1}{x} \, \mathrm{d}x \\
&= \int_0^\delta \left(\frac{9}{4\delta} - \frac{3x}{2\delta^2} + \frac{x^2}{4\delta^3}\right) \mathrm{d}x + \int_\delta^1 \frac{1}{x} \, \mathrm{d}x \\
&= \frac{19}{12} + \int_\delta^1 \frac{1}{x} \, \mathrm{d}x, \\
\int_0^1 (f'(x))^2 \, \mathrm{d}x &= \int_0^\delta \left(\frac{3}{2\sqrt{\delta}} - \frac{1}{\delta^{\frac{3}{2}}}x\right)^2 \mathrm{d}x + \int_\delta^1 \left(\frac{1}{2\sqrt{x}}\right)^2 \mathrm{d}x \\
&= \int_0^\delta \left(\frac{9}{4\delta} - \frac{3x}{\delta^2} + \frac{x^2}{\delta^3}\right) \mathrm{d}x + \frac{1}{4}\int_\delta^1 \frac{1}{x} \, \mathrm{d}x \\
&= \frac{13}{12} + \frac{1}{4}\int_\delta^1 \frac{1}{x} \, \mathrm{d}x.
\end{aligned}
$$

因此式 (5.1.48) 导致

$$
\left(1 - \frac{c}{4}\right)\int_\delta^1 \frac{1}{x} \, \mathrm{d}x \leqslant \frac{13}{12}c - \frac{19}{12}.
$$

此式当 $\delta$ 充分小时是不成立的. 这个矛盾说明 4 是最佳的.

(**方法 2**) 利用 Minkowski 不等式以及 Cauchy 不等式, 可得

$$
\left(\int_0^1 \frac{|f(x)|^2}{x^2} \, \mathrm{d}x\right)^{\frac{1}{2}} = \left[\int_0^1 \left(\int_0^1 f'(xt) \, \mathrm{d}t\right)^2 \mathrm{d}x\right]^{\frac{1}{2}}
$$

$$\leqslant \int_0^1 \left( \int_0^1 |f'(xt)|^2 \, \mathrm{d}x \right)^{\frac{1}{2}} \mathrm{d}t = \int_0^1 \left( \frac{\int_0^t |f'(x)|^2 \, \mathrm{d}x}{t} \right)^{\frac{1}{2}} \mathrm{d}t$$

$$\leqslant \left( \int_0^1 |f'(x)|^2 \, \mathrm{d}x \right)^{\frac{1}{2}} \int_0^1 \frac{1}{\sqrt{t}} \, \mathrm{d}t = 2 \left( \int_0^1 |f'(x)|^2 \, \mathrm{d}x \right)^{\frac{1}{2}}.$$

从上式推导可以看出, 对于不恒为零的 $f$, 严格不等号成立.

为说明相关常数不可改进, 任取 $\varepsilon \in (0,1)$, 考察不恒为零的 $\bar{f} \in C[\varepsilon, 1]$ 使得

$$\frac{\int_\varepsilon^1 \dfrac{|\bar{f}(x)|^2}{x^2} \, \mathrm{d}x}{\int_0^1 |\bar{f}'(x)|^2 \, \mathrm{d}x} = \lambda \equiv \sup_{\substack{f \in C[\varepsilon,1] \\ f \not\equiv 0}} \frac{\int_\varepsilon^1 \dfrac{|f(x)|^2}{x^2} \, \mathrm{d}x}{\int_\varepsilon^1 |f'(x)|^2 \, \mathrm{d}x}.$$

这样的 $\bar{f}$ 的存在性一般需要用泛函分析. 这里只作形式推导. 任取 $\varphi \in C_c^1(\varepsilon, 1)$, 则

$$0 = \left( \frac{\mathrm{d}}{\mathrm{d}s} \frac{\int_\varepsilon^1 \dfrac{|\bar{f}(x) + s\varphi(x)|^2}{x^2} \, \mathrm{d}x}{\int_\varepsilon^1 |\bar{f}'(x) + s\varphi'(x)|^2 \, \mathrm{d}x} \right) \Bigg|_{s=0}$$

$$= \frac{2\lambda}{\int_\varepsilon^1 |\bar{f}'(x)|^2 \, \mathrm{d}x} \left( \frac{1}{\lambda} \int_\varepsilon^1 \frac{\bar{f}(x)\varphi(x)}{x^2} \, \mathrm{d}x - \int_\varepsilon^1 \bar{f}'(x)\varphi'(x) \, \mathrm{d}x \right)$$

$$= \frac{2\lambda}{\int_\varepsilon^1 |\bar{f}'(x)|^2 \, \mathrm{d}x} \int_\varepsilon^1 \left( \bar{f}''(x) + \frac{1}{\lambda} \frac{\bar{f}(x)}{(x+\varepsilon)^2} \right) \varphi(x) \, \mathrm{d}x.$$

因此, 尝试寻找 $\bar{f}$ 满足

$$\bar{f}''(x) + \frac{1}{\lambda} \frac{\bar{f}(x)}{x^2} = 0, \qquad x \in [\varepsilon, 1].$$

若取 $\alpha \in (0,1)$, 则 $\bar{f}(x) = x^\alpha$ 满足上述方程. 对应的 $\lambda = \dfrac{1}{\alpha(1-\alpha)}$, 为使得 $\lambda$ 最大, 取 $\alpha = \dfrac{1}{2}$.

以上讨论启发我们考虑

$$f_\varepsilon' = \begin{cases} \dfrac{1}{2\sqrt{\varepsilon}}, & x \in [0, \varepsilon], \\[3mm] \dfrac{1}{2\sqrt{x}}, & x \in (\varepsilon, 1], \end{cases}$$

则

$$
f_\varepsilon = \begin{cases} \dfrac{x}{2\sqrt{\varepsilon}}, & x \in [0, \varepsilon], \\[3mm] \sqrt{x} - \dfrac{\sqrt{\varepsilon}}{2}, & x \in (\varepsilon, 1]. \end{cases}
$$

直接计算得到

$$
\lim_{\varepsilon \to 0^+} \frac{\displaystyle\int_0^1 \frac{|f_\varepsilon(x)|^2}{x^2}\,\mathrm{d}x}{\displaystyle\int_0^1 |f_\varepsilon'(x)|^2\,\mathrm{d}x} = \lim_{\varepsilon \to 0^+} \frac{2\sqrt{\varepsilon} - \dfrac{\varepsilon}{4} - \ln\varepsilon - \dfrac{3}{2}}{\dfrac{1}{4} - \dfrac{\ln\varepsilon}{4}} = 4.
$$

这就表明不等式中的常数 4 是最佳的. □

**【例 5.1.55】** 设 $f, g : [a, b] \to (0, +\infty)$ 都是连续函数, 且 $f \neq g$, $\displaystyle\int_a^b f(x)\,\mathrm{d}x = \int_a^b g(x)\,\mathrm{d}x$. 定义数列

$$
I_n = \int_a^b \frac{f^{n+1}(x)}{g^n(x)}\,\mathrm{d}x, \quad n = 0, 1, \cdots.
$$

求证: $\{I_n\}$ 严格单调递增, 且 $\displaystyle\lim_{n \to +\infty} I_n = +\infty$.

**证明** 由 Cauchy 不等式, 得

$$
\int_a^b f(x)\,\mathrm{d}x = \int_a^b \frac{f(x)}{\sqrt{g(x)}} \cdot \sqrt{g(x)}\,\mathrm{d}x \leqslant \left(\int_a^b \frac{f^2(x)}{g(x)}\,\mathrm{d}x\right)^{1/2} \left(\int_a^b g(x)\,\mathrm{d}x\right)^{1/2}
$$

$$
= \left(\int_a^b \frac{f^2(x)}{g(x)}\,\mathrm{d}x\right)^{1/2} \left(\int_a^b f(x)\,\mathrm{d}x\right)^{1/2}.
$$

故

$$
\int_a^b f(x)\,\mathrm{d}x \leqslant \int_a^b \frac{f^2(x)}{g(x)}\,\mathrm{d}x,
$$

即 $I_0 \leqslant I_1$, 等号成立当且仅当存在常数 $c$ 使得 $\dfrac{f(x)}{\sqrt{g(x)}} = c\sqrt{g(x)}$, 即 $f(x) = cg(x)$. 再由条件 $\displaystyle\int_a^b f(x)\,\mathrm{d}x = \int_a^b g(x)\,\mathrm{d}x$ 可得 $c = 1$. 这与 $f \neq g$ 矛盾. 故 $I_0 < I_1$.

假设 $I_0 < I_1 < \cdots < I_n$. 根据 Hölder 不等式, 有

$$
I_n = \int_a^b \frac{f^{n+1}(x)}{g^{\frac{(n+1)^2}{n+2}}(x)} \cdot g^{\frac{(n+1)^2}{n+2} - n}(x)\,\mathrm{d}x
$$

$$\leqslant \left(\int_a^b \left(\frac{f^{n+1}(x)}{g^{\frac{(n+1)^2}{n+2}}(x)}\right)^{\frac{n+2}{n+1}} \mathrm{d}x\right)^{\frac{n+1}{n+2}} \left(\int_a^b \left(g^{\frac{(n+1)^2}{n+2}-n}(x)\right)^{n+2} \mathrm{d}x\right)^{\frac{1}{n+2}}$$

$$= I_{n+1}^{\frac{n+1}{n+2}} \cdot I_0^{\frac{1}{n+2}} < I_{n+1}^{\frac{n+1}{n+2}} \cdot I_n^{\frac{1}{n+2}}.$$

因而 $I_n < I_{n+1}$. 这样, 根据数学归纳法原理, 就证明了 $\{I_n\}$ 严格单调递增.

若对任意 $x \in (a, b)$, 有 $g(x) \geqslant f(x)$, 则 $g(x) - f(x) \geqslant 0$. 根据条件 $g(x) - f(x)$ 连续且满足 $\int_a^b (g(x) - f(x)) \mathrm{d}x = 0$, 这可推出 $f = g$. 与条件矛盾! 因此必存在 $x_0 \in (a, b)$ 使得 $f(x_0) > g(x_0)$. 因而存在正数 $\delta < \min\{x_0 - a, b - x_0\}$ 使得

$$f(x) > g(x), \quad x \in [x_0 - \delta, x_0 + \delta].$$

记 $m = \min\limits_{x \in [x_0-\delta, x_0+\delta]} \dfrac{f(x)}{g(x)}$, 则 $m > 1$. 因此

$$I_n \geqslant \int_{x_0-\delta}^{x_0+\delta} \left(\frac{f(x)}{g(x)}\right)^n f(x) \mathrm{d}x \geqslant m^n \int_{x_0-\delta}^{x_0+\delta} f(x) \mathrm{d}x.$$

令 $n \to +\infty$ 得 $\lim\limits_{n \to +\infty} I_n = +\infty.$ $\qquad \square$

**【例 5.1.56】** 设 $f: \mathbb{R} \to \mathbb{R}$ 连续, 定义 $g(x) = f(x) \int_0^x f(t) \mathrm{d}t$ $(x \in \mathbb{R})$. 如果 $g$ 是 $\mathbb{R}$ 上的递减函数, 求证: $f \equiv 0$.

**证明** 记 $F(x) = \int_0^x f(t) \mathrm{d}t$, 则 $F$ 可导且 $F' = f$. 由条件知

$$(F^2(x))' = 2F'(x)F(x) = 2g(x)$$

是单调递减函数. 注意到 $F(0) = 0$. 有 $(F^2(x))' \leqslant 0 \, (x > 0)$, $(F^2(x))' \geqslant 0 \, (x < 0)$. 这说明 $F^2(x)$ 当 $x \geqslant 0$ 时单调递减, 当 $x \leqslant 0$ 时单调递增. 因此 $F^2$ 的最大值为 $F^2(0) = 0$. 但显然 $F^2 \geqslant 0$. 故 $F = 0$. 于是 $f = 0$. $\qquad \square$

**【例 5.1.57】** 设 $f \in C[0, 1]$. 如果对任意 $x \in [0, 1]$ 有

$$\int_0^x f(t) \mathrm{d}t \geqslant f(x) \geqslant 0,$$

求证: $f(x) \equiv 0$.

**证明** 记 $F(x) = \int_0^x f(t) \mathrm{d}t$. 则 $F$ 可导且 $F' = f$. 由条件知 $F(x) \geqslant F'(x)$. 因此 $(\mathrm{e}^x F(x))' \leqslant 0$, 即 $\mathrm{e}^x F(x)$ 单调递减. 由 $F(0) = 0$, 得 $F(x) \leqslant 0$. 但由条件 $F(x) \geqslant f(x) \geqslant 0$, 故 $F(x) = 0$. 于是 $f(x) = 0$. $\qquad \square$

**【例 5.1.58】**　设 $f$ 是区间 $[a,b]$ 上的可积函数. 求证: 对任意正数 $\varepsilon$, 存在多项式 $P(x)$ 使得

$$\int_a^b |f(x) - P(x)| \, \mathrm{d}x \leqslant \varepsilon.$$

**证明**　根据可积函数的充要条件可知, 对任意正数 $\varepsilon$ 存在区间 $[a,b]$ 的分割

$$T: \ a = x_0 < x_1 < x_2 < \cdots < x_n = b$$

使得

$$\sum_{k=1}^n (M_k - m_k)\Delta x_k < \frac{\varepsilon}{2},$$

其中 $M_k = \sup\limits_{x_{k-1} \leqslant x \leqslant x_k} f(x)$, $m_k = \inf\limits_{x_{k-1} \leqslant x \leqslant x_k} f(x)$, $\Delta x_k = x_k - x_{k-1}$, $k = 1, 2, \cdots, n$. 构造 $[a,b]$ 上的连续函数 $g$ 使得它的图像就是连接各点 $(x_{k-1}, f(x_{k-1}))$ 的折线, 即

$$g(x) = \frac{x - x_{k-1}}{x_k - x_{k-1}} f(x_k) + \frac{x_k - x}{x_k - x_{k-1}} f(x_{k-1}), \quad x \in [x_{k-1}, x_k],$$

则有

$$\int_a^b |f(x) - g(x)| \, \mathrm{d}x = \sum_{k=1}^n \int_{x_{k-1}}^{x_k} |f(x) - g(x)| \, \mathrm{d}x$$

$$= \sum_{k=1}^n \int_{x_{k-1}}^{x_k} \left| \frac{x - x_{k-1}}{x_k - x_{k-1}}(f(x) - f(x_k)) + \frac{x_k - x}{x_k - x_{k-1}}(f(x) - f(x_{k-1})) \right| \mathrm{d}x$$

$$\leqslant \sum_{k=1}^n \int_{x_{k-1}}^{x_k} \frac{x - x_{k-1}}{x_k - x_{k-1}} |f(x) - f(x_k)| + \frac{x_k - x}{x_k - x_{k-1}} |f(x) - f(x_{k-1})| \mathrm{d}x$$

$$\leqslant \sum_{k=1}^n (M_k - m_k)\Delta x_k < \frac{\varepsilon}{2}.$$

因为 $[a,b]$ 上的连续函数可以用多项式一致逼近, 所以存在多项式 $P(x)$ 使得

$$\max_{a \leqslant x \leqslant b} |g(x) - P(x)| < \frac{\varepsilon}{2(b-a)}.$$

由此可得

$$\int_a^b |f(x) - P(x)| \mathrm{d}x \leqslant \int_a^b |f(x) - g(x)| \mathrm{d}x + \int_a^b |g(x) - P(x)| \mathrm{d}x$$

$$\leqslant \frac{\varepsilon}{2} + \int_a^b \frac{\varepsilon}{2(b-a)} \mathrm{d}x$$

$$= \varepsilon. \qquad \square$$

**【注 5.1.16】**　本题结论表明可积函数的积分值可以用多项式的积分值来逼近.

**【例 5.1.59】**　区间 $[a,b]$ 上可积函数 $f$ 的 $n$ 次矩定义为 $\int_a^b x^n f(x)\,\mathrm{d}x = 0$, $n = 0,1,2,\cdots$. 设 $f$ 是 $[a,b]$ 上的连续函数, 且所有次矩都为零. 求证: $f(x) \equiv 0$.

**证明**　只需证明 $[a,b] = [0,1]$ 的情形, 不然可以考虑变换 $x = a+(b-a)t\,(0 \leqslant t \leqslant 1)$. 现在设 $\int_0^1 x^n f(x)\,\mathrm{d}x = 0$, $n = 0,1,2,\cdots$. 因而对于 $f$ 的 Bernstein 多项式

$$B_n(f;x) = \sum_{j=0}^n f\left(\frac{j}{n}\right)\binom{n}{j} x^j (1-x)^{n-j},$$

有

$$\int_0^1 f(x) B_n(f;x)\,\mathrm{d}x = 0.$$

由于 $B_n(f;x)$ 在 $[0,1]$ 上一致收敛于 $f$. 因而

$$\int_0^1 f^2(x)\,\mathrm{d}x = \lim_{n\to+\infty}\int_0^1 f(x) B_n(f;x)\,\mathrm{d}x = 0.$$

由此可知 $f(x) \equiv 0$.　　　　□

**【例 5.1.60】**　设 $f \in C[0,\pi]$ 满足: 对 $n = 0,1,2,\cdots$, 有 $\int_0^\pi f(x)\cos nx\,\mathrm{d}x = 0$. 求证: $f(x) \equiv 0$.

**证明**　由归纳法可以证明 $\cos nx$ 可以表示为 $\cos x$ 的 $n$ 次多项式, 因而 $\cos^n x$ 可表示为 $1, \cos x, \cos 2x, \cdots, \cos nx$ 的线性组合. 于是由条件, 对于 $n = 0,1,2,\cdots$, 有

$$\int_0^\pi f(x)\left(\cos^n x - \cos^{n+2} x\right)\,\mathrm{d}x = 0.$$

作变换 $x = \arccos t$ 得

$$\int_{-1}^1 f(\arccos t)\sqrt{1-t^2}\, t^n\,\mathrm{d}t = 0, \quad n = 0,1,\cdots.$$

根据例 5.1.59 的结论可知 $f(\arccos t)\sqrt{1-t^2} \equiv 0\ (t \in [-1,1])$. 因而 $f(x) \equiv 0$.　　　　□

**【注 5.1.17】**　这里在积分中考虑 $\left(\cos^n x - \cos^{n+2} x\right)$ 是为了防止变换后分母上出现 $\sqrt{1-t^2}$, 从而避免讨论无界函数的积分.

**【例 5.1.61】**　设 $g$ 是 $[0,1]$ 上的连续函数且 $\lim\limits_{x\to 0^+}\dfrac{g(x)}{x}$ 收敛. 求证: 对任意 $[0,1]$ 上的连续函数 $f$, 有

$$\lim_{n\to+\infty} n\int_0^1 f(x) g(x^n)\,\mathrm{d}x = f(1)\int_0^1 \frac{g(x)}{x}\,\mathrm{d}x.$$

**证明** 因为可以用在两个端点, 插值于 $f$ 的多项式在 $[0,1]$ 上一致逼近 $f$, 所以只需对连续可导的函数 $f$ 证明.

对 $x \in (0,1]$ 定义 $G(x) = \int_0^x \dfrac{g(t)}{t}\, \mathrm{d}t$, 则 $G$ 可导, 且 $G'(x) = \dfrac{g(x)}{x}$. 因而 $\left(\dfrac{1}{n}G(x^n)\right)' = \dfrac{g(x^n)}{x}$. 用分部积分法, 得

$$n\int_0^1 f(x)g(x^n)\,\mathrm{d}x = n\int_0^1 xf(x)\cdot\frac{g(x^n)}{x}\,\mathrm{d}x$$

$$= n\left[ xf(x)\cdot\frac{1}{n}G(x^n)\Big|_0^1 - \int_0^1 (f(x) + xf'(x))\frac{1}{n}G(x^n)\,\mathrm{d}x \right]$$

$$= f(1)G(1) - \int_0^1 (f(x) + xf'(x))G(x^n)\,\mathrm{d}x$$

$$= f(1)\int_0^1 \frac{g(x)}{x}\,\mathrm{d}x - \int_0^1 (f(x) + xf'(x))G(x^n)\,\mathrm{d}x.$$

因为 $\lim\limits_{x\to 0^+} \dfrac{g(x)}{x}$ 收敛, 所以存在 $M > 0$, 使得

$$|f(x) + xf'(x)| \leqslant M, \qquad \frac{|g(x)|}{x} \leqslant M \quad (x \in [0,1]).$$

因此 $|G(x)| \leqslant Mx$.

$$\left| \int_0^1 (f(x) + xf'(x))G(x^n)\,\mathrm{d}x \right| \leqslant M^2 \int_0^1 x^n\mathrm{d}x = \frac{M^2}{n+1}.$$

故

$$\lim_{n\to+\infty} n\int_0^1 f(x)g(x^n)\,\mathrm{d}x = f(1)\int_0^1 \frac{g(x)}{x}\,\mathrm{d}x. \qquad \square$$

**【例 5.1.62】** 设 $f(x)$ 是 $[0,1]$ 上的凹函数, 且 $f(1) = 1$. 求证:

$$\int_0^1 f^2(x)\,\mathrm{d}x \geqslant \frac{1}{4}, \tag{5.1.49}$$

$$\int_0^1 f^2(x)\,\mathrm{d}x \geqslant \frac{2}{3}\int_0^1 f(x)\,\mathrm{d}x. \tag{5.1.50}$$

**证明** 凹函数在定义域内部是连续的, 且在两个端点的单边极限存在, 修改 $f$ 在 $0$ 的值为 $\lim\limits_{x\to 0^+} f(x)$, 这不改变积分的值, 此时 $f$ 在 $0$ 处连续. 对于给定的 $\delta \in (0,1)$ 以及 $x \in (\delta, 1)$, 有

$$x = \frac{1-x}{1-\delta}\delta + \left(1 - \frac{1-x}{1-\delta}\right)\cdot 1.$$

因为 $f$ 是凹函数, 有

$$f(x) \geqslant \frac{1-x}{1-\delta}f(\delta) + \left(1 - \frac{1-x}{1-\delta}\right)f(1).$$

由上式和条件 $f(1) = 1$, 得 $\lim\limits_{x \to 1^-} f(x) \geqslant 1$. 若 $f$ 在 $1$ 处不连续, 则 $\lim\limits_{x \to 1^-} f(x) > 1$. 可取 $\delta$ 充分靠近 $1$, 使得在 $(\delta, 1)$ 上 $f(x) > 1$. 令

$$f_\delta(x) = \begin{cases} f(x), & 0 \leqslant x \leqslant \delta, \\[2mm] \dfrac{x-\delta}{1-\delta} \cdot 1 + \dfrac{1-x}{1-\delta}f(\delta), & \delta < x \leqslant 1, \end{cases}$$

则 $f_\delta$ 是 $[0,1]$ 上连续的凹函数且 $f_\delta(1) = 1$, $f_\delta(x) \leqslant f(x)$. 由此可知, 只需对连续的凹函数证明式 (5.1.49). 又由于连续函数的 Bernstein 多项式在两个端点插值、保持凸性且一致收敛到该连续函数, 只需对有二阶连续导数的凹函数来证明式 (5.1.49).

设 $a, b$ 是两个待定常数. 有

$$0 \leqslant \int_0^1 (f(x) - ax - b)^2 \, \mathrm{d}x = \int_0^1 f^2(x)\mathrm{d}x - 2\int_0^1 (ax+b)f(x)\mathrm{d}x + \int_0^1 (ax+b)^2\mathrm{d}x$$

$$= \int_0^1 f^2(x)\mathrm{d}x - 2\int_0^1 (ax+b)f(x)\mathrm{d}x + \frac{a}{2} + ab + b^2, \tag{5.1.51}$$

$$\int_0^1 (ax+b)f(x)\mathrm{d}x$$

$$= \left[\left(\frac{1}{2}ax^2 + bx\right)f(x)\right]\Big|_0^1 - \int_0^1 \left(\frac{1}{2}ax^2 + bx\right)f'(x)\mathrm{d}x \qquad \text{(分部积分)}$$

$$= \frac{1}{2}a + b - \int_0^1 \left(\frac{1}{2}ax^2 + bx\right)f'(x)\mathrm{d}x$$

$$= \frac{1}{2}a + b - \left[\left(\frac{ax^3}{6} + \frac{bx^2}{2} - \frac{a}{6} - \frac{b}{2}\right)f'(x)\Big|_0^1 - \int_0^1 \left(\frac{ax^3}{6} + \frac{bx^2}{2} - \frac{a}{6} - \frac{b}{2}\right)f''(x)\mathrm{d}x\right].$$

取 $a = \dfrac{3}{2}$, $b = -\dfrac{1}{2}$, 则有

$$\int_0^1 \left(\frac{3}{2}x - \frac{1}{2}\right)f(x)\mathrm{d}x = \frac{1}{4} + \frac{1}{4}\int_0^1 (x-1)x^2 f''(x)\mathrm{d}x.$$

由于 $f$ 是凹函数, 有 $f''(x) \leqslant 0$. 因而

$$\int_0^1 \left(\frac{3}{2}x - \frac{1}{2}\right)f(x)\mathrm{d}x \geqslant \frac{1}{4}.$$

将此代入式 (5.1.51), 可得式 (5.1.49).

设 $c \in (0,1)$ 是待定系数, 则 $g(x) = \dfrac{f(x) - c}{1 - c}$ 仍是 $[0,1]$ 上凹函数且 $g(1) = 1$. 由式 (5.1.49) 有

$$\int_0^1 g^2(x)\mathrm{d}x \geqslant \frac{1}{4},$$

即

$$\int_0^1 f^2(x)\mathrm{d}x - 2c \int_0^1 f(x)\mathrm{d}x + c^2 \geqslant \frac{1}{4}(1 - c)^2.$$

取 $c = \dfrac{1}{3}$, 则 $c^2 = \dfrac{1}{4}(1 - c)^2$. 于是

$$\int_0^1 f^2(x)\mathrm{d}x \geqslant \frac{2}{3} \int_0^1 f(x)\mathrm{d}x. \qquad \square$$

**【注 5.1.18】** 若取 $f(x) = x$, 则式 (5.1.50) 成为等式, 因而 (5.1.50) 式中的系数 $\dfrac{2}{3}$ 是最佳的.

**【例 5.1.63】** (Favard (法瓦尔) 不等式)　若 $f$ 是区间 $[0,1]$ 上的非负凹函数, 则有对 $p \geqslant 1$,

$$\int_0^1 f^p(x)\mathrm{d}x \leqslant \frac{2^p}{p+1} \left( \int_0^1 f(x)\mathrm{d}x \right)^p.$$

**证明**　凹函数在内点是连续的, 选充分小的 $\delta > 0$, 并修改 $f$ 在 $[0, \delta]$ 和 $[1 - \delta, 1]$ 上的值, 使得修改后的函数是在 $[0,1]$ 的连续凹函数, 且在 $0, 1$ 取零值:

$$f_\delta(x) = \begin{cases} \dfrac{f(\delta)}{\delta}x, & x \in [0, \delta), \\[2mm] f(x), & x \in [\delta, 1 - \delta), \\[2mm] \dfrac{f(1 - \delta)}{\delta}(1 - x), & x \in [1 - \delta, 1]. \end{cases}$$

易知

$$\int_0^1 f_\delta(x)\mathrm{d}x = \frac{\delta[f(\delta) + f(1 - \delta)]}{2} + \int_\delta^{1-\delta} f(x)\mathrm{d}x.$$

因而

$$\lim_{\delta \to 0^+} \int_0^1 f_\delta(x)\mathrm{d}x = \int_0^1 f(x)\mathrm{d}x.$$

因此只需对 $[0,1]$ 上满足 $f(0) = f(1) = 0$ 的连续凹函数证明. 又因为 $f$ 的 Bernstein 多项式

$$B_n(f; x) = \sum_{k=0}^n f\left(\frac{k}{n}\right)\binom{n}{k}x^k(1 - x)^{n-k}, \quad n = 1, 2, \cdots$$

在 $[0,1]$ 上一致收敛于 $f$, 且 $B_n(f;x)$ 仍是在两个端点取零值的凹函数. 因此只需对有二阶连续导数的函数证明. 此时有 $f''(x) \leqslant 0$. 由 $f(0) = 0$, 得

$$f(x) = \int_0^x f'(t)\,\mathrm{d}t = xf'(x) - \int_0^x tf''(t)\,\mathrm{d}t.$$

再由 $f(1) = 0$, 可得

$$f'(1) = \int_0^1 tf''(t)\,\mathrm{d}t,$$

$$f(x) = x(f'(x) - f'(1)) + xf'(1) - \int_0^x tf''(t)\,\mathrm{d}t$$

$$= -x\int_x^1 f''(t)\mathrm{d}t + x\int_0^1 tf''(t)\mathrm{d}t - \int_0^x tf''(t)\,\mathrm{d}t$$

$$= -\int_0^1 K(x,t)f''(t)\mathrm{d}t,$$

其中二元函数 $K(x,t)$ 定义为

$$K(x,t) = \begin{cases} t(1-x), & 0 \leqslant t \leqslant x \leqslant 1 \\ x(1-t), & 0 \leqslant x \leqslant t \leqslant 1. \end{cases}$$

由 Minkowski 不等式可得

$$\left(\int_0^1 f^p(x)\,\mathrm{d}x\right)^{\frac{1}{p}} = \left(\int_0^1 \left(\int_0^1 K(x,t)(-f''(t))\mathrm{d}t\right)^p \mathrm{d}x\right)^{\frac{1}{p}}$$

$$\leqslant \int_0^1 \left(\int_0^1 K^p(x,t)(-f''(t))^p\mathrm{d}x\right)^{\frac{1}{p}} \mathrm{d}t$$

$$= \frac{1}{(p+1)^{\frac{1}{p}}}\int_0^1 t(1-t)|f''(t)|\mathrm{d}t.$$

另一方面, 有

$$\int_0^1 f(x)\mathrm{d}x = -\int_0^1 \left(\int_0^1 K(x,t)f''(t)\mathrm{d}t\right)\mathrm{d}x$$

$$= -\int_0^1 \left(\int_0^1 K(x,t)f''(t)\mathrm{d}x\right)\mathrm{d}t$$

$$= -\frac{1}{2}\int_0^1 t(1-t)f''(t)\mathrm{d}t.$$

因此

$$\int_0^1 f^p(x)\mathrm{d}x \leqslant \frac{2^p}{p+1}\left(\int_0^1 f(x)\mathrm{d}x\right)^p. \qquad \square$$

**【注 5.1.19】** (1) 可以用连续函数的积分来逼近可积函数的积分;

(2) 对 $[0,1]$ 上的凸或凹的连续函数 $f$, 可以用 Bernstein 多项式列 $B_n(f;x)$ 一致逼近 $f$, 且 $B_n(f;x)$ 与 $f$ 有相同的凸性或凹性, 而且 $B_n(f;x)$ 在两个端点与 $f$ 的值相同;

(3) 当 $f$ 二阶连续可导且在两个端点 0 和 1 取零值时, $f$ 可表示为

$$\int_0^1 K(x,t)(-f''(t))\mathrm{d}t.$$

**【例 5.1.64】** 求定义在星形区域 $D = \{(x,y)\,|\,x^{\frac{2}{3}} + y^{\frac{2}{3}} \leqslant 1\}$ 上满足 $f(1,0) = 1$ 的正值连续函数 $f$ 使得 $\displaystyle\iint\limits_D \frac{f(x,y)}{f(y,x)}\mathrm{d}x\mathrm{d}y$ 达到最小, 并求出这个最小值.

**解** 对积分 $I = \displaystyle\iint\limits_D \frac{f(x,y)}{f(y,x)}\mathrm{d}x\mathrm{d}y$ 作变换 $x \to y$, $y \to x$, 由 $D$ 的对称性, 知

$I = \displaystyle\iint\limits_D \frac{f(y,x)}{f(x,y)}\mathrm{d}x\mathrm{d}y$. 因而

$$I = \frac{1}{2}\iint\limits_D \left(\frac{f(x,y)}{f(y,x)} + \frac{f(y,x)}{f(x,y)}\right)\mathrm{d}x\mathrm{d}y \geqslant \iint\limits_D 1\mathrm{d}x\mathrm{d}y = \sigma(D),$$

这里 $\sigma(D)$ 是 $D$ 的面积.

$$I - \sigma(D) = \frac{1}{2}\iint\limits_D \left(\sqrt{\frac{f(x,y)}{f(y,x)}} - \sqrt{\frac{f(y,x)}{f(x,y)}}\right)^2\mathrm{d}x\mathrm{d}y \geqslant 0.$$

$I = \sigma(D)$ 当且仅当 $f(x,y) = f(y,x)$. 故所求函数为所有满足 $f(x,y) = f(y,x)$ 及 $f(1,0) = 0$ 的连续正值函数.

$D$ 的边界的参数方程为

$$x = \cos^3\varphi, \quad y = \sin^3\varphi \quad (0 \leqslant \varphi \leqslant 2\pi),$$

故 $I$ 的最小值为

$$\sigma(D) = \iint\limits_D 1\,\mathrm{d}x\mathrm{d}y = 4\iint\limits_{\substack{0\leqslant r\leqslant 1 \\ 0\leqslant\varphi\leqslant\frac{\pi}{2}}} 3r\sin^2\varphi\cos^2\varphi\,\mathrm{d}r\mathrm{d}\varphi$$

$$= 6\int_0^{\frac{\pi}{2}} \sin^2\varphi\cos^2\varphi\,\mathrm{d}\varphi = \frac{3}{8}\pi.$$

所以所求最小值是 $\dfrac{3}{8}\pi$, 且当 $f(x,y) = f(y,x)$ 并满足 $f(1,0) = 0$ 时, 取到该最小值.

【例 5.1.65】　求证：$\displaystyle\iint\limits_{[0,1]^2}(xy)^{xy}\,\mathrm{d}x\mathrm{d}y=\int_0^1 t^t\,\mathrm{d}t.$

**证明**　首先化为累次积分

$$\iint\limits_{[0,1]^2}(xy)^{xy}\,\mathrm{d}x\mathrm{d}y=\int_0^1\mathrm{d}x\int_0^1(xy)^{xy}\,\mathrm{d}y=\int_0^1\mathrm{d}x\int_0^x\frac{t^t}{x}\,\mathrm{d}t$$

$$=\int_0^1\frac{f(x)}{x}\mathrm{d}x,$$

其中 $f(x)=\displaystyle\int_0^x t^t\mathrm{d}t.$ 由分部积分，

$$\int_0^1\frac{f(x)}{x}\mathrm{d}x=f(x)\ln x\Big|_0^1-\int_0^1 x^x\ln x\mathrm{d}x=-\int_0^1 x^x\ln x\mathrm{d}x.$$

因为 $(x^x)'=x^x\ln x+x^x$，所以

$$\int_0^1 x^x\ln x\mathrm{d}x=\int_0^1\left((x^x)'-x^x\right)\mathrm{d}x=-\int_0^1 x^x\mathrm{d}x.$$

于是

$$\iint\limits_{[0,1]^2}(xy)^{xy}\,\mathrm{d}x\mathrm{d}y=\int_0^1 t^t\,\mathrm{d}t. \qquad\qquad\square$$

【例 5.1.66】　计算二重积分 $I=\displaystyle\iint\limits_{D}\operatorname{sgn}(x^2-y^2+2)\,\mathrm{d}x\mathrm{d}y$，其中

$$D=\{(x,y)\,|\,x^2+y^2\leqslant 4\}.$$

**解**　设 $D$ 在第一象限部分为 $D_1$，则由对称性

$$I=4\iint\limits_{D_1}\operatorname{sgn}(x^2-y^2+1)\mathrm{d}x\mathrm{d}y.$$

设 $D_2$ 是 $D_1$ 中使得 $x^2-y^2+2<0$ 的部分，$D_3$ 是 $D_1$ 中使得 $x^2-y^2+2\geqslant 0$ 的部分，则 $D_1=D_2\cup D_3$. 因此

$$I=4\left[\iint\limits_{D_3}\mathrm{d}x\mathrm{d}y-\iint\limits_{D_2}\mathrm{d}x\mathrm{d}y\right]=4\left[\sigma(D_3)-\sigma(D_2)\right]$$

$$=4\left[\frac{1}{4}\cdot\pi\cdot 2^2-2\sigma(D_2)\right]=4\pi-8\sigma(D_2),$$

其中 $\sigma(D_2), \sigma(D_3)$ 分别表示 $D_2$ 和 $D_3$ 的面积. 在极坐标 $x = r\cos\varphi, y = r\sin\varphi$ 之下,
$D_2$ 为 $\left\{(r, \varphi) \left| \dfrac{\pi}{3} \leqslant \varphi \leqslant \dfrac{\pi}{2}, \sqrt{-\dfrac{2}{\cos 2\varphi}} \leqslant r \leqslant 2 \right.\right\}$. 因而

$$\sigma(D_2) = \iint\limits_{D_2} \mathrm{d}x\mathrm{d}y = \int_{\frac{\pi}{3}}^{\frac{\pi}{2}} \mathrm{d}\varphi \int_{\sqrt{-\frac{2}{\cos 2\varphi}}}^{2} r\mathrm{d}r$$

$$= \frac{1}{2} \int_{\frac{\pi}{3}}^{\frac{\pi}{2}} \left(4 + \frac{2}{\cos 2\varphi}\right) \mathrm{d}\varphi = \frac{\pi}{3} + \frac{1}{2} \int_{\frac{2\pi}{3}}^{\pi} \frac{1}{\cos\varphi} \mathrm{d}\varphi$$

$$= \frac{\pi}{3} - \frac{1}{2} \ln(2 + \sqrt{3}),$$

故

$$I = \frac{4\pi}{3} + 4\ln(2 + \sqrt{3}).$$

【例 5.1.67】 设 $D = \{(x, y) \,|\, x^2 + y^2 \leqslant 1\}$. 求 $I = \iint\limits_{D} \left| \dfrac{x+y}{\sqrt{2}} - x^2 - y^2 \right| \mathrm{d}x\mathrm{d}y$.

**解** 由极坐标变换 $x = r\cos\varphi,\ y = r\sin\varphi, 0 \leqslant r \leqslant 1, 0 \leqslant \varphi \leqslant 2\pi$, 有

$$I = \iint\limits_{\substack{0 \leqslant r \leqslant 1 \\ 0 \leqslant \varphi \leqslant 2\pi}} \left| \frac{\cos\varphi + \sin\varphi}{\sqrt{2}} - r \right| r^2 \mathrm{d}r\mathrm{d}\varphi$$

$$= \iint\limits_{\substack{0 \leqslant r \leqslant 1 \\ 0 \leqslant \varphi \leqslant 2\pi}} \left| \sin\left(\varphi + \frac{\pi}{4}\right) - r \right| r^2 \mathrm{d}r\mathrm{d}\varphi = \iint\limits_{\substack{0 \leqslant r \leqslant 1 \\ 0 \leqslant \varphi \leqslant 2\pi}} \left| \sin\varphi - r \right| r^2 \mathrm{d}r\mathrm{d}\varphi$$

$$= \iint\limits_{\substack{0 \leqslant r \leqslant 1 \\ 0 \leqslant \varphi \leqslant \pi}} \left| \sin\varphi - r \right| r^2 \mathrm{d}r\mathrm{d}\varphi + \iint\limits_{\substack{0 \leqslant r \leqslant 1 \\ \pi \leqslant \varphi \leqslant 2\pi}} \left| \sin\varphi - r \right| r^2 \mathrm{d}r\mathrm{d}\varphi$$

$$= \iint\limits_{\substack{0 \leqslant r \leqslant 1 \\ 0 \leqslant \varphi \leqslant \pi}} \left| \sin\varphi - r \right| r^2 \mathrm{d}r\mathrm{d}\varphi + \iint\limits_{\substack{0 \leqslant r \leqslant 1 \\ 0 \leqslant \varphi \leqslant \pi}} (\sin\varphi + r)\, r^2 \mathrm{d}r\mathrm{d}\varphi.$$

因此, 有

$$I = \int_0^\pi \mathrm{d}\varphi \int_0^{\sin\varphi} (\sin\varphi - r)r^2 \mathrm{d}r + \int_0^\pi \mathrm{d}\varphi \int_{\sin\varphi}^1 (r - \sin\varphi)r^2 \mathrm{d}r$$

$$+ \int_0^\pi \mathrm{d}\varphi \int_0^{\sin\varphi} (\sin\varphi + r)r^2 \mathrm{d}r + \int_0^\pi \mathrm{d}\varphi \int_{\sin\varphi}^1 (\sin\varphi + r)r^2 \mathrm{d}r$$

$$= \int_0^\pi \mathrm{d}\varphi \int_0^{\sin\varphi} 2\sin\varphi \cdot r^2 \mathrm{d}r + \int_0^\pi \mathrm{d}\varphi \int_{\sin\varphi}^1 2r \cdot r^2 \mathrm{d}r$$

$$= \int_0^\pi \frac{2}{3} \sin^4\varphi \mathrm{d}\varphi + \int_0^\pi \frac{1}{2}(1 - \sin^4\varphi)\mathrm{d}\varphi$$

$$= \frac{1}{6} \int_0^\pi \sin^4 \varphi \mathrm{d}\varphi + \frac{\pi}{2} = \frac{1}{6} \cdot \frac{3\pi}{8} + \frac{\pi}{2} = \frac{9}{16}\pi.$$

**【例 5.1.68】**　试求圆盘 $(x-a)^2 + (y-a)^2 \leqslant a^2$ 与曲线 $(x^2+y^2)^2 = 8a^2xy$ 所围部分相交的区域 $D$ 的面积 $S$.

**解**　如图 5.1.1, 圆 $(x-a)^2 + (y-a)^2 = a^2$ 与曲线 $(x^2+y^2)^2 = 8a^2xy$ 的交点为 $A, B$. 不妨设 $a > 0$. 解方程可得这两点的坐标: $A\left(\dfrac{3-\sqrt{7}}{8}a, \dfrac{3+\sqrt{7}}{8}a\right), B\left(\dfrac{3+\sqrt{7}}{8}a, \dfrac{3-\sqrt{7}}{8}a\right).$

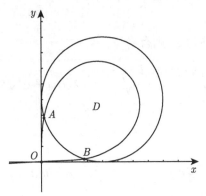

图 5.1.1

设线段 $OB$ 与 $x$ 轴正向的夹角为 $\theta$. 因为 $OB$ 的长为 $\dfrac{\sqrt{2}}{2}a$, 所以

$$\sin\theta = \frac{3-\sqrt{7}}{8}a \Big/ \left(\frac{\sqrt{2}}{2}a\right) = \frac{3\sqrt{2}-\sqrt{14}}{8}.$$

计算可得 $\sin\left(\dfrac{1}{2}\arcsin\dfrac{1}{8}\right) = \dfrac{3\sqrt{2}-\sqrt{14}}{8}$. 故 $\theta = \dfrac{1}{2}\arcsin\dfrac{1}{8}$.

在极坐标 $x = r\cos\varphi,\ y = r\sin\varphi$ 之下, $D$ 为

$$D = \left\{(r,\varphi) \left| \begin{array}{l} a[(\sin\varphi + \cos\varphi) - \sqrt{\sin 2\varphi}] \leqslant r \leqslant 2a\sqrt{\sin 2\varphi}; \\ \dfrac{1}{2}\arcsin\dfrac{1}{8} \leqslant \varphi \leqslant \dfrac{\pi}{2} - \dfrac{1}{2}\arcsin\dfrac{1}{8} \end{array} \right. \right\}.$$

注意到 $D$ 关于 $\varphi = \dfrac{\pi}{4}$ 对称, 有

$$S = \iint\limits_{D} \mathrm{d}x\mathrm{d}y = 2\int_{\frac{1}{2}\arcsin\frac{1}{8}}^{\pi/4} \mathrm{d}\varphi \int_{a[(\sin\varphi+\cos\varphi)-\sqrt{\sin 2\varphi}]}^{2a\sqrt{\sin 2\varphi}} r\mathrm{d}r$$

$$= a^2 \int_{\frac{1}{2}\arcsin\frac{1}{8}}^{\pi/4} \left[2\sin 2\varphi + 2(\sin\varphi + \cos\varphi)\sqrt{\sin 2\varphi} - 1\right] \mathrm{d}\varphi$$

$$= a^2 \left[\cos\left(\arcsin\frac{1}{8}\right) - \frac{\pi}{4} + \frac{1}{2}\arcsin\frac{1}{8}\right] + 2a^2 \int_{\frac{1}{2}\arcsin\frac{1}{8}}^{\pi/4} (\sin\varphi + \cos\varphi)\sqrt{\sin 2\varphi}\mathrm{d}\varphi.$$

因为 $\cos\left(\arcsin\dfrac{1}{8}\right)=\sqrt{1-\dfrac{1}{64}}=\dfrac{3\sqrt{7}}{8}$，以及

$$-\frac{\pi}{4}+\frac{1}{2}\arcsin\frac{1}{8}=-\frac{1}{2}\left(\frac{\pi}{2}-\arcsin\frac{1}{8}\right)=-\frac{1}{2}\arccos\frac{1}{8},$$

作变换 $\varphi+\dfrac{\pi}{4}=t$，有

$$S=a^2\left(\frac{3\sqrt{7}}{8}-\frac{1}{2}\arccos\frac{1}{8}+2\sqrt{2}\int_{\frac{\pi}{4}+\frac{1}{2}\arcsin\frac{1}{8}}^{\pi/2}\sqrt{-\cos 2t}\sin t\,dt\right).$$

记上式右端括号中的第 3 项为 $I$，则有

$$I=2\int_{\pi/2}^{\frac{\pi}{4}+\frac{1}{2}\arcsin\frac{1}{8}}\sqrt{1-(\sqrt{2}\cos t)^2}\;\mathrm{d}(\sqrt{2}\cos t).$$

作变换 $u=\sqrt{2}\cos t$，得

$$I=2\int_0^{\frac{\sqrt{7}}{2\sqrt{2}}}\sqrt{1-u^2}\mathrm{d}u=2\int_0^{\arcsin\frac{\sqrt{7}}{2\sqrt{2}}}\cos^2\theta\mathrm{d}\theta=\arcsin\frac{\sqrt{7}}{2\sqrt{2}}+\frac{\sqrt{7}}{8}.$$

于是

$$S=a^2\left(\frac{\sqrt{7}}{2}+\arcsin\frac{\sqrt{7}}{2\sqrt{2}}-\frac{1}{2}\arccos\frac{1}{8}\right)=a^2\left(\frac{\sqrt{7}}{2}+\arcsin\frac{\sqrt{14}}{8}\right).$$

【例 5.1.69】 计算曲面 $(x^2+y^2)^2+z^4=y$ 所围的区域 $V$ 的体积 $\sigma(V)$.

**解** 设 $V$ 在第一卦限中的部分为 $V_1$，则根据对称性，$V$ 的体积是 $V_1$ 的体积的 4 倍. $V_1$ 在 $Oxy$ 平面上的投影是 $D:(x^2+y^2)^2+z^4\leqslant y,x\geqslant 0,y\geqslant 0$. 因此

$$\sigma(V)=4\iint\limits_{D}\left(y-(x^2+y^2)^2\right)^{\frac{1}{4}}\mathrm{d}x\mathrm{d}y.$$

用极坐标变换 $x=r\cos\varphi,y=r\sin\varphi$，有

$$\sigma(V)=4\iint\limits_{\substack{0\leqslant\varphi\leqslant\frac{\pi}{2}\\0\leqslant r\leqslant\sin^{1/3}\varphi}}\left(r\sin\varphi-r^4\right)^{\frac{1}{4}}\cdot r\mathrm{d}r$$

$$=4\int_0^{\frac{\pi}{2}}\mathrm{d}\varphi\int_0^{\sin^{1/3}\varphi}\left(\sin\varphi-r^3\right)^{1/4}\cdot r^{5/4}\mathrm{d}r.$$

对上式最右边的积分作变换 $r=(x\sin\varphi)^{1/3}$，得

$$\sigma(V)=\frac{4}{3}\int_0^{\frac{\pi}{2}}\sin\varphi\mathrm{d}\varphi\int_0^1 x^{-1/4}(1-x)^{1/4}\mathrm{d}x.$$

故

$$\sigma(V) = \frac{4}{3} \mathrm{B}\left(\frac{3}{4}, \frac{5}{4}\right) = \frac{1}{3}\Gamma\left(\frac{3}{4}\right)\Gamma\left(\frac{1}{4}\right) = \frac{1}{3}\frac{\pi}{\sin\frac{\pi}{4}} = \frac{\sqrt{2}}{3}\pi.$$

【例 5.1.70】　计算三重积分

$$\iiint\limits_{V}(x^2+y^2)^5 z\,\mathrm{d}x\mathrm{d}y\mathrm{d}z,$$

其中 $V$ 是圆柱体 $x^2+y^2 \leqslant 1$ 被曲面 $z = \sqrt{3x^2+y^2+1}$ 及 $Oxy$ 平面所截下的部分.

**解**　记所求积分为 $I$, 则

$$I = \iint\limits_{x^2+y^2\leqslant 1}(x^2+y^2)^5\mathrm{d}x\mathrm{d}y\int_0^{\sqrt{3x^2+y^2+1}} z\,\mathrm{d}z$$

$$= \frac{1}{2}\iint\limits_{x^2+y^2\leqslant 1}(x^2+y^2)^5(3x^2+y^2+1)\mathrm{d}x\mathrm{d}y.$$

由对称性可知

$$\iint\limits_{x^2+y^2\leqslant 1}(x^2+y^2)^5 x^2\,\mathrm{d}x\mathrm{d}y = \iint\limits_{x^2+y^2\leqslant 1}(x^2+y^2)^5 y^2\,\mathrm{d}x\mathrm{d}y,$$

故

$$I = \frac{1}{2}\iint\limits_{x^2+y^2\leqslant 1}(x^2+y^2)^5(2x^2+2y^2+1)\mathrm{d}x\mathrm{d}y$$

$$= \frac{1}{2}\iint\limits_{\substack{0\leqslant r\leqslant 1\\ 0\leqslant\varphi\leqslant 2\pi}} r^{10}(2r^2+1)\,r\,\mathrm{d}r\mathrm{d}\varphi = \frac{19}{84}\pi.$$

【例 5.1.71】　求曲面 $(x^2+y^2+z^2)^2 = a^3 z\ (a>0)$ 所围成的立体体积.

**解**　在曲面的方程中因 $x$ 及 $y$ 只出现平方项, 故所围立体 $V$ 关于平面 $Ozx$ 及平面 $Oyz$ 对称; 又因为 $z$ 不取负值, 所以这个立体位于平面 $Oxy$ 的上侧, 从而要求的体积是它在第一卦限内的立体 $V_1$ 的 4 倍 (图 5.1.2), 应用球坐标变换:

$$x = r\sin\theta\cos\varphi, \quad r \geqslant 0,$$

$$y = r\sin\theta\sin\varphi, \quad 0 \leqslant \theta \leqslant \frac{\pi}{2},$$

$$z = r\cos\theta, \quad 0 \leqslant \varphi < 2\pi.$$

曲面的方程化成 $r = a\sqrt[3]{\cos\theta}$. 而在 $V_1$ 中变量 $r, \theta, \varphi$ 的范围分别是

$$0 \leqslant r \leqslant a\sqrt[3]{\cos\theta}, \quad 0 \leqslant \theta \leqslant \frac{\pi}{2}, \quad 0 \leqslant \varphi \leqslant \frac{\pi}{2}.$$

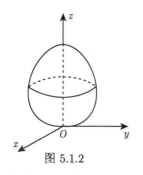

图 5.1.2

于是求得立体的体积为

$$\iiint_V \mathrm{d}x\mathrm{d}y\mathrm{d}z = 4\iiint_{V_1} \mathrm{d}x\mathrm{d}y\mathrm{d}z$$

$$= 4\int_0^{\frac{\pi}{2}} \mathrm{d}\varphi \int_0^{\frac{\pi}{2}} \sin\theta\mathrm{d}\theta \int_0^{a\sqrt[3]{\cos\theta}} r^2\mathrm{d}r$$

$$= \frac{2}{3}\pi a^3 \int_0^{\frac{\pi}{2}} \cos\theta\sin\theta\mathrm{d}\theta = \frac{1}{3}\pi a^3.$$

【例 5.1.72】 如图 5.1.3, 设 $P$ 是圆 $(x-a)^2 + y^2 = a^2\ (a>0)$ 上的动点. 从原点往圆过 $P$ 点的切线作垂线, 垂足为 $Q$. 当 $P$ 沿圆运动时, 点 $Q$ 的轨迹是 $Oxy$ 平面上一条封闭曲线. 求此封闭曲线围成区域 $D$ 的面积.

**解** 设 $A = (a,0)$, $Q$ 点坐标为 $(x,y)$, $AP$ 与 $x$ 轴夹角为 $\theta$, 则

$$OQ = OB + BQ = a\cos\theta + a,$$

$$x = OQ\cos\theta = a\cos\theta(1+\cos\theta),$$

$$y = OQ\sin\theta = a\sin\theta(1+\cos\theta)$$

$$(0 \leqslant \theta \leqslant 2\pi),$$

故点 $Q$ 的极坐标方程为

$$r = \sqrt{x^2+y^2} = a(1+\cos\theta).$$

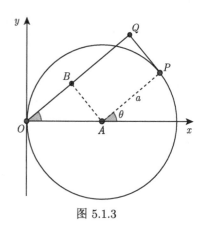

图 5.1.3

$Q$ 的轨迹所围的区域 $D$ 的面积为

$$S = \iint_D 1\,\mathrm{d}x\mathrm{d}y = \iint_{\substack{0\leqslant\theta\leqslant2\pi \\ 0\leqslant r\leqslant a(1+\cos\theta)}} r\,\mathrm{d}r\mathrm{d}\theta$$

$$= \int_0^{2\pi} \mathrm{d}\theta \int_0^{a(1+\cos\theta)} r\,\mathrm{d}r$$

$$= \int_0^{2\pi} \frac{1}{2}r^2(\theta)\,\mathrm{d}\theta$$

$$= \frac{a^2}{2}\int_0^{2\pi} (1+\cos\theta)^2\mathrm{d}\theta = \frac{3}{2}\pi a^2.$$

【例 5.1.73】 如图 5.1.4, 设 $P$ 是球面 $B: x^2+y^2+(z-a)^2 = a^2\ (a>0)$ 上的动点. 从原点往球面过 $P$ 点的切平面作垂线, 垂足为 $Q$. 当 $P$ 在球面上运动时, 点 $Q$ 的轨迹是 $\mathbb{R}^3$ 中一个包含 $B$ 封闭曲面 $S$. 求 $S$ 所围成的区域 $V$ 的体积.

**解**  球面 $B$ 所围球体的参数方程是

$$x = r\sin\theta\cos\varphi, \quad 0 \leqslant r \leqslant a,$$

$$y = r\sin\theta\sin\varphi, \quad 0 \leqslant \theta \leqslant \pi,$$

$$z = a + r\cos\theta, \quad 0 \leqslant \varphi \leqslant 2\pi.$$

原点 $O$ 到曲面上的点 $Q$ 的距离为

$$a + a\cos\theta.$$

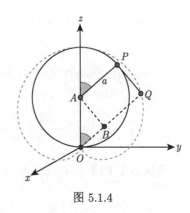

图 5.1.4

$S$ 所围成的区域 $V$ 的体积为

$$\sigma(V) = \iiint\limits_{V} 1\, \mathrm{d}x\mathrm{d}y\mathrm{d}z.$$

利用球坐标变换, 可得

$$\sigma(V) = \iiint\limits_{\substack{0 \leqslant r \leqslant a + a\cos\theta \\ 0 \leqslant \theta \leqslant \pi \\ 0 \leqslant \varphi \leqslant 2\pi}} r^2\sin\theta\, \mathrm{d}r\mathrm{d}\theta\mathrm{d}\varphi = \iint\limits_{\substack{0 \leqslant \theta \leqslant \pi \\ 0 \leqslant \varphi \leqslant 2\pi}} \mathrm{d}\theta\mathrm{d}\varphi \int_0^{a+a\cos\theta} r^2\sin\theta\, \mathrm{d}r$$

$$= \frac{a^3}{3} \iint\limits_{\substack{0 \leqslant \theta \leqslant \pi \\ 0 \leqslant \varphi \leqslant 2\pi}} \sin\theta(1+\cos\theta)^3\, \mathrm{d}\theta\mathrm{d}\varphi = \frac{2\pi a^3}{3} \int_0^{\pi} \sin\theta(1+\cos\theta)^3\, \mathrm{d}\theta$$

$$= \frac{2\pi a^3}{3} \int_{-1}^{1} (1+t)^3\mathrm{d}t = \frac{2\pi a^3}{3} \int_0^2 t^3\mathrm{d}t = \frac{8\pi a^3}{3},$$

即 $V$ 的体积两倍于球面 $B$ 所围球体的体积.

**【例 5.1.74】**  设 $a, b$ 是不全为 0 的常数. 求证:

$$\iint\limits_{x^2+y^2\leqslant 1} f(ax+by+c)\, \mathrm{d}x\mathrm{d}y = 2\int_{-1}^1 \sqrt{1-t^2}\, f\left(t\sqrt{a^2+b^2}+c\right)\, \mathrm{d}t.$$

**证明**  因为 $f$ 是一元函数, 所以目标是将二元函数的积分化成一元函数的积分. 为了使得变换后的积分区域不会变得复杂, 作旋转变换

$$x = \frac{a}{\sqrt{a^2+b^2}}t - \frac{b}{\sqrt{a^2+b^2}}s,$$

$$y = \frac{b}{\sqrt{a^2+b^2}}t + \frac{a}{\sqrt{a^2+b^2}}s,$$

251

则有 $x^2 + y^2 = s^2 + t^2$. 因此变换后的积分区域仍是单位圆, 且 $\dfrac{\partial(x,y)}{\partial(t,s)} = 1$. 于是

$$
\iint\limits_{x^2+y^2\leqslant 1} f(ax+by+c)\,\mathrm{d}x\mathrm{d}y = \iint\limits_{t^2+s^2\leqslant 1} f\left(t\sqrt{a^2+b^2}+c\right)\mathrm{d}t\mathrm{d}s
$$

$$
= \int_{-1}^{1} f\left(t\sqrt{a^2+b^2}+c\right)\mathrm{d}t \int_{-\sqrt{1-t^2}}^{\sqrt{1-t^2}} \mathrm{d}s = 2\int_{-1}^{1}\sqrt{1-t^2}f\left(t\sqrt{a^2+b^2}+c\right)\mathrm{d}t. \qquad \square
$$

**【例 5.1.75】** 计算三重积分

$$
I = \iiint\limits_{x^2+4y^2+9z^2\leqslant 4x+8y+6z} (x^2+y^2+z^2)\,\mathrm{d}x\mathrm{d}y\mathrm{d}z.
$$

**解** 一般来说, 积分区域具有对称性更有利于计算. 因此利用变换把本题的积分区域化为对称区域.

$$
I = \iiint\limits_{(x-2)^2+4(y-1)^2+9(z-\frac{1}{3})^2\leqslant 9} (x^2+y^2+z^2)\,\mathrm{d}x\mathrm{d}y\mathrm{d}z \qquad \text{(整理)}
$$

$$
= \iiint\limits_{x^2+4y^2+9z^2\leqslant 9} \left((x+2)^2+(y+1)^2+\left(z+\frac{1}{3}\right)^2\right)\mathrm{d}x\mathrm{d}y\mathrm{d}z \qquad \text{(平移变换)}
$$

$$
= \iiint\limits_{x^2+4y^2+9z^2\leqslant 9} \left(x^2+y^2+z^2+\frac{46}{9}\right)\mathrm{d}x\mathrm{d}y\mathrm{d}z \qquad \text{(奇数次项积分为零)}
$$

$$
= \frac{9}{2}\iiint\limits_{x^2+y^2+z^2\leqslant 1} \left(9x^2+\frac{9}{4}y^2+z^2+\frac{46}{9}\right)\mathrm{d}x\mathrm{d}y\mathrm{d}z \qquad \text{(伸缩变换)}
$$

$$
= \frac{9}{2}\iiint\limits_{x^2+y^2+z^2\leqslant 1} \left(\frac{49}{12}(x^2+y^2+z^2)+\frac{46}{9}\right)\mathrm{d}x\mathrm{d}y\mathrm{d}z. \qquad \text{(对称性)}
$$

最后再用球坐标变换, 即可得 $I = \dfrac{1361}{30}\pi$.

**【例 5.1.76】** 设 $a, b, c$ 是常数, $k = \sqrt{a^2+b^2+c^2}$. 函数 $f$ 在 $[-k, k]$ 上连续. 求证:

$$
\iiint\limits_{V} f\left(\frac{ax+by+cz}{\sqrt{x^2+y^2+z^2}}\right)\mathrm{d}x\mathrm{d}y\mathrm{d}z = \frac{2}{3}\pi\int_{-1}^{1} f(kt)\mathrm{d}t,
$$

其中 $V: x^2+y^2+z^2 \leqslant 1$ 是单位球体.

**证明** 当 $k = 0$ 时, $a, b, c$ 同时为零, 此时结论是明显的. 不妨设 $k > 0$. 记 $a_3 = \dfrac{a}{k}$, $b_3 = \dfrac{b}{k}$, $c_3 = \dfrac{c}{k}$, 则 $(a_3, b_3, c_3)$ 是单位向量. 存在单位向量 $(a_1, b_1, c_1)$ 和 $(a_2, b_2, c_2)$ 使得

$$A = \begin{pmatrix} a_1 & b_1 & c_1 \\ a_2 & b_2 & c_2 \\ a_3 & b_3 & c_3 \end{pmatrix}$$

是正交方阵. 作正交变换

$$u = a_1 x + b_1 y + c_1 z,$$

$$v = a_2 x + b_2 y + c_2 z,$$

$$w = a_3 x + b_3 y + c_3 z.$$

此时 $x^2 + y^2 + z^2 = u^2 + v^2 + w^2$, 因而单位球 $V$ 变为单位球 $V': u^2 + v^2 + w^2 \leqslant 1$, 且 $\dfrac{\partial(x, y, z)}{\partial(u, v, w)} = 1$. 于是

$$\iiint\limits_{V} f\left(\frac{ax + by + cz}{\sqrt{x^2 + y^2 + z^2}}\right) \mathrm{d}x\mathrm{d}y\mathrm{d}z = \iiint\limits_{V'} f\left(\frac{kw}{\sqrt{u^2 + v^2 + w^2}}\right) \mathrm{d}u\mathrm{d}v\mathrm{d}w.$$

再作球坐标变换

$$u = r\sin\theta\cos\varphi, \quad v = r\sin\theta\sin\varphi, \quad w = r\cos\theta,$$

$$(r, \theta, \varphi) \in F = [0, 1] \times [0, \pi] \times [0, 2\pi].$$

则有

$$\iiint\limits_{V'} f\left(\frac{kw}{\sqrt{u^2 + v^2 + w^2}}\right) \mathrm{d}u\mathrm{d}v\mathrm{d}w = \iiint\limits_{F} f(k\cos\theta) r^2 \sin\theta \mathrm{d}r\mathrm{d}\theta\mathrm{d}\varphi$$

$$= \frac{2\pi}{3} \int_0^\pi f(k\cos\theta) \sin\theta \mathrm{d}\theta$$

$$= \frac{2\pi}{3} \int_{-1}^1 f(kt) \mathrm{d}t.$$

故所证结论成立. □

【例 5.1.77】　求椭球 $\dfrac{x^2}{2} + \dfrac{y^2}{3} + \dfrac{z^2}{4} \leqslant 1$ 被平面 $x + y + z = 1$ 切下的两部分中体积较小的那一部分的体积.

**解**　设被切下的两块为 $V_1$ 和 $V_2$, 体积分别为 $\sigma(V_1)$ 和 $\sigma(V_2)$. 作变换 $x = \sqrt{2}u$, $y = \sqrt{3}v$, $z = 2w$. 平面 $x + y + z = 1$ 变为 $\sqrt{2}u + \sqrt{3}v + 2w = 1$, 椭球体变为球体 $u^2 + v^2 + w^2 \leqslant 1$. $V_1$ 变为 $V_1' = \{(u, v, w) \mid u^2 + v^2 + w^2 \leqslant 1, \sqrt{2}u + \sqrt{3}v + 2w \leqslant 1\}$, $V_2$ 变为 $V_2' = \{(u, v, w) \mid u^2 + v^2 + w^2 \leqslant 1, \sqrt{2}u + \sqrt{3}v + 2w \geqslant 1\}$. 于是

$$\sigma(V_1) = \iiint\limits_{V_1} \mathrm{d}x\mathrm{d}y\mathrm{d}z = \iiint\limits_{V_1'} 2\sqrt{6}\mathrm{d}u\mathrm{d}v\mathrm{d}w = 2\sqrt{6}\sigma(V_1'),$$

$$\sigma(V_2) = \iiint\limits_{V_2} \mathrm{d}x\mathrm{d}y\mathrm{d}z = \iiint\limits_{V_2'} 2\sqrt{6}\mathrm{d}u\mathrm{d}v\mathrm{d}w = 2\sqrt{6}\sigma(V_2').$$

在 $uvw$ 空间中, 原点到平面 $\sqrt{2}u + \sqrt{3}v + 2w = 1$ 的距离为 $\dfrac{1}{3}$. 由球体的对称性可知, 用平面 $\sqrt{2}u + \sqrt{3}v + 2w = 1$ 去截球体 $u^2 + v^2 + w^2 \leqslant 1$ 所得两部分的体积, 与用平面 $w = \dfrac{1}{3}$ 去截球体 $u^2 + v^2 + w^2 \leqslant 1$ 所得两部分的体积分别相等. 因此,

$$\sigma(V_1') = \int_{\frac{1}{3}}^1 \mathrm{d}w \iint\limits_{u^2+v^2\leqslant 1-w^2} \mathrm{d}u\mathrm{d}v = \int_{\frac{1}{3}}^1 \pi(1 - w^2)\mathrm{d}w = \frac{28}{81}\pi.$$

因而 $\sigma(V_2') = \dfrac{4}{3}\pi - \dfrac{28}{81}\pi = \dfrac{80}{81}\pi$. 故所求的体积是 $2\sqrt{6} \cdot \dfrac{28}{81}\pi = \dfrac{56\sqrt{6}}{81}\pi$.

**【注 5.1.20】** 把不对称积分区域变为对称积分区域后, 再利用对称性可以将问题简化.

**【例 5.1.78】** 计算三重积分

$$I = \iiint\limits_{[0,1]^3} \frac{\mathrm{d}u\mathrm{d}v\mathrm{d}w}{(1 + u^2 + v^2 + w^2)^2}.$$

**解** 由于被积函数和积分区域的特殊性, 作变量代换

$$u = r\cos\theta, \quad v = r\sin\theta, \quad w = \tan\varphi,$$

则其 Jacobi 行列式为

$$\begin{vmatrix} \cos\theta & -r\sin\theta & 0 \\ \sin\theta & r\cos\theta & 0 \\ 0 & 0 & \sec^2\varphi \end{vmatrix} = r\sec^2\varphi,$$

所以

$$\begin{aligned} I &= 2\int_0^{\frac{\pi}{4}} \mathrm{d}\theta \int_0^{\frac{\pi}{4}} \mathrm{d}\varphi \int_0^{\sec\theta} \frac{r\sec^2\varphi}{(1 + r^2 + \tan^2\varphi)^2}\mathrm{d}r \\ &= \int_0^{\frac{\pi}{4}} \mathrm{d}\theta \int_0^{\frac{\pi}{4}} \left(\frac{\sec^2\varphi}{r^2 + \sec^2\varphi}\right)\bigg|_{r=\sec\theta}^0 \mathrm{d}\varphi \\ &= \left(\frac{\pi}{4}\right)^2 - \int_0^{\frac{\pi}{4}} \int_0^{\frac{\pi}{4}} \frac{\sec^2\varphi}{\sec^2\varphi + \sec^2\theta}\mathrm{d}\theta\mathrm{d}\varphi. \end{aligned}$$

根据对称性, 有

$$A = \int_0^{\frac{\pi}{4}} \int_0^{\frac{\pi}{4}} \frac{\sec^2\varphi}{\sec^2\varphi + \sec^2\theta}\mathrm{d}\theta\mathrm{d}\varphi = \int_0^{\frac{\pi}{4}} \int_0^{\frac{\pi}{4}} \frac{\sec^2\theta}{\sec^2\varphi + \sec^2\theta}\mathrm{d}\varphi\mathrm{d}\theta,$$

所以

$$2A = \int_0^{\frac{\pi}{4}} \int_0^{\frac{\pi}{4}} \frac{\sec^2 \varphi + \sec^2 \theta}{\sec^2 \varphi + \sec^2 \theta} \mathrm{d}\theta\mathrm{d}\varphi = \int_0^{\frac{\pi}{4}} \int_0^{\frac{\pi}{4}} \mathrm{d}\theta\mathrm{d}\varphi = \left(\frac{\pi}{4}\right)^2,$$

因而 $A = \dfrac{1}{2}\left(\dfrac{\pi}{4}\right)^2$, 于是

$$I = \left(\frac{\pi}{4}\right)^2 - \frac{1}{2}\left(\frac{\pi}{4}\right)^2 = \frac{\pi^2}{32}.$$

【例 5.1.79】　设 $f$ 是定义在 $[a,b] \times [c,d]$ 上的连续函数. 求证:

$$\left[\int_a^b \mathrm{d}x \left(\int_c^d f(x,y)\mathrm{d}y\right)^2\right]^{\frac{1}{2}} \leqslant \int_c^d \mathrm{d}y \left(\int_a^b f^2(x,y)\mathrm{d}x\right)^{\frac{1}{2}}. \tag{5.1.52}$$

**证明**　这实际是 $p = 2$ 时的 Minkowski 不等式, 可以证明如下:

$$\int_a^b \mathrm{d}x \left(\int_c^d f(x,y)\mathrm{d}y\right)^2$$

$$= \int_a^b \mathrm{d}x \left(\int_c^d f(x,y)\mathrm{d}y \int_c^d f(x,z)\mathrm{d}z\right) = \int_c^d \mathrm{d}y \int_c^d \mathrm{d}z \int_a^b f(x,y)f(x,z)\mathrm{d}x$$

$$\leqslant \int_c^d \mathrm{d}y \int_c^d \mathrm{d}z \left(\int_a^b f^2(x,y)\mathrm{d}x\right)^{\frac{1}{2}} \left(\int_a^b f^2(x,z)\mathrm{d}x\right)^{\frac{1}{2}} \qquad \text{(Cauchy 不等式)}$$

$$= \int_c^d \mathrm{d}y \left(\int_a^b f^2(x,y)\mathrm{d}x\right)^{\frac{1}{2}} \int_c^d \mathrm{d}z \left(\int_a^b f^2(x,z)\mathrm{d}x\right)^{\frac{1}{2}}$$

$$= \left[\int_c^d \mathrm{d}y \left(\int_a^b f^2(x,y)\mathrm{d}x\right)^{\frac{1}{2}}\right]^2.$$

由此知式 (5.1.52) 成立, 且式 (5.1.52) 成为等式当且仅当存在常数 $A$ 使得 $f(x,y) = Af(x,z)$. 这说明 $f$ 关于变量 $y$ 是常数, 即存在一元连续函数 $\varphi$ $(x \in [a,b])$ 使得 $f(x,y) = \varphi(x)$. □

【例 5.1.80】　设 $f$ 是定义在正方形 $S = \{(x,y)|0 \leqslant x \leqslant 1, 0 \leqslant y \leqslant 1\}$ 上的四阶连续可微函数, 在 $S$ 的边界上为零, 并且

$$\left|\frac{\partial^4 f}{\partial x^2 \partial y^2}\right| \leqslant M.$$

求证: $\left|\displaystyle\iint\limits_S f(x,y)\mathrm{d}x\mathrm{d}y\right| \leqslant \dfrac{1}{144}M.$

**证明** 考虑函数 $g(x,y) = x(1-x)y(1-y)$. 易知

$$\frac{\partial^4 g}{\partial x^2 \partial y^2} = 4, \quad \iint\limits_S g(x,y)\mathrm{d}x\mathrm{d}y = \frac{1}{36}.$$

因为 $f$ 在 $S$ 的边界上为零, 所以 $\dfrac{\partial^2 f}{\partial y^2}$ 在 $x = 0$ 和 $x = 1$ 时为零. 于是

$$\iint\limits_S \frac{\partial^4 f}{\partial x^2 \partial y^2} \cdot g \mathrm{d}x\mathrm{d}y = \int_0^1 \mathrm{d}y \int_0^1 \frac{\partial^4 f}{\partial x^2 \partial y^2} \cdot g \mathrm{d}x$$

$$= \int_0^1 \mathrm{d}y \left( \frac{\partial^3 f}{\partial x \partial y^2} \cdot g \bigg|_{x=0}^1 - \int_0^1 \frac{\partial^3 f}{\partial x \partial y^2} \cdot \frac{\partial g}{\partial x} \mathrm{d}x \right)$$

$$= -\int_0^1 \mathrm{d}y \int_0^1 \frac{\partial^3 f}{\partial x \partial y^2} \cdot \frac{\partial g}{\partial x} \mathrm{d}x$$

$$= -\int_0^1 \mathrm{d}y \left( \frac{\partial^2 f}{\partial y^2} \cdot \frac{\partial g}{\partial x} \bigg|_{x=0}^1 - \int_0^1 \frac{\partial^2 f}{\partial y^2} \cdot \frac{\partial^2 g}{\partial x^2} \mathrm{d}x \right)$$

$$= \int_0^1 \mathrm{d}y \int_0^1 \frac{\partial^2 f}{\partial y^2} \cdot \frac{\partial^2 g}{\partial x^2} \mathrm{d}x$$

$$= \iint\limits_S \frac{\partial^2 f}{\partial y^2} \cdot \frac{\partial^2 g}{\partial x^2} \mathrm{d}x\mathrm{d}y.$$

同理, 由于 $\dfrac{\partial^2 g}{\partial x^2}$ 在 $y = 0$ 和 $y = 1$ 时为零, 作与上面类似的推导, 可得

$$\iint\limits_S \frac{\partial^4 g}{\partial x^2 \partial y^2} \cdot f \mathrm{d}x\mathrm{d}y = \iint\limits_S \frac{\partial^2 f}{\partial y^2} \cdot \frac{\partial^2 g}{\partial x^2} \mathrm{d}x\mathrm{d}y.$$

因此

$$\iint\limits_S \frac{\partial^4 f}{\partial x^2 \partial y^2} \cdot g \mathrm{d}x\mathrm{d}y = \iint\limits_S \frac{\partial^4 g}{\partial x^2 \partial y^2} \cdot f \mathrm{d}x\mathrm{d}y.$$

从而

$$\left| \iint\limits_S f \mathrm{d}x\mathrm{d}y \right| = \frac{1}{4} \left| \iint\limits_S \frac{\partial^4 f}{\partial x^2 \partial y^2} \cdot g \mathrm{d}x\mathrm{d}y \right| \leqslant \frac{M}{4} \iint\limits_S g \mathrm{d}x\mathrm{d}y = \frac{M}{144}. \qquad \square$$

**【例 5.1.81】** (Poincaré (庞加莱) 不等式) 设 $\varphi, \psi$ 是 $[a,b]$ 上的连续函数, $f$ 在区域 $D = \{(x,y) | a \leqslant x \leqslant b, \varphi(x) \leqslant y \leqslant \psi(x)\}$ 上连续可微, 且有 $f(x, \varphi(x)) = 0 \, (x \in [a,b])$. 则存在 $M > 0$, 使得

$$\iint\limits_D f^2(x,y) \, \mathrm{d}x\mathrm{d}y \leqslant M \iint\limits_D (f_y'(x,y))^2 \, \mathrm{d}x\mathrm{d}y.$$

**证明**　由 Newton-Leibniz 公式和 Cauchy 不等式可得

$$f^2(x,y) = \left[f(x,y) - f(x,\varphi(x))\right]^2 = \left(\int_{\varphi(x)}^{y} \frac{\partial f}{\partial t}(x,t)\,\mathrm{d}t\right)^2$$

$$\leqslant (y - \varphi(x)) \int_{\varphi(x)}^{y} \left(\frac{\partial f}{\partial t}(x,t)\right)^2 \mathrm{d}t,$$

因此

$$\iint\limits_{D} f^2(x,y)\,\mathrm{d}x\mathrm{d}y = \int_{a}^{b} \mathrm{d}x \int_{\varphi(x)}^{\psi(x)} f^2(x,y)\mathrm{d}y$$

$$\leqslant \int_{a}^{b} \mathrm{d}x \int_{\varphi(x)}^{\psi(x)} (y-\varphi(x))\mathrm{d}y \int_{\varphi(x)}^{y} \left(\frac{\partial f}{\partial t}(x,t)\right)^2 \mathrm{d}t$$

$$= \int_{a}^{b} \mathrm{d}x \int_{\varphi(x)}^{\psi(x)} \left(\frac{\partial f}{\partial t}(x,t)\right)^2 \mathrm{d}t \int_{t}^{\psi(x)} (y-\varphi(x))\mathrm{d}y$$

$$\leqslant \int_{a}^{b} \mathrm{d}x \int_{\varphi(x)}^{\psi(x)} \left(\frac{\partial f}{\partial t}(x,t)\right)^2 \mathrm{d}t \int_{\varphi(x)}^{\psi(x)} (y-\varphi(x))\mathrm{d}y$$

$$= \int_{a}^{b} \mathrm{d}x \int_{\varphi(x)}^{\psi(x)} \frac{1}{2}(\psi(x) - \varphi(x))^2 \left(\frac{\partial f}{\partial t}(x,t)\right)^2 \mathrm{d}t$$

$$\leqslant M \int_{a}^{b} \mathrm{d}x \int_{\varphi(x)}^{\psi(x)} \left(\frac{\partial f}{\partial t}(x,t)\right)^2 \mathrm{d}t = M \iint\limits_{D} \left(\frac{\partial f}{\partial y}(x,y)\right)^2 \mathrm{d}x\mathrm{d}y,$$

这里 $M$ 是满足 $M > \max\limits_{a \leqslant x \leqslant b} \dfrac{1}{2}(\psi(x) - \varphi(x))^2$ 的常数.　　　　　□

**【例 5.1.82】**　设 $a > 0$, $\Omega_n(a)$: $x_1 + x_2 + \cdots + x_n \leqslant a$, $x_i \geqslant 0$ $(i = 1, 2, \cdots, n)$. 求积分

$$I_n(a) = \int \cdots \int\limits_{\Omega_n(a)} x_1 x_2 \cdots x_n \mathrm{d}x_1 \mathrm{d}x_2 \cdots \mathrm{d}x_n.$$

**解**　作变换 $x_i = at_i$, $i = 1, 2, \cdots, n$, 则

$$I_n(a) = a^{2n} \int \cdots \int\limits_{\Omega_n(1)} t_1 t_2 \cdots t_n \mathrm{d}t_1 \mathrm{d}t_2 \cdots \mathrm{d}t_n = a^{2n} I_n(1). \tag{5.1.53}$$

用累次积分, 可得

$$I_n(1) = \int \cdots \int_{\Omega_n(1)} t_1 t_2 \cdots t_n \mathrm{d}t_1 \mathrm{d}t_2 \cdots \mathrm{d}t_n$$

$$= \int_{0}^{1} t_n \mathrm{d}t_n \int \cdots \int\limits_{t_1 + t_2 + \cdots + t_{n-1} \leqslant 1 - t_n} t_1 \cdots t_{n-1} \mathrm{d}t_1 \cdots \mathrm{d}t_{n-1}$$

$$= \int_0^1 t_n I_{n-1}(1-t_n)\mathrm{d}t_n = \int_0^1 t_n(1-t_n)^{2(n-1)}I_{n-1}(1)\mathrm{d}t_n.$$

因此，

$$I_n(1) = \frac{1}{2n(2n-1)}I_{n-1}(1).$$

注意到 $I_1(1) = \int_0^1 t\mathrm{d}t = \frac{1}{2}$. 由上面的递推公式，可得 $I_n(1) = \frac{1}{(2n)!}$. 故 $I_n(a) = \frac{a^{2n}}{(2n)!}$.

## 5.2 曲线积分

### 基本概念及性质

【定义 5.2.1】(第一型曲线积分)　设 $L$ 是 $\mathbb{R}^3$ 中一条可求长的曲线，起点和终点分别为 $A$ 和 $B$ (图 5.2.1). $f$ 是定义在 $L$ 上的一个函数. 从 $A$ 到 $B$ 在 $L$ 上依次取点 $A = A_0, A_1, \cdots, A_n = B$，它们将曲线 $L$ 分成 $n$ 小段，形成 $L$ 的一个分割 $T$，记第 $i$ 个小段 $L_i = \overset{\frown}{A_{i-1}A_i}$ 的弧长为 $\Delta s_i$ $(i = 1, 2, \cdots, n)$，并记 $\lambda = \max\limits_{1 \leqslant i \leqslant n} \Delta s_i$，称为分割 $T$ 的宽度. 在 $L_i$ 上任取一点 $P_i = (\xi_i, \eta_i, \zeta_i)$，作和式

$$S(f, T) = \sum_{i=1}^{n} f(P_i)\Delta s_i.$$

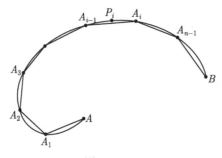

图 5.2.1

如果存在一个数 $I$，使得对任意 $\varepsilon > 0$，存在 $\delta > 0$，只要 $\lambda < \delta$，不论 $P_i \in L_i$ 如何选择都有

$$|S(r, T) - I| < \varepsilon,$$

则称 $f$ 在曲线 $L$ 上可积，数 $I$ 称为 $f$ 在 $L$ 上的第一型曲线积分，记为

$$\int_L f(x, y, z)\,\mathrm{d}s \quad \text{或} \quad \int_L f\,\mathrm{d}s.$$

**【定义 5.2.2】**(第二型曲线积分)　设 $\boldsymbol{F} = (P, Q, R)$ 是空间区域 $D$ 中一个向量场. $L$ 是 $D$ 中一条可求长的有向曲线, 起点为 $A$ 终点为 $B$. 在 $L$ 上依次从 $A$ 到 $B$ 的方向顺序取点 $\{\boldsymbol{r}_i | i = 0, 1, \cdots, n\}$ 使得 $\boldsymbol{r}_0 = A$, $\boldsymbol{r}_n = B$. 令

$$\Delta\boldsymbol{r}_i = \boldsymbol{r}_i - \boldsymbol{r}_{i-1}, \quad i = 1, 2, \cdots, n, \quad \|T\| = \max_{1 \leqslant i \leqslant n} |\Delta\boldsymbol{r}_i|.$$

如果对于弧段 $\overparen{\boldsymbol{r}_{i-1}\boldsymbol{r}_i}$ 上任取的点 $\xi_i$, 极限

$$\lim_{\|T\| \to 0} \sum_{i=1}^{n} \boldsymbol{F}(\xi_i) \cdot \Delta\boldsymbol{r}_i$$

为一个固定的数, 则将此数记为

$$\int_L \boldsymbol{F} \cdot \mathrm{d}\boldsymbol{r}$$

称为向量场 $\boldsymbol{F}$ 沿有向曲线 $L$ 的第二型曲线积分. 若 $L$ 是有向封闭曲线, 则上面的积分也称为向量场 $\boldsymbol{F}$ 沿环路 $L$ 的环量, 常用 $\oint_L \boldsymbol{F} \cdot \mathrm{d}\boldsymbol{r}$ 表示. 设 $\boldsymbol{r} = (x, y, z)$, 则 $\mathrm{d}\boldsymbol{r} = (\mathrm{d}x, \mathrm{d}y, \mathrm{d}z)$. 于是第二型曲线积分也常表示为

$$\int_L P\mathrm{d}x + Q\mathrm{d}y + R\mathrm{d}z.$$

**【定理 5.2.1】**　设 $L$ 是 $\mathbb{R}^3$ 中一条光滑曲线, 其参数表示为

$$\varphi(t) = (x(t), y(t), z(t)) \quad (\alpha \leqslant t \leqslant \beta).$$

如果 $f$ 是 $L$ 上的连续函数, 那么有

$$\int_L f\mathrm{d}s = \int_\alpha^\beta f \circ \varphi(t) |\varphi'(t)| \, \mathrm{d}t.$$

**【注 5.2.1】**　该定理将第一型曲线积分转化为区间上的 Riemann 积分.

**【定理 5.2.2】**　设 $\boldsymbol{F}: D \to \mathbb{R}^3$ 是区域 $D \subset \mathbb{R}^3$ 上的连续向量场, $L \subset D$ 是一条有向光滑曲线, 其参数方程为 $\boldsymbol{r} = \boldsymbol{r}(t)$, $\alpha \leqslant t \leqslant \beta$, 并且参数增加的方向为 $L$ 的方向, 则有

$$\int_L \boldsymbol{F} \cdot \mathrm{d}\boldsymbol{r} = \int_\alpha^\beta (\boldsymbol{F} \circ \boldsymbol{r}) \cdot \boldsymbol{r}'(t) \, \mathrm{d}t.$$

若 $\boldsymbol{F} = (P, Q, R)$, $\boldsymbol{r}(t) = (x(t), y(t), z(t))$, 则

$$\int_L \boldsymbol{F} \cdot \mathrm{d}\boldsymbol{r} = \int_\alpha^\beta \Big( P(\boldsymbol{r}(t))x'(t) + Q(\boldsymbol{r}(t))y'(t) + R(\boldsymbol{r}(t))z'(t) \Big) \mathrm{d}t.$$

【**注 5.2.2**】 该定理将第二型曲线积分转化为区间上的 Riemann 积分.

第二型曲线积分具有以下性质:

(1) **线性性** 即对于常数 $c_1, c_2$, 若 $\boldsymbol{F} = c_1 \boldsymbol{F}_1 + c_2 \boldsymbol{F}_2$, 则有

$$\int_L \boldsymbol{F} \cdot \mathrm{d}\boldsymbol{r} = c_1 \int_L \boldsymbol{F}_1 \cdot \mathrm{d}\boldsymbol{r} + c_2 \int_L \boldsymbol{F}_2 \cdot \mathrm{d}\boldsymbol{r}.$$

特别地, 当 $\boldsymbol{F}_1 = P\boldsymbol{i}$, $\boldsymbol{F}_2 = Q\boldsymbol{j}$, $\boldsymbol{F}_3 = R\boldsymbol{k}$ 时, $\boldsymbol{F} = \boldsymbol{F}_1 + \boldsymbol{F}_2 + \boldsymbol{F}_3 = P\boldsymbol{i} + Q\boldsymbol{j} + R\boldsymbol{k}$. 因此

$$\int_L \boldsymbol{F} \cdot \mathrm{d}\boldsymbol{r} = \int_L P\mathrm{d}x + Q\mathrm{d}y + R\mathrm{d}z$$
$$= \int_L P\mathrm{d}x + \int_L Q\mathrm{d}y + \int_L R\mathrm{d}z.$$

(2) **对积分曲线的可加性** 若 $L_{AC}$ 是由 $L_{AB}$ 和 $L_{BC}$ 连接而成的, 则有

$$\int_{L_{AC}} \boldsymbol{F} \cdot \mathrm{d}\boldsymbol{r} = \int_{L_{AB}} \boldsymbol{F} \cdot \mathrm{d}\boldsymbol{r} + \int_{L_{BC}} \boldsymbol{F} \cdot \mathrm{d}\boldsymbol{r}.$$

所以对于逐段光滑的曲线, 可以分段进行积分.

(3) **积分的方向性** $\displaystyle\int_{L_{AB}} \boldsymbol{F} \cdot \mathrm{d}\boldsymbol{r} = -\int_{L_{BA}} \boldsymbol{F} \cdot \mathrm{d}\boldsymbol{r}.$

【**定理 5.2.3**】(Green (格林) 公式) 设 $D$ 是由有限条逐段光滑的封闭曲线 $L$ 围成的平面闭区域, $F = (P(x,y), Q(x,y))$ 是 $D$ 上光滑向量场, 则有

$$\oint_L P\mathrm{d}x + Q\mathrm{d}y = \iint_D \left( \frac{\partial Q}{\partial x} - \frac{\partial P}{\partial y} \right) \mathrm{d}x\mathrm{d}y,$$

其中 $L = \partial D$ 的方向这样确定: 在 $L$ 上行走时, $D$ 在左侧.

【**定义 5.2.3**】 设 $\boldsymbol{F} = (P, Q, R)$ 是定义在空间区域 $V \subset \mathbb{R}^3$ 上的向量场. 如果存在 $V$ 上的一个数量场 $\varphi$, 使得

$$\mathbf{grad}\varphi(p) = \boldsymbol{F}(p), \quad \forall\, p \in V,$$

则称 $\boldsymbol{F}$ 是一个有势场, $\varphi$ 称为 $\boldsymbol{F}$ 的一个势函数.

上面的式子可以用三个方程表示

$$\frac{\partial \varphi}{\partial x} = P, \quad \frac{\partial \varphi}{\partial y} = Q, \quad \frac{\partial \varphi}{\partial z} = R.$$

【**定义 5.2.4**】 设 $\boldsymbol{F} = (P, Q, R)$ 是定义在空间区域 $V \subset \mathbb{R}^3$ 上的向量场. 如果对 $V$ 中任何有向闭路 $L$ 都有

$$\oint_L \boldsymbol{F} \cdot \mathrm{d}\boldsymbol{r} = 0,$$

即沿 $V$ 中任意闭路的环量为零, 则称 $\boldsymbol{F}$ 是 $V$ 上一个保守场.

【**定理 5.2.4**】　向量场为保守场的充要条件是它为有势场.

【**定理 5.2.5**】　在曲面单连通的区域 $V$ 上, 光滑向量场 $\boldsymbol{F}$ 是有势场的充要条件是它是无旋场, 即在 $V$ 中每点 $\mathrm{rot}(\boldsymbol{F})$ 是零向量.

 **例题**

【**例 5.2.1**】　求第一型曲线积分 $\displaystyle\int_L \sqrt{x^2+y^2}\,\mathrm{d}s$, 其中 $L$ 是圆周 $x^2+y^2=ax\,(a>0)$.

**解**　设曲线 $L$ 的参数方程为

$$x=\frac{a}{2}+\frac{a}{2}\cos t,\quad y=\frac{a}{2}\sin t\quad(0\leqslant t\leqslant 2\pi).$$

则切向量为

$$\boldsymbol{r}'(t)=\left(-\frac{a}{2}\sin t,\frac{a}{2}\cos t\right).$$

弧长微元是

$$\mathrm{d}s=|\boldsymbol{r}'(t)|\,\mathrm{d}t=\frac{a}{2}\,\mathrm{d}t.$$

因此

$$\int_L \sqrt{x^2+y^2}\,\mathrm{d}s=\int_0^{2\pi}\frac{a^2}{2}\sqrt{\frac{a(1+\cos t)}{2}}\,\mathrm{d}t$$

$$=\frac{a^2}{2}\int_0^{2\pi}\left|\cos\frac{t}{2}\right|\,\mathrm{d}t=a^2\int_0^{\pi}|\cos t|\,\mathrm{d}t=2a^2.$$

【**例 5.2.2**】　设曲线 $L$ 为椭圆 $\dfrac{x^2}{a^2}+\dfrac{y^2}{b^2}=1\,(a>0,b>0)$ 在第一象限的弧段, 计算曲线积分 $\displaystyle\int_L xy\,\mathrm{d}s$.

**解**　$L$ 的方程可写成

$$x=a\cos\theta,\quad y=b\sin\theta,\quad 0\leqslant\theta\leqslant\frac{\pi}{2},$$

所以

$$\int_L xy\,\mathrm{d}s=ab\int_0^{\pi/2}\cos\theta\sin\theta\sqrt{a^2\sin^2\theta+b^2\cos^2\theta}\,\mathrm{d}\theta$$

$$=\frac{ab}{2}\int_0^{\pi/2}\sqrt{b^2+(a^2-b^2)\sin^2\theta}\,\mathrm{d}\sin^2\theta$$

$$=\frac{ab}{2}\int_0^1\sqrt{b^2+(a^2-b^2)t}\,\mathrm{d}t=\frac{ab(a^2+ab+b^2)}{3(a+b)}.$$

【**例 5.2.3**】　求曲线积分 $\displaystyle\int_L x\,\mathrm{d}s$, 其中 $L$ 是以平面上 $O(0,0)$, $A(1,0)$, $B(0,1)$ 为顶点的三角形的边界.

**解** 曲线 $L$ 是分段光滑的, 它由三条直线 $\overline{OA}$, $\overline{AB}$, $\overline{BO}$ 构成 (图 5.2.2), 三条直线的方程以及弧长元 $\mathrm{d}s$ 可分别表示为

$$\overline{OA}: \quad x = t, \ y = 0, \ \mathrm{d}s = \mathrm{d}t, \quad t \in [0,1].$$

$$\overline{AB}: \quad x = 1 - t, \ y = t, \ \ \mathrm{d}s = \sqrt{2}\mathrm{d}t, \quad t \in [0,1].$$

$$\overline{BO}: \quad x = 0, \ y = 1 - t, \ \ \mathrm{d}s = \mathrm{d}t, \quad t \in [0,1].$$

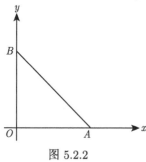

图 5.2.2

所以分段进行积分有

$$\int_L x\mathrm{d}s = \int_{\overline{OA}} x\mathrm{d}s + \int_{\overline{AB}} x\mathrm{d}s + \int_{\overline{BO}} x\mathrm{d}s$$

$$= \int_0^1 t\,\mathrm{d}t + \int_0^1 (1-t)\sqrt{2}\,\mathrm{d}t + \int_0^1 0\,\mathrm{d}t$$

$$= \frac{1 + \sqrt{2}}{2}.$$

【例 5.2.4】 求曲线积分 $\displaystyle\int_L xy\mathrm{d}s$, 其中 $L$ 是球面 $x^2 + y^2 + z^2 = a^2$ 与平面 $x+y+z = 0$ 交成的圆周.

**解** 根据对称性, 有

$$\int_L xy\mathrm{d}s = \int_L yz\mathrm{d}s = \int_L zx\mathrm{d}s.$$

因此

$$\int_L xy\mathrm{d}s = \frac{1}{3}\int_L (xy + yz + zx)\mathrm{d}s$$

$$= \frac{1}{6}\int_L \left((x + y + z)^2 - (x^2 + y^2 + z^2)\right)\mathrm{d}s$$

$$= -\frac{1}{6}\int_L a^2\mathrm{d}s = -\frac{1}{6}a^2 2\pi a = -\frac{1}{3}\pi a^3.$$

【例 5.2.5】 求第一型曲线积分 $I = \displaystyle\int_L z\mathrm{d}s$, 其中 $L$ 是曲面 $x^2 + y^2 = z^2$ 与 $y^2 = ax\ (a > 0)$ 交线上点 $(0,0,0)$ 到 $(a, a, a\sqrt{2})$ 的弧段.

**解** 取 $y$ 为参数, 即弧段的参数方程为

$$\boldsymbol{r}(t) = \left(\frac{1}{a}t^2, t, \frac{1}{a}t\sqrt{t^2 + a^2}\right), \quad t \in [0, a].$$

计算得

$$|\boldsymbol{r}'(t)| = \frac{1}{a}\sqrt{\frac{8t^4 + 9a^2t^2 + 2a^4}{t^2 + a^2}}.$$

因而

$$I = \int_0^a \frac{1}{a} t\sqrt{t^2 + a^2} \cdot \frac{1}{a}\sqrt{\frac{8t^4 + 9a^2 t^2 + 2a^4}{t^2 + a^2}}\mathrm{d}t$$

$$= \frac{1}{a^2}\int_0^a t\sqrt{8t^4 + 9a^2 t^2 + 2a^4}\mathrm{d}t = \frac{1}{2a^2}\int_0^{a^2}\sqrt{8t^2 + 9ta^2 + 2a^4}\mathrm{d}t$$

$$= \frac{\sqrt{2}}{a^2}\int_0^{a^2}\sqrt{\left(t + \frac{9}{16}a^2\right)^2 - \left(\frac{\sqrt{17}}{16}a^2\right)^2}\mathrm{d}t$$

$$= \frac{\sqrt{2}}{a^2}\int_{\frac{9}{16}a^2}^{\frac{25}{16}a^2}\sqrt{u^2 - b^2}\mathrm{d}u \quad \left(b = \frac{\sqrt{17}}{16}a^2\right)$$

$$= \frac{17\sqrt{2}a^2}{256}\int_{\frac{9}{\sqrt{17}}}^{\frac{25}{\sqrt{17}}}\sqrt{t^2 - 1}\,\mathrm{d}t$$

$$= \frac{\sqrt{2}a^2}{512}\left(100\sqrt{38} - 72 - 17\,\mathrm{ar}\cosh\frac{25}{\sqrt{17}} + 17\,\mathrm{ar}\cosh\frac{9}{\sqrt{17}}\right).$$

【例 5.2.6】　计算第二型曲线积分 $\displaystyle\int_L xy\mathrm{d}x + x^2\mathrm{d}y$, 如图 5.2.3, $L$ 是三角形 $OAB$ 的正向周界, 其中 $A = (1, 2)$, $B = (0, 2)$.

**解**　$\displaystyle\int_L xy\mathrm{d}x + x^2\mathrm{d}y = \left(\int_{L_1} + \int_{L_2} + \int_{L_3}\right)xy\mathrm{d}x + x^2\mathrm{d}y.$

$$\int_{L_1} xy\mathrm{d}x + x^2\mathrm{d}y = \int_0^1 (x \cdot 2x + 2x^2)\mathrm{d}x = 4\int_0^1 x^2\mathrm{d}x = \frac{4}{3},$$

$$\int_{L_2} xy\mathrm{d}x + x^2\mathrm{d}y = -2\int_0^1 (1 - x)\mathrm{d}x = -1,$$

$$\int_{L_3} xy\mathrm{d}x + x^2\mathrm{d}y = 0,$$

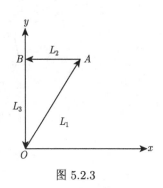

图 5.2.3

所以

$$\int_L xy\mathrm{d}x + x^2\mathrm{d}y = \frac{4}{3} - 1 = \frac{1}{3}.$$

【例 5.2.7】　计算第二型曲线积分

$$I = \int_L (y - z)\mathrm{d}x + (z - x)\mathrm{d}y + (x - y)\mathrm{d}z,$$

其中 $L$ 是球面 $x^2 + y^2 + z^2 = R^2$ 与平面 $y = x\tan\alpha$ 的交线, 方向为从 $x$ 轴正向看去为顺时针, $0 < \alpha < \dfrac{\pi}{2}$.

**解** 因为球面的参数方程是

$$\begin{cases} x = R\sin\theta\cos\varphi, \\ y = R\sin\theta\sin\varphi, & 0 \leqslant \theta \leqslant \pi, 0 \leqslant \varphi \leqslant 2\pi. \\ z = R\cos\theta, \end{cases}$$

由于 $L$ 在球面上又在平面 $y = x\tan\alpha$ 上, 所以

$$\tan\varphi = \tan\alpha, \quad 即 \varphi = \alpha 或 \varphi = \pi + \alpha.$$

如图 5.2.4, $L_1$ 和 $L_2$ 的方程分别为

$L_1$: $x = R\sin\theta\cos\alpha$, $y = R\sin\theta\sin\alpha$, $z = R\cos\theta$,

$\quad 0 \leqslant \theta \leqslant \pi$.

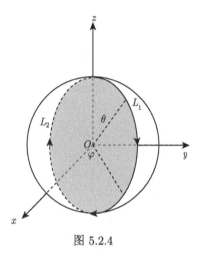

图 5.2.4

$L_2$: $x = -R\sin\theta\cos\alpha$, $y = -R\sin\theta\sin\alpha$,

$\quad z = -R\cos\theta$, $0 \leqslant \theta \leqslant \pi$.

于是 $L$ 的方程可表示为

$$x = R\sin\theta\cos\alpha, \quad y = R\sin\theta\sin\alpha,$$

$$z = R\cos\theta, \quad 0 \leqslant \theta \leqslant 2\pi.$$

于是有

$$I = \int_0^{2\pi} [(R\sin\theta\sin\alpha - R\cos\theta)(R\cos\theta\cos\alpha)$$

$$+ (R\cos\theta - R\sin\theta\cos\alpha)(R\cos\theta\sin\alpha)$$

$$+ (R\sin\theta\cos\alpha - R\sin\theta\sin\alpha)(-R\sin\theta)]\,\mathrm{d}\theta$$

$$= R^2 \int_0^{2\pi} (\sin\alpha - \cos\alpha)\,\mathrm{d}\theta = 2\pi(\sin\alpha - \cos\alpha)R^2.$$

【例 5.2.8】 设 $f$ 有连续的导函数, $f(0) = 0$, 且曲线积分

$$\int_C (\mathrm{e}^x + f(x))y\,\mathrm{d}x + f(x)\,\mathrm{d}y$$

与路径无关. 求

$$\int_{(0,0)}^{(1,1)} (\mathrm{e}^x + f(x))y\,\mathrm{d}x + f(x)\,\mathrm{d}y.$$

**解** 所给曲线积分与路径无关的条件是

$$f'(x) - (\mathrm{e}^x + f(x)) = 0.$$

解此方程可得 $f(x) = xe^x + Ce^{-x}$, 其中 $C$ 是常数. 由于 $f(0) = 0$, 故 $C = 0$. 因而 $f(x) = xe^x$. 因此

$$\int_{(0,0)}^{(1,1)} \left(e^x + f(x)\right) y\, dx + f(x)\, dy$$

$$= \int_{(0,0)}^{(1,0)} \left(e^x + f(x)\right) y\, dx + f(x)\, dy + \int_{(1,0)}^{(1,1)} \left(e^x + f(x)\right) y\, dx + f(x)\, dy$$

$$= 0 + \int_0^1 f(1)\, dy = f(1) = e.$$

【例 5.2.9】　设 $L$ 是圆周 $(x-1)^2 + (y-1)^2 = 1$ 方向为逆时针方向, $f$ 是一个正值可微函数, 且满足

$$\int_L -\frac{y}{f(x)} dx + xf(y)dy = 2\pi.$$

求 $f$.

**解**　设 $L$ 所围的圆周为 $D$. 根据 Green 公式, 有

$$\int_L -\frac{y}{f(x)} dx + xf(y)dy = \iint_D \left(f(y) + \frac{1}{f(x)}\right) dxdy.$$

因为 $D$ 关于 $x, y$ 是对称的, 所以

$$\iint_D \left(f(y) + \frac{1}{f(x)}\right) dxdy = \iint_D \left(f(x) + \frac{1}{f(y)}\right) dxdy.$$

因此

$$\int_L -\frac{y}{f(x)} dx + xf(y)dy = \frac{1}{2} \iint_D \left(f(x) + f(y) + \frac{1}{f(x)} + \frac{1}{f(y)}\right) dxdy.$$

由于

$$\int_L -\frac{y}{f(x)} dx + xf(y)dy = 2\pi = 2 \iint_D dxdy,$$

因而有

$$\iint_D \left(\left(\sqrt{f(x)} - \frac{1}{\sqrt{f(x)}}\right)^2 + \left(\sqrt{f(y)} - \frac{1}{\sqrt{f(y)}}\right)^2\right) dxdy = 0.$$

这说明 $\sqrt{f(x)} - \dfrac{1}{\sqrt{f(x)}} = 0$, 即 $f(x) = 1$.

【例 5.2.10】　设 $a, b, c$ 是正数. 求由曲线 $L: (x/a)^{2n+1} + (y/b)^{2n+1} = c(x/a)^n (y/b)^n$ 围成的区域 $D$ 的面积 $\sigma(D)$.

**解** 令 $t = \dfrac{ay}{bx}$, 可得 $L$ 的参数方程为

$$x(t) = \frac{act^n}{t^{2n+1}+1}, \quad y(t) = \frac{bct^{n+1}}{t^{2n+1}+1}, \quad t \in [0, +\infty).$$

根据 Green 公式, $D$ 的面积为

$$\sigma(D) = \frac{1}{2}\oint_L (-y\mathrm{d}x + x\mathrm{d}y) = \frac{1}{2}\int_0^{+\infty}[x(t)y'(t) - x'(t)y(t)]\mathrm{d}t$$

$$= \frac{1}{2}\int_0^{+\infty}\frac{abc^2 t^{2n}}{(t^{2n+1}+1)^2}\mathrm{d}t = \frac{abc^2}{2(2n+1)}.$$

**【例 5.2.11】** 如图 5.2.5, 求平面上两个椭圆 $L_1 : \dfrac{x^2}{a^2} + \dfrac{y^2}{b^2} = 1$ 和 $L_2 : \dfrac{x^2}{b^2} + \dfrac{y^2}{a^2} = 1$ $(a > b)$ 内部公共区域的面积.

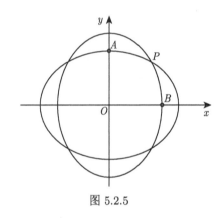

图 5.2.5

**解** 由对称性只需算出两个椭圆的公共区域在第一象限部分 $D$ 的面积. 设 $L_1$ 与 $x$ 轴的交点为 $B$, $L_2$ 与 $y$ 轴的交点为 $A$, $L_1$ 与 $L_2$ 的交点为 $P$. 易知 $A$ 的坐标为 $(0, b)$, $B$ 的坐标为 $(b, 0)$, $P$ 的坐标为 $\left(\dfrac{ab}{\sqrt{a^2+b^2}}, \dfrac{ab}{\sqrt{a^2+b^2}}\right)$. $D$ 的边界由直线段 $OB$, $L_1$ 上弧段 $\overset{\frown}{BP}$, $L_2$ 上弧段 $\overset{\frown}{PA}$ 和直线段 $AO$ 组成.

弧段 $\overset{\frown}{BP}$ 的参数方程可取为

$$x = b\cos\varphi, \quad y = a\sin\varphi, \quad \varphi \in \left[0, \arctan\frac{b}{a}\right].$$

弧段 $\overset{\frown}{PA}$ 的参数方程可取为

$$x = a\cos\varphi, \quad y = b\sin\varphi, \quad \varphi \in \left[\arctan\frac{a}{b}, \frac{\pi}{2}\right].$$

注意到在 $OB$ 和 $AO$ 上, $-y\mathrm{d}x + x\mathrm{d}y = 0$, 根据 Green 公式, $D$ 的面积为

$$\sigma(D) = \frac{1}{2}\oint_{\partial D}(-y\mathrm{d}x + x\mathrm{d}y)$$

$$= \frac{1}{2}\oint_{\overset{\frown}{BP}}(-y\mathrm{d}x + x\mathrm{d}y) + \frac{1}{2}\oint_{\overset{\frown}{PA}}(-y\mathrm{d}x + x\mathrm{d}y).$$

计算得

$$\oint_{\overset{\frown}{BP}}(-y\mathrm{d}x + x\mathrm{d}y) = \int_0^{\arctan\frac{b}{a}}(ab\cos^2\varphi + ab\sin^2\varphi)\mathrm{d}\varphi = ab\arctan\frac{b}{a},$$

$$\oint_{\widehat{PA}}(-y\mathrm{d}x + x\mathrm{d}y) = \int_{\arctan\frac{a}{b}}^{\frac{\pi}{2}}(ab\cos^2\varphi + ab\sin^2\varphi)\mathrm{d}\varphi = ab\left(\frac{\pi}{2} - \arctan\frac{b}{a}\right)$$

$$= ab\arctan\frac{b}{a}.$$

故所求区域的面积为 $4ab\arctan\dfrac{b}{a}$.

**【例 5.2.12】** 如图 5.2.6, 计算积分 $A = \oint_L \dfrac{x\mathrm{d}y - y\mathrm{d}x}{4x^2 + y^2}$, 其中 $L$ 是以点 $(1,0)$ 为中心, $R$ 为半径的圆周 $(R \neq 1)$, 取逆时针方向为正向.

**解**　令 $P(x,y) = \dfrac{-y}{4x^2 + y^2}$, $Q(x,y) = \dfrac{x}{4x^2 + y^2}$.

则有

$$\frac{\partial Q}{\partial x} = \frac{\partial P}{\partial y} = \frac{y^2 - 4x^2}{(4x^2 + y^2)^2}, \quad (x,y) \neq (0,0).$$

若 $R < 1$, 则 $L$ 不包围原点, 由 Green 公式, 得

$$\oint_L \frac{x\mathrm{d}y - y\mathrm{d}x}{4x^2 + y^2} = 0.$$

若 $R > 1$, 则 $L$ 包围原点, 在 $L$ 内部的小椭圆

$$L_1 = \begin{cases} x = \dfrac{1}{2}\varepsilon\cos\theta, \\ y = \varepsilon\sin\theta, \end{cases} \quad 0 \leqslant \theta \leqslant 2\pi,$$

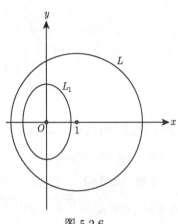

图 5.2.6

所围成的区域 $D$ 内应用 Green 公式, 可得

$$\oint_L \frac{x\mathrm{d}y - y\mathrm{d}x}{4x^2 + y^2} = \oint_{L_1} \frac{x\mathrm{d}y - y\mathrm{d}x}{4x^2 + y^2}.$$

对上式右边的积分作变换 $x = \dfrac{1}{2}\varepsilon\cos\theta$, $y = \varepsilon\sin\theta$, 有

$$\oint_{L_1} \frac{x\mathrm{d}y - y\mathrm{d}x}{4x^2 + y^2} = \int_0^{2\pi}\left(\frac{1}{2}\cos^2\theta + \frac{1}{2}\sin^2\theta\right)\mathrm{d}\theta = \pi.$$

于是所求的积分值为 $\pi$.

**【例 5.2.13】** 设 $D$ 是 $Oxy$ 平面上有限条逐段光滑曲线围成的区域, $f$ 在 $\overline{D}$ 上有二阶连续偏导数且满足方程

$$\frac{\partial^2 f}{\partial x^2} + \frac{\partial^2 f}{\partial y^2} = 2a\frac{\partial f}{\partial x} + 2b\frac{\partial f}{\partial y} + cf,$$

其中 $a, b, c$ 为常数且 $c \geqslant 0$. 求证: 若 $f$ 在 $\partial D$ 上恒为零, 则 $f$ 在 $D$ 上恒为零.

**证明** 设 $P = -f \cdot \left( \dfrac{\partial f}{\partial y} - bf \right)$，$Q = f \cdot \left( \dfrac{\partial f}{\partial x} - af \right)$. 则 $P, Q$ 在 $\overline{D}$ 上有一阶连续偏导数，且由条件可得

$$\frac{\partial Q}{\partial x} - \frac{\partial P}{\partial y} = \left( \frac{\partial f}{\partial x} \right)^2 + \left( \frac{\partial f}{\partial y} \right)^2 + f \cdot \left( \frac{\partial^2 f}{\partial x^2} + \frac{\partial^2 f}{\partial y^2} - 2a\frac{\partial f}{\partial x} - 2b\frac{\partial f}{\partial y} \right)$$

$$= \left( \frac{\partial f}{\partial x} \right)^2 + \left( \frac{\partial f}{\partial y} \right)^2 + cf^2.$$

若 $f$ 在 $\partial D$ 上恒为零，则 $P, Q$ 在 $\partial D$ 上恒为零. 根据 Green 公式，有

$$0 = \oint_{\partial D} P\mathrm{d}x + Q\mathrm{d}y = \iint\limits_D \left( \frac{\partial Q}{\partial x} - \frac{\partial P}{\partial y} \right) \mathrm{d}x\mathrm{d}y$$

$$= \iint\limits_D \left[ \left( \frac{\partial f}{\partial x} \right)^2 + \left( \frac{\partial f}{\partial y} \right)^2 + cf^2 \right] \mathrm{d}x\mathrm{d}y.$$

因为 $c \geqslant 0$，所以从上式可得 $\dfrac{\partial f}{\partial x}$ 和 $\dfrac{\partial f}{\partial y}$ 在 $D$ 上为零. 因而 $f$ 在 $D$ 上为常数. 注意到 $f$ 在 $\partial D$ 上为零，可知 $f$ 在 $D$ 上恒为零. $\qquad\square$

**【例 5.2.14】** 设 $D$ 是由光滑封闭曲线 $L$ 所围的区域，函数 $f$ 在 $\overline{D}$ 上有二阶连续偏导数，且满足 $\mathrm{e}^y \dfrac{\partial^2 f}{\partial x^2} + \mathrm{e}^x \dfrac{\partial^2 f}{\partial y^2} = 0$，并且 $f$ 在 $L$ 上恒为零. 证明：

(1) 存在有连续偏导数的函数 $P(x, y), Q(x, y)$ 使得

$$\frac{\partial Q}{\partial x} - \frac{\partial P}{\partial y} = \mathrm{e}^y \left( \frac{\partial f}{\partial x} \right)^2 + \mathrm{e}^x \left( \frac{\partial f}{\partial y} \right)^2, \quad (x, y) \in D;$$

(2) $f$ 在 $D$ 上恒为零.

**证明** (1) 令

$$P(x, y) = -\mathrm{e}^x f(x, y) \frac{\partial f}{\partial y}, \quad Q(x, y) = \mathrm{e}^y f(x, y) \frac{\partial f}{\partial x}.$$

则 $P, Q$ 在 $D$ 上有连续的偏导数，并且

$$\frac{\partial Q}{\partial x} - \frac{\partial P}{\partial y} = \mathrm{e}^y \left( \left( \frac{\partial f}{\partial x} \right)^2 + f\frac{\partial^2 f}{\partial x^2} \right) + \mathrm{e}^x \left( \left( \frac{\partial f}{\partial y} \right)^2 + f\frac{\partial^2 f}{\partial y^2} \right)$$

$$= \mathrm{e}^y \left( \frac{\partial f}{\partial x} \right)^2 + \mathrm{e}^x \left( \frac{\partial f}{\partial y} \right)^2 + f \left( \mathrm{e}^y \frac{\partial^2 f}{\partial x^2} + \mathrm{e}^x \frac{\partial^2 f}{\partial y^2} \right)$$

$$= \mathrm{e}^y \left( \frac{\partial f}{\partial x} \right)^2 + \mathrm{e}^x \left( \frac{\partial f}{\partial y} \right)^2.$$

(2) 因为 $P, Q$ 在 $D$ 的边界 $L$ 上取零值, 所以

$$\oint_L P\mathrm{d}x + Q\mathrm{d}y = 0.$$

根据 Green 公式, 有

$$\oint_L P\mathrm{d}x + Q\mathrm{d}y = \iint_D \left(\frac{\partial Q}{\partial x} - \frac{\partial P}{\partial y}\right) \mathrm{d}x\mathrm{d}y = \iint_D \left(\mathrm{e}^y\left(\frac{\partial f}{\partial x}\right)^2 + \mathrm{e}^x\left(\frac{\partial f}{\partial y}\right)^2\right) \mathrm{d}x\mathrm{d}y.$$

注意到左边的积分值为零, 而右边积分中的被积函数是非负的, 因此, 有

$$\frac{\partial f}{\partial x} = \frac{\partial f}{\partial y} = 0, \quad (x, y) \in D.$$

这表明 $f$ 在 $D$ 上为常数, 因而恒为零. □

**【例 5.2.15】**　设 $D : x^2 + y^2 \leqslant a^2 \ (a > 0)$, $f$ 在 $D$ 上有连续偏导数, 且在 $D$ 的边界上 $f(x, y) = 0$. 求证:

$$\left|\iint_D f(x, y)\mathrm{d}x\mathrm{d}y\right| \leqslant \frac{\pi a^3}{3} \max_{(x,y)\in D}\left\{\left[\left(\frac{\partial f}{\partial x}\right)^2 + \left(\frac{\partial f}{\partial y}\right)^2\right]^{\frac{1}{2}}\right\}.$$

**证明**　设 $\partial D$ 的方向为逆时针方向. 根据 Green 公式, 有

$$\int_{\partial D} -yf(x, y)\mathrm{d}x + xf(x, y)\mathrm{d}y = \iint_D \left(2f(x, y) + x\frac{\partial f}{\partial x} + y\frac{\partial f}{\partial y}\right) \mathrm{d}x\mathrm{d}y.$$

注意到在 $D$ 的边界上 $f(x, y) = 0$, 上式左端为零. 因而

$$2\iint_D f(x, y)\mathrm{d}x\mathrm{d}y = -\iint_D \left(x\frac{\partial f}{\partial x} + y\frac{\partial f}{\partial y}\right) \mathrm{d}x\mathrm{d}y.$$

根据 Cauchy 不等式, 有

$$\left|x\frac{\partial f}{\partial x} + y\frac{\partial f}{\partial y}\right| \leqslant (x^2 + y^2)^{\frac{1}{2}}\left(\left(\frac{\partial f}{\partial x}\right)^2 + \left(\frac{\partial f}{\partial y}\right)^2\right)^{\frac{1}{2}}.$$

因而

$$2\left|\iint_D f(x, y)\mathrm{d}x\mathrm{d}y\right| \leqslant \iint_D (x^2 + y^2)^{\frac{1}{2}}\left(\left(\frac{\partial f}{\partial x}\right)^2 + \left(\frac{\partial f}{\partial y}\right)^2\right)^{\frac{1}{2}} \mathrm{d}x\mathrm{d}y$$

$$\leqslant \max_{(x,y)\in D}\left\{\left[\left(\frac{\partial f}{\partial x}\right)^2 + \left(\frac{\partial f}{\partial y}\right)^2\right]^{\frac{1}{2}}\right\} \iint_D (x^2 + y^2)^{\frac{1}{2}} \mathrm{d}x\mathrm{d}y$$

$$= \frac{2\pi a^3}{3} \max_{(x,y)\in D}\left\{\left[\left(\frac{\partial f}{\partial x}\right)^2 + \left(\frac{\partial f}{\partial y}\right)^2\right]^{\frac{1}{2}}\right\}. \qquad □$$

**【例 5.2.16】**(Poincaré 不等式)  设 $D$ 是由简单光滑闭曲线 $L$ 围成的区域, $f$ 在 $\overline{D}$ 上有连续偏导数, 且在 $L$ 上 $f(x, y) = 0$. 求证:

$$\iint\limits_D f^2(x, y)\mathrm{d}x\mathrm{d}y \leqslant \max_D\{x^2 + y^2\} \iint\limits_D \left[\left(\frac{\partial f}{\partial x}\right)^2 + \left(\frac{\partial f}{\partial y}\right)^2\right]\mathrm{d}x\mathrm{d}y.$$

**证明**  记 $M = \max\limits_D\{x^2 + y^2\}$. 在例 5.2.15 的证明中用 $f^2$ 代替 $f$, 可得到

$$2\iint\limits_D f^2(x, y)\mathrm{d}x\mathrm{d}y = -\iint\limits_D \left(2xf(x, y)\frac{\partial f}{\partial x} + 2yf(x, y)\frac{\partial f}{\partial y}\right)\mathrm{d}x\mathrm{d}y.$$

因此根据 Cauchy 积分不等式, 有

$$\iint\limits_D f^2(x, y)\mathrm{d}x\mathrm{d}y \leqslant \iint\limits_D (x^2 + y^2)^{\frac{1}{2}} f(x, y)\left(\left(\frac{\partial f}{\partial x}\right)^2 + \left(\frac{\partial f}{\partial y}\right)^2\right)^{\frac{1}{2}}\mathrm{d}x\mathrm{d}y$$

$$\leqslant \sqrt{M}\iint\limits_D f(x, y)\left(\left(\frac{\partial f}{\partial x}\right)^2 + \left(\frac{\partial f}{\partial y}\right)^2\right)^{\frac{1}{2}}\mathrm{d}x\mathrm{d}y$$

$$\leqslant \sqrt{M}\left(\iint\limits_D f^2(x, y)\mathrm{d}x\mathrm{d}y\right)^{\frac{1}{2}}\left(\iint\limits_D \left[\left(\frac{\partial f}{\partial x}\right)^2 + \left(\frac{\partial f}{\partial y}\right)^2\right]\mathrm{d}x\mathrm{d}y\right)^{\frac{1}{2}}.$$

由此即得所证.  $\square$

# 5.3  曲面积分

### 基本概念和定理

若 $S$ 是一张光滑的曲面片, 其参数方程为

$$\boldsymbol{r} = \boldsymbol{r}(u, v) = x(u, v)\boldsymbol{i} + y(u, v)\boldsymbol{j} + z(u, v)\boldsymbol{k}, \quad (u, v) \in D,$$

即 $x(u, v), y(u, v), z(u, v)$ 具有连续的偏导数, 且

$$\boldsymbol{r}'_u \times \boldsymbol{r}'_v \neq \boldsymbol{0},$$

则曲面 $S$ 的面积为

$$S = \iint\limits_D |\boldsymbol{r}'_u(u, v) \times \boldsymbol{r}'_v(u, v)|\,\mathrm{d}u\mathrm{d}v.$$

如果曲面 $S$ 是由定义在区域 $D$ 上的连续可微的二元函数 $z = f(x, y)$ 给出的, 则 $S$ 的面积为

$$S = \iint\limits_D \sqrt{1 + f_x'^2 + f_y'^2}\,\mathrm{d}x\mathrm{d}y. \tag{5.3.1}$$

【定义 5.3.1】(第一型曲面积分)　设 $S$ 是一张有界的光滑曲面, $f(x,y,z)$ 是定义在 $S$ 上的函数. 用任意分法把 $S$ 分成 $n$ 块有面积的曲面 $S_1, S_2, \cdots, S_n$, 这些小曲面块的面积记为 $\Delta S_i$. 在每块小曲面 $S_i$ 上任取一点 $P_i(\xi_i, \eta_i, \zeta_i)$, 如果极限

$$\lim_{\lambda \to 0} \sum_{i=1}^n f(\xi_i, \eta_i, \zeta_i) \Delta S_i$$

是一个有限数, 而且与 $P_i(\xi_i, \eta_i, \zeta_i)$ 的选择无关, 其中 $\lambda$ 是所有小块曲面的最大直径, 则称函数 $f(x,y,z)$ 在曲面 $S$ 上的可积, 极限值称为 $f(x,y,z)$ 在曲面 $S$ 上的第一型曲面积分, 记成

$$\iint\limits_S f(x,y,z)\mathrm{d}S.$$

【定理 5.3.1】　设 $S$ 有界的光滑曲面, 具有参数方程表示

$$\boldsymbol{r} = \boldsymbol{r}(u,v) = x(u,v)\boldsymbol{i} + y(u,v)\boldsymbol{j} + z(u,v)\boldsymbol{k}, \qquad (u,v) \in D,$$

其中 $D$ 是平面 $Ouv$ 上的有界闭区域. 设函数 $f(x,y,z)$ 在包含 $S$ 的一个区域内连续, 则它在 $S$ 上的第一型曲面积分一定存在, 而且有

$$\iint\limits_S f(x,y,z)\mathrm{d}S = \iint\limits_D f(x(u,v),y(u,v),z(u,v))|\boldsymbol{r}_u' \times \boldsymbol{r}_v'|\mathrm{d}u\mathrm{d}v \tag{5.3.2}$$

$$= \iint\limits_D f(x(u,v),y(u,v),z(u,v))\sqrt{EG-F^2}\,\mathrm{d}u\mathrm{d}v, \tag{5.3.3}$$

这里 $E = |\boldsymbol{r}_u'|^2$, $G = |\boldsymbol{r}_v'|^2$, $F = \boldsymbol{r}_u' \cdot \boldsymbol{r}_v'$ 称为 Gauss 系数. 特别地, 如果光滑曲面 $S$ 由直角坐标方程 $z = z(x,y), (x,y) \in D$ 给出, 则有

$$\iint\limits_S f(x,y,z)\,\mathrm{d}S = \iint\limits_D f(x,y,z(x,y))\sqrt{1 + z_x'^2 + z_y'^2}\,\mathrm{d}x\mathrm{d}y.$$

【定义 5.3.2】(第二型曲面积分)　设 $S$ 是三维空间向量场 $\boldsymbol{F}$ 中一张定向光滑曲面, $\boldsymbol{n}$ 是 $S$ 上的单位法向. 将 $S$ 分割成有限个充分小的有面积的小曲面片 $S_1, S_2, \cdots, S_n$. 在每个曲面片 $S_i$ 上取一点 $M_i$, 作和式

$$\sum_{i=1}^n \boldsymbol{F}(M_i) \cdot \boldsymbol{n}(M_i)\Delta S_i,$$

其中 $\Delta S_i$ 为 $S_i$ 的面积. 如果当分割的宽度 (小曲面片直径中的最大者) 趋于零时, 不论 $M_i$ 在 $S_i$ 中如何选, 上面的和式都有固定的极限 $A$, 那么这个极限 $A$ 就称为向量场 $\boldsymbol{F}$ 在有向曲面 $S$ 上的第二型曲面积分, 记为

$$\iint\limits_S \boldsymbol{F} \cdot \mathrm{d}\boldsymbol{S} = \iint\limits_S \boldsymbol{F} \cdot \boldsymbol{n}\mathrm{d}S,$$

其中 $\mathrm{d}\boldsymbol{S} = \boldsymbol{n}\mathrm{d}S$ 称为有向面积微元.

设 $\boldsymbol{F} = (P, Q, R)$, 法向量 $\boldsymbol{n}$ 与 $x$ 轴、$y$ 轴、$z$ 轴的夹角分别为 $\alpha, \beta, \gamma$, 因而 $\boldsymbol{n} = (\cos\alpha, \cos\beta, \cos\gamma)$. 此时

$$\boldsymbol{F} \cdot \boldsymbol{n}\mathrm{d}S = P\cos\alpha\mathrm{d}S + Q\cos\beta\mathrm{d}S + R\cos\gamma\mathrm{d}S.$$

令

$$\begin{cases} \mathrm{d}y \wedge \mathrm{d}z := \cos\alpha\mathrm{d}S, \\ \mathrm{d}z \wedge \mathrm{d}x := \cos\beta\mathrm{d}S, \\ \mathrm{d}x \wedge \mathrm{d}y := \cos\gamma\mathrm{d}S, \end{cases}$$

则 $\boldsymbol{F}$ 在 $S$ 上的第二型曲面积分可表示为

$$\iint\limits_{S} \boldsymbol{F} \cdot \mathrm{d}\boldsymbol{S} = \iint\limits_{S} P\mathrm{d}y \wedge \mathrm{d}z + Q\mathrm{d}z \wedge \mathrm{d}x + R\mathrm{d}x \wedge \mathrm{d}y.$$

这是第二型曲面积分的另一个常用表达方式. 有时符号"$\wedge$"不写出.

【定理 5.3.2】 设定向光滑曲面 $S$ 的参数方程为

$$\boldsymbol{r} = \boldsymbol{r}(u, v) = (x(u,v), y(u,v), z(u,v)), \quad (u,v) \in D.$$

如果曲面指定侧的单位法向量为 $\boldsymbol{n} = \dfrac{\boldsymbol{r}_u' \times \boldsymbol{r}_v'}{|\boldsymbol{r}_u' \times \boldsymbol{r}_v'|}$, 则向量场 $\boldsymbol{F} = (P, Q, R)$ 在 $S$ 上的第二型曲面积分可表示为

$$\iint\limits_{S} \boldsymbol{F} \cdot \mathrm{d}\boldsymbol{S} = \iint\limits_{S} \boldsymbol{F} \cdot \boldsymbol{n}\mathrm{d}S = \iint\limits_{D} \boldsymbol{F} \cdot (\boldsymbol{r}_u' \times \boldsymbol{r}_v')\mathrm{d}u\mathrm{d}v$$

$$= \iint\limits_{D} \begin{vmatrix} P & Q & R \\ x_u' & y_u' & z_u' \\ x_v' & y_v' & z_v' \end{vmatrix} \mathrm{d}u\mathrm{d}v$$

$$= \iint\limits_{D} \left( P\frac{\partial(y,z)}{\partial(u,v)} + Q\frac{\partial(z,x)}{\partial(u,v)} + R\frac{\partial(x,y)}{\partial(u,v)} \right) \mathrm{d}u\mathrm{d}v.$$

【定理 5.3.3】(Gauss 公式) 设空间区域 $V$ 由分片光滑的双侧封闭曲面 $S$ 围成, $S$ 的方向指向外侧. 若函数 $P, Q, R$ 在 $V$ 上有连续的一阶偏导数, 则有

$$\iint\limits_{\partial V} P\mathrm{d}y\mathrm{d}z + Q\mathrm{d}z\mathrm{d}x + R\mathrm{d}x\mathrm{d}y = \iiint\limits_{V} \left( \frac{\partial P}{\partial x} + \frac{\partial Q}{\partial y} + \frac{\partial R}{\partial z} \right) \mathrm{d}x\mathrm{d}y\mathrm{d}z.$$

【定理 5.3.4】(Stokes (斯托克斯) 公式) 设 $S$ 是以封闭曲线 $L$ 为边界的分片光滑曲面, $P, Q, R$ 在包含曲面 $S$ 的一个空间区域上具有连续偏导数. 则有

$$\oint_{L} P\mathrm{d}x + Q\mathrm{d}y + R\mathrm{d}z = \iint\limits_{S} \left( \frac{\partial R}{\partial y} - \frac{\partial Q}{\partial z} \right) \mathrm{d}y\mathrm{d}z$$

$$+ \left(\frac{\partial P}{\partial z} - \frac{\partial R}{\partial x}\right) \mathrm{d}z\mathrm{d}x + \left(\frac{\partial Q}{\partial x} - \frac{\partial P}{\partial y}\right) \mathrm{d}x\mathrm{d}y,$$

其中 $L$ 的取向与 $S$ 的方向协调, 即 $L$ 的方向与曲面 $S$ 的法向成右手系.

### 例题

【例 5.3.1】　设 $S$ 是第一卦限的球面 $x^2 + y^2 + z^2 = R^2$ $(x \geqslant 0, y \geqslant 0, z \geqslant 0)$, 计算曲面积分 $\iint\limits_{S} (x^2 + y^2)\mathrm{d}S$.

**解**　由对称性可知, 在 $S$ 上, $x^2$, $y^2$, $z^2$ 的积分是一样的, 所以

$$\iint\limits_{S} (x^2 + y^2)\mathrm{d}S = 2 \iint\limits_{S} x^2 \mathrm{d}S$$

$$= \frac{2}{3} \iint\limits_{S} (x^2 + y^2 + z^2)\mathrm{d}S$$

$$= \frac{2R^4}{3} \int_0^{\frac{\pi}{2}} \mathrm{d}\varphi \int_0^{\frac{\pi}{2}} \sin\theta \mathrm{d}\theta$$

$$= \frac{1}{3}\pi R^4.$$

【例 5.3.2】　设 $S$ 是锥面 $z^2 = k^2(x^2 + y^2)$ $(z \geqslant 0)$ 被柱面 $x^2 + y^2 = 2ax$ $(a > 0)$ 所截得的曲面, 计算曲面积分 $\iint\limits_{S} (y^2z^2 + z^2x^2 + x^2y^2)\mathrm{d}S$.

**解**　所给曲面 $S$ 的面积元素是

$$\mathrm{d}S = \sqrt{1 + z_x'^2 + z_y'^2}\mathrm{d}x\mathrm{d}y = \sqrt{1 + k^2}\mathrm{d}x\mathrm{d}y.$$

并且 $S$ 在平面 $Oxy$ 上的投影区域 $D$ 是圆

$$x^2 + y^2 \leqslant 2ax,$$

于是计算得

$$\iint\limits_{S} (y^2z^2 + z^2x^2 + x^2y^2)\mathrm{d}S$$

$$= \sqrt{1 + k^2} \iint\limits_{D} \left(k^2(x^2 + y^2)^2 + x^2y^2\right)\mathrm{d}x\mathrm{d}y$$

$$= 2\sqrt{1 + k^2} \int_0^{\frac{\pi}{2}} \mathrm{d}\varphi \int_0^{2a\cos\varphi} r^5(k^2 + \cos^2\varphi\sin^2\varphi)\mathrm{d}r$$

$$= \frac{\pi}{24} a^6(80k^2 + 7)\sqrt{1 + k^2}.$$

**【例 5.3.3】** 设 $S$ 是柱面 $x^2 + y^2 = a^2$ 被平面 $z = 0$ 和 $z = h$ $(h > 0)$ 所截下的一块柱面. 计算曲面积分 $\iint\limits_{S} (x^4 + y^4)\,\mathrm{d}S$.

**解** 利用柱面参数方程. $S$ 的参数方程为

$$\boldsymbol{r} = (a\cos\varphi,\ a\sin\varphi,\ z) \quad (0 \leqslant \varphi \leqslant 2\pi,\ 0 \leqslant z \leqslant h).$$

因为

$$\boldsymbol{r}'_\varphi = (-a\sin\varphi,\ a\cos\varphi,\ 0), \quad \boldsymbol{r}'_z = (0, 0, 1),$$

所以 $|\boldsymbol{r}'_\varphi \times \boldsymbol{r}'_z| = a$. 利用柱面关于 $x, y$ 对称, 有

$$\iint\limits_{S} x^4\,\mathrm{d}S = \iint\limits_{S} y^4\,\mathrm{d}S.$$

因此

$$\iint\limits_{S} (x^4 + y^4)\,\mathrm{d}S = 2\iint\limits_{S} y^4\,\mathrm{d}S = 2\iint\limits_{\substack{0 \leqslant \varphi \leqslant 2\pi \\ 0 \leqslant z \leqslant h}} a^4 \sin^4\varphi \cdot a\,\mathrm{d}\varphi\mathrm{d}z$$

$$= 8a^5 \int_0^{\frac{\pi}{2}} \sin^4\varphi\,\mathrm{d}\varphi \cdot \int_0^h \mathrm{d}z = \frac{3}{2}\pi h a^5.$$

**【例 5.3.4】** 设 $S(t)$ 是平面 $M(t)$: $x + y + z = t$ 被球面 $x^2 + y^2 + z^2 = 1$ 截下的部分, 且

$$F(x, y, z) = 1 - (x^2 + y^2 + z^2).$$

求证: 当 $|t| \leqslant \sqrt{3}$ 时, 有

$$\iint\limits_{S(t)} F(x, y, z)\mathrm{d}S = \frac{\pi}{18}(3 - t^2)^2.$$

**证明** 证明过程实际是一个计算的过程. 首先注意到平面 $M(t)$ 的一个单位法向量是 $\boldsymbol{n} = \dfrac{1}{\sqrt{3}}(1, 1, 1)$. 不难计算, 原点到平面 $M(t)$ 的距离为 $\dfrac{|t|}{\sqrt{3}}$. 因此当 $|t| > \sqrt{3}$ 时, 平面 $M(t)$ 与球体 $B$: $x^2 + y^2 + z^2 \leqslant 1$ 不相交; 当 $|t| < \sqrt{3}$ 时, 平面 $M(t)$ 与球体 $B$ 的交 $S(t)$ 是一个圆盘. 该圆盘的圆心为 $\left(\dfrac{t}{3}, \dfrac{t}{3}, \dfrac{t}{3}\right)$, 半径为

$$r_0 = \sqrt{1 - \frac{t^2}{3}}.$$

设圆盘 $S(t)$ 上的点 $(x, y, z)$ 到圆心的距离为 $r$, 则

$$\left(x - \frac{t}{3}\right)^2 + \left(y - \frac{t}{3}\right)^2 + \left(z - \frac{t}{3}\right)^2 = r^2.$$

再由 $x + y + z = t$, 可得

$$x^2 + y^2 + z^2 = \frac{t^2}{3} + r^2.$$

在极坐标下, 圆盘 $S(t)$ 的面积元素为

$$\mathrm{d}S = r\mathrm{d}r\mathrm{d}\varphi, \quad (r, \varphi) \in D = [0, r_0] \times [0, 2\pi].$$

因此

$$\iint\limits_{S(t)} F(x, y, z)\mathrm{d}S = \iint\limits_{D} \left(1 - \left(\frac{t^2}{3} + r^2\right)\right) r\mathrm{d}r\mathrm{d}\varphi = 2\pi \int_0^{r_0} \left(r_0^2 - r^2\right) r\mathrm{d}r$$

$$= 2\pi \left(\frac{1}{2}r_0^4 - \frac{1}{4}r_0^4\right) = \frac{\pi}{2}r_0^4 = \frac{\pi}{18}\left(3 - t^2\right)^2. \qquad \Box$$

【例 5.3.5】(第一型曲面积分的正交变换)　设 $S$ 是光滑曲面, 其参数方程为

$$x = x(u, v), \quad y = y(u, v), \quad z = z(u, v), \quad (u, v) \in D \subset \mathbb{R}^2.$$

$f$ 是 $S$ 上的连续函数. $\boldsymbol{A} = (a_{ij})$ 是三阶正交方阵. 作正交变换

$$\tilde{\boldsymbol{X}} = \begin{pmatrix} \tilde{x} \\ \tilde{y} \\ \tilde{z} \end{pmatrix} = \boldsymbol{A} \begin{pmatrix} x \\ y \\ z \end{pmatrix} = \boldsymbol{A}\boldsymbol{X},$$

使得 $S$ 变为

$$\tilde{S}: \ \tilde{x} = \tilde{x}(u, v), \ \tilde{y} = \tilde{y}(u, v), \ \tilde{z} = \tilde{z}(u, v).$$

则有

$$\iint\limits_{S} f(\boldsymbol{X})\mathrm{d}S = \iint\limits_{\tilde{S}} f(\boldsymbol{A}^{\mathrm{T}}\tilde{\boldsymbol{X}})\mathrm{d}\tilde{S}.$$

**证明**　因为 $\tilde{\boldsymbol{X}}_u' = \boldsymbol{A}\boldsymbol{X}_u'$, $\tilde{\boldsymbol{X}}_v' = \boldsymbol{A}\boldsymbol{X}_v'$, 并注意 $\boldsymbol{A}$ 是正交方阵, 所以 Gauss 系数为

$$\tilde{E} = |\tilde{\boldsymbol{X}}_u'|^2 = \tilde{\boldsymbol{X}}_u'^{\mathrm{T}}\tilde{\boldsymbol{X}}_u' = \boldsymbol{X}_u'^{\mathrm{T}}\boldsymbol{A}^{\mathrm{T}}\boldsymbol{A}\boldsymbol{X}_u' = \boldsymbol{X}_u'^{\mathrm{T}}\boldsymbol{X}_u' = |\boldsymbol{X}_u'|^2 = E,$$

$$\tilde{G} = |\tilde{\boldsymbol{X}}_v'|^2 = \tilde{\boldsymbol{X}}_v'^{\mathrm{T}}\tilde{\boldsymbol{X}}_v' = \boldsymbol{X}_v'^{\mathrm{T}}\boldsymbol{A}^{\mathrm{T}}\boldsymbol{A}\boldsymbol{X}_v' = \boldsymbol{X}_v'^{\mathrm{T}}\boldsymbol{X}_v' = |\boldsymbol{X}_v'|^2 = G,$$

$$\tilde{F} = \tilde{\boldsymbol{X}}_u'^{\mathrm{T}}\tilde{\boldsymbol{X}}_v' = \boldsymbol{X}_u'^{\mathrm{T}}\boldsymbol{A}^{\mathrm{T}}\boldsymbol{A}\boldsymbol{X}_v' = \boldsymbol{X}_u'^{\mathrm{T}}\boldsymbol{X}_v' = F.$$

因而 $\tilde{E}\tilde{G} - \tilde{F}^2 = EG - F^2$. 根据第一型曲面积分的积分计算公式, 有

$$\iint\limits_{S} f(\boldsymbol{X})\mathrm{d}S = \iint\limits_{D} f(\boldsymbol{X}(u, v))\sqrt{EG - F^2}\mathrm{d}u\mathrm{d}v$$

$$= \iint\limits_{D} f(\boldsymbol{A}^{\mathrm{T}} \tilde{\boldsymbol{X}}(u,v)) \sqrt{\tilde{E}\tilde{G} - \tilde{F}^2} \mathrm{d}u\mathrm{d}v$$

$$= \iint\limits_{\tilde{S}} f(\boldsymbol{A}^{\mathrm{T}} \tilde{\boldsymbol{X}}) \mathrm{d}\tilde{S}. \qquad \square$$

**【例 5.3.6】** (Poisson (泊松) 公式)　设 $S$ 是单位球面 $x^2 + y^2 + z^2 = 1$, $f(t)$ 是 $\mathbb{R}$ 上的连续函数. 求证:

$$\iint\limits_{S} f(ax + by + cz)\mathrm{d}S = 2\pi \int_{-1}^{1} f(kt)\mathrm{d}t,$$

其中 $k = \sqrt{a^2 + b^2 + c^2}$.

**证明**　当 $k = 0$ 时, $a, b, c$ 同时为零, 此时结论是明显的. 不妨设 $k > 0$. 记 $a_1 = \dfrac{a}{k}$, $b_1 = \dfrac{b}{k}$, $c_1 = \dfrac{c}{k}$, 则 $(a_1, b_1, c_1)$ 是单位向量. 存在单位向量 $(a_2, b_2, c_2)$ 和 $(a_3, b_3, c_3)$ 使得

$$\boldsymbol{A} = \begin{pmatrix} a_1 & b_1 & c_1 \\ a_2 & b_2 & c_2 \\ a_3 & b_3 & c_3 \end{pmatrix}$$

是正交方阵. 在正交变换 $\tilde{\boldsymbol{X}} = \boldsymbol{A}\boldsymbol{X}$ 之下, 单位球面 $S$ 变为单位球面 $\tilde{S} : \tilde{x}^2 + \tilde{y}^2 + \tilde{z}^2 = 1$, 由例 5.3.5 结论, 有

$$\iint\limits_{S} f(ax + by + cz)\mathrm{d}S = \iint\limits_{\tilde{S}} f(k\tilde{x})\mathrm{d}\tilde{S}.$$

对于单位球面 $\tilde{S}$ 取参数方程

$$\tilde{x} = t, \quad \tilde{y} = \sqrt{1 - t^2}\sin\varphi, \quad \tilde{z} = \sqrt{1 - t^2}\cos\varphi,$$

这里 $t \in [-1, 1]$, $\varphi \in [0, 2\pi]$, 则 Gauss 系数为 $E = \dfrac{1}{1 - t^2}$, $G = 1 - t^2$, $F = 0$. 于是

$$\iint\limits_{\tilde{S}} f(k\tilde{x})\mathrm{d}\tilde{S} = \int_{-1}^{1} \int_{0}^{2\pi} f(kt)\mathrm{d}t\mathrm{d}\varphi = 2\pi \int_{-1}^{1} f(kt)\mathrm{d}t.$$

故结论成立. $\qquad \square$

**【例 5.3.7】**　求曲面积分

$$I = \iint\limits_{S} x^2\mathrm{d}y\mathrm{d}z + y^2\mathrm{d}z\mathrm{d}x + z^2\mathrm{d}x\mathrm{d}y,$$

其中 $S$ 是半球面 $x^2 + y^2 + z^2 = a^2$ $(z \geqslant 0)$ 的上侧.

**解** 曲面 $S$ 的参数方程是

$$x = a\sin\theta\cos\varphi, \quad y = a\sin\theta\sin\varphi, \quad z = a\cos\theta \ \left(0 \leqslant \theta \leqslant \frac{\pi}{2}, \ 0 \leqslant \varphi \leqslant 2\pi\right).$$

在曲面上的点 $(x, y, z)$ 的单位法向量为 $\dfrac{1}{a}(x, y, z)$. 于是

$$\begin{aligned}
I &= \iint\limits_{S} (x^2, y^2, z^2) \cdot \frac{(x, y, z)}{a} \mathrm{d}S = \frac{1}{a} \iint\limits_{S} (x^3 + y^3 + z^3) \mathrm{d}S \\
&= \frac{1}{a} \iint\limits_{S} z^3 \mathrm{d}S = \frac{1}{a} \iint\limits_{\substack{0 \leqslant \theta \leqslant \frac{\pi}{2} \\ 0 \leqslant \varphi \leqslant 2\pi}} (a\cos\theta)^3 a^2 \sin\theta \mathrm{d}\theta \mathrm{d}\varphi \\
&= 2\pi a^4 \int_0^{\frac{\pi}{2}} \cos^3\theta \sin\theta \mathrm{d}\theta \\
&= \frac{\pi}{2} a^4.
\end{aligned}$$

**【注 5.3.1】** 这里用到了奇函数 $x^3, y^3$ 在对称区域上的积分为零.

**【例 5.3.8】** 计算曲面积分

$$I = \iint\limits_{S} x^3 \mathrm{d}y\mathrm{d}z + y^3 \mathrm{d}z\mathrm{d}x,$$

其中 $S$ 是上半椭球面 $\dfrac{x^2}{a^2} + \dfrac{y^2}{b^2} + \dfrac{z^2}{c^2} = 1 \ (z \geqslant 0)$ 的上侧.

**解** 将椭球面 $S$ 表示成参数方程

$$x = a\sin\theta\cos\varphi, \quad y = b\sin\theta\sin\varphi, \quad z = c\cos\theta,$$

其中 $\theta, \varphi$ 的变化范围是矩形 $D: 0 \leqslant \varphi \leqslant 2\pi, 0 \leqslant \theta \leqslant \dfrac{\pi}{2}$. 因为

$$\frac{\partial(y, z)}{\partial(\theta, \varphi)} = bc\sin^2\theta\cos\varphi, \quad \frac{\partial(z, x)}{\partial(\theta, \varphi)} = ac\sin^2\theta\sin\varphi, \quad \frac{\partial(x, y)}{\partial(\theta, \varphi)} = ab\cos\theta\sin\theta,$$

向量 $\boldsymbol{r}'_\theta \times \boldsymbol{r}'_\varphi$ 指向 $S$ 的上侧, 故由曲面积分的计算公式得

$$\begin{aligned}
\iint\limits_{S} x^3 \mathrm{d}y\mathrm{d}z &= \iint\limits_{D} a^3 \sin^3\theta\cos^3\varphi \cdot bc\sin^2\theta\cos\varphi \mathrm{d}\theta\mathrm{d}\varphi \\
&= a^3 bc \int_0^{2\pi} \cos^4\varphi \mathrm{d}\varphi \int_0^{\frac{\pi}{2}} \sin^5\theta \mathrm{d}\theta = \frac{2}{5}\pi a^3 bc.
\end{aligned}$$

同理可得

$$\iint\limits_{S} y^3 \mathrm{d}z\mathrm{d}x = \frac{2}{5}\pi ab^3 c.$$

从而所求曲面积分的值为

$$\iint\limits_{S} x^3 \mathrm{d}y\mathrm{d}z + y^3 \mathrm{d}z\mathrm{d}x = \frac{2}{5}\pi abc(a^2 + b^2).$$

【例 5.3.9】 计算 $A = \iint\limits_{S} x\,\mathrm{d}y\mathrm{d}z + y\,\mathrm{d}z\mathrm{d}x + z\,\mathrm{d}x\mathrm{d}y$, 其中 $S = \{(x,y,z)|x,y,z \geqslant 0, x + y + z = 1\}$, 法向与 $(1,1,1)$ 同向.

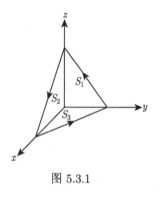

图 5.3.1

**解** 如图 5.3.1, 设 $V$ 是由 $S, S_1, S_2, S_3$ 所围成的四面体, $\partial V$ 取外法向, 这里

$$S_1 = \{(x,y,z) : x = 0, y \geqslant 0, z \geqslant 0, y + z \leqslant 1\},$$

$$S_2 = \{(x,y,z) : x \geqslant 0, y = 0, z \geqslant 0, x + z \leqslant 1\},$$

$$S_3 = \{(x,y,z) : x \geqslant 0, y \geqslant 0, z = 0, x + y \leqslant 1\}.$$

记 $\omega = x\,\mathrm{d}y\mathrm{d}z + y\,\mathrm{d}z\mathrm{d}x + z\,\mathrm{d}x\mathrm{d}y$. 由 Gauss 公式得

$$\iint\limits_{\partial V} \omega = \iiint\limits_{V} 3\mathrm{d}x\mathrm{d}y\mathrm{d}z = 3 \cdot \frac{1}{3} \cdot \frac{1}{2} = \frac{1}{2}.$$

因此

$$A = \iint\limits_{S} \omega = \frac{1}{2} - \left( \iint\limits_{S_1} \omega + \iint\limits_{S_2} \omega + \iint\limits_{S_3} \omega \right).$$

易知

$$\iint\limits_{S_1} \omega = 0, \quad \iint\limits_{S_2} \omega = 0, \quad \iint\limits_{S_3} \omega = 0,$$

故 $A = \dfrac{1}{2}$.

【注 5.3.2】 当 $S$ 不是封闭曲面时, 为了利用 Gauss 公式, 可以为 $S$ 补上若干光滑曲面片, 使之成为封闭曲面. 前提是在这些补上的曲面上的积分容易计算.

【例 5.3.10】 计算 $A = \iint\limits_{S} xy^2 \,\mathrm{d}y\mathrm{d}z + yz^2 \,\mathrm{d}z\mathrm{d}x + zx^2 \,\mathrm{d}x\mathrm{d}y$, 其中 $S$ 是球体 $V = \{(x,y,z)|x^2 + y^2 + z^2 \leqslant z\}$ 的表面, 方向朝外.

**解** 为了方便计算, 选择 $V$ 的参数方程如下:

$$x = r\cos\varphi\sin\theta, \quad y = r\sin\varphi\sin\theta, \quad z = \frac{1}{2} + r\cos\theta, \quad (r,\theta,\varphi) \in D,$$

其中 $D : 0 \leqslant r \leqslant \dfrac{1}{2}, 0 \leqslant \theta \leqslant \pi, 0 \leqslant \varphi \leqslant 2\pi$. 由 Gauss 公式, 可得

$$A = \iiint\limits_{V} (y^2 + z^2 + x^2)\mathrm{d}x\mathrm{d}y\mathrm{d}z$$

$$= \iiint\limits_{D} (r^2 \sin^2 \theta + \frac{1}{4} + r \cos \theta + r^2 \cos^2 \theta) r^2 \sin \theta \, \mathrm{d}r \mathrm{d}\theta \mathrm{d}\varphi$$

$$= 2\pi \iint\limits_{\substack{0 \leqslant r \leqslant \frac{1}{2} \\ 0 \leqslant \theta \leqslant \pi}} (r^2 + \frac{1}{4} + r \cos \theta) r^2 \sin \theta \mathrm{d}r \mathrm{d}\theta$$

$$= 2\pi \left( \frac{1}{5} \cdot \frac{1}{2^5} \cdot 2 + \frac{1}{4} \cdot \frac{1}{3} \cdot \frac{1}{2^3} \cdot 2 \right) = \frac{\pi}{15}.$$

**【例 5.3.11】** 计算曲面积分 $I = \iint\limits_{S} \dfrac{\cos(\boldsymbol{r}, \boldsymbol{n})}{r^2} \mathrm{d}S$, 其中 $S$ 是光滑封闭曲面, 原点不在 $S$ 上, $\boldsymbol{r} = (x, y, z)$, $r = \sqrt{x^2 + y^2 + z^2}$, $\boldsymbol{n}$ 是曲面 $S$ 的单位外法向.

**解**　注意到 $\cos(\boldsymbol{r}, \boldsymbol{n}) = \dfrac{\boldsymbol{r}}{r} \cdot \boldsymbol{n}$. 令

$$\boldsymbol{F} = (P, Q, R) = \left( \frac{x}{r^3}, \frac{y}{r^3}, \frac{z}{r^3} \right) = \frac{\boldsymbol{r}}{r^3},$$

则

$$I = \iint\limits_{S} \boldsymbol{F} \cdot \boldsymbol{n} \mathrm{d}S.$$

因为

$$\frac{\partial P}{\partial x} = \frac{y^2 + z^2 - 2x^2}{r^5} = \frac{1}{r^3} - \frac{3x^2}{r^5},$$

$$\frac{\partial Q}{\partial y} = \frac{x^2 + z^2 - 2y^2}{r^5} = \frac{1}{r^3} - \frac{3y^2}{r^5},$$

$$\frac{\partial R}{\partial z} = \frac{x^2 + y^2 - 2z^2}{r^5} = \frac{1}{r^3} - \frac{3z^2}{r^5},$$

所以

$$\frac{\partial P}{\partial x} + \frac{\partial Q}{\partial y} + \frac{\partial R}{\partial z} = 0.$$

(1) 若原点在 $S$ 的外部区域, 则 $\boldsymbol{F}$ 是 $S$ 内的连续可微向量场, 记 $V$ 是 $S$ 所围成的区域. 由 Gauss 公式可得

$$I = \iiint\limits_{V} \left( \frac{\partial P}{\partial x} + \frac{\partial Q}{\partial y} + \frac{\partial R}{\partial z} \right) \mathrm{d}x\mathrm{d}y\mathrm{d}z = \iiint\limits_{V} 0 \mathrm{d}x\mathrm{d}y\mathrm{d}z = 0.$$

(2) 若原点在 $S$ 的内部, 这时原点是 $\boldsymbol{F}$ 的奇点. 以 $\varepsilon > 0$ 为半径, 原点为中心作包含于 $S$ 内部的小球面 $S_\varepsilon$, 方向朝外. 在 $S$ 与 $S_\varepsilon$ 所围成的部分, $\boldsymbol{F}$ 是光滑向量场, 因此由 Gauss 公式可得

$$\iint\limits_{S - S_\varepsilon} \boldsymbol{F} \cdot \boldsymbol{n} \mathrm{d}S = 0.$$

故

$$I = \iint\limits_{S} \boldsymbol{F} \cdot \boldsymbol{n} \mathrm{d}S = \iint\limits_{S_\varepsilon} \boldsymbol{F} \cdot \boldsymbol{n} \mathrm{d}S = \iint\limits_{S_\varepsilon} \frac{\boldsymbol{r}}{r^3} \cdot \frac{\boldsymbol{r}}{r} \mathrm{d}S = \iint\limits_{S_\varepsilon} \frac{1}{\varepsilon^2} \mathrm{d}S = 4\pi.$$

【例 5.3.12】 设曲面 $S = \{(x,y,z) \in \mathbb{R}^3 \mid x^2 + y^2 + z^2 = 1, \ z > 0\}$, 它的定向与 $z$ 轴正向同侧. 设 $f(x,y) = \dfrac{1+z}{1+x^2+y^2}$, $g(x,y) = xy + yz + zx$, 求积分 $\displaystyle\int_S \nabla f \times \nabla g \cdot \mathrm{d}\boldsymbol{S}$.

**解** 可以直接计算, 但很复杂. 因为

$$\mathrm{div}(\nabla f \times \nabla g) = \nabla \cdot (\nabla f \times \nabla g) = \nabla \times \nabla f \cdot \nabla g - \nabla f \cdot \nabla \times \nabla g = 0,$$

可以利用 Gauss 公式, 但需要给积分区域加一个底: $S_1 = \{x^2 + y^2 \leqslant 1, \ z = 0\}$, $S_1$ 的定向与 $z$ 轴正向相反, 即 $\boldsymbol{n}_1 = \boldsymbol{k}$. 由 Gauss 公式,

$$\int_{S \cup S_1} \nabla f \times \nabla g \cdot \mathrm{d}\boldsymbol{S} = \iiint\limits_{\Omega} \mathrm{div}(\nabla f \times \nabla g)\mathrm{d}V = 0.$$

所以

$$\int_S \nabla f \times \nabla g \cdot \mathrm{d}\boldsymbol{S} = -\int_{S_1} \nabla f \times \nabla g \cdot \mathrm{d}\boldsymbol{S} = \int_{S_1} \nabla f \times \nabla g \cdot \boldsymbol{k} \mathrm{d}S,$$

直接计算可得

$$\nabla f = \left( \frac{-2x(1+z)}{(1+x^2+y^2)^2}, \frac{-2y(1+z)}{(1+x^2+y^2)^2}, \frac{1}{1+x^2+y^2} \right),$$

$$\nabla g = (y+z, \ z+x, \ x+y),$$

限制在 $S_1$ 上, $z = 0$, 所以

$$\nabla f \times \nabla g \cdot \boldsymbol{k} = \frac{-2x^2 + 2y^2}{(1+x^2+y^2)^2}.$$

利用对称性可得

$$\int_{S_1} \nabla f \times \nabla g \cdot \boldsymbol{k} \mathrm{d}S = 2 \iint\limits_{\{x^2+y^2 \leqslant 1\}} \frac{y^2 - x^2}{(1+x^2+y^2)^2} \mathrm{d}x\mathrm{d}y = 0.$$

由于 $\nabla f \times \nabla g = \nabla \times (f \nabla g)$, 也可以利用 Stokes 公式计算积分. $\partial S = \{x^2 + y^2 = 1, \ z = 0\}$ 是 $Oxy$ 平面的单位圆周, 赋予它与 $S$ 相容的定向, 由 Stokes 公式可得

$$\int_S \nabla f \times \nabla g \cdot \mathrm{d}\boldsymbol{S} = \int_S \nabla \times (f \nabla g) \cdot \mathrm{d}\boldsymbol{S} = \int_{\partial S} f \nabla g \cdot \mathrm{d}\boldsymbol{r}.$$

由于 $f\Big|_{\partial S} = \dfrac{1}{2}$, $\displaystyle\int_{\partial S} \nabla g \cdot \mathrm{d}\boldsymbol{r} = 0$, 所以原积分 $= 0$.

【**例 5.3.13**】　设 $f$ 在 $\overline{B}(P_0, R)$ 上有二阶连续偏导数, 且满足 Laplace (拉普拉斯) 方程 $\Delta f = \dfrac{\partial^2 f}{\partial x^2} + \dfrac{\partial^2 f}{\partial y^2} + \dfrac{\partial^2 f}{\partial z^2} = 0$, 证明有

$$f(P_0) = \frac{1}{4\pi r^2} \iint\limits_{S} f(x, y, z) \mathrm{d}S,$$

其中 $P_0 = (x_0, y_0, z_0)$, $S : (x - x_0)^2 + (y - y_0)^2 + (z - z_0)^2 = r^2$, $0 \leqslant r \leqslant R$.

**证明**　令 $g(r) = \dfrac{1}{4\pi r^2} \iint\limits_{S} f(x, y, z)\mathrm{d}S$. 设 $S$ 的参数方程为

$$x = x_0 + r\sin\theta\cos\varphi, \quad y = y_0 + r\sin\theta\sin\varphi, \quad z = z_0 + r\cos\theta,$$

其中 $(\theta, \varphi) \in D = \{0 \leqslant \theta \leqslant \pi, \, 0 \leqslant \varphi \leqslant 2\pi\}$. 记

$$P = (x_0 + r\sin\theta\cos\varphi, \, y_0 + r\sin\theta\sin\varphi, \, z_0 + r\cos\theta),$$

则有

$$g(r) = \frac{1}{4\pi} \iint\limits_{D} f(P)\sin\theta \mathrm{d}\theta \mathrm{d}\varphi.$$

因而

$$
\begin{aligned}
g'(r) &= \frac{1}{4\pi} \iint\limits_{D} \left[ \sin\theta\cos\varphi f_x'(P) + \sin\theta\sin\varphi f_y'(P) + \cos\theta f_z'(P) \right] \sin\theta \mathrm{d}\theta \mathrm{d}\varphi \\
&= \frac{1}{4\pi r^2} \iint\limits_{S} f_x' \mathrm{d}y\mathrm{d}z + f_y' \mathrm{d}z\mathrm{d}x + f_z' \mathrm{d}x\mathrm{d}y \\
&= \frac{1}{4\pi r^2} \iiint\limits_{B} \Delta f \mathrm{d}x\mathrm{d}y\mathrm{d}z = 0 \quad (\text{Gauss 公式}),
\end{aligned}
$$

这说明 $g(r)$ 为常数. 所以 $g(r) = g(0) = f(P_0)$.　□

【**例 5.3.14**】　设曲面 $S$ 为 $\{(x, y, z) \mid x + y + z = 1, x \geqslant 0, y \geqslant 0, z \geqslant 0\}$, 法向与 $(1, 1, 1)$ 同向. 求力场 $\boldsymbol{F} = (y^2, z^2, x^2)$ 绕 $S$ 的正向边界 $\partial S$ 一周所做的功.

**解**　$S$ 的单位法向量是 $\boldsymbol{n} = \dfrac{1}{\sqrt{3}}(1, 1, 1)$ (图 5.3.2).

于是根据 Stokes 公式

$$
\begin{aligned}
\text{做功} &= \oint_{\partial S} \boldsymbol{F} \cdot \mathrm{d}\boldsymbol{r} \\
&= \iint\limits_{S} \begin{vmatrix} \mathrm{d}y\mathrm{d}z & \mathrm{d}z\mathrm{d}x & \mathrm{d}x\mathrm{d}y \\ \dfrac{\partial}{\partial x} & \dfrac{\partial}{\partial y} & \dfrac{\partial}{\partial z} \\ y^2 & z^2 & x^2 \end{vmatrix}
\end{aligned}
$$

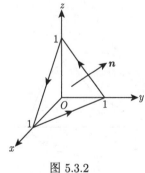

图 5.3.2

$$= \iint\limits_{S}(-2z, -2x, -2y) \cdot \boldsymbol{n}\mathrm{d}S$$

$$= -\frac{2}{\sqrt{3}} \iint\limits_{S}(x + y + z)\mathrm{d}S$$

$$= -\frac{2}{\sqrt{3}} \cdot \frac{\sqrt{3}}{2} = -1.$$

【例 5.3.15】 设曲线 $L$ 是椭圆抛物面 $z = 3x^2 + 4y^2$ 与椭圆柱面 $4x^2 + y^2 = 4y$ 的交线, 从 $z$ 轴的正向看, $L$ 的方向是顺时针方向. 求向量场 $\boldsymbol{F} = (y(z+1), xz, xy - z)$ 沿 $L$ 的环量.

**解** 如图 5.3.3, $D$ 是 $Oxy$ 平面上的区域 $4x^2 + y^2 \leqslant 4y$, $S$ 是曲面 $z = 3x^2 + 4y^2, (x, y) \in D$, 方向朝下. 由 Stokes 公式

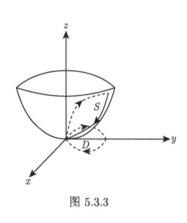

图 5.3.3

$$环量 = \oint_{L} \boldsymbol{F} \cdot \mathrm{d}\boldsymbol{r}$$

$$= \iint\limits_{S} \begin{vmatrix} \mathrm{d}y\mathrm{d}z & \mathrm{d}z\mathrm{d}x & \mathrm{d}x\mathrm{d}y \\ \dfrac{\partial}{\partial x} & \dfrac{\partial}{\partial y} & \dfrac{\partial}{\partial z} \\ y(z+1) & xz & xy - z \end{vmatrix}$$

$$= -\iint\limits_{S} \mathrm{d}x\mathrm{d}y$$

$$= \iint\limits_{D} \mathrm{d}x\mathrm{d}y = 2\pi.$$

【例 5.3.16】 计算 $I = \displaystyle\int_{L}(y^2 + z^2)\mathrm{d}x + (z^2 + x^2)\mathrm{d}y + (x^2 + y^2)\mathrm{d}z$, 其中

$$L : \begin{cases} x^2 + y^2 + z^2 = 2ax, \\ x^2 + y^2 = 2bx, \end{cases} \quad z \geqslant 0, \quad 0 < b < a.$$

从 $x$ 轴正向看过去, $L$ 的方向是逆时针方向.

**解** 如图 5.3.4, 设 $S$ 是 $L$ 在半球面 $x^2 + y^2 + z^2 = 2ax$ $(z \geqslant 0)$ 所围成的曲面. 因为从 $x$ 轴正向看, $L$ 的方向是逆时针的, 所以 $S$ 的方向朝下, 指向球心. 因此 $S$ 的法向为 $\boldsymbol{n} = -\dfrac{1}{a}(x - a, y, z)$. 由 Stokes 公式, 有

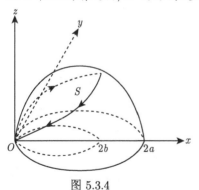

图 5.3.4

$$I = \iint\limits_{S} \begin{vmatrix} \mathrm{d}y\mathrm{d}z & \mathrm{d}z\mathrm{d}x & \mathrm{d}x\mathrm{d}y \\ \dfrac{\partial}{\partial x} & \dfrac{\partial}{\partial y} & \dfrac{\partial}{\partial z} \\ y^2 + z^2 & z^2 + x^2 & x^2 + y^2 \end{vmatrix}$$

$$= 2 \iint\limits_{S} (y - z, z - x, x - y) \cdot \boldsymbol{n} \mathrm{d}S$$

$$= -2 \iint\limits_{S} (z - y) \mathrm{d}S = -2 \iint\limits_{S} z \mathrm{d}S.$$

因为 $S$ 的方程是 $z = \sqrt{a^2 - (x - a)^2 + y^2}$, 所以

$$\mathrm{d}S = \sqrt{1 + \left(\frac{\partial z}{\partial x}\right)^2 + \left(\frac{\partial z}{\partial y}\right)^2} \mathrm{d}x\mathrm{d}y$$

$$= \frac{a}{\sqrt{a^2 - (x - a)^2 + y^2}} \mathrm{d}x\mathrm{d}y = \frac{a}{z} \mathrm{d}x\mathrm{d}y,$$

因而

$$I = -2a \iint\limits_{D} \mathrm{d}x\mathrm{d}y = -2a\pi b^2 = -2\pi a b^2,$$

其中 $D$ 是 $S$ 在 $Oxy$ 平面的投影, 即 $(x - b)^2 + y^2 \leqslant b^2$.

【例 5.3.17】　计算第二型曲线积分 $I = \displaystyle\int_{L} (y - z)\mathrm{d}x + (z - x)\mathrm{d}y + (x - y)\mathrm{d}z$,
其中 $L$ 是柱面 $S_z : x^2 + y^2 = a^2$ 与平面 $\pi_y : \dfrac{x}{a} + \dfrac{z}{h} = 1 \ (a, h > 0)$ 的交线, 从 $x$ 轴正向看去沿逆时针方向.

　　**解**　如图 5.3.5, 设 $S$ 是平面 $\pi_y$ 被柱面 $S_z$ 所截下的部分, 则 $L = \partial S$. $S$ 在 $Oxy$ 平面上的投影为圆盘 $D_{xy} : x^2 + y^2 \leqslant a^2$, 在 $Oyz$ 平面上投影为椭圆盘 $D_{yz} : \dfrac{y^2}{a^2} + \dfrac{(z - h)^2}{h^2} \leqslant 1$, 在 $Ozx$ 平面上投影为直线段. 由 Stokes 公式可得

$$I = \iint\limits_{S} \begin{vmatrix} \mathrm{d}y\mathrm{d}z & \mathrm{d}z\mathrm{d}x & \mathrm{d}x\mathrm{d}y \\ \dfrac{\partial}{\partial x} & \dfrac{\partial}{\partial y} & \dfrac{\partial}{\partial z} \\ y - z & z - x & x - y \end{vmatrix}$$

$$= -2 \iint\limits_{S} \mathrm{d}y\mathrm{d}z + \mathrm{d}z\mathrm{d}x + \mathrm{d}x\mathrm{d}y$$

$$= -2 \iint\limits_{D_{yz}} \mathrm{d}y\mathrm{d}z - 2 \iint\limits_{D_{xy}} \mathrm{d}x\mathrm{d}y$$

$$= -2\pi a h - 2\pi a^2 = -2\pi(a + h)a.$$

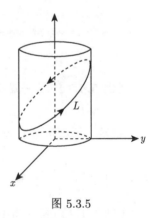

图 5.3.5

【例 5.3.18】　设 $a, b, c$ 不全为零, $L$ 是球面 $S : x^2 + y^2 + z^2 = R^2 \ (R > 0)$ 与平面 $\Sigma : ax + by + cz = 0$ 的交线, 其方向这样来定: 质点在 $L$ 上运动的正方向与平面 $\Sigma$ 的法向 $(a, b, c)$ 成右手系. 计算第二型曲线积分

$$\oint_L (bz+c)\mathrm{d}x + (cx+a)\mathrm{d}y + (ay+b)\mathrm{d}z.$$

**解** 设球体 $x^2+y^2+z^2 \leqslant R^2\ (R>0)$ 与平面 $ax+by+cz=0$ 交成的大圆盘为 $D$，其单位法向量为 $\boldsymbol{n} = \dfrac{(a,b,c)}{\sqrt{a^2+b^2+c^2}}$. $L$ 可视为 $D$ 的边界. 根据 Stokes 公式, 得

$$\oint_L (bz+c)\mathrm{d}x + (cx+a)\mathrm{d}y + (ay+b)\mathrm{d}z$$

$$= \iint_D \begin{vmatrix} \boldsymbol{i} & \boldsymbol{j} & \boldsymbol{k} \\ \dfrac{\partial}{\partial x} & \dfrac{\partial}{\partial y} & \dfrac{\partial}{\partial z} \\ bz+c & cx+a & ay+b \end{vmatrix} \cdot \boldsymbol{n}\,\mathrm{d}S$$

$$= \iint_D (a,b,c) \cdot \boldsymbol{n}\,\mathrm{d}S$$

$$= \sqrt{a^2+b^2+c^2} \iint_D \mathrm{d}S$$

$$= \sqrt{a^2+b^2+c^2}\,\pi R^2.$$

## 5.4 真 题 选 讲

【**例 5.4.1**】(第一届全国初赛题) 设 $a_n = \displaystyle\int_0^{\frac{\pi}{2}} t\left(\frac{\sin nt}{\sin t}\right)^3 \mathrm{d}t$, 证明 $\displaystyle\sum_{n=1}^{\infty} \frac{1}{a_n}$ 发散.

**证明** 根据例 5.1.32 的结论有 $a_n \leqslant \left(\dfrac{3n}{8} - \dfrac{1}{4}\right)\pi^2 < 6n$. 因此 $\dfrac{1}{a_n} > \dfrac{1}{6n}$. 由 $\displaystyle\sum_{n=1}^{\infty} \frac{1}{n}$ 发散, 可知 $\displaystyle\sum_{n=1}^{\infty} \frac{1}{a_n}$ 发散. □

【**例 5.4.2**】(第一届全国决赛题) 设函数 $f$ 在区间 $[a,b]$ 上连续. 由积分中值公式有

$$\int_a^x f(t)\,\mathrm{d}t = (x-a)f(\xi) \quad (a \leqslant \xi \leqslant x \leqslant b).$$

若右导数 $f'_+(a)$ 存在且非零, 则求 $\displaystyle\lim_{x \to a^+} \frac{\xi-a}{x-a}$.

**解** 由 $f$ 连续可知 $\displaystyle\int_a^x f(t)\,\mathrm{d}t$ 可导. 若当 $x$ 接近 $a$ 时, 总有 $\displaystyle\int_a^x f(t)\,\mathrm{d}t = (x-a)f(a)$, 则 $f(x) = f(a)$, 即在 $a$ 附近, $f$ 为常数. 这与 $f'_+(a) \neq 0$ 矛盾! 故当 $x$ 充分接近 $a$ 时,

$\xi > a$. 因为当 $x \to a^+$ 时, 有 $\xi \to a^+$, 故

$$\lim_{x \to a^+} \frac{f(\xi) - f(a)}{\xi - a} = f'_+(a) \neq 0.$$

根据 L'Hospital 法则

$$\lim_{x \to a^+} \frac{\int_a^x (f(t) - f(a))\, \mathrm{d}t}{(x-a)^2} = \lim_{x \to a^+} \frac{f(x) - f(a)}{2(x-a)} = \frac{1}{2} f'_+(a).$$

于是

$$\lim_{x \to a^+} \frac{\xi - a}{x - a} = \lim_{x \to a^+} \frac{1}{\dfrac{f(\xi) - f(a)}{\xi - a}} \cdot \frac{\displaystyle\int_a^a (f(t) - f(a))\, \mathrm{d}t}{(x-a)^2}$$

$$= \frac{1}{f'_+(a)} \cdot \frac{1}{2} f'_+(a) = \frac{1}{2}.$$

**【例 5.4.3】**(第二届全国初赛题)　设 $f$ 在 $[0,1]$ 上可积且 $0 \leqslant f \leqslant 1$. 求证: 对任意 $\varepsilon > 0$, 存在只取值为 $0$ 和 $1$ 的分段 (段数有限) 常值函数 $g(x)$, 使得对任意 $[\alpha, \beta] \subset [0,1]$ 有

$$\left| \int_\alpha^\beta (f(x) - g(x))\, \mathrm{d}x \right| < \varepsilon.$$

**证明**　对任意 $\varepsilon > 0$ 取定正整数 $n$, 使得 $\dfrac{2}{n} < \varepsilon$. 因为 $0 \leqslant f \leqslant 1$, 所以对非负整数 $m < n$ 有 $a_m := \displaystyle\int_{\frac{m}{n}}^{\frac{m+1}{n}} f(x)\, \mathrm{d}x \in \left[0, \dfrac{1}{n}\right]$. 记 $A_m = \left[\dfrac{m}{n}, \dfrac{m}{n} + a_m\right]$. 定义函数

$$g(x) = \begin{cases} 1, & x \in \displaystyle\bigcup_{m=0}^{n-1} A_m, \\ 0, & x \notin \displaystyle\bigcup_{m=0}^{n-1} A_m, \end{cases}$$

则 $g$ 是 $[0,1]$ 上取值为 $0$ 和 $1$ 的阶梯函数. 对任意 $[\alpha, \beta] \subset [0,1]$, 存在非负整数 $k, l\ (k \leqslant l)$ 使得

$$\frac{k}{n} \leqslant \alpha < \frac{k+1}{n}, \quad \frac{l}{n} \leqslant \beta < \frac{l+1}{n}.$$

则有

$$\int_{\frac{m}{n}}^{\frac{m+1}{n}} (f(x) - g(x))\, \mathrm{d}x = \int_{\frac{m}{n}}^{\frac{m}{n} + a_m} (f(x) - 1)\, \mathrm{d}x + \int_{\frac{m}{n} + a_m}^{\frac{m+1}{n}} (f(x) - 0)\, \mathrm{d}x$$

$$= \int_{\frac{m}{n}}^{\frac{m+1}{n}} f(x)\,\mathrm{d}x - a_m = 0,$$

若 $l \leqslant k+1$, 则 $\beta - \alpha \leqslant \dfrac{2}{n} < \varepsilon$, 因而

$$\left| \int_\alpha^\beta (f(x)-g(x))\,\mathrm{d}x \right| \leqslant \int_\alpha^\beta 1\,\mathrm{d}x = \beta - \alpha < \varepsilon.$$

若 $l > k+1$, 则

$$\int_{\frac{k+1}{n}}^{\frac{l}{n}} (f(x)-g(x))\,\mathrm{d}x = \sum_{m=k+1}^{l-1} \int_{\frac{m}{n}}^{\frac{m+1}{n}} (f(x)-g(x))\,\mathrm{d}x = 0.$$

于是

$$\left| \int_\alpha^\beta (f(x)-g(x))\,\mathrm{d}x \right| \leqslant \int_\alpha^{\frac{k+1}{n}} |f(x)-g(x)|\,\mathrm{d}x + \left| \int_{\frac{k+1}{n}}^{\frac{l}{n}} (f(x)-g(x))\,\mathrm{d}x \right|$$

$$+ \int_{\frac{l}{n}}^\beta |f(x)-g(x)|\,\mathrm{d}x$$

$$\leqslant \int_\alpha^{\frac{k+1}{n}} 1\,\mathrm{d}x + 0 + \int_{\frac{l}{n}}^\beta 1\,\mathrm{d}x \leqslant \frac{2}{n} < \varepsilon. \qquad \square$$

**【例 5.4.4】**(第二届全国初赛题)　设 $f$ 在 $[0,1]$ 上 Riemann 可积, 在 $x=1$ 可导, $f(1)=0, f'(1)=a$. 证明: $\displaystyle\lim_{n\to+\infty} n^2 \int_0^1 x^n f(x)\mathrm{d}x = -a$.

**证明**　作变换 $t = x^n$, 则有

$$n^2 \int_0^1 x^n f(x)\mathrm{d}x = n \int_0^1 t^{\frac{1}{n}} f(t^{\frac{1}{n}})\mathrm{d}t.$$

因为 $f$ 在 $[0,1]$ 上 Riemann 可积, 所以可设 $|f| < M$. 因此

$$n \left| \int_0^{\frac{1}{n^2}} t^{\frac{1}{n}} f(t^{\frac{1}{n}})\mathrm{d}t \right| \leqslant \frac{M}{n} \to 0 \quad (n \to +\infty).$$

由于 $f$ 在 $1$ 点可导, 且 $f(1)=0, f'(1)=a$, 故对任意正数 $\varepsilon$ 存在正数 $\delta$ 使得当 $|x-1| \leqslant \delta$ 时, 有

$$|f(x) - a(x-1)| < \varepsilon |x-1|.$$

因为 $\lim\limits_{n\to+\infty} n^{\frac{1}{n}} = 1$, 所以存在正整数 $N$, 使得当 $n > N$ 时, 有

$$\left| t^{\frac{1}{n}} - 1 \right| < \delta \quad \left( t \in \left[ \frac{1}{n^2}, 1 \right] \right).$$

于是

$$n \int_{\frac{1}{n^2}}^1 t^{\frac{1}{n}} \left| f(t^{\frac{1}{n}}) - a(t^{\frac{1}{n}} - 1) \right| \mathrm{d}t \leqslant n \int_{\frac{1}{n^2}}^1 t^{\frac{1}{n}} \varepsilon (1 - t^{\frac{1}{n}}) \mathrm{d}t < n \int_0^1 t^{\frac{1}{n}} \varepsilon (1 - t^{\frac{1}{n}}) \mathrm{d}t$$

$$= \frac{n^2}{(n+1)(n+2)} \varepsilon < \varepsilon.$$

由此知

$$\lim_{n\to+\infty} n \int_{\frac{1}{n^2}}^1 t^{\frac{1}{n}} \left( f(t^{\frac{1}{n}}) - a(t^{\frac{1}{n}} - 1) \right) \mathrm{d}t = 0.$$

注意到

$$\lim_{n\to+\infty} n \int_{\frac{1}{n^2}}^1 t^{\frac{1}{n}} a(t^{\frac{1}{n}} - 1) \mathrm{d}t = -a.$$

我们有

$$n \int_0^1 t^{\frac{1}{n}} f(t^{\frac{1}{n}}) \mathrm{d}t = n \int_0^{\frac{1}{n^2}} t^{\frac{1}{n}} f(t^{\frac{1}{n}}) \mathrm{d}t + n \int_{\frac{1}{n^2}}^1 t^{\frac{1}{n}} \left( f(t^{\frac{1}{n}}) - a(t^{\frac{1}{n}} - 1) \right) \mathrm{d}t$$

$$+ n \int_{\frac{1}{n^2}}^1 t^{\frac{1}{n}} a(t^{\frac{1}{n}} - 1) \mathrm{d}t \to -a \quad (n \to +\infty).$$

故

$$\lim_{n\to+\infty} n^2 \int_0^1 x^n f(x) \mathrm{d}x = -a. \qquad \square$$

【例 5.4.5】(第三届全国初赛题)　设 $f_1, f_2, \cdots, f_n$ 为 $[0,1]$ 上的非负连续函数. 求证: 存在 $\xi \in [0,1]$ 使得

$$\prod_{k=1}^n f_k(\xi) \leqslant \prod_{k=1}^n \int_0^1 f_k(x) \mathrm{d}x.$$

**证明**　记 $a_k = \int_0^1 f_k(x) \mathrm{d}x$. 若有一个 $k$ 使得 $a_k = 0$, 则 $f_k$ 恒为零, 此时结论显然成立. 下面设 $a_k > 0$ $(k = 1, 2, \cdots, n)$. 由均值不等式, 有

$$\sqrt[n]{\prod_{k=1}^n \frac{f_k(x)}{a_k}} \leqslant \frac{\sum_{k=1}^n \frac{f_k(x)}{a_k}}{n}.$$

由此

$$\int_0^1 \sqrt[n]{\prod_{k=1}^n \frac{f_k(x)}{a_k}} \mathrm{d}x \leqslant \int_0^1 \frac{\sum\limits_{k=1}^n \dfrac{f_k(x)}{a_k}}{n} \mathrm{d}x = 1.$$

于是, 存在 $\xi \in [0,1]$ 使得

$$\sqrt[n]{\prod_{k=1}^n \frac{f_k(\xi)}{a_k}} \leqslant 1,$$

即

$$\prod_{k=1}^n f_k(\xi) \leqslant \prod_{k=1}^n \int_0^1 f_k(x)\mathrm{d}x. \qquad \Box$$

**【例 5.4.6】**(第五届全国初赛题)  设 $f : [-1,1] \to \mathbb{R}$ 为偶函数, 且在 $[0,1]$ 上单调递增, 又设 $g$ 是 $[-1,1]$ 上的凸函数, 即对任意 $x, y \in [-1,1]$ 及 $t \in (0,1)$ 有

$$g(tx + (1-t)y) \leqslant tg(x) + (1-t)g(y).$$

求证:

$$2\int_{-1}^1 f(x)g(x)\mathrm{d}x \geqslant \int_{-1}^1 f(x)\mathrm{d}x \int_{-1}^1 g(x)\mathrm{d}x.$$

**证明**  由于 $f$ 是偶函数, 我们有

$$\int_{-1}^1 f(x)g(x)\mathrm{d}x = \int_{-1}^1 f(x)g(-x)\mathrm{d}x.$$

因而

$$2\int_{-1}^1 f(x)g(x)\mathrm{d}x = \int_{-1}^1 f(x)(g(x) + g(-x))\mathrm{d}x = 2\int_0^1 f(x)(g(x) + g(-x))\mathrm{d}x.$$

由于 $g$ 是凸函数, 可知 $h(x) = g(x) + g(-x)$ 为 $[0,1]$ 上单调递增函数.  因此对任意 $x, y \in [0,1]$ 有

$$(f(x) - f(y))(h(x) - h(y)) \geqslant 0.$$

由此

$$\int_0^1 \int_0^1 (f(x) - f(y))(h(x) - h(y))\mathrm{d}x\mathrm{d}y \geqslant 0.$$

于是

$$2\int_0^1 f(x)h(x)\mathrm{d}x \geqslant 2\int_0^1 f(x)\mathrm{d}x \int_0^1 h(x)\mathrm{d}x = \frac{1}{2}\int_{-1}^1 f(x)\mathrm{d}x \int_{-1}^1 h(x)\mathrm{d}x$$

$$= \int_{-1}^1 f(x)\mathrm{d}x \int_{-1}^1 g(x)\mathrm{d}x.$$

故

$$2\int_{-1}^1 f(x)g(x)\mathrm{d}x \geqslant \int_{-1}^1 f(x)\mathrm{d}x \int_{-1}^1 g(x)\mathrm{d}x. \qquad \square$$

**【注 5.4.1】**　证明中充分利用偶函数、单调函数的性质, 以及当 $g$ 是 $[-1,1]$ 上的凸函数时, $g(x) + g(-x)$ 是 $[0,1]$ 上的单调递增函数的结果.

**【例 5.4.7】** (第七届全国初赛题)　设 $f$ 是 $\mathbb{R}$ 上有下界或者有上界的连续函数, 且存在正数 $a$ 使得

$$f(x) + a\int_{x-1}^x f(t)\,\mathrm{d}t$$

为常数. 求证: $f$ 必为常数.

**证明**　不妨设 $f$ 有下界. 设 $m = \inf_{x\in\mathbb{R}} f(x)$, $g = f - m$, 则 $g$ 为非负连续函数, 且

$$A = g(x) + a\int_{x-1}^x g(t)\,\mathrm{d}t \tag{5.4.1}$$

为非负常数. 由式 (5.4.1) 知 $g$ 是可微函数, 且

$$g'(x) + a\big(g(x) - g(x-1)\big) = 0. \tag{5.4.2}$$

由此

$$(\mathrm{e}^{ax}g(x))' = a\mathrm{e}^{ax}g(x-1) \geqslant 0.$$

这说明 $\mathrm{e}^{ax}g(x)$ 是递增函数. 由式 (5.4.1), 可得

$$A = g(x) + a\int_{x-1}^x \mathrm{e}^{at}g(t)\mathrm{e}^{-at}\,\mathrm{d}t$$

$$\leqslant g(x) + a\mathrm{e}^{ax}g(x)\int_{x-1}^x \mathrm{e}^{-at}\,\mathrm{d}t$$

$$= g(x) + \mathrm{e}^{ax}g(x)\big(\mathrm{e}^{-a(x-1)} - \mathrm{e}^{-ax}\big)$$

$$= \mathrm{e}^a g(x).$$

由此, 可得

$$g(x) \geqslant A\mathrm{e}^{-a}.$$

由 $g$ 的定义知, $g$ 的下确界为零, 因此 $A = 0$. 再根据式 (5.4.1) 可知 $g$ 恒等于零, 即 $f$ 为常数. $\qquad\square$

【注 5.4.2】 若 $f$ 无下界也无上界, 则结论不对. 例如, 设 $r$ 是满足 $\dfrac{1}{r} \ln \dfrac{1}{r} = \dfrac{3\pi}{2}$ 的正数, $a = \dfrac{3\pi r}{2}$, $f(x) = \mathrm{e}^{-ax} \cos \dfrac{3\pi x}{2}$, 则

$$f(x) + a \int_{x-1}^{x} f(t)\,\mathrm{d}t \equiv 0.$$

【例 5.4.8】(第八届全国初赛题) 设 $f, g$ 是 $[0,1]$ 上单调递增函数, 满足 $0 \leqslant f, g \leqslant 1$,

$$\int_0^1 f(x)\,\mathrm{d}x = \int_0^1 g(x)\,\mathrm{d}x.$$

求证: $\displaystyle\int_0^1 |f(x) - g(x)|\mathrm{d}x \leqslant \dfrac{1}{2}$.

**证明** 因为 $[0,1]$ 上单调递增的函数可以用单调递增的阶梯函数在 $[0,1]$ 上一致逼近, 所以只需对在 $[0,1]$ 上单调递增的阶梯函数 $f, g$ 来证明. 以下假定 $f, g$ 是 $[0,1]$ 上单调递增的阶梯函数且满足题设条件. 记

$$F = \{x \in [0,1] \,|\, f(x) \geqslant g(x)\}, \quad G = \{x \in [0,1] \,|\, f(x) < g(x)\}.$$

则 $F, G$ 不相交, 且都是有限个区间的并集, 并满足 $F \cup G = [0,1]$. 记 $a = \displaystyle\int_0^1 f(x)\,\mathrm{d}x$. 我们有

$$
\begin{aligned}
\int_0^1 |f(x) - g(x)|\mathrm{d}x &= \int_F (f(x) - g(x))\,\mathrm{d}x + \int_G (g(x) - f(x))\,\mathrm{d}x \\
&= \int_F f(x)\,\mathrm{d}x + \int_G g(x)\,\mathrm{d}x - \int_F g(x)\,\mathrm{d}x - \int_G f(x)\,\mathrm{d}x \\
&= 2a - 2\int_F g(x)\,\mathrm{d}x - 2\int_G f(x)\,\mathrm{d}x \\
&\leqslant 2a - 2\int_F f(x)g(x)\,\mathrm{d}x - 2\int_G f(x)g(x)\,\mathrm{d}x \\
&= 2\left[a - \int_0^1 f(x)g(x)\,\mathrm{d}x\right].
\end{aligned}
$$

由于 $f, g$ 都是单调递增函数, 因此, 有 (见例 5.1.39)

$$\int_0^1 f(x)g(x)\,\mathrm{d}x \geqslant \int_0^1 f(x)\,\mathrm{d}x \int_0^1 g(x)\,\mathrm{d}x = a^2.$$

故

$$\int_0^1 |f(x) - g(x)|\mathrm{d}x \leqslant 2a(1-a) \leqslant \frac{1}{2}. \qquad \square$$

**【例 5.4.9】**(第九届全国初赛题)　设 $f(x) = 1 - x^2 + x^3$. 计算极限

$$\lim_{n \to +\infty} \frac{\displaystyle\int_0^1 f^n(x)\ln(x+2)\mathrm{d}x}{\displaystyle\int_0^1 f^n(x)\mathrm{d}x}.$$

**解**　注意到 $f(x) = 1 - x^2(1-x)$ 是连续函数, 且

$$0 < f(x) < 1 = f(0) = f(1), \quad \forall x \in (0,1).$$

对任意 $\delta \in \left(0, \frac{1}{2}\right)$, 存在 $\eta = \eta_\delta \in (0,\delta)$ 使得

$$M_\delta = \max_{x \in [\delta, 1-\delta]} f(x) < m_\eta = \min_{x \in [0,\eta]} f(x).$$

于是当 $n > \dfrac{1}{\delta^2}$ 时, 有

$$0 < \frac{\displaystyle\int_\delta^1 f^n(x)\mathrm{d}x}{\displaystyle\int_0^\delta f^n(x)\mathrm{d}x} = \frac{\displaystyle\int_{1-\delta}^1 f^n(x)\mathrm{d}x}{\displaystyle\int_0^\delta f^n(x)\mathrm{d}x} + \frac{\displaystyle\int_\delta^{1-\delta} f^n(x)\mathrm{d}x}{\displaystyle\int_0^\delta f^n(x)\mathrm{d}x}$$

$$= \frac{\displaystyle\int_0^\delta \left(1 - x(1-x)^2\right)^n \mathrm{d}x}{\displaystyle\int_0^\delta \left(1 - x^2(1-x)\right)^n \mathrm{d}x} + \frac{\displaystyle\int_\delta^{1-\delta} f^n(x)\mathrm{d}x}{\displaystyle\int_0^\delta f^n(x)\mathrm{d}x}$$

$$\leqslant \frac{\displaystyle\int_0^\delta \left(1 - \frac{x}{4}\right)^n \mathrm{d}x}{\displaystyle\int_0^\delta \left(1 - x^2\right)^n \mathrm{d}x} + \frac{\displaystyle\int_\delta^{1-\delta} f^n(x)\mathrm{d}x}{\displaystyle\int_0^\eta f^n(x)\mathrm{d}x} \leqslant \frac{\displaystyle\int_0^\delta \left(1 - \frac{x}{4}\right)^n \mathrm{d}x}{\displaystyle\int_0^{\frac{1}{\sqrt{n}}} \left(1 - \frac{x}{\sqrt{n}}\right)^n \mathrm{d}x} + \frac{(1-2\delta)M_\delta^n}{\eta m_\eta^n}$$

$$\leqslant \frac{\dfrac{4}{n+1}\left(1 - \left(1 - \dfrac{\delta}{4}\right)^{n+1}\right)}{\dfrac{\sqrt{n}}{n+1}\left(1 - \left(1 - \dfrac{1}{n}\right)^{n+1}\right)} + \frac{1-2\delta}{\eta}\left(\frac{M_\delta}{m_\eta}\right)^n.$$

从而

$$\lim_{n \to +\infty} \frac{\int_{\delta}^{1} f^n(x)\mathrm{d}x}{\int_{0}^{\delta} f^n(x)\mathrm{d}x} = 0. \tag{5.4.3}$$

对任意 $\varepsilon \in \left(0, \dfrac{1}{2}\right)$，取 $\delta = \varepsilon$，则存在 $N > 0$ 使得当 $n > N$ 时，$\dfrac{\int_{\delta}^{1} f^n(x)\mathrm{d}x}{\int_{0}^{\delta} f^n(x)\mathrm{d}x} < \varepsilon$. 此时，

$$\left| \frac{\int_{0}^{1} f^n(x)\ln(x+2)\mathrm{d}x}{\int_{0}^{1} f^n(x)\mathrm{d}x} - \ln 2 \right| = \frac{\int_{0}^{1} f^n(x)\ln\left(1+\dfrac{x}{2}\right)\mathrm{d}x}{\int_{0}^{1} f^n(x)\mathrm{d}x}$$

$$\leqslant \frac{\dfrac{1}{2}\int_{0}^{1} f^n(x)x\mathrm{d}x}{\int_{0}^{1} f^n(x)\mathrm{d}x} = \frac{1}{2} \cdot \frac{\int_{0}^{\delta} f^n(x)x\mathrm{d}x}{\int_{0}^{\delta} f^n(x)\mathrm{d}x} + \frac{1}{2} \cdot \frac{\int_{\delta}^{1} f^n(x)x\mathrm{d}x}{\int_{0}^{1} f^n(x)\mathrm{d}x}$$

$$\leqslant \frac{\delta}{2} + \frac{1}{2} \cdot \frac{\int_{\delta}^{1} f^n(x)\mathrm{d}x}{\int_{0}^{1} f^n(x)\mathrm{d}x} \leqslant \frac{\varepsilon}{2} + \frac{\varepsilon}{2} = \varepsilon.$$

故

$$\lim_{n \to +\infty} \frac{\int_{0}^{1} f^n(x)\ln(x+2)\mathrm{d}x}{\int_{0}^{1} f^n(x)\mathrm{d}x} = \ln 2.$$

**【注 5.4.3】** 本题的关键是细致分析 $f$ 在两个端点附近的值对积分的影响，证明对充分小的 $\delta > 0$，(5.4.3) 式成立. 并且由证明可知，当把题中函数 $\ln(x+2)$ 换成满足 $|g(x) - g(0)| \leqslant M|x|$ 的连续函数 $g$ 时，所求极限为 $g(0)$.

**【例 5.4.10】**(第六届全国决赛题) 设 $f$ 在区间 $[0,1]$ 上连续可导，且 $f(0) = f(1) = 0$. 求证：

$$\left(\int_{0}^{1} xf(x)\mathrm{d}x\right)^2 \leqslant \frac{1}{45}\int_{0}^{1} (f'(x))^2\mathrm{d}x,$$

等号当且仅当 $f(x) = A(x - x^3)$ 时成立，其中 $A$ 是常数.

**证明** 分部积分可得

$$\int_{0}^{1} xf(x)\mathrm{d}x = \frac{1}{2}x^2 f(x)\Big|_{0}^{1} - \int_{0}^{1} \frac{1}{2}x^2 f'(x)\mathrm{d}x = -\frac{1}{2}\int_{0}^{1} x^2 f'(x)\mathrm{d}x.$$

因此根据 Newton-Leibniz 公式, 得

$$6\int_0^1 xf(x)\,\mathrm{d}x = \int_0^1 (1-3x^2)f'(x)\,\mathrm{d}x.$$

再根据 Cauchy 积分不等式, 得

$$36\left(\int_0^1 xf(x)\,\mathrm{d}x\right)^2 \leqslant \int_0^1 (1-3x^2)^2\,\mathrm{d}x \int_0^1 \left(f'(x)\right)^2\,\mathrm{d}x$$
$$= \frac{4}{5}\int_0^1 \left(f'(x)\right)^2\,\mathrm{d}x.$$

由此即得

$$\left(\int_0^1 xf(x)\,\mathrm{d}x\right)^2 \leqslant \frac{1}{45}\int_0^1 \left(f'(x)\right)^2\,\mathrm{d}x.$$

等号成立当且仅当 $f'(x) = A(1-3x^2)$. 积分并由 $f(0) = f(1) = 0$, 即得 $f(x) = Ax(1-x)(1+x)$. □

**【例 5.4.11】**(第七届全国决赛题)　设 $D$: $x^2 + 2y^2 \leqslant 2x + 4y$. 求积分

$$I = \iint\limits_D (x+y)\mathrm{d}x\mathrm{d}y.$$

**解**　$D$ 就是椭圆盘 $\left(\dfrac{x-1}{\sqrt{3}}\right)^2 + \left(\dfrac{y-1}{\sqrt{3/2}}\right)^2 \leqslant 1$. 作变换 $x = 1 + \sqrt{3}u$, $y = 1 + \sqrt{\dfrac{3}{2}}v$, 则有

$$I = \iint\limits_{u^2+v^2\leqslant 1} \left(2 + \sqrt{3}u + \sqrt{\frac{3}{2}}v\right)\frac{3}{\sqrt{2}}\mathrm{d}u\mathrm{d}v.$$

由于 $u$ 和 $v$ 都是奇函数, 它们在圆盘 $u^2 + v^2 \leqslant 1$ 上的积分为零, 故

$$I = 3\sqrt{2} \iint\limits_{u^2+v^2\leqslant 1} \mathrm{d}u\mathrm{d}v = 3\sqrt{2}\pi.$$

**【例 5.4.12】**(第七届全国决赛题)　设 $f$ 是定义在 $\mathbb{R}$ 上的连续函数, 且满足方程

$$xf(x) = 2\int_{\frac{x}{2}}^x f(t)\,\mathrm{d}t + \frac{x^2}{4}.$$

求 $f$.

**解** 令 $g(x) = f(x) - x$, 则有

$$xg(x) = 2\int_{\frac{x}{2}}^{x} g(t)\,\mathrm{d}t.$$

对于 $x > 0$, 根据积分平均值定理, 存在 $x_1 \in (0, x)$ 使得

$$\int_{\frac{x}{2}}^{x} g(t)\,\mathrm{d}t = g(x_1)\frac{x}{2}.$$

因而

$$g(x) = g(x_1).$$

设

$$x_0 = \inf\{t \in (0, x) \mid f(t) = f(x)\}.$$

则有 $g(x_0) = g(x)$. 若 $x_0 > 0$, 则重复上面的过程, 可知存在 $y_0 \in (0, x_0)$, 使得 $g(y_0) = g(x_0) = g(x)$. 这与 $x_0$ 的取法矛盾. 因此, 必有 $x_0 = 0$. 这说明 $g(x) = g(0)$.

同理, 对 $x < 0$, 也可证明 $g(x) = g(0)$.

总之, $g$ 是常数. 于是 $f(x) = x + C$, $C$ 是常数.

**【例 5.4.13】**(第九届全国决赛题) 设 $f$ 在 $[0,1]$ 上有二阶连续导函数, 且 $f(0)f(1) \geqslant 0$. 求证:

$$\int_0^1 |f'(x)|\,\mathrm{d}x \leqslant 2\int_0^1 |f(x)|\,\mathrm{d}x + \int_0^1 |f''(x)|\,\mathrm{d}x.$$

**证明** 设 $M = \max\limits_{x \in [0,1]} |f'(x)| = |f'(x_1)|$, $m = \min\limits_{x \in [0,1]} |f'(x)| = |f'(x_0)|$, 则有

$$\int_0^1 |f''(x)|\,\mathrm{d}x \geqslant \left|\int_{x_0}^{x_1} f''(x)\,\mathrm{d}x\right| = |f'(x_1) - f'(x_0)| \geqslant M - m.$$

另一方面, 有 $\int_0^1 |f'(x)|\,\mathrm{d}x \leqslant M\int_0^1 \mathrm{d}x = M$. 故只需证明

$$m \leqslant 2\int_0^1 |f(x)|\,\mathrm{d}x. \tag{5.4.4}$$

若 $f'$ 在 $[0,1]$ 中有零点, 则 $m = 0$. 此时式 (5.4.4) 显然成立. 现在假设 $f'$ 在 $[0,1]$ 上无零点, 不妨设 $f'(x) > 0$, 因而 $f$ 严格递增. 下面分两种情形讨论.

**情形 I** $f(0) \geqslant 0$. 此时 $f(x) \geqslant 0$ $(x \in [0,1])$. 由 $f'(x) = |f'(x)| \geqslant m$, 得

$$\int_0^1 |f(x)|\,\mathrm{d}x = \int_0^1 f(x)\,\mathrm{d}x = \int_0^1 (f(x) - f(0))\,\mathrm{d}x + f(0)$$

$$\geqslant \int_0^1 (f(x) - f(0))\, \mathrm{d}x = \int_0^1 f'(\xi)x\, \mathrm{d}x \geqslant \int_0^1 mx\, \mathrm{d}x = \frac{1}{2}m.$$

故式 (5.4.4) 成立.

**情形 II**　$f(0) < 0$. 此时有 $f(1) \leqslant 0$, 根据 $f$ 的递增性, 有 $f(x) \leqslant 0$ $(x \in [0,1])$.

$$\int_0^1 |f(x)|\, \mathrm{d}x = -\int_0^1 f(x)\, \mathrm{d}x = \int_0^1 (f(1) - f(x))\, \mathrm{d}x - f(1)$$

$$\geqslant \int_0^1 |f(1) - f(x)|\, \mathrm{d}x = \int_0^1 |f'(\xi)|(1 - x)\, \mathrm{d}x \geqslant \int_0^1 m(1 - x)\, \mathrm{d}x = \frac{1}{2}m.$$

此时, 式 (5.4.4) 也成立. □

**【例 5.4.14】**(第十一届全国决赛题)　(1) 证明: 函数方程 $x^3 - 3x = t$ 存在三个在闭区间 $[-2, 2]$ 上连续, 在开区间 $(-2, 2)$ 上连续可导的解, $\varphi_1, \varphi_2, \varphi_3$ 满足

$$\varphi_1(-t) = -\varphi_3(t), \quad \varphi_2(-t) = -\varphi_2(t), \quad t \in [-2, 2].$$

(2) 设 $f$ 是 $[-2, 2]$ 上连续偶函数. 证明:

$$\int_1^2 f(x^3 - 3x)\mathrm{d}x = \int_0^1 f(x^3 - 3x)\mathrm{d}x.$$

**证明**　(1) 设 $g(x) = x^3 - 3x$, 则 $g'(x) = 3(x - 1)(x + 1)$. 因此,

$g$ 在 $[-2, -1]$ 上的限制 $g_1$ 是严格单调递增的, 且在此区间上的值域为 $[-2, 2]$;

$g$ 在 $[-1, 1]$ 上的限制 $g_2$ 是严格单调递减的, 且在此区间上的值域为 $[-2, 2]$;

$g$ 在 $[1, 2]$ 上的限制 $g_3$ 是严格单调递增的, 且在此区间上的值域为 $[-2, 2]$.

设 $g_1, g_2, g_3$ 的反函数分别为 $\varphi_1, \varphi_2, \varphi_3$, 则 $\varphi_1, \varphi_2, \varphi_3$ 都在 $[-2, 2]$ 上连续, 在 $(-2, 2)$ 上可导, 且它们都是函数方程 $x^3 - 3x = t$ 的解. 注意到 $g$ 是奇函数, 以及 $\varphi_1, \varphi_2, \varphi_3$ 的值域和 $g_1, g_2, g_3$ 的定义域, 我们有

$$-t = -g_3(\varphi_3(t)) = -g(\varphi_3(t)) = g(-\varphi_3(t)) = g_1(-\varphi_3(t)), \quad t \in [-2, 2],$$

这说明

$$\varphi_1(-t) = -\varphi_3(t), \quad t \in [-2, 2].$$

同理,

$$-t = -g_2(\varphi_2(t)) = -g(\varphi_2(t)) = g(-\varphi_2(t)) = g_2(-\varphi_2(t)), \quad t \in [-2, 2],$$

因此

$$\varphi_2(-t) = -\varphi_2(t), \quad t \in [-2, 2].$$

(2) 由于 $\varphi_1(t)$, $\varphi_2(t)$, $\varphi_3(t)$ 是方程 $x^3 - 3x = t$ 的解, 根据 Vieta(韦达) 定理, 有

$$\varphi_1(t) + \varphi_2(t) + \varphi_3(t) = 0, \qquad \forall\ t \in [-2, 2].$$

因而

$$\varphi_1'(t) + \varphi_2'(t) + \varphi_3'(t) = 0, \quad \forall\ t \in (-2, 2).$$

由于 $f$ 是偶函数, $f(x^3 - 3x)$ 也是偶函数. 因而

$$2\int_1^2 f(x^3 - 3x)\mathrm{d}x - 2\int_0^1 f(x^3 - 3x)\mathrm{d}x$$

$$= \int_{-2}^{-1} f(x^3 - 3x)\mathrm{d}x - \int_{-1}^1 f(x^3 - 3x)\mathrm{d}x + \int_1^2 f(x^3 - 3x)\mathrm{d}x$$

$$= \int_{-2}^2 f(t)\varphi_1'(t)\mathrm{d}t + \int_{-2}^2 f(t)\varphi_2'(t)\mathrm{d}t + \int_{-2}^2 f(t)\varphi_3'(t)\mathrm{d}t$$

$$= \int_{-2}^2 f(t)\big(\varphi_1'(t) + \varphi_2'(t) + \varphi_3'(t)\big)\mathrm{d}t$$

$$= 0.$$

故

$$\int_1^2 f(x^3 - 3x)\mathrm{d}x = \int_0^1 f(x^3 - 3x)\mathrm{d}x. \qquad \square$$

【注 5.4.4】 对于积分 $\displaystyle\int_1^2 f(x^3 - 3x)\mathrm{d}x$ 作变换 $x^3 - 3x = t$ 时需要在严格单调的 区间上进行. 因此首先找出函数 $g(x) = x^3 - 3x$ 的各个严格单调的区间, 以及在单调区间 上的反函数.

【例 5.4.15】(第九届全国决赛题) 计算第二型曲线积分

$$I = \int_\Gamma \mathrm{e}^{\sin x}(\cos x \cos y\mathrm{d}x - \sin y\mathrm{d}y) + \cos z\mathrm{d}z,$$

其中 $\Gamma$: $x = \pi\sin(t/2)$, $y = t - \sin t$, $z = \sin 2t$, $0 \leqslant t \leqslant \pi$.

**解** 记 $P = \mathrm{e}^{\sin x}\cos y$, $Q = \mathrm{e}^{\sin x}\sin y$, $R = \cos z$, 则 $P, Q, R$ 是 $\mathbb{R}^3$ 上连续可微函 数, 且 $(P, Q, R)$ 的旋度为

$$\left(\frac{\partial R}{\partial y} - \frac{\partial Q}{\partial z}, \frac{\partial P}{\partial z} - \frac{\partial R}{\partial x}, \frac{\partial Q}{\partial x} - \frac{\partial P}{\partial y}\right) = (0, 0, 0).$$

这说明向量场 $(P, Q, R)$ 的第二型曲线积分只与曲线的端点有关, 与路径无关. 曲线 $\Gamma$ 的 两个端点是 $(0, 0, 0)$ 和 $(\pi, \pi, 0)$. 故所求积分为

$$I = \int_{(0,0,0)}^{(\pi,\pi,0)} P\mathrm{d}x + Q\mathrm{d}y + R\mathrm{d}z$$

$$= \int_{(0,0,0)}^{(\pi,0,0)} P\mathrm{d}x + Q\mathrm{d}y + R\mathrm{d}z + \int_{(\pi,0,0)}^{(\pi,\pi,0)} P\mathrm{d}x + Q\mathrm{d}y + R\mathrm{d}z$$

$$= -\int_0^\pi \mathrm{e}^{\sin x} \cos x \mathrm{d}x + \int_0^\pi (-\sin y)\mathrm{d}y$$

$$= 0 - 2 = -2.$$

【例 5.4.16】(第八届全国决赛题)　计算曲面积分

$$I = \iint_S \frac{ax\mathrm{d}y\mathrm{d}z + (z+a)^2\mathrm{d}x\mathrm{d}y}{\sqrt{x^2 + y^2 + z^2}}$$

$(a > 0$ 是常数$)$, 其中 $S$：$z = -\sqrt{a^2 - x^2 - y^2}$, 方向朝上.

**解**　因为在 $S$ 上 $x^2 + y^2 + z^2 = a^2$, 所以

$$I = \frac{1}{a}\iint_S ax\mathrm{d}y\mathrm{d}z + (z+a)^2\mathrm{d}x\mathrm{d}y.$$

设 $D$：$x^2 + y^2 = a^2$ 方向朝上, 则 $S^{-1} \cup D$ 是闭下半球体 $B$ 的表面, 方向朝外. 由 Gauss 公式可得

$$\iint_{S^{-1}\cup D} ax\mathrm{d}y\mathrm{d}z + (z+a)^2\mathrm{d}x\mathrm{d}y = \iiint_B (3a + 2z)\mathrm{d}x\mathrm{d}y\mathrm{d}z$$

$$= 3a \cdot \frac{2}{3}\pi a^3 + 2\iiint_{\substack{0\leqslant r\leqslant a \\ \frac{\pi}{2}\leqslant\theta\leqslant\pi \\ 0\leqslant\varphi\leqslant 2\pi}} r\cos\theta \cdot r^2\sin\theta\,\mathrm{d}r\mathrm{d}\theta\mathrm{d}\varphi$$

$$= 2\pi a^4 - \frac{1}{2}\pi a^4 = \frac{3}{2}\pi a^4.$$

因而

$$\iint_S ax\mathrm{d}y\mathrm{d}z + (z+a)^2\mathrm{d}x\mathrm{d}y = -\frac{3}{2}\pi a^4 + \iint_D ax\mathrm{d}y\mathrm{d}z + (z+a)^2\mathrm{d}x\mathrm{d}y$$

$$= -\frac{3}{2}\pi a^4 + \iint_D a^2\mathrm{d}x\mathrm{d}y = -\frac{3}{2}\pi a^4 + \pi a^4 = -\frac{1}{2}\pi a^4.$$

故 $I = -\frac{1}{2}\pi a^3.$

# 第6章 反常积分及含参变量积分

## 6.1 无穷区间上的积分

 **基本概念**

**【定义 6.1.1】** 设函数 $f$ 在区间 $[a, +\infty)$ 上有定义, 如果 $f$ 在任何一个有限区间 $[a, A]$ 上可积, 而且当 $A \to +\infty$ 时, 积分 $\int_a^A f(x)\,\mathrm{d}x = \varphi(A)$ 作为 $A$ 的函数有极限, 则我们将这极限值定义为函数 $f$ 在 (无穷) 区间 $[a, +\infty)$ 上的无穷积分, 记作 $\int_a^{+\infty} f(x)\,\mathrm{d}x$, 即定义

$$\int_a^{+\infty} f(x)\,\mathrm{d}x = \lim_{A \to +\infty} \int_a^A f(x)\,\mathrm{d}x = \lim_{A \to +\infty} \varphi(A),$$

这时也称无穷积分 $\int_a^{+\infty} f(x)\,\mathrm{d}x$ 存在 (或收敛). 若上述的极限不存在, 则称此无穷积分不存在 (或发散).

若 $\int_a^{+\infty} f(x)\,\mathrm{d}x$ 收敛, 但 $\int_a^{+\infty} |f(x)|\,\mathrm{d}x$ 发散, 则称 $\int_a^{+\infty} f(x)\,\mathrm{d}x$ 条件收敛. 若 $\int_a^{+\infty} |f(x)|\,\mathrm{d}x$ 收敛, 则称 $\int_a^{+\infty} f(x)\,\mathrm{d}x$ 绝对收敛.

类似地, 定义函数 $f$ 在区间 $(-\infty, a]$ 上的无穷积分为

$$\int_{-\infty}^a f(x)\,\mathrm{d}x = \lim_{c \to -\infty} \int_c^a f(x)\,\mathrm{d}x.$$

而函数 $f$ 在区间 $(-\infty, +\infty)$ 上的无穷积分定义为

$$\int_{-\infty}^{+\infty} f(x)\,\mathrm{d}x = \int_{-\infty}^a f(x)\,\mathrm{d}x + \int_a^{+\infty} f(x)\,\mathrm{d}x$$

$$= \lim_{c \to -\infty} \int_c^a f(x)\,\mathrm{d}x + \lim_{b \to +\infty} \int_a^b f(x)\,\mathrm{d}x,$$

其中 $a$ 为任一实数 (通常取 $a = 0$). 换句话说, 当上面等式右边两个无穷积分都收敛时, 我们才称 $\int_{-\infty}^{+\infty} f(x)\,\mathrm{d}x$ 收敛 (其值就定义为两者的和).

【**定理 6.1.1**】(类 Newton-Leibniz 公式)　若函数 $f$ 在 $[a, +\infty)$ 上的无穷积分收敛, 且有原函数 $F$, 则有

$$\int_a^{+\infty} f(x)\,\mathrm{d}x = F(+\infty) - F(a).$$

若函数 $f$ 在 $[-\infty, a]$ 上无穷积分收敛, 且有原函数 $F$, 则有

$$\int_{-\infty}^a f(x)\,\mathrm{d}x = F(a) - F(-\infty).$$

若函数 $f$ 在 $(-\infty, +\infty)$ 上的无穷积分收敛, 且有原函数 $F$, 则有

$$\int_{-\infty}^{+\infty} f(x)\,\mathrm{d}x = F(+\infty) - F(-\infty).$$

如同 Riemann 积分一样, 无穷积分也具有线性性质、换元公式、分部积分公式等性质, 以下只写出区间 $[a, +\infty)$ 的积分性质.

【**命题 6.1.2**】(线性性质)　若函数 $f$ 和 $g$ 在 $[a, +\infty)$ 上的无穷积分都收敛, 则对于任意常数 $c_1, c_2$ 函数 $c_1 f + c_2 g$ 在 $[a, +\infty)$ 上的无穷积分也收敛, 且

$$\int_a^{+\infty} (c_1 f(x) + c_2 g(x))\,\mathrm{d}x = c_1 \int_a^{+\infty} f(x)\,\mathrm{d}x + c_2 \int_a^{+\infty} g(x)\,\mathrm{d}x.$$

【**命题 6.1.3**】(换元公式)　若函数 $f$ 在 $[a, +\infty)$ 上的无穷积分收敛, $\varphi$ 是 $[\alpha, \beta]$ ($\beta$ 可以是 $+\infty$) 上连续可微单调递增函数, 且 $\varphi(\alpha) = a$, $\lim\limits_{t \to \beta^-} \varphi(t) = +\infty$, 则

$$\int_a^{+\infty} f(x)\,\mathrm{d}x = \int_\alpha^\beta f(\varphi(t))\varphi'(t)\,\mathrm{d}t.$$

【**命题 6.1.4**】(分部积分公式)　设函数 $u, v$ 在 $[a, +\infty)$ 上连续可微且极限 $\lim\limits_{x \to +\infty} u(x)v(x)$ 存在. 若 $u'v$ 和 $uv'$ 中有一个在 $[a, +\infty)$ 上的无穷积分收敛, 则另一个在 $[a, +\infty)$ 上的无穷积分也收敛, 且

$$\int_a^{+\infty} u(x)v'(x)\,\mathrm{d}x = u(x)v(x)\Big|_a^{+\infty} - \int_a^{+\infty} u'(x)v(x)\,\mathrm{d}x.$$

【**注 6.1.1**】　广义积分的分部积分公式形式上与常义积分的分部积分公式一样, 既可用来计算 (已知收敛的) 广义积分, 也能用来证明广义积分收敛.

因为无穷积分的收敛是由极限来定义的, 所以可以得到下面的 Cauchy 准则.

【**定理 6.1.5**】(Cauchy 准则)　设 $f$ 在 $[a, +\infty)$ 的任何有界闭子区间上可积, 则 $\int_a^{+\infty} f(x)\,\mathrm{d}x$ 收敛的充要条件是对于任给的正数 $\varepsilon$, 存在 $B > a$, 只要 $b_1, b_2 > B$, 就有

$$|F(b_2) - F(b_1)| = \left| \int_{b_1}^{b_2} f(x)\,\mathrm{d}x \right| < \varepsilon.$$

类比正项级数的收敛性, 对于非负函数有如下定理.

**【定理 6.1.6】** 设在 $[a, +\infty)$ 上 $f \geqslant 0$, $f$ 在 $[a, +\infty)$ 的任何有界子区间上可积, 则无穷积分 $\int_a^{+\infty} f(x)\,\mathrm{d}x$ 收敛的充要条件是: 存在 $M > 0$ 使得对任何 $b > a$ 都有

$$\int_a^b f(x)\,\mathrm{d}x < M,$$

即 $F(b) = \int_a^b f(x)\,\mathrm{d}x$ 对于任何 $b$ 有界.

类比级数的绝对收敛和条件收敛, 有如下定理.

**【定理 6.1.7】** 设 $f$ 在 $[a, +\infty)$ 的任何有界闭子区间上可积, 如果 $\int_a^{+\infty} |f(x)|\,\mathrm{d}x$ 收敛, 则无穷积分 $\int_a^{+\infty} f(x)\,\mathrm{d}x$ 收敛.

**【定理 6.1.8】** (比较判别法) 设 $f$ 和 $g$ 在 $[a, +\infty)$ 上有定义, 对任意 $b > a$, $f$ 和 $g$ 在 $[a, b]$ 可积, 且对充分大的 $x$, 成立不等式 $0 \leqslant f(x) \leqslant g(x)$. 若 $\int_a^{+\infty} g(x)\,\mathrm{d}x$ 收敛, 则 $\int_a^{+\infty} f(x)\,\mathrm{d}x$ 收敛.

无穷积分与无穷级数比较, 有如下判别法.

**【定理 6.1.9】** (Cauchy 判别法) 如果 $f$ 是 $[1, +\infty)$ 上有定义的非负且单调递减函数, 那么积分 $\int_1^{+\infty} f(x)\,\mathrm{d}x$ 与级数 $\sum_{n=1}^{\infty} f(n)$ 同敛散.

**【定理 6.1.10】** (比较判别法极限形式) 如果 $f$ 和 $g$ 在 $[a, +\infty)$ 上有定义且非负, 并且对任意 $b > a$, $f$ 和 $g$ 在 $[a, b]$ 上可积, $\lim\limits_{x \to +\infty} \dfrac{f(x)}{g(x)} = k$, 那么有

(1) 若 $0 < k < +\infty$, 则 $\int_a^{+\infty} f(x)\,\mathrm{d}x$ 与 $\int_a^{+\infty} g(x)\,\mathrm{d}x$ 同敛散;

(2) 若 $k = 0$, 则当 $\int_a^{+\infty} g(x)\,\mathrm{d}x$ 收敛时, $\int_a^{+\infty} f(x)\,\mathrm{d}x$ 也收敛;

(3) 若 $k = +\infty$, 则当 $\int_a^{+\infty} g(x)\,\mathrm{d}x$ 发散时, $\int_a^{+\infty} f(x)\,\mathrm{d}x$ 也发散.

**【定理 6.1.11】** (Dirichlet 判别法) 如果 $f$ 和 $g$ 满足下面两个条件:

(1) $F(b) = \int_a^b f(x)\,\mathrm{d}x$ 作为 $b$ 的函数在 $(a, +\infty)$ 上有界.

(2) $g$ 在 $(a, +\infty)$ 上单调, 且 $\lim\limits_{x \to +\infty} g(x) = 0$,

那么无穷积分 $\int_a^{+\infty} f(x)g(x)\,\mathrm{d}x$ 收敛.

【定理 6.1.12】 (Abel 判别法)　如果 $f$ 和 $g$ 满足下面两个条件:

(1) 积分 $\displaystyle\int_a^{+\infty} f(x)\,\mathrm{d}x$ 收敛;

(2) $g$ 在 $[a, +\infty)$ 上单调有界,

则 $\displaystyle\int_a^{+\infty} f(x)g(x)\,\mathrm{d}x$ 收敛.

 **例题**

【例 6.1.1】　(1) 若 $f$ 在 $[0, +\infty)$ 上连续且 $\displaystyle\int_0^{+\infty} f(x)\,\mathrm{d}x$ 收敛, 则存在正数列 $\{x_n\}$ 使得 $\displaystyle\lim_{n\to+\infty} x_n = +\infty$, 且 $\displaystyle\lim_{n\to+\infty} f(x_n) = 0$;

(2) 若 $f$ 在 $[0, +\infty)$ 上一致连续且 $\displaystyle\int_0^{+\infty} f(x)\,\mathrm{d}x$ 收敛, 则 $\displaystyle\lim_{x\to+\infty} f(x) = 0$.

**证明**　(1) 对于正整数 $n$, 根据积分中值定理, 存在 $x_n \in (n, n+1)$ 使得

$$\int_n^{n+1} f(x)\,\mathrm{d}x = f(x_n).$$

由于 $\displaystyle\int_0^{+\infty} f(x)\,\mathrm{d}x$ 收敛, 有

$$\lim_{n\to+\infty} \int_n^{n+1} f(x)\,\mathrm{d}x = \lim_{n\to+\infty} \left( \int_0^{n+1} f(x)\,\mathrm{d}x - \int_0^{n} f(x)\,\mathrm{d}x \right) = 0.$$

故 $\displaystyle\lim_{n\to+\infty} f(x_n) = 0$.

(2) (反证法) 若 $\displaystyle\lim_{x\to+\infty} f(x) = 0$ 不成立, 则存在 $\varepsilon > 0$ 以及严格递增的正数列 $\{x_n\}$ 使得 $\displaystyle\lim_{n\to+\infty} x_n = +\infty$, 且 $|f(x_n)| \geqslant \varepsilon \ (n = 1, 2, \cdots)$. 不妨设 $f(x_n)$ 都是正数, 因而

$$f(x_n) \geqslant \varepsilon, \quad n = 1, 2, \cdots.$$

因为 $f$ 在 $[0, +\infty)$ 上一致连续, 所以对上面的 $\varepsilon$, 存在 $\delta > 0$ 使得对于满足 $|x - y| \leqslant \delta$ 的 $x, y \in [0, +\infty)$ 有 $|f(x) - f(y)| < \dfrac{\varepsilon}{2}$. 因而

$$f(x) = f(x_n) + f(x) - f(x_n) \geqslant f(x_n) - |f(x) - f(x_n)|$$

$$\geqslant \varepsilon - \frac{\varepsilon}{2} = \frac{\varepsilon}{2}, \qquad x_n \leqslant x \leqslant x_n + \delta.$$

因此

$$\int_{x_n}^{x_n + \delta} f(x)\,\mathrm{d}x \geqslant \frac{1}{2}\delta\varepsilon, \quad n = 1, 2, \cdots.$$

但由 $\displaystyle\int_0^{+\infty} f(x)\,\mathrm{d}x$ 收敛, 可知上式右端趋于 0, 这是矛盾的. 于是结论得证. $\qquad\square$

**【例 6.1.2】** 设 $0 < \alpha \leqslant 1, \beta > 0, \alpha + \beta > 1$. $f$ 是 $[1,+\infty)$ 上的正函数, 且 $\displaystyle\int_1^{+\infty} f(x)\,\mathrm{d}x$ 收敛. 求证: $\displaystyle\int_1^{+\infty} \frac{(f(x))^\alpha}{x^\beta}\,\mathrm{d}x$ 收敛.

**证明** 当 $\alpha = 1$ 时, 根据比较判别法就得到结论. 不妨设 $\alpha < 1$, 则有不等式

$$(f(x))^\alpha \left(\frac{1}{x^{\frac{\beta}{1-\alpha}}}\right)^{1-\alpha} \leqslant \alpha f(x) + (1-\alpha)\frac{1}{x^{\frac{\beta}{1-\alpha}}}.$$

由于 $\alpha + \beta > 1$, 就有 $\dfrac{\beta}{1-\alpha} > 1$. 因而积分 $\displaystyle\int_1^{+\infty} \frac{1}{x^{\frac{\beta}{1-\alpha}}}\,\mathrm{d}x$ 收敛. 于是 $\displaystyle\int_1^{+\infty} \frac{(f(x))^\alpha}{x^\beta}\,\mathrm{d}x$ 收敛. $\qquad\square$

**【例 6.1.3】** 证明: 存在 $[0,+\infty)$ 上的正值函数 $f$ 使得

$$\int_0^{+\infty} f(x)\,\mathrm{d}x$$

收敛, 但对任意正数 $p \neq 1$,

$$\int_0^{+\infty} (f(x))^p\,\mathrm{d}x$$

发散.

**证明** 若 $p < 1$, 则令 $\beta = p$. 若 $p > 1$, 则令 $\beta = 2 - p$, 总有 $0 < \beta < 1$.

取数列 $\{a_n\}$, 其中 $a_n \in \left(0, \dfrac{1}{2}\right)$ $(n = 1, 2, \cdots)$, 使得

$$\sum_{k=1}^{+\infty} a_k = a < +\infty, \quad \sum_{k=1}^{+\infty} a_k^\beta = +\infty.$$

这样的数列是存在的, 如

$$a_n = \frac{1}{n(\ln(n+4))^2}.$$

构造函数 $f$ 如下: 当 $x \in [n-1, n)$ 时,

$$f(x) = \begin{cases} a_n, & n-1 \leqslant x < n - a_n^2, \\ \dfrac{1}{a_n}, & n - a_n^2 \leqslant x < n. \end{cases}$$

显然有

$$\int_{n-1}^n f(x)\,\mathrm{d}x = a_n(1 - a_n^2) + a_n < 2a_n,$$

因而 $\displaystyle\int_0^{+\infty} f(x)\,\mathrm{d}x$ 收敛. 又

$$\int_{n-1}^{n}(f(x))^p\,\mathrm{d}x = \int_{n-1}^{n-a_n^2} a_n^p\,\mathrm{d}x + \int_{n-a_n^2}^{n}\frac{1}{a_n^p}\,\mathrm{d}x = a_n^p(1-a_n^2) + a_n^{2-p}$$

$$> \frac{1}{2}a_n^p + a_n^{2-p} > \frac{1}{2}a_n^{\beta}.$$

由此可知 $\displaystyle\int_0^{+\infty}(f(x))^p\,\mathrm{d}x$ 发散. □

**【例 6.1.4】** 对任意非负实数 $\alpha$, $\displaystyle\int_1^{+\infty} x^{\alpha}\mathrm{e}^{-x}\,\mathrm{d}x$ 收敛.

**证明** 由于

$$\lim_{x\to+\infty} x^{\alpha}\mathrm{e}^{-\frac{x}{2}} = 0,$$

故当 $x$ 充分大时有

$$x^{\alpha}\mathrm{e}^{-x} = x^{\alpha}\mathrm{e}^{-\frac{x}{2}}\mathrm{e}^{-\frac{x}{2}} < \mathrm{e}^{-\frac{x}{2}}.$$

由 $\displaystyle\int_1^{+\infty}\mathrm{e}^{-\frac{x}{2}}\,\mathrm{d}x$ 的收敛性就可推知原积分收敛. □

**【例 6.1.5】** $\displaystyle\int_1^{+\infty}\frac{x^2\,\mathrm{d}x}{\sqrt{x+1}(x^4+x+1)}$ 收敛.

**证明** 当 $x\to+\infty$ 时,

$$\frac{x^2}{\sqrt{x+1}(x^4+x+1)} \sim \frac{1}{x^{5/2}}.$$

而 $\displaystyle\int_1^{+\infty}\frac{\mathrm{d}x}{x^{5/2}}$ 收敛, 由比较判别法的极限形式可知原积分收敛. □

**【例 6.1.6】** 设 $f$ 在 $[0,+\infty)$ 上连续可微且无穷积分 $\displaystyle\int_0^{+\infty} f(t)\,\mathrm{d}t$ 和 $\displaystyle\int_0^{+\infty}|f'(t)|\,\mathrm{d}t$ 都收敛. 求证:

$$|f(x)| \leqslant \int_x^{+\infty}|f'(t)|\,\mathrm{d}t.$$

**证明** 因为 $\displaystyle\int_0^{+\infty}|f'(t)|\,\mathrm{d}t$ 收敛, 所以根据 Cauchy 收敛准则, 对任意正数 $\varepsilon$, 存在 $A>0$ 使得当 $y>x>A$ 时, 有

$$\int_x^y|f'(t)|\,\mathrm{d}t < \varepsilon.$$

由 Newton-Leibniz 公式, 有

$$|f(y) - f(x)| = \left| \int_x^y f'(t)\,dt \right| \leqslant \int_x^y |f'(t)|\,dt < \varepsilon.$$

再根据 Cauchy 收敛准则知 $\lim\limits_{x \to +\infty} f(x)$ 收敛. 记 $c = \lim\limits_{x \to +\infty} f(x)$. 若 $c \neq 0$, 不妨设 $c > 0$. 因而存在 $A > 0$ 使得 $f(t) > \dfrac{c}{2}$ $(t > A)$. 于是对 $x > A$ 有

$$\int_A^x f(t)\,dt > \frac{c}{2}(x - A) \to +\infty, \qquad x \to +\infty.$$

这与 $\displaystyle\int_0^{+\infty} f(t)\,dt$ 收敛矛盾! 故 $c = 0$. 在

$$|f(y) - f(x)| \leqslant \int_x^y |f'(t)|\,dt$$

中令 $y \to +\infty$ 即得所证. □

**【例 6.1.7】** 设 $f$ 是 $[0, +\infty)$ 上正的连续函数, 且 $\displaystyle\int_0^{+\infty} \frac{1}{f(x)}\,dx$ 收敛. 记 $F(x) = \displaystyle\int_0^x f(t)\,dt$. 求证

$$\int_0^{+\infty} \frac{x}{F(x)}\,dx < 2 \int_0^{+\infty} \frac{1}{f(x)}\,dx,$$

且上式右端的系数 2 是最佳的.

**证明** 设 $x > 0$. 利用 Cauchy 积分不等式, 有

$$\frac{1}{2}x^2 = \int_0^x t\,dt = \int_0^x \sqrt{f(t)} \cdot \frac{t}{\sqrt{f(t)}}\,dt$$

$$\leqslant \left( \int_0^x f(t)\,dt \right)^{1/2} \left( \int_0^x \frac{t^2}{f(t)}\,dt \right)^{1/2}.$$

由此

$$\frac{x}{F(x)} \leqslant \frac{4}{x^3} \int_0^x \frac{t^2}{f(t)}\,dt.$$

上面的不等式只有当 $f(t) = ct$ ($c$ 为常数) 时成立, 但此时 $\displaystyle\int_0^{+\infty} \frac{1}{f(x)}\,dx$ 发散. 因此

$$\frac{x}{F(x)} < \frac{4}{x^3} \int_0^x \frac{t^2}{f(t)}\,dt.$$

两边关于 $x$ 在 $[0, +\infty)$ 上积分, 得

$$\int_0^{+\infty} \frac{x}{F(x)}\,\mathrm{d}x < 4\int_0^{+\infty}\left(\frac{1}{x^3}\int_0^x \frac{t^2}{f(t)}\,\mathrm{d}t\right)\mathrm{d}x$$

$$= 4\int_0^{+\infty}\left(\int_t^{+\infty}\frac{t^2}{x^3 f(t)}\,\mathrm{d}x\right)\mathrm{d}t$$

$$= 2\int_0^{+\infty}\frac{1}{f(t)}\,\mathrm{d}t,$$

因而所证不等式成立. 下面说明系数 2 不能换成更小的数.

设 $f_p(x) = (x+a)^p,\ a = p-1 > 0$. 则

$$\int_0^{+\infty}\frac{1}{f_p(x)}\,\mathrm{d}x = \frac{1}{p-1}\cdot\frac{1}{a^{p-1}},$$

$$F(x) = \int_0^x (t+a)^p\,\mathrm{d}t = \frac{1}{p+1}\left((x+a)^{p+1} - a^{p+1}\right).$$

由此

$$\int_0^{+\infty}\frac{x}{F(x)}\,\mathrm{d}x = (p+1)\int_0^{+\infty}\frac{x}{(x+a)^{p+1} - a^{p+1}}\,\mathrm{d}x.$$

不难证明

$$\frac{x}{(x+a)^{p+1} - a^{p+1}} \geqslant \frac{1}{p(x+2a)^p}, \quad x > 0,\ p \geqslant 1.$$

因而

$$\int_0^{+\infty}\frac{x}{F(x)}\,\mathrm{d}x \geqslant \frac{p+1}{p}\int_0^{+\infty}\frac{1}{(x+2a)^p}\,\mathrm{d}x$$

$$= \frac{p+1}{p}\cdot\frac{1}{(p-1)(2a)^{p-1}}$$

$$= \frac{p+1}{p\cdot 2^{p-1}}\int_0^{+\infty}\frac{1}{f_p(x)}\,\mathrm{d}x.$$

注意 $\lim\limits_{p\to 1^+}\dfrac{p+1}{p\cdot 2^{p-1}} = 2$. 由此可知所证结论中系数 2 是最佳的. □

【注 6.1.1】 利用 Hölder 不等式, 可以证明下面更一般的结论.

设 $\alpha > 0,\ f$ 是 $[0, +\infty)$ 上正的连续函数, 且 $\displaystyle\int_0^{+\infty}\frac{1}{(f(x))^\alpha}\,\mathrm{d}x$ 收敛. 记 $F(x) = \displaystyle\int_0^x f(t)\,\mathrm{d}t$, 则有

$$\int_0^{+\infty}\left(\frac{x}{F(x)}\right)^\alpha\,\mathrm{d}x < \left(\frac{1+\alpha}{\alpha}\right)^\alpha\int_0^{+\infty}\frac{1}{(f(x))^\alpha}\,\mathrm{d}x,$$

且上式右端的系数 $\left(\dfrac{1+\alpha}{\alpha}\right)^{\alpha}$ 是最佳的.

**【例 6.1.8】** 求 Dirichlet 积分 $\displaystyle\int_0^{+\infty}\dfrac{\sin x}{x}\,\mathrm{d}x$ 的值.

**解** 在和式

$$\frac{1}{2}+\cos x+\cos 2x+\cdots+\cos nx=\frac{\sin\left(n+\dfrac{1}{2}\right)x}{2\sin\dfrac{x}{2}}$$

的两边积分得

$$\int_0^\pi\frac{\sin\left(n+\dfrac{1}{2}\right)x}{2\sin\dfrac{x}{2}}\,\mathrm{d}x=\frac{\pi}{2}. \tag{6.1.1}$$

考虑函数

$$\phi(x)=\frac{1}{x}-\frac{1}{2\sin\dfrac{x}{2}}=\frac{2\sin\dfrac{x}{2}-x}{2x\sin\dfrac{x}{2}},\quad 0<x\leqslant\pi.$$

易证

$$\lim_{x\to 0}\phi(x)=0.$$

令 $\phi(0)=0$. 则 $\phi$ 在闭区间 $[0,\pi]$ 上连续. 由 Riemann-Lebesgue 引理得到

$$\lim_{k\to\infty}\int_0^\pi\phi(x)\sin(kx)\,\mathrm{d}x=0.$$

取 $k=n+\dfrac{1}{2}$, 得

$$\lim_{n\to+\infty}\int_0^\pi\left(\frac{1}{x}-\frac{1}{2\sin\dfrac{x}{2}}\right)\sin\left(n+\frac{1}{2}\right)x\,\mathrm{d}x=0.$$

结合式 (6.1.1) 可得

$$\lim_{n\to+\infty}\int_0^\pi\frac{\sin\left(n+\dfrac{1}{2}\right)x}{x}\,\mathrm{d}x=\frac{\pi}{2}.$$

作变换 $u=\left(n+\dfrac{1}{2}\right)x$, 得

$$\lim_{n\to+\infty}\int_0^{(n+\frac{1}{2})\pi}\frac{\sin u}{u}\,\mathrm{d}u=\frac{\pi}{2}.$$

于是

$$\int_0^{+\infty} \frac{\sin x}{x} \, dx = \frac{\pi}{2}.$$

【例 6.1.9】　计算积分 $\displaystyle\int_1^{+\infty} \frac{dx}{x(x+1)\cdots(x+n)}$ ($n$ 是正整数).

**解**　根据有理分式的部分分式分解定理, 可知存在实数 $a_0, a_1, \cdots, a_n$ 使得

$$\frac{1}{x(x+1)\cdots(x+n)} = \frac{a_0}{x} + \frac{a_1}{x+1} + \cdots + \frac{a_n}{x+n}.$$

在此式两边乘以 $x+k$, 然后令 $x = -k$ 可得 $a_k = \dfrac{(-1)^k}{n!} \mathrm{C}_n^k$ ($k = 0, 1, \cdots, n$). 故所求积分的被积函数的一个原函数是

$$F(x) = \sum_{k=0}^n a_k \ln(x+k).$$

由于 $\displaystyle\sum_{k=0}^n a_k = \frac{1}{n!} \sum_{k=0}^n (-1)^k \mathrm{C}_n^k = 0$, 因此

$$F(x) = \sum_{k=0}^n a_k (\ln(x+k) - \ln x) = \sum_{k=0}^n a_k \ln\left(1 + \frac{k}{x}\right).$$

这推出 $F(+\infty) = 0$. 因而所求积分为

$$F(+\infty) - F(1) = \sum_{k=0}^n \frac{(-1)^{n+1}}{n!} \mathrm{C}_n^k \ln(1+k).$$

【例 6.1.10】　设 $a > 1$, $f$ 是 $[1, +\infty)$ 上的连续函数, 且 $\displaystyle\lim_{x \to +\infty} xf(x)$ 收敛. 求证: $\displaystyle\int_1^{+\infty} \frac{f(x)}{x} \, dx$ 收敛, 且

$$\lim_{n \to +\infty} n \int_1^a f(x^n) \, dx = \int_1^{+\infty} \frac{f(x)}{x} \, dx.$$

**证明**　因为 $f$ 连续, 且 $\displaystyle\lim_{x \to +\infty} xf(x)$ 收敛, 所以存在 $M > 0$ 使得 $|xf(x)| \leqslant M$ ($x \geqslant 1$). 因为 $\displaystyle\int_1^{+\infty} \frac{1}{x^2} \, dx$ 收敛, 所以由 $\left|\dfrac{f(x)}{x}\right| \leqslant \dfrac{M}{x^2}$ 可知 $\displaystyle\int_1^{+\infty} \frac{f(x)}{x} \, dx$ 收敛.

作变换 $t = x^n$ 可得

$$n \int_1^a f(x^n) \, dx = \int_1^{a^n} \frac{f(t)}{t} \cdot t^{\frac{1}{n}} \, dt.$$

因为 $\lim\limits_{n\to+\infty}\int_1^{a^n}\dfrac{f(t)}{t}\,\mathrm{d}t=\int_1^{+\infty}\dfrac{f(x)}{x}\,\mathrm{d}x$, 所以只需证明

$$\lim_{n\to+\infty}\int_1^{a^n}\frac{f(t)}{t}\left(t^{\frac{1}{n}}-1\right)\mathrm{d}t=0. \tag{6.1.2}$$

对任意 $\varepsilon>0$, 可取 $A>1$ 使得 $\dfrac{M(a-1)}{A}<\varepsilon$. 然后再取 $N>0$ 使得当 $n>N$ 时, 有 $a^n>A$, $M(A-1)\left(A^{\frac{1}{n}}-1\right)<\varepsilon$. 此时有

$$\left|\int_1^{a^n}\frac{f(t)}{t}\left(t^{\frac{1}{n}}-1\right)\mathrm{d}t\right|\leqslant\left|\int_1^A\frac{f(t)}{t}\left(t^{\frac{1}{n}}-1\right)\mathrm{d}t\right|+\left|\int_A^{a^n}\frac{f(t)}{t}\left(t^{\frac{1}{n}}-1\right)\mathrm{d}t\right|$$

$$\leqslant M(A-1)\left(A^{\frac{1}{n}}-1\right)+\frac{M(a-1)}{A}<2\varepsilon.$$

故式 (6.1.2) 成立. $\qquad\square$

**【例 6.1.11】** 设 $f$ 在 $(-\infty,+\infty)$ 上有三阶连续导数且 $f$ 及各阶导函数都恒为正, 又 $f'''\leqslant f$. 求证: 对一切 $x$, 有

(i) $\dfrac{1}{2}(f''(x))^2+\displaystyle\int_{-\infty}^x(f'(t))^2\,\mathrm{d}t\leqslant f(x)f'(x)$;

(ii) $f'(x)<\left(\dfrac{4}{3}\right)^{\frac{1}{3}}f(x)$.

**证明** (i) 因为 $f$ 及它的各阶导数都为正, 所以 $f,f',f''$ 都严格递增, 由此 $\lim\limits_{x\to-\infty}f(x)$ 存在. 根据微分中值定理, 存在 $\theta_x\in(x,x+1)$ 使得

$$f(x+1)-f(x)=f'(\theta_x)>f'(x)>0.$$

由此 $\lim\limits_{x\to-\infty}f'(x)=0$. 同理 $\lim\limits_{x\to-\infty}f''(x)=0$. 因为 $f'''(x)\leqslant f(x)$, 所以

$$f''(x)f'''(x)+(f'(x))^2\leqslant f(x)f''(x)+(f'(x))^2.$$

将上式在 $(-\infty,x)$ 上积分, 可得

$$\frac{1}{2}(f''(x))^2+\int_{-\infty}^x(f'(t))^2\,\mathrm{d}t\leqslant f(x)f'(x).$$

(ii) 因为 $f''$ 单调递增, 所以

$$\int_{-\infty}^x(f'(t))^2\,\mathrm{d}t\geqslant\frac{1}{f''(x)}\int_{-\infty}^x(f'(t))^2f''(t)\,\mathrm{d}t=\frac{1}{3f''(x)}(f'(x))^3.$$

因而

$$\frac{1}{2}(f''(x))^2+\frac{1}{3f''(x)}(f'(x))^3\leqslant f(x)f'(x).$$

由均值不等式, 上式左端为

$$\frac{1}{4}(f''(x))^2 + \frac{1}{4}(f''(x))^2 + \frac{1}{3f''(x)}(f'(x))^3$$

$$\geqslant 3\left[\frac{1}{4}(f''(x))^2 \cdot \frac{1}{4}(f''(x))^2 \cdot \frac{1}{3f''(x)}(f'(x))^3\right]^{\frac{1}{3}} = \left(\frac{3}{4}\right)^{\frac{2}{3}} f'(x)f''(x).$$

于是

$$f''(x) \leqslant \left(\frac{4}{3}\right)^{\frac{2}{3}} f(x).$$

此式两端乘以 $f'$ 后再在 $(-\infty, x)$ 上积分, 可得结论 (ii).　　　　　　□

## 6.2 瑕 积 分

⬅➡ **基本概念**

【定义 6.2.1】　设函数 $f$ 在 $(a, b]$ 上有定义. $a$ 是 $f$ 的瑕点, 是指

$$\lim_{x \to a^+} f(x) = \infty,$$

此时, 函数在 $a$ 无界. 按照 Riemann 积分的定义, 这样的函数当然不可积. 如果 $f$ 在 $(a, b]$ 内的任何一个闭区间上可积, 则定义

$$\int_a^b f(x)\,\mathrm{d}x = \lim_{\varepsilon \to 0^+} \int_{a+\varepsilon}^b f(x)\,\mathrm{d}x,$$

只要右边的极限存在, 就称瑕积分 $\displaystyle\int_a^b f(x)\,\mathrm{d}x$ 收敛.

类似地, 可定义区间右端点是瑕点的瑕积分.

如果作变量代换

$$y = \frac{1}{x-a},$$

则

$$\int_a^b f(x)\,\mathrm{d}x = \int_{\frac{1}{b-a}}^{+\infty} \frac{f\left(a + \dfrac{1}{y}\right)}{y^2}\,\mathrm{d}y.$$

所以, 瑕积分转化成了无穷区间上的广义积分. 因此, 瑕积分具有和无穷区间上广义积分完全相似的结论.

**【定理 6.2.1】**(Cauchy 收敛准则)　设函数 $f$ 在 $(a,b]$ 上有定义. $a$ 是 $f$ 唯一的瑕点. 瑕积分 $\displaystyle\int_a^b f(x)\,\mathrm{d}x$ 收敛的充要条件是: 对任意 $\varepsilon>0$, 存在 $\delta>0$, 只要 $0<\delta'$, $\delta''<\delta$, 就有

$$\left|\int_{a+\delta'}^{a+\delta''} f(x)\,\mathrm{d}x\right|<\varepsilon.$$

**【定理 6.2.2】**　设函数 $f$ 在 $(a,b]$ 上有定义. $a$ 是 $f$ 唯一的瑕点. 如果瑕积分 $\displaystyle\int_a^b |f(x)|\,\mathrm{d}x$ 收敛, 那么瑕积分 $\displaystyle\int_a^b f(x)\,\mathrm{d}x$ 也收敛.

**【定理 6.2.3】**(比较判别法)　设函数 $f$ 在 $(a,b]$ 上有定义. $a$ 是 $f$ 唯一的瑕点. 如果对于充分接近 $a$ 的 $x\,(>a)$ 有不等式 $0\leqslant f(x)\leqslant g(x)$, 那么

(1) 若 $\displaystyle\int_a^b g(x)\,\mathrm{d}x$ 收敛, 则 $\displaystyle\int_a^b f(x)\,\mathrm{d}x$ 收敛;

(2) 若 $\displaystyle\int_a^b f(x)\,\mathrm{d}x$ 发散, 则 $\displaystyle\int_a^b g(x)\,\mathrm{d}x$ 发散.

**【定理 6.2.4】**(比较判别法极限形式)　设函数 $f,g$ 在 $(a,b]$ 上有定义. $a$ 是它们唯一的瑕点. 设 $f$ 和 $g$ 都是 $(a,b]$ 上的非负连续函数, 且

$$\lim_{x\to a^+}\frac{f(x)}{g(x)}=k,$$

那么

(1) 若 $0<k<+\infty$, 则 $\displaystyle\int_a^b f(x)\,\mathrm{d}x$ 和 $\displaystyle\int_a^b g(x)\,\mathrm{d}x$ 同敛散;

(2) 若 $k=0$, 则当 $\displaystyle\int_a^b g(x)\,\mathrm{d}x$ 收敛时, $\displaystyle\int_a^b f(x)\,\mathrm{d}x$ 收敛;

(3) 若 $k=+\infty$, 则当 $\displaystyle\int_a^b g(x)\,\mathrm{d}x$ 发散时, $\displaystyle\int_a^b f(x)\,\mathrm{d}x$ 发散.

### 例题

**【例 6.2.1】**　研究下列椭圆积分的收敛性:

$$\int_0^1 \frac{\mathrm{d}x}{\sqrt{(1-x^2)(1-k^2x^2)}},\quad 0<k<1.$$

**解**　显然这里被积函数以积分上限 $x=1$ 为瑕点. 由于

$$\lim_{x\to1^-}\frac{\dfrac{1}{\sqrt{(1-x^2)(1-k^2x^2)}}}{\dfrac{1}{\sqrt{1-x}}}=\frac{1}{\sqrt{2(1-k^2)}},$$

又 $\int_0^1 \dfrac{1}{\sqrt{1-x}}\,\mathrm{d}x$ 收敛, 根据比较判别法的极限形式可知, 椭圆积分收敛.

**【例 6.2.2】** 研究积分 $\int_0^1 \dfrac{\ln x}{1-x^2}\,\mathrm{d}x$ 的敛散性.

**解** 看上去似乎 $x=0, x=1$ 都是瑕点, 但实际上, 因为

$$\lim_{x\to 1}\frac{\ln x}{1-x^2}=-\frac{1}{2},$$

所以 $x=1$ 并非真瑕点 (可以说是可去瑕点).

考虑 $x=0$ 附近的情况, 对充分小的 $x$, 恒有 $1-x^2\geqslant\dfrac{1}{2}$, 所以

$$\left|\frac{\ln x}{1-x^2}\right|\leqslant 2|\ln x|,$$

而积分

$$\int_0^1|\ln x|\,\mathrm{d}x=-\int_0^1\ln x\,\mathrm{d}x=-x\ln x\Big|_0^1+\int_0^1\mathrm{d}x=1$$

是收敛的, 因此原瑕积分收敛.

**【例 6.2.3】** 研究积分 $\int_0^{+\infty}\dfrac{x^\alpha\arctan x}{2+x^\beta}\,\mathrm{d}x\,(\beta\geqslant 0)$ 的收敛性.

**解** 当 $\alpha<0$ 时, $x=0$ 是瑕点, 但它又是无穷积分, 所以把积分拆成两部分来考虑:

$$\int_0^{+\infty}\frac{x^\alpha\arctan x}{2+x^\beta}\,\mathrm{d}x=\int_0^1\frac{x^\alpha\arctan x}{2+x^\beta}\,\mathrm{d}x+\int_1^{+\infty}\frac{x^\alpha\arctan x}{2+x^\beta}\,\mathrm{d}x.$$

当 $x\to 0^+$ 时,

$$\frac{x^\alpha\arctan x}{2+x^\beta}\sim\frac{1}{2}x^{\alpha+1}.$$

故当 $\alpha+1>-1$, 即 $\alpha>-2$ 时, 第一个积分收敛. 当 $x\to+\infty$ 时,

$$\frac{x^\alpha\arctan x}{2+x^\beta}\sim\frac{\pi}{2}\frac{1}{x^{\beta-\alpha}}.$$

故当 $\beta-\alpha>1$ 时, 第二个积分收敛. 所以原积分当 $\alpha>-2$ 且 $\beta>1+\alpha$ 时收敛.

**【例 6.2.4】** 设 $n$ 是正整数. $I_n=\int_0^1\dfrac{\ln x}{(1+x)^{n+1}}\,\mathrm{d}x$. 求 $I_n$ 的递推公式, 并求 $\lim_{n\to+\infty}\dfrac{nI_n}{\ln n}$.

**解** 对正整数 $n$, 利用分部积分法, 得

$$I_n=\frac{1}{n}\int_0^1\frac{1}{x}\left(\frac{1}{(1+x)^n}-1\right)\mathrm{d}x.$$

特别地, $I_1 = -\ln 2$. 而

$$
\begin{aligned}
I_{n+1} &= \frac{1}{n+1} \int_0^1 \frac{1}{x} \left( \frac{1+x-x}{(1+x)^{n+1}} - 1 \right) \mathrm{d}x \\
&= \frac{1}{n+1} \int_0^1 \frac{1}{x} \left( \frac{1+x-x}{(1+x)^{n+1}} - 1 \right) \mathrm{d}x \\
&= \frac{n}{n+1} I_n - \frac{1}{n+1} \int_0^1 \frac{1}{(1+x)^{n+1}} \mathrm{d}x \\
&= \frac{n}{n+1} I_n - \frac{1}{n(n+1)} (1 - 2^{-n}).
\end{aligned}
$$

由 Stolz 定理, 可得

$$
\begin{aligned}
\lim_{n \to +\infty} \frac{n I_n}{\ln n} &= \lim_{n \to +\infty} \frac{(n+1) \ln I_{n+1} - n I_n}{\ln(n+1) - \ln n} = \lim_{n \to +\infty} \frac{\frac{1}{n} \left( \frac{1}{2^n} - 1 \right)}{\ln \left( 1 + \frac{1}{n} \right)} \\
&= \lim_{n \to +\infty} \left( \frac{1}{2^n} - 1 \right) = -1.
\end{aligned}
$$

【注 6.2.1】 我们也可以直接用以下方法得到上述极限. 注意到

$$
\left| \frac{\ln x}{\ln n} \left( 1 + \frac{x}{n} \right)^{-(n+1)} \chi_{[0,n]}(x) \right| \leqslant |\ln x| \chi_{[0,1]}(x) + \frac{1}{1+x^2}, \quad x > 0, n \geqslant 3,
$$

则有

$$
\begin{aligned}
\lim_{n \to +\infty} \frac{n I_n}{\ln n} &= \lim_{n \to +\infty} \int_0^n \frac{\ln x - \ln n}{\ln n} \left( 1 + \frac{x}{n} \right)^{-(n+1)} \mathrm{d}x \\
&= - \lim_{n \to +\infty} \int_0^n \left( 1 + \frac{x}{n} \right)^{-(n+1)} \mathrm{d}x = -1.
\end{aligned}
$$

## 6.3 含参变量积分

【定义 6.3.1】(含参变量常义积分) 设二元函数 $f$ 在区间 $[a,b] \times [\alpha, \beta]$ 上连续, 对于任给定的 $u \in [\alpha, \beta]$, 函数 $f(\cdot, u)$ 在 $[a,b]$ 上 Riemann 可积, 这时称积分

$$
\int_a^b f(x, u) \, \mathrm{d}x
$$

是含参变量 $u$ 的常义积分. 它定义了一个函数 $\varphi(u) = \int_a^b f(x, u) \, \mathrm{d}x$.

【定理 6.3.1】　如果二元函数 $f$ 在 $I = [a, b] \times [\alpha, \beta]$ 上连续, 则

$$\varphi(u) = \int_a^b f(x, u) \,\mathrm{d}x$$

在 $[\alpha, \beta]$ 上连续.

【定理 6.3.2】　如果函数 $f$ 在 $I = [a, b] \times [\alpha, \beta]$ 上连续, 则 $\varphi(u) = \int_a^b f(x, u) \,\mathrm{d}x$ 在 $[\alpha, \beta]$ 上可积, 并有

$$\int_\alpha^\beta \varphi(u) \,\mathrm{d}u = \int_\alpha^\beta \left[ \int_a^b f(x, u) \,\mathrm{d}x \right] \mathrm{d}u = \int_a^b \left[ \int_\alpha^\beta f(x, u) \,\mathrm{d}u \right] \mathrm{d}x.$$

【定理 6.3.3】　设函数 $f$ 在 $I = [a, b] \times [\alpha, \beta]$ 上连续, 且对 $u$ 有连续偏导数, 则函数

$$\varphi(u) = \int_a^b f(x, u) \,\mathrm{d}x$$

在 $[\alpha, \beta]$ 上可导, 并有

$$\varphi'(u) = \int_a^b \frac{\partial f(x, u)}{\partial u} \,\mathrm{d}x.$$

【定义 6.3.2】(含参变量反常积分)　设函数 $f$ 在 $I = [a, +\infty) \times [\alpha, \beta]$ 上连续, 若对任意给定的 $u \in [\alpha, \beta]$, 广义积分

$$\int_a^{+\infty} f(x, u) \,\mathrm{d}x$$

都收敛, 称为含参变量 $u$ 的广义积分.

【定义 6.3.3】　设存在函数 $\varphi$, 使得对于任意 $u \in [\alpha, \beta]$, 反常积分 $\int_a^{+\infty} f(x, u) \,\mathrm{d}x$ 收敛于 $\varphi(u)$. 若对任意给定的正数 $\varepsilon$, 总能找到 $X\, (> a)$, 当 $b > X$ 时, 不等式

$$\left| \int_a^b f(x, u) \,\mathrm{d}x - \varphi(u) \right| < \varepsilon$$

对任意 $u \in [\alpha, \beta]$ 成立, 则称反常积分 $\int_a^{+\infty} f(x, u) \,\mathrm{d}x$ 在 $[\alpha, \beta]$ 上一致收敛于 $\varphi(u)$. 这里的 $[\alpha, \beta]$ 还可以换成开区间或无穷区间.

【定理 6.3.4】　设对于任意 $u \in [\alpha, \beta]$, 反常积分 $\int_a^{+\infty} f(x, u) \,\mathrm{d}x$ 收敛. 该含参变量的反常积分在 $[\alpha, \beta]$ 上一致收敛的充要条件是

$$\lim_{b \to +\infty} \beta(b) = 0,$$

其中

$$\beta(b) = \sup_{u \in [\alpha, \beta]} \left| \int_b^{+\infty} f(x, u)\, \mathrm{d}x \right|.$$

【定理 6.3.5】(Cauchy 收敛准则)　反常积分 $\displaystyle\int_a^{+\infty} f(x, u)\, \mathrm{d}x$ 在区间 $[\alpha, \beta]$ 上一致收敛的充要条件是: 对任意给定的正数 $\varepsilon$, 总存在一个仅与 $\varepsilon$ 有关的数 $B$, 使得当 $b_1, b_2 > B$ 时, 就有不等式

$$\left| \int_{b_1}^{b_2} f(x, u)\, \mathrm{d}x \right| < \varepsilon$$

对区间 $[\alpha, \beta]$ 上的一切 $u$ 值成立.

【定理 6.3.6】(Weierstrass 判别法)　设 $f(x, u)$ 在区域 $I = [a, +\infty) \times [\alpha, \beta]$ 上连续. 如果存在一个在 $[a, +\infty)$ 上反常可积的函数 $p$, 使得对于一切充分大的 $x$ 以及 $[\alpha, \beta]$ 上的任意 $u$ 都有

$$|f(x, u)| \leqslant p(x),$$

则积分 $\displaystyle\int_a^{+\infty} f(x, u)\, \mathrm{d}x$ 在 $[\alpha, \beta]$ 上一致收敛. $p$ 称为它的控制函数.

【定理 6.3.7】(Dirichlet 判别法)　设函数 $f$ 和 $g$ 对每个 $u \in [\alpha, \beta]$ 在 $[a, +\infty)$ 中任意有限区间 $[a, b]$ 上可积, 若还满足下面两个条件:

(1) 积分 $\displaystyle\int_a^b f(x, u)\, \mathrm{d}x$ 关于 $b \geqslant a$ 和 $u \in [\alpha, \beta]$ 一致有界, 即存在 $M > 0$, 使得

$$\left| \int_a^b f(x, u)\, \mathrm{d}x \right| < M$$

对一切 $b \geqslant a$ 和 $u \in [\alpha, \beta]$ 成立;

(2) 对每个固定的 $u \in [\alpha, \beta]$, $g(x, u)$ 是 $x$ 的单调函数, 且当 $x \to +\infty$ 时, 关于 $u \in [\alpha, \beta]$ 一致趋于 $0$.

则积分

$$\int_a^{+\infty} f(x, u) g(x, u)\, \mathrm{d}x$$

在 $[\alpha, \beta]$ 上一致收敛.

【定理 6.3.8】(Abel 判别法)　设函数 $f$ 和 $g$ 对每个 $u \in [\alpha, \beta]$ 在 $[a, +\infty)$ 中任意有限区间 $[a, b]$ 上可积, 若还满足下面两个条件:

(1) 积分 $\displaystyle\int_a^{+\infty} f(x, u)\, \mathrm{d}x$ 关于 $u \in [\alpha, \beta]$ 一致收敛;

(2) 对每个固定的 $u \in [\alpha, \beta]$, $g(x, u)$ 是 $x$ 的单调函数, 且关于 $u \in [\alpha, \beta]$ 一致有界.

则积分

$$\int_a^{+\infty} f(x,u)g(x,u)\,\mathrm{d}x$$

在 $[\alpha,\beta]$ 上一致收敛.

**【定理 6.3.9】**　若函数 $f$ 在 $I = [a,+\infty) \times [\alpha,\beta]$ 上连续, 且反常积分

$$\varphi(u) = \int_a^{+\infty} f(x,u)\,\mathrm{d}x$$

在 $[\alpha,\beta]$ 上关于 $u$ 一致收敛, 则函数 $\varphi$ 在 $[\alpha,\beta]$ 上连续.

**【定理 6.3.10】**　设 $f$ 在 $D = [a,+\infty) \times [\alpha,\beta]$ 上连续, 若 $\int_a^{+\infty} f(x,u)\,\mathrm{d}x$ 在 $(\alpha,\beta)$ 上一致收敛, 则 $\int_a^{+\infty} f(x,\alpha)\,\mathrm{d}x$ 和 $\int_a^{+\infty} f(x,\beta)\,\mathrm{d}x$ 都收敛, 且反常积分 $\int_a^{+\infty} f(x,u)\,\mathrm{d}x$ 在 $[\alpha,\beta]$ 上一致收敛, 因而在 $[\alpha,\beta]$ 上连续.

**【定理 6.3.11】**　若函数 $f(x,u)$ 在 $I = [a,+\infty) \times [\alpha,\beta]$ 上连续, 且反常积分

$$\varphi(u) = \int_a^{+\infty} f(x,u)\,\mathrm{d}x$$

在 $[\alpha,\beta]$ 上关于 $u$ 一致收敛, 则有

$$\int_\alpha^\beta \varphi(u)\,\mathrm{d}u = \int_\alpha^\beta \left[ \int_a^{+\infty} f(x,u)\,\mathrm{d}x \right] \mathrm{d}u = \int_a^{+\infty} \left[ \int_\alpha^\beta f(x,u)\,\mathrm{d}u \right] \mathrm{d}x.$$

**【定理 6.3.12】**　如果 $f$ 满足下列条件:

(1) 函数 $f$ 在 $[a,+\infty) \times [\alpha,+\infty)$ 上连续;

(2) 积分 $\int_a^{+\infty} f(x,u)\,\mathrm{d}x$ 关于参变量 $u$ 在任何有限区间 $[\alpha,\beta]$ 上一致收敛, 而且反常积分 $\int_\alpha^{+\infty} f(x,u)\,\mathrm{d}u$ 关于 $x$ 在任何有限区间 $[a,b]$ 上也一致收敛;

(3) 下列两个积分

$$\int_a^{+\infty} \mathrm{d}x \int_\alpha^{+\infty} |f(x,u)|\,\mathrm{d}u, \quad \int_\alpha^{+\infty} \mathrm{d}u \int_a^{+\infty} |f(x,u)|\,\mathrm{d}x$$

中至少有一个存在.

那么

$$\int_a^{+\infty} \mathrm{d}x \int_\alpha^{+\infty} f(x,u)\,\mathrm{d}u, \quad \int_\alpha^{+\infty} \mathrm{d}u \int_a^{+\infty} f(x,u)\,\mathrm{d}x$$

都存在且相等, 即有

$$\int_a^{+\infty} \mathrm{d}x \int_\alpha^{+\infty} f(x,u)\,\mathrm{d}u = \int_\alpha^{+\infty} \mathrm{d}u \int_a^{+\infty} f(x,u)\,\mathrm{d}x.$$

### 🔄 几个重要的反常积分

(1) Dirichlet 积分

$$\int_0^{+\infty} \frac{\sin x}{x} \, \mathrm{d}x.$$

在例 6.1.8 中已证明该反常积分的值为 $\frac{\pi}{2}$.

(2) Laplace 积分

$$I(\beta) = \int_0^{+\infty} \frac{\cos \beta x}{\alpha^2 + x^2} \, \mathrm{d}x, \qquad \alpha > 0, \ \beta \geqslant 0,$$

$$J(\beta) = \int_0^{+\infty} \frac{x \sin \beta x}{\alpha^2 + x^2} \, \mathrm{d}x, \qquad \alpha > 0, \ \beta > 0.$$

因对任意的 $\beta \geqslant 0$ 和 $\alpha > 0$, 有

$$\frac{|\cos \beta x|}{\alpha^2 + x^2} \leqslant \frac{1}{\alpha^2 + x^2},$$

故 $I(\beta)$ 关于 $\beta \in [0, +\infty)$ 上一致收敛. 另外, 由 Dirichlet 判别法知, $J(\beta)$ 对任意的 $\beta \geqslant \beta_0 > 0$ 一致收敛. 显然, $I(\beta)$ 与 $J(\beta)$ 都在 $\beta \geqslant \beta_0 > 0$ 上一致收敛. 由积分号下求导的可微性定理知, $I(\beta)$ 对 $\beta$ 的微商可在积分号下进行, 并有

$$I'(\beta) = \int_0^{+\infty} \frac{\partial}{\partial \beta} \left( \frac{\cos \beta x}{\alpha^2 + x^2} \right) \mathrm{d}x = - \int_0^{+\infty} \frac{x \sin \beta x}{\alpha^2 + x^2} \, \mathrm{d}x = -J(\beta).$$

根据 Dirichlet 积分, 当 $\beta > 0$ 时, 有 $\frac{\pi}{2} = \int_0^{+\infty} \frac{\sin \beta x}{x} \, \mathrm{d}x$. 于是有

$$I'(\beta) + \frac{\pi}{2} = - \int_0^{+\infty} \frac{x \sin \beta x}{\alpha^2 + x^2} \, \mathrm{d}x + \int_0^{+\infty} \frac{\sin \beta x}{x} \, \mathrm{d}x = \alpha^2 \int_0^{+\infty} \frac{\sin \beta x}{x(\alpha^2 + x^2)} \, \mathrm{d}x.$$

从上式最右端的表达式可知, 上式可对 $\beta$ 在积分号下求微商, 因而又有

$$I''(\beta) = \alpha^2 \int_0^{+\infty} \frac{\cos \beta x}{\alpha^2 + x^2} \, \mathrm{d}x = \alpha^2 I(\beta),$$

这是一个二阶常系数线性微分方程, 求得通解为

$$I(\beta) = c_1 \mathrm{e}^{\alpha \beta} + c_2 \mathrm{e}^{-\alpha \beta},$$

其中 $c_1, c_2$ 为任意常数. 由于对 $\beta > 0$ 有

$$|I(\beta)| \leqslant \int_0^{+\infty} \frac{\mathrm{d}x}{\alpha^2 + x^2} = \frac{\pi}{2\alpha},$$

可知 $I(\beta)$ 有界, 又因为 $\alpha > 0$, 所以 $c_1$ 必须为零, 故有

$$I(\beta) = c_2 \mathrm{e}^{-\alpha\beta}.$$

注意, 到此为止, 运算都是在 $\beta > 0$ 的假设下进行的. 下面来确定 $c_2$ 的值, 由于积分 $I(\beta)$ 在 $\beta \in [0, +\infty)$ 上一致收敛, 故 $I(\beta)$ 在 $[0, +\infty)$ 上连续, 特别在 $\beta = 0$ 处右连续, 于是有

$$c_2 = \lim_{\beta \to 0^+} I(\beta) = I(0) = \int_0^{+\infty} \frac{\mathrm{d}x}{\alpha^2 + x^2} = \frac{\pi}{2\alpha}.$$

故得到

$$I(\beta) = \int_0^{+\infty} \frac{\cos \beta x}{\alpha^2 + x^2}\, \mathrm{d}x = \frac{\pi}{2\alpha} \mathrm{e}^{-\alpha\beta}, \quad \alpha > 0,\ \beta \geqslant 0.$$

最后, 对 $\alpha > 0, \beta > 0$, 有

$$J(\beta) = -I'(\beta) = \frac{\pi}{2} \mathrm{e}^{-\alpha\beta},$$

于是得到

$$\int_0^{+\infty} \frac{x \sin \beta x}{\alpha^2 + x^2}\, \mathrm{d}x = \frac{\pi}{2} \mathrm{e}^{-\alpha\beta}, \qquad \alpha > 0,\ \beta > 0.$$

(3) Fresnel (菲涅耳) 积分

$$\int_0^{+\infty} \sin x^2\, \mathrm{d}x, \quad \int_0^{+\infty} \cos x^2\, \mathrm{d}x.$$

作积分变换可得

$$\int_0^{+\infty} \sin x^2\, \mathrm{d}x = \frac{1}{2} \int_0^{+\infty} \frac{\sin t}{\sqrt{t}}\, \mathrm{d}t,$$

该积分是条件收敛的. 当 $t > 0$ 时, 由

$$\frac{1}{\sqrt{t}} = \frac{2}{\sqrt{\pi}} \int_0^{+\infty} \mathrm{e}^{-tu^2}\, \mathrm{d}u,$$

可得

$$\int_0^{+\infty} \frac{\sin t}{\sqrt{t}} \mathrm{e}^{-vt}\, \mathrm{d}t = \frac{2}{\sqrt{\pi}} \int_0^{+\infty} \mathrm{e}^{-vt} \sin t\, \mathrm{d}t \int_0^{+\infty} \mathrm{e}^{-tu^2}\, \mathrm{d}u,$$

交换积分次序就得到

$$\int_0^{+\infty} \frac{\sin t}{\sqrt{t}} \mathrm{e}^{-vt}\, \mathrm{d}t = \frac{2}{\sqrt{\pi}} \int_0^{+\infty} \mathrm{d}u \int_0^{+\infty} \mathrm{e}^{-(u^2+v)t} \sin t\, \mathrm{d}t = \frac{2}{\sqrt{\pi}} \int_0^{+\infty} \frac{\mathrm{d}u}{1 + (u^2 + v)^2}.$$

上式右端的积分关于 $v$ 在 $[0, +\infty)$ 上一致收敛, 而左端的积分关于 $v$ 在 $[0, +\infty)$ 上一致收敛. 因此当 $v \to 0^+$ 时, 可以在等式两端的积分号下取极限值, 即有

$$\int_0^{+\infty} \frac{\sin t}{\sqrt{t}} \, \mathrm{d}t = \frac{2}{\sqrt{\pi}} \int_0^{+\infty} \frac{\mathrm{d}u}{1 + u^4} = \frac{2}{\sqrt{\pi}} \frac{\pi}{2\sqrt{2}} = \sqrt{\frac{\pi}{2}}.$$

所以

$$\int_0^{+\infty} \sin x^2 \, \mathrm{d}x = \sqrt{\frac{\pi}{8}}.$$

类似可得

$$\int_0^{+\infty} \cos x^2 \, \mathrm{d}x = \sqrt{\frac{\pi}{8}}.$$

还需验证上面交换积分次序的合理性.

首先对于固定的 $v > 0$, $\int_0^{+\infty} \mathrm{d}u \int_0^{+\infty} \mathrm{e}^{-t(u^2+v)} |\sin t| \, \mathrm{d}t$ 存在, 因为

$$\int_b^{+\infty} \mathrm{d}u \int_0^{+\infty} \mathrm{e}^{-t(u^2+v)} |\sin t| \, \mathrm{d}t \leqslant \int_b^{+\infty} \left| \int_0^{+\infty} \mathrm{e}^{-t(u^2+v)} \mathrm{d}t \right| \mathrm{d}u$$
$$= \int_b^{+\infty} \frac{\mathrm{d}u}{u^2 + v} < \frac{1}{b}.$$

其次 $\int_0^{+\infty} \mathrm{e}^{-t(u^2+v)} \sin t \, \mathrm{d}t$ 关于 $u$ 在 $[0, +\infty)$ 上一致收敛, 因为有

$$|\mathrm{e}^{-t(u^2+v)} \sin t| \leqslant \mathrm{e}^{-tv}.$$

最后 $\int_0^{+\infty} \mathrm{e}^{-t(u^2+v)} \sin t \, \mathrm{d}u$ 关于 $t$ 在 $[0, +\infty)$ 上一致收敛, 这是因为

$$\left| \mathrm{e}^{-t(u^2+v)} \sin t \right| \leqslant \mathrm{e}^{-t(u^2+v)} t \leqslant \frac{\mathrm{e}^{-1}}{u^2 + v}.$$

### 例题

【例 6.3.1】 设 $f$ 是区间 $[0, 1]$ 上的连续函数, 讨论函数

$$F(t) = \int_0^1 \frac{tf(x)}{x^2 + t^2} \, \mathrm{d}x$$

的连续性.

**解** 对每一个固定的 $t \in \mathbb{R}$, 二元函数

$$h(x, t) = \frac{tf(x)}{x^2 + t^2}$$

都是关于 $x$ 连续函数, 因此, $F$ 是适定的, 且是奇函数.

设 $0 < \alpha < \beta$. 因为 $h$ 在 $[0,1] \times [\alpha, \beta]$ 上连续, 所以 $f$ 在 $[\alpha, \beta]$ 连续, 从而 $f$ 在 $t \neq 0$ 处都是连续的. 对于 $0 < t < 1$, 有

$$\int_0^1 \frac{tf(x)}{x^2 + t^2} \, \mathrm{d}x = \int_0^{t^{1/3}} \frac{tf(x)}{x^2 + t^2} \, \mathrm{d}x + \int_{t^{1/3}}^1 \frac{tf(x)}{x^2 + t^2} \, \mathrm{d}x.$$

因为 $f$ 在 $[0,1]$ 上连续, 可设 $|f| \leqslant M$, 所以

$$\left| \int_{t^{1/3}}^1 \frac{tf(x)}{x^2 + t^2} \, \mathrm{d}x \right| \leqslant \frac{t}{t^{2/3} + t^2} M = \frac{t^{1/3}}{1 + t^{4/3}} M \to 0, \qquad t \to 0^+.$$

根据第一积分中值定理的推广, 存在 $\xi \in (0, t^{1/3})$ 使得

$$\int_0^{t^{1/3}} \frac{tf(x)}{x^2 + t^2} \, \mathrm{d}x = f(\xi) \int_0^{t^{1/3}} \frac{t}{x^2 + t^2} \, \mathrm{d}x = f(\xi) \arctan \frac{x}{t} \bigg|_{x=0}^{t^{1/3}} = f(\xi) \arctan \frac{1}{t^{2/3}}.$$

则

$$\lim_{t \to 0^+} \int_0^{t^{1/3}} \frac{tf(x)}{x^2 + t^2} \, \mathrm{d}x = \frac{\pi}{2} f(0).$$

于是

$$\lim_{t \to 0^+} F(t) = \frac{\pi}{2} f(0).$$

同理

$$\lim_{t \to 0^-} F(t) = -\frac{\pi}{2} f(0).$$

由此可知当 $f(0) = 0$ 时, $f$ 在 $t = 0$ 连续; 但当 $f(0) \neq 0$ 时, $f$ 在 $t = 0$ 不连续.

**【例 6.3.2】**　计算 $\displaystyle\int_0^1 \frac{x^b - x^a}{\ln x} \, \mathrm{d}x \, (0 < a < b)$.

**解**　注意到

$$\frac{x^b - x^a}{\ln x} = \int_a^b x^u \, \mathrm{d}u,$$

且二元函数 $h(x, u) = x^u$ 在 $[0,1] \times [a, b]$ 连续, 故有

$$I = \int_0^1 \left( \int_a^b x^u \, \mathrm{d}u \right) \mathrm{d}x = \int_a^b \left( \int_0^1 x^u \, \mathrm{d}x \right) \mathrm{d}u$$

$$= \int_a^b \frac{1}{u+1} x^{u+1} \bigg|_0^1 \, \mathrm{d}u = \int_a^b \frac{1}{u+1} \, \mathrm{d}u = \ln \frac{b+1}{a+1}.$$

**【例 6.3.3】**　试求积分 $\displaystyle\int_0^1 \frac{\ln(1+x)}{1+x^2} \, \mathrm{d}x$ 的值.

**解** (**方法 1**) 在例 5.1.38 中已用换元法算出该积分的值. 以下用含参变量积分的方法. 考虑含参变量的积分

$$I(u) = \int_0^1 \frac{\ln(1+ux)}{1+x^2}\,\mathrm{d}x.$$

这个积分的被积函数 $\dfrac{\ln(1+ux)}{1+x^2}$ 及其关于 $u$ 的偏导数 $\dfrac{x}{(1+x^2)(1+ux)}$ 都在 $[0,1]^2$ 上连续, 由定理 6.3.3 就有

$$\begin{aligned}
I'(u) &= \int_0^1 \frac{x}{(1+x^2)(1+ux)}\,\mathrm{d}x \\
&= \frac{1}{1+u^2}\int_0^1 \left(\frac{x}{1+x^2} + \frac{u}{1+x^2} - \frac{u}{1+ux}\right)\mathrm{d}x \\
&= \frac{1}{1+u^2}\left[\frac{\ln 2}{2} + \frac{\pi}{4}u - \ln(1+u)\right].
\end{aligned}$$

将上式的两端关于 $u$ 从 0 到 1 积分得

$$\begin{aligned}
I(1) - I(0) &= \int_0^1 \frac{1}{1+u^2}\left[\frac{\ln 2}{2} + \frac{\pi}{4}u - \ln(1+u)\right]\mathrm{d}u \\
&= \frac{\ln 2}{2}\arctan u\Big|_0^1 + \frac{\pi}{8}\ln(1+u^2)\Big|_0^1 - \int_0^1 \frac{\ln(1+u)}{1+u^2}\,\mathrm{d}u \\
&= \frac{\pi}{4}\ln 2 - I(1).
\end{aligned}$$

又 $I(0) = 0$, 故所求积分的值为

$$I(1) = \frac{\pi}{8}\ln 2.$$

(**方法 2**) 利用 $\ln(1+x) = \displaystyle\int_0^1 \frac{x}{1+xy}\,\mathrm{d}y$ 以及对称性可得

$$\begin{aligned}
\int_0^1 \frac{\ln(1+x)}{1+x^2}\,\mathrm{d}x &= \int_0^1 \mathrm{d}x \int_0^1 \frac{x}{(1+xy)(1+x^2)}\,\mathrm{d}y \\
&= \frac{1}{2}\int_0^1 \mathrm{d}y \int_0^1 \left(\frac{x}{(1+xy)(1+x^2)} + \frac{y}{(1+xy)(1+y^2)}\right)\mathrm{d}x \\
&= \frac{1}{2}\int_0^1 \mathrm{d}y \int_0^1 \frac{x+y}{(1+y^2)(1+x^2)}\,\mathrm{d}x = \frac{\pi\ln 2}{8}.
\end{aligned}$$

**【例 6.3.4】** 证明: 当 $\alpha > 0$, $\beta_0 > 0$ 时, 含参变量 $\beta$ 的反常积分 $\displaystyle\int_0^{+\infty} \frac{x\sin\beta x}{\alpha^2 + x^2}\,\mathrm{d}x$ 在 $(\beta_0, +\infty)$ 上一致收敛.

**证明**　函数 $\dfrac{x}{\alpha^2 + x^2}$ 当 $x > \alpha$ 时单调递减且 $\lim\limits_{x \to +\infty} \dfrac{x}{\alpha^2 + x^2} = 0$. 又对于 $b > 0$ 有

$$\left| \int_0^b \sin \beta x \, \mathrm{d}x \right| = \left| \frac{1 - \cos b\beta}{\beta} \right| \leqslant \frac{2}{\beta_0}.$$

由 Dirichlet 判别法, 即知 $\displaystyle\int_0^{+\infty} \dfrac{x \sin \beta x}{\alpha^2 + x^2} \, \mathrm{d}x$ 在 $\beta \geqslant \beta_0 > 0$ 上一致收敛.　□

**【例 6.3.5】**　设 $0 < p \leqslant 1$, 证明 $\displaystyle\int_0^{+\infty} \mathrm{e}^{-ux} \dfrac{\sin x}{x^p} \, \mathrm{d}x$ 对 $u \geqslant 0$ 一致收敛.

**证明**　因为 $0 < p \leqslant 1$, 所以根据 Weierstrass 判别法可知 $\displaystyle\int_0^{+\infty} \dfrac{\sin x}{x^p} \, \mathrm{d}x$ 关于参数 $u \in [0, +\infty)$ 一致收敛. 又因为函数 $\mathrm{e}^{-ux}$ 关于 $x$ 单调递减, 且关于 $u \in [0, +\infty)$ 一致有界. 因此, 根据 Abel 判别法, 积分 $\displaystyle\int_0^{+\infty} \mathrm{e}^{-ux} \dfrac{\sin x}{x^p} \, \mathrm{d}x$ 关于 $u \geqslant 0$ 一致收敛.　□

**【例 6.3.6】**　设 $I$ 是区间, 对每个 $u \in I$, 函数 $f(\cdot, u)$ 在区间 $(a, +\infty)$ 上非负, 且单调递减. 若 $\displaystyle\int_a^{+\infty} f(x, u) \, \mathrm{d}x$ 在区间 $I$ 上一致收敛, 则当 $x \to +\infty$ 时, $f(x, u)$ 在区间 $I$ 上一致趋于零.

**证明**　因为 $\displaystyle\int_a^{+\infty} f(x, u) \, \mathrm{d}x$ 在区间 $I$ 上一致收敛, 所以 $\lim\limits_{b \to +\infty} \beta(b) = 0$, 其中

$$\beta(b) = \sup_{u \in I} \left| \int_b^{+\infty} f(x, u) \, \mathrm{d}x \right|.$$

由于 $f(x, u)$ 在区间 $(a, +\infty)$ 上非负, 且关于 $x$ 单调递减, 所以

$$\sup_{u \in I} |f(b, u)| \leqslant \sup_{u \in I} \left| \int_{b-1}^b f(x, u) \, \mathrm{d}x \right| \leqslant \beta(b-1) \to 0 \quad (b \to +\infty).$$

这说明 $f(x, u)$ 在区间 $I$ 上一致趋于零.　□

**【例 6.3.7】**　计算积分 $\displaystyle\int_0^{+\infty} \dfrac{\mathrm{e}^{-ax} - \mathrm{e}^{-bx}}{x} \, \mathrm{d}x$, 其中 $0 < a < b$.

**解**　被积函数可以表示成积分

$$\frac{\mathrm{e}^{-ax} - \mathrm{e}^{-bx}}{x} = \int_a^b \mathrm{e}^{-ux} \, \mathrm{d}u.$$

于是所要计算的积分就变为

$$\int_0^{+\infty} \frac{\mathrm{e}^{-ax} - \mathrm{e}^{-bx}}{x} \, \mathrm{d}x = \int_0^{+\infty} \mathrm{d}x \int_a^b \mathrm{e}^{-ux} \, \mathrm{d}u,$$

由于对任意 $u \in [a, b]$, 有

$$\mathrm{e}^{-ux} \leqslant \mathrm{e}^{-ax},$$

而反常积分 $\displaystyle\int_0^{+\infty} \mathrm{e}^{-ax} \, \mathrm{d}x$ 收敛 $(a > 0)$, 由比较判别法知, $\displaystyle\int_0^{+\infty} \mathrm{e}^{-ux} \, \mathrm{d}x$ 在 $[a, b]$ 上一致收敛, 又 $\mathrm{e}^{-ux}$ 在 $[0, +\infty) \times [a, b]$ 上连续. 因此

$$\int_0^{+\infty} \frac{\mathrm{e}^{-ax} - \mathrm{e}^{-bx}}{x} \, \mathrm{d}x = \int_a^b \mathrm{d}u \int_0^{+\infty} \mathrm{e}^{-ux} \, \mathrm{d}x = \int_a^b \frac{\mathrm{d}u}{u} = \ln \frac{b}{a}.$$

**【例 6.3.8】** 计算积分

$$I(\beta) = \int_0^{+\infty} \mathrm{e}^{-x^2} \cos 2\beta x \, \mathrm{d}x, \quad \beta \in (-\infty, +\infty).$$

**解** 因为对任意的实数 $\beta$, 有

$$|\mathrm{e}^{-x^2} \cos 2\beta x| \leqslant \mathrm{e}^{-x^2}.$$

而积分 $\displaystyle\int_0^{+\infty} \mathrm{e}^{-x^2} \, \mathrm{d}x$ 收敛, 故积分 $\displaystyle\int_0^{+\infty} \mathrm{e}^{-x^2} \cos 2\beta x \, \mathrm{d}x$ 收敛. 现计算它的值, 可将 $\beta$ 视为参数, 由于当 $x > 0$ 时有不等式

$$\left| \frac{\partial}{\partial \beta} (\mathrm{e}^{-x^2} \cos 2\beta x) \right| = |2x\mathrm{e}^{-x^2} \sin 2\beta x| \leqslant 2x\mathrm{e}^{-x^2},$$

而积分 $\displaystyle\int_0^{+\infty} x\mathrm{e}^{-x^2} \, \mathrm{d}x$ 收敛, 所以积分 $\displaystyle\int_0^{+\infty} x\mathrm{e}^{-x^2} \sin 2\beta x \, \mathrm{d}x$ 在整个数轴上关于 $\beta$ 一致收敛, 故

$$\frac{\mathrm{d}I(\beta)}{\mathrm{d}\beta} = \int_0^{+\infty} \frac{\partial}{\partial \beta} (\mathrm{e}^{-x^2} \cos 2\beta x) \, \mathrm{d}x = -2 \int_0^{+\infty} x\mathrm{e}^{-x^2} \sin 2\beta x \, \mathrm{d}x$$

$$= \mathrm{e}^{-x^2} \sin 2\beta x \Big|_0^{+\infty} - \int_0^{+\infty} \mathrm{e}^{-x^2} (2\beta \cos 2\beta x) \, \mathrm{d}x = -2\beta I(\beta).$$

从而函数 $I(\beta)$ 满足微分方程

$$\frac{\mathrm{d}I(\beta)}{\mathrm{d}\beta} = -2\beta I(\beta).$$

解此微分方程, 并注意到 $I(0) = \displaystyle\int_0^{+\infty} \mathrm{e}^{-x^2} \, \mathrm{d}x = \frac{\sqrt{\pi}}{2}$, 即得

$$I(\beta) = \frac{\sqrt{\pi}}{2} \mathrm{e}^{-\beta^2}.$$

**【例 6.3.9】** 设 $a > 0$. 求积分 $\int_0^{+\infty} \dfrac{\arctan ax}{x(1+x^2)}\,\mathrm{d}x$ 的值.

**解** 记 $f(x,a) = \dfrac{\arctan ax}{x(1+x^2)}$. 由于 $\arctan ax \sim ax\ (x\to 0)$ 且 $\dfrac{\arctan ax}{x}$ 是有界的.

故积分 $I(a) = \int_0^{+\infty} f(x,a)\,\mathrm{d}x$ 收敛. 因为

$$\left|\frac{\partial f}{\partial a}\right| = \left|\frac{1}{(1+x^2)(1+a^2x^2)}\right| \leqslant \frac{1}{1+x^2},$$

故 $\int_0^{+\infty} \dfrac{\partial f}{\partial a}\,\mathrm{d}x$ 关于 $a$ 在 $[0,+\infty)$ 上一致收敛. 这说明 $I(a)$ 可导, 且对 $a \neq 1$ 有

$$I'(a) = \int_0^{+\infty} \frac{1}{(1+x^2)(1+a^2x^2)}\,\mathrm{d}x$$
$$= \frac{1}{1-a^2}\cdot\int_0^{+\infty}\left(\frac{1}{1+x^2} - \frac{a^2}{1+a^2x^2}\right)\mathrm{d}x = \frac{1}{1+a}\cdot\frac{\pi}{2}.$$

注意到 $I'(a)$ 是 $a$ 的连续函数. 因此对 $a > 0$ 都有 $I'(a) = \dfrac{1}{1+a}\cdot\dfrac{\pi}{2}$. 于是 $I(a) = \dfrac{\pi}{2}\ln(1+a) + C$, 其中 $C$ 是与 $a$ 无关的常数. 注意到 $I(0) = 0$, 有 $C = 0$. 于是 $I(a) = \dfrac{\pi}{2}\ln(1+a)$.

**【例 6.3.10】** 设 $\alpha \geqslant 0$. 求积分 $I(\alpha) = \int_0^{+\infty} \dfrac{\ln(1+\alpha^2 x^2)}{1+x^2}\,\mathrm{d}x$.

**解** 对于 $\alpha > 0$ 且 $\alpha \neq 1$ 有

$$I'(\alpha) = \int_0^{+\infty} \frac{2\alpha x^2}{(1+x^2)(1+\alpha^2x^2)}\,\mathrm{d}x = \frac{2\alpha}{\alpha^2-1}\int_0^{+\infty}\left(\frac{1}{1+x^2} - \frac{1}{1+\alpha^2x^2}\right)\mathrm{d}x$$
$$= \frac{2\alpha}{\alpha^2-1}\left(\frac{\pi}{2} - \int_0^{+\infty}\frac{1}{1+\alpha^2x^2}\,\mathrm{d}x\right) = \frac{2\alpha}{\alpha^2-1}\left(\frac{\pi}{2} - \frac{1}{\alpha}\int_0^{+\infty}\frac{1}{1+x^2}\,\mathrm{d}x\right)$$
$$= \frac{2\alpha}{\alpha^2-1}\left(\frac{\pi}{2} - \frac{1}{\alpha}\frac{\pi}{2}\right) = \frac{\pi}{1+\alpha}.$$

易知, $I'(\alpha)$ 是连续函数, 因而对 $\alpha = 1$ 也有 $I'(\alpha) = \dfrac{\pi}{1+\alpha}$. 由于 $I(0) = 0$. 故

$$I(\alpha) = \pi\ln(1+\alpha), \qquad \alpha \geqslant 0.$$

**【例 6.3.11】** 设 $\psi(s) = \int_0^{+\infty} \dfrac{\ln(1+sx)}{x(1+x)}\,\mathrm{d}x$, 求 $\psi(1)$ 和 $\psi(2)$.

**解** 显然 $\psi(0) = 0$. 对 $s > 0$, 有 $\lim\limits_{x\to 0^+}\dfrac{\ln(1+sx)}{x} = s$, $\lim\limits_{x\to+\infty}\dfrac{\ln(1+sx)}{\sqrt{x}} = 0$, 因此, 对 $s \geqslant 0$ 该反常积分收敛. 又易知 $\psi(s)$ 在 $(0,+\infty)$ 可导, 且

$$\psi'(s) = \int_0^{+\infty} \frac{1}{(1+x)(1+sx)}\,\mathrm{d}x.$$

对于 $s \neq 1$, 有

$$\psi'(s) = \frac{1}{1-s} \int_0^{+\infty} \left( \frac{1}{1+x} - \frac{s}{1+sx} \right) \mathrm{d}x = \frac{1}{1-s} \ln \frac{1+s}{1+sx} \Big|_0^{+\infty} = \frac{\ln s}{s-1}.$$

故 $\psi(s)$ 可表示为瑕积分

$$\psi(s) = \int_0^s \frac{\ln t}{t-1} \mathrm{d}t.$$

对于 $s \in [-1, 1]$, 有

$$\psi(1-s) = \int_0^{1-s} \frac{\ln t}{t-1} \mathrm{d}t = -\int_s^1 \frac{\ln(1-t)}{t} \mathrm{d}t$$
$$= \int_s^1 \sum_{n=1}^{\infty} \frac{t^{n-1}}{n} \mathrm{d}t = \sum_{n=1}^{\infty} \int_s^1 \frac{t^{n-1}}{n} \mathrm{d}t = \sum_{n=1}^{\infty} \frac{1-s^n}{n^2}.$$

注意到 $\sum_{n=1}^{\infty} \frac{1}{n^2} = \frac{\pi^2}{6}$, 由上式可得

$$\psi(1-s) = \frac{\pi^2}{6} - \sum_{n=1}^{\infty} \frac{s^n}{n^2} \quad (-1 \leqslant s \leqslant 1).$$

又因为 $\sum_{n=1}^{\infty} \frac{(-1)^{n-1}}{n^2} = \frac{\pi^2}{12}$, 所以在上式中分别取 $s = 0, s = -1$ 可得 $\psi(1) = \frac{\pi^2}{6}$, $\psi(2) = \frac{\pi^2}{4}$.

## 6.4　Euler 积分

### 基本概念和性质

【定义 6.4.1】　含参变量 $x$ 的反常积分 $\Gamma(x) = \int_0^{+\infty} t^{x-1}\mathrm{e}^{-t} \mathrm{d}t$, 所定义的一个关于 $x$ 的函数, 称为 $\Gamma$ 函数 (Gamma (伽马) 函数).

通过含参变量 $x, y$ 的反常积分 $\mathrm{B}(x, y) = \int_0^1 t^{x-1}(1-t)^{y-1} \mathrm{d}t$, 所定义的一个关于 $x, y$ 的二元函数, 称为 $\mathrm{B}$ 函数 (Beta 函数).

$\Gamma(x)$ 的定义域为 $x > 0$, $\mathrm{B}(x, y)$ 的定义域为 $x > 0, y > 0$, 且它们在定义域内都有任意阶导数. $\Gamma$ 函数满足递推公式:

$$\Gamma(x+1) = x\Gamma(x), \quad x > 0.$$

B 函数关于变量是对称的, 即 $\mathrm{B}(x,y) = \mathrm{B}(y,x)$, 而且可以通过 $\Gamma$ 函数表示:

$$\mathrm{B}(x,y) = \frac{\Gamma(x)\Gamma(y)}{\Gamma(x+y)}.$$

B 函数也可以表示为无穷区间上的积分:

$$\mathrm{B}(x,y) = \int_0^{+\infty} \frac{t^{y-1}}{(1+t)^{x+y}}\,\mathrm{d}t.$$

由 $\Gamma(1) = 1$ 和 $\Gamma\left(\dfrac{1}{2}\right) = \sqrt{\pi}$, 并利用递推公式可得 $\Gamma$ 函数在正整数和半整数处的值:

$$\Gamma(n+1) = n!, \quad \Gamma\left(\frac{2n+1}{2}\right) = \frac{(2n-1)!!}{2^n}\sqrt{\pi}.$$

$\Gamma$ 函数还满足余元公式:

$$\Gamma(x)\Gamma(1-x) = \frac{\pi}{\sin(\pi x)} \quad (0 < x < 1),$$

Legendre (勒让德) 加倍公式:

$$\Gamma(2x) = \frac{2^{2x-1}}{\sqrt{\pi}}\Gamma(x)\Gamma\left(x+\frac{1}{2}\right), \quad x > 0$$

和 Stirling 公式:

$$\Gamma(x+1) = \sqrt{2\pi x}\left(\frac{x}{\mathrm{e}}\right)^x \mathrm{e}^{\frac{\theta(x)}{12x}},$$

其中 $\theta(x) \in (0,1)$. 由 Hölder 不等式可证明 $\ln\Gamma(x)$ 是凸函数, 由此可证明 Euler-Gauss 公式:

$$\Gamma(x) = \lim_{n\to+\infty} \frac{n^x n!}{x(x+1)\cdots(x+n)}, \quad x > 0.$$

 例题

【例 6.4.1】 设 $\alpha > 1$. 求 $\displaystyle\int_0^{+\infty} \frac{1}{1+x^\alpha}\,\mathrm{d}x$.

解　作变换 $t = x^\alpha$, 则 $\mathrm{d}x = \dfrac{1}{\alpha}t^{\frac{1}{\alpha}-1}\,\mathrm{d}t$, 然后利用 Beta (贝塔) 函数的无穷积分表示及余元公式, 可得

$$\begin{aligned}
\int_0^{+\infty} \frac{1}{1+x^\alpha}\,\mathrm{d}x &= \frac{1}{\alpha}\int_0^{+\infty} \frac{t^{\frac{1}{\alpha}-1}}{1+t}\,\mathrm{d}t = \frac{1}{\alpha}\mathrm{B}\left(1-\frac{1}{\alpha},\frac{1}{\alpha}\right) \\
&= \frac{1}{\alpha}\cdot\Gamma\left(1-\frac{1}{\alpha}\right)\Gamma\left(\frac{1}{\alpha}\right) = \frac{1}{\alpha}\cdot\frac{\pi}{\sin\dfrac{\pi}{\alpha}}.
\end{aligned}$$

**【例 6.4.2】** 计算积分:

(1) $\displaystyle\int_0^{+\infty} \frac{x^{p-1}\ln x}{1+x}\,\mathrm{d}x\ (0<p<1)$;

(2) $\displaystyle\int_0^{+\infty} \frac{x\ln x}{1+x^n}\,\mathrm{d}x\ (n>2)$.

**解** (1) 由 Beta 函数的性质可得

$$\int_0^{+\infty} \frac{x^{p-1}\ln x}{1+x}\,\mathrm{d}x = \frac{\mathrm{d}}{\mathrm{d}p}\int_0^{+\infty}\frac{x^{p-1}}{1+x}\,\mathrm{d}x = \frac{\mathrm{d}}{\mathrm{d}p}\mathrm{B}(p,1-p) = \frac{\mathrm{d}}{\mathrm{d}p}\left(\frac{\pi}{\sin(p\pi)}\right)$$

$$= -\frac{\pi^2\cos(p\pi)}{\sin^2(p\pi)};$$

(2) 作变换 $x=t^{\frac{1}{n}}$, 并利用 (1) 的结论, 得

$$\int_0^{+\infty}\frac{x\ln x}{1+x^n}\,\mathrm{d}x = \frac{1}{n}\int_0^{+\infty}\frac{t^{\frac{2}{n}-1}}{1+t}\,\mathrm{d}t = -\frac{\pi^2\cos\dfrac{2\pi}{n}}{n\sin^2\dfrac{2\pi}{n}}.$$

**【例 6.4.3】** 设 $0<p<1$. 计算积分 $I=\displaystyle\int_0^1\frac{x^{p-1}-x^{-p}}{1-x}\,\mathrm{d}x$.

**解** 对于 $\alpha>0$, 利用 Beta 函数与 Gamma 函数的关系以及 Gamma 函数的可微性, 有

$$\int_0^1\frac{x^{\alpha-1}}{1-x}\,\mathrm{d}x = \lim_{\beta\to1^-}\int_0^1\frac{x^{\alpha-1}-1}{(1-x)^\beta}\,\mathrm{d}x$$

$$= \lim_{\beta\to1^-}\big(\mathrm{B}(\alpha,1-\beta)-\mathrm{B}(1,1-\beta)\big)$$

$$= \lim_{\beta\to1^-}\frac{\Gamma(\alpha)\Gamma(2-\beta)-\Gamma(1+\alpha-\beta)}{1-\beta}\frac{1}{\Gamma(1+\alpha-\beta)}$$

$$= \frac{\Gamma'(\alpha)-\Gamma(\alpha)\Gamma'(1)}{\Gamma(\alpha)}.$$

特别地, 对于 $0<p<1$, 利用余元公式, 有

$$\int_0^1\frac{x^{p-1}-x^{-p}}{1-x}\,\mathrm{d}x = \frac{\Gamma'(p)}{\Gamma(p)}-\frac{\Gamma'(1-p)}{\Gamma(1-p)}$$

$$= \frac{\mathrm{d}}{\mathrm{d}p}\ln\big(\Gamma(p)\Gamma(1-p)\big) = \frac{\mathrm{d}}{\mathrm{d}p}\big(\ln\pi-\ln\sin(p\pi)\big) = \pi\cot(p\pi).$$

**【例 6.4.4】** 设 $0<\alpha<2,\beta>0$. 求积分 $\displaystyle\int_0^{+\infty}\frac{\sin\beta x}{x^\alpha}\,\mathrm{d}x$.

**解**　因为 $\alpha > 0$, 所以由 Dirichlet 判别法知 $\displaystyle\int_1^{+\infty} \frac{\sin\beta x}{x^\alpha}\,\mathrm{d}x$ 收敛. 另外, 当 $x \to 0$ 时,

$\dfrac{\sin\beta x}{x^\alpha} \sim \dfrac{\beta}{x^{\alpha-1}}$. 因此当 $\alpha < 2$ 时, $\displaystyle\int_0^1 \frac{\sin\beta x}{x^\alpha}\,\mathrm{d}x$ 收敛. 故当 $0 < \alpha < 2$ 时, $\displaystyle\int_0^{+\infty} \frac{\sin\beta x}{x^\alpha}\,\mathrm{d}x$.

收敛. 注意到

$$\int_0^{+\infty} \mathrm{e}^{-xt^{\frac{1}{\alpha}}}\,\mathrm{d}t = \frac{\alpha}{x^\alpha}\int_0^{+\infty} u^{\alpha-1}\mathrm{e}^{-u}\,\mathrm{d}u = \frac{\alpha\Gamma(\alpha)}{x^\alpha},$$

即

$$\frac{1}{x^\alpha} = \frac{1}{\alpha\Gamma(\alpha)}\int_0^{+\infty} \mathrm{e}^{-xt^{\frac{1}{\alpha}}}\,\mathrm{d}t.$$

则有

$$\int_0^{+\infty} \frac{\sin\beta x}{x^\alpha}\,\mathrm{d}x = \frac{1}{\alpha\Gamma(\alpha)}\int_0^{+\infty}\left(\int_0^{+\infty} \mathrm{e}^{-xt^{\frac{1}{\alpha}}}\sin\beta x\,\mathrm{d}t\right)\mathrm{d}x.$$

交换上式右端两个积分号的次序, 得

$$\int_0^{+\infty} \frac{\sin\beta x}{x^\alpha}\,\mathrm{d}x = \frac{1}{\alpha\Gamma(\alpha)}\int_0^{+\infty}\left(\int_0^{+\infty} \mathrm{e}^{-xt^{\frac{1}{\alpha}}}\sin\beta x\,\mathrm{d}x\right)\mathrm{d}t.$$

因为

$$\int_0^{+\infty} \mathrm{e}^{-ax}\sin\beta x\,\mathrm{d}x = \frac{\beta}{\beta^2 + a^2} \quad (a > 0),$$

所以,

$$\begin{aligned}
\int_0^{+\infty} \frac{\sin\beta x}{x^\alpha}\,\mathrm{d}x &= \frac{1}{\alpha\Gamma(\alpha)}\int_0^{+\infty} \frac{\beta}{\beta^2 + t^{\frac{2}{\alpha}}}\,\mathrm{d}t \\
&= \frac{1}{\alpha\Gamma(\alpha)}\int_0^{+\infty} \frac{\beta^{\alpha-1}\dfrac{\alpha}{2}u^{\frac{\alpha}{2}-1}}{1+u}\,\mathrm{d}u \qquad (\text{作变换 } t = \beta u^{\frac{\alpha}{2}}) \\
&= \frac{1}{2\Gamma(\alpha)}\cdot\frac{\pi\beta^{\alpha-1}}{\sin\dfrac{\alpha\pi}{2}}.
\end{aligned}$$

于是对 $0 < \alpha < 2, \beta \geqslant 0$ 有

$$\int_0^{+\infty} \frac{\sin\beta x}{x^\alpha}\,\mathrm{d}x = \frac{1}{2\Gamma(\alpha)}\cdot\frac{\pi\beta^{\alpha-1}}{\sin\dfrac{\alpha\pi}{2}}.$$

特别地, 有

$$\int_0^{+\infty} \frac{\sin x}{x^{\frac{3}{2}}}\,\mathrm{d}x = \sqrt{2\pi}.$$

注意到

$$\int_0^{+\infty} e^{-ax} \cos \beta x \, dx = \frac{a}{\beta^2 + a^2} \quad (a > 0).$$

稍微修改上面的方法, 可得

$$\int_0^{+\infty} \frac{\cos \beta x}{x^\alpha} \, dx = \frac{1}{2\Gamma(\alpha)} \cdot \frac{\pi \beta^{\alpha-1}}{\cos \frac{\alpha\pi}{2}} \quad (0 < \alpha < 1, \beta > 0).$$

**【例 6.4.5】** 证明 $\int_0^1 \ln \Gamma(x) \, dx = \ln \sqrt{2\pi}$.

**证明** 作变换 $x = 1 - t$ 得

$$\int_0^1 \ln \Gamma(x) \, dx = \int_0^1 \ln \Gamma(1-t) \, dt.$$

于是由余元公式, 得

$$\int_0^1 \ln \Gamma(x) \, dx = \frac{1}{2} \int_0^1 \ln \left( \Gamma(x) \Gamma(1-x) \right) \, dx = \frac{1}{2} \int_0^1 \ln \frac{\pi}{\sin(\pi x)} \, dx.$$

另一方面,

$$\int_0^1 \ln \sin(\pi x) \, dx = \frac{1}{\pi} \int_0^\pi \ln \sin x \, dx = \frac{2}{\pi} \int_0^{\frac{\pi}{2}} \ln \sin x \, dx$$

$$= \frac{2}{\pi} \cdot \left( -\frac{\pi}{2} \ln 2 \right) = -\ln 2.$$

于是

$$\int_0^1 \ln \Gamma(x) \, dx = \frac{1}{2} \ln(2\pi). \qquad \qquad \square$$

**【例 6.4.6】** 证明 $\int_0^1 \sin(\pi x) \ln \Gamma(x) \, dx = \frac{1}{\pi} \left( \ln \frac{\pi}{2} + 1 \right)$.

**证明** 与例 6.4.5 类似, 利用余元公式可得

$$I = \int_0^1 \sin(\pi x) \ln \Gamma(x) \, dx = \frac{1}{2} \int_0^1 \sin(\pi x) \ln \left( \Gamma(x) \Gamma(1-x) \right) \, dx$$

$$= \frac{1}{2} \int_0^1 \sin(\pi x) \ln \frac{\pi}{\sin \pi x} \, dx = \frac{\ln \pi}{\pi} - \frac{1}{2\pi} \int_0^\pi \sin x \ln \sin x \, dx$$

$$= \frac{\ln \pi}{\pi} - \frac{1}{\pi} \int_0^{\frac{\pi}{2}} \sin x \ln \sin x \, dx.$$

又

$$\int_0^{\frac{\pi}{2}} \sin x \ln \sin x \, dx$$

$$= 2 \int_0^{\frac{\pi}{4}} \sin(2x) \ln \sin(2x) \, dx = 4 \int_0^{\frac{\pi}{4}} \sin x \cos x \ln(2 \sin x \cos x) \, dx$$

$$= 4 \ln 2 \int_0^{\frac{\pi}{4}} \sin x \cos x \, dx + 4 \int_0^{\frac{\pi}{4}} \sin x \cos x \ln \sin x \, dx + 4 \int_0^{\frac{\pi}{4}} \sin x \cos x \ln \cos x \, dx$$

$$= \ln 2 + 4 \int_0^{\frac{\sqrt{2}}{2}} t \ln t \, dt - 4 \int_1^{\frac{\sqrt{2}}{2}} t \ln t \, dt = \ln 2 + 4 \int_0^1 t \ln t \, dt = \ln 2 - 1,$$

故

$$\int_0^1 \sin(\pi x) \ln \Gamma(x) \, dx = \frac{1}{\pi} \left( \ln \frac{\pi}{2} + 1 \right). \qquad \Box$$

**【例 6.4.7】** 证明 $\displaystyle\int_0^\pi \frac{dx}{\sqrt{3 - \cos x}} = \frac{1}{4\sqrt{\pi}} \Gamma^2 \left( \frac{1}{4} \right)$.

**证明** 作变换 $\cos x = 1 - 2\sqrt{t}$, 得 $\sin x = 2\sqrt{\sqrt{t} - t}$, $\sin x \, dx = \dfrac{dt}{\sqrt{t}}$. 故

$$\int_0^\pi \frac{dx}{\sqrt{3 - \cos x}} = \int_0^1 \frac{dt}{\sqrt{2 + 2\sqrt{t}} \cdot 2\sqrt{t} \cdot \sqrt{\sqrt{t} - t}} = \frac{1}{2\sqrt{2}} \int_0^1 t^{-\frac{3}{4}} (1 - t)^{-\frac{1}{2}} \, dt$$

$$= \frac{1}{2\sqrt{2}} B\left( \frac{1}{4}, \frac{1}{2} \right) = \frac{1}{2\sqrt{2}} \frac{\Gamma\left( \frac{1}{4} \right) \Gamma\left( \frac{1}{2} \right)}{\Gamma\left( \frac{3}{4} \right)} = \frac{1}{2\sqrt{2}} \frac{\Gamma^2\left( \frac{1}{4} \right) \sqrt{\pi}}{\Gamma\left( \frac{3}{4} \right) \Gamma\left( \frac{1}{4} \right)}$$

$$= \frac{1}{2\sqrt{2}} \frac{\Gamma^2\left( \frac{1}{4} \right) \sqrt{\pi}}{\dfrac{\pi}{\sin \dfrac{\pi}{4}}} = \frac{1}{4\sqrt{\pi}} \Gamma^2\left( \frac{1}{4} \right). \qquad \Box$$

**【例 6.4.8】** (Euler 乘积) 设 $n \geqslant 2$ 是正整数. 则有

$$E := \prod_{k=1}^{n-1} \Gamma\left( \frac{k}{n} \right) = \frac{(2\pi)^{\frac{n-1}{2}}}{\sqrt{n}}.$$

**证明** 根据余元公式,

$$E^2 = \prod_{k=1}^{n-1} \Gamma\left( \frac{k}{n} \right) \Gamma\left( 1 - \frac{k}{n} \right) = \prod_{k=1}^{n-1} \frac{\pi}{\sin \dfrac{k\pi}{n}}. \qquad (6.4.1)$$

为了计算乘积 $\displaystyle\prod_{k=1}^{n-1}\sin\frac{k\pi}{n}$, 考察恒等式

$$\frac{z^n-1}{z-1}=\prod_{k=1}^{n-1}\left(z-\cos\frac{2k\pi}{n}-\mathrm{i}\sin\frac{2k\pi}{n}\right),$$

这里 $\mathrm{i}=\sqrt{-1}$ 是虚数单位. 在上式中令 $z\to 1$, 取极限的结果为

$$n=\prod_{k=1}^{n-1}\left(1-\cos\frac{2k\pi}{n}-\mathrm{i}\sin\frac{2k\pi}{n}\right).$$

两边取模, 可得

$$n=2^{n-1}\prod_{k=1}^{n-1}\sin\frac{k\pi}{n},$$

即

$$\prod_{k=1}^{n-1}\sin\frac{k\pi}{n}=\frac{n}{2^{n-1}}.$$

将此式代入 (6.4.1) 即得所证. $\qquad\square$

【例 6.4.9】 设 $x>0$. 证明 Gauss 公式

$$\frac{\Gamma'(x)}{\Gamma(x)}=\int_0^1\frac{1-t^{x-1}}{1-t}\,\mathrm{d}t-\gamma,$$

其中 $\gamma=-\Gamma'(1)$ 是 Euler 常数.

**证明** 对 $\varepsilon>0$ 令

$$g(\varepsilon)=\int_0^1\left(1-t^{x-1}\right)(1-t)^{\varepsilon-1}\,\mathrm{d}t.$$

因为函数 $f(t,\varepsilon)=\left(1-t^{x-1}\right)(1-t)^{\varepsilon-1}$ 在 $[0,1]\times[0,1]$ 上连续, 且

$$\int_0^1\frac{1-t^{x-1}}{1-t}\,\mathrm{d}t$$

收敛, 所以, 有

$$\int_0^1\frac{1-t^{x-1}}{1-t}\,\mathrm{d}t=\lim_{\varepsilon\to 0^+}g(\varepsilon).$$

根据 Beta 函数的定义, $\Gamma(1+\varepsilon)=\varepsilon\Gamma(\varepsilon)$ 和 Gamma 函数的可微性, 有

$$g(\varepsilon)=\int_0^1(1-t)^{\varepsilon-1}\,\mathrm{d}t-\int_0^1 t^{x-1}(1-t)^{\varepsilon-1}\,\mathrm{d}t$$

$$= \frac{1}{\varepsilon} - B(x, \varepsilon) = \frac{1}{\varepsilon} - \frac{\Gamma(x)\Gamma(\varepsilon)}{\Gamma(x+\varepsilon)} = \frac{1}{\varepsilon} - \frac{\Gamma(x)\Gamma(1+\varepsilon)}{\varepsilon\Gamma(x+\varepsilon)}$$

$$= \left( \frac{\Gamma(x+\varepsilon) - \Gamma(x)}{\varepsilon} - \frac{\Gamma(1+\varepsilon) - \Gamma(1)}{\varepsilon} \cdot \Gamma(x) \right) \cdot \frac{1}{\Gamma(x+\varepsilon)}$$

$$\to \frac{\Gamma'(x) - \Gamma'(1)\Gamma(x)}{\Gamma(x)} \quad (\varepsilon \to 0^+).$$

故 Gauss 公式成立. $\qquad\qquad\square$

## 6.5 真 题 选 讲

**【例 6.5.1】** (第二届全国决赛题) 设 $0 < f < 1$, 无穷积分 $\int_0^{+\infty} f(x)\,\mathrm{d}x$ 和 $\int_0^{+\infty} xf(x)\,\mathrm{d}x$ 都收敛. 求证:

$$\int_0^{+\infty} xf(x)\,\mathrm{d}x > \frac{1}{2}\left( \int_0^{+\infty} f(x)\,\mathrm{d}x \right)^2.$$

**证明** (**方法 1**) 记 $a = \int_0^{+\infty} f(x)\,\mathrm{d}x$. 则有

$$\int_a^{+\infty} xf(x)\,\mathrm{d}x > a \int_a^{+\infty} f(x)\,\mathrm{d}x = a\left( a - \int_0^a f(x)\,\mathrm{d}x \right)$$

$$= a \int_0^a [1 - f(x)]\,\mathrm{d}x > \int_0^a x[1 - f(x)]\,\mathrm{d}x$$

$$= \frac{1}{2}a^2 - \int_0^a xf(x)\,\mathrm{d}x.$$

故

$$\int_0^{+\infty} xf(x)\,\mathrm{d}x > \frac{1}{2}a^2 = \frac{1}{2}\left( \int_0^{+\infty} f(x)\,\mathrm{d}x \right)^2.$$

**【注 6.5.1】** 本证明的关键是选择了特别的数 $a = \int_0^{+\infty} f(x)\,\mathrm{d}x$. 然后利用积分变量与积分限的关系来估计 $\int_a^{+\infty} xf(x)\,\mathrm{d}x$ 的下界.

(**方法 2**) 转化为第一象限上的二重积分来证明. 设 $D$ 为第一象限区域, $D$ 被角平分线分割为两个部分 $D_1 = \{(s,t)\,|\,0 < t < s\}$ 和 $D_2 = \{(s,t)\,|\,t > s > 0\}$. 因为 $D_1$ 与 $D_2$ 关于对角线对称, 所以

$$\left( \int_0^{+\infty} f(x)\,\mathrm{d}x \right)^2 = \iint\limits_D f(s)f(t)\,\mathrm{d}s\,\mathrm{d}t = 2\iint\limits_{D_1} f(s)f(t)\,\mathrm{d}s\,\mathrm{d}t$$

$$= 2 \int_0^{+\infty} \left( \int_0^s f(s)f(t)\, \mathrm{d}t \right) \mathrm{d}s$$

$$= 2 \int_0^{+\infty} \left( \int_0^s f(t)\, \mathrm{d}t \right) f(s)\, \mathrm{d}s$$

$$< 2 \int_0^{+\infty} s f(s)\, \mathrm{d}s.$$

此即所证. □

【注 6.5.2】 当 $f$ 是连续函数时, 还可以利用连续函数变上限积分的可导性来证明函数

$$g(t) = \int_0^t x f(x)\, \mathrm{d}x - \frac{1}{2} \left( \int_0^t f(x)\, \mathrm{d}x \right)^2$$

的导数大于零, 从而 $g$ 在 $t > 0$ 严格单调递增, 进而证明结论.

【例 6.5.2】 (第五届全国决赛题) 设 $f$ 是 $[0, +\infty)$ 上非负可导函数. $f(0) = 0$, $f' \leqslant \dfrac{1}{2}$. 并设 $\displaystyle\int_0^{+\infty} f(x)\, \mathrm{d}x$ 收敛. 求证: 对于任意 $\alpha > 1$, 无穷积分 $\displaystyle\int_0^{+\infty} f^\alpha(x)\, \mathrm{d}x$ 也收敛, 并且

$$\int_0^{+\infty} f^\alpha(x)\, \mathrm{d}x \leqslant \left( \int_0^{+\infty} f(x)\, \mathrm{d}x \right)^\beta,$$

这里 $\beta = \dfrac{\alpha + 1}{2}$.

**证明** 令

$$g(t) = \left( \int_0^t f(x)\, \mathrm{d}x \right)^\beta - \int_0^t f^\alpha(x)\, \mathrm{d}x.$$

则 $g$ 可导, 且

$$g'(t) = f(t) \left[ \beta \left( \int_0^t f(x)\, \mathrm{d}x \right)^{\beta-1} - f^{\alpha-1}(t) \right].$$

考虑函数

$$h(t) = \beta^{\frac{1}{\beta-1}} \int_0^t f(x)\, \mathrm{d}x - f^2(t), \qquad t \geqslant 0,$$

有

$$h'(t) = f(t) \left[ \beta^{\frac{1}{\beta-1}} - 2f'(t) \right].$$

根据条件可知 $h'(t) \geqslant 0 \ (t > 0)$. 这说明 $h$ 在 $[0, +\infty)$ 上单调递增. 从 $h(0) = 0$ 可得 $h \geqslant 0$, 即 $\beta \left( \displaystyle\int_0^t f(x)\, \mathrm{d}x \right)^{\beta-1} \geqslant f^{\alpha-1}(t) \ (t \geqslant 0)$. 因而 $g' \geqslant 0$. 这又说明 $g$ 在 $[0, +\infty)$ 上

单调递增. 再从 $g(0) = 0$, 就得 $g \geqslant 0$, 即

$$\int_0^t f^\alpha(x)\,\mathrm{d}x \leqslant \left(\int_0^t f(x)\,\mathrm{d}x\right)^\beta.$$

由此可得结论. □

**【例 6.5.3】**(第三届全国初赛题) 设 $F$ 是 $[0, +\infty)$ 上的单调递减函数, $\lim\limits_{x \to +\infty} F(x) = 0$, 且

$$\lim_{n \to +\infty} \int_0^{+\infty} F(t) \sin \frac{t}{n}\,\mathrm{d}t = 0.$$

证明: (i) $\lim\limits_{x \to +\infty} xF(x) = 0$;

(ii) $\lim\limits_{x \to 0} \int_0^{+\infty} F(t) \sin(xt)\,\mathrm{d}t = 0.$

**证明** (i) 对于任何 $x \in \mathbb{R}$, 由 Dirichlet 判别法可知 $\lim\limits_{x \to +\infty} \int_0^{+\infty} F(t) \sin(xt)\,\mathrm{d}t$ 收敛. 记

$$f(x) = \lim_{x \to +\infty} \int_0^{+\infty} F(t) \sin(xt)\,\mathrm{d}t, \qquad \forall\, x \in \mathbb{R}.$$

由于 $F$ 单调递减,

$$\begin{aligned}
\int_{2k\pi}^{(2k+2)\pi} F(nt) \sin t\,\mathrm{d}t &= \int_0^{2\pi} F(nt + 2nk\pi) \sin t\,\mathrm{d}t \\
&= \int_0^\pi F(nt + 2nk\pi) \sin t\,\mathrm{d}t + \int_\pi^{2\pi} F(nt + 2nk\pi) \sin t\,\mathrm{d}t \\
&= \int_0^\pi \big[F(nt + 2nk\pi) - F(nt + n\pi + 2nk\pi)\big] \sin t\,\mathrm{d}t \\
&\geqslant 0,
\end{aligned}$$

从而

$$\begin{aligned}
f\left(\frac{1}{n}\right) &= \int_0^{+\infty} F(t) \sin \frac{t}{n}\,\mathrm{d}t = \int_0^{+\infty} nF(nt) \sin t\,\mathrm{d}t \\
&= \sum_{k=0}^\infty \int_{2k\pi}^{(2k+2)\pi} nF(nt) \sin t\,\mathrm{d}t \\
&\geqslant \int_0^{2\pi} nF(nt) \sin t\,\mathrm{d}t = \int_0^\pi n\big[F(nt) - F(nt + n\pi)\big] \sin t\,\mathrm{d}t \\
&\geqslant \int_0^{\frac{\pi}{2}} n\big[F(nt) - F(nt + n\pi)\big] \sin t\,\mathrm{d}t \geqslant n\left[F\left(\frac{n\pi}{2}\right) - F(n\pi)\right] \int_0^{\frac{\pi}{2}} \sin t\,\mathrm{d}t
\end{aligned}$$

$$= n\left[F\left(\frac{n\pi}{2}\right) - F(n\pi)\right].$$

由条件知 $\lim\limits_{n\to+\infty} f\left(\dfrac{1}{n}\right) = 0.$ 因此 $\lim\limits_{n\to+\infty} n\left[F\left(\dfrac{n\pi}{2}\right) - F(n\pi)\right] = 0.$ 将其中的 $n$ 换成 $2^{n+1}$, 得

$$\lim_{n\to+\infty} 2^{n+1}\left[F(2^n\pi) - F(2^{n+1}\pi)\right] = 0.$$

根据 Stolz 定理, 有

$$\lim_{n\to+\infty} \frac{F(2^n\pi)}{\dfrac{1}{2^n}} = \lim_{n\to+\infty} \frac{F(2^n\pi) - F(2^{n+1}\pi)}{\dfrac{1}{2^n} - \dfrac{1}{2^{n+1}}} = \lim_{n\to+\infty} 2^{n+1}\left[F(2^n\pi) - F(2^{n+1}\pi)\right] = 0.$$

因此

$$\lim_{n\to+\infty} 2^n\pi F(2^n\pi) = 0.$$

对于 $x \geqslant \pi$, 取 $n = \left[\dfrac{\ln\dfrac{x}{\pi}}{\ln 2}\right]$ 为 $\dfrac{\ln\dfrac{x}{\pi}}{\ln 2}$ 的整数部分, 则有 $2^n\pi \leqslant x < 2^{n+1}\pi.$ 因此

$$0 \leqslant xF(x) \leqslant 2^{n+1}\pi F(2^n\pi).$$

故 $\lim\limits_{x\to+\infty} xF(x) = 0.$

(ii) 由 (i), 可设 $xF(x) < M.$

对于 $x > 0$, 记 $a = \dfrac{1}{x}.$ 由前面的推导, 有

$$0 \leqslant \int_{2k\pi}^{(2k+2)\pi} F(at)\sin t\, \mathrm{d}t = \int_0^\pi \left[F(at + 2ak\pi) - F(at + a\pi + 2ak\pi)\right]\sin t\, \mathrm{d}t$$
$$\leqslant \int_0^\pi \left[F(at + 2ak\pi) - F(at + 2a\pi + 2ak\pi)\right]\sin t\, \mathrm{d}t.$$

于是

$$0 \leqslant f(x) = a\int_0^{+\infty} F(at)\sin t\, \mathrm{d}t \leqslant a\int_0^\pi F(at)\sin t\, \mathrm{d}t \leqslant \int_0^\pi atF(at)\, \mathrm{d}t.$$

因为 $\lim\limits_{u\to+\infty} uF(u) = 0$, 所以对任意 $\varepsilon > 0$, 存在 $N > 0$ 使得

$$uF(u) < \varepsilon \quad (u > N).$$

因此当 $0 < x < \dfrac{\varepsilon}{N}$ 时, 有 $at > N$ $(t \in [\varepsilon, \pi])$, 因而 $atF(at) < \varepsilon$ $(t \in [\varepsilon, \pi])$. 故

$$\int_0^\pi atF(at)\, \mathrm{d}t = \int_\varepsilon^\pi atF(at)\, \mathrm{d}t + \int_0^\varepsilon atF(at)\, \mathrm{d}t$$

$$\leqslant \int_\varepsilon^\pi \varepsilon\,\mathrm{d}t + \int_0^\varepsilon M\,\mathrm{d}t$$

$$< \pi\varepsilon + M\varepsilon.$$

于是 $\lim\limits_{x\to 0} f(x) = 0.$ □

【例 6.5.4】(第三届全国决赛题)　设 $F, G$ 是 $[0, +\infty)$ 上两个非负单调递减函数, 满足

$$\lim_{x\to +\infty} x(F(x) + G(x)) = 0.$$

(i) 证明: $\forall\ \varepsilon > 0,\ \lim\limits_{x\to +\infty} \int_\varepsilon^{+\infty} xF(xt)\cos t\,\mathrm{d}t = 0.$

(ii) 若进一步有 $\lim\limits_{x\to +\infty} \int_0^{+\infty} (F(t) - G(t))\cos\dfrac{t}{n}\,\mathrm{d}t = 0$ ($n$ 是自然数), 证明

$$\lim_{x\to 0} \int_0^{+\infty} (F(t) - G(t))\cos(xt)\,\mathrm{d}t = 0.$$

**证明**　(i) 对于 $x > 0$, 有

$$\int_0^{+\infty} xF(xt)\cos t\,\mathrm{d}t = \int_0^{+\infty} F(u)\cos\frac{u}{x}\,\mathrm{d}u.$$

因为 $F$ 非负单调递减, 且由条件可知 $\lim\limits_{u\to +\infty} F(u) = 0$, 又因为

$$\left| \int_0^A \cos\frac{u}{x}\,\mathrm{d}u \right| = \left| x\sin\frac{A}{x} \right| \leqslant x,$$

所以根据 Dirichlet 判别法知 $\int_0^{+\infty} xF(xt)\cos t\,\mathrm{d}t$ 收敛. 对于 $A > \varepsilon > 0$, 根据积分第二中值定理, 存在 $\delta > 0$ 使得

$$\int_\varepsilon^A xF(xt)\cos t\,\mathrm{d}t = \int_{x\varepsilon}^{xA} F(u)\cos\frac{u}{x}\,\mathrm{d}t = F(x\varepsilon)\int_{x\varepsilon}^\delta \cos\frac{u}{x}\,\mathrm{d}t$$

$$= F(x\varepsilon)x\left( \sin\frac{\delta}{x} - \sin\varepsilon \right)$$

$$\leqslant \frac{2}{\varepsilon}(x\varepsilon)F(x\varepsilon).$$

由此可知

$$\left| \int_\varepsilon^{+\infty} xF(xt)\cos t\,\mathrm{d}t \right| \leqslant \frac{2}{\varepsilon}(x\varepsilon)F(x\varepsilon).$$

令 $x \to +\infty$ 得

$$\lim_{x \to +\infty} \int_{\varepsilon}^{+\infty} xF(xt) \cos t \, \mathrm{d}t = 0. \tag{6.5.1}$$

同理, 有

$$\lim_{x \to +\infty} \int_{\varepsilon}^{+\infty} xG(xt) \cos t \, \mathrm{d}t = 0. \tag{6.5.2}$$

(ii) 以下进一步假设有

$$\lim_{n \to +\infty} \int_{0}^{+\infty} (F(t) - G(t)) \cos \frac{t}{n} \, \mathrm{d}t = 0, \tag{6.5.3}$$

其中 $n$ 是自然数. 只需证明

$$\lim_{x \to +\infty} \int_{0}^{+\infty} (F(t) - G(t)) \cos \frac{t}{x} \, \mathrm{d}t = 0. \tag{6.5.4}$$

对于 $x > 0$ 取 $n = [x]$, 则当 $x \to +\infty$ 时, 有 $n \to +\infty$ 且 $1 - \dfrac{x}{n} \to 0$.

$$
\begin{aligned}
&\int_{0}^{+\infty} (F(t) - G(t)) \cos \frac{t}{x} \, \mathrm{d}t \\
&= \int_{0}^{n} (F(t) - G(t)) \left( \cos \frac{t}{x} - \cos \frac{t}{n} \right) \mathrm{d}t + \int_{n}^{+\infty} (F(t) - G(t)) \cos \frac{t}{x} \, \mathrm{d}t \\
&\quad - \int_{n}^{+\infty} (F(t) - G(t)) \cos \frac{t}{n} \, \mathrm{d}t + \int_{0}^{+\infty} (F(t) - G(t)) \cos \frac{t}{n} \, \mathrm{d}t \\
&= \int_{0}^{n} (F(t) - G(t)) \left( \cos \frac{t}{x} - \cos \frac{t}{n} \right) \mathrm{d}t + \int_{n/x}^{+\infty} x \left( F(xt) - G(xt) \right) \cos t \, \mathrm{d}t \\
&\quad - \int_{1}^{+\infty} n \left( F(nt) - G(nt) \right) \cos t \, \mathrm{d}t + \int_{0}^{+\infty} (F(t) - G(t)) \cos \frac{t}{n} \, \mathrm{d}t \\
&= \int_{0}^{n} (F(t) - G(t)) \left( \cos \frac{t}{x} - \cos \frac{t}{n} \right) \mathrm{d}t + \int_{n/x}^{1} x \left( F(xt) - G(xt) \right) \cos t \, \mathrm{d}t \\
&\quad + \int_{1}^{+\infty} x \left( F(xt) - G(xt) \right) \cos t \, \mathrm{d}t - \int_{1}^{+\infty} n \left( F(nt) - G(nt) \right) \cos t \, \mathrm{d}t \\
&\quad + \int_{0}^{+\infty} (F(t) - G(t)) \cos \frac{t}{n} \, \mathrm{d}t. \tag{6.5.5}
\end{aligned}
$$

根据条件知存在正常数 $M$, 使得 $t(F(t) + G(t)) \leqslant M$. 于是

$$\left| \int_{0}^{n} (F(t) - G(t)) \left( \cos \frac{t}{x} - \cos \frac{t}{n} \right) \mathrm{d}t \right| \leqslant \int_{0}^{n} (F(t) + G(t)) \frac{t}{nx} \, \mathrm{d}t \leqslant \frac{M}{x},$$

$$\left| \int_{n/x}^{1} x(F(xt) - G(xt)) \cos t \, \mathrm{d}t \right| \leqslant \int_{n/x}^{1} \frac{tx(F(xt) + G(xt))}{t} \, \mathrm{d}t \leqslant \left(1 - \frac{n}{x}\right) \frac{M}{n/x} \leqslant \frac{M}{n}.$$

这说明当 $x \to +\infty$ 时, 式 (6.5.5) 中右端第一项和第二项趋于 0, 又根据 (i) 的结论和题设条件 (6.5.5) 中右端最后三个积分也趋于 0. 因而式 (6.5.4) 得证. □

**【例 6.5.5】**（第二届全国初赛题）　设 $\varphi$ 是 $(0, +\infty)$ 上正严格递减的连续函数, 且 $\lim\limits_{t \to 0} \varphi(t) = +\infty$, $\int_0^{+\infty} \varphi(t) \, \mathrm{d}t = a < +\infty$. 设 $\psi$ 是 $\varphi$ 的反函数. 求证: $\int_0^{+\infty} \psi(t) \, \mathrm{d}t = a$, 且

$$\int_0^{+\infty} \big(\varphi(t)\big)^2 \, \mathrm{d}t + \int_0^{+\infty} \big(\psi(t)\big)^2 \, \mathrm{d}t \geqslant \frac{1}{2} a^{3/2}.$$

**证明**　$a$ 是函数 $x = \varphi(t)$ 的图像下方第一象限部分的面积, 也可以看成图像左侧第一象限部分的面积, 因此, 根据反函数的性质有 $\int_0^{+\infty} \psi(t) \, \mathrm{d}t = a$. 以下不妨设 $a = 1$, 不然可考虑 $\varphi_1(t) = \frac{1}{\sqrt{a}} \varphi(\sqrt{a} t)$ 和它的反函数 $\psi_1(t) = \frac{1}{\sqrt{a}} \psi(\sqrt{a} t)$. 此时有 $\int_0^{+\infty} \varphi(t) \, \mathrm{d}t = 1$. 现在只要证明

$$\int_0^{+\infty} \big(\varphi(t)\big)^2 \, \mathrm{d}t + \int_0^{+\infty} \big(\psi(t)\big)^2 \, \mathrm{d}t \geqslant \frac{1}{2}. \tag{6.5.6}$$

不妨设上式左端的两个积分是收敛的, 不然上式显然成立. 设 $p$ 是一个正数. 因为 $\varphi$ 是严格递减的, 所以在区间 $(0, p)$ 上, $\varphi$ 的值大于 $\varphi(p)$. 另外, $p\varphi(p) < \int_0^p \varphi(t) \, \mathrm{d}t < 1$. $\int_p^{+\infty} \varphi(t) \, \mathrm{d}t$ 是图 6.5.1 中区域 $D$ 部分的面积, 其与阴影矩形的面积之和就是 $\varphi$ 的反函数 $\psi$ 在 $(0, \varphi(p))$ 积分, 也就是 $\int_0^{\varphi(p)} \psi(t) \, \mathrm{d}t$, 如图 6.5.1. 于是有

$$\int_p^{+\infty} \varphi(t) \, \mathrm{d}t = \int_0^{\varphi(p)} \psi(t) \, \mathrm{d}t - p\varphi(p).$$

因此

$$\int_0^p \varphi(t) \, \mathrm{d}t = 1 - \int_p^{+\infty} \varphi(t) \, \mathrm{d}t = 1 + p\varphi(p) - \int_0^{\varphi(p)} \psi(t) \, \mathrm{d}t.$$

由此, 取 $p$ 为 $\varphi$ 的不动点, 它也是 $\psi$ 的不动点, 并且 $0 < p < 1$, 于是

$$\int_0^p \varphi(t) \, \mathrm{d}t + \int_0^p \psi(t) \, \mathrm{d}t = 1 + p^2,$$

$$\int_p^{+\infty} \varphi(t)\,\mathrm{d}t + \int_p^{+\infty} \psi(t)\,\mathrm{d}t = 1 - p^2.$$

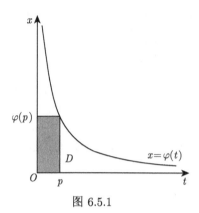

图 6.5.1

令 $q = \dfrac{1+p^2}{2p}$, 计算可得

$$\int_0^p \varphi^2(t)\,\mathrm{d}t + \int_0^p \psi^2(t)\,\mathrm{d}t = \frac{(1+p^2)^2}{2p} + \int_0^p (\varphi(t)-q)^2\,\mathrm{d}t + \int_0^p (\psi(t)-q)^2\,\mathrm{d}t.$$

函数 $\dfrac{(1+p^2)^2}{2p}$ $(p>0)$ 在 $p = \dfrac{1}{\sqrt{3}}$ 处取最小值为 $\dfrac{8\sqrt{3}}{9} > \dfrac{1}{2}$. 故式 (6.5.6) 成立. $\qquad \square$

**【注 6.5.3】** 我们实际上证明了比式 (6.5.6) 更好的不等式

$$\int_0^{+\infty} \left(\varphi(t)\right)^2\,\mathrm{d}t + \int_0^{+\infty} \left(\psi(t)\right)^2\,\mathrm{d}t > \frac{8\sqrt{3}}{9}. \tag{6.5.7}$$

不过上式右端的数 $\dfrac{8\sqrt{3}}{9}$ 仍不是最佳的. 进一步研究可知最佳的数在 1.82649 和 1.88885 之间. 这个最佳的数等于多少是一个有趣的问题.

**【例 6.5.6】**（第四届全国初赛题） 设 $f$ 在 $[0, +\infty)$ 上连续可导, 且 $f(0) > 0$, $f' \geqslant 0$ $(x > 0)$. 若无穷积分 $\displaystyle\int_0^{+\infty} \frac{1}{f(x)+f'(x)}\,\mathrm{d}x$ 收敛, 则 $\displaystyle\int_0^{+\infty} \frac{1}{f(x)}\,\mathrm{d}x$ 也收敛.

**证明** 因为

$$0 < \int_0^A \frac{1}{f(x)}\,\mathrm{d}x - \int_0^A \frac{1}{f(x)+f'(x)}\,\mathrm{d}x$$

$$= \int_0^A \frac{f'(x)}{f(x)(f(x)+f'(x))}\,\mathrm{d}x \leqslant \int_0^A \frac{f'(x)}{f^2(x)}\,\mathrm{d}x$$

$$= \int_0^A \left(-\frac{1}{f(x)}\right)'\,\mathrm{d}x = \frac{1}{f(0)} - \frac{1}{f(A)} < \frac{1}{f(0)},$$

所以

$$\int_0^A \frac{1}{f(x)} \, dx < \int_0^{+\infty} \frac{1}{f(x) + f'(x)} \, dx + \frac{1}{f(0)}.$$

故 $\displaystyle\int_0^{+\infty} \frac{1}{f(x)} \, dx$ 收敛. □

**【例 6.5.7】** (第七届全国初赛题) 设 $f$ 是 $[0, +\infty)$ 上有界连续函数, $h$ 是 $[0, +\infty)$ 上的连续函数, 且 $\displaystyle\int_0^{+\infty} |h(t)| \, dt = a < 1$, 构造函数列

$$g_0(x) = f(x), \quad g_n(x) = f(x) + \int_0^x h(t) g_{n-1}(t) \, dt, \quad n = 1, 2, \cdots.$$

求证: $\{g_n\}$ 收敛于连续函数 $g$, 并求出 $g$.

**证明** 记 $M = \sup\limits_{x \geqslant 0} |f(x)|$, 则有 $|g_0| \leqslant M$. 假设有

$$|g_{n-1}| \leqslant (1 + a + a^2 + \cdots + a^{n-1})M,$$

则根据递推式, 可得

$$|g_n(x)| \leqslant |f(x)| + \int_0^x |h(t)| \cdot |g_{n-1}(t)| \, dt$$

$$\leqslant M + \int_0^x |h(t)| (1 + a + a^2 + \cdots + a^{n-1}) M \, dt$$

$$= M + a(1 + a + a^2 + \cdots + a^{n-1})M = (1 + a + \cdots + a^n)M, \qquad \forall x \geqslant 0.$$

因此 $|g_n| \leqslant \dfrac{1 - a^{n+1}}{1 - a} M$. 再由递推式, 得

$$g_n(x) - g_{n-1}(x) = \int_0^x h(t)[g_{n-1}(t) - g_{n-2}(t)] \, dt, \qquad \forall x \geqslant 0.$$

由此可得

$$\sup_{x \geqslant 0} |g_n(x) - g_{n-1}(x)| \leqslant a \sup_{x \geqslant 0} |g_{n-1}(x) - g_{n-2}(x)|$$

$$\leqslant a^{n-1} \sup_{x \geqslant 0} |g_1(x) - g_0(x)| \leqslant a^n M.$$

由于 $a \in [0, 1)$, 从上面的不等式可知, 函数项级数 $\displaystyle\sum_{n=1}^{+\infty} (g_n - g_{n-1})$ 在 $[0, +\infty)$ 上一致收敛, 即函数列 $\{g_n\}$ 在 $[0, +\infty)$ 上一致收敛. 因为此函数列的每一项都是连续函数, 所以极限函数 $g$ 也是 $[0, +\infty)$ 上连续函数. 在递推式中令 $n \to +\infty$ 得

$$g(x) = f(x) + \int_0^x h(t)g(t) \, dt, \qquad \forall x \geqslant 0.$$

解此积分方程可得

$$g(x) = f(x) + \mathrm{e}^{H(x)} \int_0^x \mathrm{e}^{-H(t)} h(t) f(t)\, \mathrm{d}t, \qquad \forall\, x \geqslant 0,$$

其中 $H(x) = \displaystyle\int_0^x h(t)\, \mathrm{d}t$. $\qquad\qquad\qquad\qquad\qquad\qquad\qquad\qquad\quad$ □

# 第7章　综合与拓展

要考察我们是否学通了一门课程, 很重要的就是考察我们对知识的综合运用能力. 求解与综合运用能力相关的问题时, 常需要花费较长的时间. 大学生数学竞赛、研究生入学考试或一般的期中、期末考试, 由于所给的时间有限, 有关试题的选取自然受到很大的限制. 因此, 本章只能作一些简单的讨论, 主要目的是希望老师和同学们对此引起足够的关注.

本章尝试就以下四部分作一些讨论: ① 数学分析课程内不同知识点的 (相互) 关联; ② 其他课程与数学分析课程间知识点的 (相互) 关联; ③ 多种知识点结合的问题; ④ 问题的演化.

因第四部分与前三部分关系密切, 将融入前三部分而不单独论述. 自然, 由于各部分内容有重叠, 某一节的有些内容也许可以放到另一节.

本章所涉及的内容需要读者主动地对知识进行整理分析. 这对于很多学生来讲, 有较高难度, 因此需要教师多提供辅导和帮助. 限于篇幅, 本章的论述过程颇为简略, 许多步骤包括一些通常的解答所必需的过程, 需要读者自己补充.

另一方面, 有些内容可能处于数学分析与其他学科交叉衔接部分, 不在数学分析课程通常教学大纲里, 但在数学竞赛中却常常涉及.

## 7.1　数学分析课程内不同知识点的 (相互) 关联

### 话题 1-A

认识到某一个问题是另一个看上去不太相同的问题的特例或变形, 对于我们的学习乃至今后的科研都是非常重要的. 在数学分析的问题中, 基于 Newton-Leibniz 公式, 我们很容易想到如例 7.1.1 的积分题与例 7.1.2 的微分题事实上是一样的. 不难看到, 例 7.1.1 中的 $f$ 相当于例 7.1.2 中的 $f'$.

【例 7.1.1】　对于 $[a,b]$ 上的连续可微函数 $f$, 若 $f(a) = f(b) = 0$, 证明:

$$\max_{a \leqslant x \leqslant b} |f'(x)| \geqslant \frac{4}{(b-a)^2} \left| \int_a^b f(x)\, \mathrm{d}x \right|. \tag{7.1.1}$$

【例 7.1.2】　设 $f$ 在 $[a,b]$ 上有连续的二阶导数, 若 $f'(a) = f'(b) = 0$, 证明:

$$\max_{a \leqslant x \leqslant b} |f''(x)| \geqslant \frac{4}{(b-a)^2} |f(b) - f(a)|. \tag{7.1.2}$$

对例 7.1.1 和例 7.1.2 作微小的改进, 可得如下两例.

**【例 7.1.3】** 设 $f$ 在 $[a, b]$ 上连续, 在 $(a, b)$ 内可微, $f(a) = f(b) = 0$. 证明: 存在 $\xi \in (a, b)$ 使得

$$|f'(\xi)| = \frac{4}{(b-a)^2} \left| \int_a^b f(x)\,\mathrm{d}x \right|. \tag{7.1.3}$$

**【例 7.1.4】** 设 $f$ 在 $[a, b]$ 上可导, 在 $(a, b)$ 内二阶可导, $f'(a) = f'(b) = 0$. 证明: 存在 $\xi \in (a, b)$ 使得

$$|f''(\xi)| = \frac{4}{(b-a)^2} \left| f(b) - f(a) \right|. \tag{7.1.4}$$

从直接的条件和结论来看, 例 7.1.3 和例 7.1.4 的结论均蕴含例 7.1.1 和例 7.1.2 的结论. 进一步, 例 7.1.3 是例 7.1.4 的直接推论. 但由于在例 7.1.4 的条件下, $f'$ 虽然在 $[a, b]$ 上存在, 在 $(a, b)$ 内连续, 但它可以在 $[a, b]$ 上不连续, 甚至无界. 好在结合 $f$ 本身在 $[a, b]$ 上的连续性, 可得当 $f'$ 在 $[a, b]$ 上非 Riemann 可积时, $f'$ 于 $[a, b]$ 在反常积分意义下是可积的①.

但是, 值得指出的是, 例 7.1.4 可以很容易地化为例 7.1.3. 具体地, 如果 (7.1.4) 不成立, 则记 $k = \dfrac{4}{(b-a)^2}(f(b) - f(a))$, 利用微分 Darboux 定理, 可得以下三者之一成立.

(i) $f''(x) > |k| \ (\forall x \in (a, b))$;

(ii) $f''(x) < -|k| \ (\forall x \in (a, b))$;

(iii) $-|k| < f''(x) < |k| \ (\forall x \in (a, b))$.

由此可得 $f'$ 在 $[a, b]$ 上连续. 以 (iii) 成立为例, 此时 $x \mapsto f'(x) + |k|x$ 在 $(a, b)$ 上严格单增. 于是结合微分 Darboux 定理以及 $f'(a), f'(b)$ 存在, 可得 $x \mapsto f'(x) + |k|x$ 在 $[a, b]$ 上连续, 进而 $f'$ 在 $[a, b]$ 上连续. 这样, 问题就化为例 7.1.3 的情况. 这种通过反证法把微分问题通常相对较弱的条件加强到积分问题相对较强的条件, 有一定的普适性.

事实上, 我们还可以看到, 在 $f'(a) = f'(b) = 0$ 的假设之下, 若 (7.1.4) 不成立, 则 (i) 和 (ii) 不会出现且 $k \neq 0$. 我们也确实可以通过微分不等式 (iii) 推出矛盾得到例 7.1.4 的证明.

把例 7.1.2 改为例 7.1.4 增加了问题的难度, 却也拓宽了解题的思路.

从研究或命题的角度来考虑, 自然, 我们会考察在例 7.1.4 的假设之下, 结论能否改为: 存在 $\xi \in (a, b)$ 使得 $f''(\xi) = k$, 即

$$f''(\xi) = \frac{4}{(b-a)^2}(f(b) - f(a))? \tag{7.1.5}$$

粗略地看, 由于题设涉及四个值 $f(a), f(b), f'(a)$ 和 $f'(b)$, 我们知道当 $f$ 有三阶导数时, 可找到与 $f$ 无关的常数 $c_1, c_2, c_3, c_4$, 使得对某个 $\eta \in (a, b)$ 满足

$$f'''(\eta) = c_1 f(a) + c_2 f(b) + c_3 f'(a) + c_4 f'(b). \tag{7.1.6}$$

---

① 易见, 由于 $f'$ 在 $(a, b)$ 内连续, $f'$ 在 $[a, b]$ 上的 Riemann 可积性等价于有界性.

但我们的 "目标" (7.1.5) 中出现的是 $f''(\xi)$, 不符合我们通常对结论的设定. 要出现二阶导数, 我们就想到能不能利用 (两组) 三个数值的结果来证明 (7.1.5). 具体地, 可望有如下结果: 存在 $\theta \in (0,1)$ 使得

$$f''(\alpha + \theta(\beta - \alpha)) = C_1 f(\alpha) + C_2 f(\beta) + C_3 f'(\alpha). \tag{7.1.7}$$

如果能够利用 (7.1.7) 得到存在 $\xi_1, \xi_2 \in (a,b)$ 使得 $f''(\xi_1) \leqslant k$, $f''(\xi_2) \geqslant k$, 则结合微分 Darboux 定理, 即可得到 (7.1.5). 遗憾的是, 我们不能总是找到这样的 $\xi_1, \xi_2$. 但我们确实可以找到 $\xi_1, \xi_2 \in (a,b)$ 使得 $|f''(\xi_1)| \leqslant |k|$, $|f''(\xi_2)| \geqslant |k|$, 从而得到 (7.1.4).

具体地, 我们需要计算出 (7.1.7) 中的常数. 在例 7.1.4 的假设之下, 对于 $\alpha, \beta \in (a,b)$, $\alpha \neq \beta$, 存在介于 $\alpha$ 和 $\beta$ 之间的 $\zeta$ 使得

$$f''(\zeta) = \frac{2(f(\beta) - f(\alpha))}{(\beta - \alpha)^2} - \frac{2f'(\alpha)}{\beta - \alpha}. \tag{7.1.8}$$

不妨设 $f(b) \neq f(a)$. 取 $\beta \in (a,b)$ 使得 $f(\beta) = \dfrac{f(a) + f(b)}{2}$, 依次取 $\alpha$ 为 $a, b$, 则由 (7.1.8), 有 $\xi_1, \xi_2 \in (a,b)$ 使得

$$f''(\xi_1) = \frac{f(b) - f(a)}{(\beta - a)^2}, \quad f''(\xi_2) = -\frac{f(b) - f(a)}{(b - \beta)^2}. \tag{7.1.9}$$

则 $|f''(\xi_1)|, |f''(\xi_2)|$ 之一小于等于 $|k|$, 而另一个大于等于 $|k|$. 若只是需要证明 (7.1.2), 则也可以取 $\beta = \dfrac{a+b}{2}$ 以保证相应的 $|f''(\xi_1)|, |f''(\xi_2)|$ 之一大于等于 $|k|$.

例 7.1.2 的另一个改进是当 $f(a) \neq f(b)$ 时, (7.1.2) 中的严格不等号成立, 即可以将例 7.1.2 改编成下例.

【例 7.1.5】 设 $f$ 在 $[a,b]$ 上有连续的二阶导数, 若 $f'(a) = f'(b) = 0$, $f(a) \neq f(b)$, 证明:

$$\max_{a \leqslant x \leqslant b} |f''(x)| > \frac{4}{(b-a)^2} |f(b) - f(a)|. \tag{7.1.10}$$

自然地, 我们也可以将它改编成下例.

【例 7.1.6】 设 $f$ 在 $[a,b]$ 上可导, 在 $(a,b)$ 内二阶可导, $f'(a) = f'(b) = 0$, $f(a) \neq f(b)$. 证明: 存在 $\xi \in (a,b)$ 使得

$$|f''(\xi)| > \frac{4}{(b-a)^2} |f(b) - f(a)|. \tag{7.1.11}$$

话题 1-B

我们来看以下两例.

【例 7.1.7】 设有界数列 $\{a_n\}$ 满足 $a_{n+2} - 2a_{n+1} + a_n \to 0$, 问是否有 $a_{n+1} - a_n \to 0$?

【例 7.1.8】 设 $f$ 在 $[0, +\infty)$ 上有界且二阶可导, $\lim\limits_{x \to +\infty} f''(x) = 0$. 证明:

$$\lim_{x \to +\infty} f'(x) = 0.$$

我们希望读者能够注意到例 7.1.7 是例 7.1.8 的离散形式的对应问题, 并由此从例 7.1.8 的解答得到启发从而可得到例 7.1.7 的解答.

容易利用反证法给出例 7.1.8 的解答. 具体地, 若结论不真, 则有 $\varepsilon_0 > 0$ 使得 $\varlimsup\limits_{x \to +\infty} f'(x) \geqslant 3\varepsilon_0$ 或 $\varliminf\limits_{x \to +\infty} f'(x) < -3\varepsilon_0$. 不妨设前者成立. 于是结合 $\lim\limits_{x \to +\infty} f''(x) = 0$ 可得有趋于 $+\infty$ 的点列 $\{x_n\}$ 使得 $f'(x_n) > 2\varepsilon_0$; 而当 $x \geqslant x_n$ 时, $|f''(x)| < \dfrac{\varepsilon_0}{n}$. 于是, 对于 $n \geqslant 1$, 在 $[x_n, x_n + n]$ 上 $f'(x) > \varepsilon_0$, 进一步得到 $f(x_n + n) - f(x_n) > n\varepsilon_0$. 这与 $f$ 有界矛盾.

可类似地给出例 7.1.7 的解答.

与例 7.1.8 相关但更触及关键的是如下结果.

【例 7.1.9】 设 $f$ 在 $[a, +\infty)$ 上二阶可导, 则存在与 $f$ 无关的常数 $C$[①] 使得

$$M_1^2 \leqslant C M_0 M_2, \tag{7.1.12}$$

其中 $M_k = \sup\limits_{x \geqslant a} |f^{(k)}(x)| \, (k \geqslant 0)$, 它们可以为 $+\infty$, 但集合 $\{M_0, M_2\}$ 不为 $\{0, +\infty\}$.

显见, 例 7.1.8 是例 7.1.9 的直接推论. 而由例 7.1.9, 可立即给出以下例题的解答.

【例 7.1.10】 设 $f$ 在 $[0, +\infty)$ 上有二阶可导, $f''$ 有界, 而 $\lim\limits_{x \to +\infty} f(x) = 0$. 证明:

$$\lim_{x \to +\infty} f'(x) = 0.$$

在数学分析中, 例 7.1.9 通常以给出常数 $C$ 的具体值的形式而出现.

【例 7.1.11】 设 $f$ 在 $[a, +\infty)$ 上二阶可导, $f$ 与 $f''$ 均有界, 则

$$M_1^2 \leqslant 4 M_0 M_2, \tag{7.1.13}$$

其中 $M_k = \sup\limits_{x \geqslant a} |f^{(k)}(x)| \, (k = 0, 1, 2)$.

【例 7.1.12】 设 $f$ 在 $\mathbb{R}$ 上二阶可导, $f$ 与 $f''$ 均有界, 则

$$M_1^2 \leqslant 2 M_0 M_2, \tag{7.1.14}$$

其中 $M_k = \sup\limits_{x \geqslant a} |f^{(k)}(x)| \, (k = 0, 1, 2)$.

自然, 可以建立与例 7.1.9 相应的离散型结果. 请注意 (7.1.12) 等价于

$$M_1 \leqslant \sqrt{C}\left(\alpha M_0 + \frac{M_2}{4\alpha}\right), \qquad \forall \alpha > 0. \tag{7.1.15}$$

---

① 自然, $C$ 也与 $a$ 无关.

【例 7.1.13】　对于数列 $\{a_n\}$，定义

$$\Delta a_n := a_{n+1} - a_n, \qquad n \geqslant 1,$$
$$\Delta^2 a_n := \Delta a_{n+1} - \Delta a_n = a_{n+2} - 2a_{n+1} + a_n, \qquad n \geqslant 1.$$

证明：存在常数 $C$ 使得对任何数列 $\{a_n\}$ 以及整数 $k \geqslant 2$，成立

$$k \sup_{n \geqslant 1} |\Delta a_n| \leqslant C \Big( \sup_{n \geqslant 1} |a_n| + k^2 \sup_{n \geqslant 1} |\Delta^2 a_n| \Big). \tag{7.1.16}$$

利用 (7.1.16)，在例 7.1.7 的条件下，可得

$$\varlimsup_{n \to +\infty} |a_{n+1} - a_n| \leqslant \frac{C}{k} \varlimsup_{n \to +\infty} |a_n|, \qquad \forall\, k \geqslant 2.$$

上式中令 $k \to +\infty$ 即得 $\lim\limits_{n \to +\infty} (a_{n+1} - a_n) = 0$.

由 (7.1.16) 可以得到 (注意不同式子中的常数 $C$ 不一定相同)

$$\sup_{n \geqslant 1} |\Delta a_n| \leqslant C \Big( \alpha \sup_{n \geqslant 1} |a_n| + \frac{1}{2\alpha} \sup_{n \geqslant 1} |\Delta^2 a_n| \Big), \qquad \forall\, \alpha \in (0, 1]. \tag{7.1.17}$$

注意到自然有

$$\sup_{n \geqslant 1} |\Delta a_n| \leqslant 2 \sup_{n \geqslant 1} |a_n|,$$

因此，(7.1.17) 可改进为

$$\sup_{n \geqslant 1} |\Delta a_n| \leqslant C \Big( \alpha \sup_{n \geqslant 1} |a_n| + \frac{1}{2\alpha} \sup_{n \geqslant 1} |\Delta^2 a_n| \Big), \qquad \forall\, \alpha > 0. \tag{7.1.18}$$

进而在 $\sup\limits_{n \geqslant 1} |\Delta^2 a_n| \neq 0$ 时又可得

$$\sup_{n \geqslant 1} |\Delta a_n|^2 \leqslant C \sup_{n \geqslant 1} |a_n| \cdot \sup_{n \geqslant 1} |\Delta^2 a_n|. \tag{7.1.19}$$

利用例 7.1.9 (例 7.1.11) 的结果证明例 7.1.8 和例 7.1.10 (例 7.1.7)，不仅方法上简单统一，且更能看到关键之处. 尽管考虑到例 7.1.9 的证明过程要比我们最初给的证明过程稍微复杂一些. 但相关思想是解决此类问题的钥匙，例如从例 7.1.13 的结果来看，对于下例，我们就更宜从结果不成立的角度来考虑.

【例 7.1.14】　设有数列 $\{a_n\}$ 满足 $\lim\limits_{n \to +\infty} \dfrac{a_1 + a_2 + \cdots + a_n}{n} = 0$，$\lim\limits_{n \to +\infty} (a_{n+1} - a_n) = 0$. 问 $\lim\limits_{n \to +\infty} a_n = 0$ 是否成立？

自然地，可以在阶数上推广例 7.1.9 和例 7.1.13 的结果. 我们有如下例题.

**【例 7.1.15】** 设 $n \geqslant 1$，一元实函数 $f$ 在 $[a, +\infty)$ 上有 $n+1$ 阶导数，且 $M_0, M_{n+1} < +\infty$，其中 $M_k := \sup\limits_{a \leqslant x < +\infty} |f^{(k)}(x)| \, (k = 0, 1, \cdots, n+1)$. 证明：对于 $1 \leqslant k \leqslant n$，存在与 $f$ 无关的常数 $C_k > 0$ 使得

$$M_k \leqslant C_k M_0^{1-\frac{k}{n+1}} M_{n+1}^{\frac{k}{n+1}}. \tag{7.1.20}$$

**【例 7.1.16】** 对于数列 $\{a_n\}$，定义该数列的各阶差分如下：

$$\Delta a_n := a_{n+1} - a_n, \qquad n \geqslant 1,$$
$$\Delta^{k+1} a_n := \Delta^k a_{n+1} - \Delta^k a_n, \qquad n \geqslant 1, \quad k \geqslant 1.$$

证明：对于 $0 < j < k$，存在常数 $C_{k,j}$ 使得对任何数列 $\{a_n\}$，成立

$$\alpha^j \sup_{n \geqslant 1} |\Delta^j a_n| \leqslant C_{k,j} \Big( \sup_{n \geqslant 1} |a_n| + \alpha^k \sup_{n \geqslant 1} |\Delta^k a_n| \Big), \qquad \forall \alpha > 0. \tag{7.1.21}$$

基于例 7.1.15 和例 7.1.16，可以设计类似例 7.1.8 和例 7.1.7 的问题. 例如，我们可给出如下例题.

**【例 7.1.17】** 设 $f$ 是 $[0, +\infty)$ 上的有界函数，有三阶导数，且 $\lim\limits_{x \to +\infty} f'''(x) = \alpha$，其中 $\alpha \in \mathbb{R}$. 证明：$\lim\limits_{x \to +\infty} f''(x) = 0$.

在例 7.1.17 中，由 (7.1.20)，可得 $f''$ 有界，进而由 L'Hospital 法则得到 $\alpha = 0$. 再次利用 (7.1.20)，可得 $\lim\limits_{x \to +\infty} f''(x) = 0$.

例 7.1.9 也很容易引导我们考虑以下例题①.

**【例 7.1.18】** 设 $f$ 在 $[0, +\infty)$ 上二阶可导，$\lim\limits_{x \to +\infty} \dfrac{|f(x)|}{x} = 0$，$\varlimsup\limits_{x \to +\infty} x |f''(x)| < +\infty$. 证明：$\lim\limits_{x \to +\infty} f'(x) = 0$.

**【例 7.1.19】** 设 $f$ 在 $[0, +\infty)$ 上二阶可导，$\varlimsup\limits_{x \to +\infty} \dfrac{|f(x)|}{x} < +\infty$，$\lim\limits_{x \to +\infty} x f''(x) = 0$. 问：是否必有 $\lim\limits_{x \to +\infty} f'(x) = 0$？

**【例 7.1.20】** 设 $\alpha \in (0, 1)$，$f$ 在 $[0, +\infty)$ 上二阶可导，$\lim\limits_{x \to +\infty} \dfrac{|f(x)|}{x^\alpha} = 0$，$\varlimsup\limits_{x \to +\infty} x^\alpha |f''(x)| < +\infty$. 证明：$\lim\limits_{x \to +\infty} f'(x) = 0$. 若 $\alpha = 1$，则结论如何？

**【例 7.1.21】** 设 $\alpha \in (0, 1)$，$f$ 在 $[0, +\infty)$ 上二阶可导，$\varlimsup\limits_{x \to +\infty} \dfrac{|f(x)|}{x^\alpha} < +\infty$，$\lim\limits_{x \to +\infty} x^\alpha f''(x) = 0$. 证明：$\lim\limits_{x \to +\infty} f'(x) = 0$. 若 $\alpha = 1$，则结论如何？

添加一点新的变化，我们就有了以下有趣的例题.

**【例 7.1.22】** 设 $f$ 在 $[0, +\infty)$ 上二阶可导，$\lim\limits_{x \to +\infty} f(x) = 0$. 进一步，$f''(x) + \lambda f'(x)$ 在 $[0, +\infty)$ 上有上界，其中 $\lambda$ 为常数. 证明：$\lim\limits_{x \to +\infty} f'(x) = 0$.

---

① 以下主要就例 7.1.9 展开讨论，读者可以就例 7.1.13 展开类似的讨论.

虽然 (7.1.20) 等价于

$$M_k \leqslant C_k \left( \frac{n+1-k}{n+1} \alpha M_0 + \frac{k}{n+1} \alpha^{-\frac{n+1-k}{k}} M_{n+1} \right), \qquad \forall \alpha > 0. \tag{7.1.22}$$

但对于具体的 $k$, 以及具体的 $C_1, C_2$ 来证明

$$M_k \leqslant C_1 M_0 + C_2 M_{n+1} \tag{7.1.23}$$

也会产生很多的变化, 尤其是当我们限制在有界区间上来考虑对应 (7.1.23) 的结果时.

到目前为止, 我们只对函数及其导数进行了讨论, 而没有涉及函数的积分. 自然, 可以记 $g = f'$, 则 $f$ 就可以用 $f(a)$ 与 $g$ 的积分表示, 而 $f''$ 成为 $g'$. 接下来, 我们希望考察一些与前述例题有相通之处但不是简单转换的例题.

容易证明下例中的结果.

【例 7.1.23】 设 $p \in [1, +\infty)$, $f$ 在 $[a, b]$ 上有连续的二阶导数. 证明: 存在常数 $C_p$ 使得

$$\left( \int_a^b |f'(x)|^p \, \mathrm{d}x \right)^{\frac{1}{p}} \leqslant C_p \left[ \left( \int_a^b |f(x)|^p \, \mathrm{d}x \right)^{\frac{1}{p}} + \left( \int_a^b |f''(x)|^p \, \mathrm{d}x \right)^{\frac{1}{p}} \right], \tag{7.1.24}$$

$$\int_a^b |f'(x)|^p \, \mathrm{d}x \leqslant C_p \left( \int_a^b |f(x)|^p \, \mathrm{d}x + \int_a^b |f''(x)|^p \, \mathrm{d}x \right). \tag{7.1.25}$$

由例 7.1.23, 容易得到

【例 7.1.24】 设 $p \in [1, +\infty)$, $f$ 在 $[a, b]$ 上有连续的二阶导数. 证明: 对于 $\varepsilon > 0$, 存在常数 $C_{p,\varepsilon}$ 使得

$$\left( \int_a^b |f'(x)|^p \, \mathrm{d}x \right)^{\frac{1}{p}} \leqslant C_{p,\varepsilon} \left( \int_a^b |f(x)|^p \, \mathrm{d}x \right)^{\frac{1}{p}} + \varepsilon \left( \int_a^b |f''(x)|^p \, \mathrm{d}x \right)^{\frac{1}{p}}, \tag{7.1.26}$$

$$\int_a^b |f'(x)|^p \, \mathrm{d}x \leqslant C_{p,\varepsilon} \int_a^b |f(x)|^p \, \mathrm{d}x + \varepsilon \int_a^b |f''(x)|^p \, \mathrm{d}x. \tag{7.1.27}$$

对于一些涉及极限的问题, 可能利用例 7.1.23 或例 7.1.24 的结论就可以. 但我们通常遇到的是要求证明更具体的不等式.

【例 7.1.25】 设 $f$ 在 $[0,1]$ 上有连续的二阶导数, 且 $f(0)f(1) \geqslant 0$. 求证:

$$\int_0^1 |f'(x)| \, \mathrm{d}x \leqslant 2 \int_0^1 |f(x)| \, \mathrm{d}x + \int_0^1 |f''(x)| \, \mathrm{d}x. \tag{7.1.28}$$

在 (7.1.28) 中, 右端两个积分前的系数 (即 2 和 1) 是确定的, 自然这些系数与条件 $f(0)f(1) \geqslant 0$ 密切相关. 因此, 通常给出相关证明在 "放缩" 上需要恰到好处, 即需要较

高的技巧性. 把例 7.1.25 中额外的条件 $f(0)f(1) \geqslant 0$ 改成其他条件, 或将函数及其导数的绝对值的积分换成它们平方或其他次方的积分, 就可以产生具有不同系数的不等式. 因此, 从命题的角度来讲, 会有无数的变化. 而不同的问题, 其解答方法也可能很不相同. 在此, 我们不再展开讨论.

### 话题 1-C

单调有界数列有极限是一个非常好用的收敛性定理. 把这个结果抽象化, 我们可以考虑这样一类问题: 设 $X$ 是一个带有偏序的度量空间, 则当 $\{x_n\}$ 是 $X$ 中的单调有界列时, 它是否一定收敛到 $X$ 中的某个元. 考虑不同的 $X$, 就会有不同的此类问题.

上面的问题提法比较抽象, 但我们完全可以考虑具体一些的问题.

首先, 对于 $n$ 阶方阵 $A, B$, 定义 $A \geqslant B (B \leqslant A)$ 为 $A - B$ 是半正定矩阵. 类似地, $A > B (B < A)$ 表示 $A - B$ 为正定矩阵. 这里可以只要求 $A - B$ 是对称阵而不要求 $A, B$ 本身是对称阵.

**【例 7.1.26】** 设 $\{A_k\}$ 是一列单调增加的 $n$ 阶方阵, 若 $\{A_k\}$ 有上界, 即有方阵 $M$ 使得

$$A_k \leqslant M, \quad \forall k \geqslant 1.$$

证明: $\{A_k\}$ 收敛.

易见矩阵列 $\{A_k\}$ 收敛, 等价于二次型 $\{\boldsymbol{x}^{\mathrm{T}} A_k \boldsymbol{x}\}$ 收敛. 这样, 如果用不同的函数空间代替 $\mathbb{R}^{n \times n}$, 我们可以设置如下不同的例题.

**【例 7.1.27】** 设 $\{P_k\}$ 是区间 $[a, b]$ 上的一列单调增加、一致有界且次数不高于 $n$ 的实多项式列. 证明或举例否定: $\{P_k\}$ 在 $[a, b]$ 上处处收敛于一个次数不高于 $n$ 的多项式.

如果结论是肯定的, $\{P_k\}$ 在 $[a, b]$ 上是否一致收敛?

**【例 7.1.28】** 设 $\Omega$ 为 $\mathbb{R}^n$ 中的区域, $\{P_k\}$ 是 $\Omega$ 内一列单调增加、局部一致有界且次数不高于 $m$ 的 $n$ 元实多项式列. 证明或举例否定: $\{P_k\}$ 在 $\Omega$ 内处处收敛于一个次数不高于 $m$ 的多项式.

如果结论是肯定的, $\{P_k\}$ 在 $\Omega$ 内是否内闭一致收敛?

**【例 7.1.29】** 设 $\left\{\dfrac{P_k}{Q_k}\right\}$ 是区间 $[a, b]$ 上的一列单调增加、一致有界的有理函数列, 其中, 对任何 $k \geqslant 1$, $P_k, Q_k$ 分别为次数不高于 $n, m$ 的实多项式, $Q_k$ 在 $[a, b]$ 上非零. 证明或举例否定: $\left\{\dfrac{P_k}{Q_k}\right\}$ 在 $[a, b]$ 上处处收敛于一个有理函数 $\dfrac{P}{Q}$, 其中 $P, Q$ 分别为次数不高于 $n, m$ 的实多项式.

如果结论是肯定的, $\left\{\dfrac{P_k}{Q_k}\right\}$ 在 $[a, b]$ 上是否一致收敛?

**【例 7.1.30】** 设 $\Omega$ 为 $\mathbb{R}^n$ 中的区域, 设 $\left\{\dfrac{P_j}{Q_j}\right\}$ 是 $\Omega$ 内一列单调增加、局部一致有界的有理函数列, 其中, 对任何 $j \geqslant 1$, $P_j, Q_j$ 分别为次数不高于 $m, k$ 的 $n$ 元实多项式, $Q_j$ 在 $\Omega$ 内非零. 证明或举例否定: $\{P_j\}$ 在 $\Omega$ 内处处收敛于一个有理函数 $\dfrac{P}{Q}$, 其中 $P, Q$ 分别为次数不高于 $m, k$ 的实多项式.

如果结论是肯定的, $\left\{\dfrac{P_j}{Q_j}\right\}$ 在 $\Omega$ 内是否内闭一致收敛?

**【例 7.1.31】** 设 $\{f_k\}$ 是区间 $[a,b]$ 上的一列以 $2\pi$ 为周期、单调增加、一致有界, 且次数不高于 $n$ 的三角多项式列. 证明或举例否定: $\{f_k\}$ 在 $[a,b]$ 上处处收敛于一个以 $2\pi$ 为周期且次数不高于 $n$ 的三角多项式.

如果结论是肯定的, $\{f_k\}$ 在 $[a,b]$ 上是否一致收敛?

**【例 7.1.32】** 设 $\{f_k\}$ 是区间 $[a,b]$ 上的一列连续、单调增加且一致有界的分段线性函数列. 进一步, 对每一个 $k \geqslant 1$, $f_k$ 至多只有 $n$ 个分段, 这里称函数 $f_k$ 保持线性的最大区间为 $f_k$ 的一个分段. 证明或举例否定: $\{f_k\}$ 在 $[a,b]$ 上处处收敛于一个分段线性函数.

如果结论是肯定的, $\{f_k\}$ 在 $[a,b]$ 上是否一致收敛?

**【例 7.1.33】** 设 $\{f_k\}$ 是区间 $[a,b]$ 上一列连续、单调增加且一致有界的凸函数列. 证明或举例否定: $\{f_k\}$ 在 $[a,b]$ 上处处收敛于一个凸函数. 如果结论是肯定的, $\{f_k\}$ 在 $[a,b]$ 上是否一致收敛?

**【例 7.1.34】** 设 $\{f_k\}$ 是区间 $[a,b]$ 上一列连续、单调增加且一致有界的凹函数列. 证明或举例否定: $\{f_k\}$ 在 $[a,b]$ 上处处收敛于一个凹函数. 如果结论是肯定的, $\{f_k\}$ 在 $[a,b]$ 上是否一致收敛?

## 7.2 课程间知识点的 (相互) 关联

除了课程内前后知识的综合运用方面存在短板, 很多同学在不同课程的知识的相互运用上存在更为明显的短板. 本节中, 我们就相关话题展开一些讨论, 以供读者举一反三.

### 话题 2-A

在数学分析中, 极限与积分能否交换次序是一个重要的话题. 其中一致收敛性与常义积分和反常积分交织在一起, 给同学们带来不小的困难.

我们在这部分的讨论中, 对极限与积分交换次序问题作一梳理, 内容涉及一致收敛性、Arzelà (阿尔泽拉) 有界收敛定理、Lebesgue 控制收敛定理.

在数学分析的很多教材中, 关于极限与常义积分交换次序给出如下比较简单的结果.

【定理 7.2.1】 设 $[a,b]$ 上连续函数列 $\{f_n\}$ 一致收敛到 $f$，则 $f$ 在 $[a,b]$ 上连续，且

$$\lim_{n\to+\infty}\int_a^b f_n(x)\,\mathrm{d}x = \int_a^b f(x)\,\mathrm{d}x. \qquad (7.2.1)$$

事实上，就积分而言，我们不需要假设 $f_k$ 是连续的。容易建立如下结果。

【定理 7.2.2】 设 $[a,b]$ 上 Riemann 可积的函数列 $\{f_n\}$ 一致收敛到 $f$，则 $f$ 在 $[a,b]$ 上 Riemann 可积，且式 (7.2.1) 成立。

**证明** 由题意可知

$$\overline{\int_a^b} f(x)\,\mathrm{d}x = \int_a^b f_n(x)\,\mathrm{d}x + \overline{\int_a^b}\big(f(x)-f_n(x)\big)\,\mathrm{d}x$$

$$\leqslant \int_a^b f_n(x)\,\mathrm{d}x + (b-a)\sup_{a\leqslant x\leqslant b}|f_n(x)-f(x)|.$$

令 $n\to+\infty$ 得到

$$\overline{\int_a^b} f(x)\,\mathrm{d}x \leqslant \varliminf_{n\to+\infty}\int_a^b f_n(x)\,\mathrm{d}x. \qquad (7.2.2)$$

上式中以 $-f$ 代替 $f$ 得到

$$\underline{\int_a^b} f(x)\,\mathrm{d}x \geqslant \varlimsup_{n\to+\infty}\int_a^b f_n(x)\,\mathrm{d}x. \qquad (7.2.3)$$

结合 (7.2.2) 和 (7.2.3) 即得

$$\overline{\int_a^b} f(x)\,\mathrm{d}x = \varliminf_{n\to+\infty}\int_a^b f_n(x)\,\mathrm{d}x = \varlimsup_{n\to+\infty}\int_a^b f_n(x)\,\mathrm{d}x = \underline{\int_a^b} f(x)\,\mathrm{d}x.$$

从而 $f$ 可积且 (7.2.1) 成立。 $\square$

但是，函数列的一致收敛性是一个很强的条件，有了 Lebesgue 积分，极限和积分交换次序就可以用如下非常好用的 Lebesgue 控制收敛定理。我们直接给出 $\mathbb{R}^n$ 中的结果。对于 Riemann 积分，定理 7.2.2 可以推广到重积分情形。由于一致收敛的 Riemann 可积函数列必一致有界，而 Riemann 积分是 Lebesgue 积分的特例，因此定理 7.2.2 及相应的高维结果都可以看成定理 7.2.3 的特例。

【定理 7.2.3】 设 $E\subseteq\mathbb{R}^n$ Lebesgue 可测，$f_k,g:E\to\mathbb{R}$ Lebesgue 可积 $(k\geqslant 1)$，满足

$$|f_k(\boldsymbol{x})|\leqslant g(\boldsymbol{x}), \qquad \forall k\geqslant 1,\ \text{a.e. } \boldsymbol{x}\in E, \qquad (7.2.4)$$

$$\lim_{k\to+\infty} f_k(\boldsymbol{x}) = f(\boldsymbol{x}), \quad \text{a.e. } \boldsymbol{x}\in E, \qquad (7.2.5)$$

则 $f$ Lebesgue 可积，且

$$\lim_{k\to+\infty}\int_E f_k(\boldsymbol{x})\,\mathrm{d}\boldsymbol{x} = \int_E f(\boldsymbol{x})\,\mathrm{d}\boldsymbol{x}. \qquad (7.2.6)$$

与 Riemann 积分相比, 这里 Lebesgue 积分的优点是明显的. 首先, 对于可积函数列的极限, Lebesgue 可积性的要求很容易满足, 但如果没有一致收敛, Riemann 可积的函数列的极限函数即使是有界的, 也有可能不是 Riemann 可积的. 然而, 在极限函数 Riemann 可积性的情况下, 在 Riemann 积分理论中, 事实上也有一个像 Lebesgue 控制收敛定理一样好用的定理——Arzelà 有界收敛定理.

**【定理 7.2.4】**　设 $E \subset \mathbb{R}^n$ 为可求体积的[①]有界集, $\{f_k\}$ 为 $E$ 上一致有界的 Riemann 可积函数列, 若

$$\lim_{k \to +\infty} f_k(\boldsymbol{x}) = f(\boldsymbol{x}), \qquad \forall \boldsymbol{x} \in E, \tag{7.2.7}$$

且 $f$ 也在 $E$ 上 Riemann 可积, 则式 (7.2.6) 成立.

我们鼓励读者基于 Lebesgue 控制收敛定理或 Arzelà 有界收敛定理给出积分号下求导以及含参变量积分连续性的定理. 关于 Arzelà 有界收敛定理的讨论, 可以参看楼红卫的《微积分进阶》和梅加强的《数学分析》.

对于极限与反常积分交换次序, 由于反常积分的一致收敛性通常在含 (连续变化的) 参变量积分中介绍, 乃至一些教材没有单独列出函数列的反常积分的相关性质. 但比对大多数教材中含参变量积分的相关性质, 以无穷积分为例, 我们可以认为如下结果是大家熟悉的.

**【定理 7.2.5】**　设 $[a, +\infty)$ 上连续函数列 $\{f_n\}$ 在 $[a, +\infty)$ 上内闭一致收敛到 $f$, 且无穷积分 $\int_a^{+\infty} f_n(x)\,\mathrm{d}x$ (关于 $n \geqslant 1$) 一致收敛, 则反常积分 $\int_a^{+\infty} f(x)\,\mathrm{d}x$ 收敛, 且

$$\lim_{n \to +\infty} \int_a^{+\infty} f_n(x)\,\mathrm{d}x = \int_a^{+\infty} f(x)\,\mathrm{d}x. \tag{7.2.8}$$

而基于定理 7.2.2, 我们可以减弱被积函数列的连续性条件, 给出如下结果.

**【定理 7.2.6】**　设 $[a, +\infty)$ 上函数列 $\{f_n\}$ 在 $[a, +\infty)$ 上内闭一致收敛到 $f$, 对任何 $A > a$, $\{f_n\}$ 在 $[a, A]$ 上 Riemann 可积, 而无穷积分 $\int_a^{+\infty} f_n(x)\,\mathrm{d}x$ (关于 $n \geqslant 1$) 一致收敛, 则反常积分 $\int_a^{+\infty} f(x)\,\mathrm{d}x$ 收敛, 且式 (7.2.8) 成立.

若极限函数具有局部 Riemann 可积性, 则我们可以利用 Arzelà 有界收敛定理去掉被积函数列的内闭一致收敛性, 得到如下结果.

**【定理 7.2.7】**　设 $[a, +\infty)$ 上函数列 $\{f_n\}$ 在 $[a, +\infty)$ 上收敛到 $f$, 对任何 $A > a$, $\{f_n\}$ 在 $[a, A]$ 上 Riemann 可积且一致有界, 且 $f$ 也在 $[a, A]$ 上 Riemann 可积. 进一步, 若无穷积分 $\int_a^{+\infty} f_n(x)\,\mathrm{d}x$ (关于 $n \geqslant 1$) 一致收敛, 则反常积分 $\int_a^{+\infty} f(x)\,\mathrm{d}x$ 收敛, 且式 (7.2.8) 成立.

---

① 对于有界集 $E$, 称它是可求体积的, 又称之为 Jordan 可测集, 是指 $E$ 的特征函数 $\chi_E$ 在包含 $E$ 的一个矩形上 Riemann 可积. 根据 Lebesgue 判据, 这等价于 $E$ 的边界是 Lebesgue 零测度集.

如果使用 Lebesgue 积分, 则我们可以看到定理 7.2.3 事实上包含了反常积分的一些特例. 为方便读者, 我们陈述如下.

【**定理 7.2.8**】 设 $\{f_n\}$ 是 $[a, +\infty)$ 上的 Lebesgue 可测函数列,

$$|f_n(x)| \leqslant g(x), \qquad \forall n \geqslant 1, \text{ a.e. } [a, +\infty), \tag{7.2.9}$$

$$\lim_{n \to +\infty} f_n(x) = f(x), \quad \text{ a.e. } [a, +\infty), \tag{7.2.10}$$

其中 $g$ 在 $[a, +\infty)$ 上 Lebesgue 可积, 则 $f$ Lebesgue 可积, 且

$$\lim_{n \to +\infty} \int_a^{+\infty} f_n(x)\,\mathrm{d}x = \int_a^{+\infty} f(x)\,\mathrm{d}x. \tag{7.2.11}$$

回顾上述定理, 我们可以看到这里有两种一致收敛性. 其一是函数列本身的一致收敛性; 其二是函数列反常积分的一致收敛性. 另一方面, 控制函数的存在, 使得无论是常义积分还是反常积分, 极限和积分的次序交换就能够进行. 这里, $I$ 上函数列 $\{f_n\}$ 的控制函数是指满足以下条件的 Lebesgue 可积函数 $g$:

$$|f_n(x)| \leqslant g(x), \qquad \forall n \geqslant 1, \text{ a.e. } I. \tag{7.2.12}$$

由含参变量反常积分一致收敛的 Weierstrass 判别法, 在 $[a, +\infty)$ 上存在控制函数要强于无穷积分 $\displaystyle\int_a^{+\infty} f_n(x)\,\mathrm{d}x$ 的一致收敛性. 另一方面, 易见对于有界区间 $[a, b]$ 上的可积函数列, 其一致收敛性要强于存在控制函数.

鉴于目前大多数数学分析课程不讲 Lebesgue 积分, 引入 Arzelà 有界收敛定理将是一个非常好的选择. 在引入 Arzelà 有界收敛定理的前提下, 在数学分析中遇到的大多数问题中, 就可以方便地像使用 Lebesgue 控制收敛定理一样的结果. 利用这些定理, 以下结果就显得非常简单.

$$\lim_{n \to +\infty} \int_0^1 \frac{x^n}{1+x}\,\mathrm{d}x = 0, \tag{7.2.13}$$

$$\lim_{n \to +\infty} \int_0^n \frac{x}{\left(1 + \dfrac{x}{n}\right)^n}\,\mathrm{d}x = \int_0^{+\infty} x\mathrm{e}^{-x}\,\mathrm{d}x = \Gamma(2) = 1. \tag{7.2.14}$$

这里, 式 (7.2.14) 可以视为

$$\lim_{n \to +\infty} \int_0^{+\infty} \frac{x}{\left(1 + \dfrac{x}{n}\right)^n} \chi_{[0,n]}(x)\,\mathrm{d}x = \int_0^{+\infty} x\mathrm{e}^{-x}\,\mathrm{d}x = \Gamma(2) = 1,$$

而保证极限可以交换次序的控制函数由如下不等式给出:

$$0 \leqslant \frac{x}{\left(1 + \dfrac{x}{n}\right)^n} \chi_{[0,n]}(x) \leqslant \frac{x}{1 + \mathrm{C}_n^3 \dfrac{x^3}{n^3}} \leqslant \frac{24x}{1 + x^3}, \quad x \geqslant 0,\ n \geqslant 4.$$

值得注意的是, 事实上式 (7.2.13) 只需要利用以下估计式:

$$0 \leqslant \int_0^1 \frac{x^n}{1+x}\,\mathrm{d}x \leqslant \int_0^1 x^n\,\mathrm{d}x = \frac{1}{n+1}.$$

之所以要特意指出这一点, 是由于有太多的同学在讨论中忘了这种最简单的估计.

## 话题 2-B

在数学分析中, 复数在很多地方可以起到重要的作用. 利用复指数函数的性质, 我们有 $\mathrm{e}^{x+y\mathrm{i}} = \mathrm{e}^x(\cos y + \mathrm{i}\sin y)$. 运用该等式的例子比比皆是. 尽管复变函数提供了关于复解析函数的很多有趣的性质, 但通常认为这些内容属于复变函数课程, 与数学分析课程所包含的内容有较大差距.

在本部分, 我们将看到复解析函数的某些性质是完全适合在数学分析中加以讨论的.

设 $D$ 为复平面 $\mathbb{C}$ 中的区域, 通常 $D$ 内的复函数 $f : D \to \mathbb{C}$ 为解析函数的定义是 $f$ 在 $D$ 内复可导, 即对任意 $z_0 \in D$, $\lim\limits_{z \to z_0} \dfrac{f(z) - f(z_0)}{z - z_0}$ 存在. 直接验证可得 $f$ 在 $D$ 内解析当且仅当如下的 Cauchy-Riemann 条件成立:

$$u_x(x,y) = v_y(x,y), \quad u_y(,y) = -v_x(x,y), \qquad x + \mathrm{i}y \in D, \tag{7.2.15}$$

其中 $x, y \in \mathbb{R}$, $u(x,y) = \operatorname{Re} f(x+\mathrm{i}y)$, $v(x,y) = \operatorname{Im} f(x+\mathrm{i}y)$.

为了便于在数学分析中讨论复解析函数, 我们采用如下等价定义. 以下总是默认 $z = x + \mathrm{i}y$, 其中 $x, y$ 为实数. 我们用 $B_r(z_0)$ 表示复圆盘 $\{z \in \mathbb{C} \mid |z - z_0| < r\}$.

【定义 7.2.1】 设 $f : D \to \mathbb{C}$ 在 $z_0 \in D$ 处可展开为幂级数, 即存在 $\delta > 0$ 使得

$$f(z) = \sum_{n=0}^{\infty} c_n(z - z_0)^n, \qquad \forall z \in B_\delta(z_0), \tag{7.2.16}$$

则称 $f$ 在 $z_0$ 复解析. 若 $f$ 在 $D$ 中每一点复解析, 则称 $f$ 为 $D$ 内的复解析函数.

容易证明两个复解析函数的和、差、积都是复解析函数. 稍微复杂一些, 但也不是太难, 可以证明在除数不为零时, 复解析函数的商也是复解析函数. 而在我们的讨论中, 除数通常是一些复多项式. 除以一个多项式相当于乘以形为 $c\prod\limits_{k=1}^{n}(z - z_k)^{-1}$ 的复解析函数, 因此更容易证明相关函数的解析性.

由幂级数的性质立即可得, 若 $f$ 是 $D$ 内的复解析函数, 则直接从复导数的定义可得 $f$ 在 $D$ 内任意次地复可导. 进一步, $f(x+\mathrm{i}y)$ 有任意阶的连续偏导数, 且

$$\frac{\partial f(x+\mathrm{i}y)}{\partial y} = \mathrm{i}\frac{\partial f(x+\mathrm{i}y)}{\partial x}, \qquad \forall x + \mathrm{i}y \in D. \tag{7.2.17}$$

而 (7.2.17) 即为 (7.2.15). 结合第二型曲线积分的 Green 公式, 可得在 $D$ 的单连通子区域内, 第二型积分 $\int_C f(z)\,\mathrm{d}z \equiv \int_C f(x+\mathrm{i}y)\,(\mathrm{d}x+\mathrm{i}\,\mathrm{d}y)$ 与途径无关. 由此, 轻松得到以下利用曲线积分计算解析函数各阶导数的公式.

【定理 7.2.9】 设 $f$ 在复区域 $D_0$ 内解析, $z_0 \in D_0$, $\delta > 0$. 又设

$$f(z) = \sum_{n=0}^{\infty} a_n (z-z_0)^n, \qquad z \in B_\delta(z_0). \tag{7.2.18}$$

若 $D \subset\subset D_0$ 为包含 $z_0$ 的区域 (其中 $\subset\subset$ 表示紧包含), $\partial D$ 按段 $C^1$, 则

$$\frac{1}{2\pi\mathrm{i}} \int_{\partial D} \frac{f(z)}{(z-z_0)^{n+1}}\,\mathrm{d}z = a_n = \frac{1}{n!} f^{(n)}(z_0), \qquad \forall n \geqslant 0. \tag{7.2.19}$$

特别地, 当 $B_r(z_0) \subset\subset D_0$ 时,

$$\frac{1}{2\pi\mathrm{i}} \int_{|z-z_0|=r} \frac{f(z)}{(z-z_0)^{n+1}}\,\mathrm{d}z = a_n = \frac{1}{n!} f^{(n)}(z_0), \qquad \forall n \geqslant 0. \tag{7.2.20}$$

取 $n=0$ 时, (7.2.19) 就是 Cauchy 公式:

$$\frac{1}{2\pi\mathrm{i}} \int_{\partial D} \frac{f(z)}{z-z_0}\,\mathrm{d}z = f(z_0). \tag{7.2.21}$$

事实上我们还可以避开第二型曲线积分, 直接得到与 (7.2.20) 等价的

$$a_n = \frac{1}{2\pi r^n} \int_0^{2\pi} \mathrm{e}^{-\mathrm{i}n\theta} f(r\mathrm{e}^{\mathrm{i}\theta} + z_0)\,\mathrm{d}\theta, \quad \forall n \geqslant 0,\ B_r(z_0) \subset\subset D_0. \tag{7.2.22}$$

具体地, 利用一致收敛级数的逐项可积性, 可得 (7.2.22) 对充分小的 $r > 0$ 成立. 接下来, 只要验证

$$\frac{\mathrm{d}}{\mathrm{d}r} \frac{1}{2\pi r^n} \int_0^{2\pi} \mathrm{e}^{-\mathrm{i}n\theta} f(r\mathrm{e}^{\mathrm{i}\theta} + z_0)\,\mathrm{d}\theta = 0, \quad \forall n \geqslant 0,\ B_r(z_0) \subset\subset D_0. \tag{7.2.23}$$

下例给出复解析函数的唯一性.

【例 7.2.1】 设 $f$ 在 $D$ 内解析, $z_0 \in D$, 若存在 $D$ 中趋于 $z_0$ 的点列 $\{z_n\}$ 使得 $f(z_n) = 0\,(\forall n \geqslant 1)$, 则 $f$ 在 $D$ 内恒等于零.

证明 由题设, 有 $\delta > 0$, 使得式 (7.2.18) 成立, 结合 $f(z_n) = 0\,(\forall n \geqslant 1)$, 依次可证 $a_0 = 0$, $a_1 = 0$, $a_2 = 0$, $\cdots$. 从而 $f(z)$ 当 $|z-z_0| < \delta$ 时为零. 因此 $\{f=0\} \equiv \{z \in D \,|\, f(z) = 0\}$ 是非空开集. 结合 $f$ 的连续性可得 $\{f=0\} = D$. □

类似地, 有如下结果.

【例 7.2.2】　设 $f$ 在 $D$ 内解析, $z_0 \in D$, 若 $f$ 在 $z_0$ 处无限次消失, 即

$$\lim_{z \to z_0} \frac{f(z)}{(z-z_0)^n} = 0, \qquad \forall\, n \geqslant 0,$$

则 $f$ 在 $D$ 内恒等于零.

**证明**　由题设, 有 $\delta > 0$, 使得式 (7.2.18) 成立, 结合无限次消失条件, 可证 $a_0 = 0$, $a_1 = 0$, $a_2 = 0$, $\cdots$. 从而与例 7.2.1 一样, 可得 $\{f = 0\} = D$. 　□

要注意例 7.2.1 和例 7.2.2 中, 若 $z_0$ 是定义域的边界点, 则结论不真.

下例说明幂级数在其收敛域内部是解析的.

【例 7.2.3】　设 $R > 0$,

$$f(z) = \sum_{n=0}^{\infty} c_n z^n, \qquad \forall\, |z| < R, \tag{7.2.24}$$

则对于 $|z_0| < R$, 成立

$$f(z) = \sum_{n=0}^{\infty} b_n (z-z_0)^n, \qquad \forall\, |z-z_0| < R - |z_0|, \tag{7.2.25}$$

其中[1]

$$b_n = \frac{f^{(n)}(z_0)}{n!} = \sum_{k=n}^{\infty} C_k^n c_k z_0^{k-n}, \qquad n \geqslant 0. \tag{7.2.26}$$

**证明**　当 $|z-z_0| < R - |z_0|$ 时,

$$\sum_{k=0}^{\infty} \sum_{n=0}^{k} \left| C_k^n c_k z_0^{k-n} (z-z_0)^n \right| \leqslant \sum_{k=0}^{\infty} \sum_{n=0}^{k} C_k^n |c_k| |z_0|^{k-n} |z-z_0|^n$$

$$= \sum_{k=0}^{\infty} |c_k| \left( |z_0| + |z-z_0| \right)^k < +\infty.$$

即累级数 $\displaystyle\sum_{k=0}^{\infty} \sum_{n=0}^{k} C_k^n c_k z_0^{k-n} (z-z_0)^n$ 绝对收敛, 从而

$$\sum_{n=0}^{\infty} b_n (z-z_0)^n = \sum_{n=0}^{\infty} \sum_{k=n}^{\infty} C_k^n c_k z_0^{k-n} (z-z_0)^n$$

$$= \sum_{k=0}^{\infty} \sum_{n=0}^{k} C_k^n c_k z_0^{k-n} (z-z_0)^n = \sum_{k=0}^{\infty} c_k z^k = f(z).$$

结论得证. 　□

下例涉及复解析函数幂级数展开的收敛半径.

---

[1] 式 (7.2.26) 中的导数是复导数.

**【例 7.2.4】**  设 $\delta > 0$, $f$ 在 $\{z \mid |z - z_0| < \delta\}$ 内复解析, 则在 $\{z \mid |z - z_0| < \delta\}$ 内, $f$ 等于它在 $z_0$ 点的幂级数, 即式 (7.2.18) 成立.

**证明**  由题设及定理 7.2.9 可得 (7.2.20) 成立, 进而可以证明: 对任何 $r \in (0, \delta)$, $n \geqslant 0$ 成立 $|a_n| \leqslant \dfrac{M_r}{r^n}$, 其中 $M_r := \max\limits_{|z| \leqslant r} |f(z)|$, $a_n = \dfrac{f^{(n)}(z_0)}{n!}$. 这表明 $\sum\limits_{n=0}^{\infty} a_n (z - z_0)^n$ 的收敛半径不小于 $\delta$. 由此结合解析函数的唯一性易得式 (7.2.18) 成立.  $\square$

利用解析函数的唯一性, 使得我们有可能通过实数域内的计算结果得到复数域内的结果.

**【例 7.2.5】**  设 $x \in \mathbb{R}$, 计算 $\displaystyle\int_{\mathbb{R}} \mathrm{e}^{-\pi y^2} \mathrm{e}^{-2\pi \mathrm{i} x y} \, \mathrm{d}y$.

**解**  考虑

$$f(z) = \int_{\mathbb{R}} \mathrm{e}^{-\pi y^2} \mathrm{e}^{-2\pi y z} \, \mathrm{d}y, \qquad z \in \mathbb{C}.$$

则易见 $f$ 复解析. 当 $z = x$ 为实数时,

$$f(x) = \int_{\mathbb{R}} \mathrm{e}^{-\pi (y+x)^2 + \pi x^2} \, \mathrm{d}y = \int_{\mathbb{R}} \mathrm{e}^{-\pi y^2 + \pi x^2} \, \mathrm{d}y = \mathrm{e}^{\pi x^2}, \quad \forall x \in \mathbb{R}.$$

于是, 结合 $\mathrm{e}^{\pi z^2}$ 为解析函数以及解析函数的唯一性得到

$$\int_{\mathbb{R}} \mathrm{e}^{-\pi y^2} \mathrm{e}^{-2\pi \mathrm{i} x y} \, \mathrm{d}y = f(\mathrm{i}x) = \mathrm{e}^{-\pi x^2}, \quad \forall x \in \mathbb{R}.$$

**【例 7.2.6】**  计算 $\displaystyle\prod_{n=1}^{\infty} \frac{n^2 + 4}{n^2 + 1}$.

**解**  考虑 $D \equiv \left\{ z \in \mathbb{C} \,\middle|\, z \neq \pm \dfrac{k\mathrm{i}}{2}, k \in \mathbb{Z}_+ \right\}$,

$$f(z) = \prod_{n=1}^{\infty} \frac{n^2 + 4z^2}{n^2 + z^2}, \qquad z \in D.$$

则可证明 $f$ 在 $D$ 内复解析. 当 $0 < x < \dfrac{1}{2}$ 时,

$$
\begin{aligned}
f(\mathrm{i}x) &= \prod_{n=1}^{\infty} \frac{n^2 - 4x^2}{n^2 - x^2} = \lim_{m \to +\infty} \prod_{n=1}^{m} \frac{(n-2x)(n+2x)}{(n-x)(n+x)} \\
&= \lim_{n \to +\infty} \frac{\Gamma(1-x)\Gamma(1+x)\Gamma(n-2x)\Gamma(n+2x)}{\Gamma(1-2x)\Gamma(1+2x)\Gamma(n-x)\Gamma(n+x)} \\
&= \frac{\Gamma(1-x)\Gamma(1+x)}{\Gamma(1-2x)\Gamma(1+2x)} = \cos \pi x = \frac{\mathrm{e}^{\mathrm{i}\pi x} + \mathrm{e}^{-\mathrm{i}\pi x}}{2}.
\end{aligned}
\tag{7.2.27}
$$

由解析函数的唯一性可得

$$\prod_{n=1}^{\infty} \frac{n^2 + 4}{n^2 + 1} = f(x) = \frac{\mathrm{e}^{\pi x} + \mathrm{e}^{-\pi x}}{2}.$$

当然, 我们也可以利用如下的 Euler 公式得到式 (7.2.27):

$$\sin \pi x = \pi x \prod_{n=1}^{\infty} \left(1 - \frac{x^2}{n^2}\right), \qquad \forall\, x \in \mathbb{R}. \tag{7.2.28}$$

### 话题 2-C　分析在代数中的应用

相比于数学分析与常微分方程、实变函数、复变函数、泛函分析等学科间的联系, 数学分析和高等代数的联系更独具特色. 这是因为前面的几门课程均属于分析体系, 在思想、方法、理论等方面有诸多相同和相通之处, 不同之处在于被研究对象所处的定义空间, 比如 $\mathbb{R}$, $\mathbb{R}^n$, $\mathbb{C}$, 或者 Banach (巴拿赫)、Hilbert (希尔伯特) 等无穷维空间. 而后两者分别属于分析和代数体系, 跨度要大一些, 它们间的联系也更多表现为理念上的影响和借鉴: 连续与离散、动态与静止等.

代数中的很多场景, 可以把给定的具体问题嵌入到更一般的框架, 使之成为一种特殊情况. 而对于一般情况, 我们又有可能采用分析的手法来处理. 这种处理模式, 是数学学习与研究中的一种基本理念和方法.

下面我们围绕这个理念讨论几个例子. 首先, 介绍一个分析在代数中的工具性结论: 行列式的求导.

考虑 $n$ 阶行列式 $F(x) = \det \left(a_{ij}(x)\right)_{n \times n}$. 由于我们关注的重点是分析与代数在思想性方面的结合, 所以这里假设 $\left(a_{ij}(\cdot)\right)$ 都是分析性质非常好的函数, 比如它们均为某区间 $J$ 上的足够光滑的函数, 此假设仅仅是避免技术纠缠而偏离了我们讨论的主线.

**【定理 7.2.10】** 考虑 $n \times n$ 矩阵值函数 $A(\cdot) = \left(a_{ij}(\cdot)\right)_{n \times n}$, 其中 $a_{ij}(\cdot)$ 都是区间 $J$ 上的可微函数. $F(\cdot) = \det\left(A(\cdot)\right)$. 则有下式成立:

$$F'(x) = \sum_{i=1}^{n} \det \begin{pmatrix} a_{11}(x) & a_{12}(x) & \cdots & a_{1n}(x) \\ \vdots & \vdots & & \vdots \\ \dfrac{\mathrm{d}}{\mathrm{d}x}a_{i1}(x) & \dfrac{\mathrm{d}}{\mathrm{d}x}a_{i2}(x) & \cdots & \dfrac{\mathrm{d}}{\mathrm{d}x}a_{in}(x) \\ \vdots & \vdots & & \vdots \\ a_{n1}(x) & a_{n2}(x) & \cdots & a_{nn}(x) \end{pmatrix}, \qquad x \in J. \tag{7.2.29}$$

当然, 可以进一步写出 $F(\cdot)$ 的二阶导数 $F''(\cdot)$ 的递推式, 只不过表达式要复杂一些. 但是, 考虑到在很多具体场景, 由于行列式中可能含有很多常数项, 因此其导数、二阶导数会出现大量的 0 元素, 这使得计算变得比较简单.

**【例 7.2.7】** 计算行列式 $\det(A)$ 的值, 其中

$$A = \begin{pmatrix} 0 & 1 & \cdots & 1 & 1 \\ 1 & 0 & \cdots & 1 & 1 \\ \vdots & \vdots & & \vdots & \vdots \\ 1 & 1 & \cdots & 0 & 1 \\ 1 & 1 & \cdots & 1 & 0 \end{pmatrix}_{n \times n}.$$

这应该是一道典型的高等代数题目, 可以直接利用行列式的基本性质计算出来. 下面我们绕个弯, 把这个单一的行列式"嵌入"到一"连续"变化的行列式集中, 然后对后者采取分析的方法加以考虑.

考虑含变量 $x$ 的行列式

$$F_n(x) = \det \begin{pmatrix} x & 1 & \cdots & 1 & 1 \\ 1 & x & \cdots & 1 & 1 \\ \vdots & \vdots & & \vdots & \vdots \\ 1 & 1 & \cdots & x & 1 \\ 1 & 1 & \cdots & 1 & x \end{pmatrix}_{n \times n}. \tag{7.2.30}$$

显然, 我们需要计算的 $\det(A) = F_n(x)\big|_{x=0} = F_n(0)$.

容易看出, $F_n(\cdot)$ 是一个首 1 的 $n$ 次多项式, $F_n(x) = x^n + \mathrm{l.o.t}$, 其中 l.o.t 是 $x$ 的低阶项. 尽管低阶项的系数不是显然的, 但由 $F_n(\cdot)$ 的形式, 显然有结论

$$F_n(1) = 0.$$

下面我们应用定理 7.2.10 关于行列式求导公式 (7.2.29) 来计算 $F_n'$. 注意到行列式 $F_n(x)$ 第 $i$ 行求导后变成单位向量 $\boldsymbol{e}_i = (0, \cdots, 1, \cdots, 0)$, 我们有

$$F_n'(x) = \sum_{i=1}^{n} \det \begin{pmatrix} x & 1 & \cdots & 1 & \cdots & 1 \\ 1 & x & \cdots & 1 & \cdots & 1 \\ \vdots & \vdots & & \vdots & & \vdots \\ 0 & 0 & \cdots & 1 & \cdots & 0 \\ \vdots & \vdots & & \vdots & & \vdots \\ 1 & 1 & \cdots & 1 & \cdots & x \end{pmatrix}_{n \times n}$$

$$= \sum_{i=1}^{n} \det \begin{pmatrix} x & 1 & \cdots & 1 \\ 1 & x & \cdots & 1 \\ \vdots & \vdots & & \vdots \\ 1 & 1 & \cdots & x \end{pmatrix}_{(n-1) \times (n-1)}$$

$$= nF_{n-1}(x). \tag{7.2.31}$$

我们无意中得到了一个很漂亮的递推式, 对于 $k = 1, 2, \cdots, n$, 有

$$F_n'(x) = nF_{n-1}(x),$$

$$F_n''(x) = n(n-1)F_{n-2}(x),$$

$$\cdots\cdots$$

$$F_n^{(k)}(x) = n(n-1)\cdots(n-k+1)F_{n-k}(x),$$

这里我们规定 $F_0 = 1$.

注意到 $F_0 = 1$, $F_1(1) = 1$, $F_p(1) = 0$ $(p = 2, 3, \cdots)$, 所以对于自然数 $k = 0, 1, 2,$ $\cdots, n-2$, 我们有

$$F_n^{(k)}(1) = n(n-1)\cdots(n-k+1)F_{n-k}(1) = 0,$$

$$F_n^{(n-1)}(1) = n!F_1(1) = n!,$$

$$F_n^{(n)}(1) = n!.$$

由 Taylor 公式, 有

$$F_n(x) = F_n(1) + F_n'(1)(x-1) + \frac{1}{2!}F_n''(1)(x-1)^2 + \cdots$$

$$= (x-1)^n + n(x-1)^{n-1}. \tag{7.2.32}$$

因此

$$F_n(0) = (-1)^{n-1}(n-1).$$

上面这个绕道讨论还是值得的: 有了表达式 (7.2.32), 我们可以容易计算其他点处的行列式的值. 比如

$$F_n(2) = n+1, \quad F_n(3) = (n+2)2^{n-1}.$$

我们再回到递推式 (7.2.31), 对满足 $P_n'(x) = nP_{n-1}(x)$ 的函数作一点进一步的讨论.

一方面, 我们能很自然地想到满足该递推式的一个特殊多项式 $P_n(x) = x^n$; 另一方面, 一个随之而来的问题是: 除了这个特殊的多项式, 还有更一般的多项式吗? 甚至还有更一般的函数吗? 事实上, 例 7.2.7 的答案已经给我们提供了另一个函数 $P_n(x) = x^n + nx^{n-1}$. 当然, 考虑到微分算子的线性性, 函数 $P_n(x) = ax^n + nbx^{n-1}$ 也满足此递推式. 提醒一下: 这是一个系数和次数都与 $n$ 有关的多项式. 即, 如果 $P_n(x) = ax^n + nbx^{n-1}$, 那么 $P_{n-1}(x) = ax^{n-1} + (n-1)bx^{n-2}$. 还请注意, 这类函数的导函数仍然满足该递推式.

【**例 7.2.8**】 设 $P_n(\cdot)$ 是一个（系数可能与 $n$ 有关的）$n$ 次多项式，满足

$$\frac{\mathrm{d}}{\mathrm{d}x}P_n(x) = nP_{n-1}(x).$$

试讨论其一般形式.

引入记号 $f(n,x) = P_n(x)$，再把 $n$ 连续化，我们有如下问题.

【**例 7.2.9**】 设 $f(\alpha,x)$ 是一个关于 $x$ 的多项式函数，满足必要的光滑性要求，

$$\frac{\partial}{\partial x}f(\alpha,x) = \alpha f(\alpha-1,x),$$

试讨论 $f(\alpha,x)$ 可能的形式.

我们再把前面的例子具体化. 考虑下面的问题变形，这些题目都是新瓶装陈酒. 在例 7.2.10—例 7.2.13 中，$F_n$ 均由式 (7.2.30) 给出.

【**例 7.2.10**】 试就 $n=2022$ 和 $n=2023$ 分别求函数 $F_n$ 的极值点和极值，并判断其值是极大还是极小.

【**例 7.2.11**】 证明：$F_{2023}(x) \leqslant 2022^{2022}$，且可以取到 $2022^{2022}$.

【**例 7.2.12**】 证明：存在唯一的 $x \in \mathbb{R}$ 使得 $F_{2023}(x) = 2022^{2022}$.

【**例 7.2.13**】 (i) 对所有可能的正整数，求 $F_{2n}$ 的极小值点 $x_n$ 和极小值 $s_n$，进一步求集合 $\{s_n\}$ 的最大值点 $n_0$ 以及最大值 $s_{n_0}$.

(ii) 对所有可能的自然数，求 $F_{2n+1}$ 的极大值点 $X_n$ 和极大值 $S_n$，进一步求集合 $\{S_n\}$ 的最小值点 $n_0$ 以及最小值 $S_{n_0}$.

【**例 7.2.14**】 计算如下行列式的值

$$G_n(x) = \begin{vmatrix} a_1b_1+x & a_1b_2 & a_1b_3 & \cdots & a_1b_n \\ a_2b_1 & a_2b_2+x & a_2b_3 & \cdots & a_2b_n \\ a_3b_1 & a_3b_2 & a_3b_3+x & \cdots & a_3b_n \\ \vdots & \vdots & \vdots & & \vdots \\ a_nb_1 & a_nb_2 & a_nb_3 & \cdots & a_nb_n+x \end{vmatrix}.$$

容易看出，该行列式是首 1 的 $n$ 次多项式，且显然有 $G_n(0) = 0$. 对该行列式求一次导数，

$$G_n'(x) = \sum_{i=1}^{n} \det \begin{pmatrix} a_1b_1+x & a_1b_2 & \cdots & a_1b_i & \cdots & a_1b_n \\ a_2b_1 & a_2b_2+x & \cdots & a_2b_i & \cdots & a_2b_n \\ \vdots & \vdots & & \vdots & & \vdots \\ 0 & 0 & \cdots & 1 & \cdots & 0 \\ \vdots & \vdots & & \vdots & & \vdots \\ a_nb_1 & a_nb_2 & \cdots & a_nb_i & \cdots & a_nb_n+x \end{pmatrix}_{n \times n}$$

得到 $n$ 个行列式之和, 每个行列式都有一行为标准的单位向量 $\boldsymbol{e}_i = (0, \cdots, 1, \cdots, 0)$. 根据行列式的基本性质, 可以按第 $i$ 行展开, 得到一个 $n-1$ 阶的行列式, 其形式仍然具有原来 $n$ 阶行列式的形式, 只不过由 $(i-1)$ 行到 $(i+1)$ 行, 产生一个下标指数上的跳跃.

这样, $G'_n(x)$ 可以表示成 $n$ 个阶数为 $n-1$ 的行列式之和, 每个行列式都是 $n-1$ 阶的首 1 多项式, 且每个行列式在 $x = 0$ 时均为 0, 所以 $G'_n(0) = 0$. 同理可得: 对于 $k = 1, 2, \cdots, n-2$, $G_n^{(k)}(0) = 0$. 而在计算其 $n-1$ 阶导数 $G_n^{(n-1)}(0)$ 时, 仅仅剩下若干个一阶行列式之和, 即 $G_n^{(n-1)}(0) = (n-1)! \sum_{i=1}^{n} a_i b_i$.

于是, 我们有

$$G_n(x) = \sum_{i=1}^{n} a_i b_i x^{n-1} + x^n = x^{n-1} \left( x + \sum_{i=1}^{n} a_i b_i \right).$$

下面的问题均为上述讨论的简单变形.

【例 7.2.15】 设 $a_i b_i < 0 \, (i = 1, 2, \cdots n)$, 证明例 7.2.14 中的行列式 $G_n$ 存在唯一的极小值点. 而如果 $a_i b_i > 0 \, (i = 1, 2, \cdots n)$, 则结论仅对偶数 $n$ 成立.

【例 7.2.16】 设 $\boldsymbol{a} = (a_1, a_2, \cdots, a_n)$, $\boldsymbol{b} = (b_1, b_2, \cdots, b_n)$, 其内积 $\langle \boldsymbol{a}, \boldsymbol{b} \rangle$ 满足

$$\langle \boldsymbol{a}, \boldsymbol{b} \rangle + n = 0.$$

考虑例 7.2.14 中的行列式 $G_n$. 证明, 对于任意的实数 $x \in \mathbb{R}$, 有

$$G_n(x) + (n-1)^{n-1} \geqslant 0.$$

下面是一道比较经典的题目, 其思路也是采取比较典型的分析手法.

【例 7.2.17】 设 $a_{ij} = \dfrac{ij}{i+j} \, (i, j = 1, 2, \cdots, n)$. 证明矩阵 $(a_{ij})_{n \times n}$ 是正定矩阵.

【例 7.2.18】 设 $a_{ij} = \dfrac{1}{i+j} \, (i, j = 1, 2, \cdots, n)$. 证明矩阵 $(a_{ij})_{n \times n}$ 是正定矩阵.

事实上, 我们可以考虑更一般的情形.

【例 7.2.19】 设 $a_1, a_2, \cdots, a_n$ 为两两互异的正数, 则矩阵 $\left( \dfrac{1}{a_i + a_j} \right)_{n \times n}$ 是正定矩阵.

可以看出, 例 7.2.17 和例 7.2.18 分别为 $a_i = \dfrac{1}{i}$ 和 $a_i = i - 1 + \dfrac{1}{2}$ 的特殊情况.

**证明** 对于任意的 $n$ 维非零向量 $\boldsymbol{x} = (x_1, x_2, \cdots, x_n)$, 有

$$\boldsymbol{x} \boldsymbol{A} \boldsymbol{x}^{\mathrm{T}} = \sum_{i,j} \frac{1}{a_i + a_j} x_i x_j.$$

注意到对于 $\alpha > 0$, 有关系式 $\displaystyle\int_0^{+\infty} \mathrm{e}^{-\alpha x} \mathrm{d}x = \dfrac{1}{\alpha}$. 因此

$$\boldsymbol{x} \boldsymbol{A} \boldsymbol{x}^{\mathrm{T}} = \sum_{i,j} \left( \int_0^{+\infty} \mathrm{e}^{-(a_i + a_j)t} \mathrm{d}t \right) x_i x_j$$

$$= \int_0^{+\infty} \left( \sum_{i,j} \mathrm{e}^{-(a_i+a_j)t} x_i x_j \right) \mathrm{d}t$$

$$= \int_0^{+\infty} \left( \sum_i \mathrm{e}^{-a_i t} x_i \right)^2 \mathrm{d}t$$

$$> 0. \qquad \qquad \square$$

最后一步的严格大于零是由于假设了 $a_i$ 两两互异, 进而被积函数不可能恒为零.

**【例 7.2.20】** 设 $a_1, a_2, \cdots, a_n$ 为两两互异的正数, $\boldsymbol{B} = (b_{ij})$ 是正定矩阵. 证明: $\boldsymbol{C} = \left( \dfrac{b_{ij}}{a_i + a_j} \right)$ 也是正定矩阵.

**证明要点** 对于任意的 $n$ 维非零向量 $\boldsymbol{x} = (x_1, x_2, \cdots, x_n)$, 有

$$g(\boldsymbol{x}) = \boldsymbol{x}\boldsymbol{C}\boldsymbol{x}^{\mathrm{T}} = \sum_{i,j} \frac{1}{a_i + a_j} x_i b_{ij} x_j$$

$$= \sum_{i,j} b_{ij} x_i x_j \int_0^{+\infty} \mathrm{e}^{-(a_i+a_j)t} \mathrm{d}t$$

$$= \int_0^{+\infty} \sum_{ij} b_{ij} x_i x_j \mathrm{e}^{-(a_i+a_j)t} \mathrm{d}t$$

$$= \int_0^{+\infty} \sum_{ij} b_{ij} \left( x_i \mathrm{e}^{-a_i t} \right) \left( x_j \mathrm{e}^{-a_j t} \right) \mathrm{d}t$$

$$= \boldsymbol{y}\boldsymbol{B}\boldsymbol{y}^{\mathrm{T}} > 0,$$

其中

$$\boldsymbol{y} = \left( x_1 \mathrm{e}^{-a_1 t}, x_2 \mathrm{e}^{-a_2 t}, \cdots, x_n \mathrm{e}^{-a_n t} \right).$$

由于对于任意非零向量 $\boldsymbol{x}$, 有 $\boldsymbol{y}$ 也非零, 最后一步是由 $\boldsymbol{B}$ 的正定性得知的. 故 $\boldsymbol{C}$ 正定.

**【例 7.2.21】** 设 $f(\boldsymbol{x}) = f(x_1, x_2, \cdots, x_n) = \boldsymbol{x}\boldsymbol{A}\boldsymbol{x}^{\mathrm{T}}$ 是一个实二次型, 如果存在实向量 $\boldsymbol{\xi}, \boldsymbol{\eta}$ 使得 $f(\boldsymbol{\xi}) < 0 < f(\boldsymbol{\eta})$, 则一定存在非零向量 $\boldsymbol{\zeta}$, 使得 $f(\boldsymbol{\zeta}) = 0$, 进一步可要求 $\boldsymbol{\zeta}$ 在两个向量的连线上.

典型的高等代数做法是考虑二次型的正惯性指标和负惯性指标等.

分析的做法比较直接. $f$ 作为多元函数显然是连续的, 因此介值定理成立, 即存在向量 $\boldsymbol{\zeta}$, 使得 $f(\boldsymbol{\zeta}) = 0$. 但这里无法保证 $\boldsymbol{\zeta}$ 为非零向量. 为此我们令

$$g(t) = f(t\boldsymbol{\xi} + (1-t)\boldsymbol{\eta}).$$

则显然 $g$ 是连续函数, 且 $g(1) < 0 < g(0)$. 所以存在 $t_0 \in (0,1)$ 使得 $g(t_0) = 0$. 取 $\boldsymbol{\zeta} = t_0\boldsymbol{\xi} + (1-t_0)\boldsymbol{\eta}$, 从而 $\boldsymbol{\zeta}$ 位于 $\boldsymbol{\xi}$ 和 $\boldsymbol{\eta}$ 的连线上.

为了证明 $\zeta$ 是非零向量, 可以证明 $\xi$ 和 $\eta$ 是不可能线性相关的, 即它们的连线不可能通过原点. 事实上, 如若不然, 则存在不全为零的系数 $k_1, k_2$, 使得 $k_1\xi + k_2\eta = \mathbf{0}$.

一方面, 显然有 $k_1 k_2 \neq 0$. 因此上述关系式等价于形式

$$\xi = k\eta, \qquad k \in \mathbb{R}.$$

但这个关系式是不可能使得 $f(\eta) > 0$ 和 $f(\xi) = f(k\eta) = k^2 f(\eta) < 0$ 同时成立的.

注意到对于零向量 $\mathbf{0}$, 显然也有 $f(\mathbf{0}) = 0$, 所以我们得到使 $f(x) = 0$ 成立的两个向量 $\mathbf{0}$ 和 $\zeta$. 显然, 对于任何形如 $c\zeta$ 的向量 $y = c\zeta$, 都有 $f(y) = 0$. 因此我们又有下面的结论.

【例 7.2.22】　设 $f(x)$ 由例 7.2.21 给出, 则一定存在无穷多个非零向量 $y$, 成立 $f(y) = 0$.

上述这一探讨过程以及得出的结论对于理解非正 (负) 定二次型的几何特点很有帮助.

### 话题 2-D　代数在分析中的渗透

下面我们从相反的方向做一些简单的讨论. 即利用 (线性) 代数的基本特点和手法, 把分析中的某些具体问题和具体场景推广到一般. 事实上, 分析中有很多章节内容, 如果采取这种手法, 对进一步深刻理解特殊情况的内涵极有帮助.

我们的选题都很基本, 重在展示代数与分析之间的相互借鉴. 如果把这一道道基本题目看成一块块积木, 那么经过适当巧妙的组合, 是可以搭建出缤纷世界的.

【例 7.2.23】　设 $f, g$ 满足 Cauchy 微分中值定理的条件, 我们熟知的结论是

$$\frac{g(b) - g(a)}{f(b) - f(a)} = \frac{g'(\xi)}{f'(\xi)}.$$

当然, 由于 $f$ 和 $g$ 角色的完全对等性, 所以, 必要时, 把它们的分子与分母角色调换一下即可. 因此, 只要这两个函数之一的导数非零, 就可以给出 Cauchy 微分中值定理来. 显然, 我们可以把这个结论改写成更一般的对称形式. 即在定理条件下, 存在点 $\xi \in (a, b)$ 使得

$$(g(b) - g(a))f'(\xi) - (f(b) - f(a))g'(\xi) = 0.$$

对称表述的 Cauchy 微分中值定理中关于导函数非零的要求可以适当放宽, 比如对于情形 $f(x) = x^2, g(x) = x^3$ ($x \in [-1, 1]$), 结论仍然成立.

我们从 (线性) 代数的角度再来梳理上面的结论. 首先, 我们 "牵强附会" 地把 Cauchy 微分中值定理重述如下.

【定理 7.2.11】　设 $f, g$ 满足 Cauchy 微分中值定理的条件, 则存在一点 $\xi \in (a, b)$ 使得

$$\begin{vmatrix} f(a) & g(a) & 1 \\ f(b) & g(b) & 1 \\ f'(\xi) & g'(\xi) & 0 \end{vmatrix} = 0.$$

事实上, 我们只需引入一个人为痕迹较重、表达笨拙的函数

$$F(x) = \begin{vmatrix} f(a) & g(a) & 1 \\ f(b) & g(b) & 1 \\ f(x) & g(x) & 1 \end{vmatrix},$$

即可看出 $F$ 显然满足 $F(a) = F(b) = 0$, 故由 Rolle 中值定理, 知存在一点 $\xi \in (a, b)$ 使得 $F'(\xi) = 0$.

**【注 7.2.1】** 这里处理手法的要点有二, 它们是进行代数推广时的关键所在.

一是在熟视无睹的地方 "$F$ 显然满足 $F(a) = F(b) = 0$", 我们的重点不是验证这个结论, 而是充分利用了行列式的一个基本性质: 只要有两行 (列) 元素线性相关, 则行列式为 0.

二是行列式的求导特点: 虽然 $n$ 阶行列式的导数由 $n$ 个 $n$ 阶行列式之和构成, 但每当有一行 (或列) 为常数时, 其相应的导数行列式就为 0. 所以, 上面 $F'(x)$ 虽然是三项之和, 但由于前两行均为常数, 所以前两个行列式均为 0, 只剩下第三个导数行列式有贡献.

$$F'(\xi) = \begin{vmatrix} f(a) & g(a) & 1 \\ f(b) & g(b) & 1 \\ f'(\xi) & g'(\xi) & 0 \end{vmatrix}.$$

行文至此, 大家看到了上述讨论中, $F$ 的行列式表述中, 第三列有严重的 "浪费". 注意到前面提到的两点, 我们可以考虑第三列的作用了, 为此, 有下面的推广的微分中值定理, 我们姑且称之为 Cauchy 中值定理.

**【定理 7.2.12】** 设 $f, g, h$ 是在 $[a, b]$ 上连续, 在 $(a, b)$ 内可微的函数, 则存在一点 $\xi \in (a, b)$ 使得

$$\begin{vmatrix} f(a) & g(a) & h(a) \\ f(b) & g(b) & h(b) \\ f'(\xi) & g'(\xi) & h'(\xi) \end{vmatrix} = 0.$$

当我们立得这个结论的证明时, 我们闪现的思路很有可能是前面两点的重述! 我们引入相应的函数 $F$, 考虑了 $F(a)$ 和 $F(b)$, 然后得到存在点 $\xi \in (a, b)$ 使得 $F'(\xi) = 0$ 成立的结论.

**【注 7.2.2】** 上述定理并不是向量值函数的微分中值定理. 将 Rolle 中值定理简单照搬到向量值函数上, 一般来说是不一定成立的. 比如, $f(x) = (\sin x, \cos x)$ 是 $[0, 2\pi]$ 上的可微函数, 且 $f'(x) = (\cos x, -\sin x)$. 但一方面有 $f(2\pi) - f(0) = (0, 0)$; 另一方面却不存在 $\xi \in [0, 2\pi]$ 使得 $f'(\xi)$ 为 $(0, 0)$.

有了上面的思考模式, 进一步的推广就可能花样繁多了. 比如, 下面的结论就是显然的.

【定理 7.2.13】 设 $f_i\,(i=1,2,\cdots,n)$ 是 $[a,b]$ 上充分光滑的函数, $x_1,x_2,\cdots,x_{n-1}$ 是 $[a,b]$ 中的 $n-1$ 个互异的点. 则存在一点 $\xi\in(a,b)$ 使得

$$
\begin{vmatrix}
f_1(x_1) & f_2(x_1) & \cdots & f_n(x_1) \\
f_1(x_2) & f_2(x_2) & \cdots & f_n(x_2) \\
\vdots & \vdots & & \vdots \\
f_1(x_{n-1}) & f_2(x_{n-1}) & \cdots & f_n(x_{n-1}) \\
f_1^{(n-2)}(\xi) & f_2^{(n-2)}(\xi) & \cdots & f_n^{(n-2)}(\xi)
\end{vmatrix}=0.
$$

【定理 7.2.14】 设 $f_i\,(i=1,2,\cdots,n)$ 是 $[a,b]$ 上充分光滑的函数, $x_1,x_2,\cdots,x_n$ 是 $[a,b]$ 中的 $n$ 个互异的点, 则存在一点 $\xi\in(a,b)$ 使得

$$
\begin{vmatrix}
f_1(x_1) & f_2(x_1) & \cdots & f_n(x_1) & 1 \\
f_1(x_2) & f_2(x_2) & \cdots & f_n(x_2) & 1 \\
\vdots & \vdots & & \vdots & \vdots \\
f_1(x_n) & f_2(x_n) & \cdots & f_n(x_n) & 1 \\
f_1^{(n-1)}(\xi) & f_2^{(n-1)}(\xi) & \cdots & f_n^{(n-1)}(\xi) & 0
\end{vmatrix}=0.
$$

【例 7.2.24】 设 $f_i\,(i=1,2,\cdots,n)$ 是次数均不超过 $n-2$ 次的多项式, $x_1,x_2,\cdots,x_n$ 是任意实数, 则必有

$$
\begin{vmatrix}
f_1(x_1) & f_2(x_1) & \cdots & f_n(x_1) \\
f_1(x_2) & f_2(x_2) & \cdots & f_n(x_2) \\
\vdots & \vdots & & \vdots \\
f_1(x_n) & f_2(x_n) & \cdots & f_n(x_n)
\end{vmatrix}=0.
$$

以下的题目是代数在分析中的另类应用.

【例 7.2.25】 求 $\dfrac{1+x}{\sqrt{1+x^2}}$ 的极值, 并判断其极值性 (极大或极小).

这是一道毫无悬念的题目, 标准的套路做法是对其求导数, 求得其导函数的零点, 然后再考虑该零点处二阶导数的正负号. 作为练习, 可以快速演算一下, 看看过程是否复杂, 结果有无惊奇.

我们忽略上面的详细计算过程, 直接再看下面的情况.

【例 7.2.26】 求 $\dfrac{1+x+2y}{\sqrt{1+x^2+y^2}}$ 的极值, 并判断其极值性 (极大或极小).

甚至再夸张一点, 考虑下面的问题.

【例 7.2.27】 求 $\dfrac{1+2x+3y+4z}{\sqrt{1+5x^2+6y^2+7z^2}}$ 的极值, 并判断其极值性 (极大或极小).

同样, 这是多元函数求极值的问题, 题目也毫无新意. 通常是采用多元函数求极值的套路, 求其梯度为零的点, 再计算其 Hessian 矩阵, 然后判断其正定或负定性. 但是, 即使对这道题, 其计算量也是不小的.

如果采取下面代数的方法, 也许就容易得多了, 以例 7.2.26 为例.

$$f(x,y) = \frac{1+x+2y}{\sqrt{1+x^2+y^2}}$$
$$= \sqrt{6}\frac{(1,1,2) \cdot (1,x,y)}{\sqrt{(1^2+1^2+2^2)(1+x^2+y^2)}}$$
$$= \sqrt{6}\,(\boldsymbol{\alpha},\boldsymbol{\beta}),$$

其中

$$\boldsymbol{\alpha} = \frac{(1,1,2)}{\sqrt{6}}, \qquad \boldsymbol{\beta} = \frac{(1,x,y)}{\sqrt{1+x^2+y^2}}$$

均为单位向量. 显然两者的内积有唯一的极大值, 当且仅当

$$(1,x,y) = (1,1,2).$$

所以原题中函数有唯一的极大值点 $(x,y) = (1,2)$.

现在, 回过头去, 可以立刻得到例 7.2.27 了. 另外, 可以从一个有趣的几何角度来证明下面的题目, 请思考一下为什么.

【例 7.2.28】 证明例 7.2.27 中的函数没有最小值.

此题显然可以进行适度的推广来讨论某一类函数的极值问题.

我们再看一道高等代数在分析上的巧妙应用的题目. 题目选自第 66 届 Putnam 数学竞赛试题.

【例 7.2.29】 设 $P$ 是一个实系数 $n$ 元多项式, 满足

(i) $x_1^2 + x_2^2 + \cdots + x_n^2$ 整除 $P(x_1, x_2, \cdots, x_n)$;

(ii) $\Delta P(x) := \dfrac{\partial^2 P}{\partial x_1^2} + \dfrac{\partial^2 P}{\partial x_2^2} + \cdots + \dfrac{\partial^2 P}{\partial x_n^2} = 0$.

证明: $P \equiv 0$.

**证明** 由假设, 可记

$$P(x_1, x_2, \cdots, x_n) = (x_1^2 + x_2^2 + \cdots + x_n^2) \cdot Q(x_1, x_2, \cdots, x_n).$$

下面符号的引用是标准的: 对于一个给定的 (一元) 多项式

$$M(x) = a_0 x^m + a_1 x^{m-1} + \cdots + a_{m-1}x + a_m,$$

可以定义算子函数

$$M\left(\frac{\mathrm{d}}{\mathrm{d}x}\right) = a_0\frac{\mathrm{d}^m}{\mathrm{d}x^m} + a_1\frac{\mathrm{d}^{m-1}}{\mathrm{d}x^{m-1}} + \cdots + a_{m-1}\frac{\mathrm{d}^m}{\mathrm{d}x^m} + a_m.$$

完全类似, 对于多元多项式

$$M(x_1, x_2, \cdots, x_n) = \sum a_{k_1, k_2, \cdots, k_n} x_1^{k_1} x_2^{k_2} \cdots x_n^{k_n},$$

引入

$$M\left(\frac{\partial}{\partial x_1}, \frac{\partial}{\partial x_2}, \cdots, \frac{\partial}{\partial x_n}\right) = \sum a_{k_1, k_2, \cdots, k_n} \frac{\partial^{k_1}}{\partial x_1^{k_1}} \frac{\partial^{k_2}}{\partial x_2^{k_2}} \cdots \frac{\partial^{k_n}}{\partial x_n^{k_n}}$$

以及简化的记号 $\dfrac{\partial}{\partial \boldsymbol{x}} := \left(\dfrac{\partial}{\partial x_1}, \dfrac{\partial}{\partial x_2}, \cdots, \dfrac{\partial}{\partial x_n}\right)$. 易证算子多项式具有下面的性质.

(1) 对于任意两个 $n$ 元多项式 $M$ 和 $N$, 有

$$(M \cdot N)\left(\frac{\partial}{\partial \boldsymbol{x}}\right) = M\left(\frac{\partial}{\partial \boldsymbol{x}}\right) \cdot N\left(\frac{\partial}{\partial \boldsymbol{x}}\right)$$

$$= N\left(\frac{\partial}{\partial \boldsymbol{x}}\right) \cdot M\left(\frac{\partial}{\partial \boldsymbol{x}}\right).$$

(2) 算子多项式 $M\left(\dfrac{\partial}{\partial \boldsymbol{x}}\right)$ 作用在多项式 $M(\boldsymbol{x})$ 上时, 在点 $\boldsymbol{x} = \boldsymbol{0}$ 处的值为

$$M\left(\frac{\partial}{\partial \boldsymbol{x}}\right) M(\boldsymbol{x})\bigg|_{\boldsymbol{x}=\boldsymbol{0}} = \sum a_{k_1, k_2, \cdots, k_n}^2 k_1! k_2! \cdots k_n!,$$

其中 $a_{k_1, k_2, \cdots, k_n}$ 是多项式 $M$ 相应的系数.

我们将上述两个性质应用到本例中的多项式上. 一方面, 我们有

$$P\left(\frac{\partial}{\partial \boldsymbol{x}}\right) P(\boldsymbol{x}) = \Delta \cdot Q\left(\frac{\partial}{\partial \boldsymbol{x}}\right) P(\boldsymbol{x}) = Q\left(\frac{\partial}{\partial \boldsymbol{x}}\right) \cdot \Delta P(\boldsymbol{x}) \equiv 0;$$

另一方面,

$$P\left(\frac{\partial}{\partial \boldsymbol{x}}\right) P(\boldsymbol{x})\bigg|_{\boldsymbol{x}=\boldsymbol{0}} = \sum b_{k_1, k_2, \cdots, k_n}^2 k_1! k_2! \cdots k_n!,$$

其中 $b_{k_1, k_2, \cdots, k_n}$ 是多项式 $P$ 的系数. 因此, 所有的系数 $b_{k_1, k_2, \cdots, k_n}$ 均为 $0$. 故 $P \equiv 0$. $\quad\square$

可以看出, $\Delta P$ 是一个极具误导性的算子而已, 它会让读者联想到熟悉的 Laplace 算子以及相应的性质并试图由此入手, 但从证明中我们可以看出, 该问题的结论与 Laplace 算子没有任何实质性联系. 而至关重要的则是 Laplace 算子与因子 $x_1^2 + x_2^2 + \cdots + x_n^2$ 在形式上的对应. 注意到这一点, 此题不难推广到更一般的情况.

当然, 我们也可以把这道题技术解剖成下面的一部分.

【例 7.2.30】　对于任一非零 (多元) 多项式

$$M(x_1, x_2, \cdots, x_n) = \sum_{k_1, k_2, \cdots, k_n} a_{k_1, k_2, \cdots, k_n} x_1^{k_1} x_2^{k_2} \cdots x_n^{k_n},$$

定义

$$M\left(\frac{\partial}{\partial x_1},\frac{\partial}{\partial x_2},\cdots,\frac{\partial}{\partial x_n}\right)=\sum_{k_1,k_2,\cdots,k_n}a_{k_1,k_2,\cdots,k_n}\frac{\partial^{k_1}}{\partial x_1^{k_1}}\frac{\partial^{k_2}}{\partial x_2^{k_2}}\cdots\frac{\partial^{k_n}}{\partial x_n^{k_n}}.$$

证明：至少存在一点 $\boldsymbol{x}_0=(x_1^0,x_2^0,\cdots,x_n^0)$，使得

$$M\left(\frac{\partial}{\partial x_1},\frac{\partial}{\partial x_2},\cdots,\frac{\partial}{\partial x_n}\right)M(x_1,x_2,\cdots,x_n)\bigg|_{\boldsymbol{x}=\boldsymbol{x}_0}>0.$$

进一步，我们可以看到，若记 $Q=Q_0+Q_1+\cdots+Q_{n-2}$，其中 $Q_k$ 为 $k$ 阶齐次多项式 $(0\leqslant k\leqslant n-2)$，则例 7.2.29 中的 $P$ 为调和函数当且仅当 $P_k(\boldsymbol{x})=|\boldsymbol{x}|^2Q_k(\boldsymbol{x})$ 为调和函数. 换言之，要证明例 7.2.29 中的结论，我们不妨设 $Q$ 为齐次多项式. 记 $\mathscr{P}_k\equiv\mathscr{P}_k(\mathbb{R}^n)$ 为 $\mathbb{R}^n$ 中的 $k$ 阶复系数齐次多项式全体，则易证 $\langle M,N\rangle:=M\left(\frac{\partial}{\partial\boldsymbol{x}}\right)\overline{N}(\boldsymbol{x})$ 实际上是 $\mathscr{P}_k$ 上的一个内积. 而例 7.2.29 相当于说任何阶的非零调和多项式 $P(\boldsymbol{x})$ 不可能被 $|\boldsymbol{x}|^2$ 整除. 事实上，我们还可以建立如下结果.

**【例 7.2.31】** 设 $P$ 是 $\mathbb{R}^n$ 中的 $m$ 阶齐次多项式，则

$$P(\boldsymbol{x})=P_0(\boldsymbol{x})+|\boldsymbol{x}|^2P_1(\boldsymbol{x})+\cdots+|\boldsymbol{x}|^{2k}P_k(\boldsymbol{x}),$$

其中 $P_j$ 是 $m-2j\,(0\leqslant j\leqslant k)$ 阶的齐次调和多项式.

**证明** 对于 $k\geqslant 0$，用 $\mathscr{H}_k$ 表示 $k$ 阶齐次调和多项式全体. 不妨设 $m\geqslant 2$. 考虑 $\mathscr{P}_m$ 的线性子空间

$$X_m:=\{|\boldsymbol{x}|^2Q(\boldsymbol{x})\big|Q\in\mathscr{P}_{m-2}\}.$$

则易见 $X_m^\perp=\mathscr{H}_m$. 于是 $P$ 有唯一的分解：

$$P(\boldsymbol{x})=P_0(\boldsymbol{x})+|\boldsymbol{x}|^2Q_0(\boldsymbol{x}),$$

其中 $P_0\in\mathscr{H}_m,Q_0\in\mathscr{P}_{m-2}$. 余下结论归纳可证. $\square$

### 话题 2-E 代数与分析的相互影响

我们知道，验证一个结论的正确性和领悟到这个结论的内涵是两个层面的问题. 尤其在初次学习某些章节时，我们经常遇到这样的情景，即逻辑上也能够证明一个结论的正确性，但总觉得没有把握到结论的灵魂. 而对结论的获得更认为是神来之笔.

下面我们围绕这个方面，举几个简单的例子，试图来培养分析与代数间相互借鉴的思维模式.

**【例 7.2.32】** 证明：线性变换特征值的几何重数不超过其代数重数.

在诸多教科书或参考书上，都能找到这个结论的逻辑证明. 这种证明，大都属于验证性质的. 证完之后，也许仍然是一头雾水. 如果一个线性变换的特征值的几何重数严格小于其代数重数，那么丢失的东西跑哪里去了？它们为什么就丢失了？

　　为此, 我们通过一个有代表意义的具体例子, 用分析的手法来讨论这种现象.

　　设线性空间 $V$ 上的线性变换 $\mathcal{A}$ 在某基 $\boldsymbol{\eta}$ 下的矩阵 $\boldsymbol{A}$ 为

$$\boldsymbol{A} = \begin{pmatrix} 2 & 1 \\ 0 & 2 \end{pmatrix}.$$

容易得出 $\boldsymbol{A}$ 有一个二重的特征值 $\lambda = 2$ (二重), 并且逻辑上可以算出它只有一个特征向量 $(1,0)^{\mathrm{T}}$. 此例印证了的确存在几何重数小于代数重数的情形.

　　问题是通常情况下发生的两个特征向量, 怎么就丢失了一个呢? 为此, 我们用分析的手法对线性变换 $\mathcal{A}$ 进行一些微小的扰动, 我们试图 "摇晃" 一下这个线性变换, 看看它能发生什么现象.

　　基于此, 我们考虑下面 $\boldsymbol{A}$ 的被扰矩阵

$$\boldsymbol{A}_\varepsilon = \begin{pmatrix} 2+\varepsilon & 1 \\ 0 & 2 \end{pmatrix},$$

其中 $\varepsilon \neq 0$. 容易算出, 它的特征值有两个:

$$\lambda_1 = 2 + \varepsilon, \quad \lambda_2 = 2.$$

下面分别计算其对应的特征向量.

(i) 对于 $\lambda_1 = 2 + \varepsilon$, 考虑 $(\lambda_1 \boldsymbol{E} - \boldsymbol{A})\boldsymbol{r} = \boldsymbol{0}$. 可得

$$\boldsymbol{r}_1 = \begin{pmatrix} 1 \\ 0 \end{pmatrix};$$

(ii) 对于 $\lambda_2 = 2$, 考虑 $(\lambda_2 \boldsymbol{E} - \boldsymbol{A})\boldsymbol{r} = \boldsymbol{0}$. 可得

$$\boldsymbol{r}_2 = \begin{pmatrix} 1 \\ \varepsilon \end{pmatrix}.$$

　　这样, 从几何直观上可以看出, 当 $\varepsilon \ll 1$ 时, 两个特征值对应的特征向量 $\boldsymbol{r}_1$ 和 $\boldsymbol{r}_2$ 离得实在太近了. 当 $\varepsilon \to 0$ 时, 它们索性就捏合到一起了, 从而几何上 "张不开" 一个二维空间了.

　　进一步的讨论能让我们更深刻地理解 Jordan 标准形里的 Jordan 块的内涵了: 如果当初我们考虑的矩阵是

$$\boldsymbol{A} = \begin{pmatrix} 2 & 0 \\ 0 & 2 \end{pmatrix},$$

那么可以发现, 把 $\boldsymbol{A}$ 扰动到 $\boldsymbol{A}_\varepsilon$, 特征向量并不会产生 "突变", 或者说 $\boldsymbol{A}$ 的结构是稳定的.

【例 7.2.33】 类似例 7.2.32, 分别讨论

$$A = \begin{pmatrix} 2 & 1 & \\ & 2 & 1 \\ & & 2 \end{pmatrix}, \qquad B = \begin{pmatrix} 2 & 1 & \\ & 2 & \\ & & 2 \end{pmatrix}, \qquad C = \begin{pmatrix} 2 & & \\ & 2 & \\ & & 2 \end{pmatrix},$$

我们一方面知道 $A, B, C$ 的代数重数均为 3, 而几何重数分别为 $1, 2, 3$. 换句话说, $A$ 丢失的几何重数最多, $B$ 次之, $C$ 没有丢失. 那么原因何在?

如果用扰动 (又名摄动) 的手法去理解, 就会发现, $A_\varepsilon$ 事实上有三个 "长在一起" 的特征向量, 稍微 "晃动" 一下, 能得到三个重影. 类似地, $B_\varepsilon$ 有两个 "长在一起" 且第三个远离它们的特征向量. 稍微 "晃动" 一下 $B$, 能看到两个重影的特征向量和一个孤单的特征向量. $C$ 的三个特征向量各占一个山头.

更一般地, 一个线性变换 (或对应的矩阵), 其 Jordan 块的个数与特征向量数目有一个内在的对应, 即一个 Jordan 块仅能表现出一个特征向量来, 如果 Jordan 块是 $k$ 阶的, 那么这意味着有 $k$ 个特征向量黏合在一起了, 这使得几何重数比代数重数少了 $k-1$ 个.

如果同一个特征值 $\lambda$ 有 $m$ 个阶数分别为 $k_1, k_2, \cdots, k_m$ 的 Jordan 块, 那么只能有 $m$ 个特征向量表现出来, 其他的都 "三三两两" (即 $k_1, k_2, \cdots, k_m$) 地黏合扎堆了, 共黏合扎出 $m$ 个堆.

当然, 不严谨地说, 也可以采用另一种直观来理解: 就是次对角线上有无 1 是有本质区别的. 如果次对角线上有 1, 那么它的地理位置位于上下行、左右列的十字路口, 因此这两者通过 1 绑在一起了, 如果没有 1, 那么上下两行与左右两列毫不相干, 对角线上的两个数仅仅巧合相等而已.

这一摄动手法, 在诸多课程中都有所表现, 下面我们讨论一下在常微分方程中的典型应用.

【例 7.2.34】 求常微分方程的通解

$$y'' - 2y' + y = 0.$$

这是一道难度与本书不匹配的题目, 因为此题可以直接通过目测得. 但是, 如果流程是按下面的方式进行的话, 那就建议您读下去:

这是一道常系数的线性微分方程, 对应的特征方程是一个一元二次的代数方程

$$\lambda^2 - 2\lambda + 1 = 0.$$

该方程有解 $\lambda = 1$, 且为二重根.

根据课本上的定理, 如果特征方程有特征根 $\lambda$, 那么微分方程就有特解 $y = \exp(\lambda x)$; 如果 $\lambda$ 是重根, 那么微分方程有另一个特解 $y = x\exp(\lambda x)$; 如果 $\lambda$ 的重数更高, 可以写出更多的特解 $x^2\exp(\lambda x), \cdots$.

因此原来的方程有通解

$$y = c_1 \exp(\lambda x) + c_2 x \exp(\lambda x).$$

整个过程没有逻辑问题, 没有计算错误. 但如果质疑一下为什么 "如果 $\lambda$ 是重根, 那么微分方程就有另一个特解 $y = x \exp(\lambda x)$" 的话, 回答也许是: 代入验证, 的确是解!

如果继续好奇一下, 是谁告诉您要验证这个函数而不是验证另一类函数? 他怎么想到的这个答案呢?

我们再回到原来的方程, 对这个方程随意摄动一下, 比如变成了

$$y'' - (2 + \varepsilon)y' + y = 0.$$

那么对应的特征方程就成了

$$\lambda^2 - (2 + \varepsilon)\lambda + 1 = 0.$$

它有解

$$\lambda_\pm = \frac{1}{2}(2 + \varepsilon \pm \sqrt{4\varepsilon + \varepsilon^2}).$$

我们把它们简记为 $1 + \delta_1(\varepsilon)$ 和 $1 + \delta_2(\varepsilon)$. 于是, 方程就有两个特解

$$y_1 = \exp((1 + \delta_1)x), \qquad y_2 = \exp((1 + \delta_2)x).$$

当 $\varepsilon \to 0$ 时, 这两个解是吻合的, 我们并没有得到额外的一个解. 但是, 由于齐次线性微分方程的解集形成一个线性空间, 因此 $y_1 - y_2$ 也是方程的解, 并且对于任意常数 $k$, $k(y_1 - y_2)$ 也是方程的解.

至此, 我们可取 $k = \dfrac{1}{\delta_1 - \delta_2}$ 然后令 $\varepsilon \to 0$, 即可得此妙解 $y = x \exp(\lambda x)$.

## 话题 2-F　综合

在这节, 我们通过几个也许并不典型的例子, 再简单介绍一下分析和几何间的关系.

【例 7.2.35】　*求解微分方程*

$$\frac{\mathrm{d}x}{\sqrt{1 - x}} = \frac{\mathrm{d}y}{\sqrt{1 - y}}.$$

这是一个分离变量的方程, 容易求得通解

$$\sqrt{1 - y} = \sqrt{1 - x} + C.$$

至此解题结束.

但如果进一步问, 此解曲线族有何几何特点? 那么这将是一个有趣的问题了.

当然, 经过一些计算量并不太平凡的推算和判断, 甚至涉及几何学中的知识内容, 可以发现这是一族抛物线, 包括一个特解 $y = x$.

回过头来看此过程也许有点意思: 一族所谓的抛物线族竟然可以满足形式上如此简单的微分方程.

**【例 7.2.36】** 求解如下微分方程, 并讨论其解曲线的几何特点.

$$\frac{\mathrm{d}x}{\sqrt{1-x}} = \frac{\mathrm{d}y}{\sqrt{1-y}}.$$

**【例 7.2.37】** 求解如下微分方程, 并讨论其解曲线的几何特点.

$$2\frac{\mathrm{d}x}{\sqrt{1-x}} = \frac{\mathrm{d}y}{\sqrt{1-y}}.$$

**【例 7.2.38】** 求解如下微分方程, 并讨论其解曲线的几何特点, 其中 $m, n$ 为正整数.

$$m\frac{\mathrm{d}x}{\sqrt{1-x}} = n\frac{\mathrm{d}y}{\sqrt{1-y}}.$$

**【例 7.2.39】** 求解微分如下方程, 并讨论其解曲线的几何特点.

$$2\frac{\mathrm{d}x}{\sqrt{1-x^2}} = \frac{\mathrm{d}y}{\sqrt{1-y^2}}.$$

**【例 7.2.40】** 求解如下微分方程, 并讨论其解曲线的几何特点, 其中 $m, n$ 为正整数.

$$m\frac{\mathrm{d}x}{\sqrt{1-x^2}} = n\frac{\mathrm{d}y}{\sqrt{1-y^2}}.$$

**【例 7.2.41】** 考虑微分方程

$$y' = f(x)y + g(x),$$

其中 $f, g$ 是 $\mathbb{R}$ 上的连续函数. 记方程给出的积分曲线族为 $C$. 证明: 在平面 $\mathbb{R}^2$ 中存在一条曲线 $\Gamma$, 从 $\Gamma$ 上的任一点 $P$ 都可以引一条与 $C$ 中的任一条积分曲线相切的直线, 并且所有的切点位于一条直线上.

进一步, 从 $\Gamma$ 外任一点 $Q$ 至多只能引一条与 $C$ 中的曲线相切的直线.

## 话题 2-G

很多数学分析问题的解决, 其实涉及了常微分方程的一些结果. 一方面, 一些问题可以看成伪装成数学分析问题的常微分方程问题; 另一方面, 也很难给出一个确定的度, 来区分数学分析与常微分方程. 总的说来, 若能对求解简单的常微分方程以及常微分方程的一些基本思想和结论有所了解, 则对学习好数学分析课程是非常有帮助的.

下例是常见的一个数学分析问题.

【**例 7.2.42**】 设 $f$ 在 $[a, +\infty)$ 上可导, 满足 $\lim\limits_{x \to +\infty} \left(f'(x) + 2f(x)\right) = \ell$, 其中 $\ell \in \mathbb{R}$. 证明: $\lim\limits_{x \to +\infty} f(x) = \dfrac{\ell}{2}$.

**证明** 利用 L'Hospital 法则, 有

$$\lim_{x \to +\infty} f(x) = \lim_{x \to +\infty} \frac{\mathrm{e}^{2x} f(x)}{\mathrm{e}^{2x}} = \lim_{x \to +\infty} \frac{\mathrm{e}^{2x} \left(f'(x) + 2f(x)\right)}{2\mathrm{e}^{2x}} = \frac{\ell}{2}. \qquad \square$$

上述证明可以认为是积分因子的一个应用. 其思想可以用于更一般的情形.

【**例 7.2.43**】 设 $f, g$ 为 $\mathbb{R}$ 上的连续函数, $g > 0$. 已知 $\displaystyle\int_0^{+\infty} g(x)\,\mathrm{d}x = +\infty$, $\lim\limits_{x \to +\infty} \dfrac{f(x)}{g(x)} = 0$, 且 $y'(x) + g(x)y(x) = f(x)(x \in \mathbb{R})$. 求证: $\lim\limits_{x \to +\infty} y(x) = 0$.

**证明** 记 $G(x) := \displaystyle\int_0^x g(t)\,\mathrm{d}t$. 由题设条件, $G$ 严格单增且 $\lim\limits_{x \to +\infty} G(x) = +\infty$. 所以, 由 L'Hospital 法则,

$$\lim_{x \to +\infty} y(x) = \lim_{x \to +\infty} \frac{\mathrm{e}^{G(x)} y(x)}{\mathrm{e}^{G(x)}} = \lim_{x \to +\infty} \frac{\mathrm{e}^{G(x)} \left(y'(x) + g(x)y(x)\right)}{g(x)\mathrm{e}^{G(x)}} = \lim_{x \to +\infty} \frac{f(x)}{g(x)} = 0. \qquad \square$$

值得注意的是, 利用解的表达式

$$y(x) = \mathrm{e}^{-G(x)} y(0) + \int_0^x \mathrm{e}^{G(t) - G(x)} f(t)\,\mathrm{d}t, \qquad x \geqslant 0$$

进行估计, 有可能引向一条复杂的求解路径.

在数学分析与常微分方程相关的问题中, 有一些问题本质上涉及方程解的爆破. 所谓解在某一点 $x_0$ 爆破, 就是解在 $x_0$ 处的单侧极限为 $\infty$. 例如, 若解在 $x_0$ 处的左极限为 $\infty$, 则意味着解的存在范围不会超出 $(-\infty, x_0)$.

以 $[a, +\infty)$ 上的微分方程 $y'(x) = f(x, y(x))$ 为例, 若 $f, f_y$ 在整个 $[a, +\infty) \times \mathbb{R}$ 上连续, 则当 $f$ 关于 $y$ 线性增长时, 即若存在常数 $M$ 使得

$$|f(x, y)| \leqslant M(1 + |y|), \qquad (x, y) \in [a, +\infty) \times \mathbb{R}, \tag{7.2.33}$$

则方程的解在 $[a, +\infty)$ 上存在. 但当 $f$ 关于 $y$ 不是线性增长时, 则解有可能出现爆破.

【**例 7.2.44**】 设 $\alpha > 1$, 求证不存在 $[0, +\infty)$ 上的正可导函数 $f$ 满足

$$f'(x) \geqslant f^{\alpha}(x), \qquad \forall\, x \in [0, +\infty).$$

**证明** 若这样的函数存在, 则

$$\left(x + \frac{1}{\alpha - 1} f^{1-\alpha}(x)\right)' = 1 - \frac{f'(x)}{f^{\alpha}(x)} \leqslant 0, \qquad \forall\, x \in [0, +\infty).$$

因此

$$x \leqslant x + \frac{1}{\alpha - 1} f^{1-\alpha}(x) \leqslant \frac{1}{\alpha - 1} f^{1-\alpha}(0), \qquad \forall \, x \in [0, +\infty). \qquad (7.2.34)$$

矛盾. □

上述证明非常简捷, 但某种程度上掩盖了问题的本质. 事实上, 从 (7.2.34) 看, 会存在一个 $x_0 \leqslant \dfrac{1}{\alpha - 1} f^{1-\alpha}(0)$ 使得 $\lim\limits_{x \to x_0^+} f^{1-\alpha}(x) = 0$. 而这意味着 $\lim\limits_{x \to x_0^+} f(x) = +\infty$, 即 $f$ 在 $x_0$ 处爆破.

**【例 7.2.45】** 设 $m, n$ 为正整数, $k \neq 0$. 证明: 不存在定义在整个 $\mathbb{R}$ 上的函数 $y$ 满足 $y'(x) = k y^{2n}(x) + x^{2m-1}$.

**证明** 事实上就是要证明方程 $y'(x) = k y^{2n}(x) + x^{2m-1}$ 的解一定会爆破.

记 $\varepsilon = \operatorname{sgn}(k)$, 令 $f(x) = y(\varepsilon x)$. 则

$$f'(x) = \varepsilon y'(\varepsilon x) = \varepsilon k y^{2n}(\varepsilon x) + \varepsilon(\varepsilon x)^{2m-1} = |k| f^{2n}(x) + x^{2m-1}.$$

这一步相当于说不妨设 $k > 0$.

若本例的结论不真, 则 $\forall x \geqslant 1$, $f'(x) \geqslant 1$. 因此, 有 $x_0 \geqslant 1$ 使得当 $x \geqslant x_0$ 时, $f(x) > 0$. 问题即化为例 7.2.44 的情形. □

事实上, 在数学分析中, 出现的此类问题可以超出常微分方程通常所涉及的范围.

**【例 7.2.46】** 求证不存在 $\mathbb{R}$ 上的连续可微函数 $f$ 满足 $f'(x) = f(f(x))$ $(x \in \mathbb{R})$ 以及 $f(0) > 0$.

**证明** 此类问题涉及函数的复合, 通常有一定难度. 本例我们的目标是先要证明 $f$ 是非线性增长的. 可望证明的就是对于充分大的 $x$, 成立 $f(x) \geqslant cx^2$, 其中 $c > 0$ 为常数.

现假设满足条件的 $f$ 存在.

(1) 首先, 说明 $f$ 在 $[0, +\infty)$ 上为正. 否则 $f$ 有正零点, 设 $\xi$ 为最小的正零点, 则

$$f(x) > 0, \qquad \forall \, x \in [0, \xi), \qquad (7.2.35)$$

从而 $0 \geqslant f'(\xi) = f(f(\xi)) = f(0) > 0$, 得到矛盾.

(2) 对任何 $x \geqslant 0$, 有 $f(f(x)) > 0$.

如若不然, 则有 $\xi > 0$ 使得 $f(f(\xi)) < 0$. 则 $f(\xi) < 0$, 进而又有 $\xi < 0$. 矛盾.

(3) 由 (2) 的结论, $f$ 在 $[0, +\infty)$ 上单增. 则有

$$f'(x) = f(f(x)) \geqslant a \equiv f(f(0)) \geqslant f(0) > 0, \qquad \forall \, x \geqslant 0.$$

因此,

$$f(x) \geqslant ax, \qquad x \geqslant 0.$$

进而

$$\left(\mathrm{e}^{-ax} f(x)\right)' = \mathrm{e}^{-ax}\left(f'(x) - a f(x)\right) = \mathrm{e}^{-ax}\left(f(f(x)) - a f(x)\right) \geqslant 0, \qquad x \geqslant 0.$$

由此得到

$$f(x) \geqslant f(0)\mathrm{e}^{ax}, \qquad x \geqslant 0,$$

以及

$$\left( -\mathrm{e}^{-af(x)} \right)' = a\mathrm{e}^{-af(x)}f'(x) = a\mathrm{e}^{-af(x)}f(f(x)) \geqslant af(0), \qquad x \geqslant 0.$$

因此

$$\mathrm{e}^{-af(0)} - \mathrm{e}^{-af(x)} \geqslant af(0)x, \qquad x \geqslant 0.$$

得到矛盾.

总之, 满足题设条件的 $f$ 不存在. □

**【例 7.2.47】** 设 $a > 1$, 函数 $f : (0, +\infty) \to (0, +\infty)$ 可微, 求证: 存在趋于无穷的正数列 $\{x_n\}$ 使得 $f'(x_n) < f(ax_n), n = 1, 2, \cdots$.

**证明** 若结论不对, 则存在 $x_0 > 0$ 使得

$$f'(x) \geqslant f(ax) > 0, \qquad \forall x \geqslant x_0. \tag{7.2.36}$$

于是 $f$ 在 $[x_0, +\infty)$ 上严格单增. 当 $x > x_0$ 时, 由微分中值定理, 有 $\xi_x \in (x, ax)$ 使得

$$f(ax) - f(x) = f'(\xi)(a - 1)x \geqslant f(a\xi)(a - 1)x > f(ax)(a - 1)x.$$

任取 $x > \dfrac{1}{a - 1} + x_0$ 得到矛盾.

也可以由式 (7.2.36) 得到

$$f(x) \geqslant A(x - x_0), \qquad \forall x \geqslant x_0.$$

其中 $A = f(ax_0)$. 类似地, 注意到 $(ax - x_0) \geqslant a(x - x_0)$, 用归纳法得到

$$f(x) \geqslant A\frac{\left( a^{\frac{n}{2}}(x - x_0) \right)^{n+1}}{(n + 1)!}, \qquad \forall x \geqslant x_0, \quad n \geqslant 0.$$

进而

$$f(x) \geqslant \lim_{n \to +\infty} A\frac{\left( a^{\frac{n}{2}}(x - x_0) \right)^{n+1}}{(n + 1)!} = +\infty, \qquad \forall x > x_0.$$

得到矛盾. □

求解以上问题的关键就是证明题设条件蕴含非线性增长. 然而, 具有非线性增长的常微分方程的解不见得一定爆破. 相关的例子通常本质上与常微分方程解的唯一性与比较定理有关. 但在数学分析的讨论中, 不必明显地用到解的唯一性定理与比较定理. 下例是一个简单例子.

**【例 7.2.48】** 设 $f$ 在 $\mathbb{R}$ 上连续可微, $|f(0)| < 1$, $f'(x) = f^2(x) - 1$. 求证: 对任何 $x \in \mathbb{R}$ 有 $|f(x)| < 1$.

对例 7.2.48 略加改造, 可以有如下例子.

**【例 7.2.49】** 设 $f$ 在 $\mathbb{R}$ 上连续可微, $|f(0)| < 1$, $f'(x) = f^2(x) - 2 + \sin x$. 求证: $|f| \leqslant \sqrt{3}$.

**证明** 只要证明

$$-\sqrt{3} \leqslant f(x) < 1, \qquad \forall\, x > 0, \tag{7.2.37}$$

以及

$$-1 < f(x) \leqslant \sqrt{3}, \qquad \forall\, x < 0. \tag{7.2.38}$$

若存在 $x_1 > 0$ 使得 $f(x_1) \geqslant 1$, 则 $f(x) = A \equiv \dfrac{1 + f(0)}{2}$ 有最小正根 $\alpha$. 此时, $A \in (0, 1)$,

$$f(x) < A, \qquad \forall\, x \in (0, \alpha).$$

因此,

$$0 \leqslant \lim_{x \to \alpha^-} \frac{f(x) - A}{x - \alpha} = f'(\alpha) = f^2(\alpha) - 2 + \sin\alpha = A^2 - 2 + \sin\alpha < 0.$$

矛盾.

若存在 $x_2 > 0$ 使得 $f(x_2) < -\sqrt{3}$, 则 $f(x) = B \equiv \dfrac{f(x_2) - \sqrt{3}}{2}$ 有最小正根 $\beta$. 此时, $B^2 > 3$,

$$f(x) > B, \qquad \forall\, x \in (0, \beta).$$

$$0 \geqslant \lim_{x \to \beta^-} \frac{f(x) - B}{x - \beta} = f'(\beta) = f^2(\beta) - 2 + \sin\beta = B^2 - 2 + \sin\beta > 0,$$

矛盾.

总之, 式 (7.2.37) 成立. 同理可证式 (7.2.38) 成立. 因此 $|f| \leqslant \sqrt{3}$. $\qquad\square$

事实上, 我们还可以进一步证明 $|f| < \sqrt{3}$. 否则, 若有 $\xi$ 使得 $|f(\xi)| = \sqrt{3}$, 则 $\xi$ 为极值点. 因此, $f'(\xi) = 0$. 于是 $\sin\xi = 2 - f^2(\xi) = -1$. 所以, $f''(\xi) = 2f(\xi)f'(\xi) - \cos\xi = 0$. 从而又有 $f'''(\xi) = 0$. 另一方面, $f'''(\xi) = 2f(\xi)f''(\xi) + 2\big(f'(\xi)\big)^2 + \sin\xi = -1$. 得到矛盾.

## 7.3　多种知识点结合的问题

由于教学进程问题, 通常教材中, 不同知识点结合的练习覆盖面不足. 这时候我们可以主动做一些工作, 对相关问题做一些整理工作, 必要时编撰一些习题供学生练习.

### 话题 3-A

在这部分, 我们来讨论一下微分与 Cauchy 收敛准则的结合.

首先, 利用 Cauchy 收敛准则, 易得如下的压缩映射原理.

【定理 7.3.1】　设 $(X, \rho)$ 为完备度量空间, 设 $T : X \to X$ 满足

$$\rho(T(x), T(y)) \leqslant k\rho(x, y), \qquad \forall x, y \in X, \tag{7.3.1}$$

其中 $k \in (0, 1)$ 为常数. 则 $T$ 有唯一的不动点.

所谓 $T$ 的不动点就是满足 $T(x) = x$ 的点, 不熟悉完备度量空间的读者, 可以考虑定理的特例: $X$ 为 $\mathbb{R}^n$ 的闭子集, $\rho(x, y)$ 为 $|x - y|$.

对于 $\mathbb{R}^n$ 中的凸区域 $\Omega$, 对于映射 $\boldsymbol{F} : \overline{\Omega} \to \overline{\Omega}$, 为了保证式 (7.3.1) 成立, 利用微分中值定理, 可得如下定理.

【定理 7.3.2】　设 $\Omega$ 是 $\mathbb{R}^n$ 中的凸区域, $\boldsymbol{F} : \overline{\Omega} \to \mathbb{R}^m$ 连续, 且在 $\Omega$ 内可微, $M$ 为常数. 则

$$|\boldsymbol{F}(\boldsymbol{x}) - \boldsymbol{F}(\boldsymbol{y})| \leqslant M|\boldsymbol{x} - \boldsymbol{y}|, \qquad \forall \boldsymbol{x}, \boldsymbol{y} \in \overline{\Omega} \tag{7.3.2}$$

成立的充要条件是

$$\left\| \frac{\partial \boldsymbol{F}(\boldsymbol{x})}{\partial \boldsymbol{x}} \right\| \leqslant M, \qquad \forall \boldsymbol{x} \in \Omega. \tag{7.3.3}$$

这里, 若记 $\boldsymbol{F} = (F_1, F_2, \cdots, F_m)$, $\boldsymbol{x} = (x_1, x_2, \cdots, x_n)$, 则

$$\frac{\partial \boldsymbol{F}(\boldsymbol{x})}{\partial \boldsymbol{x}} \equiv \boldsymbol{F}_{\boldsymbol{x}}(\boldsymbol{x}) = \begin{pmatrix} \dfrac{\partial F_1}{\partial x_1}(\boldsymbol{x}) & \dfrac{\partial F_1}{\partial x_2}(\boldsymbol{x}) & \cdots & \dfrac{\partial F_1}{\partial x_n}(\boldsymbol{x}) \\ \dfrac{\partial F_2}{\partial x_1}(\boldsymbol{x}) & \dfrac{\partial F_2}{\partial x_2}(\boldsymbol{x}) & \cdots & \dfrac{\partial F_2}{\partial x_n}(\boldsymbol{x}) \\ \vdots & \vdots & & \vdots \\ \dfrac{\partial F_m}{\partial x_1}(\boldsymbol{x}) & \dfrac{\partial F_m}{\partial x_2}(\boldsymbol{x}) & \cdots & \dfrac{\partial F_m}{\partial x_n}(\boldsymbol{x}) \end{pmatrix}, \tag{7.3.4}$$

而对于 $m \times n$ 矩阵 $\boldsymbol{A}$, $\|\boldsymbol{A}\|$ 表示矩阵的诱导范数 $\|\boldsymbol{A}\| = \sup\limits_{\boldsymbol{x} \neq 0} \dfrac{|\boldsymbol{A}\boldsymbol{x}|}{|\boldsymbol{x}|}$.

**证明**　由于 $\boldsymbol{F}$ 是向量值函数, 不能直接使用微分中值定理. 定理可以按如下思路证明.

首先, 式 (7.3.3) 成立当且仅当

$$|\boldsymbol{\nu} \cdot \boldsymbol{F}(\boldsymbol{x}) - \boldsymbol{\nu} \cdot \boldsymbol{F}(\boldsymbol{y})| \leqslant M|\boldsymbol{x} - \boldsymbol{y}|, \qquad \forall \boldsymbol{x}, \boldsymbol{y} \in \overline{\Omega}; \boldsymbol{\nu} \in S^{m-1}. \tag{7.3.5}$$

而式 (7.3.5) 成立当且仅当

$$\left| \nabla(\boldsymbol{\nu} \cdot \boldsymbol{F}(\boldsymbol{x})) \right| \leqslant M, \qquad \forall \boldsymbol{x} \in \Omega; \boldsymbol{\nu} \in S^{m-1}. \tag{7.3.6}$$

不难证明, $\|\boldsymbol{A}^{\mathrm{T}}\| = \|\boldsymbol{A}\| = \sqrt{\Lambda_{\boldsymbol{A}^{\mathrm{T}}\boldsymbol{A}}}$, 其中 $\Lambda_Q$ 表示半正定矩阵 $\boldsymbol{Q}$ 的最大特征值. 而 $\nabla(\boldsymbol{\nu} \cdot \boldsymbol{F}(\boldsymbol{x})) = \boldsymbol{F}_{\boldsymbol{x}}^{\mathrm{T}} \boldsymbol{\nu}$, 由此易见式 (7.3.6) 等价于式 (7.3.3). □

综上, 要使得从一个凸 (闭) 区域映到自身的可微映射 $\boldsymbol{F}$ 是一个压缩映射, 当且仅当在其上有 $\left\|\dfrac{\partial \boldsymbol{F}(\boldsymbol{x})}{\partial \boldsymbol{x}}\right\| \leqslant k < 1$.

当 $\boldsymbol{F}$ 是闭区域 $\overline{\varOmega}$ 上的压缩映射时, 则对任何 $\boldsymbol{x} \in \overline{\varOmega}$, $\{\boldsymbol{F}^k(\boldsymbol{x})\}$ 均收敛于 $\boldsymbol{F}$ 的唯一的不动点 $\bar{\boldsymbol{x}}$, 这里 $\boldsymbol{F}^k := \overbrace{\boldsymbol{F} \circ \boldsymbol{F} \circ \cdots \circ \boldsymbol{F}}^{k \uparrow}$.

另一方面, 若 $\boldsymbol{x}^*$ 是 $\boldsymbol{F}$ 的不动点, 而在 $\boldsymbol{x}^*$ 的一个邻域内, $\left(\dfrac{\partial \boldsymbol{F}(\boldsymbol{x})}{\partial \boldsymbol{x}}\right)^{\mathrm{T}} \dfrac{\partial \boldsymbol{F}(\boldsymbol{x})}{\partial \boldsymbol{x}} \geqslant \boldsymbol{I}$, 这在 $n = 1$ 时就是 $\boldsymbol{F}_x(\boldsymbol{x})$ 的绝对值在 $\boldsymbol{x}^*$ 的一个邻域内不小于 1, 则 $\boldsymbol{x}^*$ 是不稳定的不动点. 这里 $\boldsymbol{I}$ 表示单位矩阵, $\boldsymbol{A} \geqslant \boldsymbol{B}$ 表示 $\boldsymbol{A} - \boldsymbol{B}$ 是半正定矩阵. 在很多情况下, $\{\boldsymbol{F}^k(\boldsymbol{x})\}$ 就不会收敛于这个不动点 $\boldsymbol{x}^*$. 上面的讨论引导我们考虑压缩映像定理的临界情形, 而进一步的思考发现, 这方面的问题可以有很多的变化, 而且确实很有意思.

【例 7.3.1】 如果 $(X, \rho)$ 是完备度量空间, $T : X \to X$ 满足

$$\rho(T(x), T(y)) < \rho(x, y), \qquad \forall x, y \in X, x \neq y, \tag{7.3.7}$$

问 $T$ 是否有不动点?

**解** 首先, 易见, 若 $T$ 有不动点, 必唯一. 但一般地, 有反例表明不动点不一定存在.

为此, 令 $T(x) = x + f(x)$, 其中 $f$ 满足 $f > 0, -2 < f' < 0$. 则 $T : \mathbb{R} \to \mathbb{R}$ 满足 (7.3.7), 但 $T$ 没有不动点.

取 $f'(x) = -\dfrac{1}{1 + x^2}$, 进而取 $f(x) = \dfrac{\pi}{2} - \arctan x$, 即可满足要求.

我们也可以取 $f'(x) = -\dfrac{\mathrm{e}^x}{(1 + \mathrm{e}^x)^2}$, 进而取 $f(x) = \dfrac{1}{1 + \mathrm{e}^x}$ 以满足要求.

接下来, 对于从凸区域或凸闭区域 $E \subseteq \mathbb{R}^n$ 映到自身的可微映射[①] $\boldsymbol{F}$, 什么时候成立

$$|\boldsymbol{F}(\boldsymbol{x}) - \boldsymbol{F}(\boldsymbol{y})| < |\boldsymbol{x} - \boldsymbol{y}|, \qquad \forall \boldsymbol{x}, \boldsymbol{y} \in E, \boldsymbol{x} \neq \boldsymbol{y}, \tag{7.3.8}$$

以及什么时候 $\boldsymbol{F}$ 有不动点, 就是一个很有趣的话题.

【例 7.3.2】 设 $E \subseteq \mathbb{R}^n$ 是一个凸区域或凸闭区域, $\boldsymbol{F} : E \to E$ 可微. 若 $\|\boldsymbol{F}_x\| < 1$, 即 $\boldsymbol{F}_x^{\mathrm{T}} \boldsymbol{F}_x < \boldsymbol{I}$, 则式 (7.3.8) 成立.

证明同定理 7.3.2 的证明. 事实上, 条件 $\|\boldsymbol{F}_x\| < 1$ 可以减弱为 $\|\boldsymbol{F}_x\| \leqslant 1$, 且在 $E$ 内任一直线段 $L$ 上, $\{\boldsymbol{x} \in L \mid \|\boldsymbol{F}_x(\boldsymbol{x})\| = 1\}$ 是 (一维) 疏朗集. 所谓疏朗集, 又称为无处稠密集, 是指其闭包没有内点的集合.

【例 7.3.3】 设 $E \subseteq \mathbb{R}^n$ 是一个凸区域或凸闭区域, $\boldsymbol{F} : E \to E$ 可微. 若 $\|\boldsymbol{F}_x\| < 1$, 则对于固定的 $\boldsymbol{x}_0 \in E^{\circ}$ 以及 $E$ 的紧子集 $W$, 有 $k < 1$ 使得[②]

---

① $\boldsymbol{F}$ 在边界上可以放宽到连续.

② 读者可进一步考虑 $\boldsymbol{x}_0$ 为边界点时结论如何.

$$|\boldsymbol{F}(\boldsymbol{x}) - \boldsymbol{F}(\boldsymbol{x}_0)| \leqslant k|\boldsymbol{x} - \boldsymbol{x}_0|, \qquad \forall\, \boldsymbol{x} \in W,\ \boldsymbol{x} \neq \boldsymbol{x}_0. \tag{7.3.9}$$

**证明　一维情形**　$F = \boldsymbol{F}$, $W = [a,b]$, $x_0 = \boldsymbol{x}_0 \in W$.

此时可考虑函数

$$G(x) = \begin{cases} \dfrac{F(x) - F(x_0)}{x - x_0}, & x \neq x_0, \\[2mm] F'(x_0), & x = x_0, \end{cases}$$

则 $G$ 在 $[a,b]$ 上连续, 利用微分中值定理可得 $|G|$ 在 $[a,b]$ 上小于 1. 利用连续性得 $|G|$ 在 $[a,b]$ 上的最大值小于 1.

**高维情形**　不妨设 $\boldsymbol{x}_0 \in W^\circ$.

如果 $W$ 是以 $\boldsymbol{x}_0$ 为心的闭球 $\overline{B_R(\boldsymbol{x}_0)}$, 则可以考虑函数

$$G(r) = \begin{cases} \dfrac{1}{r} \max\limits_{|\boldsymbol{x} - \boldsymbol{x}_0| = r} |\boldsymbol{F}(\boldsymbol{x}) - \boldsymbol{F}(\boldsymbol{x}_0)|, & r \in (0, R], \\[2mm] \|\boldsymbol{F}_{\boldsymbol{x}}(\boldsymbol{x}_0)\|, & r = 0. \end{cases}$$

一般地, 设 $W$ 凸紧, $\forall\, \boldsymbol{e} \in S^{n-1}$, 令 $g(\boldsymbol{e}) = \max\{s \geqslant 0 \,|\, \boldsymbol{x}_0 + s\boldsymbol{e} \in W\}$. 考虑

$$G(r) = \begin{cases} \max\limits_{\boldsymbol{e} \in S^{n-1}} \dfrac{|\boldsymbol{F}(\boldsymbol{x}_0 + rg(\boldsymbol{e})\boldsymbol{e}) - \boldsymbol{F}(\boldsymbol{x}_0)|}{rg(\boldsymbol{e})}, & r \in (0, 1], \\[2mm] \|\boldsymbol{F}_{\boldsymbol{x}}(\boldsymbol{x}_0)\|, & r = 0. \end{cases} \qquad \square$$

利用例 7.3.3, 若能事先证明不动点的存在性, 则说明 $\{\boldsymbol{F}^k(\boldsymbol{x})\}$ 的收敛性就比较容易.

**【例 7.3.4】**　设 $f: \mathbb{R} \to \mathbb{R}$ 可微, $f$ 有界且 $|f'| < 1$, 则 $f$ 有唯一的不动点 $\bar{x}$, 且对于任意 $x_0 \in \mathbb{R}$, $\{x_n\}$ 收敛于 $\bar{x}$, 其中 $x_n = f(x_{n-1})\,(n \geqslant 1)$.

**证明**　令 $F(x) = f(x) - x$, 则 $F(+\infty) = +\infty$, $F(-\infty) = -\infty$. 由此结合介值定理得到不动点 $\bar{x}$ 的存在性.

而由例 7.3.3 可得存在 $k < 1$ 使得

$$|x_{n+1} - \bar{x}| \leqslant k|x_n - \bar{x}|, \qquad \forall\, n \geqslant 1.$$

由此即得 $\{x_n\}$ 收敛于 $\bar{x}$. $\qquad \square$

但例 7.3.4 的解答基于能够直接证明不动点的存在性, 而时常我们更关心那种通过 $\{\boldsymbol{F}^k(\boldsymbol{x})\}$ 的极限得到不动点的情形. 为此, 对例 7.3.3 和压缩映射原理作进一步的观察, 我们可以考虑如下例题.

**【例 7.3.5】**　设 $E \subseteq \mathbb{R}^n$ 是一个凸的有界闭区域, $\boldsymbol{F}: \mathbb{R}^n \to \mathbb{R}^n$ 可微. 若 $\|\boldsymbol{F}_{\boldsymbol{x}}\| < 1$, 且 $\boldsymbol{F}$ 没有不动点, 则存在 $k < 1$ 使得

$$|\boldsymbol{F}^2(\boldsymbol{x}) - \boldsymbol{F}(\boldsymbol{x})| \leqslant k|\boldsymbol{F}(\boldsymbol{x}) - \boldsymbol{x}|, \qquad \forall\, \boldsymbol{x} \in E. \tag{7.3.10}$$

**证明**　此时 $x \mapsto \dfrac{\left|F^2(x) - F(x)\right|}{\left|F(x) - x\right|}$ 是 $E$ 上的连续函数, 而根据例 7.3.2, 该函数小于 1. 由此可得要证的结论. $\qquad\square$

于是, 又有如下例题.

**【例 7.3.6】**　设 $F : \mathbb{R}^n \to \mathbb{R}^n$ 可微, $\|F_x\| < 1$. 又设 $x_0 \in \mathbb{R}^n$, 且 $\{F^k(x_0)\}$ 有界. 则 $\{F^k(x_0)\}$ 收敛到 $F$ 唯一的不动点 $\xi$.

**证明**　可取 $E$ 为包含 $\{F^k(x_0)\}$ 中所有点的有界凸闭区域. 若 $F$ 没有不动点, 则由例 7.3.5, 存在 $k < 1$ 使得 (7.3.10) 成立, 特别地,

$$\left|F^{n+1}(x_0) - F^n(x_0)\right| \leqslant k\left|F^n(x_0) - F^{n-1}(x_0)\right|, \qquad \forall n \geqslant 1. \tag{7.3.11}$$

由此可得 $\{F^k(x_0)\}$ 是 Cauchy 列, 从而有极限. 易证该极限是 $F$ 的不动点. 矛盾.

因此, $F$ 有不动点, 设为 $\xi$. 易得不动点的唯一性.

接下来, 利用例 7.3.3 可得 $\{F^k(x_0)\}$ 收敛到 $\xi$. $\qquad\square$

在例 7.3.5 中, 由于 $\|F_x\| < 1$, 因此, 若对某个 $\eta \in \mathbb{R}^n$, $\{F^k(\eta)\}$ 有界, 则对任何 $x \in \mathbb{R}^n$, $\{F^k(x)\}$ 有界. 这一条件要比 $F$ 本身有界弱. 即例 7.3.6 可视为例 7.3.4 的推广. 不难看到, 本话题涉及的数学分析问题可以有很多丰富的变化.

## 话题 3-B

顺着话题 3-A 继续讨论, 这部分我们来看看微分与其他几个基本定理结合的问题.

首先, 如果导函数有界, 或凸区域内可微函数的偏导数有界, 则可以得到函数满足 Lipschitz 条件. 若函数列的导数一致有界, 或凸区域内可微函数列的偏导数一致有界, 则可以得到该函数一致地满足 Lipschitz 条件. 此时, 再附以其他一些条件, 即可得函数列一致有界, 且等度连续. 因此, 当考虑微分和 Weierstrass 致密性定理相关的结果时, 我们很自然地想到如下例子.

**【例 7.3.7】**　设函数列 $\{f_n\}$ 在有界闭区间 $[a, b]$ 上可微, 且导函数一致有界. 又设 $\{f_n(a)\}$ 有界, 则 $\{f_n\}$ 有子列在 $[a, b]$ 上一致收敛.

易见这基本上就是有界闭区间上的 Arzelà-Ascoli (阿尔泽拉-阿斯科利) 定理, 只不过这里用了较强的条件 "导数的一致有界性" 代替了 " 等度连续性". 鉴于 Arzelà-Ascoli 定理的证明对于学习数学分析阶段的学生来说有一定困难, 自然我们可以考虑是否有其他更合适的问题与微分和 Weierstrass 致密性定理相关. 但就我们关心的某个特定的话题找出一些适合数学分析的例题, 并不总是可以做到. 考虑到 Arzelà-Ascoli 定理非常重要, 而事实上, 其证明思想并没有超出通常数学分析问题的范围, 难度相对于数学分析的其他问题, 基本上属于中上难度. 因此, 完全可以把例 7.3.7 作为一个数学分析的问题来考虑. 如果觉得难度偏高, 也可以通过把问题分解, 把难度降下来.

**【例 7.3.8】**　设函数列 $\{f_n\}$ 在有界闭区间 $[a, b]$ 上可微, 且导函数一致有界. 又设 $\{f_n(a)\}$ 有界. 证明:

(i) 函数列 $\{f_n\}$ 在 $[a,b]$ 上一致有界.

(ii) 函数列 $\{f_n\}$ 在 $[a,b]$ 上满足一致 Lipschitz 条件, 即存在常数 $M > 0$ 使得

$$|f_n(x) - f_n(y)| \leqslant M|x - y|, \qquad \forall x, y \in [a, b], n \geqslant 1.$$

(iii) 存在 $\{f_n\}$ 的子列 $\{f_{n_k}\}$ 在 $[a,b] \cap \mathbb{Q}$ 上收敛.

(iv) ((iii) 中的) 函数列 $\{f_{n_k}\}$ 在 $[a,b]$ 上收敛.

(v) 函数列 $\{f_{n_k}\}$ 在 $[a,b]$ 上一致收敛.

对于单调收敛定理与微分的结合, 考虑 $\mathbb{R}$ 上的可微函数 $f$, 任取 $x_0 \in \mathbb{R}$, 令 $x_{n+1} = f(x_n)\,(n \geqslant 1)$.

则当 $f'$ 非负时, $\{x_n\}$ 单调, 此时若能够说明 $\{x_n\}$ 有界, 便能够得到 $\{x_n\}$ 的收敛性.

而当 $f'$ 非正时, $\{x_{2n}\}$ 和 $\{x_{2n+1}\}$ 均单调. 此时若能够说明 $\{x_n\}$ 有界, 则 $\{x_{2n}\}$ 和 $\{x_{2n+1}\}$ 均收敛, 设极限分别为 $\alpha, \beta$, 便有 $\alpha = f(\beta)$ 以及 $\beta = f(\alpha)$. 特别地, $\alpha, \beta$ 均是 $f(f(x)) = x$ 的解. 若该方程解唯一, 则 $\{x_n\}$ 收敛. 我们也可以考虑 $\{x_n\}$ 的上极限 $L$ 和下极限 $\ell$, 则同样有 $L = f(\ell)$ 以及 $\ell = f(L)$. 进而 $L, \ell$ 均是 $f(f(x)) = x$ 的解.

自然, 上述形式的例题很多, 似乎略显简单. 但当 $f'$ 变号时, 其实会产生很复杂的问题.

若考虑有限覆盖定理与微分的结合, 一个简单的例子是结合定理 7.3.2 给出.

【例 7.3.9】　设 $\Omega$ 是 $\mathbb{R}^n$ 中的区域, $\boldsymbol{F}: \Omega \to \mathbb{R}^m$ 可微, $E$ 是 $\Omega$ 的紧子集. 若 $\dfrac{\partial \boldsymbol{F}(\boldsymbol{x})}{\partial \boldsymbol{x}}$ 有界, 则存在常数 $M$ 使得

$$|\boldsymbol{F}(\boldsymbol{x}) - \boldsymbol{F}(\boldsymbol{y})| \leqslant M|\boldsymbol{x} - \boldsymbol{y}|, \quad \forall \boldsymbol{x}, \boldsymbol{y} \in E. \tag{7.3.12}$$

自然, 这只是两个结论的一个简单的结合. 类似地, 在例 7.2.1 中, 说明例题中的解析函数在整个区域内为零时, 利用有限覆盖定理也是比较方便的.

在使用闭区间套定理方面, 有一个很有趣的例题.

【例 7.3.10】　设 $f$ 在 $(a,b)$ 内处处可导, 则存在 $(a,b)$ 的子区间 $[\alpha, \beta]$ 使得 $f'$ 在 $[\alpha, \beta]$ 上有界.

**证明**　若结论不真, 可构造一列闭区间套 $\{[a_n, b_n]\}$ 满足

(1) 对于任何 $n \geqslant 1$, $[a_{n+1}, b_{n+1}] \subset (a_n, b_n)$, $b_{n+1} - a_{n+1} \leqslant \dfrac{b_n - a_n}{2}$;

(2) 对于任何 $n \geqslant 1$, $\left| \dfrac{f(b_n) - f(a_n)}{b_n - a_n} \right| \geqslant n$,

则不难证明 $f$ 在 $\{[a_n, b_n]\}$ 的公共点 $\xi$ 不可导. 得到矛盾. $\qquad\square$

自然, 更深刻的研究可以证明例 7.3.10 中的 $f'$ 有连续点.

以下的例 7.3.11—例 7.3.13 是与混沌现象相关的例子, 从中可以体会到当 $f'$ 不保号时, 相应问题的复杂性. 在这三例以及其后的注 7.3.1 中, 我们总是用 $f_n$ 表示 $f$ 与自身

的 $n$ 次复合 $\overbrace{f \circ f \circ \cdots \circ f}^{n \uparrow}$, 其中对于参数 $1 < r < 4$, $f$ 定义为

$$f(x) = rx(1-x), \qquad x \in (0,1). \tag{7.3.13}$$

为方便起见, 记 $u = r^2 - 2r$.

**【例 7.3.11】** 设 $1 < r \leqslant 3$, 证明: 对任何 $x_0 \in (0,1)$, 数列 $\{f_n(x_0)\}$ 收敛.

**证明** 记 $x_n = f_n(x_0)$. 易见 $f$ 有两个不动点 $0$ 和 $\bar{x} \equiv 1 - \frac{1}{r}$. 进一步易见对任何 $n \geqslant 0$ 有 $0 < x_n < 1$.

若 $\{x_n\}$ 收敛到 $\xi$, 则 $\xi = f(\xi)$, 即 $\xi$ 是 $f$ 的一个不动点, 从而 $\xi = 0$ 或 $\xi = \bar{x}$. 另一方面, 我们有

$$f'(x) = r(1 - 2x). \tag{7.3.14}$$

因此, $f'(0) = r > 1$. 因此 $0$ 是 $f$ 的不稳定的不动点. 结合 $x_n \neq 0 (n \geqslant 0)$, 可得 $0$ 不可能是 $\{x_n\}$ 的极限. 因此必有 $\xi = \bar{x}$.

由 (7.3.14), $f'$ 在 $\left(0, \frac{1}{2}\right)$ 内为正, 在 $\left(\frac{1}{2}, 1\right)$ 内为负. 这样, 如果对充分大的 $n$, $x_n$ 都落在区间 $\left(0, \frac{1}{2}\right]$ 中或都落在区间 $\left[\frac{1}{2}, 1\right)$ 中, 则 $\{x_n\}$ 就有较好的单调性——$\{x_n\}$ 本身单调或者 $\{x_{2n}\}$ 与 $\{x_{2n+1}\}$ 分别单调.

**情形 I** $r \in (1, 2]$. 此时 $x_n \in \left(0, \frac{1}{2}\right] (n \geqslant 1)$. 因此 $\{x_n\}_{n=1}^{\infty}$ 单调有界, 从而收敛. 其极限必为 $\bar{x}$.

**情形 II** $r \in (2, 3]$. 此时 $\bar{x} > \frac{1}{2}$. 因此, 我们希望能够证明对于足够大的 $n$, 成立 $x_n \geqslant \frac{1}{2}$. 易见

$$0 < x_n \leqslant \frac{r}{4}, \qquad n \geqslant 1.$$

注意到 $f$ 是凹函数, $f$ 在 $(0,1)$ 内先单增后单减, 可得对任何 $[a,b] \subset (0,1)$, 有

$$\frac{r}{4} \geqslant f(x) \geqslant \min\{f(a), f(b)\}, \qquad \forall\, x \in [a,b]. \tag{7.3.15}$$

特别地, 若对某个 $N \geqslant 1$, $x_n \geqslant \frac{1}{2}$, 则归纳可证, 当 $n > N$ 时,

$$x_n \geqslant \min\left\{f\left(\frac{1}{2}\right), f\left(\frac{r}{4}\right)\right\} = \min\left\{\frac{r}{4}, \frac{r^2(4-r)}{16}\right\} \geqslant \frac{1}{2}.$$

我们断言这样的 $N$ 必存在, 否则 $x_n \in \left(0, \frac{1}{2}\right] (n \geqslant 1)$. 从而又有 $\{x_n\}_{n=1}^{\infty}$ 单调, 进而收敛到 $\bar{x}$. 与 $\bar{x} > \frac{1}{2}$ 矛盾.

这样, 我们就得到了 $\{x_n\}_{n=N}^{\infty}$ 是 $\left[\dfrac{1}{2}, 1\right)$ 中的点列. 令 $L, \ell$ 分别为其上极限和下极限, 则注意到 $f$ 在 $\left[\dfrac{1}{2}, 1\right]$ 上单减, 可得

$$L = f(\ell), \quad \ell = f(L).$$

于是 $L, \ell$ 均为 $f(f(x)) = x$ 的解. 在 $2 \leqslant r \leqslant 3$ 时, 该方程的解只有 $f$ 的不动点 $0$ 和 $\bar{x}$.

由此得到 $L = \ell = \bar{x}$. 从而 $\{x_n\}$ 收敛到 $\bar{x}$. □

进一步地讨论可以给出 $3 < r \leqslant 1 + \sqrt{6}$ 情形的结果. 该情形 $f$ 有两个 "吸引的二周期点", 其中 $3 < r \leqslant 1 + \sqrt{5}$ 情形的证明较为简单.

**【例 7.3.12】** 设 $3 < r \leqslant 1 + \sqrt{5}$, 对于 $x_0 \in (0, 1)$, 记 $x_n = f_n(x_0)\,(n \geqslant 0)$. 又设

$$X = \frac{r + 1 - \sqrt{u - 3}}{2r}, \quad \bar{x} = 1 - \frac{1}{r}, \quad Y = \frac{r + 1 + \sqrt{u - 3}}{2r}. \tag{7.3.16}$$

若对任何 $n \geqslant 0$, $x_n \neq \bar{x}$, 证明: $\{x_{2n}\}$ 和 $\{x_{2n+1}\}$ 均收敛, 且

$$\left\{ \lim_{n \to +\infty} x_{2n}, \ \lim_{n \to +\infty} x_{2n+1} \right\} = \{X, Y\}. \tag{7.3.17}$$

**证明** 题设条件下有 $3 < u \leqslant 4$. 易见 $f$ 的最大值是 $\dfrac{r}{4}$, 而 $\dfrac{1}{2}$ 是 $f$ 唯一的最大值点. 又记 [①]

$$Z_4 = \frac{r - \sqrt{u}}{2r}, \quad Z_{10} = \frac{r + \sqrt{u}}{2r}. \tag{7.3.18}$$

则 $f_2'$ 有三个零点, $Z_4, \dfrac{1}{2}$ 和 $Z_{10}$. 我们有 $Z_4 < \dfrac{1}{2} < Z_{10}$,

$$\begin{aligned} f_2'(x) > 0, &\qquad \forall x \in (0, Z_4) \cup \left(\frac{1}{2}, Z_{10}\right), \\ f_2'(x) < 0, &\qquad \forall x \in \left(Z_4, \frac{1}{2}\right) \cup (Z_{10}, 1). \end{aligned} \tag{7.3.19}$$

进一步, $f_2$ 的不动点为 $0, \bar{x}, X$ 和 $Y$. 我们有 $X < \bar{x} < Y$,

$$\begin{aligned} \{x \in (0, 1) \,|\, f_2(x) > x\} &= (0, X) \cup (\bar{x}, Y), \\ \{x \in (0, 1) \,|\, f_2(x) < x\} &= (X, \bar{x}) \cup (Y, 1). \end{aligned} \tag{7.3.20}$$

直接验证可得在 $3 < r \leqslant 1 + \sqrt{5}$ 时成立 $f_2\left(\dfrac{1}{2}\right) \geqslant \dfrac{1}{2}$, 即 $f_2\left(\dfrac{1}{2}\right) \geqslant f(Z_{10})$, 结合 $f$ 的单调性得到 $Z_{10} \geqslant f\left(\dfrac{1}{2}\right) = \dfrac{r}{4}$.

---

① 关于所有 $Z_k\,(1 \leqslant k \leqslant 13)$ 的定义, 参见注 7.3.1.

注意到 (7.3.20)，由 $f_2\left(\dfrac{1}{2}\right) \geqslant \dfrac{1}{2}$ 得到 $\dfrac{1}{2} \leqslant X$，而由 $Z_{10} \geqslant f\left(\dfrac{1}{2}\right) = f_2(Z_{10})$ 得到 $Z_{10} \geqslant Y$.

我们有

$$\left|f_2'(0)\right| = r^2 > 1, \qquad \left|f_2'(\bar{x})\right| = (r-2)^2 > 1. \tag{7.3.21}$$

因此，$0, \bar{x}$ 是 $f_2$ 不稳定的不动点. 由题设，对任何 $n \geqslant 0$，$x_n \neq 0, \bar{x}$. 因此，结合 (7.3.21) 可得 $\{x_{2n}\}$ 和 $\{x_{2n+1}\}$ 均不收敛于 $0$ 或 $\bar{x}$. 特别地，$\{x_n\}$ 不收敛.

设 $L$ 为 $\{x_n\}$ 的上极限. 自然有 $L \leqslant \dfrac{r}{4} \leqslant Z_{10}$. 由于 $\{x_n\}$ 有子列收敛到 $L$，因此也有子列收敛到 $f(L), f_2(L)$. 从而 $f(L) \leqslant L$，$f_2(L) \leqslant L$.

由 $f(L) \leqslant L$ 得到 $L \geqslant \bar{x}$ (图 7.3.1). 结合 $f_2(L) \leqslant L$ 得到 $L \geqslant Y$ (图 7.3.2).

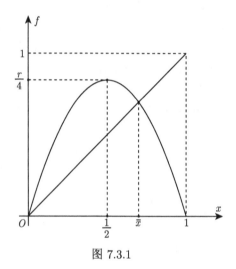

图 7.3.1

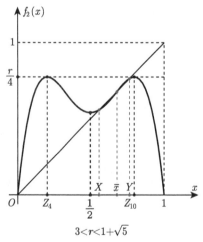

$3 < r < 1 + \sqrt{5}$

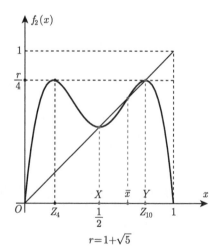

$r = 1 + \sqrt{5}$

图 7.3.2

注意到 $f_2(Z_{10}) = \dfrac{r}{4} > \bar{x}$. 因此, 有 $\varepsilon \in (0, Y - \bar{x})$ 使得当 $|x - Z_{10}| \leqslant \varepsilon$ 时, 有 $f_2(x) > \bar{x}$.

由上极限的定义, 可得存在 $N \geqslant 1$ 使得

$$\bar{x} < Y - \varepsilon \leqslant L - \varepsilon \leqslant x_N \leqslant \frac{r}{4} \leqslant Z_{10}.$$

进而

$$x_{N+2} = f_2(x_N) \in \left(\bar{x}, \frac{r}{4}\right].$$

由于 $f_2$ 在 $(\bar{x}, Z_{10}]$ 上严格单增, 归纳可证, $\{x_{N+2+2n}\}$ 是 $(\bar{x}, Z_{10}]$ 中的单调数列. 进而 $\{x_{N+2+2n}\}$ 有极限 $\xi$, 且 $\xi$ 是 $f_2$ 的不动点. 结合 $\xi \geqslant \bar{x}$ 得到 $\xi = Y$. 于是又有 $\lim\limits_{n \to +\infty} x_{N+2+2n+1} = f(Y) = X$.

综上所述, 即得要证的结论. □

接下来考虑 $1 + \sqrt{5} < r \leqslant 1 + \sqrt{6}$ 的情形. 由于计算较为复杂, 这一例子并不适合作为考题[①]. 列出它主要是为了体现相关问题的复杂性. 但例题及注 7.3.1 中的一些细节可以改编成较易的例题.

**【例 7.3.13】**　设 $1 + \sqrt{5} < r \leqslant 1 + \sqrt{6}$, 对于 $x_0 \in (0, 1)$, 记 $x_n = f_n(x_0)\,(n \geqslant 0)$. 又设 $X, \bar{x}, Y$ 由式 (7.3.16) 给出, 若对任何 $n \geqslant 0$, $x_n \neq \bar{x}$, 证明: $\{x_{2n}\}$ 和 $\{x_{2n+1}\}$ 均收敛, 且式 (7.3.17) 成立.

**证明**　在题设条件下, $4 < u \leqslant 5$. 求得 $f_2$ 的驻点共有 3 个 $Z_4 < Z_7 < Z_8$, 而此时成立的不等式 $2\sqrt{u} < u < 2\sqrt{u + 2\sqrt{u}}$ 保证了 $f_4$ 的驻点共有如下两两不同的 13 个:

$$Z_1 = \frac{r - \sqrt{u + 2\sqrt{u + 2\sqrt{u}}}}{2r}, \quad Z_2 = \frac{r - \sqrt{u + 2\sqrt{u}}}{2r}, \quad Z_3 = \frac{r - \sqrt{u + 2\sqrt{u - 2\sqrt{u}}}}{2r},$$

$$Z_4 = \frac{r - \sqrt{u}}{2r}, \quad Z_5 = \frac{r - \sqrt{u - 2\sqrt{u - 2\sqrt{u}}}}{2r}, \quad Z_6 = \frac{r - \sqrt{u - 2\sqrt{u}}}{2r}, \quad Z_7 = \frac{1}{2},$$

$$Z_8 = \frac{r + \sqrt{u - 2\sqrt{u}}}{2r}, \quad Z_9 = \frac{r + \sqrt{u - 2\sqrt{u - 2\sqrt{u}}}}{2r}, \quad Z_{10} = \frac{r + \sqrt{u}}{2r},$$

$$Z_{11} = \frac{r + \sqrt{u + 2\sqrt{u - 2\sqrt{u}}}}{2r}, \quad Z_{12} = \frac{r + \sqrt{u + 2\sqrt{u}}}{2r}, \quad Z_{13} = \frac{r + \sqrt{u + 2\sqrt{u + 2\sqrt{u}}}}{2r}.$$

记 $Z_0 = 0, Z_{14} = 1$, 则 $f_4'$ 在 $\bigcup\limits_{k=0}^{6}(Z_{2k}, Z_{2k+1})$ 内为正, 在 $\bigcup\limits_{k=0}^{6}(Z_{2k+1}, Z_{2k+2})$ 内为负. 下式给出 $Z_1, Z_2, \cdots, Z_{13}$ 的产生过程:

---

① 例 7.3.12 若作为试题, 给予适当提示为宜.

$$f(Z_7) = \frac{r}{4}, \qquad Z_7 = \frac{1}{2},$$

$$f(Z_4) = f(Z_{10}) = Z_7,$$

$$f(Z_2) = f(Z_{12}) = Z_4, \quad f(Z_6) = f(Z_8) = Z_{10}, \tag{7.3.22}$$

$$f(Z_1) = f(Z_{13}) = Z_2,$$

$$f(Z_3) = f(Z_{11}) = Z_6, \quad f(Z_5) = f(Z_9) = Z_8.$$

接下来, 我们来考察 $Z_1, Z_2, \cdots, Z_{13}$ 和 $\bar{x}, X, Y$ 的大小关系. 由 $Z_6 < \frac{1}{2}$ 得到 $Z_{10} = f(Z_6) < f(Z_7) = \frac{r}{4} = f_2(Z_{10})$. 结合式 (7.3.20) 又可以推得 $Z_{10} \in (\bar{x}, Y)$, 即 $\bar{x} = f(\bar{x}) < f(Z_8) < Y = f(X)$. 由 $f$ 的单调性得到 $Z_8 < \bar{x}$ 以及 $X = f(Y) < f(Z_{10}) = \frac{1}{2}$. 于是又有 $Y = f(X) < f\left(\frac{1}{2}\right) = \frac{r}{4}$.

由 $X < \frac{1}{2} < \bar{x}$ 以及式 (7.3.20) 得到 $f_2\left(\frac{1}{2}\right) < \frac{1}{2}$. 直接计算得到

$$\left(f_2\left(\frac{1}{2}\right) - Z_6\right) \frac{16r}{\sqrt{u - 2\sqrt{u}}} = \left(8 - (u + 2\sqrt{u})\sqrt{u - 2\sqrt{u}}\right)$$

$$> \left(8 - (y + 2\sqrt{y})\sqrt{y - 2\sqrt{y}}\right)\Big|_{y = \frac{81}{16}} = \frac{53}{64} > 0.$$

因此 $Z_4 < Z_6 < f_2\left(\frac{1}{2}\right)$. 结合 $X < \frac{1}{2}$ 以及 $f_2$ 在 $\left[Z_4, \frac{1}{2}\right]$ 上严格单减又可得

$$X = f_2(X) > f_2\left(\frac{1}{2}\right), \quad \frac{1}{2} = f_2(Z_6) > f_4\left(\frac{1}{2}\right).$$

进而又有 $f_4\left(\frac{1}{2}\right) > X$ 以及 $Y > f_3\left(\frac{1}{2}\right) > f(Z_6) = Z_{10} = f_2(Z_{11})$. 结合 $f_2$ 在 $[Z_{10}, 1]$ 上严格单减得到 $Z_{11} > f\left(\frac{1}{2}\right)$. 总之, 我们得到了如下不等式:

$$Z_6 < f_2\left(\frac{1}{2}\right) < X < f_4\left(\frac{1}{2}\right) < \frac{1}{2} < Z_8 < \bar{x} < Z_{10} < f_3\left(\frac{1}{2}\right) < Y < f\left(\frac{1}{2}\right) < Z_{11}. \tag{7.3.23}$$

不等式 $Z_{10} < Y$ 给我们带来很大麻烦, 因为此时不能像例 7.3.12 那样得到 $x_{N+2n}$ 的单调性 (图 7.3.3 和图 7.3.4).

现设 $L$ 为 $\{x_n\}$ 的上极限. 与例 7.3.12 同理, 有 $Y \leqslant L \leqslant \frac{r}{4}$.

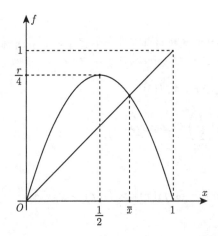 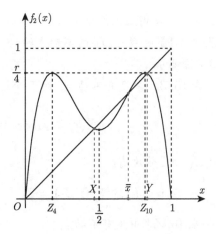

图 7.3.3

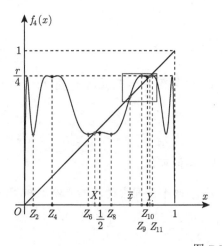 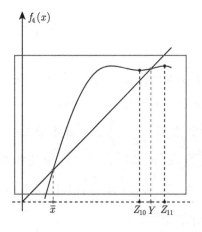

图 7.3.4

接下来, 我们要用到如下比较难于验证的事实: $0, \bar{x}, X$ 和 $Y$ 是 $f_4$ 的所有不动点[①].

这样, 对于 $x \in (\bar{x}, Y)$, 有 $f_4(x) > x$. 而对于 $x \in (Y, 1)$, 有 $f_4(x) < x$.

取 $\varepsilon_0 > 0$ 使得 $[Y - \varepsilon_0, L + \varepsilon_0] \subset (Z_{10}, Z_{11})$. 我们有 $N \geqslant 1$ 使得 $Y - \varepsilon_0 \leqslant L - \varepsilon_0 \leqslant x_N \leqslant L + \varepsilon_0$. 进而

$$x_{N+4} = f_4(x_N) \geqslant f_4(Y - \varepsilon_0) \geqslant Y - \varepsilon_0,$$

$$x_{N+4} = f_4(x_N) \leqslant f_4(L + \varepsilon_0) \leqslant L + \varepsilon_0.$$

因此, 归纳可证, $\{x_{N+4n}\}$ 是 $[Y - \varepsilon_0, L + \varepsilon_0]$ 中的点列, 进而 $\{x_{N+4n}\}$ 是单调有界列. 设其极限为 $\xi$, 则 $\xi$ 是 $f_4$ 的不动点. 结合 $\xi \geqslant Z_{10}$ 得到 $\xi = Y$. 于是依次又有

$$\lim_{n \to +\infty} x_{N+4n+1} = f(Y) = X, \quad \lim_{n \to +\infty} x_{N+4n+2} = f(X) = Y, \quad \lim_{n \to +\infty} x_{N+4n+3} = X.$$

---

[①] 例 7.3.12 表明, 当 $3 < r \leqslant 1 + \sqrt{5}$ 时, $0, \bar{x}, X$ 和 $Y$ 是 $f_4$ 的所有不动点. 例 7.3.11 则表明, 当 $1 < r \leqslant 3$ 时, $0$ 和 $\bar{x}$ 是 $f_4$ 的所有不动点.

综上所述，即得要证的结论. □

【注 7.3.1】 关于 $f_4$ 的不动点的讨论. 以下总设 $1 + \sqrt{5} < r \leqslant 1 + \sqrt{6}$. 我们沿用例 7.3.13 的记号.

(1) 在 $(0, Z_6]$ 中没有不动点. 对于 $x \in [Z_1, Z_6]$, 我们有

$$f_4(x) \geqslant f_4(Z_6) = f_2\left(\frac{1}{2}\right) > Z_6 \geqslant x.$$

而在 $(0, Z_1)$ 内, 依次有

$$x < f_2(x) < f_2(Z_1) = Z_4, \quad f_4(x) = f_2(f_2(x)) > f_2(x) > x.$$

总之, $f_4$ 在 $(0, Z_6]$ 中没有不动点.

(2) 在 $\left[\frac{1}{2}, \bar{x}\right)$ 中没有不动点. 在 $\left[\frac{1}{2}, Z_8\right]$ 上, $f_4$ 严格单减. 于是对于 $x \in \left[\frac{1}{2}, Z_8\right]$,

$$f_4(x) - x \leqslant f_4\left(\frac{1}{2}\right) - \frac{1}{2} < 0.$$

对于 $x \in (Z_8, \bar{x})$, 我们有 $\frac{1}{2} < Z_8 < x < \bar{x}$. 于是有 $\frac{1}{2} = f_2(Z_8) < f_2(x) < x < \bar{x}$. 进而又有 $f_4(x) = f_2(f_2(x)) < f_2(x) < x$.

总之, $f_4$ 在 $\left[\frac{1}{2}, \bar{x}\right)$ 上没有不动点.

(3) $f_4$ 在 $(\bar{x}, Z_9]$ 和 $[Z_{11}, 1)$ 中没有不动点. 类似可证.

(4) 在 $(Z_6, X)$, $\left(X, \frac{1}{2}\right)$, $(Z_{10}, Y)$ 和 $(Y, Z_{11})$ 四个区间中的不动点个数相同.

我们有

$$Z_6 < x < X$$
$$\Longrightarrow Z_{10} < f(x) < Y$$
$$\Longrightarrow X < f_2(x) < \frac{1}{2}$$
$$\Longrightarrow Y < f_3(x) < \frac{r}{4} < Z_{11}$$
$$\Longrightarrow Z_6 < f_4(x) < X.$$

这样, $\xi \in \left(Z_6, \frac{1}{2}\right)$ 是 $f_4$ 的不动点, 当且仅当 $f(\xi), f_2(\xi), f_3(\xi)$ 依次是 $(Z_{10}, Y)$, $\left(X, \frac{1}{2}\right)$ 和 $(Y, Z_{11})$ 中的不动点. 因此, $f_4$ 在这四个区间中的不动点个数相同.

(5) 在 $(Z_6, X)$ 中没有不动点. 对于任何 $x \in (Z_6, X)$, 我们有 $Z_6 < f_4(Z_6) < f_4(x) < X$. 结合 $f_4$ 在 $(Z_6, X)$ 中单调增加, 可得 $\{f_{4n}(x)\}$ 必单调收敛到 $f_4$ 在 $[Z_6, X]$ 中的不动点.

我们有

$$f_4'(x) = f_2'(f_2(x))f_2'(x),$$
$$f_4''(x) = f_2''(f_2(x))(f_2'(x))^2 + f_2'(f_2(x))f_2''(x),$$
$$f_4'''(x) = f_2'''(f_2(x))(f_2'(x))^3 + 3f_2''(f_2(x))f_2''(x)f_2'(x) + f_2'(f_2(x))f_2''(x).$$

当 $r < 1 + \sqrt{6}$ 时, $f_4'(X) = |f_2'(X)|^2 = (4-u)^2 < 1$, 从而 $X$ 是 $f_4$ 稳定的不动点.

当 $r = 1 + \sqrt{6}$ 时, $f_2'(X) = -1$, 于是

$$f_4'(X) = |f_2'(X)|^2 = 1,$$
$$f_4''(X) = f_2''(X)(f_2'(X))^2 + f_2'(X)f_2''(X) = 0,$$
$$f_4'''(X) = f_2'''(X)(f_2'(X))^3 + 3f_2'(X)(f_2''(X))^2 + f_2'(X)f_2'''(X)$$
$$= -2f_2'''(X) - 3(f_2''(X))^2 \leqslant -2f_2'''(X) = -12r^3(1-2X) < 0.$$

于是, 在 $X$ 的一个去心邻域内 $0 < f_4' < 1$. 从而此时 $X$ 也是 $f_4$ 稳定的不动点.

因此, 存在 $\delta > 0$ 使得对任何 $x \in (X-\delta, X)$, $\{f_{4n}(x)\}$ 均收敛到 $X$. 令

$$\alpha = \sup\left\{s \in (0, X - Z_6)\,\big|\, \forall x \in (X-s, X),\ \lim_{n \to +\infty} f_{4n}(x) = X\right\}.$$

由于 $Z_6$ 不是 $f_4$ 的不动点, 因此, 若 $f_4$ 在 $(Z_6, X)$ 中没有不动点, 则 $\alpha = X - Z_6$. 否则, $0 < \alpha < X - Z_6$.

由此, 结合单调性可得对任何 $x \in (Z_6, X-\alpha)$, 成立 $f_4(x) \leqslant X - \alpha$. 同样, 对任何 $x \in (X-\alpha, X)$ 有 $f_4(x) \geqslant X - \alpha$. 于是必有 $f_4(X-\alpha) = X - \alpha$. 即 $X - \alpha$ 是 $f_4$ 的不动点. 由 $\alpha$ 的定义, 可见 $X - \alpha$ 是一个不稳定的不动点. 因此 $f_4'(X-\alpha) \geqslant 1$. 结合 $f_4'(Z_6) = 0$ 知在 $(Z_6, X-\alpha]$ 中, $f_4'(x) = 1$ 至少有一个根. 由中值定理, 又可得在 $(X-\alpha, X)$ 内 $f_4'(x) = 1$ 至少有一个根. 这样, $f_4'(x) = 1$ 在 $(Z_6, X)$, $\left(X, \frac{1}{2}\right)$, $(Z_{10}, Y)$ 和 $(Y, Z_{11})$ 四个区间中的根的总数不少于 8. 另外, 易见, $f_4'(x) = 1$ 在 $(Z_8, \bar{x})$ 和 $(\bar{x}, Z_9)$ 中至少各有 1 个根[①].

总之, $f_4'(x) = 1$ 在 $(Z_6, Z_{11})$ 中至少有 10 个根. 于是 $f_4''$ 在 $(Z_6, Z_{11})$ 中至少有 9 个零点.

另一方面, 由 $f_4'(Z_1) = f_4'(Z_2) = f_4'(Z_3) = f_4'(Z_4) = f_4'(Z_5) = f_4'(Z_6) = 0$ 以及 $f_4'(Z_{11}) = f_4'(Z_{12}) = f_4'(Z_{13}) = 0$ 可得 $f_4''$ 在 $(Z_1, Z_6)$ 和 $(Z_{11}, Z_{13})$ 中至少各有 5 个和 2 个零点.

这样 $f_4''$ 至少有 16 个零点. 这与 $f_4''$ 是非零的 14 次多项式矛盾. 因此, $f_4$ 在 $(Z_6, X)$ 中没有不动点.

(6) 综上所述, $f_4$ 只有四个不动点.

---

[①] 不难看到 $f_4'(x) = 1$ 在 $(0, Z_1)$, $(Z_2, Z_3)$ 和 $(Z_2, Z_3)$ 中至少各有 1, 2 和 2 个根. 这样 $f_4'(x) = 1$ 至少有 15 个根.

【注 7.3.2】 例题中 $u = r^2 - 2r$ 的出现不是偶然的. 事实上, 我们有

$$2f(x) - 1 = \frac{r - 2 - r(2x-1)^2}{2}.$$

令 $y = r(2x-1)$, 则迭代式 $x_{n+1} = f(x_n)$ 就转化为迭代式 $y_{n+1} = \frac{r^2 - 2r - y_n^2}{2} = \frac{u - y_n^2}{2}$. 记 $g(y) = \frac{u - y_n^2}{2}$. 则 $g_{n+1}$ 的驻点可表示为 $\pm\sqrt{u - 2T}$ (如果 $u \geqslant 2T$), 其中 $T$ 是 $g_n$ 的一个驻点.

## 话题 3-C

很多函数由隐函数形式给出. 自然, 实际研究中, 会涉及隐函数的极值、导数和积分等. 然而, 通常数学分析的练习很少包含隐函数的极值和积分. 在求导方面, 隐函数高阶导数的计算存在较大困难, 因此也很少见到隐函数的 Taylor 展式乃至 Taylor 级数的练习.

在计算 $y = \tan x$ 的 Maclaurin 级数时, 我们利用其隐函数形式 $x = \arctan y$ 得到系数的递推公式. 类似地, 我们可以考虑如下例子.

【例 7.3.14】 试求由 $x + \ln(1+x) + y + \arctan y = 0$ 确定的隐函数 $y$ 的 Maclaurin 级数.

如果设所求级数为 $y = \sum_{n=0}^{\infty} a_n x^n$, 则可以得到 $a_n$ 的递推公式. 但可以看到, 该递推公式的表达式颇为复杂. 在很多情形, 甚至要得到递推公式也不可行. 以下是一个隐函数的最值问题.

【例 7.3.15】 试求由 $e^y + y = x(1-x)$ 确定的隐函数 $y$ 在区间 $[0,1]$ 上的最大、最小值.

**解** 易见方程 $e^y + y = x(1-x)$ 在 $\mathbb{R}$ 上确定了一个隐函数 $y = y(x)$,

$$(e^y + 1)y' = 1 - 2x.$$

在边界点, $y(0) = y(1) = a$ 满足 $e^a + a = 0$. 另一方面, $y$ 有驻点 $\frac{1}{2}$. 记 $b = y\left(\frac{1}{2}\right)$. 则 $e^b + b = \frac{1}{4}$. 由单调性易见 $a < b$.

总之, $y$ 在区间 $[0,1]$ 上的最大值为 $b$, 最小值为 $a$, 它们由方程 $e^a + a = 0$ 和 $e^b + b = \frac{1}{4}$ 确定.

由于 $y \mapsto e^y + y$ 严格单增, 因此, 例 7.3.15 本质上就是需要计算 $x(1-x)$ 在 $[0,1]$ 上的最大值和最小值. 稍加修改, 我们有下例.

【例 7.3.16】 试求由 $e^y + xy = x^2 + x + 4$ 确定的隐函数 $y$ 在区间 $[0,1]$ 上的最大值、最小值.

**解**　易见方程 $e^y + xy = x^2 + x + 4$ 在 $[0,1]$ 上确定了一个隐函数 $y = y(x)$.

$$(e^y + x)y' + y = 2x + 1.$$

在边界点, $y(0) = \ln 4$, $y(1) = a$ 满足 $e^a + a = 6$. 另一方面, $\xi$ 是 $y$ 的驻点当且仅当 $y(\xi) = 2\xi + 1$. 代入原方程得到 $e^{2\xi+1} = 4 - \xi^2$. 易见该方程在 $[0,1]$ 上有唯一解. 进一步, 可得 $\xi \in \left(0, \dfrac{1}{2}\right)$.

记 $b = y(\xi)$, 则 $e^b + \dfrac{(b-1)^2}{4} = 4$. 由 $e^{\ln 4} + \ln 4 < 6$ 得到 $a > \ln 4$.

由 $b = 2\xi + 1 > 1$ 以及 $e^{\ln 4} + \dfrac{(\ln 4 - 1)^2}{4} > 4$ 得到 $b < \ln 4$.

因此, $y$ 在区间 $[0,1]$ 上的最大值为 $a$, 最小值为 $b$, 其中 $a > b > 1$ 由方程 $e^a + a = 6$ 和 $e^b = 4 - \dfrac{(b-1)^2}{4}$ 确定.

下例中包含了对隐函数 (具体地, 这里是参数方程确定的函数) 的积分和迭代序列的研究.

**【例 7.3.17】**　设 $y = y(x)$ 由参数方程 $\begin{cases} x = e^t + t, \\ y = \cos t - 3t \end{cases}$ 确定.

(1) 计算 $\dfrac{\mathrm{d}^2 y}{\mathrm{d}x^2}$.

(2) 计算 $\displaystyle\int y(x)\,\mathrm{d}x$.

(3) 固定 $x_0 \neq 1$, 定义 $x_{n+1} = y(x_n)$ $(n \geqslant 0)$. 试讨论 $\{x_n\}$ 的有界性与收敛性.

**解**　(1) 易得 $\dfrac{\mathrm{d}y}{\mathrm{d}x} = -\dfrac{\sin t + 3}{e^t + 1}$, $\dfrac{\mathrm{d}^2 y}{\mathrm{d}x^2} = \dfrac{e^t \sin t - e^t \cos t + 3e^t - \cos t}{(e^t + 1)^3}$.

(2) $\displaystyle\int y(x)\,\mathrm{d}x = \int (\cos t - 3t)(e^t + 1)\,\mathrm{d}t = \dfrac{e^t}{2}(\cos t + \sin t) - 3(t-1)e^t + \sin t - \dfrac{3}{2}t^2 + C$.

(3) 注意到 $\dfrac{\mathrm{d}y}{\mathrm{d}x} < 0$. 因此, $y = y(x)$ 严格单减. 进而 $y(x) - x$ 严格单减. 于是 $y$ 至多只有一个不动点. 直接验证得 $y(1) = 1$.

我们来说明 $\{x_n\}$ 发散. 否则, $\{x_n\}$ 收敛, 它必定收敛到不动点 1.

(i) 由严格单调性以及 $y(1) = 1$, $x_0 \neq 1$ 可得对任何 $n \geqslant 0$ 有 $x_n \neq 1$.

(ii) 计算得 $\dfrac{\mathrm{d}y}{\mathrm{d}x}\bigg|_{x=1} = -\dfrac{3}{2}$. 由中值定理或直接利用导数定义可得有 $\delta > 0$ 使得当 $|x - 1| \leqslant \delta$ 时, 有 $|y(x) - 1| = |y(x) - y(1)| \geqslant \dfrac{5}{4}|x - 1|$ 成立.

(iii) 由 $\lim\limits_{n \to +\infty} x_n = 1$, 存在 $N \geqslant 1$ 使得当 $n \geqslant N$ 时, 有 $|x_n - 1| \leqslant \delta$. 特别地,

$$|x_{n+1} - 1| = |y(x_n) - y(1)| \geqslant \dfrac{5}{4}|x_n - 1| \geqslant \cdots \geqslant \dfrac{5^{n-N}}{4^{n-N}}|x_N - 1|.$$

这与 $\lim\limits_{n\to+\infty} x_n = 1$ 矛盾. 所以 $\{x_n\}$ 发散.

现在来考察 $\{x_n\}$ 的有界性. 记 $\varphi(t) = e^t + t, \psi(t) = \cos t - 3t$. 令 $t = T(x)$ 为 $x = \varphi(t)$ 的反函数, 记 $t_n = T(x_n)$.

不难看到

$$\lim_{x\to+\infty} \frac{y(x)}{x} = \lim_{t\to+\infty} \frac{\psi(t)}{\varphi(t)} = 0,$$

而

$$\lim_{x\to-\infty} \frac{y(x)}{x} = \lim_{t\to-\infty} \frac{\psi(t)}{\varphi(t)} = -3.$$

这表明当 $|x_n|$ 很大时, 从 $|x_n|$ 变到 $|x_{n+1}|$ 既可能是 "收缩" 的, 也可能是 "扩张" 的. 但仔细观察, 从 $|x_n|$ 变到 $|x_{n+2}|$ 时, 必经一次扩张和一次收缩 (至少, 对于很大的 $|x_n|$ 而言), 而若 $|x_n|$ 足够大, 则扩张在 3 倍左右, 而收缩则可以大大超过 3 倍. 事实上, 易见,

$$\lim_{x\to+\infty} y(x) = -\infty, \quad \lim_{x\to+\infty} y(y(x)) = \lim_{x\to-\infty} y(x) = +\infty,$$

$$\lim_{x\to+\infty} \frac{y(y(x))}{x} = \lim_{u\to-\infty} \frac{y(u)}{u} \lim_{x\to+\infty} \frac{y(x)}{x} = (-3) \cdot 0 = 0.$$

因此, 存在 $M_0 > 0$ 使得当 $x \geqslant M_0$ 时, $0 < y(y(x)) \leqslant x$. 现记 $M := |x_0| + |x_1| + y(y(M_0))$. 则若 $x_n \leqslant M$: 当 $x_n \leqslant M_0$ 时有 $x_{n+2} = y(y(x_n)) \leqslant y(y(M_0)) \leqslant M$; 若 $x_n > M_0$, 亦有 $x_{n+2} = y(y(x_n)) \leqslant x_n \leqslant M$. 结合 $x_0, x_1 \leqslant M$ 得到对任何 $n \geqslant 0$, 成立 $x_n \leqslant M$. 由此又得到 $x_{n+1} \geqslant y(M)$. 这就证明了 $\{x_n\}$ 的有界性.

可以看到, 例 7.3.17 中积分部分是很平凡的. 读者可以考虑能否构造出非平凡的计算隐函数的不定积分乃至定积分的例子. 可以考察在常用的计算积分的方法下, 隐函数方程和被积函数有什么样的匹配关系时, 积分可以计算出来.

## 话题 3-D  题目的再加工

在数学的学习中, 单独看一个有趣的素材、方法、技巧或结论也许并不令人惊讶, 但把这些内容汇集一起, 再经过巧妙的组合加工, 更换一下包装, 也许就变成了一道道令人望而生畏的题目了. 我们举几个这方面的例子, 以示题目的构造方法之一, 纯属抛砖引玉, 读者可以渐渐培养这方面的意识.

以下的例子是一道判断级数敛散性的题目, 是某一年普特南数学竞赛题.

【例 7.3.18】 试讨论级数 $\sum\limits_{n=1}^{\infty} \sin(2n!\pi e)$ 的敛散性.

该题的关键在于对 $\sin(2n!\pi e)$ 的无穷小阶的估计. 可以证明, 其通项与 $(-1)^n\frac{1}{n}$ 等价. 因此, 该级数是交错级数, 通项的绝对值列单调趋于零, 故 (条件) 收敛.

该题目在诸多习题集上可见. 也许是出于对原题的尊重, 鲜见对此题变动的题目. 下面, 我们对其做一点小的改动, 得到如下问题.

【例 7.3.19】　试讨论级数 $\displaystyle\sum_{n=1}^{\infty}\sin(n!\pi e)$ 的敛散性:

下面的适当改变使得该题的探讨成了无底洞.

【例 7.3.20】　记级数 $\displaystyle\sum_{n=1}^{\infty}\sin(n!\pi x)$ 的收敛点集为 $E$. 试回答如下问题:

(i) $E$ 是否在 $\mathbb{R}$ 中稠密;

(ii) $E$ 能否包含无穷多个无理数;

(iii) $E$ 的余集是否包含无穷多个无理数;

(iv) 找出尽可能多的属于 $E$ 和不属于 $E$ 的点.

可以看到, 对于任何整数 $k$, 级数在 $x=2k\mathrm{e}$ 处发散, 在 $x=(2k+1)\mathrm{e}$ 处收敛. 那么在其他点呢? 比如 $x=\sqrt{2},\pi,\cdots$, 场景如何? 虽然不宜把它作为一道竞赛题, 但可以作为一道探讨题: 请给出尽可能多的收敛点和发散点.

下面的例子都是从极其典型的基本结论中演变而来的. 比如, 讨论广义积分 $\displaystyle\int_0^1\frac{1}{x}\mathrm{d}x$ 的敛散性. 这道题实在是太入门级的了. 但我们按照某种思维模式进行深入讨论的话, 那么下面的题目无论结论如何, 都将是有趣的. 为了产生对比的强烈感, 我们把上面的题目照抄一遍.

【例 7.3.21】　试讨论以下广义积分的敛散性.

(i) $\displaystyle\int_0^1\frac{1}{x}\mathrm{d}x.$

(ii) $\displaystyle\iint_{[0,1]^2}\frac{1}{x+y}\mathrm{d}x\mathrm{d}y.$

(iii) $\displaystyle\iiint_{[0,1]^3}\frac{1}{x+y+z}\mathrm{d}x\mathrm{d}y\mathrm{d}z.$

对这些题目纯逻辑的判定是一回事, 对其结论的异同的理解则是另一回事, 这些对照性的结论对理解积分中的某些要素应该是非常有帮助的. 类似地, 我们还有下面的问题: 不但能判断出敛散性, 而且在收敛时还能计算出其积分值来.

【例 7.3.22】　试讨论下面积分或重积分的敛散性, 如果收敛, 求其值.

(i) $\displaystyle\int_0^1\frac{1}{\ln x}\mathrm{d}x.$

(ii) $\displaystyle\iint\limits_{[0,1]^2} \frac{1}{\ln x + \ln y}\,\mathrm{d}x\mathrm{d}y.$

(iii) $\displaystyle\iiint\limits_{[0,1]^3} \frac{1}{\ln x + \ln y + \ln z}\,\mathrm{d}x\mathrm{d}y\mathrm{d}z.$

(iv) $\displaystyle\iiint\limits_{[0,1]^3} \frac{1}{\ln x + 2\ln y + 3\ln z}\,\mathrm{d}x\mathrm{d}y\mathrm{d}z.$

(v) $\displaystyle\iint\limits_{[0,1]^2} \frac{1}{p\ln x + q\ln y}\,\mathrm{d}x\mathrm{d}y \,(p,q>0).$

关于化简、反例

# 参 考 文 献

波利亚 G, 舍贵 G. 1981. 数学分析中的问题和定理: 第一卷. 上海: 上海科学技术出版社.

常庚哲, 史济怀. 2012. 数学分析教程: 上册. 3 版. 合肥: 中国科学技术大学出版社.

陈纪修, 於崇华, 金路. 2019. 数学分析. 3 版. 北京: 高等教育出版社.

程艺, 陈卿, 李平. 2019. 数学分析讲义: 第一册. 北京: 高等教育出版社.

丁传松, 李秉彝, 布伦. 1998. 实分析导论: 上册. 北京: 科学出版社.

华东师范大学数学系. 2019. 数学分析. 5 版. 北京: 高等教育出版社.

楼红卫. 2020. 数学分析: 要点·难点·拓展. 北京: 高等教育出版社.

楼红卫. 2022. 数学分析技巧选讲. 北京: 高等教育出版社.

楼红卫. 2023a. 数学分析: 上册. 北京: 高等教育出版社.

楼红卫. 2023b. 数学分析: 下册. 北京: 高等教育出版社.

梅加强. 2020. 数学分析. 2 版. 北京: 高等教育出版社.

裴礼文. 2021. 数学分析中的典型问题与方法. 3 版. 北京: 高等教育出版社.

佘志坤. 2022. 全国大学生数学竞赛参赛指南. 北京: 科学出版社.

谢惠民, 恽自求, 易法槐, 等. 2004a. 数学分析习题课讲义: 上册. 北京: 高等教育出版社.

谢惠民, 恽自求, 易法槐, 等. 2004b. 数学分析习题课讲义: 下册. 北京: 高等教育出版社.

周民强. 2016. 实变函数论. 3 版. 北京: 北京大学出版社.

Ali S A. 2008. The $m$th ratio test: New convergence tests for series. The American Mathematical Monthly, 115(6): 514-524.

Hagood J W, Thomson B S. 2006. Recovering a function from a Dini derivative. The American Mathematical Monthly, 113(1): 34-46.

Huynh E. 2022. A second Raabe's test and other series tests. The American Mathematical Monthly, 129(9): 865-875.

Prus-Wiśniowski F. 2008. A refinement of Raabe's test. The American Mathematical Monthly, 115: 249-252.

Schramm M, Troutman J, Waterman D. 2014. Segmentally alternating series. The American Mathematical Monthly, 121(8): 717-722.

# 附录  竞赛试题中一些
# 概念的约定

一些概念和用词在不同的教材中有细微的区别. 为避免在试题中出现长篇累牍的定义, 受竞赛委员会委托, 我们对其中一些概念和用词作一个**约定**. 这并不意味着平时教学中对这些概念和用词赋予不同的含义是错误的.

(1) **单调函数**  设 $I \subseteq \mathbb{R}$ 非空①, $f$ 为 $I$ 上的实函数. 若对任何 $x, y \in I$, $x < y$ 蕴含 $f(x) \leqslant f(y)$, 则称 $f$ 在 $I$ 上单调增加. 若对任何 $x, y \in I$, $x < y$ 蕴含 $f(x) < f(y)$, 则称 $f$ 在 $I$ 上严格单调增加.

若 $-f$ 单调增加, 则称 $f$ 单调减少. 若 $-f$ 严格单调增加, 则称 $f$ 严格单调减少.

**【入选原因】**  一些教材没有区分 "单调" 和 "严格单调".

(2) **解析函数**  若开区间 $I$ 上的实函数 $f$ 在 $I$ 内每一点 $x_0$ 处可以展开成幂级数, 即存在 $\delta > 0$ 以及 $\{a_n\}$ 使得

$$f(x) = \sum_{n=0}^{\infty} a_n (x - x_0)^n, \quad \forall x \in (x_0 - \delta, x_0 + \delta),$$

则称 $f$ 在 $I$ 内实解析.

若复区域 $D \subseteq \mathbb{C}$ 内复值函数 $f$ 在 $D$ 内每一点 $z_0$ 处可以展开成幂级数, 即存在 $\delta > 0$ 以及 $\{c_n\}$ 使得

$$f(z) = \sum_{n=0}^{\infty} c_n (z - z_0)^n, \quad |z - z_0| < \delta,$$

则称 $f$ 在 $D$ 内 (复) 解析.

**【注】**  在复变函数中, (复) 解析函数时常定义为函数在区域内复可导. 这与上述定义是等价的.

**【入选原因】**  许多教材没有定义实解析.

(3) **绝对可积**  设 $f$ 为区间 $I$ 上的实函数. 若 $f^+$ 和 $f^-$ 均在 $I$ 上 Riemann 可积或作为反常积分收敛, 则称 $f$ 在 $I$ 上绝对可积.

**【注】**  对于 Lebesgue 积分, 可积即绝对可积. 涉及反常积分时, 这里的 $I$ 也可能是无界区间.

**【入选原因】**  绝对可积的定义在不同教材中, 有不一致的情况.

(4) **连续**  设 $E \subseteq \mathbb{R}^n$, $f : E \to \mathbb{R}^m$, $\boldsymbol{x}_0 \in E$. 称 $f$ 在 $\boldsymbol{x}_0$ 连续, 若 $\boldsymbol{x}_0$ 是 $E$ 的孤立点, 或 $\boldsymbol{x}_0 \in E \cap E'$ 且 $\lim\limits_{\substack{\boldsymbol{x} \to \boldsymbol{x}_0 \\ \boldsymbol{x} \in E}} f(\boldsymbol{x}) = f(\boldsymbol{x}_0)$.

**相关概念: 极限**

---

① 即 $I$ 不一定是区间.

设 $x_0$ 是集合 $E \subseteq \mathbb{R}^n$ 的聚点, $f : E \to \mathbb{R}^m$ 是向量值函数, $A \in \mathbb{R}^m$ 为给定向量. 如果对任意 $\varepsilon > 0$, 存在 $\delta > 0$, 使得当 $0 < |x - x_0| < \delta$ 且 $x \in E$ 时, 成立 $|f(x) - A| < \varepsilon$, 则称 $f(x)$ 当 $x$ 趋向于 $x_0$ 时的**极限**为 $A$, 记作 $\lim\limits_{\substack{x \to x_0 \\ x \in E}} f(x) = A$. 若 $E$ 明确或 $x_0$ 为 $E$ 的内点, 可简记为 $\lim\limits_{x \to x_0} f(x) = A$.

**【注】**　若 $f$ 的定义域包含 $E$, 且当 $f$ 限制在 $E$ 上 (修改 $f$ 的定义域为 $E$) 时在 $x_0$ 处连续, 则称 $f$ 限制在 $E$ 上时, 在 $x_0$ 处连续, 简记为 $f|_E$ 在 $x_0$ 处连续.

**【入选原因】**　一些教材对于函数在非内点, 尤其是在孤立点上的连续性 (以及极限) 没有给出明确的定义.

(5) **区间**　对于实数 $a < b$, 以下集合称为**区间**:

开区间 $(a, b), (a, +\infty), (-\infty, b), (-\infty, +\infty)$;

闭区间 $[a, b], [a, +\infty), (-\infty, b], (-\infty, +\infty)$;

半开半闭区间 $[a, b), (a, b]$.

一般地, 除非特别说明, 在数学分析课程中所指的区间不以 $-\infty$ 和 $+\infty$ 为元素. 例如, 不认为 $[0, +\infty]$ 这样的集合是区间. 另一方面, 尽管当 $a = b$ 时, 我们时常允许用 $[a, b]$ 表示单点集 $\{a\}$, 但当我们说 $[a, b]$ (或 $[a, b)$ 等) 是区间时, 总是约定 $a < b$.

**相关概念: 广义实数系**

简单地讲, 广义实数系就是在实数系的基础上增加两个元素: **正无穷大** $+\infty$ 和**负无穷大** $-\infty$.

**【入选原因】**　一些教材对于区间是否包括无界情形没有明确定义.

(6) **区域**　非空连通开集称为**区域**, 区域的闭包称为**闭区域**. 区域又称为**开区域**.

**相关概念: 道路, 道路连通集, 连通集**

称连续映射 $\tau : [0, 1] \to S \subseteq \mathbb{R}^m$ 为 $S$ 中的**道路**. $\tau(0), \tau(1)$ 分别称为该道路的**起点**和**终点**. 统称为**端点**.

若对于 $S$ 中任何两点 $x, y$, 都有一条道路连接 $x, y$, 即该道路以 $x, y$ 为端点, 则称 $S$ 为**道路连通集**.

若不存在不相交的开集 $U, V$ 使得 $S \subseteq U \cup V$, 而 $U \cap S$ 和 $V \cap S$ 均非空, 则称 $S$ 为**连通集**.

若存在不相交的开集 $U, V$ 使得 $U \cap S$ 和 $V \cap S$ 均非空, 则称 $S$ 为**非连通集**. 否则, 称 $S$ 为**连通集**.

**【入选原因】**

(i) 一些数学分析教材中, 连通集实际上被定义为道路连通集.

(ii) 一些教材将区域定义为介于如上意义下的区域和闭区域之间的集合.

**【注】**　一些习惯用词中的 "区域", 例如 "积分区域" 以及 "由 $\cdots$ 围成的区域" 中的 "区域", 不一定是真正意义上的区域.

(7) **凸函数**　设 $E \subseteq \mathbb{R}^n$ 为凸集, $f$ 为 $E$ 上的实函数.

若对于 $\boldsymbol{x}, \boldsymbol{y} \in E,\ \boldsymbol{x} \neq \boldsymbol{y}$ 以及 $\alpha \in (0, 1)$, 总有

$$f(\alpha\boldsymbol{x} + (1-\alpha)\boldsymbol{y}) \leqslant \alpha f(\boldsymbol{x}) + (1-\alpha)f(\boldsymbol{y}),$$

则称 $f$ 为 $E$ 上的凸函数. 若对上述 $\boldsymbol{x}, \boldsymbol{y}, \alpha$, 恒有

$$f(\alpha\boldsymbol{x} + (1-\alpha)\boldsymbol{y}) < \alpha f(\boldsymbol{x}) + (1-\alpha)f(\boldsymbol{y}),$$

则称 $f$ 为 $E$ 上的严格凸函数.

若 $-f$ 为 $E$ 上的凸函数, 则称 $f$ 为 $E$ 上的凹函数. 若 $-f$ 为 $E$ 上的严格凸函数, 则称 $f$ 为 $E$ 上的严格凹函数.

**相关概念: 中点凸/凹函数.**

【入选原因】    (i) 一些教材对凸函数的称呼不是那么统一.

(ii) 一些教材没有区分凸函数与严格凸函数.

(iii) 一些教材仅仅对 $f$ 连续或 $f$ 可微时给出了凸函数的定义.